機械加工
ハンドブック

竹内芳美
青山藤詞郎
新野秀憲
光石　衛
国枝正典
今村正人
三井公之

［編集］

朝倉書店

編集委員

竹内　芳美（たけうち よしみ）	大阪大学大学院工学研究科
青山藤詞郎（あおやま とうじろう）	慶應義塾大学理工学部
新野　秀憲（しんの ひでのり）	東京工業大学精密工学研究所
光石　　衛（みついし まもる）	東京大学大学院工学系研究科
国枝　正典（くにえだ まさのり）	東京農工大学大学院共生科学技術研究院
今村　正人（いまむら まさと）	新東工業株式会社開発部
三井　公之（みつい きみゆき）	慶應義塾大学理工学部

まえがき

　今,「ものづくり」への関心が急に高まっている．産業構造と市場の急変から製造業の海外移転が始まり，国内の産業の空洞化が懸念され，また2007年問題のように，技能・技術を有する団塊の世代の大量リタイアが始まるからである．技術立国として歩まなければほかに道はないわが国にとって，人が快適と思え，暮らしに役立つような商品や製品を，良好な品質と信頼性をもちつつ，適正な価格で提供できることは，不可欠である．このような背景を考えれば，製造業の衰退は技術立国の立場を危うくするのは自明である．

　このような認識から新たな商品・製品・部品の研究，企画，設計，開発，製造技術を大きく「ものづくり」と捉え，それぞれの固有技術・基盤技術の強化と深化，ならびにそれらを連携し，有機的に機能させるシステム技術などをいっそう発展させることが強く求められている．「ものづくり」の基盤となる技術は多様であり，数え切れない様々な分野があるが，そのなかでも機械工業，とりわけ機械加工はその中核をなす根幹となる技術であることは衆目の一致するところである．

　このような状況の中で，機械加工に関係する学生・大学院生・技術者・研究者が，調べたい事柄があるときや，特定の分野の状況を知りたいとき，手軽に手に取って見られるようなハンドブックが手元にあれば非常に便利である．インターネットで情報も入手しやすい昨今ではあるが，全貌を概観することは不得手である．その点，書物は優れている．

　そこで，類書のある中で，機械加工をどのような切り口でまとめたら興味のあるハンドブックになるかを編集委員会で十分に検討した．その結果，全体を網羅し，わかりやすい，それでいて基本事項から最新情報を体系的に記述したハンドブックを目指すこととした．早期に刊行するため，少人数の編集委員で，拙速にならない範囲で速やかに企画を立てるとともに，横断的な記述も必要なことから50名程度の執筆者に原稿を依頼した．技術の進歩の早い今日，基礎から最新状況までを詳述するにはかなりのページが必要になるが，本書では，細分化している技術を横断的に記述し，基礎から応用，動向までを一貫した態度で執筆していただいた．2003年3月の編集会議を皮切りに，構成と章立てを行い，執筆者を確定したあと，原稿の締切りを2003年末として依頼をし，2004年6月を出版予定とした．当初の計画より2年半の遅れではあるが，

このようなハンドブックにしては異例の速さで刊行に漕ぎ着けたと考える．

結果的には，7章からなる500ページほどのハンディなタイプにでき上がっている．総論，加工機械，切削加工，研削・研磨加工，放電加工，積層造形加工，加工評価という章立てである．機械加工は，狭い意味では切削加工と研削加工を指すが，ここではNC化できる加工様式なら機械加工に含めている．また，すべての加工法にナノ・マイクロ加工技術を入れたことも現在の話題性を配慮したものである．

最後に，構成と章立てに尽力された編集委員，趣旨を理解して早めに草稿を出していただいた執筆者の方々，そして編集にご苦労をされた朝倉書店の方々に，編集委員を代表してお礼を申し上げる．

2006年10月

編集委員を代表して　竹内芳美

執 筆 者

氏名	所属	氏名	所属
竹内 芳美	大阪大学大学院工学研究科機械工学専攻	厨川 常元	東北大学大学院工学研究科ナノメカニクス専攻
新野 秀憲	東京工業大学大学院総合理工学研究科メカノマイクロ工学専攻	大森 整	理化学研究所中央研究所
光石 衛	東京大学大学院工学系研究科産業機械工学専攻	斎藤 義夫	東京工業大学大学院理工学研究科機械制御システム専攻
杉村 延広	大阪府立大学大学院工学研究科機械系専攻	田中 克敏	東芝機械(株) 精密機器事業部
渡部 和	日立ビアメカニクス(株) 設計本部	宇野 義幸	岡山大学大学院自然科学研究科産業創成工学専攻
宮田 光人	ファナック(株) R&D FA部門	小原 治樹	富山大学工学部機械知能システム工学科
内田 裕之	ファナック(株)サーボ研究所	増井 清徳	大阪府立産業技術総合研究所機械金属部
青山 英樹	慶應義塾大学理工学部システムデザイン工学科	後藤 昭弘	三菱電機(株) 名古屋製作所放電システム部
割澤 伸一	東京大学大学院工学系研究科産業機械工学専攻	髙田 士郎	(株)牧野フライス製作所 EDM事業部
笹原 弘之	東京農工大学大学院生物システム応用科学府	増沢 隆久	東京大学生産技術研究所マイクロメカトロニクス国際研究センター
堤 正臣	東京農工大学大学院生物システム応用科学府	国枝 正典	東京農工大学大学院共生科学技術研究院機械システム工学専攻
帯川 利之	東京工業大学大学院理工学研究科機械制御システム専攻	沖 隆一	横浜国立大学大学院国際社会科学研究科法曹実務専攻
清水 伸二	上智大学理工学部機械工学科	今村 正人	新東工業(株) 開発部
白瀬 敬一	神戸大学工学部機械工学科	田辺 隆喜	JSR(株) 四日市研究センター精密電子研究所
安斎 正博	理化学研究所先端技術開発支援センターアドバンスト・エンジニアリングチーム	早野 誠治	(株)アスペクト
高橋 一郎	理化学研究所先端技術開発支援センターアドバンスト・エンジニアリングチーム	前川 克廣	茨城大学工学部附属超塑性工学研究センター
青山 藤詞郎	慶應義塾大学理工学部システムデザイン工学科	塩見 誠規	大阪大学大学院基礎工学研究科機能創成専攻
内海 敬三	(株)牧野フライス製作所貿易安全保障管理室	阿部 史枝	前 日本学術振興会特別研究員
社本 英二	名古屋大学大学院工学研究科機械理工学専攻	高増 潔	東京大学大学院工学系研究科精密機械工学専攻
由井 明紀	防衛大学校システム工学群機械システム工学科	三井 公之	慶應義塾大学理工学部機械工学科
向井 良平	豊田工機(株) グラインディングマシン標準機部	森田 昇	富山大学工学部機械知能システム工学科
稲崎 一郎	慶應義塾大学理工学部システムデザイン工学科	吉岡 晋	(株)ミツトヨ川崎研究開発センタ商品開発部

(執筆順)

目　　次

1. 総　　論 ……［竹内芳美］……………………………………………1
   1.1 機械加工の概念と定義………………………〔竹内芳美・新野秀憲〕…1
   1.2 機械加工の特性………………………………………………………2
       a. 加工状態のインプロセス計測技術 …………………………………4
       b. 加工最適化のための加工シミュレーション ……………………4
       c. 複合加工 …………………………………………………………4
       d. 加工雰囲気制御加工 ………………………………………………5
       e. 超精密加工部品の変種変量自動生産システム ……………………5
   1.3 機械加工を実現するための加工機械……………………………5
   1.4 機械加工の選択と評価基準……………………………………………7
       a. 加工形状および寸法 ………………………………………………7
       b. 加工精度 …………………………………………………………7
       c. 加工材料 …………………………………………………………8
       d. 生産量 ……………………………………………………………8
       e. 加工表面品位 ……………………………………………………9
       f. 加工コスト …………………………………………………………9
   1.5 機械加工システム………………………………………………………9

2. 形状創成と加工機械システム ……［光石　衛］……………12
   2.1 形状創成運動モデル ………………………………〔杉村延広〕…12
       2.1.1 形状創成運動のモデル化 ………………………………………12
       2.1.2 形状創成運動の誤差モデル ……………………………………15
       2.1.3 5軸マシニングセンタの組立誤差のモデル化と解析 ………17
   2.2 加工機械システムの設計 ……………………………〔渡部　和〕…22
       2.2.1 静剛性………………………………………………………………22
           a. 曲げに関する剛性 ……………………………………………23
           b. ねじりに関する剛性 …………………………………………26
       2.2.2 動剛性………………………………………………………………29
           a. 動剛性の解析法 ………………………………………………29
           b. 動剛性の測定法 ………………………………………………37

   c.　動剛性と再生びびりとの関係 ……………………………………40
 2.2.3　熱剛性 …………………………………………………………42
   a.　熱変形対策の事例 ……………………………………………42
   b.　熱変形の解析 …………………………………………………45
2.3　送り制御系とNC ………………………………〔宮田光人・内田裕之〕…48
 2.3.1　CNCの構成 ……………………………………………………49
   a.　数値演算部 ……………………………………………………50
   b.　サーボ制御部 …………………………………………………50
   c.　シーケンス制御部 ……………………………………………50
   d.　表示制御部 ……………………………………………………50
 2.3.2　加工プログラム ………………………………………………51
   a.　プログラムの構成 ……………………………………………51
   b.　プログラム命令 ………………………………………………51
   c.　プログラムの作成方法 ………………………………………52
 2.3.3　CNCの機能 ……………………………………………………53
   a.　設定単位 ………………………………………………………53
   b.　座標系 …………………………………………………………53
   c.　送り機能 ………………………………………………………53
   d.　補　間 …………………………………………………………53
   e.　工具補正 ………………………………………………………55
   f.　加減速 …………………………………………………………55
   g.　主軸制御 ………………………………………………………55
   h.　工具機能 ………………………………………………………56
   i.　補助機能 ………………………………………………………56
   j.　多系統制御 ……………………………………………………56
   k.　カスタムマクロ ………………………………………………57
   l.　5軸加工機能 …………………………………………………57
 2.3.4　機械の動きの制御 ……………………………………………57
   a.　CNCにおける加工プログラムの処理 ………………………57
   b.　補間単位 ………………………………………………………57
   c.　補間前加減速 …………………………………………………58
   d.　多ブロック先読み ……………………………………………59
   e.　コーナ部や曲率の大きい箇所での減速 ……………………59
   f.　サーボへの指令の精密化 ……………………………………59
   g.　工具経路の平滑化 ……………………………………………60
 2.3.5　サーボ制御 ……………………………………………………60
   a.　各制御ループの処理 …………………………………………60

b.　送り軸の高精度化技術 ……………………………………………63
　　2.3.6　CNC のシーケンス制御機能 ………………………………………66
　　2.3.7　CNC の通信機能とシステム化 ……………………………………66
　　　a.　CNC に接続されるネットワーク …………………………………66
　　　b.　FA システム …………………………………………………………66
　　2.3.8　オープン CNC ………………………………………………………67
　2.4　システム化技術 …………………………………………〔青山英樹〕…68
　　2.4.1　コンピュータ支援設計・生産システム概要 ……………………68
　　2.4.2　設計・生産プロセスとコンピュータ支援システムのかかわり …70
　　2.4.3　CAD システム ………………………………………………………71
　　　a.　開発経緯 ……………………………………………………………71
　　　b.　CAD システムの構成モジュール …………………………………72
　　　c.　形状定義方法 ………………………………………………………74
　　　d.　三次元モデル構築方法 ……………………………………………77
　　　e.　今後開発が期待される CAD システム ……………………………79
　　2.4.4　CAM システム ………………………………………………………80
　　　a.　CAM の定義 …………………………………………………………80
　　　b.　CAM の機能 …………………………………………………………81
　　　c.　工具径路 ……………………………………………………………81
　　　d.　今後開発が期待される CAM システム ……………………………82
　2.5　FA と CIM（ネットワーク）……………………………〔割澤伸一〕…82
　　2.5.1　CIM と FA の位置づけ：生産活動の自動化とコンピュータ統合化 …82
　　2.5.2　CIM ……………………………………………………………………83
　　　a.　CIM の概念と定義 …………………………………………………83
　　　b.　CIM のモデル ………………………………………………………85
　　　c.　CIM の機能 …………………………………………………………86
　　　d.　CIM における情報共有の高度化 …………………………………87
　　2.5.3　FA ……………………………………………………………………88
　　　a.　FA の概念と定義 ……………………………………………………88
　　　b.　FA を構成する要素技術 ……………………………………………89
　　　c.　FA のオープン化 ……………………………………………………90

3.　切　削　加　工 ……［新野秀憲］………94
　3.1　加工原理と加工機械 ……………………………………………………94
　　3.1.1　切削加工の基本原理 …………………………………〔笹原弘之〕…94
　　　a.　切削力 ………………………………………………………………94
　　　b.　切削における熱の発生 ……………………………………………97

　　　　c. 切りくず処理 …………………………………………………………98
　3.1.2　加工機械 …………………………………………………〔堤　　正臣〕…99
　3.1.3　マシニングセンタ …………………………………………〔堤　　正臣〕…100
　　　　a. マシニングセンタの誕生 ………………………………………100
　　　　b. マシニングセンタの定義 ………………………………………101
　　　　c. マシニングセンタの種類と特徴 ………………………………101
　　　　d. マシニングセンタの構造 ………………………………………105
　3.1.4　ターニングセンタ …………………………………………〔堤　　正臣〕…109
　　　　a. ターニングセンタの誕生 ………………………………………109
　　　　b. 数値制御旋盤の構造 ……………………………………………110
　　　　c. NC 旋盤の種類と特徴 …………………………………………112
　　　　d. 多機能ターニングセンタ ………………………………………113
3.2　工具と加工条件 ………………………………………………〔帯川利之〕…115
　3.2.1　工具材料 ……………………………………………………………………115
　　　　a. 硬度と抗折力 ……………………………………………………115
　　　　b. 使用分類 …………………………………………………………117
　3.2.2　各種工具材料の特徴 ………………………………………………………119
　　　　a. 高速度鋼 …………………………………………………………119
　　　　b. 超硬合金 …………………………………………………………120
　　　　c. コーテッド超硬 …………………………………………………120
　　　　d. サーメット ………………………………………………………123
　　　　e. セラミックス ……………………………………………………123
　　　　f. ダイヤモンド ……………………………………………………124
　　　　g. cBN ………………………………………………………………124
　3.2.3　加工条件 ……………………………………………………………………125
　　　　a. 各種被削材と加工条件 …………………………………………125
　　　　b. 高速加工・難削材加工における工具寿命とその特異性 ……127
3.3　高精度加工技術 ………………………………………………………………130
　3.3.1　高精度化のための要素技術 …………………………………〔清水伸二〕…130
　　　　a. 工作機械の主要基本特性を補完するための要素技術 ………130
　　　　b. 機械と切削工具間のインタフェース機能の高度化技術 ……132
　　　　c. 機械と工作物間のインタフェース機能の高度化技術 ………137
　　　　d. 加工プロセスの最適化のための要素技術 ……………………139
　3.3.2　加工の知能化技術 ……………………………………………〔白瀬敬一〕…141
　　　　a. 加工の知能化を目指した研究事例 ……………………………141
　　　　b. 加工性評価のための切削加工シミュレーション ……………145
　　　　c. NC プログラムを必要としない工作機械の開発 ……………148

            d.　生産設計の知能化 …………………………………………………………152
  3.4　高速切削加工……………………………………………〔安斎正博・高橋一郎〕…155
    3.4.1　高速化に対する切削環境の変化………………………………………………155
    3.4.2　高速ミーリングのメリット……………………………………………………156
    3.4.3　各種金型用鋼材の超硬ボールエンドミル加工における摩耗特性………157
    3.4.4　高速ミーリングにおける表面粗さ……………………………………………159
    3.4.5　工具突出し量の違いが形状精度に及ぼす影響………………………………160
    3.4.6　焼入れ鋼のコーテッド超硬ボールエンドミル，cBNボールエンドミル
          による高速ミーリング…………………………………………………………161
    3.4.7　高速ミーリングによる金型加工事例…………………………………………162
    3.4.8　高速ミーリングの問題点………………………………………………………165
    3.4.9　高速ミーリングの将来…………………………………………………………166
  3.5　ナノ・マイクロ加工技術…………………………………………〔竹内芳美〕…166
    3.5.1　超精密加工機の発展経過………………………………………………………166
    3.5.2　超精密加工機の構成と構造……………………………………………………168
    3.5.3　超精密切削加工機の現状………………………………………………………169
    3.5.4　ナノ・マイクロ切削加工例……………………………………………………173
       a.　5軸制御マイクロ複雑形状加工 ……………………………………………173
       b.　非回転ダイヤモンド工具による多焦点マイクロフレネルレンズの加工
          ……………………………………………………………………………………175
    3.5.5　ナノ・マイクロ切削加工の今後………………………………………………177
  3.6　環境対応技術………………………………………………………〔青山藤詞郎〕…178
    3.6.1　切削加工における環境対応の動向……………………………………………178
    3.6.2　工作機械の電力消費低減………………………………………………………178
    3.6.3　加工装置に使用される油脂類の低減…………………………………………180
    3.6.4　切削油剤の低減…………………………………………………………………181
       a.　ニアドライ加工のための油剤 ………………………………………………181
       b.　ニアドライ加工のための個別要素技術 ……………………………………181
  3.7　加　工　例……………………………………………………………………………185
    3.7.1　切削加工の加工例…………………………………………………〔内海敬三〕…185
       a.　金型の加工例1（自動車用プラスチック型）……………………………185
       b.　金型の加工例2（自動車用フロントグリル型）…………………………190
       c.　金型の加工例3（自動車用テールランプ型）……………………………194
       d.　高精度部品の加工例（真空容器）…………………………………………195
       e.　5軸マシニングセンタの加工例（Blisk）…………………………………196
       f.　5軸マシニングセンタの加工例（割出し加工）…………………………197
       g.　マイクロ加工機による加工例 ………………………………………………197

3.7.2　振動切削の加工例……………………………〔社本英二〕…199
　　　　　a.　1方向振動を利用した振動切削加工 …………………………200
　　　　　b.　楕円振動切削加工 ………………………………………………202

4. 研削・研磨加工 ……［青山藤詞郎］……………………………………206
4.1　加工原理と加工機械………………………………〔由井明紀〕…206
4.1.1　加工原理…………………………………………………………206
4.1.2　研削・研磨加工とは……………………………………………206
4.1.3　研削加工方法……………………………………………………207
　　　　　a.　プランジ研削 ……………………………………………………207
　　　　　b.　トラバース研削 …………………………………………………208
　　　　　c.　スパークアウト研削 ……………………………………………209
　　　　　d.　上向き研削と下向き研削 ………………………………………209
4.1.4　研削・研磨理論…………………………………………………210
　　　　　a.　砥粒最大切込み深さ ……………………………………………210
　　　　　b.　研削抵抗 …………………………………………………………211
　　　　　c.　工作物温度 ………………………………………………………212
　　　　　d.　プレストンの式 …………………………………………………212
4.1.5　研削盤の種類……………………………………………………212
　　　　　a.　平面研削盤 ………………………………………………………212
　　　　　b.　円筒研削盤 ………………………………………………………216
　　　　　c.　内面研削盤 ………………………………………………………216
　　　　　d.　心なし研削盤 ……………………………………………………218
　　　　　e.　歯車研削盤 ………………………………………………………218
　　　　　f.　工具研削盤 ………………………………………………………219
4.1.6　研磨加工…………………………………………………………220
　　　　　a.　ラッピング ………………………………………………………220
　　　　　b.　ポリシング ………………………………………………………221
　　　　　c.　メカノケミカルポリシング ……………………………………221
4.2　工具と加工条件……………………………………〔向井良平〕…222
4.2.1　研削砥石の構成と特徴…………………………………………222
　　　　　a.　一般研削砥石 ……………………………………………………222
　　　　　b.　超砥粒砥石 ………………………………………………………223
4.2.2　一般研削砥石と超砥粒砥石の比較……………………………229
4.2.3　CBN砥石の使用例………………………………………………230
4.2.4　ツルーイング・ドレッシング…………………………………230
　　　　　a.　超砥粒砥石のツルーイング・ドレッシング方法 ……………231

   b.　ツルーイング条件と研削性能 …………………………………232
   c.　ドレッシング条件と研削特性 …………………………………234
   d.　超砥粒研削盤用ツルーイング・ドレッシング装置 ……………234
  4.2.5　クーラントの作用と役割……………………………………238
   a.　クーラントの種類と特徴………………………………………238
   b.　クーラントの種類と研削性能の関係 …………………………240
4.3　知能化加工技術……………………………………………〔稲崎一郎〕…242
  4.3.1　背　景………………………………………………………242
  4.3.2　監視システムの役割………………………………………243
  4.3.3　監視項目とセンサ融合……………………………………244
  4.3.4　ドレッシングプロセスの監視………………………………245
  4.3.5　砥石寿命の判定例…………………………………………247
  4.3.6　研削サイクルの最適化……………………………………249
  4.3.7　知的研削システム…………………………………………251
  4.3.8　知的データベース…………………………………………251
4.4　超高速研削加工技術………………………………………〔厨川常元〕…253
  4.4.1　研削能率……………………………………………………253
  4.4.2　超高速研削用の研削盤と砥石の開発……………………254
  4.4.3　比研削エネルギー…………………………………………258
  4.4.4　軟鋼研削時の砥石異常摩耗の低減………………………259
  4.4.5　超高速研削の応用…………………………………………262
4.5　ナノ・マイクロ加工技術……………………………………〔大森　整〕…263
  4.5.1　ナノ・マイクロ加工の特徴と効果…………………………263
  4.5.2　ELID研削法…………………………………………………264
  4.5.3　ナノ精度加工システムと加工事例…………………………265
  4.5.4　大型超精密加工システムと加工事例………………………268
  4.5.5　機上計測システムおよび事例………………………………272
  4.5.6　ナノ表面加工における表面改質効果………………………273
  4.5.7　デスクトップマイクロ加工システムと加工事例……………274
4.6　環境対応技術………………………………………………〔斎藤義夫〕…277
  4.6.1　研削加工におけるエミッションと環境負荷…………………277
  4.6.2　研削加工における環境対応技術……………………………278
  4.6.3　冷風研削加工に関する研究状況……………………………279
4.7　非球面レンズ用金型の研削・切削加工事例………………〔田中克敏〕…283
  4.7.1　背　景………………………………………………………283
  4.7.2　超精密非球面加工機………………………………………285
   a.　リニアモータ駆動有限形V-V転がり案内……………………285

b. ワーク主軸 ……………………………………………287
　　　c. 研削スピンドル …………………………………………288
　　　d. 送り機構と制御 …………………………………………289
　　4.7.3 非球面光学部品の加工方法 …………………………………289
　　4.7.4 非球面光学部品の加工事例 …………………………………296
　　　a. 非球面レンズ用金型の研削 ……………………………296
　　　b. メガソニッククーラント法による非球面レンズ用金型の研削 …………296

5. 放　電　加　工 ……[国枝正典] ……………………………………298
5.1 加工原理と加工機械 ……………………………………………298
　5.1.1 加工原理 ………………………………………………〔宇野義幸〕…298
　　　a. 放電加工回路 ……………………………………………299
　　　b. 単発放電現象 ……………………………………………300
　　　c. 単発放電と連続放電面 …………………………………302
　　　d. 形彫り放電加工とワイヤ放電加工 ……………………304
　　　e. 放電加工の特徴 …………………………………………305
　　　f. 電極低消耗加工 …………………………………………306
　　　g. 放電加工特性 ……………………………………………307
　5.1.2 加工機械・加工電源 …………………………………〔小原治樹〕…308
　　　a. 形彫り放電加工機 ………………………………………308
　　　b. ワイヤ放電加工機 ………………………………………314
5.2 工具電極材料と工作物に対する加工特性 ………………〔増井清徳〕…318
　5.2.1 放電パルス回路と電流波形 …………………………………318
　5.2.2 銅電極による鋼材の加工特性（逆極性加工）………………319
　5.2.3 銅電極による鋼材の正極性仕上げ加工 ……………………321
　5.2.4 グラファイト電極による鋼材の逆極性加工 ………………322
　5.2.5 グラファイト電極による鋼材の正極性加工 ………………323
　5.2.6 銅電極による亜鉛合金の逆極性加工 ………………………324
　5.2.7 グラファイト電極による亜鉛合金の逆極性加工 …………326
　5.2.8 銅電極によるアルミニウム合金の逆極性加工 ……………327
　5.2.9 グラファイト電極によるアルミニウム合金の逆極性加工…329
　5.2.10 銅タングステン電極による超硬合金の正極性加工 ………329
5.3 高精度加工技術 …………………………………………〔後藤昭弘〕…332
　5.3.1 粉末混入放電加工法 …………………………………………333
　　　a. 粉末混入放電加工 ………………………………………334
　　　b. 粉末混入放電加工面の特徴 ……………………………334
　　　c. 粉末混入放電加工の加工方法 …………………………335

d. 工作物材質による光沢の違い ……………………336
　　　e. 粉末混入放電加工の加工事例 ……………………336
　5.3.2 ワイヤ放電加工の高精度加工技術……………………337
　　　a. ワイヤ放電加工高精度化のための技術 …………338
　　　b. 加工事例 ……………………………………………340
5.4 高速加工技術………………………………………〔髙田士郎〕…342
　5.4.1 ワイヤ放電加工…………………………………………342
　　　a. ワイヤ電極の特性 …………………………………342
　　　b. 極間冷却の加工液噴流 ……………………………343
　　　c. 効率のよい加工条件設定 …………………………343
　　　d. 加工物材質 …………………………………………343
　5.4.2 形彫り放電加工…………………………………………344
　　　a. 電極材質 ……………………………………………344
　　　b. 加工条件 ……………………………………………345
　　　c. 加工くずの排出 ……………………………………346
5.5 ナノ・マイクロ加工技術…………………………〔増沢隆久〕…347
　5.5.1 放電加工のマイクロ化…………………………………347
　5.5.2 加工回路の概要…………………………………………348
　5.5.3 RC 回路 …………………………………………………349
　5.5.4 ギャップ制御……………………………………………350
　5.5.5 加工極性…………………………………………………351
　5.5.6 電極材料…………………………………………………351
　5.5.7 加工方式…………………………………………………352
　5.5.8 種々の加工機……………………………………………352
　　　a. 形彫り放電加工 ……………………………………352
　　　b. 微小穴専用放電加工（機）………………………353
　　　c. EDミリング ………………………………………353
　　　d. ワイヤ放電加工 ……………………………………353
　　　e. WEDG（ワイヤ放電研削）………………………353
　　　f. EDG（放電研削）…………………………………353
　5.5.9 加工例と微細限界………………………………………354
　　　a. ピン，スピンドルなど ……………………………354
　　　b. 穴，スリットなど …………………………………354
　　　c. 切抜き加工 …………………………………………355
　　　d. 三次元的形状の金型・部品など …………………355
　5.5.10 新しい放電加工方式の適用 ……………………………356
　　　a. 電気絶縁性材料の加工 ……………………………356

   b. 加工液を用いない加工 …………………………………………356
 5.5.11 他加工法との複合化 ……………………………………………356
5.6 環境問題とその対策…………………………………………〔国枝正典〕…359
 5.6.1 加工スラッジの発生……………………………………………359
 5.6.2 イオン交換樹脂…………………………………………………359
 5.6.3 ガス・煙霧の発生………………………………………………360
 5.6.4 電波障害…………………………………………………………360
 5.6.5 油性加工液による火災の危険性………………………………361
 5.6.6 工具電極材料の再利用…………………………………………361
5.7 加　工　例……………………………………………………〔沖　隆一〕…361
 5.7.1 ワイヤカット放電加工機による加工例………………………362
   a. 超高精度コーナ形状──内エッジ ……………………………362
   b. 超高精度コーナ形状──内コーナ微小R ……………………363
   c. 超高精度コーナ形状──外エッジ ……………………………363
   d. 超高精度コーナ形状──外コーナ微小R ……………………364
   e. 高精度加工機を使用した加工事例──微細リードフレーム …366
   f. 極限的超高精度機種を使用した加工事例──マイクロ櫛刃加工と微細
    スリット ……………………………………………………………366
   g. 厚物の高精度嵌合 ………………………………………………367
   h. 精密打抜き加工用金型 …………………………………………367
   i. 高速加工 …………………………………………………………368
   j. 中空形状加工，段差形状加工 …………………………………368
 5.7.2 形彫り放電加工機による加工例………………………………369
   a. 三次元ソリッドモデル内蔵加工 ………………………………369
   b. 鏡面加工 …………………………………………………………370
   c. 超微小コーナ内R ………………………………………………370
   d. 加工面積に対しての最良面粗さ，および平坦度 ……………371
   e. 細穴加工 …………………………………………………………371
 5.7.3 先端水準加工のための要素……………………………………372

6. 積層造形加工 ……[今村正人]……………………………………374
6.1 加工原理と加工機械……………………………………………〔今村正人〕…374
 6.1.1 積層造形の原理…………………………………………………374
 6.1.2 積層造形法の特徴………………………………………………376
   a. 長　所 ……………………………………………………………376
   b. 留意点 ……………………………………………………………376
 6.1.3 積層造形機の構成………………………………………………377

6.1.4　造形機の種類……………………………………………377
　6.1.5　造形機の普及状況………………………………………380
6.2　材料と加工条件……………………………………………382
　6.2.1　光造形……………………………………〔田辺隆喜〕…382
　　a.　加工原理 …………………………………………………382
　　b.　用　途 ……………………………………………………382
　　c.　デザインおよび機能の確認モデル ……………………383
　　d.　加工マスタ用樹脂 ………………………………………386
　　e.　ダイレクト型 ……………………………………………387
　　f.　市販光造形装置と光造形用樹脂の一覧 ………………388
　　g.　造形サイズの微細化 ……………………………………389
　6.2.2　溶融物堆積法………………………………〔今村正人〕…390
　　a.　押出法（接触法）…………………………………………390
　　b.　噴射法（非接触法）………………………………………393
　6.2.3　粉末固着法…………………………………………………395
　　a.　樹脂粉末 ……………………………………〔早野誠治〕…395
　　b.　金属粉末 …………………………………………………396
　　　（1）　グリーン体焼結法（3D/DTM 法）……〔前川克廣〕…396
　　　（2）　活性化焼結法 ……………………………〔塩見誠規〕…398
　　　（3）　溶融法 ……………………………………〔阿部史枝〕…399
　　　（4）　溶融堆積法 ………………………………〔今村正人〕…400
　　　（5）　バインダ噴射法 …………………………〔今村正人〕…400
　6.2.4　シート積層法………………………………〔前川克廣〕…403
　6.2.5　おわりに……………………………………〔今村正人〕…405
6.3　高精度化………………………………………〔今村正人〕…408
　6.3.1　造形の基礎…………………………………………………408
　6.3.2　ソリッドサポート…………………………………………410
　6.3.3　リコーディング（平滑化）………………………………411
　6.3.4　応　用………………………………………………………411
6.4　高速加工技術…………………………………………………412
　6.4.1　積層造形法…………………………………〔今村正人〕…412
　6.4.2　切削加工……………………………〔安斎正博・高橋一郎〕…413
　　a.　切削加工を利用したラピッドプロトタイピング ……413
　　b.　高速ミリングとは ………………………………………414
　　c.　高速ミリングによる RP の特徴，期待される効果，課題 ………415
　　d.　切削条件と加工方法 ……………………………………416
　　e.　実験結果 …………………………………………………417

6.5 ナノ・マイクロ加工技術……………………………………〔今村正人〕…419
　6.5.1 光造形……………………………………………………………419
　6.5.2 ガス分解堆積法……………………………………………………421
　6.5.3 ガス噴射法（レーザマイクロ溶接）……………………………421
6.6 環境対応技術………………………………………………〔今村正人〕…422
6.7 加工例：造形の展開………………………………………〔今村正人〕…428

7. 加 工 評 価 ……[三井公之]…………………………………………437
7.1 評価項目とその定義………………………………………〔高増　潔〕…437
　7.1.1 加工部品の幾何特性仕様………………………………………437
　　a. 幾何特性仕様の考え方 …………………………………………437
　　b. 幾何特性仕様の定義 ……………………………………………438
　　c. 測定の不確かさ …………………………………………………438
　7.1.2 寸法公差の定義……………………………………………………439
　　a. 寸法の定義 ………………………………………………………439
　　b. 寸法公差 …………………………………………………………440
　7.1.3 幾何公差の定義……………………………………………………441
　　a. 幾何偏差と幾何公差の考え方 …………………………………441
　　b. 領域法（最小領域法）による幾何公差の定義 ………………442
　　c. 幾何公差の規定する領域 ………………………………………443
　　d. データムおよびデータム系 ……………………………………445
　　e. 寸法公差と幾何公差の関係 ……………………………………446
　7.1.4 表面性状パラメータの定義………………………………………447
　　a. 表面性状 …………………………………………………………447
　　b. 表面性状のパラメータ …………………………………………448
　　c. 表面性状の検査 …………………………………………………450
7.2 評価方法と評価装置………………………………………〔三井公之〕…451
　7.2.1 三次元座標測定機…………………………………………………451
　7.2.2 真円度測定法………………………………………………………451
　　a. 真円度測定機 ……………………………………………………451
　　b. Vブロック法による真円度測定 ………………………………451
　　c. 真円度の評価方法 ………………………………………………454
　7.2.3 表面微細形状測定法………………………………………………455
　　a. 触針式表面粗さ測定器 …………………………………………455
　　b. 光学式表面粗さ測定法 …………………………………………456
　　c. 光の干渉による表面粗さ測定法 ………………………………461
　7.2.4 工作機械・精密測定機の精度評価法……………………………461

　　　　a. 軸の回転精度の測定法 ……………………………………………462
　　　　b. 直進運動に関する測定法 …………………………………………466
　　7.2.5 円運動測定法…………………………………………………………468
　　　　a. ダブルボールバー …………………………………………………469
　　　　b. サーキュラテスト …………………………………………………469
　　　　c. 二次元平面内での工具軌跡の測定法 ……………………………469
　　　　d. 三次元空間での任意の工具軌跡の測定法 ………………………471
　7.3 表面品位評価………………………………………………〔森田　昇〕…474
　　7.3.1 表面品位の高度化の重要性…………………………………………474
　　7.3.2 表面品位の評価技術の重要性………………………………………475
　　7.3.3 表面分析法の概要……………………………………………………475
　　　　a. 電子関連分光法 ……………………………………………………476
　　　　b. X線関連分光法 ……………………………………………………476
　　　　c. 分子振動分光法 ……………………………………………………477
　　　　d. イオン関連分光法 …………………………………………………477
　　7.3.4 残留応力および結晶性の評価法……………………………………477
　　　　a. 顕微レーザラマン分光法 …………………………………………477
　　　　b. 超音波顕微鏡法 ……………………………………………………480
　　　　c. ラザフォード後方散乱分光法 ……………………………………481
　7.4 加工評価のシステム化……………………………………〔吉岡　晋〕…484
　　7.4.1 加工評価………………………………………………………………484
　　　　a. 加工物の合否判定 …………………………………………………485
　　　　b. 加工物の等級判別（選択組合せ情報の取得） …………………485
　　　　c. 加工工程の状態管理（予防保全） ………………………………485
　　　　d. 加工前の状態把握（加工物の機種判別/加工物姿勢の把握） …487
　　　　e. 加工中の状況確認（加工条件変更点の把握） …………………487
　　7.4.2 計測のタイミング……………………………………………………487
　　　　a. プリプロセス計測 …………………………………………………488
　　　　b. インプロセス計測 …………………………………………………489
　　　　c. ポストプロセス計測 ………………………………………………490
　　7.4.3 計測のシステム化……………………………………………………491
　　　　a. 三次元測定装置 ……………………………………………………492
　　　　b. 画像測定装置 ………………………………………………………494
　　　　c. 形状測定装置 ………………………………………………………496
　　　　d. 計測データ利用のシステム化（計測情報の有効活用） ………497

索　　引……………………………………………………………………………499

1. 総　　　論

1.1　機械加工の概念と定義

　様々な機械製品は，複数の機械部品や標準的な機械要素から構成され，工業製品を創出する生産工場をはじめ，我々の身のまわりに数多く存在し，我々の生活を豊かで快適にしている．そのような機械製品が所要の機能や性能を発揮するためには，それを構成する機械部品や機械要素が，吟味された素材から十分な機能や品質を有するように，かつ経済的に形状や寸法などを与えられ，所要の性能を実現できるように最適に組み合わされ，最終製品として組み立てられなければならない．製品設計の際には，どのような素材から，どのような機能・構造の部品を，どのように組み合わせるかということが検討されるが，それらの部品を製造する際にどのような加工方法を用いるかは機械部品を創出するうえで重要となる．

　製品である機械システムを一連の製品創出プロセスから概観してみると，図1.1に一般的な流れを示すように，まず必要な部品群は，素材から成形加工，切断加工，接合加工，除去加工などの加工プロセスを経て，所要の形状・寸法に仕上げられる．次に，それら仕上げ加工を終えた部品群や購入された機械要素などは組立・検査工程を経て，最終的に機械製品として完成される．具体的な部品創出を担う部品加工は，現有の生産設備，加工コスト，加工時間，生産量，加工対象材料，加工形状，最終仕上げ形状など，様々な要因を同時に考慮したうえで決定され，その結果，最適な加工方法，加工順序が決定される．さらに，それらの加工方法や加工順序に基づいて，部品

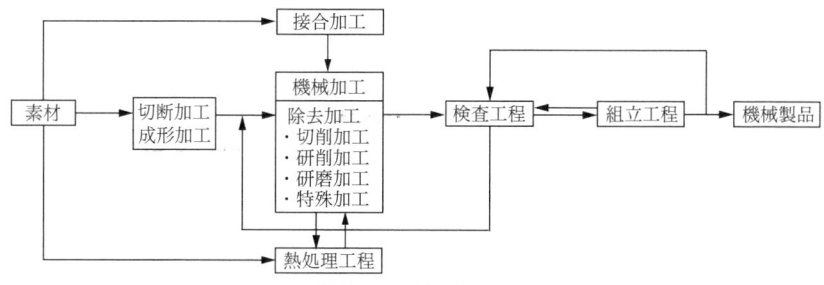

図 1.1　機械製品の創出プロセスの一例

群の加工や組立・調整などのプロセスを効率的に実現できる生産設備，自動化生産ラインといった生産システムが構築される．

現在，機械部品の加工に広く用いられている機械加工は，最も基本的かつ効率的な加工方法のひとつであるといえる．一般的な機械加工には，除去加工に分類される加工方法の多くが含まれ，切削加工，研削加工，研磨加工，特殊加工などがあげられる．これらの機械加工は基本的に，機械エネルギーと加工対象の材料との相互作用による加工であり，加工対象の素材，加工機構，加工形態の違いにより，様々な加工方法が開発されている．ここで，これら広範かつ多種多様な加工方法を含む機械加工を，材料を除去する除去加工を中心に基本的な加工原理を含めて定義すると，「加工対象である工作物と工具を工作機械によって保持するとともに，両者に相対運動を与えることによって工具と工作物の間に干渉を生じさせ，工作物の不要部分を工具によって除去し，所要の形状，寸法，精度を得る工程である」と表現できる．この定義からも明らかなように機械加工は，その加工原理が単純であるにもかかわらず，様々な加工方法を含み，加工対象とする材料の特性，加工寸法，要求される加工精度や加工能率などにより使い分けられている．機械加工を実現するためには，図1.2の単純化した模式的に示されるような工具系，工作物系，加工機械系の構成が必要となる．なお，ここでいう機械加工に使用される工具には，大きく分けて，超精密切削加工に用いられる単結晶ダイヤモンド工具に代表されるような「ハードな工具」と研磨加工に用いられる遊離砥粒に代表されるような「ソフトな工具」が存在する．

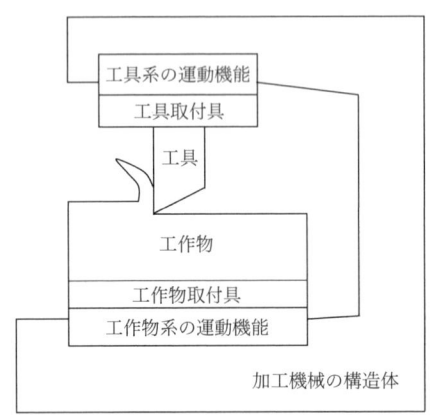

図1.2 機械加工系の構成

現在，機械加工には高能率，高精度，高効率，自動化といった産業革命以降の加工機械や加工プロセスに常に与えられてきた課題に加えて，高度情報化社会，循環型経済社会，地球環境への適合性といった新たな課題を満足することが要求されている．今後，それらの課題を解決するためには，新たな加工原理に基づく加工技術の確立，ならびに新たな構造概念による加工機械の実現を目的とした基礎研究や，具体的な研究開発の進展が強く望まれている．

1.2 機械加工の特性

前節における機械加工の定義から明らかなように，機械加工では基本的に工具と工

作物の干渉により，加工対象の不要な形状部分をくずとして合理的に除去することによって所要の形状，寸法，表面粗さが得られる．そして機械加工に必要な工具の種類，工具・工作物を相対運動させるための形状創成運動，機械エネルギーの伝達媒体の違いにより，多くの加工方法が存在している．このような機械加工の特性として，加工スケールが，ナノメートルオーダからメートルオーダと実に 10^9 倍以上にも達し，ほかの加工方法には類をみない極めて広範な加工が可能であることがあげられる．このことは，機械加工およびそれを支える工作機械技術が，古くから産業基盤技術としての重要な地位を築きつつ現在に至っている大きな理由のひとつである．

　広範な機械加工に含まれる加工方法は，いずれも加工対象である素材の機械的特性や加工中の素材の機械的特性の変化を巧みに利用したものであり，例えば砥粒加工における固定砥粒による切削作用と遊離砥粒による衝撃作用やキャビテーション効果に違いがあるように，それぞれの加工方法の加工機構や加工特性は大きく異なる．したがって，今後，ミクロな加工現象が加工特性や加工精度，加工能率に大きく影響するようなナノメートルスケールの加工を合理的に実現するためには，図1.3に示すような工具と工作物の干渉部分に着目し，加工雰囲気を含めた様々な相互作用や加工誤差発生要因の排除や抑制について，学術面から詳細に解明する必要がある．

　機械加工プロセスにおける工具の加工誤差発生要因としては，加工熱や周辺環境温度による熱変形，加工力による力学的変形，工具形状・工具材料の機械的・熱的特性などがあげられる．一方，工作物の誤差発生要因に，加工力による力学的変形，加工熱による熱変形，加工材料に起因する特性があげられる．今後，これらの誤差発生要

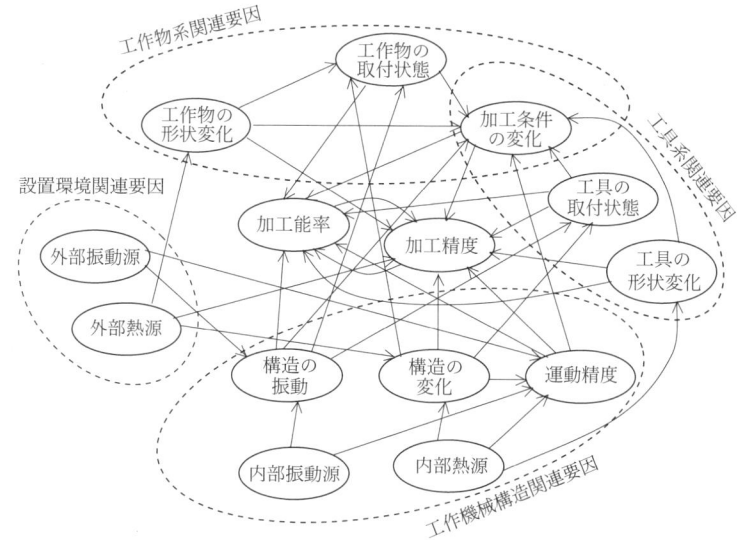

図1.3 加工精度および加工能率を低下させる要因

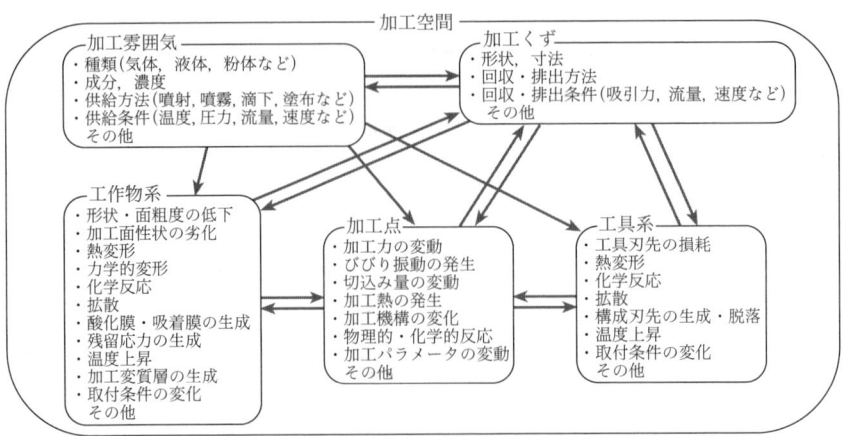

図1.4 加工点近傍における各種情報

因を最小化することについて鋭意,実用研究を展開することが必要不可欠である.

さらに機械加工の高度化を行ううえで必要不可欠な開発課題としては,以下のものがあげられる.

a. 加工状態のインプロセス計測技術

加工点は,工具と工作物における重要なインタフェース部分であることから,図1.4に示すような加工点における様々な情報を正確かつ迅速に捉えることにより,最適な加工を行うことを検討する.従来から生産環境の状態モニタリングを目的として様々なインプロセスセンサが開発されてきているが,いまだ決め手となるものは存在しておらず,より高性能なセンサを開発することにより,高精度,高分解能,高確度の加工計測が実現される.今後,それらの高性能センサ群を用いて加工中における工具摩耗や欠損を最小に抑制し,高精度かつ高能率な機械加工を実現することが望まれる.

b. 加工最適化のための加工シミュレーション

様々な加工材料と工具の組合せを対象に,ミクロおよびマクロな加工機構モデルを必要に応じて適宜用いて,最適な工具形状の設計や加工条件の自動設定を行う.従来,この種の加工シミュレーションは,どちらかといえば分析的な基礎的研究や限定された範囲のシミュレーションを目的としたものにとどまっていたが,実際の加工への適用を目的として多角的な観点を組み込んだ加工シミュレーションを行い,その結果を実際の加工に実時間でフィードバックするなど,加工の高度化に積極的に関与することが期待される.

c. 複合加工

在来の機械加工では対処不可能な新素材の加工など高度な加工要求に対応するため,複雑な形状創成を可能とする多軸同時制御加工,難加工材料のエネルギー援用機

械加工，機械加工とそれ以外の加工の加工空間における同時加工といった様々な加工の高度複合化が望まれている．それらの複合加工を行うことを目的とした新たな工作機械を実現することも必要となる．

d. 加工雰囲気制御加工

特定の加工雰囲気中における工具材種と工作物の物性との間の物理的・化学的な相互作用を積極的に活用し，加工雰囲気を最適制御することにより難加工材料の高能率・高精度加工を実現する．近年，地球環境への適合性を勘案した新たな加工技術の確立が求められていることから，環境負荷を最小化した，切削油を必要としない新たな加工方法についても検討が必要である．

e. 超精密加工部品の変種変量自動生産システム

生産システムの中でも機械加工システムは，対象とする機械加工の特性や広範な加工要求に対応するため，現在，最も自動化の取組みがなされていることが広く知られている．今後，高度情報化社会の合理的実現に必要不可欠な超精密部品の加工を対象に，短納期で大量の超精密部品生産に対応できる加工システムとして，フレキシブル生産システムに代表される加工の多様化への適合性と，トランスファラインに代表される高能率生産への適合性といった特徴をあわせもつ，新たな高効率変種変量生産を目的とした生産システムの開発が必要となる．その際には，ユーザ側でシステム機能を自由に組み換えられるモジュラデザインによる新たな加工セルの研究開発が急務となる．

1.3 機械加工を実現するための加工機械

工作物と工具に干渉を生じさせることにより不要部分を除去するという基本的な機械加工の加工原理からも明らかなように，一般的に機械加工を行う工作機械には，所要の運動機能，剛性，加工空間，高い加工精度，高い加工能率を同時に満足することが要求される．それぞれの機械加工を合理的に実現するためには，それぞれの加工方法の実現に適した加工機能と構造を具備した加工機械の構築が必要となる．そのため，古くから例えばボール盤，フライス盤，旋盤，研削盤，ホブ盤，マシニングセンタといった様々な工作機械が開発され，現在も様々な加工環境で稼動している．最近では，図1.5のようなパラレルリンク型の加工機械も現れているが，大部分の工作機械は直線運動と回転運動を主運動，送り運動に配分した構造形態が主体であり，いずれも十分な静剛性，動剛性，熱特性を具備した構造設計がなされ，生産システムにおける中核的な加工機能を担っている．

加工機械に関連する誤差要因としては，加工機械の運動誤差・位置決め精度，構造自重・駆動力・偏心荷重による力学的な変形，内部・外部熱源による熱変形，設置環境や加工に伴う振動などがあげられる．それらの誤差要因を最小化するため，振動源の絶縁・能動的制振，低熱膨張材料の適用・熱変位の補償・熱制御による熱変形抑

6 ── 1. 総　　論

・最大早送り速度
　　$X, Y：100$ m/min
　　$Z：80$ m/min
・最大加速度：1.5 G
・主軸回転速度
　　一般加工：12000 min^{-1}
　　高速加工：30000 min^{-1}
軽量移動体により高速動作を実現．
同時6軸制御で加工．

図 1.5　パラレルメカニズム採用の工作機械例（オークマ提供）

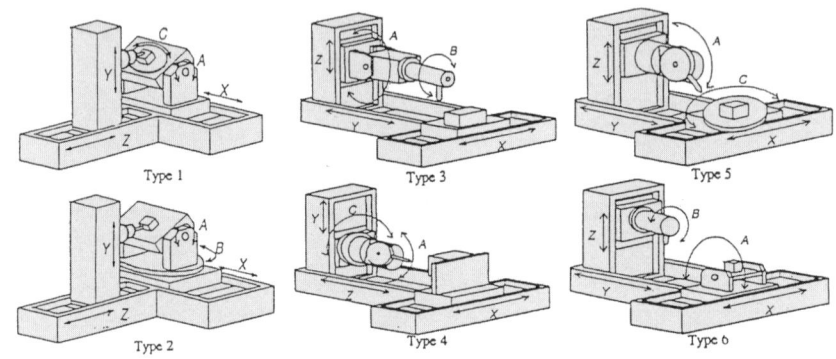

図 1.6　代表的5軸制御マシニングセンタの構造

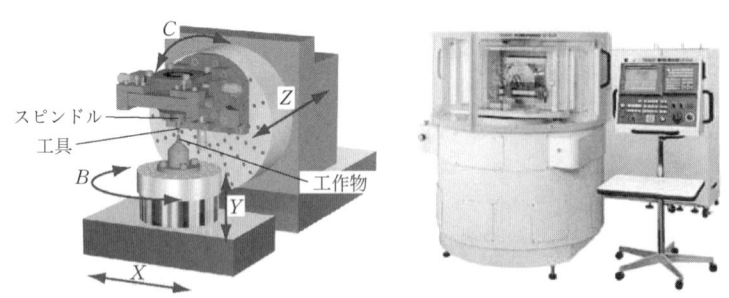

図 1.7　超精密マイクロ加工用5軸制御工作機械（ファナック提供）

制，高分解能計測系とナノ位置決めが可能なリニアアクチュエータによるフィードバック制御，加工雰囲気制御などの機能が加工機構造内に組み込まれている．機械加工を行うための最近の代表的な加機械の一例として，図1.6には多軸制御マシニングセンタ，図1.7には超精密切削加工機の基本構造をそれぞれ示す．

今後，生産システムの中核加工機能を担う加工機械は，これまでにはない新たな機能や構造を組み込むことにより，新世代の工作機械システムとして発展することが予測される．例えば，高度情報機器の生産に必要な難削材料の超精密加工の要求が増大するのに伴い，それらを加工する工作機械に対しても高速化，重切削加工化，フレキシブル化，コンパクト化といった要求が一層高まることが予想される．短納期の大量生産の要求が増大することに伴い，従来のフレキシブルトランスファラインの需要が拡大することが予測されるが，その場合には高度な複合処理機能を具備した段取替えなしの加工が可能な，新たな構成の加工機械の実現が必要不可欠となる．一方，少子高齢化が進展し，製造環境において熟練技能者が減少する中で，加工機械の機能や操作はますます高度化・複雑化している．それらの生産環境に対応するため，ユーザビリティの高いマンマシンインタフェースについての研究開発も，加工機械の実現に必要な要素技術のひとつとして確立する必要がある．

1.4　機械加工の選択と評価基準

機械加工方法は，加工に必要なエネルギーの種類，工具と工作物の種類と相互関係など，それぞれ特徴的な特性を有しており，それらは必要に応じて特定の評価基準に基づいて選択され，実際に使用される．加工方法の選定に必要となる加工の容易性を決定する加工性は，主として加工対象である機械的特性に大きく支配される．代表的な機械加工を対象として設定される選択評価基準が，機械製造産業における企業内で優先順位を与えられたうえで設定され，運用されている．特に，以下のような項目は，重要度の高い選択評価基準としてあげられる．

a．加工形状および寸法

同一の素材であっても加工形状が丸物か角物か，あるいは工作物が大物か小物かの違いによって，選択されるべき加工方法は大きく異なる場合がある．自由曲面形状を有する部品の加工やナノメートルスケールの加工部位を有する部品の加工には，多軸制御工作機械や超精密加工機が必要となる．

b．加工精度

機械加工の到達加工精度は，使用する工具の幾何学的加工精度，工具の限界加工能力，工作機械の性能，ジグ，取付具の精度などに大きく依存する．ナノメートルオーダの形状精度や表面粗さを要求される場合，仕上げ工程をいかなる加工工程で行うかということが大きく影響する．また，要求される加工精度を達成するために，加工工程の順序についての検討も必要となる．

c. 加 工 材 料

最近の加工ニーズは金属，非金属，セラミックス，複合材料など多岐にわたる．それらすべての加工材料に適用できる万能な加工方法は存在せず，それぞれの加工材料に適した加工方法を選択し，最適な加工条件で加工を行うことが必要である．

d. 生 産 量

生産量は，熱処理工程や仕上げ工程の生産工程への組込みやそれらの有無など前工程や後工程の作業内容にも関係し，最適な生産システムの機能や構造構成の決定にも大きく影響する．

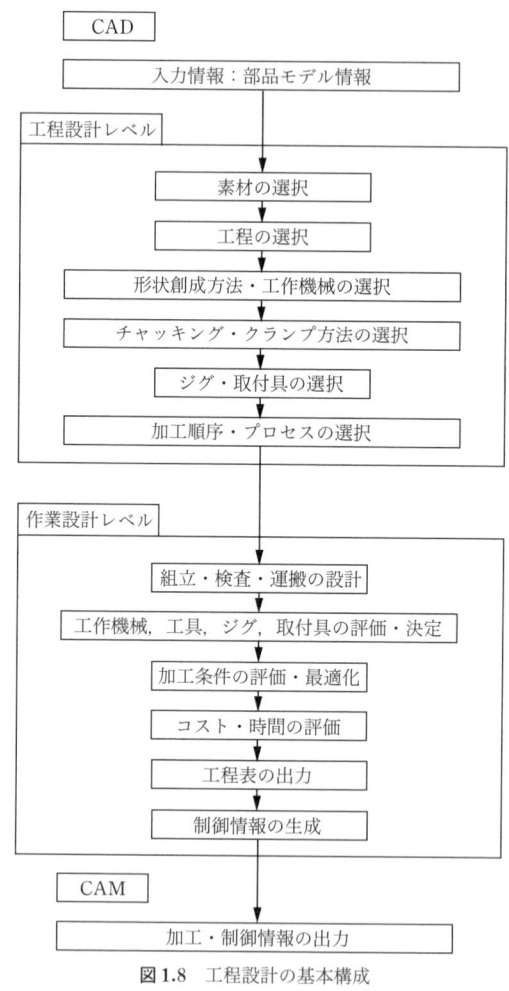

図 1.8　工程設計の基本構成

e. 加工表面品位

加工表面品位には，幾何学的な表面粗さだけではなく，最終部品の残留応力や残留ひずみなど最終部品の物性が大きな問題になる場合もある．最適な加工条件の設定のほか，必要に応じて熱処理などの他の加工工程や全体の加工手順の決定についても検討が必要である．

f. 加工コスト

工具，ジグ，取付具，ハンドリングの容易性，熱処理などのコストを含めた加工コストの低減を考慮したうえで最適な工程選択を行うことが必要となる．

上述したように，様々な機械加工の中から最適な加工方法を選定することは，多種多様な要因が複雑に絡んでいるために一義的に決定することは非常に困難である．このプロセスは，コンピュータ援用設計（CAD）とコンピュータ援用生産（CAM）を統合する際のインタフェースとして位置づけられ，図1.8に示すような工程設計に対応している．現在，熟練設計者が経験や勘に基づいて行っていた工程設計プロセスを，コンピュータにより自動化しようとする自動工程設計システムの開発が国内外で進められており，一部実用化されている．

1.5 機械加工システム

産業界ではコンピュータ技術，メカトロニクス技術，ソフトウェア技術に代表される技術革新に伴い，製品ニーズの多様化・複雑化が進展し，生産環境が急速に変化している．実際の生産環境では，様々な生産システムが稼動中であり，機械加工分野をはじめ，板金加工，溶接，鍛造，鋳造，プラスチック射出成形，レーザ加工，ウォータジェット加工まで，さらには組立や検査，それらを複合した作業形態に至るまで，幅広い分野で生産システムが構築されている．それらの中でも最も自動化が進展して

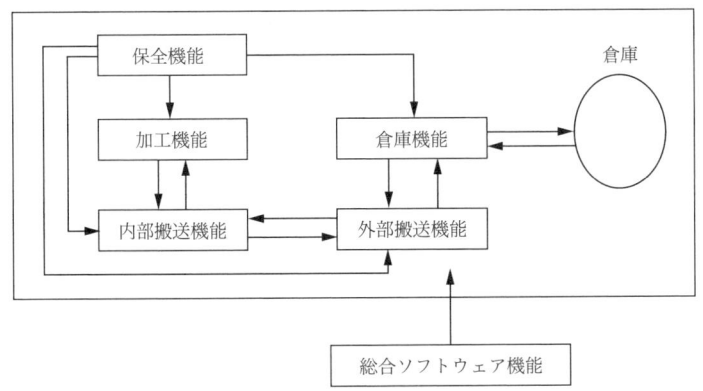

図1.9 生産システムが具備すべき基本機能

いるとされる機械加工システムは，一般的に以下のような基本機能から構成されている（図1.9）．

① 中核加工機能：多くのシステムでは，複数の加工機械から構成される．
② 内部搬送機能：産業用ロボット，マニピュレータ，マテリアルハンドリング，自動工具交換装置，自動パレット交換装置，無人搬送台車（AGV）から構成される．
③ 倉庫機能：パレットプール，素材・半製品・購入品を納めた自動倉庫，工具および工作物マガジンから構成される．
④ 外部搬送機能：システム内で加工機能と加工機能・倉庫機能とを有機的に結合した搬送ラインなどから構成される．
⑤ 保全機能：インプロセス・ポストプロセス用の各種センサ，画像処理システム，信号処理システムなどから構成される．
⑥ 総合ソフトウェア機能：上記項目の①から⑤を自律的に制御できる広義のソフトウェア機能を構成する．

機械製造産業において稼動中の実用システムの中には，上記の構成からなる機械加工システムの中に，さらに高度な製品検査機能，洗浄機能，熱処理機能などを組み込んだ構成がみられる．また，図1.10のように最近では，内部および外部搬送機能に対して，積極的に多自由度の産業用ロボットを組み込み，段取りから検査，ばり取り，洗浄まで無人で行う機械加工システムが構築され，1970年代後半から1980年代の開発目標として喧伝された完全無人化工場を実用レベルで実現している例もみられる．

今後も機械加工システムに対する要求は，短納期，高品質，低加工コスト，高フレキシビリティと，ますます高度化することが予測される．それらの要求を同時に満足する新たな機械加工システムの実現が求められている．さらに，最近では地球環境への適合性を具備することを目的として様々な環境への配慮も要求される．

図1.10　機械加工システムの構成例（ファナック提供）

最後に，新世代の機械加工システムを実現するうえでの技術開発課題を，以下にあげる．

- LCA（life cycle assessment）を考慮したシステム機器，システム要素
- 分散型加工セルのための高度な遠隔保全機能
- 高精度・高能率機械加工に必要な新たなツールによる形状創成方法
- ロボット積載型自動搬送台車 AGV（automated guided vehicle）
- 超精密加工を目的としたナノ駆動用高速サーボ機構
- ユーザビリティを考慮した高度なマンマシンインタフェース
- システム機能をコンパクトに統合化した加工機能
- モジュラデザインによる生産システム要素
- 生産環境において実用に耐えることのできる多機能コンパクトセンサ
- 分散配置された機械加工システムの総合的運転統制機能

〔竹内芳美・新野秀憲〕

2. 形状創成と加工機械システム

2.1 形状創成運動モデル

　機械加工における形状創成プロセスとは，工具と工作物との間に所要の相対運動（形状創成運動と呼ぶ）を与えて，工具の形状を工作物表面に転写することである．そのため，工作機械の基本機能は，所要の形状創成運動を必要な精度で実現することとなる．工作物の形状，寸法および加工精度は，形状創成運動とその精度，工具の形状とその精度，および加工プロセスにより定まると考えられる．このうち，工作機械の設計あるいは解析の観点からは，形状創成運動とその精度が最も重要である．工具と工作物間の形状創成運動は，工作機械の種類あるいは加工法により異なり，ターニングセンタ，マシニングセンタあるいは歯切り加工機などは，同時多軸制御による非常に複雑なものになる．このような複雑な運動を行う工作機械における形状創成運動とその精度の問題を系統的に検討するためには，工作機械の形状創成運動を数学的に統一的に記述することが必要となる．

　本節では，工作機械の形状創成運動を記述するための数学モデル，すなわち形状創成運動モデル[1,2]とその応用について概説する．

2.1.1 形状創成運動のモデル化

　形状創成運動モデルは，工作物に対する工具の相対運動を表現する．大部分の工作機械は，ひとつの工具とひとつの工作物を含み，それらを接続するベッド，テーブル，主軸などの構成要素が一列の連鎖を構成する．複雑な工作機械では，複数の工具または複数の工作物を取り付け，同時に加工することもあり，この場合は，複数の構成要素の連鎖が含まれる．

　いま，基本的な工作機械の構造を，ひとつの工作物から始まってひとつの工具で終わる剛体の連鎖と考える（図 2.1）．各剛体に固有の座標系 $S_i(i=0,1,\cdots,n)$ を与えると，隣り合う一対の座標系間の相対運動は k_i で表現でき，工作物に対する工具の相対運動は k_i を重畳することで記述できる．

　工作機械の運動は，一般に直交座標系に平行な軸方向の直線運動あるいは回転運動であるため，図 2.2 に示すように，構成要素間の相対運動は座標軸に平行な直線運動 X, Y, Z と座標軸まわりの回転運動 A, B, C で記述することができる．工作機

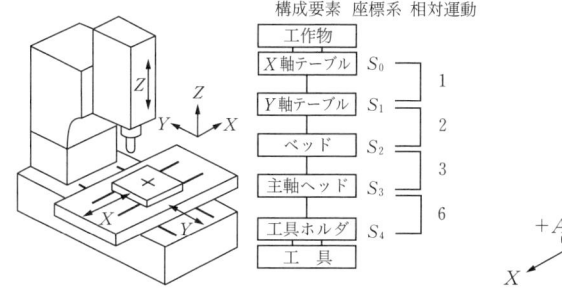
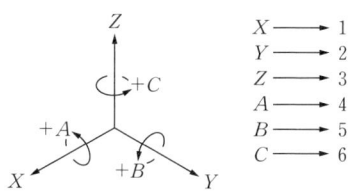

図 2.1 工作機械の構成要素と形状創成運動　　**図 2.2** 右手直交座標系と運動コード

械の座標系は右手直交座標系であり，JIS B 6310「数値制御機械の座標系と運動の記述」[3]において詳細に定義されている．

これらの相対運動に1から6までの数字を与えると，隣接する構成要素 S_{i-1} と S_i の間の運動 k_i は，これらの数字のいずれかで表すことができる．すなわち，工作物に対する工具の相対運動を表すコード k は，以下のように表現することができる．

$$k = k_1 k_2 \cdots k_i \cdots k_n \tag{2.1.1}$$

この k を，形状創成コードと呼ぶ．例えば，図2.1に例示する立型マシニングセンタの場合，工作物は X 軸テーブルに，工具は主軸の工具ホルダに固定されている．このとき，工具と工作物の間の形状創成運動は，① Y テーブルに対する X テーブルの直線運動（X 軸），②ベッドに対する Y テーブルの直線運動（Y 軸），③ベースに対する主軸ヘッドの直線運動（Z 軸），④主軸ヘッドに対する工具ホルダの回転運動（C 軸）の四つの運動が重畳したものになる．このため，このマシニングセンタの形状創成コードは次式となる．

$$k = 1236 \tag{2.1.2}$$

工作機械の構造を考えるうえで，ベッドのように静止した要素（基準となる座標系に静止した要素）が重要になる．そのため，ここでは静止した要素が S_i のとき，k_i の右側にコード $k=0$ を加えることにより，構造コード K を定義する．このとき，図2.1の工作機械の構造コードは，次式で表現することができる．

$$K = 12036 \tag{2.1.3}$$

上記の形状創成コード k と構造コード K を用いることで，工作機械の形状創成運動とそれを実現する構造を表現することができる．

工作機械における工具と工作物の間の形状創成運動は，工作物に設定した座標系における工具の運動により表現することができる．すなわち，工具の座標系 S_n における工具上の一点の位置ベクトルに対して座標変換を行い，この点の運動を工作物の座標系 S_0 で表現することで，形状創成運動を数式により表現することができる．

一般に三次元座標系の間の座標変換は，並進変換と回転変換の組合せであり，これらは同次座標変換行列を用いて表現することができる．同次座標変換行列 A は，次

式で記述される[4]．

$$A = \begin{pmatrix} a_{11} & a_{12} & a_{13} & a_{14} \\ a_{21} & a_{22} & a_{23} & a_{24} \\ a_{31} & a_{32} & a_{33} & a_{34} \\ 0 & 0 & 0 & 1 \end{pmatrix} \quad (2.1.4)$$

この行列において，左上の3×3の部分は回転変換成分，右上の3×1の部分は並進変換成分である．この行列を用いて，一対の座標系S_iとS_jの座標変換は次式で表現することができる．

$$r_i = A r_j \quad (2.1.5)$$

ここで，$r_j = (x_j, y_j, z_j, 1)^T$は座標系$S_j$における一点の位置ベクトル$(x_j, y_j, z_j)^T$を同次座標で表現したもの，同次座標$r_i = (x_i, y_i, z_i, 1)^T$はこの点の位置ベクトルを座標系$S_i$で表現したものである．このように同次座標と同次座標変換行列を適用することで，並進変換と回転変換を同一の形式で表現することができる．

式(2.1.1)の形状創成コードに基づいて，工具の座標系S_nにおける工具上の一点r_Tの運動を工作物の座標系S_0において記述すると次のようになる．

$$r_W = A^{j1} A^{j2} \cdots A^{jn} r_T \quad (2.1.6)$$

ここで，r_Wは，工具の座標系S_nにおける点r_Tの運動を工作物の座標系S_0で記述したものである．また，$A^{j1}, A^{j2}, \cdots A^{jn}$は，それぞれの相対運動を表す同次座標変換行列である．ここで，添字jiのjは運動の種類と運動軸を，iは行列の配列順序を示す．以下では，添字iを省略して記述する．

各運動軸方向の直線運動および回転運動を表す行列A^jの内容を，表2.1に示す．例えば，図2.1に示すマシニングセンタの形状創成運動は，以下のようになる．

$$r_W = A^1 A^2 A^3 A^6 r_T \quad (2.1.7)$$

これにより，工具の運動を工作物の座標系で表現することができる．

表 2.1 形状創成運動を表す同次座標変換行列

運動	運動軸	同次座標変換行列	運動	運動軸	同次座標変換行列
直線運動	X	$A^1 = \begin{bmatrix} 1 & 0 & 0 & x \\ 0 & 1 & 0 & 0 \\ 0 & 0 & 1 & 0 \\ 0 & 0 & 0 & 1 \end{bmatrix}$	回転運動	A	$A^4 = \begin{bmatrix} 1 & 0 & 0 & 0 \\ 0 & \cos\varphi & -\sin\varphi & 0 \\ 0 & \sin\varphi & \cos\varphi & 0 \\ 0 & 0 & 0 & 1 \end{bmatrix}$
	Y	$A^2 = \begin{bmatrix} 1 & 0 & 0 & 0 \\ 0 & 1 & 0 & y \\ 0 & 0 & 1 & 0 \\ 0 & 0 & 0 & 1 \end{bmatrix}$		B	$A^5 = \begin{bmatrix} \cos\psi & 0 & \sin\psi & 0 \\ 0 & 1 & 0 & 0 \\ -\sin\psi & 0 & \cos\psi & 0 \\ 0 & 0 & 0 & 1 \end{bmatrix}$
	Z	$A^3 = \begin{bmatrix} 1 & 0 & 0 & 0 \\ 0 & 1 & 0 & 0 \\ 0 & 0 & 1 & z \\ 0 & 0 & 0 & 1 \end{bmatrix}$		C	$A^6 = \begin{bmatrix} \cos\theta & -\sin\theta & 0 & 0 \\ \sin\theta & \cos\theta & 0 & 0 \\ 0 & 0 & 1 & 0 \\ 0 & 0 & 0 & 1 \end{bmatrix}$

2.1.2 形状創成運動の誤差モデル

これまでは，工具と工作物間の理想的な形状創成運動を考えてきたが，実際の形状創成運動には誤差が含まれる．ここでは，運動誤差を含む形状創成運動のモデル化について説明する．

機械加工における形状創成プロセスが工作機械の母性原則にしたがうと考えると，加工誤差に影響を及ぼす要因は図 2.3 のように考えることができる．すなわち，工作機械の構成要素の幾何学的誤差と組立誤差により，案内面の真直度誤差，案内面の間の平行度誤差，送りねじのピッチ誤差など，工作機械の幾何学的な誤差が定まる．この工作機械を無負荷状態で運転することにより，構成要素の幾何学的な誤差に起因する主軸の回転誤差，テーブルの真直度誤差，テーブルの位置決め誤差などが生じ，工具と工作物間の形状創成運動の誤差となる．

実際の加工においては，加工プロセスに伴う切削力および熱による工作機械の変形，加工環境における温度変化および外来振動などにより，工作機械に変形や振動が生じる．これらが無負荷運転時の誤差に重畳されることにより，形状創成運動の誤差が大きくなる．さらに，工具の摩耗，加工プロセスにおける工具形状の転写時の誤差などが加わり，工作物の形状と寸法に誤差が生じる．

上記のように，機械加工における誤差の要因は多岐にわたるが，形状創成運動のモデルで取り扱える誤差は，主に無負荷運転時の幾何学的な誤差である．工作機械の精度に関する試験方法を規定している JIS B 6191[5) に基づいて，幾何学的な誤差に関係する項目を取り出し，工作機械の形状創成運動を構成する直線運動と回転運動にあてはめると，幾何学的な誤差を表 2.2 のようにまとめることができる．このうち案内誤差は，形状創成運動に含まれる個々の直線運動と回転運動に関係する誤差であり，組立誤差は一対の直線運動軸または回転運動軸の間の相対的な誤差である．

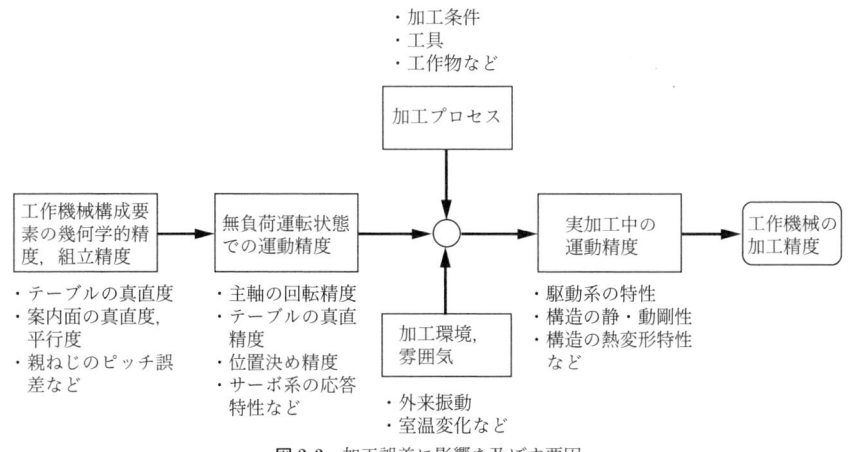

図 2.3 加工誤差に影響を及ぼす要因

表 2.2 工作機械の幾何学的誤差

案内誤差	直線案内における案内誤差 　　位置決め誤差，真直度誤差，姿勢度誤差（ロール，ヨー，ピッチ） 回転案内における案内誤差 　　回転角誤差，アンギュラ誤差，アキシアル誤差，ラジアル誤差
組立誤差	互いに直交する案内をもつ構成要素間の組立誤差 　　構成誤差（直角度誤差，軸心ずれ誤差） 　　調整誤差（傾き誤差，位置ずれ誤差） 互いに平行な案内をもつ構成要素間の組立誤差 　　構成誤差（平行度誤差，軸心ずれ誤差） 　　調整誤差（傾き誤差，位置ずれ誤差）

(a) 直線運動の誤差　　　　(b) 回転運動の誤差

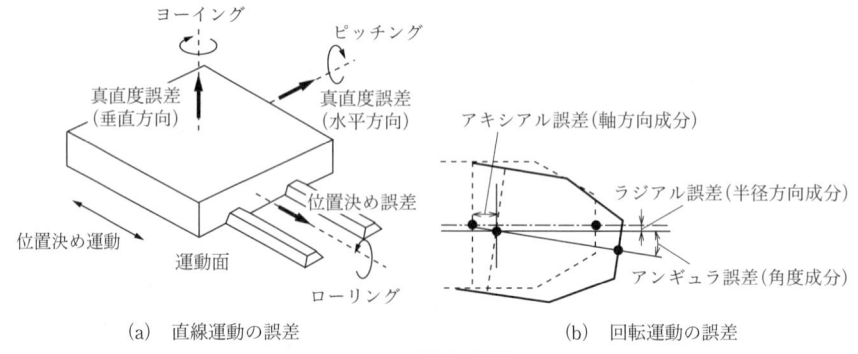

図 2.4 運動の誤差

図 2.4 に示す直線運動と回転運動の誤差には，一般に自由運動の場合と同じように，図 2.2 に示す 3 軸方向の直線誤差と 3 軸まわりの回転誤差が含まれる．これらの誤差は，通常の直線運動と回転運動と同様，同次座標変換行列で記述することができる．さらに，運動誤差が小さく，二次以上の項を無視できる場合には，運動誤差を表す行列 E は次式で表現することができる．

$$E = \begin{pmatrix} 0 & -\gamma & \beta & \delta_x \\ \gamma & 0 & -\alpha & \delta_y \\ -\beta & \alpha & 0 & \delta_z \\ 0 & 0 & 0 & 0 \end{pmatrix} \quad (2.1.8)$$

ここで，δ_x，δ_y，δ_z はそれぞれ X，Y，Z 軸方向の直線誤差を，α，β，γ はそれぞれ X，Y，Z 軸まわりの回転誤差を表す．

この行列 E を用いて，案内誤差を含む運動を表現する場合，図 2.5 に示す系統的な誤差とランダムな誤差に分けて考えることが必要になる．系統的な誤差とは，図 2.5(a) に示すように運動方向そのものが正規の方向から誤差をもつものである．また，ランダムな誤差とは，図 2.5(b) に示すように，運動方向は大局的には所定の方

(a) 系統的な誤差　　　　　(b) ランダムな誤差

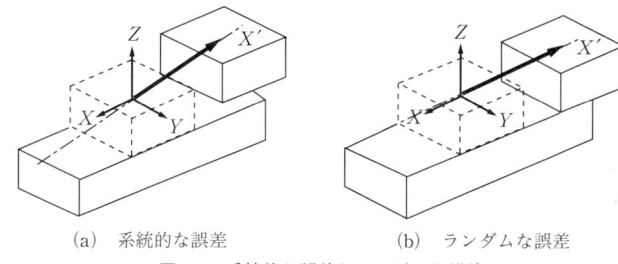

図 2.5 系統的な誤差とランダムな誤差

向を向いているが，局部的に存在する幾何学的誤差である．系統的な誤差とランダムな誤差は，運動誤差を記述する式（2.1.8）を用いて以下の式で表現することができる．

 i) 系統的誤差

$$A_a = (I+E)A \tag{2.1.9}$$

ここで，A は理想的な運動を表す行列，I は単位行列を示す．すなわち，この場合，運動軸の方向そのものがずれているため，誤差行列 E は運動を表す行列の前に作用する．

 ii) ランダムな誤差

$$A_a = A(I+E) \tag{2.1.10}$$

この場合，運動軸は大局的には正しいため，誤差行列は理想的な運動を表す行列の後に作用する．

 iii) 組立誤差　　2つの運動①と運動②を考え，それらの運動軸の間に組立誤差が存在する場合については，次式で表現することができる．

$$A_a = A_1(I+E)A_2 \tag{2.1.11}$$

ここで，A_1，A_2 は理想的な運動①と運動②を表す行列であり，誤差行列は両者の間に入れる必要がある．すなわち，運動①を表現する座標系に対して運動②が系統的な誤差をもっていることになる．

誤差を含む工具と工作物間の形状創成運動は，式（2.1.6）および表 2.1 に含まれる直線運動と回転運動の行列を式（2.1.9）〜（2.1.11）の行列で置き換えることにより表現することができる．

2.1.3　5軸マシニングセンタの組立誤差のモデル化と解析

ここでは，形状創成運動モデルの適用例として，5軸マシニングセンタにおける組立誤差が，工具と工作物間の形状創成運動の誤差に与える影響を解析した結果について説明する[6]．

5軸マシニングセンタは，5つの送り運動軸をもち，一般に3つの直線送り運動軸と2つの回転送り運動軸が組み合わされる．このうち，回転運動軸を与える位置を変

$k_a=123646$ 　　　　　$k_b=612346$ 　　　　　$k_c=641236$
(a) 工具旋回型　　　　(b) 工具・工作物旋回型　　(c) 工作物旋回型

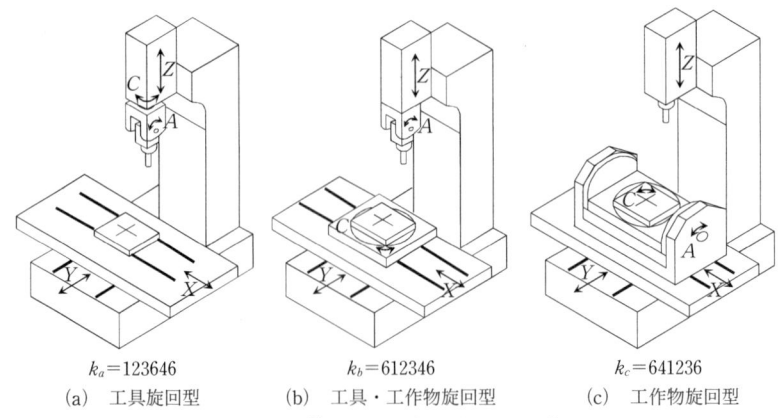

図 2.6　5 軸マシニングセンタのモデル化

えることにより，いくつかの形態を考えることができる．ここでは，図 2.6 に示す 3 種類の代表的な形態を考え，組立誤差が形状創成運動の誤差に与える影響を解析する．ここで，組立誤差とは，工作機械の部品加工時および組立時に生じる送り運動軸と切削運動軸の相対的な位置や姿勢に関する誤差である．例えば，図 2.6(c) に示す工作物旋回型マシニングセンタの場合，C 軸と A 軸，A 軸と X 軸および X 軸と Y 軸の相対的な位置や姿勢に関する誤差である．

これらの形状創成コードは，以下のようになる．

ⅰ）工具旋回型
$$k_a = 123646 \tag{2.1.12}$$

ⅱ）工具・工作物旋回型
$$k_b = 612346 \tag{2.1.13}$$

ⅲ）工作物旋回型
$$k_c = 641236 \tag{2.1.14}$$

これらの形状創成コードに基づいて，工具と工作物の間の形状創成運動を記述すると，以下のようになる．

ⅰ）工具旋回型
$$\boldsymbol{r}_W = A^3(d_1) A^1(x) A^3(d_2) A^2(y) A^3(d_3) A^3(z) A^3(d_4) A^6(\theta_1) A^3(d_5) A^4(\varphi_1) A^3(d_6) A^6_c(\theta_2) A^3(d_7) \boldsymbol{r}_T \tag{2.1.15}$$

ⅱ）工具・工作物旋回型
$$\boldsymbol{r}_W = A^3(d_1) A^6(\theta_1) A^3(d_2) A^1(x) A^3(d_3) A^2(y) A^3(d_4) A^3(z) A^3(d_5) A^4(\varphi) A^3(d_6) A^6_c(\theta_2) A^3(d_7) \boldsymbol{r}_T \tag{2.1.16}$$

ⅲ）工作物旋回型
$$\boldsymbol{r}_W = A^3(d_1) A^6(\theta_1) A^3(d_2) A^4(\varphi) A^3(d_3) A^1(x) A^3(d_4) A^2(y) A^3(d_5) A^3(z) A^3(d_6) A^6_c(\theta_2) A^3(d_7) \boldsymbol{r}_T \tag{2.1.17}$$

ここで，$A^j(*)$：送り運動および運動軸の位置を表現する行列，$A^j{}_c(*)$：切削運動を表現する行列，x, y, z：直線送り量を表すパラメータ，θ_1, φ_1：回転送り量を表すパラメータ，θ_2：切削運動の回転角を表すパラメータ，d_i：切削運動軸および送り運動軸の相対位置を表すパラメータである．

これらの形状創成運動を表現するために必要な構成要素の座標系とそれらの位置関係を図2.7に示す．上記の式を用いることにより，工具座標系における工具加工点の位置ベクトルを最終的に加工物座標系の位置ベクトルに変換することができる．

式 (2.1.8) に示すように，一対の運動軸間の相対位置および姿勢に関する誤差を表現するには6つのパラメータを指定する必要がある．しかし，図2.6に示す工作機械の構成要素の座標系を，以下のように適切に設定することで，必要なパラメータ数を少なくすることが可能である．すなわち，構成要素の座標系を以下のように設定する．

ⅰ) 工具旋回型　Z軸を回転切削軸（主軸）に一致させ，Y軸をZ軸およびX軸方向の回転運動軸（A軸）に垂直に設定する．

ⅱ) 工具・工作物旋回型　Z軸を回転切削軸（主軸）に一致させ，Y軸をZ軸およびX軸方向の回転運動軸（A軸）に垂直に設定する．

ⅲ) 工作物旋回型　Z軸を回転切削軸（主軸）に一致させ，X軸をZ軸およびY軸方向の直線運動軸に垂直に設定する．

以上のように座標系を設定することにより，5軸マシニングセンタの組立誤差を表現するために必要なパラメータは表2.3のようになる．表中 $*_{ij}$ は，運動軸 i と運動軸 j との間の組立誤差を示す．すなわち，それぞれのマシニングセンタの組立誤差は，合計13個のパラメータで表現できることになる．このパラメータにより表現される組立誤差を含めた形状創成運動をまとめると以下のようになる．

ⅰ) 工具旋回型
$$r'_W = A^3(d_1) A^1(x) E_{XY} A^3(d_2) A^2(y) E_{YZ} A^3(d_3) A^3(z) E_{ZC} A^3(d_4)$$

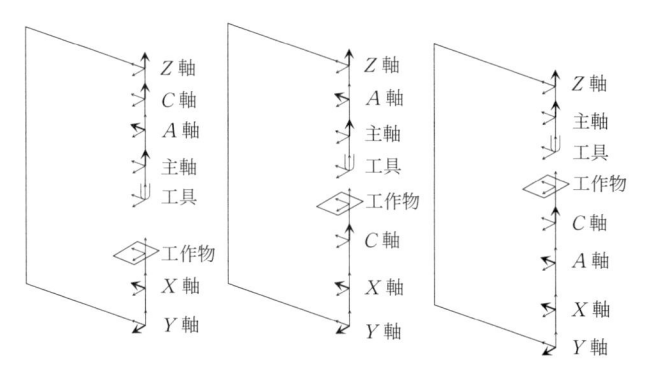

(a) 工具旋回型　(b) 工具・工作物旋回型　(c) 工作物旋回型

図2.7 5軸マシニングセンタの座標系

表 2.3 組立誤差のパラメータ

組立誤差	工具旋回型	工具・工作物旋回型	工作物旋回型
①	β_{XY}, γ_{XY}	$\alpha_{CX}, \beta_{CX}, \delta_{xCX}, \delta_{yCX}$	$\alpha_{CA}, \beta_{CA}, \delta_{xCA}, \delta_{yCA}$
②	α_{YZ}, γ_{YZ}	β_{XY}, γ_{XY}	$\beta_{AX}, \gamma_{AX}, \delta_{yAX}, \delta_{zAX}$
③	α_{ZC}, β_{ZC}	α_{YZ}, γ_{YZ}	β_{XY}, γ_{XY}
④	$\alpha_{CA}, \beta_{CA}, \delta_{xCA}, \delta_{yCA}$	α_{ZA}, β_{ZA}	α_{YZ}
⑤	$\beta_{AS}, \delta_{yAS}, \delta_{zAS}$	$\beta_{AS}, \delta_{yAS}, \delta_{zAS}$	α_{ZS}, γ_{ZS}

$$A^6(\theta_1)\,E_{CA}A^3(d_5)\,A^4(\varphi)\,E_{AC}A^3(d_6)\,A^6{}_C(\theta_2)\,A^3(d_7)\,\boldsymbol{r}_T \tag{2.1.18}$$

ⅱ）工具・工作物旋回型

$$\boldsymbol{r}'_W = A^3(d_1)\,A^6(\theta_1)\,E_{CX}A^3(d_2)\,A^1(x)\,E_{XY}A^3(d_3)\,A^2(y)\,E_{YZ}A^3(d_4)$$
$$A^3(z)\,E_{ZA}A^3(d_5)\,A^4(\varphi)\,E_{AC}A^3(d_6)\,A^6{}_C(\theta_2)\,A^3(d_7)\,\boldsymbol{r}_T \tag{2.1.19}$$

ⅲ）工作物旋回型

$$\boldsymbol{r}'_W = A^3(d_1)\,A^6(\theta_1)\,E_{CA}A^3(d_2)\,A^4(\varphi)\,E_{AX}A^3(d_3)\,A^1(x)\,E_{XY}A^3(d_4)$$
$$A^2(y)\,E_{YZ}A^3(d_5)\,A^3(z)\,E_{ZC}A^3(d_6)\,A^6{}_C(\theta_2)\,A^3(d_7)\,\boldsymbol{r}_T \tag{2.1.20}$$

ここで，$\boldsymbol{r}'_W$：組立誤差を考慮した工具上の点の位置ベクトル，E_{ij}：運動軸 i と運動軸 j の間の組立誤差である．

以下では，式 (2.1.18)〜(2.1.20) で表現される形状創成運動を用いて，それぞれの組立誤差のパラメータ E_{ij} が加工面の加工誤差に与える影響を解析する．解析の際の条件を，以下のように設定する．

① 加工面は，図 2.8(a) に示す半球とする．ただし，この半球は，工作物テーブルの中心からはオフセットされて取り付けられている．すなわち，工作物テーブルの回転中心軸と半球面の中心軸は一致しない．

② 加工法は，図 2.8(b) に示すエンドミル加工とする．ただし，工具の回転中心軸は，半球の法線方向を向くように制御する．

③ エンドミル工具の幾何学的誤差および切削運動軸の回転誤差は存在しない．

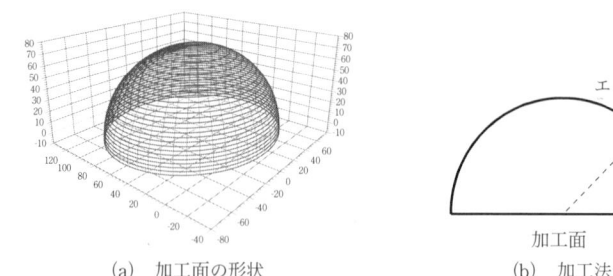

(a) 加工面の形状　　　　　(b) 加工法

図 2.8　半球面の加工

以上の条件にしたがって，組立誤差により，エンドミル工具の先端位置がどの程度の位置誤差になるかについて解析を行う．

（1）工具経路情報の生成　理想的な形状創成運動を表現する式 (2.1.15)〜(2.1.17) を用いて，図 2.8(a) の半球面を加工する際に必要な理想的な工具経路を求める．すなわち，これらの式に含まれる送り運動のパラメータの時系列データを生成する．

（2）組立誤差を含む工具経路の生成　組立誤差を含む式 (2.1.18)〜(2.1.20) を用いて，組立誤差を含む工具経路を生成する．ただし，ここでは表 2.3 に示す組立誤差のパラメータが加工面の誤差に及ぼす影響を解析するために，それぞれの組立誤差の値は単位値に設定する．すなわち，回転誤差は $10\,\mu\mathrm{rad}$，直線誤差は $10\,\mu\mathrm{m}$ とする．また，それぞれの組立誤差パラメータの影響を独立して解析するため，1回の解析では1つの組立誤差パラメータの値を単位量とし，ほかのパラメータの値は0とする．

（3）加工面の誤差の計算　組立誤差を含む工具経路からエンドミル工具先端の工作物座標系における座標値を求め，加工面との距離を加工誤差とする．ただし，加工誤差は，半球の法線方向の距離として求める．

以上の手順に基づいて，各組立誤差のパラメータごとに求めた加工面の加工誤差を表 2.4 に示す．ここで，平均値は半球上の各点（約 1500 点）における加工誤差の平均を表し，標準偏差は半球上の各点における加工誤差の標準偏差である．この表より，組立誤差の各パラメータが，どの程度加工誤差に影響を与えるかを理解することができる．すなわち，加工誤差の平均と標準偏差が 0 のパラメータは，この加工面の

表 2.4　組立誤差が加工誤差に与える影響

工具旋回型			工具・工作物旋回型			工作物旋回型		
組立誤差	加工誤差 [μm]		組立誤差	加工誤差 [μm]		組立誤差	加工誤差 [μm]	
	平均値	標準偏差		平均値	標準偏差		平均値	標準偏差
δ_{xCA}	5.1	2.9	δ_{xCX}	0.7	0.7	δ_{xCA}	0.0	0.0
δ_{yCA}	5.1	2.9	δ_{yCX}	4.8	2.4	δ_{yCA}	8.0	2.1
δ_{yAS}	5.1	2.9	δ_{yAS}	4.8	2.4	δ_{zAX}	10.0	0.0
δ_{zAS}	4.8	2.9	δ_{zAS}	4.8	2.4	δ_{yAX}	0.0	0.0
β_{XY}	0.8	0.4	α_{CX}	0.9	0.2	α_{CA}	1.0	0.3
γ_{XY}	1.2	0.8	β_{CX}	0.2	0.1	β_{CA}	0.2	0.1
α_{YZ}	1.5	0.8	β_{XY}	0.2	0.2	β_{AX}	0.3	0.2
γ_{YZ}	0.0	0.0	γ_{XY}	0.0	0.0	γ_{AX}	0.0	0.0
α_{ZC}	4.8	0.8	α_{YZ}	6.2	1.2	β_{XY}	0.0	0.0
β_{ZC}	4.4	2.5	γ_{YZ}	0.2	0.2	γ_{XY}	0.0	0.0
α_{CA}	3.2	1.7	α_{ZA}	3.8	2.2	α_{YZ}	1.6	0.4
β_{CA}	3.2	1.7	β_{ZA}	0.6	0.6	α_{ZS}	3.5	1.8
β_{AS}	0.0	0.0	β_{AS}	0.2	0.2	β_{ZS}	0.0	0.0

誤差には全く影響を与えない．また，加工誤差の平均と標準偏差が大きいパラメータは，加工誤差に大きな影響を与える．

本節では，工作機械における工具と工作物間の形状創成運動のモデル化，モデルに基づく加工誤差の解析例について示した．形状創成運動モデルは，従来は定性的・経験的に取り扱われてきた工作機械の形状創成運動と加工形状との対応関係，あるいは工作機械の運動精度と加工精度との対応関係を，数学モデルを用いて解析的に取り扱うための基礎理論のひとつである．この理論を応用することで，工作機械の設計を合理的に行うことが可能になると期待される．

なお，モデルの詳細および応用例については，文献2）を参照されたい．

〔杉村延広〕

▶▶ 文　献

1) V. Portman : Machine tool form-shaping systems : Theory development and design application,工作機械形状創成理論の基礎と応用に関するシンポジウム講演資料集，pp. 1-47，工作機械形状創成理論研究会（1994）
2) 稲崎一郎，岸浪建史，竹内芳美，杉村延広：工作機械の形状創成理論，養賢堂（1997）
3) JIS B 6310
4) D. F. Rogers and J. A. Adams（山口富士夫訳）：コンピュータグラフィックス，pp. 52-95，日刊工業新聞社（1979）
5) JIS B 6191
6) 杉村延広，村部敦史：5軸工作機械の精度設計に関する基礎的研究，日本機械学会論文集（C編），**67**，657，pp. 445-450（2001）

2.2　加工機械システムの設計

2.2.1　静　剛　性

静剛性は，任意の点に作用させる荷重と，それに対応する参照点の静変位から

$$静剛性 = \frac{荷重}{静変位} \qquad (2.2.1)$$

と定義される．剛性が必要な理由を以下に示す．
① テーブルやコラムが移動した場合，運動の真直度，各軸間の直角度などの精度維持
② 加工精度と再生びびり振動の抑制
③ 各送り軸制御の安定性と位置決め精度維持

剛性を保持するための基本構造は，図2.9に示すように①ベッド，②コラム，③主軸頭，④テーブルなどであり，それらは案内面により支持される．加工点では主軸とテーブル間に相対的に力が作用する．その力の流れが直列的であるときは，図2.10に示されるように，各部分の剛性を直列ばねとして扱うことができる．直列ば

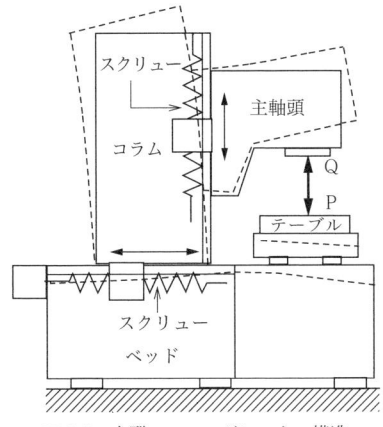

図 2.9　立型マシニングセンタの構造

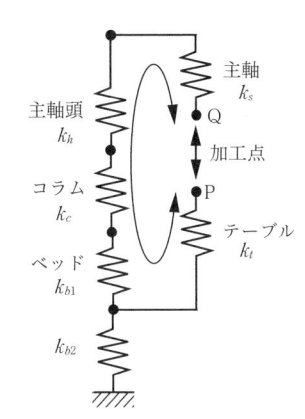

図 2.10　各基本剛性をばねで表示したモデル

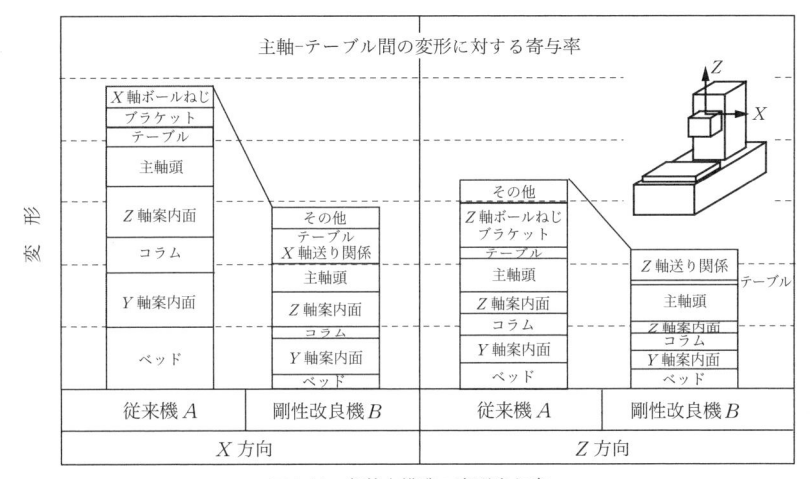

図 2.11　各基本構造の変形寄与率

ね系では，ほかの部分の剛性が大きくても，その一部でも剛性が不足すると，主軸-テーブル間の剛性に大きく影響する．したがって，各部分は剛性的にバランスを保った設計が必要となる．図 2.11 は，マシニングセンタのテーブル-主軸間の相対変位として，各基本構造が負担する変形寄与率の測定結果であり，変形の大きい部分の剛性を改善することで，全体の剛性を改善した例である．

上記のように，各部の基本構造の剛性がどのように変形を負担しているか，設計段階で予測することが重要である．

a. 曲げに関する剛性[1]

ベッドやコラムなど，構造が単純な場合は，曲げ剛性は構造断面の断面二次モーメ

ントを計算する．断面二次モーメントの代表的な断面形状についてその計算式を表 2.5 に示す．

複雑な断面形状では，以下の方法で断面二次モーメントを計算できる[1,2]．図 2.12(a) に示すように，断面の中心を原点とし，断面の主軸を y 軸および z 軸とすると，断面二次モーメント I は

$$I = \int_A y^2 dA \tag{2.2.2}$$

となる．図 2.12(b) に示すように，ハッチングで図示した断面の図心 G に関する断面二次モーメントを I_G，断面積を A とすれば，その軸に平行で距離 e の軸 ξ に関す

表 2.5 簡単な形状の断面二次モーメント

断 面 形	断面二次モーメント
① 長方形（幅 b，高さ h）	$I = \dfrac{bh^3}{12}$
② 中空長方形（外 $b_2 \times h_2$，内 $b_1 \times h_1$）	$I = \dfrac{1}{12}(b_2 h_2{}^3 - b_1 h_1{}^3)$
③ U 字形断面（幅 b，高さ h，脚幅 c，肉厚 t）	$y_g = \dfrac{2bh + 2h^2 - bt + 2ct - 4ht}{2(b + 2(c + h - 2t))}$ $I = \{t(b^2 t^2 + 4b(2h^3 - 9h^2 t + 14ht^2 - 8t^3 +$ $\quad c(6h^2 - 12ht + 7t^2)) + 4((h-2t)^4 + c^2 t^2 +$ $\quad c(4h^3 - 18h^2 t + 28ht^2 - 16t^3)))\}/\{12(b + 2(c + h - 2t))\}$
④ 円（直径 d）	$I = \dfrac{\pi d^4}{64}$
⑤ 中空円（外径 d_1，内径 d_2）	$I = \dfrac{\pi(d_1{}^4 - d_2{}^4)}{64}$

図2.12 平行軸に関する断面二次モーメント

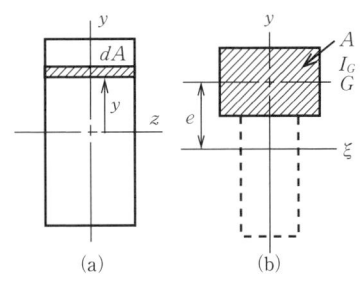

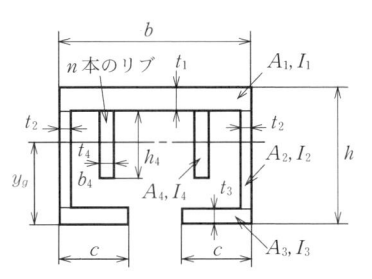

図2.13 複雑な断面形状

る断面二次モーメント I_ξ は

$$I_\xi = I_G + Ae^2 \tag{2.2.3}$$

となる．例として，図2.13の複雑形状の断面二次モーメントを以下に示す．重心の位置 y_g は

$$y_g = \frac{b(h-t_1/2)t_1 + ct_3^2 + t_2(h-t_1-t_3)(h-t_1+t_3) + h_4 n(h-h_4/2-t_1)t_4}{bt_1 + 2t_2(h-t_1-t_3) + 2ct_3 + h_4 nt_4} \tag{2.2.4}$$

により与えられる．e_1, e_2, e_3, e_4 を

$$e_1 = h - \frac{t_1}{2} - y_g \tag{2.2.5}$$

$$e_2 = \frac{h-t_1-t_3}{2} + t_3 - y_g \tag{2.2.6}$$

$$e_3 = \frac{t_3}{2} - y_g \tag{2.2.7}$$

$$e_4 = h - \frac{h_4}{2} - t_1 - y_g \tag{2.2.8}$$

とおき，各断面積 A_i と I_i を

$$A_1 = bt_1, \quad A_2 = t_2(h-t_1-t_3), \quad A_3 = ct_3, \quad A_4 = t_4 h_4 \tag{2.2.9}$$

$$I_1 = \frac{bt_1^3}{12} \tag{2.2.10}$$

$$I_2 = \frac{t_2(h-t_1-t_3)^3}{12} \tag{2.2.11}$$

$$I_3 = \frac{ct_3^3}{12} \tag{2.2.12}$$

$$I_4 = \frac{t_4 h_4^3}{12} \tag{2.2.13}$$

とおくと，最終的な断面二次モーメント I は

$$I = I_1 + A_1 e_1^2 + 2(I_2 + A_2 e_2^2) + 2(I_3 + A_3 e_3^2) + n(I_4 + A_4 e_4^2) \tag{2.2.14}$$

により求められる．

図2.14に示す片持ばりのたわみ変形は，P を荷重，E を縦弾性係数として，荷重

図 2.14 片持ばり

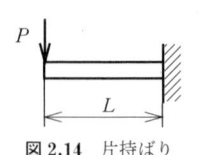

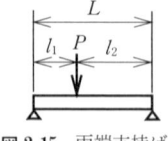

図 2.15 両端支持ばり

点のたわみ δ は

$$\delta = \frac{PL^3}{3EI} \quad (2.2.15)$$

となり，荷重点の剛性 K_{b1} は

$$K_{b1} = \frac{3EI}{L^3} \quad (2.2.16)$$

となる．図 2.15 に示す両端支持ばりでは

$$\delta = \frac{Pl_1^2 l_2^2}{3EIL} \quad (2.2.17)$$

となり，荷重点での剛性 K_{b2} は

$$K_{b2} = \frac{3EIL}{l_1^2 l_2^2} \quad (2.2.18)$$

である．

b. ねじりに関する剛性[1]

開口部や複雑なリブのある構造では，有限要素法（FEM）を用いる計算法が一般的に利用されている．剛性設計の指針としては，以下のようになる．

① 曲げの剛性は，断面二次モーメント I の大きさに比例するので，できるだけ I を大きくする．

② ねじりの剛性は，コラムなどの形状では表 2.6 ③の式で示されるように，コラム外周で囲まれる面積の二乗に比例するので，この面積が大きくなるように設計する．

③ 構造を形成する外周部に開口部をつくる必要があるときは，その開口部をできるだけ小さくする．

④ ベッドなど平たい箱形構造では，裏板をつけるとねじり剛性が向上するので図 2.16(b) のように裏板をつける．構造内部のます目状のリブは，ベッドの上面に作用する局部的な力に対して効果があり，曲げに対する断面二次モーメントを改善できる効果があるが，ねじりに対してはさほど有効ではない．

⑤ ベッドのような構造では，図 2.16(a) に示す厚み h により，断面二次モーメントが大きく影響するので，h を適切な値に設計する．

実際には構造が複雑なので，FEM を用いて静変形を計算することが望ましい．

［主軸の静剛性］ 主軸の静剛性を詳細に計算するには，FEM を使用するのが望ましい．しかし簡単に目安をつけたい場合もあるので，たわみの計算式を以下に示す．

図 2.17 は 2 つの異なる断面をもつが，それがばねで支持された系の各位置のたわみ δ_i と，たわみ角 θ_i について示す．

各変断面位置における，それぞれのたわみ，たわみ角は

$$\delta_1 = \frac{PL_1^2(I_2 L_1 + I_1 L_2)}{3EI_1 I_2} + \frac{2L_1 P}{L_2 K_{sp1}} + \frac{P}{K_{sp1}} + P\left(\frac{L_1}{L_2}\right)^2\left(\frac{1}{K_{sp1}} + \frac{1}{K_{sp2}}\right) \quad (2.2.19)$$

表 2.6 ねじり変形の計算式

形　状	計　算　式
① 円筒（径 d, 肉厚 t）	$\theta = \dfrac{4}{\pi d^3 t}\dfrac{TL}{G}$ $K_\theta = \dfrac{\pi d^3 t G}{4L}$
② 開口円筒（径 d, 肉厚 t）	$\theta = \dfrac{3}{\pi d t^3}\dfrac{TL}{G}$ $K_\theta = \dfrac{\pi d t^3 G}{3L}$
③ 矩形閉断面	A は一点鎖線で囲まれる面積 $\theta = \dfrac{1}{4A^2}\left(\dfrac{s_1}{t_1}+\dfrac{s_2}{t_2}+\dfrac{s_3}{t_3}+\dfrac{s_4}{t_4}\right)\dfrac{TL}{G}$ $K_\theta = \dfrac{4A^2 G}{(s_1/t_1 + s_2/t_2 + s_1/t_3 + s_2/t_4)L}$
④ 開断面	$\theta = \dfrac{3TL}{G\sum_i s_i t_i^{\,3}}$ $K_\theta = \dfrac{G\sum_i s_i t_i^{\,3}}{3L}$

T：作用するねじりモーメント，θ：ねじれ角 [rad]，K_θ：ねじり剛性，L：荷重点までの長さ，G：せん断弾性係数

$$\theta_1 = -P\left\{\dfrac{L_1 L_2}{3EI_2} + \dfrac{1}{L_2 K_{sp1}} + \dfrac{L_1^2}{2EI_1} + \dfrac{L_1}{L_2^2}\left(\dfrac{1}{K_{sp1}} + \dfrac{1}{K_{sp2}}\right)\right\} \quad (2.2.20)$$

$$\delta_2 = \dfrac{P(L_1 + L_2)}{K_{sp1} L_2} \quad (2.2.21)$$

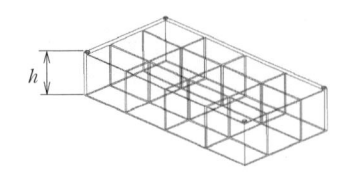

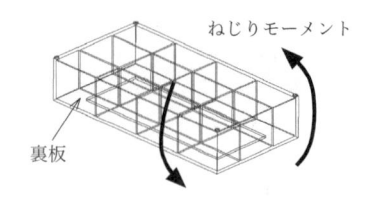

(a) 底に裏板がない場合　　(b) 底に裏板がつく場合

図 2.16　ベッドの一般的なリブの配置

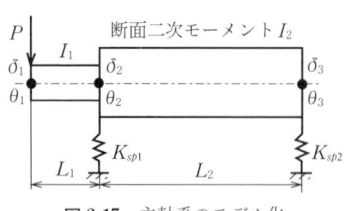

図 2.17　主軸系のモデル化

$$\theta_2 = -P\left\{\frac{L_1 L_2}{3EI_2} + \frac{1}{L_2 K_{sp1}} + \frac{L_1}{L_2^2}\left(\frac{1}{K_{sp1}} + \frac{1}{K_{sp2}}\right)\right\} \tag{2.2.22}$$

$$\delta_3 = \frac{-L_1 P}{L_2 K_{sp2}} \tag{2.2.23}$$

$$\theta_3 = \frac{L_1 L_2 P}{6EI_2} - \frac{L_1 P}{L_2^2 K_{sp1}} - \frac{P}{L_2 K_{sp1}} - \frac{L_1 P}{L_2^2 K_{sp2}} \tag{2.2.24}$$

であり，E：材料の縦弾性係数，P：先端に作用する荷重，K_{sp1}，K_{sp2}：主軸を支持するばね定数である．上記の K_{sp1}，K_{sp2} を無限大にすれば，支持-支持系のたわみと，たわみ角を得ることができ，

$$\delta_1 = \frac{PL_1^2(I_2 L_1 + I_1 L_2)}{3EI_1 I_2} \tag{2.2.25}$$

$$\theta_1 = -P\left(\frac{L_1 L_2}{3EI_2} + \frac{L_1^2}{2EI_1}\right) \tag{2.2.26}$$

$$\theta_2 = -P\left(\frac{L_1 L_2}{3EI_2}\right) \tag{2.2.27}$$

$$\theta_3 = \frac{L_1 L_2 P}{6EI_2} \tag{2.2.28}$$

となる．

式 (2.2.28) において，先端のたわみ δ_1 を最小にする最適なスパン L_2 が存在する．δ_1 を L_2 で偏微分すれば，

$$\frac{\partial \delta_1}{\partial L_2} = \frac{PL_1^2}{3EI_2} - \frac{2PL_1^2}{L_2^3 k_{sp1}} - \frac{2PL_1}{L_2^2 k_{sp1}} - \frac{2PL_1^2}{L_2^3 k_{sp2}} \tag{2.2.29}$$

となり，

$$\frac{\partial \delta_1}{\partial L_2} = 0 \tag{2.2.30}$$

とおいて L_2 を求めれば，たわみを最小にする L_2 が得られる．静的な変形は上記の式で計算できるが，工作機械の場合には，共振ピークにおける動的なコンプライアンスを小さくすることが重要なので，FEM による動解析の結果も考慮して，最終的なスパンや軸径を決める方がよい．

2.2.2 動　剛　性

　機械には必ず固有振動数があるので，加振される力 F と角周波数 ω によって，振動振幅 X が異なる．機械が振動しやすいかどうかは，静剛性のように力と変位の関係だけでは決まらない．機械に異常がなくても，機械の固有振動数で機械を加振すれば，機械の振動は大きくなる．図 2.18(a) は実験的に周波数応答を得るための加振試験の概念である．機械に正弦波状の振動外力を加えたとき，その周波数ごとの剛性を定義したものが周波数応答であり，動剛性である．動剛性の逆数はコンプライアンスであり，工作機械の分野では自励びびり振動の安定さを比較するために，しばしば使用される．

　角周波数を ω とすると，動剛性 $H(\omega)$，またはコンプライアンス $G(\omega)$ は

$$H(\omega)=\frac{F}{X}, \qquad G(\omega)=\frac{X}{F} \qquad (2.2.31)$$

により定義され，力と変位の伝達関数となる．このような周波数応答解析（動剛性計算）には，計算による解析と，実験的に加振試験を行い，その結果をさらに計算処理する方法とがある．前者は理論モード解析，後者は実験モード解析と呼ばれている．周波数応答解析は，固有値解析結果から固有モードを重ね合わせて求める理論モード解析と，質量，剛性，減衰行列からなる運動方程式を直接解く方法がある．両者の特徴を以下に示す．

・理論モード解析 ─────── 計算時間が短く高速計算が可能（大規模モデル向き）
・運動方程式直接解法 ── 計算時間が長いが，どんな減衰行列にも対応できる
　　　　　　　　　　　　　（回転軸系など小規模モデル向き）

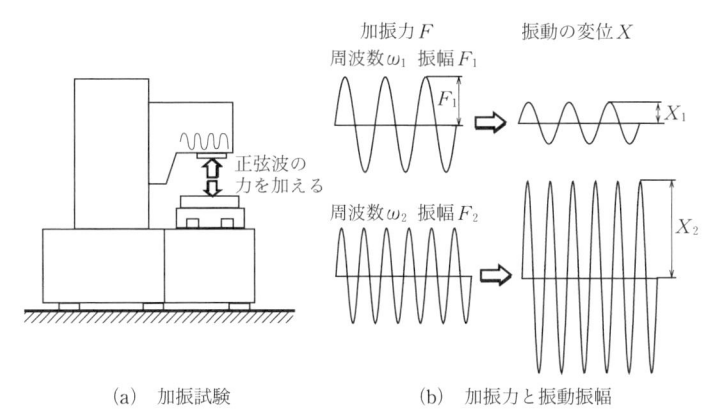

図 2.18　周波数応答の概念

a. 動剛性の解析法

　動剛性の解析は，FEM を用いて機械構造を有限要素に分割して固有値解析を行い，その結果を用いて理論モード解析により行われるのが一般的である（図 2.19）．

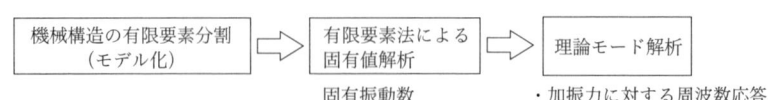

```
機械構造の有限要素分割  →  有限要素法による  →  理論モード解析
    （モデル化）              固有値解析
                          固有振動数            ・加振力に対する周波数応答
                          振動モード              （動剛性，コンプライアンス）
                                              ・ランダムな加振波形に対する
                                                時刻歴応答
                                              ・加振力に対応した構造的に弱
                                                いモードの抽出
```

図 2.19 動剛性解析の手順

固有値解析だけでは，力に対応した振動の変位が得られない．構造的に弱い振動モードを見つけるために，理論モード解析が必要となる．

（1） 1自由度振動系のコンプライアンス 1自由度系の概念は基本であり，多自由度系を理解するうえでも重要である．図 2.20 に示す1自由度系の質量を m，ばね定数を k，粘性減衰係数を c，外力を f とすると，運動方程式は以下のように示される．

$$m\ddot{x} + c\dot{x} + k = f \qquad (2.2.32)$$

ここで，m に正弦波の外力を加えると，定常的な応答変位は正弦波となる．したがって ω を加振周波数とすると，f, x を

図 2.20 1自由度振動モデル

$$f = Fe^{j\omega t}, \qquad x = Xe^{j\omega t} \qquad (2.2.33)$$

とおいて，式（2.2.33）を式（2.2.32）に代入すると，コンプライアンスは

$$\frac{X}{F} = \frac{1}{-\omega^2 m + j\omega c + k} \qquad (2.2.34)$$

となる．ここで，j は虚数単位である．固有角振動数を Ω[rad/s]，減衰比を ζ とすると

$$\Omega = \sqrt{\frac{k}{m}}, \qquad \zeta = \frac{c}{2\sqrt{mk}} \qquad (2.2.35)$$

で定義される．この Ω, ζ を用いて，コンプライアンスを書き直すと式（2.2.34）は

$$\frac{X}{F} = \frac{1}{m(-\omega^2 + \Omega^2 + j2\zeta\omega\Omega)} = \frac{1}{k\{-(\omega/\Omega)^2 + j2\zeta(\omega/\Omega) + 1\}} \qquad (2.2.36)$$

となる．$\omega = 0$ のときは $X/F = 1/k$ となり，静剛性の逆数となることがわかる．

加振周波数が固有角振動数に等しいとき，すなわち $\omega = \Omega$ のときは

$$\frac{X}{F} = -\frac{j}{2\zeta k} \qquad (2.2.37)$$

となり，実数部がゼロで，虚数部が，減衰比とばね定数を乗じた値の逆数の1/2となる．ζ が小さいときは，Ω でコンプライアンスが近似的に最大値となり，力に対して，変位の位相が 90°遅れる．

厳密な意味で，コンプライアンスが最大となる角周波数 ω_c は

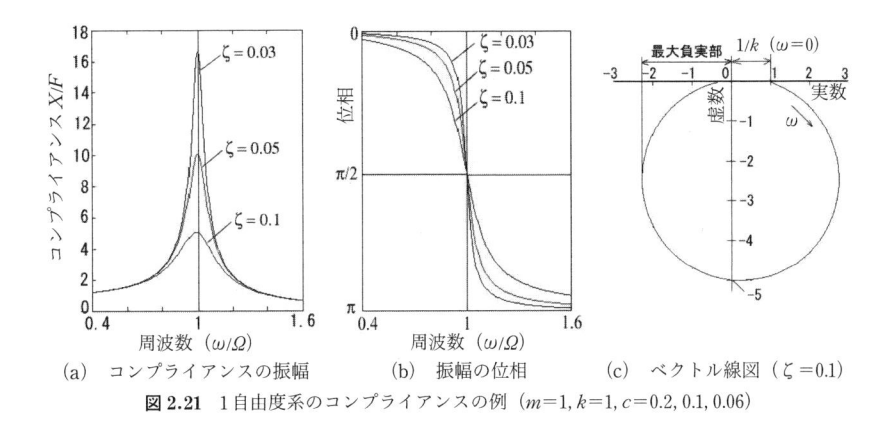

(a) コンプライアンスの振幅　(b) 振幅の位相　(c) ベクトル線図（$\zeta=0.1$）

図 2.21　1自由度系のコンプライアンスの例（$m=1, k=1, c=0.2, 0.1, 0.06$）

$$\omega_c = \Omega\sqrt{1-2\zeta^2} \quad (2.2.38)$$

である．図 2.21 に，この振幅，位相，実数項と虚数項からなるベクトル線図の例を示す．

（2）多自由度系のコンプライアンス[6〜9]

① 不減衰系の固有値解析：時間を t とし，変位を $x(t)$，力を $f(t)$，質量行列を $[M]$，剛性行列を $[K]$ とすると運動方程式は

$$[M]\{\ddot{x}(t)\} + [K]\{x(t)\} = \{f(t)\} \quad (2.2.39)$$

となる．ここで，$f(t)$ を正弦波とすれば，定常的には応答 $x(t)$ も正弦波となる．e を自然対数の底，j を虚数単位とすると，定常状態における $x(t)$，$f(t)$ は

$$x(t) = Xe^{-j\omega t}, \quad f(t) = Fe^{j\omega t} \quad (2.2.40)$$

で表すことができる．これを式（2.2.39）に代入すると

$$([K] - \omega^2[M])\{X\} = \{F\} \quad (2.2.41)$$

となる．ここで，$F=0$ として，一般固有値問題として解くことができる．

$$([K] - \lambda[M])\{\Phi\} = \{0\} \quad (2.2.42)$$

上式の Φ がゼロ以外の解をもつためには

$$\det([K] - \lambda[M]) = \{0\} \quad (2.2.43)$$

となる特性方程式が得られる．これを解けば，固有値 λ と固有ベクトル Φ が得られる．固有ベクトルは固有モード，または単にモードとも呼ばれる．この場合，固有値，固有モードともに実数となる．

不減衰固有角振動数 Ω_i は

$$\Omega_i = \sqrt{\lambda_i} \quad (2.2.44)$$

となる．このとき固有モード Φ を，M，K のそれぞれに前と後から乗じると

$$[m_p] = [\Phi]^T[M][\Phi] = \begin{bmatrix} \ddots & 0 & 0 \\ 0 & m_{pi} & 0 \\ 0 & 0 & \ddots \end{bmatrix}, \quad [k_p] = [\Phi]^T[K][\Phi] = \begin{bmatrix} \ddots & 0 & 0 \\ 0 & k_{pi} & 0 \\ 0 & 0 & \ddots \end{bmatrix}$$
(2.2.45)

となる．m_{pi} は i 次モードのモード質量，k_{pi} は i 次モードのモード剛性である．モードの直交性により，$[m_p]$，$[k_p]$ は，それぞれ対角行列となることに注意すべきである．i 次の固有角周波数 Ω_i と m_{pi}，k_{pi} の関係は

$$\Omega_i = \sqrt{\frac{k_{pi}}{m_{pi}}} \tag{2.2.46}$$

であり，1自由度系の式 (2.2.35) と似た式が得られる．

② 減衰系の固有値解析

i) 比例粘性減衰系の場合：自由振動の運動方程式は $f(t)=0$ とおいて

$$[M]\{\ddot{x}(t)\} + [C]\{\dot{x}(t)\} + [K]\{x(t)\} = \{0\} \tag{2.2.47}$$

となる．

粘性減衰行列 $[C]$ は，M と K がそれぞれ定数 α，β に比例している場合は，比例粘性減衰系と呼ばれ，C は

$$[C] = \alpha[M] + \beta[K] \tag{2.2.48}$$

で与えられるとき，式 (2.2.47) の解を

$$\{x(t)\} = \{X\}e^{\lambda t} \tag{2.2.49}$$

とすれば式 (2.2.47) は

$$\{(\lambda^2 + \alpha\lambda)[M] + (\beta\lambda + 1)[K]\}\{X\} = \{0\} \tag{2.2.50}$$

となり，γ を

$$\gamma^2 = -\frac{\lambda^2 + \alpha\lambda}{\beta\lambda + 1} \tag{2.2.51}$$

とおけば式 (2.2.50) は

$$(\gamma^2[M] - [K])\{X\} = \{0\} \tag{2.2.52}$$

となり，式 (2.2.42) と同じ形となる．したがって比例粘性減衰系であっても，固有値，固有モードは実数となる．不減衰固有角振動数 Ω_i は式 (2.2.46) で求められる．モード減衰係数 c_p は対角行列となり

$$[c_p] = [\Phi]^T[C][\Phi] = \begin{bmatrix} \ddots & 0 & 0 \\ 0 & 2m_{pi}\zeta_i\Omega_i & 0 \\ 0 & 0 & \ddots \end{bmatrix} \tag{2.2.53}$$

となる．1自由度系の減衰比に相当するモード減衰比 ζ_i は，

$$\zeta_i = \frac{c_{pi}}{2\sqrt{m_{pi}k_{pi}}} = \frac{c_{pi}}{2m_{pi}\Omega_i} \tag{2.2.54}$$

で定義される．

[比例粘性減衰系の場合のコンプライアンス（周波数応答解析）] l 点を加振して k 点の周波数応答を求め，コンプライアンスを定義するときは，$\varphi_{k,r}$，$\varphi_{l,r}$ をそれぞ

れ k, l 点の r 次のモード値とし, j を虚数単位, n は計算した固有値の数とする. 多自由度系におけるコンプライアンス X_k/F_l は

$$\frac{X_k}{F_l} = \sum_{r=1}^{n} \frac{\varphi_{k,r}\varphi_{l,r}}{m_{pr}(-\omega^2 + \Omega_r^2 + j2\zeta_r\omega\Omega_r)} \tag{2.2.55}$$

により計算できる. X_k は k 点の振動振幅, F_l は l 点の正弦波による加振力の振幅である. モード質量 m_{pr} がわからないときは, モード質量 m_{pr} が 1 となるように固有モードを正規化できるオプションで固有値解析を行い, その固有モードを使用すればよい. このときは $m_{pr}=1$ とする. このオプションは, 多くの FEM プログラムに備わっている.

式 (2.2.55) からわかるように, $X_k/F_l = X_l/F_k$ であり, これを相反定理という. すなわち, l 点を加振したときの k 点の周波数応答は, k 点を加振したときの l 点の周波数応答と等しくなる. ここで, 計算する固有値の数 n を多くとらないと剛性が高く評価されることに注意すべきである. また $\omega=0$ とした場合は, 静的なコンプライアンスを示す. 式 (2.2.55) は複素数の計算だが, 固有値と, 任意点の固有モードさえわかれば, 容易にコンプライアンスを計算できる.

さらに, 周波数応答における全節点の振動振幅を求めたいときには

$$\{X\} = \sum_{r=1}^{n} \frac{\{\phi_r\}^T\{F\}\{\phi_r\}}{m_{pr}(-\omega^2 + \Omega_r^2 + j2\zeta_r\omega\Omega_r)} \tag{2.2.56}$$

により計算できる. ここで $\{\phi_r\}$ は r 次の固有モードベクトル, $\{X\}$ は周波数応答変位ベクトル, $\{F\}$ は加振力ベクトルである. $[\xi]$ を対角行列として

$$[\xi] = \begin{bmatrix} \ddots & 0 & 0 \\ 0 & \dfrac{1}{m_{pi}(-\omega^2 + \Omega_i^2 + j2\zeta_i\omega\Omega_i)} & 0 \\ 0 & 0 & \ddots \end{bmatrix} \tag{2.2.57}$$

とおくと

$$\{X\} = [\Phi][\xi][\Phi]^T\{F\} \tag{2.2.58}$$

としても計算できる. 固有モード図をみることは物理的な意味の解釈に役に立つが, 固有モードだけでは, 任意の最大となるコンプライアンスに対して, 数多くある固有モードの中でどの固有モードが支配的なのかわからない. 設計において重要なことは, 構造的に弱い部分を探すことであり, そのためには任意の加振点と方向, 周波数で, コンプライアンスが最大となる振動形態がどのようになっているかを知らなければならない. このときは上記のように, 全節点の周波数応答計算を行い, 全節点の振動振幅を, 図に表して考察することが有効な手段であり, これにより具体的な構造改善案が得られる.

ⅱ) 一般粘性減衰の場合：減衰行列 $[C]$ が非比例粘性減衰に相当する場合であり, 運動方程式は式 (2.2.47) と同じになるが

$$[M]\{\dot{x}(t)\} - [M]\{\dot{x}(t)\} = \{0\} \tag{2.2.59}$$

という自明の式を用いて，式 (2.2.47) を書き直すと

$$\begin{bmatrix} C & M \\ M & 0 \end{bmatrix} \begin{Bmatrix} \dot{x}(t) \\ \ddot{x}(t) \end{Bmatrix} + \begin{bmatrix} K & 0 \\ 0 & -M \end{bmatrix} \begin{Bmatrix} x(t) \\ \dot{x}(t) \end{Bmatrix} = \begin{Bmatrix} f \\ 0 \end{Bmatrix} \quad (2.2.60)$$

となる．ここで，

$$[A] = \begin{bmatrix} C & M \\ M & 0 \end{bmatrix}, \quad [B] = \begin{bmatrix} K & 0 \\ 0 & -M \end{bmatrix}, \quad \{y\} = \begin{Bmatrix} x \\ \dot{x} \end{Bmatrix}, \quad \{q\} = \begin{Bmatrix} f \\ 0 \end{Bmatrix} \quad (2.2.61)$$

とおけば

$$[A]\{\dot{y}\} + [B]\{y\} = \{q\} \quad (2.2.62)$$

となる．ここで y の解を

$$\{y\} = [Y]e^{\lambda t} \quad (2.2.63)$$

とおいて $\{q\} = 0$ とすれば式 (2.2.62) は

$$(\lambda[A] + [B])\{Y\} = \{0\} \quad (2.2.64)$$

となり，一般固有値問題となる．このときの固有値 λ_i は以下の共役な複素解が得られる．

$$\begin{aligned} \lambda_i &= -\sigma_i + j\Omega_i' \\ \bar{\lambda}_i &= -\sigma_i - j\Omega_i' \end{aligned} \quad (2.2.65)$$

λ_i の実数部は安定な場合は負となり，減衰の大きさを表す．比例粘性減衰の場合には Ω_i' は比例粘性減衰で定義した無減衰固有角振動数 Ω_i と一致する．

σ_i を

$$\sigma_i = \zeta_i' \Omega_i' \quad (2.2.66)$$

と表すと，比例粘性減衰の場合には ζ_i' は，比例粘性減衰で定義した ζ_i に相当する．実固有モードで振動の節や腹の位置は固定されているが，複素モードではその位置が時間的に変動することが特徴である．

λ_i を対角上に並べた行列を $\boldsymbol{\lambda}$ として，変位の固有モード行列を $\boldsymbol{\Phi}$ とすれば，複素モード行列 $[\psi]$ は

$$[\psi] = \begin{bmatrix} \boldsymbol{\Phi} & \bar{\boldsymbol{\Phi}} \\ \boldsymbol{\Phi}\boldsymbol{\lambda} & \bar{\boldsymbol{\Phi}}\bar{\boldsymbol{\lambda}} \end{bmatrix} \quad (2.2.67)$$

となる．$\bar{\boldsymbol{\Phi}}$, $\bar{\boldsymbol{\lambda}}$ は，それぞれ $\boldsymbol{\Phi}$, $\boldsymbol{\lambda}$ の共役複素数を示す．したがって M, C, K が n 自由度のとき，式 (2.2.64) を解いて得られる解は $2n$ 組の複素固有値と複素固有ベクトルとなる．複素固有値解析は，小規模の自由度では問題ないが，規模が大きくなり数万以上の自由度になると，計算時間，データ量が大きくなり煩雑であること，解の精度などの問題が生じる．したがって通常は，比例粘性減衰を仮定して，実固有値問題として解く方法が一般的に使用されている．

[一般粘性減衰の場合のコンプライアンス（周波数応答解析）[7]]　変位固有モードを $\boldsymbol{\Phi}_i$ と表し，特性値 a_i, b_i, λ_i を

$$a_i = \begin{bmatrix} \boldsymbol{\Phi}^{(i)} \\ \lambda_i \boldsymbol{\Phi}^{(i)} \end{bmatrix}^T [A] \begin{bmatrix} \boldsymbol{\Phi}^{(i)} \\ \lambda_i \boldsymbol{\Phi}^{(i)} \end{bmatrix} \quad (2.2.68)$$

$$b_i = \begin{bmatrix} \boldsymbol{\Phi}^{(i)} \\ \lambda_i \boldsymbol{\Phi}^{(i)} \end{bmatrix}^T [B] \begin{bmatrix} \boldsymbol{\Phi}^{(i)} \\ \lambda_i \boldsymbol{\Phi}^{(i)} \end{bmatrix} \tag{2.2.69}$$

$$\lambda_i = -\frac{b_i}{a_i} \tag{2.2.70}$$

とおくと，q 番目の自由度を加振して，p 番目の自由度のコンプライアンスは

$$\frac{X_p}{F_q} = \sum_{i=1}^{n} \left(\frac{\Phi_p^{(i)} \Phi_q^{(i)}}{j\omega a_i + b_i} + \frac{\overline{\Phi}_p^{(i)} \overline{\Phi}_q^{(i)}}{j\omega \overline{a}_i + \overline{b}_i} \right) \tag{2.2.71}$$

により求められる．$\overline{a}_i$，$\overline{b}_i$ はそれぞれ a_i，b_i の共役複素数を示す．

一般粘性減衰の場合には，比例減衰の場合のようにモード質量 m_p，モード剛性 k_p，モード減衰係数 c_p の定義が成立しないことに注意すべきである．

iii) 運動方程式の直接解法：M, C, K をそれぞれ質量行列，減衰行列，剛性行列とし，ω を角周波数，X を変位とすると運動方程式は

$$M\ddot{X} + C\dot{X} + KX = Fe^{j\omega t} \tag{2.2.72}$$

である．直接解法では，減衰行列がどのようなタイプであってもよい反面，理論モード解析に比較して，計算時間が長くなる特徴がある．調和加振力の場合，応答変位 $X(t)$ を

$$X(t) = Xe^{j\omega t} \tag{2.2.73}$$

とすると (2.2.72) は

$$[(K - \omega^2 M) + j\omega C]\{X\} = \{F\} \tag{2.2.74}$$

となる．すべての振動振幅は上式を直接解くとすると，解は

$$\{X\} = [(K - \omega^2 M) + j\omega C]^{-1}\{F\} \tag{2.2.75}$$

となる．逆行列を解くべき要素は，すべて複素数となり，M, C, K の自由度が N の場合は，D は $2N$ の自由度をもつので，計算時間や計算精度の面で不利となる．したがって複素動剛性行列を D として

$$[D] = [(K - \omega^2 M) + j\omega C] \tag{2.2.76}$$

とする．D の実数項を D_r とし，虚数項を D_i，応答変位 X の実数項を X_r，虚数項を X_i とすると

$$\begin{bmatrix} D_r & -D_i \\ D_i & D_r \end{bmatrix} \begin{Bmatrix} X_r \\ X_i \end{Bmatrix} = \begin{Bmatrix} F \\ 0 \end{Bmatrix} \tag{2.2.77}$$

となる．上記の2行目の関係に着目すると，$D_i X_r + D_r X_i = 0$ だから

$$X_i = -D_r^{-1} D_i X_r \tag{2.2.78}$$

である．これを式 (2.2.77) に代入すると

$$X_r = [D_r + D_i D_r^{-1} D_i]^{-1} \{F\} \tag{2.2.79}$$

となる．X_i は，上式で得られた X_r を，式 (2.2.78) に代入すればよい．

周波数応答を得るには，ω を少しずつ変化させて，何度も式 (2.2.78)，(2.2.79) を計算することになる．

iv) 減衰行列に関して

[比例粘性減衰の係数決定法] 減衰行列を定義することは一般的に難しい．構造減

衰のように減衰が全体に分布している場合は，式 (2.2.48) で示した比例減衰を適用することができる．この比例粘性減衰はレーリー減衰 (Rayleigh damping) とも呼ばれている．この係数 α は質量に比例するので，全体の大きさにも比例するとして考えることもでき，水中，風圧などの流体の中で抵抗を受ける場合に適用できる．β は剛性に比例する係数なので構造減衰に相当する．任意の評価すべき角周波数 ω_n (固有振動数) におけるモード減衰比率 ζ_n と，係数 α，β の関係は

$$\zeta_n = \frac{\alpha}{2\omega_n} + \frac{\beta\omega_n}{2} \qquad (2.2.80)$$

となる．α，β はそれぞれ1組の値で定義されるので，最も卓越した2つの固有振動数を使用して決めなければならない．減衰に関して卓越した2つの角周波数をそれぞれ ω_m，ω_n とし，それに対応するモード減衰比を ζ_n，ζ_m とすると

$$\begin{Bmatrix} \zeta_m \\ \zeta_n \end{Bmatrix} = \frac{1}{2} \begin{bmatrix} 1/\omega_m & \omega_m \\ 1/\omega_n & \omega_n \end{bmatrix} \begin{Bmatrix} \alpha \\ \beta \end{Bmatrix} \qquad (2.2.81)$$

となり，係数 α，β は

$$\begin{Bmatrix} \alpha \\ \beta \end{Bmatrix} = \frac{2\omega_m\omega_2}{\omega_n^2 - \omega_m^2} \begin{bmatrix} \omega_n & -\omega_m \\ -1/\omega_n & 1/\omega_n \end{bmatrix} \begin{Bmatrix} \zeta_m \\ \zeta_n \end{Bmatrix} \qquad (2.2.82)$$

により求められる．このレーリー減衰の仮定は便宜的なものであって，減衰が小さい場合にしばしば適用される．減衰が大きく，その効果が支配的な振動系では，この減衰の仮定は適切ではない．

[モード減衰比から減衰行列を決める方法[8,9]] 固有モードが減衰行列 $[C]$ に関しても式 (2.2.53) のように直交しているとすれば，減衰行列を決めることができる．まず加振試験を行い，得られたコンプライアンスから曲線適合を行って，すべてのモード減衰比を同定して ζ_i を求める．Ω_i，m_{pi} も，i が1からn まで既知であるときは，以下の式で計算できる．

$$[C] = [M][\Phi][Q][\Phi]^T[M] \qquad (2.2.83)$$

$$[Q] = \begin{bmatrix} \ddots & 0 & 0 \\ 0 & \dfrac{2\zeta_i\Omega_i}{m_{pi}} & 0 \\ 0 & 0 & \ddots \end{bmatrix} \qquad (2.2.84)$$

このとき，モード減衰比が現実に合わない値を入力したときには，振動系が明らかに安定であっても減衰行列要素の一部が負になり，不適切な結果が計算されることもあるので注意を要する．また，減衰行列が比例減衰になっていない場合には上記の式を用いることはできない．

（3）工作機械の動剛性解析例[4~6,11] 工作機械は図2.22に示されるように，各基本構造で構成され，その構造の内部には複雑なリブがある．これをひとつの構造としてFEMで解析すると，膨大な有限要素の分割数となり，計算をしばしば困難にする．したがって最近の新しい手法として，各部分構造をそれぞれ解析してその結果を合成し，最終的な全体構造の動特性を得る方法がある．これは部分構造合成法と呼ば

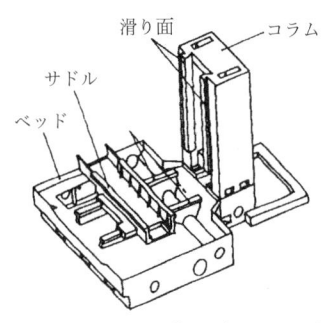

図 2.22 マシニングセンタのフレーム

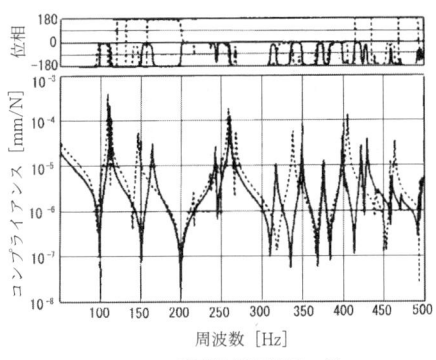

図 2.23 動剛性解析結果の例
（実線：計算結果，点線：実験結果）

れており，詳細は文献を参照されたい．図 2.22 はマシニングセンタの基本構造であり，図 2.23 はこの解析法を使用して動剛性解析を行った例である．

b. 動剛性の測定法

工作機械の動剛性測定方法は，一般に加振機を使用する方法と，荷重センサをつけたインパクトハンマによる打撃加振法に大別される．滑り案内を使用した工作機械など，減衰の大きな工作機械の場合や，振動系に非線形性があるとき，加振力によって動特性が変化する場合は，加振機による正弦波加振が望ましい．非線形性を無視して，平均的に線形特性として動特性を調べるときは，加振機により，加振帯域を制限したランダム波やバーストランダム波による加振が適用できる．さらに動特性の測定結果を後処理して，実験モード解析を行う場合は，加振機を使用して，できるだけ正確な動剛性を得ることが望ましい．

一方，インパクトハンマによる打撃加振法は，手軽に加振できる簡便な方法であるが，減衰の大きな工作機械や，非線形性の強い工作機械の場合には，測定精度の面で不利となることがある．しかしこの加振方法は便利なので，現場でのトラブルシューティングにしばしば使用される．

（1）加振機による方法 加振機のアクチュエータとしては，磁界に置いたコイルに電流を流すタイプの動電型と，油圧サーボ弁を用いた油圧加振機が用いられる．油圧加振機は加振帯域はせいぜい 1 kHz までで，広くすることはできないが，大きな加振力を得られる．動電型加振機は，加振力は油圧加振器に比較して大きくないが，加振波形が正確であり，加振帯域が広くとれる特徴がある．

図 2.24(a) はマシニングセンタのテーブル上に動電型加振機を置いて主軸を加振している例である．同様に図 2.24(b) は平面研削盤のテーブルに小型の動電型加振機を置いて主軸を加振している例である．このとき，加振点を主軸として，加速度センサの位置を主軸および機械の任意の位置に変えて，主軸に対する各部の伝達関数（コンプライアンス）を測定する．さらにこの伝達関数のデータから，実験モード解

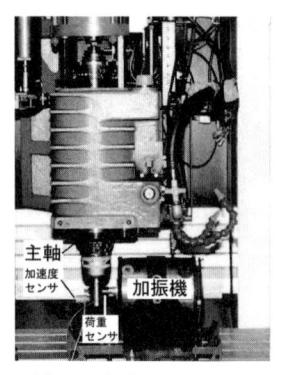

(a) 動電型加振機によるマシニングセンタの加振
(b) 小型加振機による平面研削盤の加振

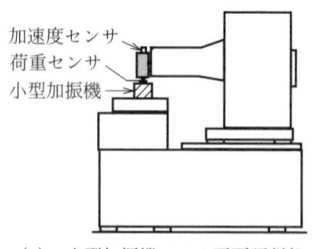

図 2.24　工作機械の加振試験の例

析を行い，各固有振動数におけるモード減衰比率，振動モードを得ることができる．

（2）打撃加振法　図 2.25 に示されるように，力センサがついた打撃加振ハンマで構造物を加振して，そのときの力と振動加速度応答を時間領域の波形として同時に計測する．この 2 つの信号を高速フーリエ変換解析器（FFT）によりフーリエ変換し，周波数領域のデータに変換して割り算すると伝達関数測定が可能となる．この図 2.25 に示した例は，点 A を加振して，点 B の加速度応答を測定していることになるので，伝達関数としてコンプライアンスを定義するときは

$$G_{AB} = \frac{X_B}{F_A} \tag{2.2.85}$$

を測定することになる．

この打撃加振法は加振装置の段取りが不要で，容易に現場で使用できる長所がある反面，測定誤差が入りやすい問題もあるので，以下のような注意が必要である．

① 打撃加振ハンマにおける適切な先端チップの選択：伝達関数として必要な周波数帯域によって，使用する打撃加振ハンマの先端チップを取り替える．

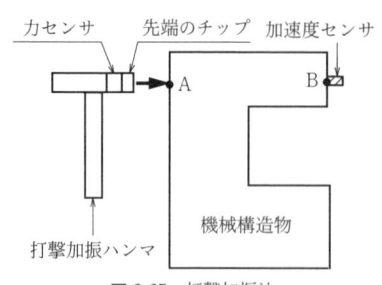

図 2.25　打撃加振法

力の波形は図 2.26 に示すように，先端チップが硬いほど急峻なインパルス波形となる．一方，先端チップが柔らかければ，鈍いインパルス波形となる．図 2.27 に示す力のスペクトルをみると，先端チップが硬いほど加振される周波数帯域が広がる．低い周波数帯域を加振する場合，硬い先端チップを使用すると，低周波数帯域の加振エネルギーが小さくなるので，測定精度が低下するおそれが

図 2.26 力の時間領域波形

図 2.27 力のスペクトル

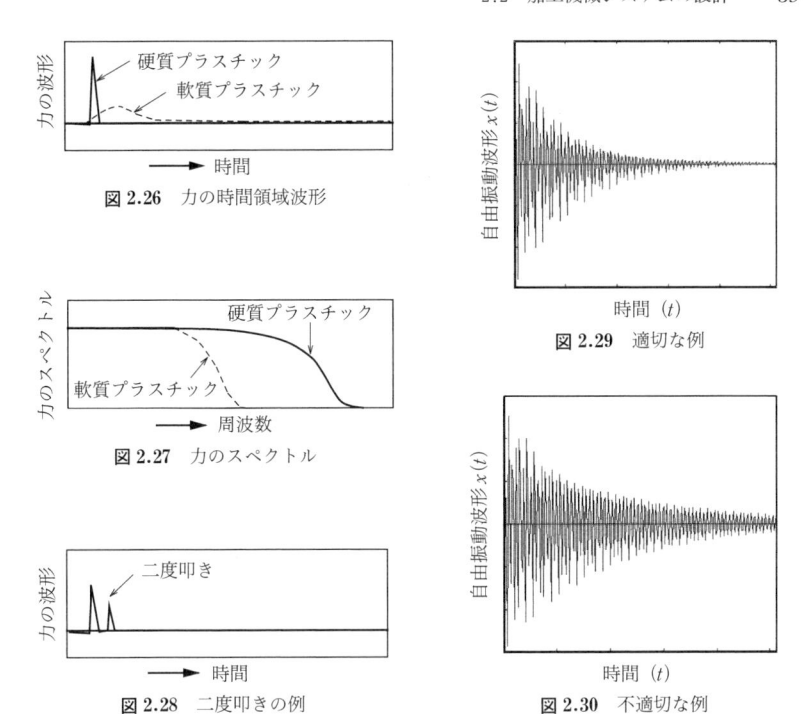

図 2.28 二度叩きの例

図 2.29 適切な例

図 2.30 不適切な例

ある．さらに，力のピーク値が大きくなるため，AD 変換の入力レンジをオーバーしやすくなり，これも測定精度を低下させる原因となる．したがって，力のスペクトルをみて，適切な先端チップを選ぶ必要がある．

② 打撃加振において二度叩きをしないこと：ハンマは真直に，すべらないようにして，図 2.28 に示すような二度叩きをしない注意が必要である．

③ 時間応答波形が測定時間で減衰していること：図 2.29 は加振したときの応答の自由振動波形を示しているが，測定時間帯域内で振動が減衰している．しかし，図 2.30 の例では振動が減衰していないので，このデータをそのままフーリエ変換すると，漏れ誤差を生じ，正確な伝達関数の測定ができない．このときはサンプリング時間を長くするか，データ長を長くするか，指数ウインドウを設定して，測定時間内に振動を減衰させてからフーリエ変換を行う．ただし，指数ウインドウを設定したときは，モード減衰比が大きく評価されるので，モード減衰の補正が必要となる．

(3) 動剛性の測定結果の例 図 2.31 に平面研削盤の例を示し，そのコンプライアンスの測定例を図 2.32 に示す．製品試作時は加工条件によっては加工面にびびりのマークの痕跡が出やすいという問題があったが，動剛性解析と実験モード解析により，動剛性は向上した．再生びびりが発生しない条件としては，加工と動剛性試験により，コンプライアンスの限界値が $0.1\ \mu m/N$ 以下であればよいことがわかって

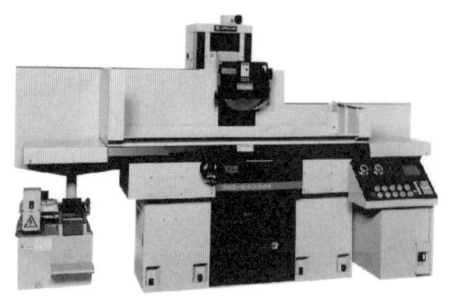

図 2.31 平面研削盤の例（日立ビアメカニクス）

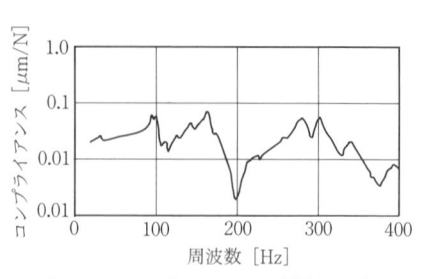

図 2.32 コンプライアンス測定結果の例

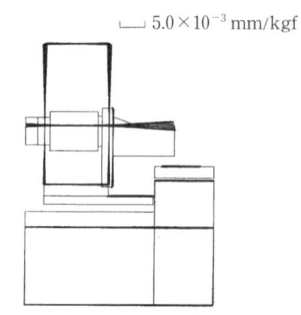

図 2.33 一次振動モード（101.25 Hz）

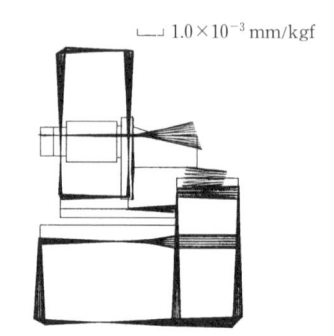

図 2.34 二次振動モード（166.25 Hz）

いる．図 2.32 に示すコンプライアンスの最大値は，すべてのモードにおいて 0.1 以下であり，再生びびりに関して問題ないことがわかる．図 2.33，2.34 に代表的な振動モードを示す．

c. 動剛性と再生びびりとの関係

動剛性と再生びびり振動については古くから研究されており，安定判別に関しても，星ら[12,13]により研究結果が報告されている．図 2.35[13]は，構造体と切削過程の動剛性の伝達関数が，力のループでフィードバックされることを示しており，その結果，伝達関数の値によっては不安定になることが示唆されている．さらに図 2.36[13]では，コンプライアンス伝達関数のベクトル線図上で，切削過程の動特性が交わることにより不安定になることが示されている．したがって，びびりに安定な機械をつくるには，びびりとして現れる共振モードのコンプライアンスを小さく（動剛性を大きく）することが重要な課題である．

無条件安定限界切削幅は

$$無条件安定切削幅 = \frac{1}{2 \times 最大負実部 \times 動的比切削抵抗} \quad (2.2.86)$$

で与えられる．機械構造に着目する場合は，1 自由度系で説明すると，図 2.21(c) で

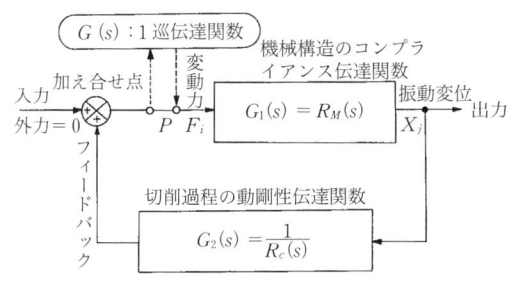

図 2.35 切削加工システムのブロック線図[13]
$R_M(s)$：構造体のコンプライアンス伝達関数，$R_c(s)$：切削過程のコンプライアンス伝達関数

示されるコンプライアンスの最大負実部を小さくすればよい．このコンプライアンスの最大負実部は，卓越した共振ピークのモード剛性とモード減衰比の積で，近似的にその大きさが決まる．したがって，びびりの安定化のためには，モード剛性とモード減衰比の両方が大きいことが重要となる．

［平面研削盤における，びびりと静剛性，動剛性，コンプライアンスの最大負実部の関係］図 2.37 は縦軸に一次モードの動剛性，横軸に機械の静剛性をとり，その平面上で研削面に現れたびびり痕の程度を示しており，グラフの右上にいくほど，すなわち，静剛性と動剛性が大きいほど，びびりが起

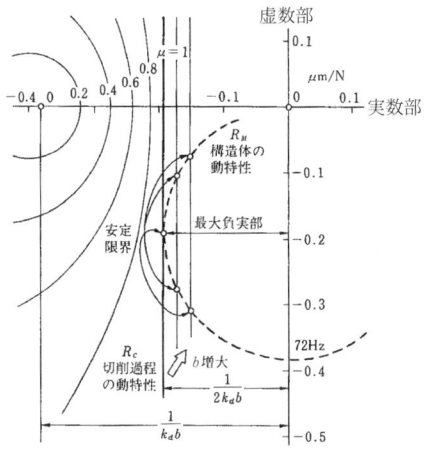

図 2.36 コンプライアンス伝達関数ベクトル線図における安定限界の説明図[13]
μ：重複係数，b：有効切削幅，k_d：動的比切削抵抗

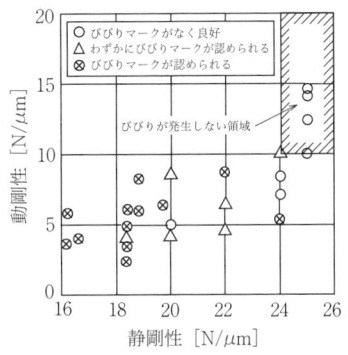

図 2.37 一次モードのコンプライアンス

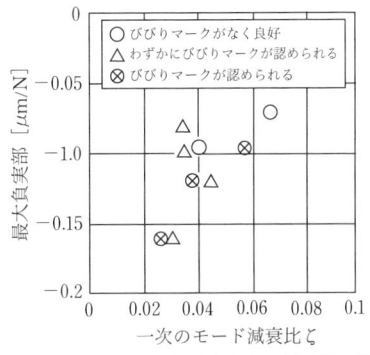

図 2.38 一次モードの最大負実部と減衰比の関係

こりにくいことを示している．

図2.38は横軸に一次モードのモード減衰比，縦軸にコンプライアンスの最大負実部をとり，図2.37と同様にびびり痕の程度を示しているが，最大負実部が小さく減衰が大きいほど，びびりに対して安定であることを示している．

2.2.3 熱　剛　性
a. 熱変形対策の事例

熱変形は，主軸やギヤボックス，モータ，制御装置本体などの発熱が原因となり，機械構造各部に温度分布を生じることにより起こる．熱変形対策には，表2.7に示す方法が実際に使用されている．

（1）熱変形の少ない構造　図2.39(a)は，主軸頭全体が温度上昇したとき，下部固定側を基準に上に伸びるので熱変形が大きくなる．図2.39(b)の構造は，主軸の中心を支持し，両脇のフレームに温度伝導しにくいので熱変形が少ない．図2.40(a)は主軸頭が熱源なので，その熱がコラムに伝わり，コラムが右側にたおれ

表2.7　熱変形対策の事例

状　　況	対　　策
発熱の最小化	主軸の場合グリース潤滑 低発熱と冷却効果を期待したオイルエア潤滑
温度分布の均一化と冷却	ファンなどによる強制空冷 ヒートパイプによる温度の均一化[31, 32]
効果的な冷却と制御	電子冷却法[23]
温度変化があっても熱変形しにくい構造	支持点の適切化
熱源や環境温度に影響されにくい構造	幾何学的な対称構造，熱的な対称構造
熱変形の少ない素材の採用	低熱膨張材料の使用[27]
熱変形の補正を行う	ニューラルネットワークによる補正[16, 17] 熱特性の伝達関数による方法[18, 19] 代表点の温度測定と熱変形推定による補正[28, 29]

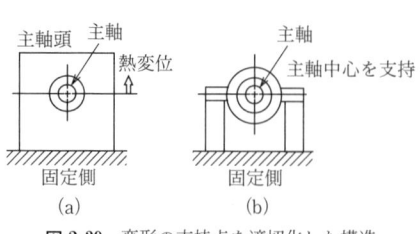

図2.39　変形の支持点を適切化した構造

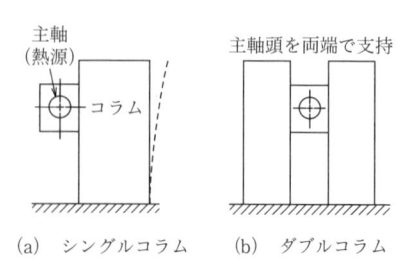

図2.40　対称構造を採用した主軸頭の支持方法

る傾向を示すが，図 2.40(b) は 2 本のコラムで支持されるので，幾何学的にも熱的にも対称となり，コラムのたおれが減少する．

（2） 発熱の最小化　主軸に使用される転がり軸受に，極微量の潤滑油を使用すれば，油の攪拌による発熱を最小限にすることが可能であり，これがグリース潤滑である．微量の潤滑油に加えて，空気による冷却効果を期待する方法としてオイルエア潤滑法などがあり，高速主軸でしばしば採用されている．

（3） 温度分布の均一化と冷却　温度分布を均一化する目的は，熱源と冷却方法は熱伝導率のよいベッド，コラムなどの基本構造の内部はほとんど空気の出入りがなく対流も少なく，そのため上下で空気の温度差が生じ，熱変形の原因ともなる．したがって，ファンで空気の流れをつくり，内部を強制的に冷却すれば，ベッドやコラムの温度を均一化することが可能であり，この方法も採用されている．また主軸内にヒートパイプを用いて，軸受で発生した熱を冷却フィンで冷却する方法も採用されている．

（4） 熱変位の補正　千田ら[28,29]は，機械の代表点の温度と主軸回転速度が変化する直前の温度上昇値 D_{tmp} から，一次遅れ系の特性を有するディジタル指数平滑フィルタを基本演算式に用いて，熱変位補正に成功している．推定熱変位 δ は，実験定数を C，構造の代表温度を T_{Sn} とすると

$$\delta = C \times T_{Sn} \tag{2.2.87}$$

となる．ここで，T_{Sn}, F_n, T_d は

$$T_{Sn} = T_{Sn-1} + [(T_{inn} + T_d) - T_{Sn-1}] F_n \tag{2.2.88}$$

$$F_n = \Delta t / [\Delta t + F\{G(t), R(N)\}] \tag{2.2.89}$$

$$T_d = (D_{sp} - D_{tmp}) e^{-t/T_{tmp}} \tag{2.2.90}$$

である．記号の意味は，T_{in}：温度，T_d：減衰式，T_{tmp}：主軸の温度時定数，$R(N)$：回転速度に対する熱変位と時定数比の関数，N：主軸回転速度，Δt：推定演算間隔，t：回転速度変化後からの経過時間，$G(t)$：T_{Sn} を回転速度の一次遅れ系にする関数である．Y, Z 軸の熱変位補正結果を図 2.41 に示す．室温が 8℃ 変化しても，熱変位は X, Y, Z とも 10 μm 以下であり，補正の効果が大きい．

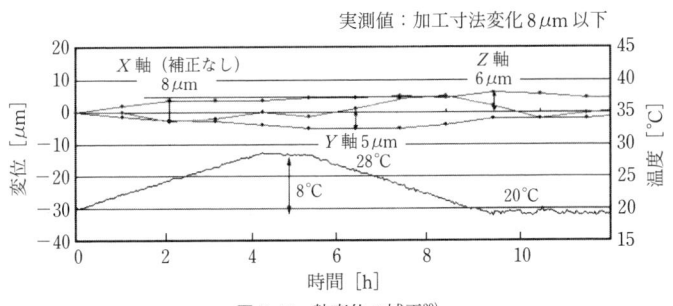

図 2.41　熱変位の補正[29]

(5) ニューラルネットワークによる熱変位の予測[16,17] 入力は機械数カ所の代表点の温度とし，出力を各方向の熱変位とする．教師信号は，入力とした各部の温度と，出力とした熱変形のデータであり，学習機能によってニューラルネットワークの重み係数を計算する．いったん重み係数を計算できれば，熱変位の予測計算は容易に可能となる．図2.42に熱変位推定モデルを示し，図2.43に予測結果を示す．

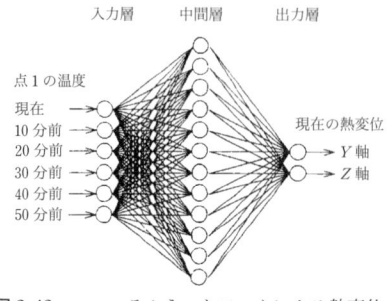

図2.42 ニューラルネットワークによる熱変位推定モデル

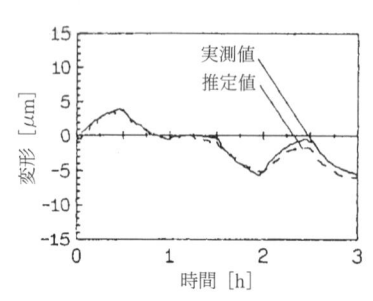

図2.43 熱変位予測結果の例

(6) 熱変位の伝達関数測定による熱変位の予測 周囲の温度が変化したときにも工作機械に熱変位が生じる．森脇ら[18,19]は，周囲の温度変化から疑似的なインパルス入力をつくり，それに対する応答として熱変位を測定し，この2つの関係から温度変化に対する熱変位の伝達関数を求めた．次にこの伝達関数を逆フーリエ変換し，入力とした温度変化とたたみ込み積分を行うことによって，熱変位が予測できることを示した．図2.44にその結果を示す．周囲の温度変化を $\mathrm{tem}(t)$ とし，そのときの熱変位を $D(t)$ とすると，熱変位の伝達関数 $G(f)$ は

$$G(f) = \frac{F(\mathrm{dis}(t))}{F(\mathrm{tem}(t))} \quad (2.2.91)$$

で求められる．F はフーリエ変換を意味している．$G(f)$ の逆フーリエ変換を $g(t)$ とすると，$g(t)$ は

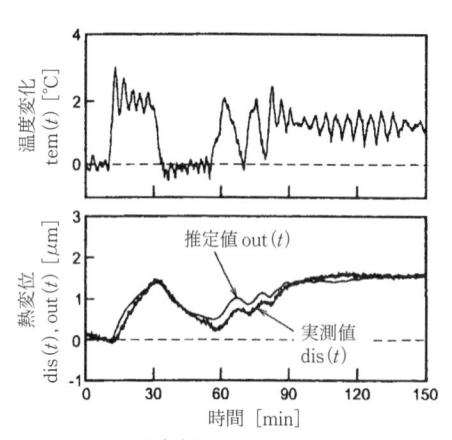

図2.44 周囲温度変化に対する超精密工作機械の熱変位予測結果[18]

$$g(t) = \int G(f)\, e^{j2\pi ft} df \quad (2.2.92)$$

となり，熱変位 $y(t)$ は

$$y(t) = \int_0^t g(t-\tau)\,\mathrm{tem}(t)\, d\tau \quad (2.2.93)$$

として，たたみ込み積分をすることにより求められる．

同様の方法を，発熱源として CNC の内部情報を積極的に利用して熱変形を予測することにも応用し，効果があることを示している．

（7）ヒートパイプを適用した主軸[30] 主軸にヒートパイプを埋め込んで，前側の軸受で発生する熱を軸受間の中央部に設置した冷却フィンにより冷却する方法である．軸受の冷却は通常，軸受ハウジングの外側から冷却する方法がとられるが，この場合は温度の高い内側から冷却を行うので，効果的である．

このときに使用したヒートパイプは作動流体が水で，性能を示す熱抵抗が $R_{hp}=0.25°C/W$ である．

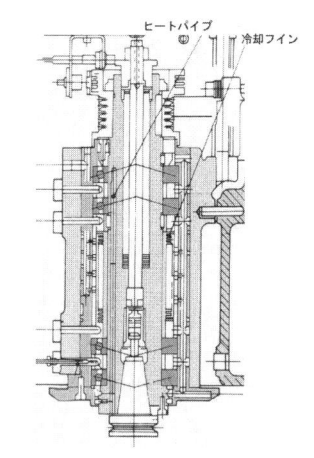

図 2.45　ヒートパイプを用いた主軸

これを 6 本用いた．主軸構造を図 2.45 に示し，4000 rpm における熱変位を図 2.46 に示す．

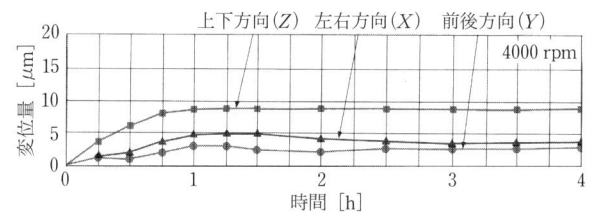

図 2.46　ヒートパイプを用いた主軸の熱変位

b. 熱変形の解析

熱変形を設計の段階で予測するには，温度分布を知る必要がある．温度分布の解析には FEM が用いられるのが一般的である．熱解析はその境界条件の設定により結果が大きく変わるので，適切な境界条件が不可欠である．熱の伝わり方には以下の 3 種類がある．

① 伝導伝熱：T を温度，k を熱伝導率，x を位置，$\partial T/\partial x$ を温度勾配とする．伝導伝熱により伝熱される熱量 q_k は，温度の勾配と断面積に比例し，熱伝導率を比例定数とし

$$q_k = -kA\frac{\partial T}{\partial x} \tag{2.2.94}$$

となる．

② 対流伝熱：自然対流や強制対流による伝熱は対流伝熱と呼ばれる．h を熱伝達率，A を表面積，T_w を物体の温度，T_∞ を環境の温度とすると，対流により伝熱さ

れる熱量 q_h は，表面積と物体と環境の温度差に比例し

$$q_h = hA(T_w - T_\infty) \qquad (2.2.95)$$

となり，熱伝達率 h の係数で大きな違いを生じる．

　工作機械の場合は，自然対流だけによる熱伝達率 h は，西脇らによると輻射を考慮しない場合に等価な熱伝達率 h_{eq} として，$7 \sim 13\,\mathrm{W/(m^2K)}$ の値が使用されている．また小林らによると，砥石台の解析では $8.5\,\mathrm{W/(m^2K)}$ とするという結果もある．これは，対流と輻射による伝熱を，等価な熱伝達率で置き換えた場合であって，本来は別々に扱うべき値である．小林ら[22]は対流と輻射による伝熱は同程度の割合で影響することを指摘しており，対流伝熱だけによる真の熱伝達率は，$h = 3.3 \sim 4.4\,\mathrm{W/(m^2K)}$ との値を得ている．西脇ら[21]は自然対流による平均熱伝達率と放射による等価な熱伝達率を分けて，図 2.47，2.48 のような結果になることを示している．

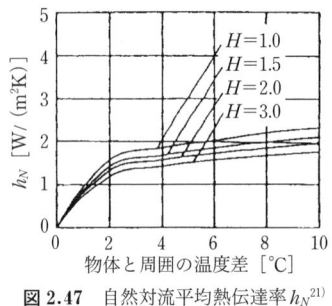

図 2.47　自然対流平均熱伝達率 h_N [21]
　　　　　（物体の高さ H）

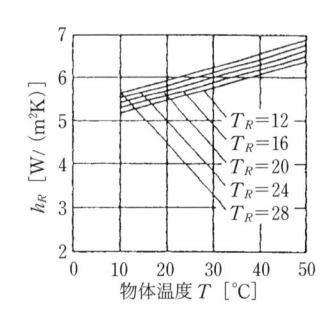

図 2.48　放射伝熱の等価熱伝達率 h_R [21]
　　　　　（周囲の温度 T_R）

　③　輻射伝熱：理想のふく射をする物体（黒体）から伝熱される熱量 q_σ は，物体の絶対温度の 4 乗の差に比例し

$$q_\sigma = \sigma A(T_1^4 - T_2^4) \qquad (2.2.96)$$

により表すことができる．ここで，σ：ステファン-ボルツマン係数 $5.669 \times 10^{-8}\,\mathrm{W/m^2K^4}$．

　[熱抵抗要素による温度分布の計算[20,31]]　温度分布の解析には FEM が用いられるのが一般的であるが，熱伝導のフーリエの法則 (2.2.97) は電気回路のオームの法則に似ており，一次元定常熱伝導のときは

$$\text{熱流量} = \frac{\text{温度ポテンシャルの差}}{\text{熱抵抗}} \qquad (2.2.97)$$

として書くこともできる．Δx：板厚，R：熱伝導率，A：面積とすると，熱伝導による熱抵抗は

$$R_k = \frac{\Delta x}{kA} \qquad (2.2.98)$$

となる．T_1，T_2 の温度差があるときの熱流束 q_k は

2.2 加工機械システムの設計

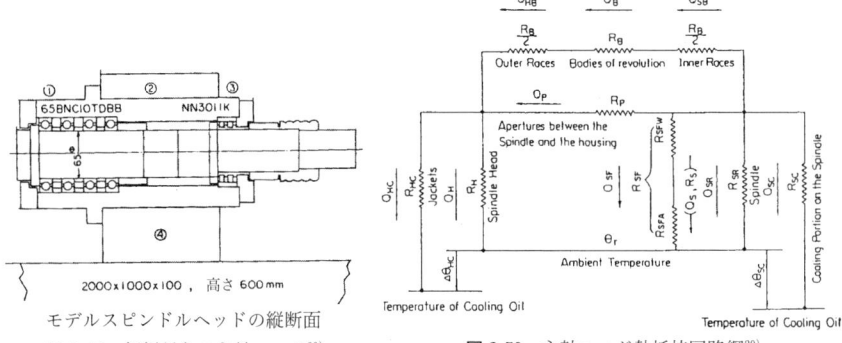

図 2.49 解析対象の主軸ヘッド[20]

図 2.50 主軸ヘッド熱抵抗回路網[20]

$$q_k = \frac{(T_1 - T_2)}{R_k} \quad (2.2.99)$$

で表され，式 (2.2.94) と同じ結果になる．円筒の熱流束による熱抵抗 R_c は，円筒の内半径を r_1，外半径を r_2，円筒の幅を L とすると

$$R_c = \frac{\ln(r_2/r_1)}{2\pi kL} \quad (2.2.100)$$

である．さらに対流伝熱の熱抵抗は式 (2.2.95) から

$$R_h = \frac{1}{hA} \quad (2.2.101)$$

となる．

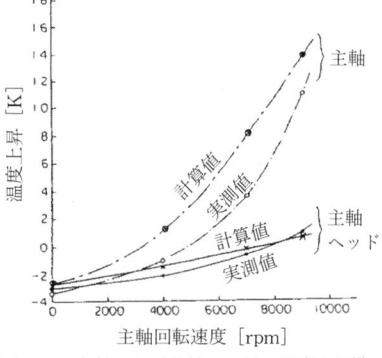

図 2.51 主軸および主軸ヘッドの温度上昇[20]

千葉・垣野[20]は図 2.49 に示す主軸ヘッドと主軸について，図 2.50 に示す熱抵抗回路網により，主軸の温度分布を解いている．熱抵抗が温度によって変わらず，一次元的な熱の流れが支配的である場合には，FEM を使用しなくても，図 2.51 に示されるように，熱抵抗回路網によっておよその温度上昇を推定できる． 〔渡部 和〕

▶▶ 文 献
1) 日本機械学会：機械実用便覧 (1971)
2) R. J. Roark and W. C. Young：Formulas for Stress and Strain, McGraw-Hill (1975)
3) M. Weck and K. Teipel（稲崎一郎監訳）：工作機械の動特性の測定と評価，マシニスト (1969)
4) 長松昭男，大熊政明，山田朋良，上野弘良：マシニングセンタの振動解析（第 1 報：部分構造単体），機論，**50**, 406, pp. 2276-2282 (1984)
5) 長松昭男，大熊政明，山田朋良，上野弘良：マシニングセンタの振動解析（第 2 報：コラム，ベース，サドルの結合系），機論，**50**, 460, pp. 2283-2290 (1984)

6) 長松昭男：モード解析，培風館（1985）
7) モード解析ハンドブック編集委員会編：モード解析ハンドブック，コロナ社（2000）
8) R. W. Clough and J. Penzien: Dynamics of Structures, McGraw-Hill (1993)
9) 鈴木浩平，曽我部潔，下坂陽男：機械力学，実教出版（1985）
11) 長松昭男，大熊政明：部分構造合成法，培風館（1991）
12) 星　鐵太郎：びびり現象，工業調査会（1977）
13) 星　鐵太郎：機械加工の振動解析，工業調査会（1990）
14) F. スペルガー（塩崎　進訳）：工作機械の設計原理，養賢堂（1970）
15) J. ケーニスベルガー（塩崎　進訳）：工作機械の力学，養賢堂（1972）
16) 森脇俊道，社本英二，河野昌弘：ニューラルネットワークによる工作機械の熱変形予測，機論，**61**, 584, pp. 1691-1696（1995）
17) 田辺郁男，碇山剛介，西山　晃，浦野好市：ニューラルネットワークの逆解法による主軸冷却油最適温度の推定，機論，**66**, 647, pp. 2443-2448（2000）
18) 森脇俊道，社本英二，徳永剛志：周囲気温変化による超精密工作機械の熱変形（伝達関数による熱変形特性の検討とたたみこみ積分による推定），機論，**63**, 616, pp. 4025-4030（1997）
19) 社本英二，樋野　励，富江竜哉，松原陽介，森脇俊道：CNC装置の内部情報を利用した工作機械の熱変形推定，機論，**69**, 686, pp. 2775-2782（2003）
20) 千葉淳二，垣野義昭：工作機械の温度制御に関する研究（第5報），精密工学会誌，**55**, 8, pp. 1397-1402（1989）
21) 西脇信彦，堀　三計，堤　正臣，国枝正則：工作機械の設置環境とコラムの熱変形挙動，機論，**53**, 495, pp. 2408-2413（1987）
22) 小林保弘，渡部武弘，吉田嘉太郎：環境からの熱流が工作機械構成要素の温度に及ぼす影響，機論，**57**, 541, pp. 3045-3049（1991）
23) 是田規之，陣野和男，六角　正，水田桂司，渡部　健：工作機械主軸の電子冷却，精密工学会誌，**60**, 5, pp. 625-656（1994）
24) 森脇俊道，趙成和，西内元信：環境温度変化によるマシニングセンタの熱変形，機論，**57**, 539, pp. 2447-2451（1991）
25) 長島一男，上田俊弘，百地　武：熱と遠心力により生じる工作機械の変位とその補正方法，機論，**65**, 636, pp. 3438-3443（1999）
26) 片山剛之丞，水落健治，井上敏英，寺谷忠郎：圧電素子による工作機械の熱変形補正に関する研究（第2報），精密工学会誌，**57**, 10, pp. 1780-1785（1991）
27) 諸貫信之：基本構造材料の選択と取扱い，機械の研究，**50**, 1, pp. 83-93（1998）
28) 千田治光，佐藤礼士：機械全体を制御する熱変位安定化技術について，機械学会，No-02-25，第4回生産加工・工作機械部門講演論文集，pp. 235-236（2002）
29) オークマの熱制御技術読本（2002）
30) 日立マシニングセンタカタログ，日立ビアメカニクス（株）（元：日立精工（株））
31) J. R. ホールマン著，平田　賢監訳：伝熱工学（上），ブレイン図書出版（1982）
32) 山西哲夫，清水定明：ヒートパイプとその応用，オーム社（1980）
33) 甲藤好郎：伝熱概論，養賢堂（1984）

2.3　送り制御系とNC

工作機械の動きは数値制御装置（NC）によってコントロールされる．当初のNCは論理回路を組み合わせた電子回路で構成されていたが，マイクロプロセッサの出現

によって制御ロジックをソフトウェアで実現する方式に移行し，CNC（computerized numerical controller）と呼ばれるようになった．

最近の CNC は，複数のマイクロプロセッサを搭載し，機械の動きをコントロールする送り制御機能に加えて，機械の周辺機器を制御するシーケンスコントロール機能や通信機能を備えている．ハードウェアの高速化とソフトウェア技術によって，複雑な形状のワークの高速・高精度加工や 5 軸加工，複合加工機の制御などの高度な制御も可能になった．急速に進歩している情報通信技術の工場への導入に合わせて，CNC の通信機能を利用して工作機械をネットワークに接続し，生産効率の向上を目指すシステム化も進んでいる．CNC にパソコン機能を結合したオープン CNC は，パソコンの操作性を生かしたユーザインタフェースを実現し，豊富なアプリケーションによる CNC の機能拡張を可能にしている．

2.3.1 CNC の構成

CNC は，表示と操作，数値演算，サーボ制御，シーケンス制御，通信の機能ブロックによって構成される（図 2.52）．この基本的な構成は以前から変わっていないが，それを支えるハードウェアは，各種のプロセッサや専用の LSI，および大容量の半導体メモリの採用など，先端の技術を取り入れて進化している．機械への組込みを容易にするための小型化も著しく，CNC 制御プリント板を液晶表示器の背面に配置

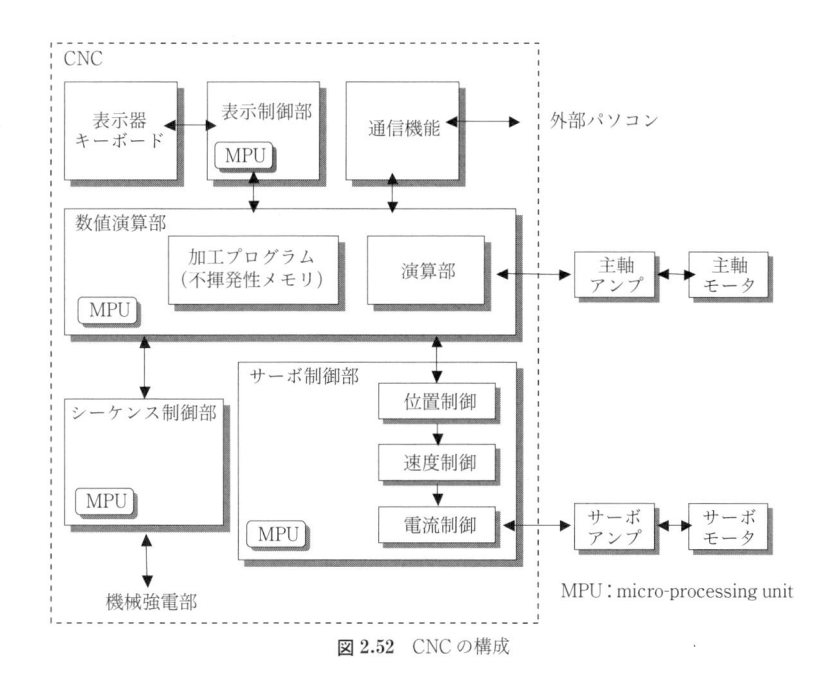

図 2.52　CNC の構成

した表示器一体型の超小型タイプも現れている（図2.53）．ソフトウェアによって実現される各機能ブロックの内容も，加工の高速高精度化や複雑化，加工設備のシステム化に対応するために高機能化が図られている．

CNCは高い生産性を要求される工作機械に組み込まれて使用されるので，加工現場の環境下で故障せずに稼動することが求められる．このため，温度や湿度，振動，粉じん，油などの影響を考慮し，高い信頼性を実現するように設計されている．

図2.53 超小型CNC装置（FANUC series 16i）

a. 数値演算部

CNCがシステムとして機能するための中核となる部分である．NCプログラムの解読からサーボへの移動指令作成までの処理，主軸の制御指令の作成，シーケンス制御部への指令の作成に加えて，サーボ制御部やシーケンス制御部からの信号の監視を行っている．

b. サーボ制御部

CNCの数値演算部が作成する移動指令を受け取るとともに，機械の実位置，モータの実速度，モータに流れる実電流をフィードバック信号として受け取って，位置・速度・電流の制御を行っている．サーボ制御によって，CNCの数値制御部が作成した移動指令通りに機械を動かすことができる．

c. シーケンス制御部

起動や停止をはじめとする工作機械の制御信号を処理するための組込みシーケンサ（PLC）である．CNCの内部バスを介して数値演算部と結合しているため，外部のPLCを用いた場合に比べて信号やデータ転送が高速になり，加工のサイクルタイムを短縮できる．

シーケンス制御のプログラムは機械の仕様に合わせて作成される．複合加工機などの複雑に動作する機械のために，複数のシーケンス制御プログラムを並行して実行できるものもある．プログラミングには，通常ラダー言語が使用される．

性能向上も著しく，1命令の処理時間が25 ns，プログラム容量が11万ステップを超えるものも現れている．

d. 表示制御部

CNCの操作と表示を受けもつ．最近のCNCではカラー液晶が表示器に採用され，プログラムや位置表示などの基本的な画面に加えて，加工の様子をシミュレーションするアニメ描画やサーボの波形表示など，加工の準備から保守・診断まで豊富な機能

が用意されている．操作には通常，キーボードが用いられるが，タッチパネルを採用したものもある．

表示制御部にWindows OSを採用したオープンCNCでは，パソコンの操作性を生かしたマンマシンインタフェースと汎用性を活用した外部システムとの連携を実現できる．

2.3.2 加工プログラム

a. プログラムの構成

CNCに機械をどのように動かすかを指示するのが加工プログラムである．加工プログラムは指令の単位となるブロックから構成される（図2.54）．プログラムの先頭はプログラム番号，末尾はプログラムエンドである．ブロックは先頭から順に実行される．ブロックは，アドレスと呼ばれるアルファベットと数値を組み合わせたワードから構成され，エンドオブブロックで終わる．それぞれのアドレスは表2.8に示す固有の意味をもつ．

表2.8 アドレスの意味

アドレス	意味
O	プログラム番号
N	シーケンス番号
G	準備機能
X, Y, Z, A, B, C	機械の軸
R, I, J, K	補間パラメータ（円弧の半径など）
F	送り速度
S	主軸速度
T	工具の指定
M	補助機能
D, H	オフセット番号
P	サブプログラム番号

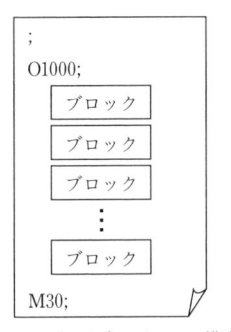

図2.54 加工プログラムの構造

b. プログラム命令

ブロックを構成するワードがプログラム命令に相当し，シーケンス番号，準備機能（Gコード），座標語，送り速度（Fコード），主軸機能（Sコード），工具機能（Tコード），補助機能（Mコード）に分類される．

シーケンス番号はNに続く数値であり，ブロックを識別するために用いる．準備機能は，座標系の選択，工具経路，レファレンス点復帰，工具補正などプログラム命令の中核をなすもので，ほかのワードと組み合わせて使用される．座標語は，X，Y，またはZに続く数値（座標値）で，工具経路の目標位置を表す．座標値には，符号と小数点を用いることができる．送り速度はFに続く数値で，工具が移動する速度を表す．数値の解釈は準備機能によって異なる．主軸機能はSに続く数値で，主軸の回転速度を表す．工具機能はTに続く数値で，使用する工具を表す．補助機能

表 2.9 代表的な G コード

G コード	グループ	意 味	G コード	グループ	意 味
G00		位置決め	G52	00	ローカル座標系設定
G01	01	直線補間	G53		機械座標系選択
G02		円弧補間（時計回り）	G54〜	14	ワーク座標系1〜6選択
G03		円弧補間（反時計回り）	G59		
G04	00	ドウェル	G60	00	一方向位置決め
G09		イグザクトストップ	G61		イグザクトストップモード
G17		XY 平面選択	G62	15	自動コーナオーバライド
G18	02	ZX 平面選択	G63		タッピングモード
G19		YZ 平面選択	G64		切削モード
G20	06	インチ入力	G65	00	マクロ呼び出し
G21		ミリ入力	G80		固定サイクルキャンセル
G22	04	機械の稼動範囲チェックを行う	G81		ドリルサイクル
G23		機械の稼動範囲チェックを行わない	G82		カウンタボーリングサイクル
G27		レファレンス点復帰チェック	G83		ペックドリリングサイクル
G28		レファレンス点への復帰	G84	09	タッピングサイクル
G29	00	レファレンス点からの復帰	G85		ボーリングサイクル
G30		第二,第三,第四レファレンス点復帰	G86		ボーリングサイクル
G31		スキップ機能	G87		バックボーリングサイクル
			G88		ボーリングサイクル
G33	01	ねじ切り	G89		ボーリングサイクル
G40		工具径補正キャンセル	G90	03	アブソリュート指令
G41	07	進行方向の左側に工具径補正	G91		インクレメンタル指令
G42		進行方向の右側に工具径補正	G92	00	ワーク座標系設定
G43	08	工具長補正＋	G94	05	毎分送り
G44		工具長補正−	G95		毎回転送り
G45		工具位置オフセット伸長	G96	13	周速一定制御
G46	00	工具位置オフセット縮小	G97		周速一定制御キャンセル
G47		工具位置オフセット2倍伸長			
G48		工具位置オフセット2倍縮小			

は M に続く数値で，主軸回転の起動/停止，クーラントのオン/オフなど，機械の付属装置の制御に用いる．プログラムエンドのようなプログラムの実行を制御する命令も含まれる．

NC プログラムの構造や命令については国際規格（ISO 6983）と国内規格（JIS B 6315）が存在するが，基本的な部分の規定のみであるため，実際の工作機械では，これらを拡張した命令体系が使用されている．表2.9 に代表的な命令を示す．

c．プログラムの作成方法

加工プログラムを作成する方法には，CNC を用いるオンラインプログラミングと CNC とは別のプログラミング装置を用いるオフラインプログラミングがある．オン

ラインプログラミングはさらに，プログラム命令を直接キーボードから入力するマニュアルプログラミングと，対話型自動プログラミングなどのプログラミング支援機能を用いる方式に分かれる．マニュアルプログラミングは，工具経路を求めるための計算をプログラマ自身で行わなければならないが，プログラミング支援機能の場合は，画面からの問いかけに応じてデータを入力するだけで，加工プログラムが自動的に生成される．オフラインプログラミングには，専用の自動プログラミング装置が用いられたこともあったが，現在ではCAMシステムが使用されている．

2.3.3 CNCの機能
a. 設定単位
プログラムする移動量の最小単位を最小設定単位，機械の移動量の最小単位を最小移動単位という．前者はCNCへの入力の単位であり，後者はCNCの出力の単位である．いずれも，mm, inch，またはdegreeで表す．入力がmmで出力がinch，あるいは逆の場合もある．最小設定単位は$1\,\mu m$のケースが多いが，高精度の機械に対応して$1\,nm$まで可能にしたものもある．

b. 座標系
機械座標系，ワーク座標系，ローカル座標系の3つの座標系が使用される（図2.55）．

機械座標系は，機械固有の点を原点とする機械に固定された座標系で，機械の軸が移動しても動かない．ワーク座標系は，通常，加工プログラムで使用される座標系で，機械座標系に対して相対的に定義される．ローカル座標系は，ワーク座標系に対して相対的に定義される座標系で，ひとつのワークにポケット，溝などのいくつかの加工形状があるときに，それぞれの加工形状に対して定義される場合がある．

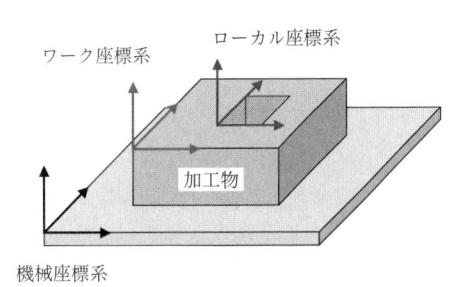

図 2.55 座標系

c. 送り機能
工具の移動速度を制御する機能であり，位置決め用の早送りと切削送りがある．早送りでは各軸がそれぞれの早送り速度で移動するので終点までの経路は制御されないが，工具の衝突を避けるために終点まで直線的に移動する補間型早送りもある．

切削送りの速度には，毎分送りと毎回転送りの2通りの指令方法がある．毎分送りは1分間当たりの工具の移動量を指令する．毎回転送りは加工物の1回転当たりの移動量を指令するもので，旋盤によるねじ切りなどで利用される．

d. 補　間
工作機械の送り軸の動きを相互に関連づけて所定の工具軌跡をつくり出すのが補

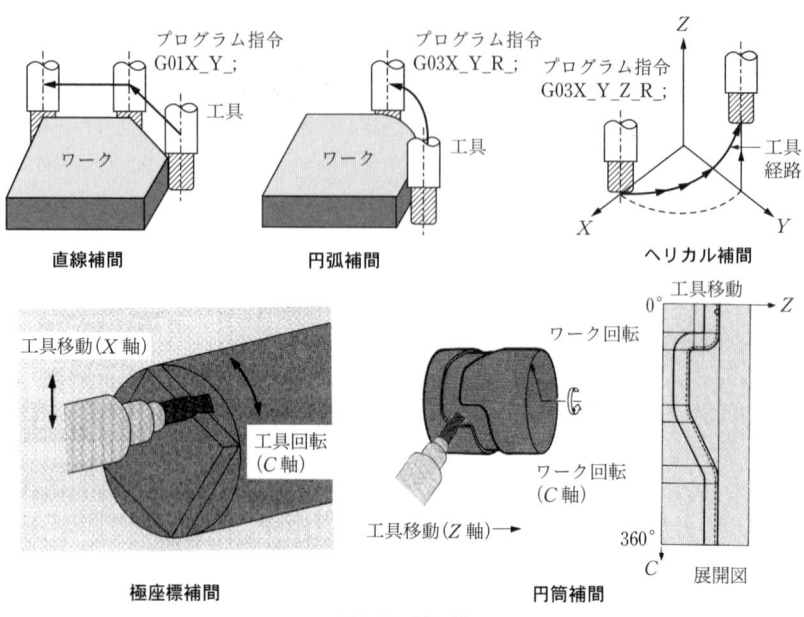

54 —— 2. 形状創成と加工機械システム

図 2.56 補　間

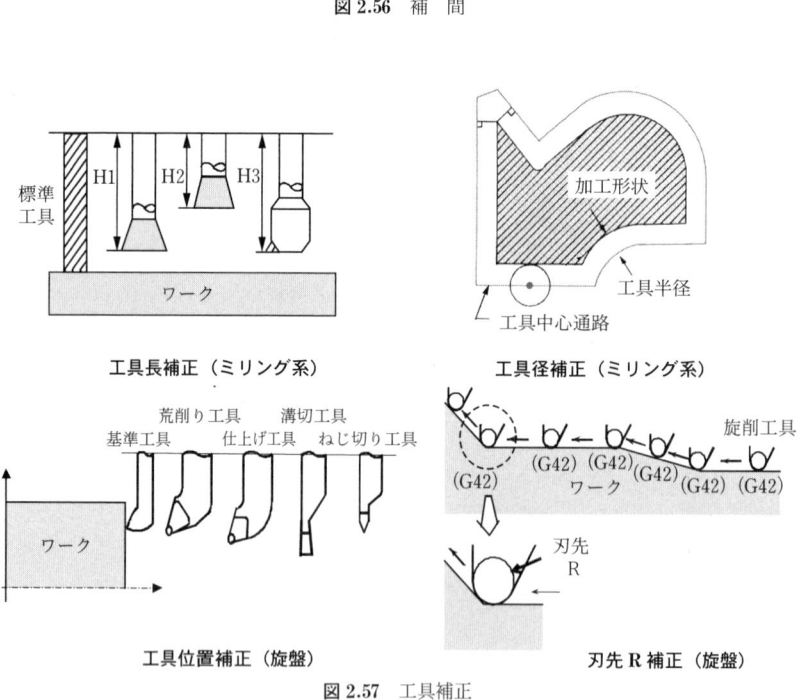

図 2.57 工具補正

機能である．基本的な直線・円弧のほかに，図2.56に示す様々なタイプの補間がある．補間は，Gコードと位置を与えるワードを組み合わせて指令される．

e. 工具補正

工具の太さや長さをある基準値（ゼロでもよい）に等しいとみなして加工プログラムを作成し，実行時に実際の工具との差分を補正して正しい工具軌跡をつくり出す機能である．実際の工具がプログラム作成時に想定したものと異なる場合や工具の摩耗，工具の取付け誤差の補償に用いられる（図2.57）．

f. 加減速

機械に衝撃を与えないように，送り速度は徐々に増加して指令速度になるように制御される．停止する場合も同様である．送りの加速と減速を制御するのが加減速制御であり，当初の簡単な直線形加減速や指数形加減速から，より滑らかな速度カーブを実現するための方式へ進歩している．基本的な加減速制御の方式を図2.58に示す．

加工時間は，送り速度とともに加減速にも大きく影響される．特に，自由曲面を微小直線ブロックからなるプログラムで加工する場合，ブロックの継目で頻繁に発生する加減速をいかに無駄なく行うかが重要なポイントになる．機械への衝撃を避けながら高速の送りを実現するには，現時点より先の工具軌跡がどうなるかを予測する必要がある．多くのブロックにまたがって加減速を行うなど高度な手法が用いられている（2.3.4「機械の動きの制御」参照）．

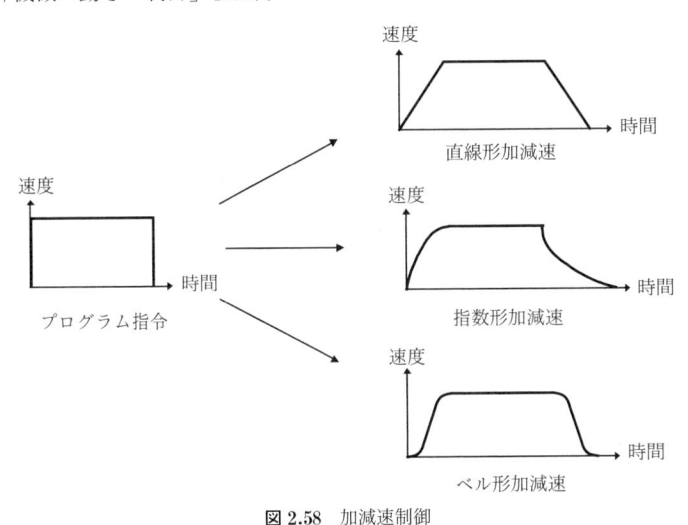

図2.58　加減速制御

g. 主軸制御

主軸に工具または加工物を取り付けて回転させ，工具の切れ刃と加工物の相対運動を生じさせて切削を行う．主軸を駆動するスピンドルモータを制御するのが主軸制御であり，速度の制御に加えて位置を制御する場合もある．速度制御では，加工プログ

ラムにSコードで主軸の回転速度を指令する．毎分の回転数を指令する方法のほかに，工具と加工物の相対速度を指令し，回転中心から工具先端までの距離に応じて主軸の回転数を制御する周速一定制御がある．

主軸の位置制御では，スピンドルモータをサーボモータのように位置制御し，工具の送り軸と同期させてタップ加工を行うリジッドタッピングや，ワークの回転と工具の送りの間で極座標補間を行うことができる．

機械の複合化により，複数の主軸をもつ機械も多い．このような機械では，2つの主軸で加工物の両側を保持して高速で回転させる主軸同期制御，2つの主軸の速度差を利用する差速制御，2つの主軸の速度比を一定に保って行うポリゴン加工が可能である．

h. 工具機能

使用する工具を選択する機能で，加工プログラムではTコードで指令する．複数の工具を装着した工具マガジンと自動工具交換装置を備えた機械では，Tコードで工具を選択し，Mコードで実際に工具を交換する方式をとるものが多い．

工具の状態は加工精度に大きく影響するので，特に多数の工具を使う場合にはその管理が重要になる．工具寿命管理機能は，切削時間や使用回数によって工具寿命を管理し，寿命がつきた工具を使用しないように自動的に判断する．工場内の工具に固有の番号をつけて管理する工具管理システムがある場合には，番号をもとに工具に関する情報を機械との間でやり取りして，機械に装着された工具も含めて全工具を一元管理することもできる．

i. 補助機能

主軸の起動と停止，クーラントのオン/オフ，チャックの開閉などを指令する機能で，Mコードで指令される．エンドオブプログラム（M 02，M 30）やサブプログラム呼出し（M 98）などプログラムの実行にかかわるものを除いて，シーケンス制御部へ送られて処理される．

通常，プログラムの1ブロックには補助機能を1つだけ指令できるが，複数の補助機能を指令できるものもあり，指令されたMコードを同時に処理して加工時間の短縮を図っている．Mコードによる補助機能に加えて，Bコードで第二補助機能を指令できるものもある．

j. 多系統制御

加工能率の向上を目指して，複数の主軸と刃物台で同時に加工する機械や旋削機能とミリング機能を1台の機械に搭載した複合加工機が増えている．このような機械では，各刃物台の駆動軸のように機械軸をグループ（系統）に分けてグループごとに制御する方式が採用されており，これを多系統制御という．各系統は相互に独立に動くとともに，相互に連携して動くこともできる．ひとつの軸の指令で別の系統の軸も同期させて動かす同期制御，系統間で軸の移動指令を入れ替える混合制御，ひとつの軸の移動指令を別の系統の軸の移動指令に足し合わせる重畳制御などが用いられる．

k. カスタムマクロ

マクロ変数や演算命令を用いて独自の加工サイクルを作成する機能である．通常のサブプログラムと異なり，引数を渡すことができるので，汎用的な加工サイクルをつくることができる．

l. 5軸加工機能

直交3軸に加えて2つの回転軸をもつ5軸加工機では，工具を加工物に対して任意の向きに傾けて加工することができる．最近のCNCは，工具の向きを変化させながら直線補間を行う機能，XY平面で指令した工具の動きを傾いた面上で再現する機能，傾いた工具軸を基準に工具補正を行う機能など，5軸加工特有の動作を指令できるようにしている．

2.3.4 機械の動きの制御

a. CNCにおける加工プログラムの処理

入力された加工プログラムは，数値演算部で解読され，補間と加減速処理を経て，機械の軸ごとの移動指令としてサーボ制御部へ出力される（図2.59）．補間では，工具経路を微小時間（補間単位）当たりの移動に分割し，各軸の移動量を算出する．加減速では，各軸の移動量の時間変化が滑らかになるように平滑化の処理が行われる．

CNCの目的は，加工プログラムの指令にしたがい，できるだけ短い時間で精度よく加工することである．これは，補間，加減速，およびサーボ制御の性能によるが，最近のサーボ制御は指令に忠実に追従できるようになっており，補間された工具経路の精度とサーボ制御への出力の滑らかさが重要である．高速の送りは経路誤差や機械の振動を発生させやすく，高速化と高精度化の両立は容易でないが，数値演算部とサーボ制御部に搭載された高速高精度加工機能によって，加工精度を維持しつつ高速化を目指している．

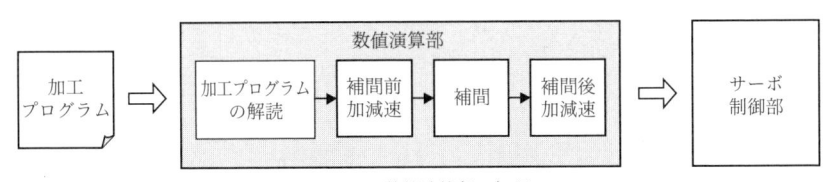

図2.59 数値演算部の処理

b. 補間単位

指令された工具経路は，補間によって，補間単位ごとに工具経路上にとった点（補間点）の列で表される．補間単位が小さいほど指令された経路上をきめ細かく動くことになり，精度よく加工形状が再現される．補間単位は数値演算部のハードウェアの性能によるので，高速プロセッサなどの最新技術の採用によって短縮が図られている．

c. 補間前加減速

補間後に加減速を行うと，円弧のように進行方向が変化する場合，工具が指令された経路からずれてしまう（図 2.60）．補間前加減速は，加減速を加味して補間点を求めることによりこれを回避する（図 2.61）．

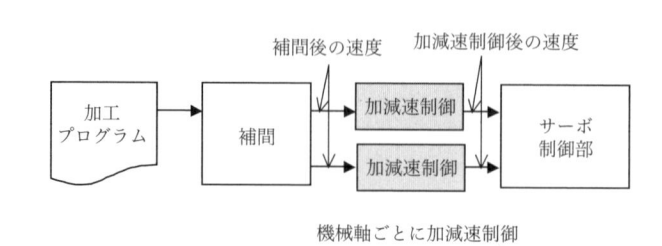

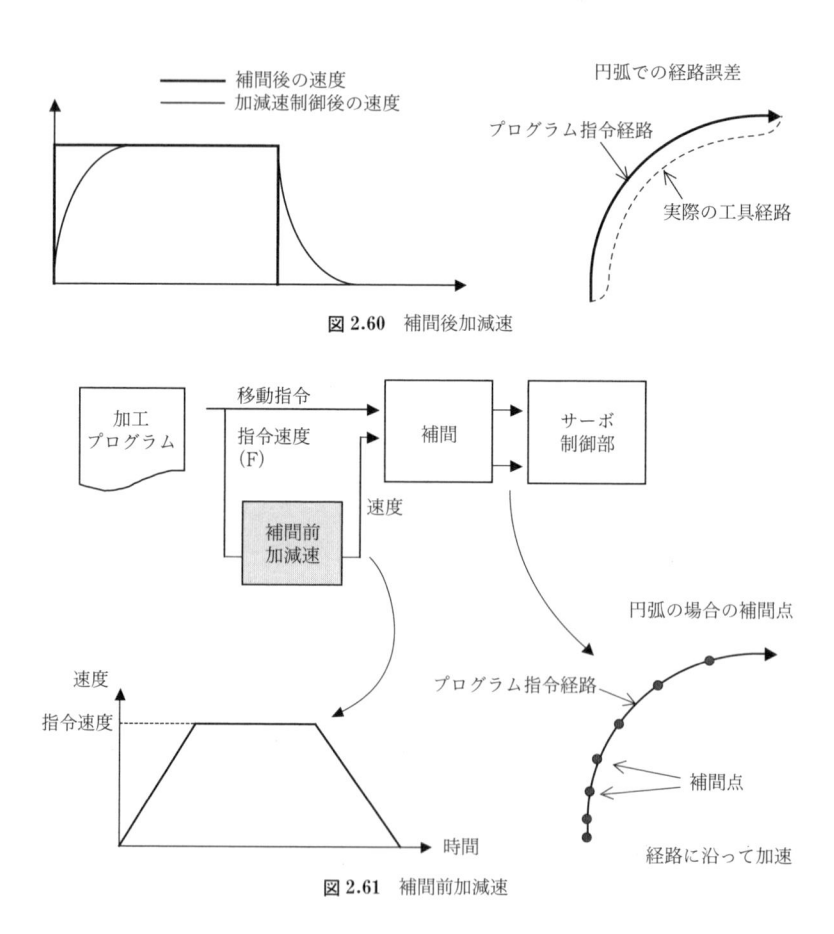

図 2.60 補間後加減速

図 2.61 補間前加減速

d. 多ブロック先読み

CNCは，読み込んだブロックの終点で停止するように速度を制御する．これは，次のブロックで工具経路が急に変わったときに機械に衝撃を与えないためであるが，短いブロックが連続するプログラムの場合には，速度を十分にあげられない．そこで，多くのブロックを読み込んで今後の経路を知ることにより，より高速で動けるようにする．最新のCNCでは，1000ブロックを先読みするものもある．多ブロックを先読みする場合は，複数のブロックにまたがって補間前加減速が行われる．

e. コーナ部や曲率の大きい箇所での減速

コーナ部や鋭いカーブがあると，工具の進行方向に対して横方向に急に大きな力がかかり，振動の要因となる．これを避けるために，コーナ部での速度の差，進行方向に垂直な方向の加速度，加速度の時間変化率である加加速度に許容範囲を設け，それを超えた場合は，送り速度を減速している（図2.62）．

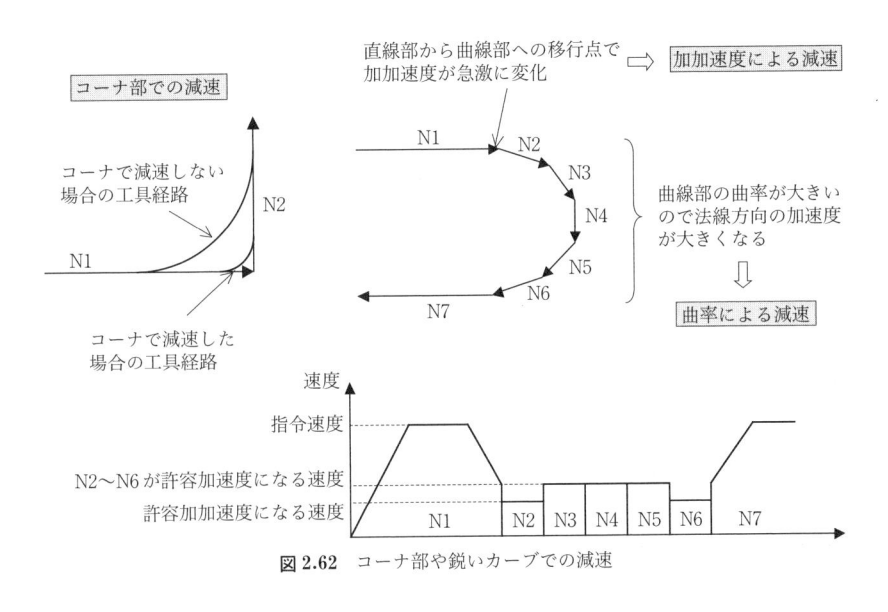

図 2.62 コーナ部や鋭いカーブでの減速

f. サーボへの指令の精密化

数値演算部の演算結果は，指令単位に丸められてサーボ制御へ出力される．したがって，サーボ制御への入力には指令単位分の段差が生じる場合があり，その影響が加工面にまで現れることがある．そこで，補間演算を指令単位よりも細かい単位で行い，サーボ制御への出力も細かい単位にしてこれを回避することが考えられた．ナノ補間と呼ばれる方式では，指令単位の1/1000（通常の1 μm の指令単位の場合は1 nm）で演算している．

図中ラベル:
- CAM / トレランス / 目標の曲線 / 指令点列
- CNC / 指令点列 / 滑らかな曲線を推定して補間

図 2.63 工具経路の平滑化

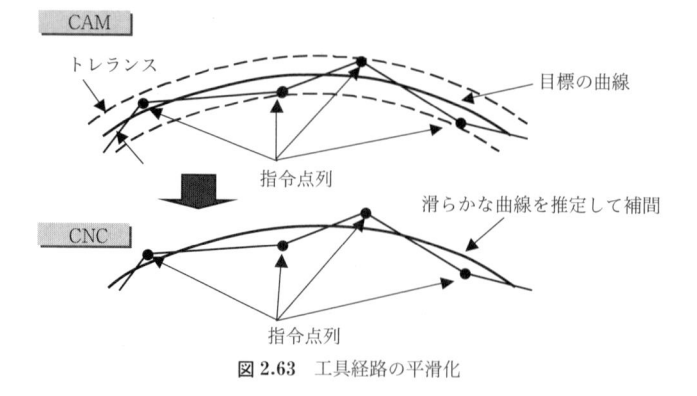

g. 工具経路の平滑化

これまで述べた高速高精度加工機能では，加工プログラムで指令された工具経路を忠実に再現しようとしている．しかし，CAM（computer aided manufacturing）で作成したプログラムには，演算誤差や形状要素の接合部の段差によって，滑らかなカーブからずれた点が含まれることがある．工具経路の平滑化は，このような場合に，指令経路に含まれる異常な点を排除して滑らかな工具経路を実現する．図 2.63 のナノスムージング機能では，補間時にこの処理を行う．

2.3.5 サーボ制御

サーボの制御とは，CNC の数値演算部で作成した移動指令を受け取り，工作機械の各送り軸を，指令値通りに動かすことである．サーボの送り軸は通常，位置の制御を行っており，この位置制御を実現するため，そのマイナーループ処理として，速度制御および電流制御を行っている．CPU の処理速度が遅かった時代には，速度と電流の制御はアナログ回路を用いて行われていた．しかし近来の CPU の高速化に伴い，制御アルゴリズムはソフトウェア化され，CPU によって処理されている．

位置制御は指令位置と実位置との差から速度指令を計算し，速度制御は速度指令とモータのエンコーダから検出した実速度との差によってトルク指令を計算する．さらに電流制御はトルク指令とモータに流れる実電流から，モータ巻線に加える電圧指令を算出し，パワー増幅回路（サーボアンプ）に指令する．安定な制御を実現するためには，速度制御ループは位置制御ループの 4～5 倍以上の応答性を必要とし，電流制御ループはさらに速度制御ループの 4～5 倍以上の応答性を必要とする（図 2.64）．

a. 各制御ループの処理

（1）位置制御ループ　位置制御ループは，CNC の数値演算部で作成した移動指令と，位置検出器からのフィードバックデータを所定時間ごとに読み取り，その差分を積算して位置偏差カウンタを作成している．この位置偏差カウンタに位置ゲイン

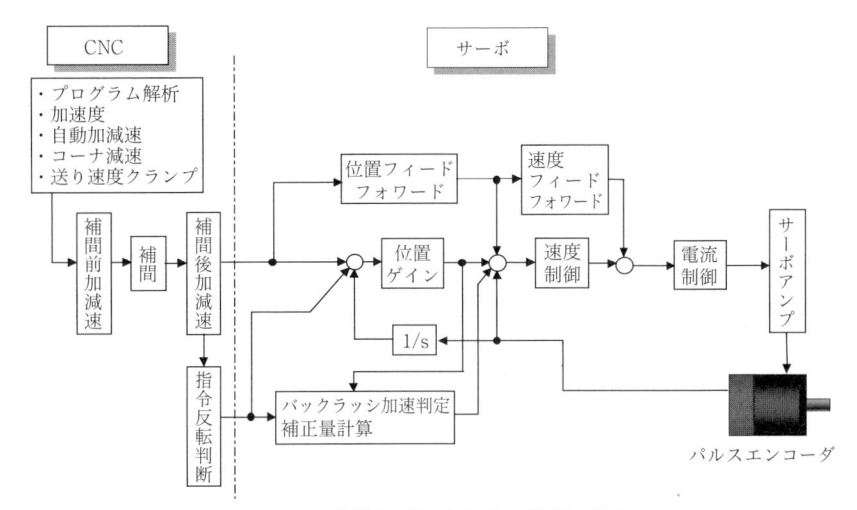

図2.64 工作機械の送り軸用サーボ制御の構成

をかけたものが，速度ループへの速度指令となる．位置偏差が発生したとき，その収束の時定数は位置ゲインの逆数であるため，サーボ制御の指令応答性を高めるためには位置ゲインを高くとることが効果的である．ただし，高い位置ゲインを安定に実現するためには，次項の速度ループの応答性が高いことが必要条件となる．

工作機械の送り軸の位置制御方式として，モータに内蔵されたロータリエンコーダから速度および位置を検出するセミクローズ方式，速度はロータリエンコーダ，位置は機械先端に取り付けられたスケールによって検出するフルクローズ方式，また，両者の中間の特性をもつデュアル位置フィードバック方式があげられる．セミクローズ方式の場合，位置決め精度は機械に依存するものの，位置ゲインが高くとれ，応答性の高い制御が可能となる．一方，フルクローズ方式は，モータと機械の間に，がた，や，ねじれ，などの不安定要因があると，高い位置ゲインの設定は難しくなるが，最終的な位置決め精度は機械によらず，スケールの検出データ通りの高い精度が実現できる（図2.65）．

（2）速度制御ループ　速度制御ループは，モータの実速度が上記位置制御ループの出力する速度指令と一致するようにトルク指令の計算を行っている．ロータリエンコーダは所定時間ごとに実回転位置をサーボコントローラに出力しており，速度制御ループのサンプリング周期ごとの位置データ変化量をもとに，モータの実速度を算出している．この速度制御ループの性能（外乱抑圧特性，指令追従特性）が，工作機械の送り軸のサーボ特性を大きく左右する要素であり，速度制御ループのハイゲイン化は高精度化のために重要である．

速度制御ループは通常，PI（比例・積分）制御を行っている．比例制御は，速度

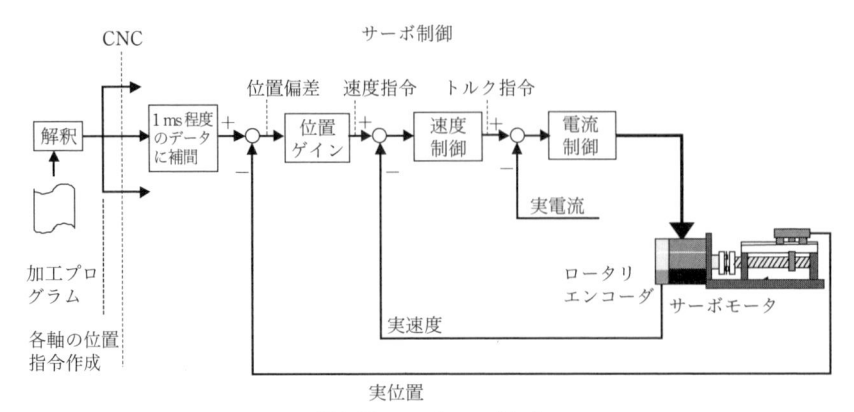

図 2.65 フルクローズ方式

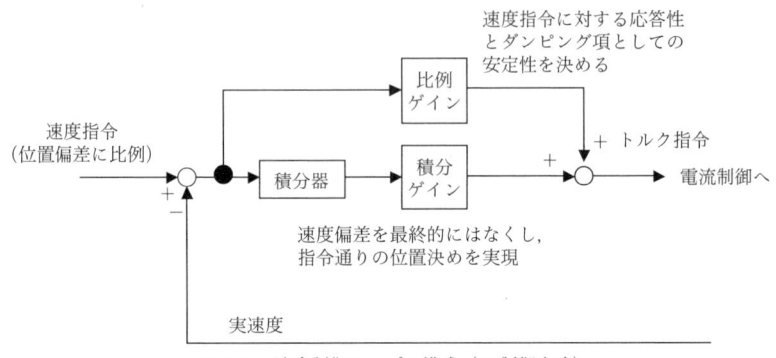

図 2.66 速度制御ループの構成（PI制御方式）

指令と検出した実速度の差に比例ゲインをかけてトルク指令に加えるファクタである．速度指令の変化に対し応答性を高めるとともに，実速度の変化に比例したトルク指令を生成することで，ダンピング項として速度制御の安定性を確保する役割も果たしている．一方，積分制御は速度指令と実速度の差分を積算して，その積算値に積分ゲインをかけた結果をトルク指令に加えるものである．例えば，軸の停止時に位置偏差（位置決め誤差）があった場合，位置制御はこの偏差に応じた速度指令を出し続けるが，モータは停止しているため，モータが実際に動いて位置偏差がなくなるまで速度偏差は積分器に積算され続け，最終的には指令通りの位置決めができることを保証している．この積分ゲインが高いほど，摩擦などの外乱の影響による形状誤差抑圧特性を高めることができる．

　以上，速度ループの制御ゲインが高いほど送り軸の制御性能を高めることができるが，実際の工作機械では，速度ゲインをあげると機械が固有の共振点を増幅してしま

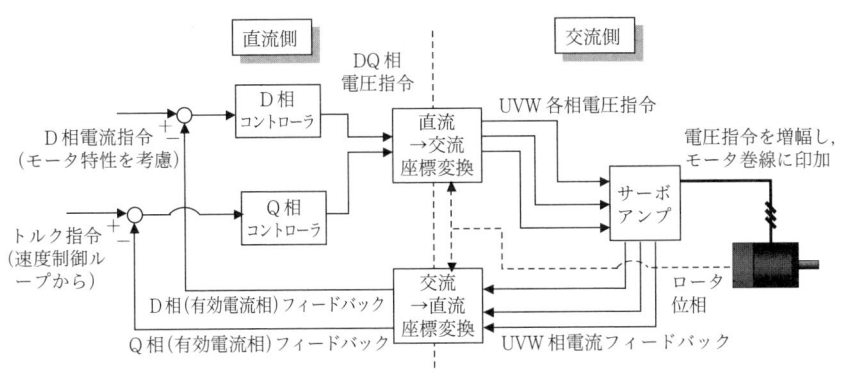

図 2.67 電流制御ループの構成（DQ 制御方式）

うことが多い．したがって，この共振点を回避することが重要になる（2.3.5 b 項参照）（図 2.66）．

（3）電流制御ループ　電流制御ループは，速度制御ループの出力であるトルク指令と，実際にモータに流れている電流値を元に，モータ巻線に印加する電圧指令の算出を行っている．トルク指令が直流量であるのに対して，工作機械の送り軸に使われるモータは AC モータ（交流電動機）であるため，実際にモータ巻線各相に流れる電流は交流電流となっている．この電流の周波数はモータ速度に比例して高くなるが，電流制御ループの制御性を考えた場合，電流を交流として制御するより，直流量として制御した方が速度（電流周波数）に依存しない，一定の制御特性を得るためには有利である．

この電流制御方式は「DQ 制御方式」と呼ばれ，交流量である電流に対して，電流位相に同期した座標変換マトリックスによる変換によって，トルクとなる有効電流（Q 相）と，トルクには寄与しない無効電流（D 相）の 2 相の直流量を算出する．さらに Q 相電流がトルク指令と等しくなり，D 相電流はモータの特性を最大限に引き出すために，電流値や速度に応じて最適の値となるように制御が行われている（図 2.67）．

D 相，Q 相のコントローラはそれぞれ D 相電圧指令，Q 相電圧指令を出力する．この 2 つの電圧指令を，上記の座標変換マトリックスの逆マトリックスを使って逆変換し，交流モータ 3 相の巻線に与える電圧指令を算出している．この各相の電圧指令はパワー部に送られ，通常は PWM（pulse width modulation，パルス幅変調）方式で電圧の印加が行われる．この結果，モータ巻線に所望の電流が流れ，トルク指令通りのモータ実トルクが得られる．

b. 送り軸の高精度化技術

サーボ制御がソフトウェア化された当初は，従来のアナログサーボの処理を CPU で行うことが主な処理内容となっていたが，CPU の高速化に伴ってディジタル処理

特有の，条件判断に基づく複雑な制御や，ノイズを伴わずに速度指令を微分処理して行う加速度の制御などが可能となった．現在のサーボ制御は，このようなディジタル処理のメリットを十分に活用し，特に高速で高精度の送り性能を高めている．

（1） バックラッシの補正　一般に，サーボモータと機械可動部の間にある間げき（がた）をバックラッシと呼ぶ．また，機械の弾性変形もモータ側からみると移動方向反転時に指令通りに動かないという意味でバックラッシにみえる．サーボモータは，移動方向反転時にバックラッシの分だけ余計に動かなければ機械の可動部が指令通りに動かないため，方向反転時に本来の指令に加えて，このバックラッシ分の補正も位置指令に重畳し，その影響を低減している．この補正をバックラッシ補正と呼ぶ．

また，サーボモータが静摩擦の影響をキャンセルし，バックラッシ間を反転する時間分，機械可動部の反転動作に遅れが生じてしまう．同時に2軸以上の軌跡精度を問題にする場合，この遅れが形状誤差の原因となってしまう．そこで，サーボコントローラでは，モータの反転を早めるために，速度指令やトルク指令にオフセット補正を加え，形状誤差の低減を図っている（図2.68）．

方向反転時に移動指令にバックラッシ補正を重畳　　モータ反転を早める補正効果例

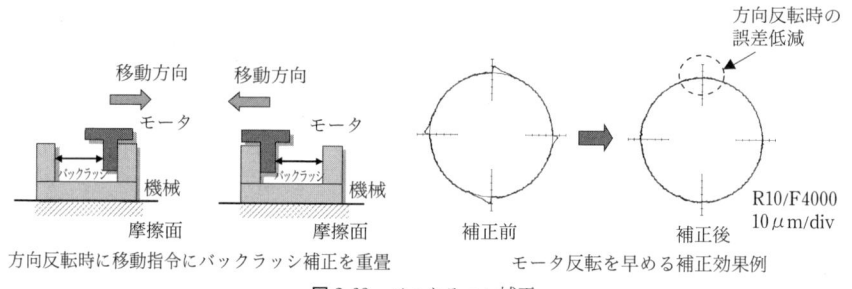

図 2.68　バックラッシ補正

（2） フィードフォワード　サーボ系の指令追従性は制御ゲインのハイゲイン化によって向上するものの，ゲインを高く設定しすぎると振動を誘発し，サーボ系自体が不安定になってしまう．これに対して，フィードフォワードは，指令値を微分して操作量に加えることにより，サーボ系の安定性を損なうことなく，指令値に対する制御量の追従性を高める方式である．位置ループのフィードフォワードは位置指令を微分して速度の次元にし，速度指令に重畳して位置制御の指令応答性の向上を実現している．また，速度ループのフィードフォワードは速度指令を微分し，加速度の次元に変換した後，適当な定数をかけて加速度指令に重畳し，速度ループの指令追従性の向上を実現している．これらの微分は，サーボの制御がソフトウェア化されたことにより実現可能となった方式である．

フィードフォワードによって指令追従性を高めることと，ハイゲイン化によって外

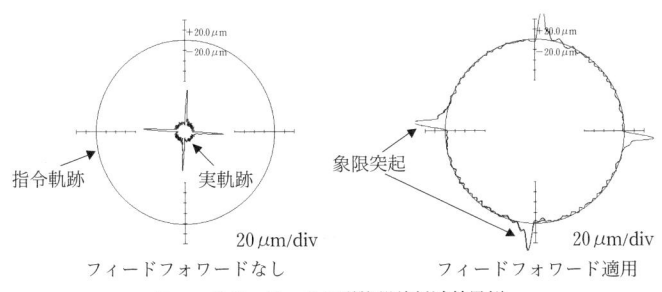

指令軌跡　実軌跡　　　　　　　象限突起

20 μm/div　　　　　　　　　　20 μm/div

フィードフォワードなし　　　　　フィードフォワード適用

フィードフォワードの形状誤差低減効果例

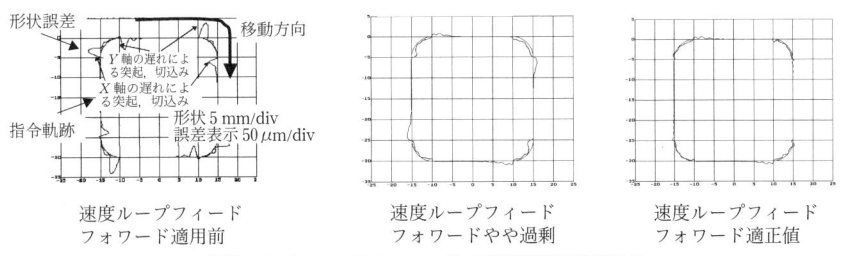

形状誤差　移動方向
Y軸の遅れによる突起，切込み
X軸の遅れによる突起，切込み
指令軌跡　形状 5 mm/div　誤差表示 50 μm/div

速度ループフィード　　　速度ループフィード　　　速度ループフィード
フォワード適用前　　　　フォワードやや過剰　　　フォワード適正値

速度ループフィードフォワードの形状誤差低減効果例

図 2.69　フィードフォワード

乱の影響を低減することで，高速かつ高精度のサーボ制御が実現される（図 2.69）．

（3）共振回避　サーボモータで制御する機械系は必ず固有振動をもっている．速度制御ループの制御ゲインが低く，固有振動の周波数が制御帯域の完全に外側（高い周波数側）にあれば，振動の問題が発生することはない．ところが，速度制御ループのゲインを高くしていくと，機械の固有振動を速度制御ループが増幅し不安定とな

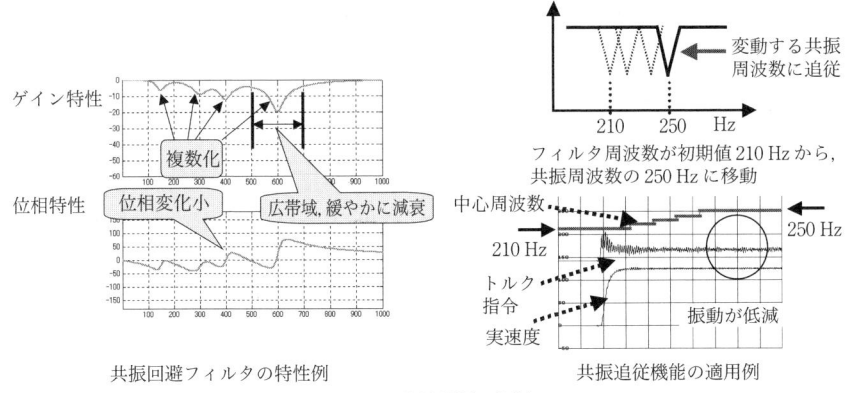

ゲイン特性
複数化
位相特性
位相変化小　広帯域，緩やかに減衰

変動する共振周波数に追従
210　250　Hz

フィルタ周波数が初期値 210 Hz から，共振周波数の 250 Hz に移動

中心周波数
210 Hz　　　　　250 Hz
トルク指令
実速度　　　振動が低減

共振回避フィルタの特性例　　　共振追従機能の適用例

図 2.70　機械共振の抑制

ってしまう．この現象を機械共振と呼ぶ．ハイゲイン化したサーボ系を実現するためには，この機械共振を回避することが必要になり，このための手段としては，ローパスフィルタによる高周波成分の除去，あるいはノッチフィルタ（バンドステップフィルタ，band step filter，帯域制御フィルタ）による特定周波数の除去が一般的である．

実際の機械では複数の共振点をもつ場合，場所，搭載物の有無によって，共振の周波数が変動することがある．このため，複数点に対応できる共振回避フィルタや，振動周波数の変化に応じて，フィルタ周波数を自動的に変更するなどの処理も行われている（図2.70）．

2.3.6 CNCのシーケンス制御機能

シーケンス制御部は，機械を操作するための操作盤や機械の周辺装置の駆動系との間で制御信号をやり取りし，これらの装置を駆動したり，入力信号を数値演算部へ伝えたりする．工作機械独自の機能が組み込めるように，数値制御部との間のウインドウを介して，工具管理データ，カスタムマクロ変数をはじめとする各種の情報をやり取りできるようになっている．シーケンス制御には，通常，ラダープログラムが用いられるが，複雑なプロセスに適したステップシーケンスなどの手法が使えるものもある．さらに，ラダープログラムを実行するプロセッサとは別のプロセッサでC言語プログラムを実行できるものもあり，機械側で様々な機能を実現できるようにしている．

シーケンスプログラムの実行状態はCNCの画面に表示され，信号トレース機能と合わせて，加工現場でシーケンス制御の確認と保守ができるようになっている．

2.3.7 CNCの通信機能とシステム化

a. CNCに接続されるネットワーク

加工工場におけるネットワークは，工場全体を統括する基幹ネットワークであるエリアネットワーク，複数のNC工作機械の集まりであるセルの構成機器を接続するセルネットワーク，トランスファラインのような専用加工ラインの構成機器を接続するフィールドネットワークに分かれる（図2.71）．セルネットワークにはEthernetが一般的に採用され，フィールドネットには，ProfibusやDeviceNetなどが普及している．日本では，日本電機工業会（JEMA）が提唱したOPCN-1（JEMAネット）やFL-netも使われている．CNCはセルネットワークとフィールドネットワークに対応しており，これらのネットワークへ接続できる．

b. FAシステム

製造現場にも情報技術を適用し，生産の効率化を図る動きが盛んになっている．CNCについても，セルネットワークを介して運転の制御や稼動情報の収集が行われる．図2.72のセル管理用アプリケーションは，複数のNC工作機械を対象に，NC

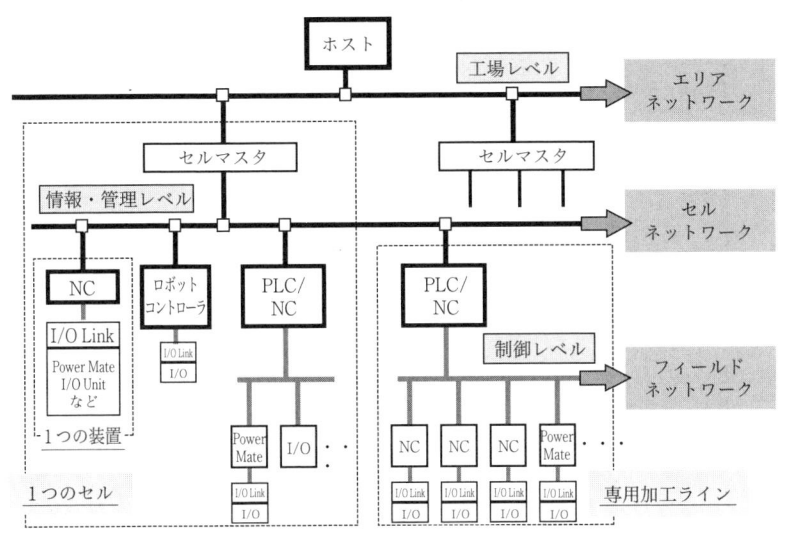

図 2.71 工場におけるネットワーク

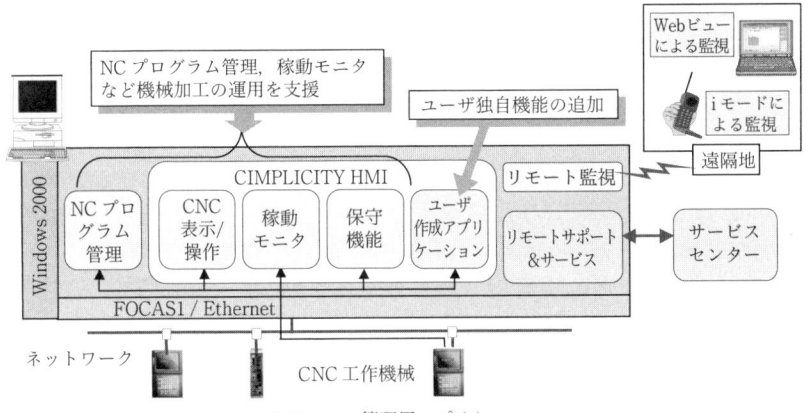

図 2.72 セル管理用アプリケーション

プログラムやパラメータの管理，稼動状態の管理とモニタリングを行うアプリケーションである．インターネット技術を適用して遠隔地の管理システムから NC 工作機械の稼動状態を監視したり，故障時には，CNC や機械の状態を診断することも可能になっている．

2.3.8 オープン CNC

加工セルや工場の情報化によって NC 工作機械のシステム化が進むと，ほかの機

図2.73 オープンCNCの構成

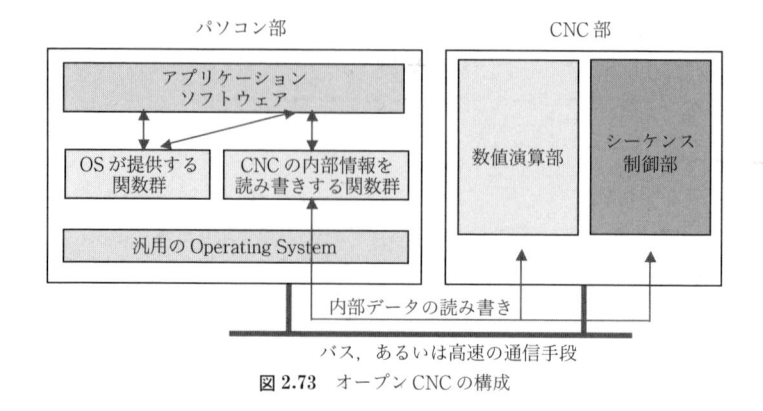

器との連携や情報処理のための機能がCNCに要求されるようになり，このような用途に広く用いられているパソコンの技術を利用することが考えられた．オープンCNCはパソコン機能を組み込んだCNCで，図2.73にその構成を示す．パソコン部とCNC部は高速のバスあるいは通信路で結ばれている．パソコンにはWindows OSが搭載されるが，工場の環境下での使用を考えて，ハードディスクが不要なWindows CEを採用したものもある．パソコン側のアプリケーションからCNCのデータを読み書きするためのインタフェースが用意されており，CNCの運転状態，機械の現在位置，工具オフセット量やマクロ変数値をはじめ，様々な情報を扱うことができる．

オープンCNCは，ユーザ独自のマンマシンインタフェースの実現や加工プログラムの管理，工具管理システムの構築などに利用されている． 〔宮田光人・内田裕之〕

2.4 システム化技術

2.4.1 コンピュータ支援設計・生産システム概要

本節では，コンピュータ支援設計生産システムについて述べる．図2.74は，生産プロセスにおいて活用されているコンピュータ支援システムの概要である．工業製品（部品）の設計は，機能製品と意匠製品では大きく異なるプロセスを経ている．

機能製品の設計はエンジニアが担当し，要求仕様を満足するよう，基本設計から詳細設計を経て製品形状を具現化する．このとき，詳細設計においてはCAD（computer aided design）システムが必須のツールとして広く活用されている．エンジニアはCADシステムを用いて製品形状を厳密に定義し，数値モデルとしてCADデータを構築するプロセスにより設計を行う．

次に，この結果として得られた製品設計が要求される仕様を満足しているかを評価するプロセスが必要である．この評価を行うにあたり，製品を試作し実験を行う必要

2.4 システム化技術 —— 69

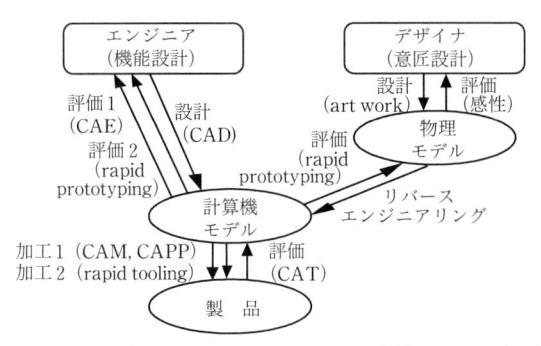

図 2.74 生産プロセスにおけるコンピュータ支援システムの概要

があるが，この試作・実験プロセスをバーチャルの世界で実行することが可能である．その具体的な手法は，CAE（computer aided engineering）と呼ばれている．CAEシステムでは，静的・動的な力学解析や熱伝導解析，流体解析，磁場解析などにより，設計評価を行うことができる．CAEシステムの実用化は，設計評価のための試作を大幅に減少し，コスト低減と設計の効率化において大きく貢献している．

　CAEシステムによる設計評価に加えて，最近ではラピッドプロトタイピング（rapid prototyping：RP）を活用することにより，実空間において組立性や機構の動作などの評価を効率的に行えるようになってきた．ラピッドプロトタイピングは，積層造形加工法に基づいており，詳細は6章で述べられている．

　一方，デザイナが担当する意匠製品の設計は，通常，デザイナがアイデアをスケッチとして表現することから始まる．デザイナはアイデアのレベルや使用する用途に応じて，サムネイルスケッチやラフスケッチ，レンダリングなどのスケッチを描く．意匠設計用のCADシステムはいくつか開発されているが，スケッチが意匠設計において最も有効なツールとして用いられている理由は，それが簡単であるがゆえにデザイナの感性を阻害することなく形状創発を支援できるためである．デザインスケッチでアイデアが絞り込まれた後，デザイナとモデラは，クレイ（粘土），木，発砲スチロールなどを用いて，アイデアスケッチで表されている形状を実空間にモデルとしてつくり出す．このように造形された実モデルは，その表面上の多数の離散点が測定され，その測定データを処理することにより数値モデル，すなわちCADデータが構築される．この実モデルの測定データを用いて数値モデルを構築するプロセスは，リバースエンジニアリングと呼ばれている．

　機能製品も意匠製品も数値モデル（CADデータ）として定義され，それをもとに加工工程が計画される．その工程計画を支援するシステムがCAPP（computer aided process planning）である．加工工程が決定された後，それぞれの工作機械における加工プロセスが決定される．その決定において，CAM（computer aided manufacturing）システムが必須のツールとして活用されている．最近では，ラピッ

ドプロタイピングを利用して簡易金型を製作し，試作を簡単かつ迅速に行うことも試みられている．この手法はラピッドツーリングと呼ばれており，これが今後有効な技術として確立するか見定める必要がある．

　上記のプロセスを経て製品（加工品）が製造あるいは試作される．その評価は，重要な形状寸法が寸法公差内にあるか，あるいは重要な幾何形状が幾何公差内にあるかによって判断される．三次元座標測定機が開発されて以来，寸法測定および形状測定は極めて効率的に行われるようになってきた．CADデータを参照することにより，三次元座標測定機による測定経路を自動決定するとともに自動測定を行い，評価までも自動的に示すことが可能となった．この三次元座標測定機を用いた測定評価システムは，CAT（computer aided testing）システムと呼ばれる．このCATシステムが発展し，最近では製品全体の誤差分布が定量的に示されるようになっている．さらに，今後は製品全体の誤差分布からその誤差要因を特定し，加工にフィードバックすることにより，高精度加工を実現するひとつの手法として利用することが期待される．

2.4.2　設計・生産プロセスとコンピュータ支援システムのかかわり

　図2.74では製品のディジタルデータの構築と活用の観点から，コンピュータ支援設計・生産システムの位置づけを示した．一方，図2.75では，製品が出荷されるまでのプロセスの流れとコンピュータ支援設計・生産システムのかかわりを示している．

　図2.75に示されるように，製品の開発では市場調査（マーケティング）が行われ，その情報をもとにニーズの検討やシーズの発掘が行われる．実際，成功する製品を生み出すには，このプロセスが極めて重要になってきている．その後，製品企画が練られ，コンセプトとしてまとめられる．次に，コンセプトに沿って基本設計が行われ，製品の概要が明らかにされる．さらに詳細設計のプロセスへと進められ，部品の詳細

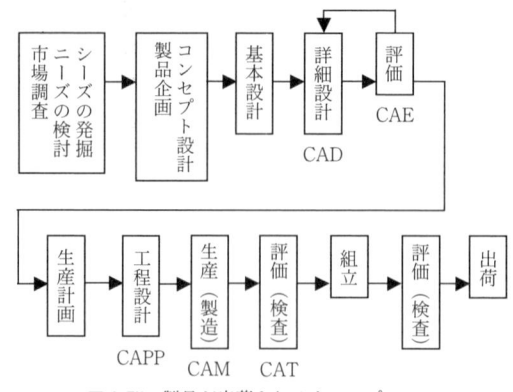

図2.75　製品が出荷されるまでのプロセス

寸法が正確に定義される．この詳細設計プロセスにおいて，CADシステムが効果的に活用されている．CADシステムで定義された部品の評価は，CAEおよび試作により行われる．合格の評価が得られない場合には，詳細設計までプロセスが戻される．合格の評価が得られた場合，生産計画・工程設計がCAPPシステムの支援を受けながら詳細に決められる．その計画・工程にしたがって生産（製造）プロセスが実行されるが，ここではCAMシステムによるサポートが不可欠である．実際に加工品が製造された後，検査プロセスを経て，場合によっては組立プロセスと検査プロセスを経て出荷される．

2.4.3 CADシステム
a. 開発経緯
（1）**第一世代CAD** 1950年代後半から1960年代において，第一世代CADが開発されたといえる．CADシステム開発の歴史は，イーバン・サザーランド（Ivan E. Sutherland）の存在を抜きに語ることはできない．1963年，彼は現在のCADの基礎となっているスケッチパッドの研究でマサチューセッツ工科大学より博士号を取得している．スケッチパッドでは，ライトペンでディスプレイ上に操作することによりオペレータとシステムの対話が可能となり，煩雑なキーボード操作は軽減されている．このように，マンマシンインタフェースの基礎を示すとともに，現在のCADシステムの基礎となる概念・機能を1960年代初めに既に提案している．General MotorsとIBMも1959年にDAC-1（Design Augmented by Computer）プロジェクトを開始し，4年後には，グラフィックディスプレイを開発した．

（2）**第二世代CAD** 第一世代CADは，大型コンピュータを多数の端末によりタイムシェアリング方式で利用する集中管理形式であった．1970年代になるとミニコンピュータが登場し，スタンドアローン方式で利用されるようになってきた．この頃は，ミニコンピュータといえども高価であり，1台のミニコンピュータを複数端末で使用していた．

（3）**第三世代CAD** 1980年代に入ると，ミニコンピュータを小型化しネットワーク機能を付加したエンジニアリングワークステーション（EWS）が開発され，第一世代CAD，第二世代CADが集中管理方式であったのに対して，第三世代では分散管理方式へと変化していった．また，この頃，パーソナルコンピュータも普及しはじめ，機能は低いが低価格な個人利用CADも登場してきた．

（4）**第四世代CAD** 1990年代になると，エンジニアリングワークステーションの小型化（ダウンサイジング化）が進み，パーソナルコンピュータの性能の向上が図られることにより，両者の性能・機能の差が少なくなってきた．また，ネットワークインフラも急激に世界中に整備されてきた．このような環境の中で，CADが第四世代へと変貌してきた．パーソナルコンピュータの性能向上により，高機能CADでもパーソナルコンピュータで利用できるようになってきた．また，コンピュータが個

人利用型になるとともに，CADシステムも1個人1ライセンス形式となってきた．

ネットワークの整備とデータベースの分散化・共有化技術の確立により，コンカレントエンジニアリング（CE）が開発され，製品の設計製造期間の短縮を大幅に図ることとなった．この頃には，多くのCADシステムやCAMシステム，CAEシステムが実用化されるとともに広く普及してきたが，異なるシステム間では正しくデータを受け渡しできないことが大きな問題となり，その問題を解決する方法をSTEP（standard for the exchange product model data）として規格化する作業がISO（国際標準化機構）により開始された．

第一～三世代CADでは，処理から出力に至るまで二次元情報の処理であったが，第四世代CADになると，三次元形状を取り扱えるようになってきた．1990年代の初期には，パラメトリックデザイン機能やフィーチャベースモデリング機能をもった実用性の高い三次元CADシステムが登場しはじめ，1990年代後半には価格・機能ともに多様性のある三次元CADが提供されるようになってきた．価格・機能による分類では，500万円以上の価格帯のハイエンドCAD（CATIA, Pro/ENGINEERING, I-deasなど），100万円前後の価格帯のミドルレンジCAD（Solid Works, Solid Edge, Autodesk Inventorなど），50万円以下のローエンドCAD（Iron CAD, Solid Station, 頭脳RAPID 3Dなど）といった言葉も使われてきた．

b. CADシステムの構成モジュール

CADとはcomputer aided designのことであり，コンピュータにより支援を受けた設計を意味し，CADシステムは詳細設計用のツール（道具）である．詳細設計では，製品に要求される仕様を満足する形状およびそれに許される幾何的・寸法的誤差（幾何公差，寸法公差）が厳密に定義される．さらに，形状を構成する面には，表面の粗さの状態も定められなければならない．したがって，最新の技術を導入することにより高度な設計が開発され，新しい製品が生み出されるプロセスでもあり，極めて高度な創造・知的作業である．すなわちCADは，自動設計のための仕組みではなく，詳細設計の支援ツールであり，あくまで主役は人間にあることを忘れてはならない．

上述の通り，CADの"D"はdesign（設計）を意味しているが，CADが開発された当初においては，その機能が設計支援という意味で十分でなかったため，draftingあるいはdrawingといった製図用ツールを意味する時代もあった．しかし，製図用ツールとしての利用の域を出ない機能であったときも，図面作成の効率化，図面管理の効率化，設計修正の効率化など，設計のプロセスにおける効果が示されていた．

図2.76は，CADシステムが機能するための基本構成を示している．以下に個々の機能について簡単に述べる．

（1）マンマシンインタフェース　設計の主役は人間であり，CADシステムはその活動をサポートするツールである．サポートされるにあたり，人間が行いたいことをCADシステムに伝えなければならない．この人間とCADシステムの間の情報

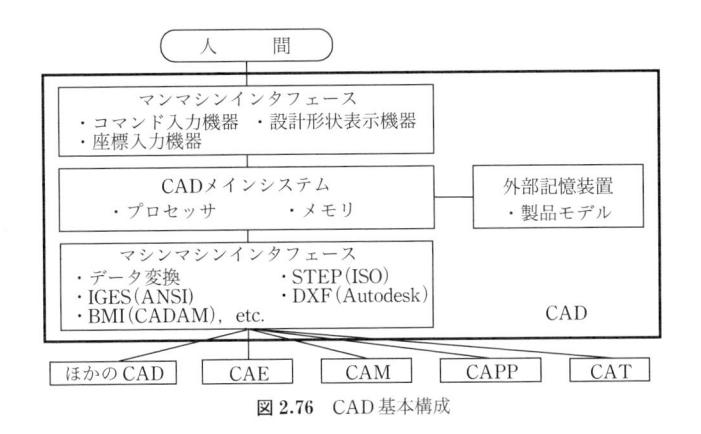

```
         ┌─────────────┐
         │   人  間    │
         └──────┬──────┘
┌───────────────┴────────────────────────────┐
│  マンマシンインタフェース                  │
│  ・コマンド入力機器  ・設計形状表示機器    │
│  ・座標入力機器                            │
├────────────────────────┬───────────────────┤
│  CAD メインシステム    │  外部記憶装置     │
│  ・プロセッサ  ・メモリ│  ・製品モデル     │
├────────────────────────┴───────────────────┤
│  マシンマシンインタフェース                │
│  ・データ変換     ・STEP(ISO)              │
│  ・IGES(ANSI)     ・DXF(Autodesk)          │
│  ・BMI(CADAM), etc.                   CAD  │
└──┬──────────┬──────────┬──────────┬────────┘
   │          │          │          │
[ほかのCAD] [CAE]     [CAM]     [CAPP]   [CAT]
```

図 2.76 CAD 基本構成

を双方向に効率よく実現するモジュールがマンマシンインタフェースとなる．

情報の双方向交換を可能にするため，人間からの要求情報をシステムに伝える機能・機器とシステムから人間にモデル情報を伝える機能・機器が必要である．前者に対して，キーボード，マウス，タブレットなどが用いられる．後者に対しては，ディスプレイがインタラクティブ機能をもつ一般的な道具として用いられ，断片情報の提示道具としてはプリンタも用いられる．最近では，より実空間に近いモデル情報を伝えるため，立体視表示装置も採用されるようになってきた．

（2）メインフレーム　機能製品の詳細設計では，形状を厳密に定義することが主たる作業である．その作業では，プリミティブと呼ばれる基本的な幾何形状をいくつか定義し，それらの形状の集合演算により希望する形状を構築していく．基本形状の定義や集合演算をとり行う CAD メインフレームであり，モデリングカーネルと呼ばれるライブラリが用いられている．ハイエンド CAD では，それぞれの CAD ベンダが独自のカーネルを開発し，システムの特徴を生み出している．ミドルレンジ CAD やローエンド CAD では，開発コストを低く抑えるために独自のカーネルをもたず，ACIS（米国，Spatial Technology），DESIGNBASE（日本，リコー），Parasolid（米国，Unigraphics Solutions）などの市販のカーネルを採用している．

（3）マシンマシンインタフェース　CAD メインフレームで構築された設計結果（CAD データ）は，CAE システムにおいて評価を受け，CAPP システムのサポートにより加工工程が決められ，CAM システムにより加工データ（NC データ）が生成される．さらに加工された製品は，CAT システムにより検査される．このように CAD データは，様々なシステムを使用する際の基礎となるため，それを使用するシステムに渡されるとき，正確に認識できる形式に変換されなければならない．この役割を担うのが，マシンマシンインタフェースである．

図 2.77 は，他のシステムとの CAD データの交換方式を示している．同図に示されるように，CAD データの交換方式には直接交換方式と間接交換方式がある．直接

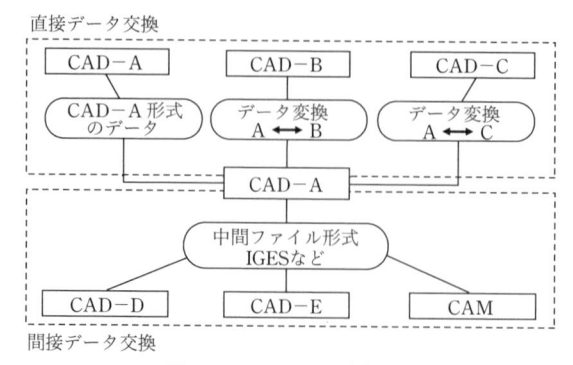

```
           直接データ交換
    ┌─────────────────────────────┐
    │  CAD-A      CAD-B      CAD-C │
    │  CAD-A形式  データ変換  データ変換│
    │  のデータ   A⟷B       A⟷C   │
    │         ╲    │    ╱          │
    │           CAD-A               │
    └─────────────────────────────┘
              中間ファイル形式
                IGESなど
    ┌─────────────────────────────┐
    │   CAD-D     CAD-E      CAM   │
    └─────────────────────────────┘
           間接データ交換
```

図 2.77 CAD データ交換方式

交換方式は，専用のデータ変換システムを介してデータの交換を行う方法である．この場合，それぞれのシステムが採用しているデータ形式に正確に変換され，形状情報だけでなく形状に付随している幾何公差，寸法公差，面の粗さなどの属性情報を含め，すべてのデータが脱落することなく伝えられる．しかし，用いているシステムの組合せの数の専用データ変換システムを開発しなければならず，コストの面で不利となっている．

一方，間接交換方式は，データ交換用の専用の中間ファイルを媒体としてデータ交換を行う方式である．中間ファイルとしては，ANSI（アメリカ国家規格協会）の規格である IGES（Initial Graphics Exchange Specification）が広く使われている．そのほかにも，Autodesk 社のデータ形式である DXF や CADAM 社のデータ形式である BMI がデファクトスタンダードとして位置づけられている．しかし，このように中間ファイルを介してデータを変換する場合，形状情報だけの変換になり，形状情報に加えて規定されている材質，幾何公差，寸法公差，表面粗さ，作業履歴などの属性情報の変換は行われない．複雑な形状においては，形状情報も正確に交換されない場合がある．このような問題を解決するため，ISO が STEP の開発を進めている．STEP は，CAD データ交換のための中間ファイルとしての概念にとどまらず，製品の企画から設計，製造，販売，回収，廃棄に至る全データを一貫して活用できることを目指している．

c. 形状定義方法

CAD システムの中心はメインフレームであり，製品形状を厳密に定義する機能である．以下に，基本的な形状定義方法について述べる．

（1）CAD データ定義機能と編集機能 表 2.10 は，CAD システムにおいて形状を定義する基本機能を示している．CAD システムでは，形状の最小単位である幾何要素の組合せ（集合演算）により製品形状を定義する．幾何要素およびその定義プロセスはシステムにより異なるが，基本的には，点・線・面を定義するコマンドが用

2.4 システム化技術 — 75

表 2.10 CADデータ定義基本機能

形状定義機能（幾何要素）	製品形状を構築するための最小単位 ・点 ・線（直線，円，円弧，自由曲線など） ・面（平面，円筒，球，円錐，円環，自由曲面など）
属性情報定義機能	線の種類・太さ，面の粗さ，寸法公差，幾何公差など
編集・変形機能	編集：移動，複写，拡大縮小，ミラーなど 変形：面取り，コーナ丸み付け（R付け），フィレットなど
パラメトリック機能	製品モデルをパラメータにより統一的に定義する機能
フィーチャモデリング機能	製品モデルに意味をもって特徴的に構築される形状を自動的に定義する機能

意されており，簡単なデータ入力操作で形状を構築できる．幾何要素および形状データには，定義するための座標データが含まれることは当然であるが，線の種類（実線，細線，中心線など），線の太さ，表面粗さ，寸法公差，幾何公差などの情報も加えられている．これらの情報は，属性情報と呼ばれる．

CADシステムを活用する際の大きな利点のひとつは，形状定義を効率よく行えることにある．それは，編集・変形機能，パラメトリックデザイン機能，フィーチャベースモデリング機能を基礎としている．編集機能では形状を複写，拡大縮小，反転（ミラー）することが可能であり，変形機能では面取り（チャンファ），丸み付け（R付け），フィレット生成を容易に行うことができる．編集・変形機能は，設計変更が生じた際に利用する機能として重要である．パラメトリックデザイン機能とフィーチャベースモデリング機能については後述する．

(2) パラメトリックデザイン機能 ある意味をもった形状を代表的な寸法（パラメータ）で定義することができる．この機能はパラメトリックデザイン機能と呼ばれ，要求仕様に応じて形状定義パラメータを修正・最適化することにより容易に設計変更をすることができる．

図 2.78 はパラメトリックデザイン機能による形状変更操作を簡単に説明している．同図に示されるように，穴（貫通）をもつ6面体が A, B, C, D のパラメータで定義されているとき，それらの数値を変更するだけで形状が自動的に修正される．ここで重要なことは，形状修正によりその前後で位相（トポロジー）の変更が生じないことである．位相とは，形状を定義する構造を意味している．

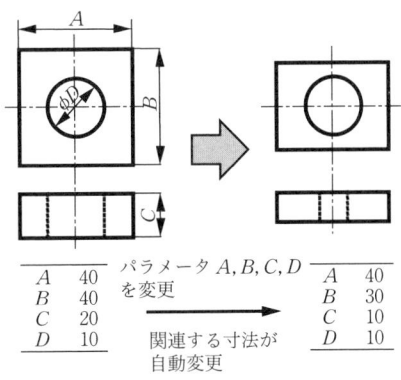

A	40
B	40
C	20
D	10

パラメータ A, B, C, D を変更

関連する寸法が自動変更

A	40
B	30
C	10
D	10

図 2.78 パラメトリックデザイン機能

（3） フィーチャベースモデリング機能　機械部品には，意味のある類似の形状特徴が多く存在する．この意味のあるひとつの形状特徴をフォームフィーチャあるいは単にフィーチャと呼ぶ．フォームフィーチャを利用した形状定義機能がフィーチャベースモデリング機能であり，機械部品の設計（形状定義）および形状修正を効率化している．

図 2.79 はフォームフィーチャを示している．これらは機械部品の部分を構成する代表的な形状であり，機能的に意味をもっている．また，図 2.80 は，フィーチャベースモデリング機能が設計変更に効果的である一例を示している．同図に示されるように，6面体に穴が構成されている部品があるとき，その穴フィーチャの属性として「貫通穴」が設定されている場合には，設計変更で6面体の高さを変更すると自動的に穴の深さも変更され，貫通穴形状が維持される．その穴フィーチャが「一定深さ」の属性情報をもつときには，6面体の高さが変更されても穴の深さは不変である．ここで，はじめに設定されている穴の深さよりも6面体の高さを低く変更したとき，位相の矛盾が生じることになる．このようにフィーチャベースモデリングでは，フィーチャ定義変数（パラメータ）を変更するだけで容易に形状修正が可能であり，設計変更に効果的に用いられる．

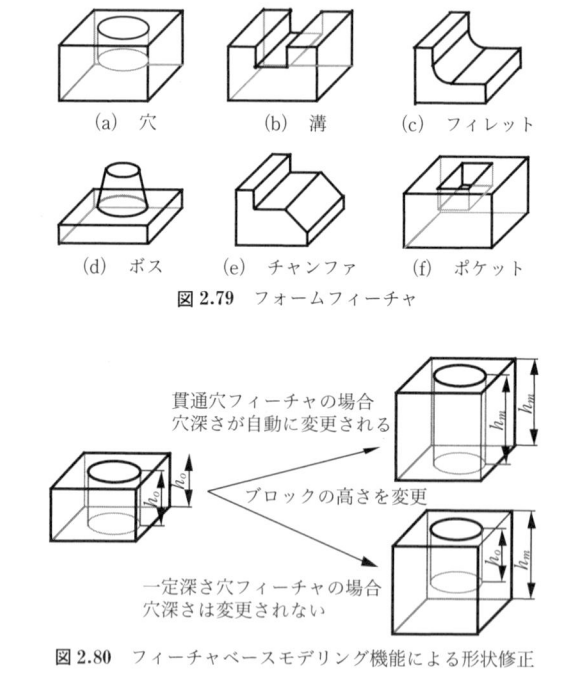

(a) 穴　　(b) 溝　　(c) フィレット
(d) ボス　　(e) チャンファ　　(f) ポケット

図 2.79　フォームフィーチャ

図 2.80　フィーチャベースモデリング機能による形状修正

d. 三次元モデル構築方法

CADシステムにおいて，三次元形状はワイヤフレームモデル，サーフェースモデル，ソリッドモデルの3種類の方式で構築される．これらのモデルはそれぞれ特徴があり，用途に応じて使い分けられる必要がある．以下にそれらの方式について述べる．

（1） ワイヤフレームモデル　ワイヤフレームモデルは，概念的には針金細工モデルであり，図2.81に示されるように，モデルの稜線の集合として定義される．各稜線は2つの点を始点と終点として定義される．各点は，x，y，z（z座標値はオプション：三次元データのとき）の座標値データをもっている．稜線は，直線定義に加えて円弧などの二次曲線やスプライン，NURBSなどの自由曲線でも定義される．ワイヤフレームモデルはデータ量が少なく，その処理においてコンピュータに対する負荷が小さいといった特徴があるが，陰線処理・陰面処理には適さないため複雑な形状の表現にはふさわしくない．

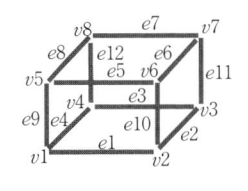

頂点	座標値(X,Y,Z)	線分	端点1	端点2
$v1$	$(x1, y1, z2)$	$e1$	$v1$	$v2$
$v2$	$(x2, y2, z2)$	$e2$	$v2$	$v3$
$v3$	$(x3, y3, z3)$	$e3$	$v3$	$v4$
⋮	⋮	⋮	⋮	⋮
$v8$	$(x8, y8, z8)$	$e12$	$v4$	$v8$

(a) ワイヤフレームモデル　　(b) 点データ　　(c) 稜線データ

図 2.81　ワイヤフレームモデル構造

（2） サーフェースモデル　サーフェースモデルは，図2.82に示されるように，モデルを構成する面の集合として定義される．各面はその境界を構成する線分で定義され，各線分はその始点と終点を表す頂点で定義される．各頂点は，座標値データをもつ．線分データと点データは，ワイヤフレームモデルのデータ構造と同一である．

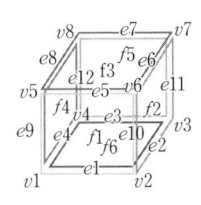

頂点	座標値(X,Y,Z)	線分	端点1	端点2	面	線分
$v1$	$(x1, y1, z2)$	$e1$	$v1$	$v2$	$f1$	$e1, e10, e5, e9$
$v2$	$(x2, y2, z2)$	$e2$	$v2$	$v3$	$f2$	$e10, e2, e11, e6$
$v3$	$(x3, y3, z3)$	$e3$	$v3$	$v4$	⋮	⋮
⋮	⋮	⋮	⋮	⋮		
$v8$	$(x8, y8, z8)$	$e12$	$v4$	$v8$	$f6$	$e1, e2, e3, e4$

(a) サーフェースモデル　(b) 点データ　(c) 線分データ　(d) 面データ

図 2.82　サーフェースモデル構造

（3） ソリッドモデル　ソリッドモデルには，境界表現（boundary representation：B-Rep）モデルとCSG（constructive solid geometry）表現モデルの2つの方

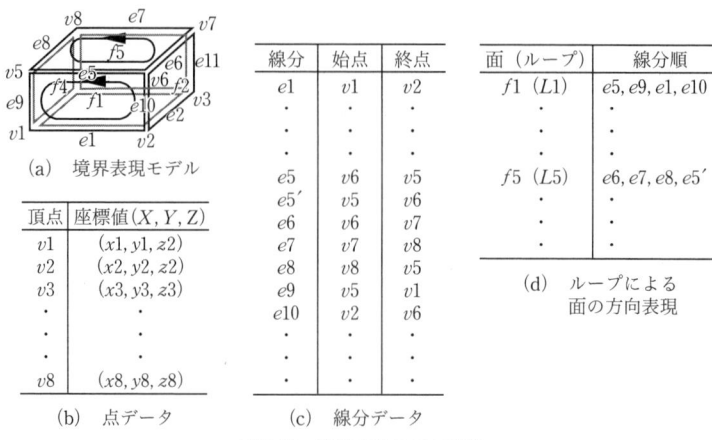

図 2.83 境界表現モデル構造

(a) 境界表現モデル

(b) 点データ

頂点	座標値 (X, Y, Z)
$v1$	$(x1, y1, z2)$
$v2$	$(x2, y2, z2)$
$v3$	$(x3, y3, z3)$
⋮	⋮
$v8$	$(x8, y8, z8)$

(c) 線分データ

線分	始点	終点
$e1$	$v1$	$v2$
⋮	⋮	⋮
$e5$	$v6$	$v5$
$e5'$	$v5$	$v6$
$e6$	$v6$	$v7$
$e7$	$v7$	$v8$
$e8$	$v8$	$v5$
$e9$	$v5$	$v1$
$e10$	$v2$	$v6$

(d) ループによる面の方向表現

面（ループ）	線分順
$f1$ ($L1$)	$e5, e9, e1, e10$
⋮	⋮
$f5$ ($L5$)	$e6, e7, e8, e5'$
⋮	⋮

式がある．

① 境界表現モデル：サーフェースモデルは，モデルの面情報をもっているが，面のどちら側が製品（部品）であるのかを認識することができない．境界表現モデルは，図2.83にデータ構造を示すように，サーフェースモデルの面情報に対して方向の情報を加えることにより，製品の内側あるいは外側を認識できるモデル表現法である．面の方向は，図2.84に示すように，製品を外側からみているとき，面の稜線を反時計回りに記述することによって表現される．図2.83に示される6面体を例に説明する．面 $f1$ は，稜線 $e1$, $e5$, $e9$, $e10$ をもっている．サーフェースモデルの場合，面 $f1$ を定義する稜線の記述順は意味をもっていないが，境界表現モデルの場合には，面 $f1$ を外からみていることを表すため，稜線の記述は反時計回りになるように，$e5$, $e9$, $e1$, $e10$ の順で定義しなければならない．このことが，図2.83(d) で示されている．

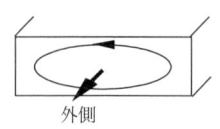

図 2.84 面の方向づけ
物体の外側に視点があるとき
ループは反時計回り
外側

製品形状をつくり込んでいく設計プロセスにおいて，頂点，線分，面の生成や変形が繰り返される．このとき，式 (2.4.1) に示される拡張オイラーの法則を満足するような操作により，矛盾のない三次元形状処理（モデリング）が可能になる．

$$v - e + f - r = 2(b - h) \tag{2.4.1}$$

ここで，v：頂点の数，e：稜線の数，f：面の数，r：平面の内部に存在するループの数，b：立体の数，h：立体を貫通している穴の数を表している．このオイラーの法則を満足するためにオイラーオペレータ（Euler operator）が提案されている．

② CSG表現：CSG表現は，図2.85に示されるようなプリミティブと呼ばれる基本立体形状要素の集合演算により製品形状を定義する手法である．集合演算として

(a) 角柱　(b) 円柱　(c) 角錐
(d) 球　(e) 円錐　(f) トーラス

図 2.85 プリミティブ

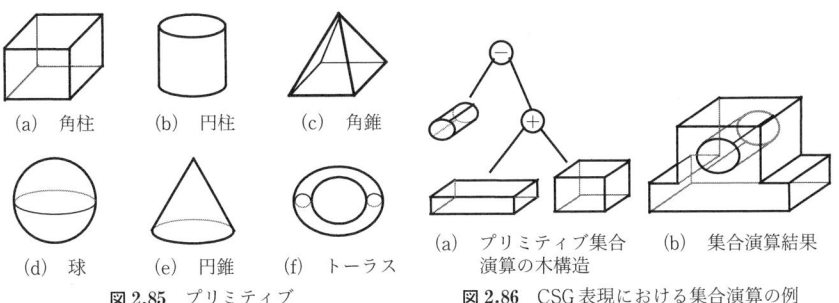

(a) プリミティブ集合演算の木構造　(b) 集合演算結果

図 2.86 CSG 表現における集合演算の例

は，和・差・積の演算および補集合演算が行われる．例えば，図 2.86(a) に示されるように，2つの6面体の和演算に対して円筒の差演算を行うことにより，図 2.86(b) に示されるような形状を定義することができる．前述したフィーチャベースモデリングは，工業的に意味のある代表的な形状についての演算を行うライブラリとして捉えることもできる．

e. 今後開発が期待される CAD システム

CAD システムは，詳細設計の効率化を図るツールであることはもちろんのこと，それなくしては詳細設計のみならず詳細設計以降のすべての生産プロセスが実行不可能になり，モノづくりにおいて必須のツールとなっている．しかし，詳細設計に至るまでの企画・基本設計から基本設計のプロセスを支援するコンピュータシステムは実用化されていないため，これらのプロセスの効率化が難しく，リードタイム（製品を設計し市場に提供するまでの期間）を短縮するうえで大きな障害となっている．

図 2.87 は，意匠設計プロセスを示している．デザイナは，製品企画・製品コンセプトから製品形状を発想するが，このプロセスで最も有効なツールはスケッチである．サムネイルスケッチ，ラフスケッチから始まり，アイデアスケッチ，デザインスケッチ，レンダリングなどが用いられる．スケッチでアイデアを具現化した後，粘土，木片，発泡スチロールなどで実モデルを製作しながら，形状をつくり込む．その

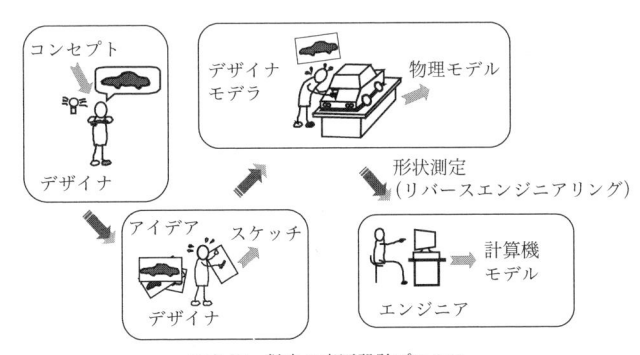

図 2.87 従来の意匠設計プロセス

実モデルを測定し，CAD モデルを構築する．この技術は，前述の通りリバースエンジニアリングと呼ばれる．

リバースエンジニアリングは，実モデルを製作するプロセスにおいてデザイナの感性を反映しやすい特徴があるが，最終的に不要になる実モデルを精密に製作しなければならないため，時間とコストの面で改善が要求される．この要求に対して，実モデルを製作することなく CAD モデルを構築する意匠設計用 CAD（スタイル CAD）システムがいくつか提案されてきている．しかし，システムを操作する作業に注意を払うことからデザイナの発想が阻害される問題，デザイン形状がシステムによって提供される形状に拘束を受ける問題，システムが簡単に完成度の高いモデルを提示するために発想が広げられず，デザインが細部の修正に陥ってしまう問題などが指摘されている．今後は，このような問題を解決し，企画・コンセプトから意匠形状をデザインするプロセスを支援するシステムの開発が望まれる．

2.4.4 CAM システム
a. CAM の定義

JIS（日本工業規格）では，CAM システムは 2 つの意味で定義されている．ひとつは JIS B 3401 で規定されており，CAM とは「コンピュータの内部に表現されたモデルに基づいて，生産に必要な各種情報を生成すること，及びそれに基づいて進める生産の形式」と規定されている．もうひとつは JIS B 0112 における規定であり，CAM とは「CAD で設計した図面に従って必要なデータをそろえ，実際の型加工までを，コンピュータを使って自動的に行うシステム」とされている．

図 2.88 は，設計・生産プロセスにおける広義および狭義の CAM の位置づけを示している．広義の CAM システムは，生産計画から工程設計，加工，組立，検査に至るまで，生産プロセスで用いられるコンピュータを利用したシステム全般および個々のシステムを意味しており，CAPP や狭義の CAM，CAT なども含むことになる．広義の CAM システムの同義語として，FMS（flexible manufacturing system）あるいは CIM（computer integrated manufacturing）がある．狭義の CAM システムは，加工プロセスに直接用いられるコンピュータ支援システムのことであり，CAD

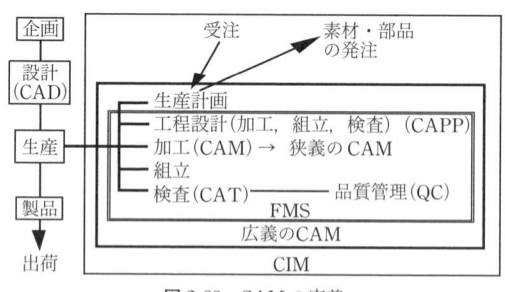

図 2.88　CAM の定義

データをもとにNCデータを生成するシステムを意味している．また，NCデータを用いてNC工作機械により加工を行うところまでも暗に意味していると解釈できる．一般的にCAMという言葉を用いる際には，狭義のCAMを意味していると理解してもよい．

b. CAMの機能

一般的にCAMシステムは，NCデータ生成システムと理解できる．NCデータとはNC工作機械を稼働させ，要求する形状（CAD形状）を加工で製作するためのプログラミングのことである．CAMシステムの開発は，1952年，MITのNCフライス盤の開発に始まる．CAMシステム開発の基礎は，NC用自動プログラミング言語の開発として認識できる．それは，1955年からのAPT，1965年からのEXAPTに始まった．1950，1960年代の自動プログラミング言語は，製品形状モデル（CADデータ）の概念はなく，工具を動かす軌跡定義のための形状定義であった．1973年に，製品形状をあらかじめ定義する現在のCAMの概念が示された．

CAMシステムは，以下の手順にしたがってNCプログラムを生成する．
① 初期設定：形状定義（加工後の形状のことで，通常，CADデータが入力される），加工領域の設定，工具データ入力，切削条件の入力が行われる．
② 工具径路（CL：cutter locationデータ）の作成：工具径路とは，切削工具が通過する経路のことで，オフセット径路を意味する．
③ 工具径路の確認・編集：確認と編集，および複数工具の径路接続が行われる．
④ NCコードの作成：ポストプロセッサにおいて，工具径路データ（位置データ）からNCコード（NCデータ）が生成される．
⑤ NCコードおよび工具干渉のチェック
⑥ 加工時間の見積り

c. 工具径路

上述の通り，CAMシステムの主機能は，加工のために切削工具の基準点を移動させる位置（径路）を導出することである．図2.89に示されるように，工具径路は切削工具の形状によって大きく異なる．例えば，図2.89(a)に示されるボールエンドミル工具の場合では，先端切れ刃を形成する球の中心が切削工具基準点となり，その径路は切削点からその法線方向に切削工具半径だけ移動した点となる．この点はオフ

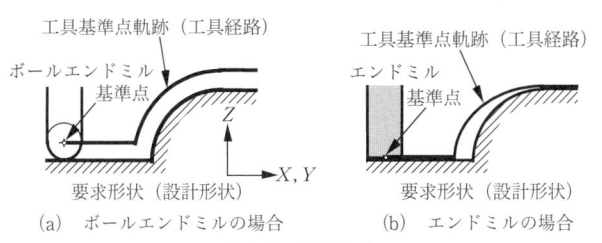

図2.89 工具径路
(a) ボールエンドミルの場合
(b) エンドミルの場合

セット点と呼ばれ，ボールエンドミル以外の形状工具に対するオフセット点の算出は簡単でない．

d. 今後開発が期待される CAM システム

現在実用化されている CAM システムは，次のように，加工目的に応じて様々な加工様式に対応でき，十分に満足する基本機能を有しているといえる．

① 荒加工（中仕上げ加工）：掘り込み加工，等高線加工，突き加工
② 仕上げ加工：走査線加工，面沿い加工，等高線加工，ペンシル加工

実際の加工は，時々刻々と変化する環境の中で行われているため，加工方式・加工条件は，それぞれの加工状況に応じて，自律的に最適な条件を設定されることが望ましい．CAM システムを利用する立場からは，実際に加工が行われる工作機械，ツーリング，切削工具，工作物固定状況，工作物形状などは，それぞれ異なった剛性や固有振動数をもっているため，加工条件もそれぞれに応じて適宜設定する CAM システムの開発が望まれる．　　　　　　　　　　　　　　　　　　　〔青山英樹〕

2.5　FA と CIM（ネットワーク）

2.5.1　CIM と FA の位置づけ：生産活動の自動化とコンピュータ統合化

生産活動とは，製品企画，製品開発，受注，調達，生産準備，製造，販売を含む一連の企業活動を指す．自動化（automation）の観点からこれらを眺めると，生産設備の自動化がまず着手されている．個々別々の生産設備の自動化から始まり，いくつかの生産設備群をある関係をもって制御するシーケンス制御が適用された．1950 年代初頭には，数値制御（NC）工作機械が発明され，これにコンピュータが応用されるに至った．その後，コンピュータの発達とともに，生産活動においてコンピュータが果たす役割は重要となってきた．これらの発展を背景に，自動搬送装置，産業用ロボット，自動検査装置など，製造工場の構成要素機器あるいは設備が機能向上を果たし，さらに，NC 機との統合化，システム化が進められた．その結果，フレキシブル加工システム（FMS）やフレキシブル加工セル（FMC）が登場し，自動組立装置や自動素形材加工機などの必要な機能の自動化の結果，フレキシブル生産システム（FMS）が誕生した．最近では，ネットワーク技術の発達によって，単なる工場の自動化にとどまらず，設備の動作や制御をつかさどる大量の制御情報の共有や伝達が可能となってきた．その結果，情報やデータベースを生産計画や生産管理において活用し，より高度で実時間性のある生産システムが実現されるようになった．このようにして，生産活動にコンピュータが導入されることによって，データ処理，情報処理，設備制御が高度に自動化され，生産効率が向上した．

こうしたコンピュータ統合化による生産システムの構築が，さまざまなユーザやベンダによって行われたため，各社の通信方式や信号伝送方式に統一性は図られなかっ

た．そのため，異なる企業の機器をつなぐためにはインタフェースの整合やプロトコルの変換などに多くの時間が費やされ，結局，ネットワーク化した生産システムの恩恵を最大限に享受することは容易には実現されなかった．そこで，米国自動車メーカGM社が，容易に生産設備をネットワークに接続して生産の自動化を経済的に進めることを目的として，通信プロトコルの標準化を提案した．機器メーカやNBS (National Bureau of Standards) と共同で標準プロトコルの開発を行った．1982年にMAP (Manufacturing Automation Protocol) を発表した．この考え方はまたたく間に世界中に広がり，欧州や日本においてもMAPの研究が進められ，標準化組織が設立された[1]．

ところで，コンピュータ技術を背景とした生産活動の発展は，工場を中心とした自動化にとどまらない．コンピュータ支援設計 (CAD)，コンピュータ支援製造 (CAM)，そしてコンピュータ支援計画 (CAP) あるいはコンピュータ支援工程計画 (CAPP) の技術がコンピュータの発達とともに発展したことは重要な事実である．これは，生産活動の根幹をなす設計機能，製造機能，管理機能をコンピュータ支援しようとするものである．これらに端を発し，受注，製品設計，生産計画，素材手配，部品手配，製造，検査，搬送，納品といった一連の生産活動のそれぞれの部門おいてコンピュータが導入され，専用のアプリケーションが開発された．これによって，情報処理や設備制御が自動化されるとともに効率化され，さらに省人化や無人化が進められた．個々の部門で稼動しているコンピュータシステムを相互に結びつけ，それらの間で必要な情報を共有化したり交換したりすることによって，生産活動のさらなる合理化を図ろうとする考え方が登場した．このような考え方を指して，1973年にコンピュータ統合生産 (CIM) と呼ぶようになった．

FMSを生産ハードウェア，CIMを生産ソフトウェアと考えて，これらを統合したものがFAであると解釈するものも散見される[2]．しかし，ここでは，工場の自動化として位置づけられるFAがあって，これを包含する形で生産活動全体のコンピュータ統合化を指したものがCIMであるとする考え方を採用することとし，CIMとFAのそれぞれを概念・定義から詳細技術について解説する．

2.5.2 CIM
a. CIMの概念と定義

CIMは，computer integrated manufacturingの略称であり，これを単純に解釈すれば，設計，生産，生産管理など生産活動にかかわる情報処理をすべてコンピュータで統合的に行う生産方式であるといえる．したがって，CIMの概念を理解するためには，生産活動の諸機能と情報の流れを理解するのがよい．図2.90は生産活動の流れを表したものである．顧客のニーズを満たす製品概念を入力とし，最終的に完成品を出力する一連の活動が生産活動である．

経営管理にかかわる生産情報と製造の自動化に密接に関係した技術情報とを含んだ

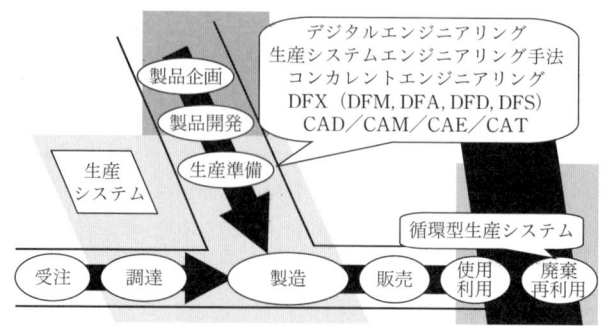

図 2.90 生産活動の流れ

「情報の流れ」と，材料・部品・製品に関する「ものの流れ」とをコンピュータによって統括的に制御・管理し，さらにこれらを相互にネットワークで結び，かつ，データベースの一元化を図り，生産活動の最適化を意図したシステムを CIM は指している．

具体的には，コンピュータ支援による設計と評価，設計情報から生産情報への変換，コンピュータ支援による加工，組立，検査，ならびに生産計画と管理を包括したシステムを指している．製品要求を入力することによって，必要量を必要期日までに，経済的に製造できるようにハードウェアとソフトウェアを融合したシステムが展開される．要するに，CIM は，CAD/CAM システムと生産システムを統合して開発リードタイム（発注から納品までの時間，あるいは発注から次の発注までの時間）の短縮を図り，市場と生産の統合を意図するものである．しかしながら，広義には，市場動向や経済効果などの予測を行い，経営戦略，経営方針の意思決定支援システムまでを含めたコンピュータ統合生産システムを指すことがある．

歴史的にみると，CIM の概念構築に向けていくつもの開発プロジェクトや組織委員会が立ち上がった[3]．議論された内容をみると，アメリカ商務省の標準化技術研究所の下にある自動化生産に関する研究設備（AMRF at NIS）の開発プロジェクトでは，「仕様の決定から製造にいたる生産過程を支援し，作成された情報を分析や再使用のために保存できるシステムを CIM と呼ぶ」としている．アメリカに本部のある国際研究機関（CAM-I）では，「設計と生産過程のコンピュータ援用による自動化およびコンピュータへのデータ蓄積や制御データの通信の利用による情報統合」としている．ヨーロッパ情報技術開発戦略計画（ESPRIT）が示す概念は「CIM の目標は，従来の製造自動化分野の多くを整合させることである．CIM はこのようなものの単なる集合ではなく一つの完全なシステムとして企業のビジネス戦略と目標を満たそうとするものである」となっている．わが国の国際ロボット・FA 技術センタ（IROFA）が定義した CIM とは，「FMS が主に製造部門の柔軟な自動化を意図し，FA がその延長線上の概念であるのに対し，生産に関わるすべての情報をネットワークで結び，

かつデータベースの一元化を図り，コンピュータを用いて生産情報を統括的に制御・管理することによって生産活動の最適化を意図したシステム」となっている．

以上のように，それぞれの研究においてCIMに関する対象や統合の意図も異なっているようにみえる．実際には，このような考え方を導入する企業独自の環境や技術を考慮しなければ具体的な形はみえてこないため，CIMに対する考え方がさまざまとなるのは当然ともいえる．生産活動のうち製品設計や製造の部分のコンピュータ統合に端を発したものの，マーケットインの時代においては，ビジネス戦略としての位置付けが強い傾向がある．

CIMの概念を一定の表現で規定するために，ここでは，JIS Z 8141の定義を引用する：

　受注から製品開発・設計，生産計画，調達，製造，物流，製品納品など，生産にかかわる活動をコントロールするための生産情報をネットワークで結び，更に異なる組織間で情報を共有して利用するために，一元化されたデータベースとして，コンピュータで統括的に管理・制御するシステム

　備考：情報の共有化と，物と情報の同期化・一体化によって，生産業務の効率化が期待でき，かつ，外部環境に対して迅速，かつ，フレキシブルに生産ができる統合化システム

b. CIMのモデル

すでに述べたようにCIMは概念的な部分が大きく具体的なイメージがつかみにくいところがある．ISO標準化専門委員会では，CIM参照モデルと称して表2.11に示すような区分を行っている．

このモデルは，CIMをさまざまな視点から解釈したりシステム構築に利用したりできる．生産システムの設計に際して，検討すべきシステム情報を明確にしておくことは重要である．また，情報と物あるいは機器との関係づけを明確にしてシステム設計を行う必要がある．そのような場合に，ISO標準化委員会が分類したCIM参照モデルは大変参考になる．基本は6階層で整理されているが，必要に応じて相隣合う階層をまとめて一つの階層として整理する場合もありうる．例えば，情報としては管理レベルが異なっていてもコンピュータにもたせる役割やネットワーク構成上，同一のコンピュータにまとめる場合には，情報としては6階層であっても，コンピュータネットワーク構成上は少ない階層で整理される．また，対象活動範囲に応じて各階層をいくつかのカテゴリに分類することも可能である．レベル6は経営管理であるが，レベル5以下は生産システムとして取り扱うことができる．さらに，レベル5とレベル4は工場管理に対応すると考えることができるし，レベル3以下は製造プロセスにかかわる階層であると考えることができる．なお，レベル5とレベル4，レベル3とレベル2のそれぞれにおいて，同じ呼び方をしていても，その管理レベルが異なることからその具体的な内容は必ずしも同じではないことに留意しなければならない．

表2.11 ISO標準化専門委員会で提唱するCIM参照モデル

レベル	階層	管理制御
6	企業	経営管理
5	工場	生産計画
4	エリア	材料および資源の割り当てと統制
3	セル	多数の機械と操作の協調
2	ステーション	シーケンスと動作の指示
1	装置	シーケンスと動作の実行

レベル6：企業としての経営管理に関する情報として，経営管理，財務管理，営業管理などの管理情報や意思決定支援情報が含まれる．
レベル5：工場における生産計画に関する情報として，製品設計，生産計画，工程管理，購買管理，資源割当管理，保全管理などに関する情報が含まれる．
レベル4：エリアにおける材料および資源の割り当てと統制に関する情報として，生産管理，購買管理，資源割当管理，保全管理，スケジュール管理などに関する情報が含まれる．
レベル3：セルにおける多数の機械と操作の協調に関する情報として，各機器の動作順序や統制，自動搬送，工程制御，分散制御などに関する情報が含まれる．
レベル2：ステーションにおけるシーケンスと動作の指示に関する情報として，機器の動作順序・運転，搬送制御，オペレータ操作などに関する情報が含まれる．
レベル1：装置におけるシーケンスと動作の実行に関する情報として，NC装置，ロボット，自動搬送機器，アクチュエータ，センサ類などに関する情報が含まれる．

c. CIMの機能[4]

CIMといってもその根幹は生産活動そのものである．すなわち，受注から出荷までの物と情報の流れにおいて必要なものを必要なときに必要な量だけを供給することによって，多種多様な顧客のニーズを満たす製品を，より少ない在庫のもと，より短いリードタイムで生産・販売し，最終的に最大の利益を獲得するためのコンピュータ統合システムである．したがって，その機能とは生産活動に必要な機能と対応すると考えても大きくは違わない．その機能とは大きく分けて，(1) 管理機能，(2) 設計機能，(3) 製造機能の3つである．CIMは，これら3つの異なる機能をコンピュータ支援によってネットワークと情報共有によって統合化するものである．

（1）コンピュータ支援生産管理 コンピュータ支援生産管理は，資材から製品にいたる生産管理をコンピュータで行うことによって部品の所要量を算出する資材所要管理計画（MRP：Material Resource Planning）の考え方から始まっている．MRPの管理対象を資材から人，設備，資金へと拡大したものがMRP II（Manufacturing Resource Planning）であり，さらに，ERP（Enterprise Resource Planning）へと発展している．

MRPからERPまでの一連のシステムで指摘された最大の問題点は，前提としている計画や予測が実際と大幅に異なった場合に，処理プロセス間で計画を動的に修正することができなかったことであった．この問題点を解決する形で，SCM（Supply Chain Management）が提案された．これは，供給連鎖の管理と訳せるように，原材料，物流，小売，アウトソーシング，パートナーや顧客を含めた全体の流れを考慮に入れて，予測や計画の精度を高めようとしたものである．

（2）コンピュータ支援設計　製品やその構成要素である部品の設計および製図を対話的あるいは部分的に自動的に行ういわゆるCAD（computer aided design）がある．また，実際に製品を製作するまえに，製品の性能や品質に関する特性や情報をコンピュータで評価し，その結果を製品設計にフィードバックするCAE（computer aided engineering）がある．さらに，加工順序の決定や加工機械の選定といった工程設計を支援するCAPP（computer aided process planning）や工場における生産設備のレイアウト設計を支援するものもある．

最近では，三次元CADの発展が目覚しく，きわめて高価なものから安価なものまで目的に応じて入手可能な状況になっている．そのため，CADとCAEとの間で三次元情報を共有したりやり取りしたりできるような環境が整いつつある．

（3）コンピュータ支援製造　コンピュータ支援製造の中核技術は何といっても工作機械の運動を制御するCNC（computerized numerical control）である．生産システム形態として，複数台のNC工作機械，自動搬送システム，自動倉庫システム，自動ハンドリングシステムで構成される製造システム，FMS（flexible manufacturing）がある．また，様々な品種に対応可能な組み立てシステムとしてFASがある．さらに，コンピュータによる検査・試験工程の自動化を目指したCAT（computer aided testing）がある．

d. CIMにおける情報共有の高度化

生産活動の中で最もIT化が開始され発展してきたといってもよいCAD，CAM，CAEであるが，これまでは，個別に研究開発が進められてきた傾向が強かった．ところが，CADの三次元化によってにわかにCAD，CAM，CAEの間の情報流通がスムーズになりつつある．これは，設計図面，CADデータ，部品表（BOM：bill of materials），技術文書など，設計や製造に関する情報を統合的に管理するためのデータベースとして製品情報管理（PDM：product data management）システムの導入が活発化している．

これを実現するための重要な規格の一つが，STEP（Standard for the Exchange of Product model data）であるといってよい．正式には，STEPはISO 10303（JIS B 3700）のシリーズの規格群である．製品の設計，製造，検査，使用，保守，廃棄を含む製品のライスサイクルの間に使用される製品に関する情報を異なる計算機システ

ム間で交換しても完全性と一貫性が維持されるように定めた規格群である．そのための形式的な記述言語として EXPRESS と呼ばれるものがある．STEP は，異なる CAD ソフトウェア間における CAD データ交換の規格と考えられる向きもあるが，実際には，生産情報や管理情報とも密接な関係があり，したがって，CIM のデータ一元化に大きく資する規格と考えてよい．

2.5.3 FA
a. FA の概念と定義[5]

FA は，factory automation の略称であり，生産工場のオートメーションあるいは自動化を意味しており，人々のニーズを満たす製品の計画，設計，生産設備の自動化を図るとともに，目的の製品を最適に産出するための制御，管理，運用などを自動的に行う，高度の生産システムである．その生産形態は，多品種少量生産が主たるものであるが，生産する製品に応じて少種少量・中種中量から多種大量生産といった様々な生産形態が対象となる．その共通する目的は，リードタイムの短縮，コスト低減，品質・生産性の向上である．

FA は 1970 年代中盤に日本において使われるようになった造語であるといわれている．生産現場における人的労働活動を機械化することから始まり，やがて，工場で稼動するさまざまな機能を自動化することに変化した．その原型イメージは，日本では 1935 年に自動車生産用のコンベヤラインが自動搬送装置として位置づけられ，これが工場の組立機能と強く結びついた形で機能した．日本における FA のスタートは，1955 年に日産自動車株式会社において設置されたトランスファラインではないかと考えられている．これは，自動車用エンジンのシリンダブロックの自動加工機能を搬送機能と結びつけた形で実現されたものである．特に，加工機能の自動化の観点からは，NC 技術が重要な役割を果たしており，引き続いてコンピュータ技術の発展にともなって，DNC（direct numerical control）が開発された．DNC は，1 台のコンピュータによって複数の NC 工作機械の管理を受け持ち，必要な NC プログラムを送出する方式である．日本では，1968 年に当時の国鉄が車両部品補修用として導入したものが最初であるといわれている．その後，いわゆる生産システムの形態として，FMC（flexible manufacturing cell）や FMS（flexible manufacturing system）へと発展した．特に，FMC は，1 台のマシニングセンタと APC とパレットプールによって長時間運転を実現したものであり，FA を構成する重要な要素システムとしての役割を果たしている．

さらに，コンピュータとネットワークに代表される情報技術の導入によって，上位に位置づけられる生産戦略，生産計画，生産管理に関する情報や，これらの中間に位置づけられる CAD/CAM/CAE にかかわる生産情報との統合化が図られるようになってきている．これが高度に発展し，複雑に融合・統合されてきた現在では，FA と CIM とを明確に区別することが事実上むずかしい状況となっている．

CIMとの違いを明確にするならば，CIMが対象とする範囲が企業の生産活動全体であるのに対して，FAが対象とする範囲があくまでも工場の生産機能および生産行為というように限定的に捉えておくのがよい．また，CIMが生産情報を共有化することを目的としているのに対して，FAは自動化を図ることを目的としている点をあげて区別して理解するのもよい．このような考え方はJISにおけるFAの定義においても明確に表現されている．

FAはJIS B 3000において次のとおり定義されている：

> 工場の生産機能を構成する要素（生産機器，搬送機器，保管機器など）及び生産行為（生産計画，生産管理など）を統合化し，総合的に自動化を行うこと

b. FAを構成する要素技術[6]

FAを構成する基本要素は，コンピュータ，NC工作機械，ロボット，自動搬送機器，自動倉庫，自動組立機器，自動検査機器などがあげられる．これらを支え結合させる基盤技術は，エレクトロニクス，ネットワーク，制御技術である．FAを実現するためには，ハードウェアとソフトウェアの両者のシステム化・統合化が大変重要である．そこで，ここでは，FA制御装置，FAソフトウェア，ならびにFAネットワークに要求される機能と技術について説明する．

（1）FA制御装置 FA制御装置とは，具体的には，セルコントローラ，NC装置，ロボットコントローラ，PLCなどがある．FA制御装置に求められる性能および特性としては，（i）耐環境性，（ii）拡張性，（iii）信頼性，（iv）コントローラ系との親和性，（v）リアルタイム性，（vi）マルチタスク処理可能性，（vii）プログラム開発容易性，（viii）互換性，（ix）マンマシン性などがある．

耐環境性能としては，工場における温度，湿度，振動，外乱ノイズ，粉塵などに対して強くなければならない．拡張性については，オープンシステム設計であること，FAネットワークへの対応が可能であること，多種多様なI/O機器が接続できることなどが挙げられる．制御装置内部のバスとして，モトローラ系のVMEバスとインテル系のマルチバスが有名である．信頼性に関しては，それを高めるためにメモリエラー検知，電源断検知，温度異常検知などの異常検知機能が備わっている．

（2）FAソフトウェア FAソフトウェアは，OS，サポートソフトウェア，アプリケーションソフトウェアに分けられる．OSはいうまでもなく，ハードウェアの資源を有効に利用し入出力機器の制御を行ったり，マルチタスク環境を実現したりする役目を果たす．サポートソフトウェアとは，OSの機能をユーザレベルで利用しやすくするためのライブラリやユーティリティを指している．一方，アプリケーションソフトウェアは，サポートソフトウェアに比べてさらに操作性やマンマシンインタフェースに優れたソフトウェアを指したり，ハードウェア資源を有効に利用して生産活動の特定の機能を実現するパッケージを指したりする．

（3）FAネットワーク 工場におけるネットワークには，その存在するレベルによって，要求される応答時間や情報量が異なるものの，（i）高速応答性，（ii）高

信頼性，（iii）接続容易性，（iv）マルチベンダ対応性が求められる．また，その構成においては，接続台数や距離なども考慮されなければならない．

工場においてやり取りされる情報はいずれも実時間性を問われるが，例えば，CIMモデルの第1階層にあるセンサ，I/O，サーボなどの要素機器が接続されているネットワークでは，その状態変化が制御装置に伝送される時間が，速い場合で数msオーダ，少し遅い場合でも数十ms～数百msが要求される．これらを処理するOSにも相当の実時間性能が求められる．

工場には，高圧配線や雑音，油や粉塵などの存在のために，通信環境としては極めて過酷な状況にある．したがって，エラーの少ない通信を実現するためにケーブルや機器には高い耐ノイズ性能が求められる．

工場におけるネットワークは，その構成上，下位レベルにいくほど接続数が増加する．また，機械や設備の配置変更に伴ってネットワークの接続構成も変更しなければならない．この接続変更が容易にできるような仕組みが提供されなければならない．例えば，これを通信プロトコルで対応したり，プラグアンドプレイ機能を実装したりすることが選択肢の一つとしてあげられる．

多くのベンダが提供する異なった種類の機器を相互に接続し，情報通信を可能にする必要性が極めて高い．これを対処療法的に異なるシステムを結びつけるためのソフトウェアインタフェースを開発していては，時間的にもコスト的にも見合わない．後述するようなプロトコルの規定とオープン化がこれには必要不可欠な考え方といえる．

c. FAのオープン化

（1） FA制御装置のオープン化[8] 　　FA制御装置のオープン化活動は，欧州ESPRITプログラムの一つとして1992年に開始されたOSACA（Open System Architecture for Controls with Automation Systems）プロジェクトをはじめ，1994年の米国ビッグスリーによるOMAC（Open Modular Architecture Controllers）の提唱，同年日本におけるOSE（Open System Environment for Controller）協議会の活動，1996年の製造科学技術センター，FAオープン推進協議会，オープンコントロール専門委員会の設立などがある．

FA制御装置のオープン化は，システムのモジュール化とモジュール間のインタフェースの標準化を基本技術として，異なるベンダ間が提供するモジュールであっても自由に組み合わせて全体システムを迅速に構築，変更，拡張できるようにすることを目的としている．また，具体的には，次のようなことを目標としている：

（i） 工場内通信ネットワークの標準化活動に基づき，制御装置のネットワーク化に対応して，運転監視などのアプリケーションの開発を容易にする．

（ii） アクチュエータやセンサなどと制御装置との接続を標準化することによって，これらの自由な組み合わせを可能にして，ユーザの選択肢を拡大する．

（iii） 複雑大規模になった制御装置のソフトウェア開発の効率化を図る．

（ⅳ）センサフィードバック制御などのインテリジェント化のための高度なアプリケーションの組み込みを容易にする．

（ⅴ）コンピュータの急速な発展によって利用可能になった安価で高機能なハードウェアやソフトウェアの活用を可能にする．

このような考え方にもとづいた FA 制御装置のオープン化によって，インターネットを用いた遠隔制御，遠隔監視，遠隔メンテナンスなどの機能やサービスの提供が実現可能になりつつある．

（2）FA ネットワークのオープン化　FA ネットワークは，生産システムの中核となる NC，ロボット制御装置，あるいはプログラマブルコントローラなどの制御装置と制御や監視の中心となる FA コンピュータとを相互に接続し，主として生産情報や制御情報の伝送に使用される．FA 環境で使用されるネットワークでは，マルチベンダ環境が進んでいる．一方，生産拠点が国際化し，国内外の生産拠点を相互接続し，生産情報，管理情報，ならびに制御情報の共有化を図ることが求められている．

このような背景のもと，上位ネットワークとの接続性も考慮に入れてオープン化を指向した制御系の FA ネットワークの開発が一層重要な課題となっている．FA ネットワークは CIM 参照モデルの第 1 階層から第 4 階層に位置づけられ，図 2.91 に示したように，各階層の境界にバックボーン的バスが存在する．コントローラレベルネットワークでは，欧州では，シーメンス社が開発した PROFIBUS-FMS（Field Message Specification）がヨーロッパにおいてデファクトスタンダードとして EN

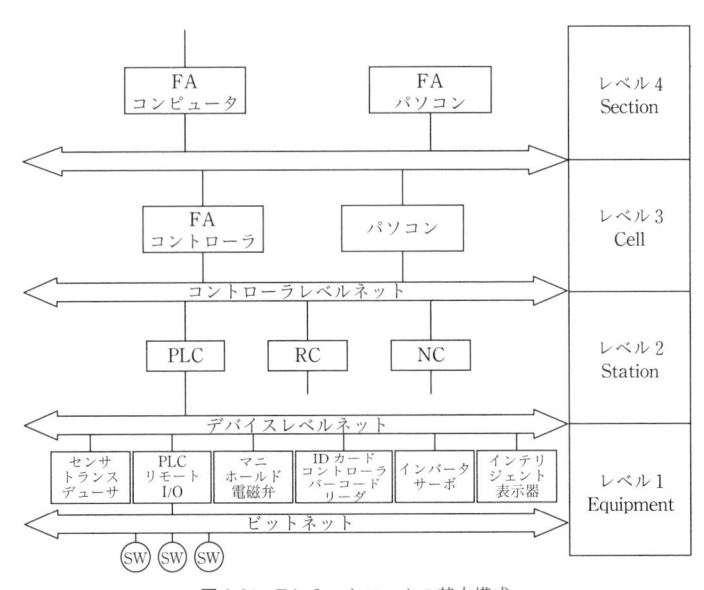

図 2.91　FA ネットワークの基本構成

規格となり，オープン化が進んでいる．米国では，ControlNet がデファクトスタンダードとなりつつある．いずれも，100 Mbps のスイッチング Ethernet をベースとして，TCP/IP の上位に専用のプロトコルをかぶせている．日本では，製造科学技術センターが開発した FL-net（OPCN-2）がある．これらは，マルチベンダのプログラマブルコントローラ，NC，ロボットコントローラ間通信を実現する標準仕様を提供する．

デバイスレベルネットワークでは，主として，工場内の計測・制御用機器間の通信のためのディジタルネットワークに関する規格がある．これを狭義のフィールドバスと称することもある．これはさらに FA（factory automation）系と PA（process automation）系に分類される．従来から制御装置のデジタル化，ネットワーク化は図られていたものの，センサなどの検出端や操作端と制御機器とはスイッチや電磁弁などのオンオフ信号線あるいはアナログ線によって接続されていた．フィールドバスの採用によって配線を共通化でき，時分割・多重化，マルチドロップ化することによって配線費用の低減が可能となる．また，フィールド機器のデジタル化によって，パラメータ設定，状態監視，アラーム処理，故障診断など保守容易化が期待できる．

代表的なものとして，ME-NET，DeviceNet，PROFIBUS-DP（Decentralized Periphery）などがある．ME-NET は工場の異機種間接続のネットワークとして 1990 年に公開され，自動車関連業界を中心として多くの実績がある．JPCN-1 は日本電機工業会が規定したネットワークである．DeviceNet はフィールドネット系のネットワークとして北米におけるデファクトスタンダードとなっている．PROFIBUS-DP は，PROFIBUS-FMS をより簡単，高速，確実に周期的なデータ交換が行えるような機能をもたせたものである．

日本では，日本電機工業会が制定した OPCN-1 がある．マルチベンダの I/O およびメッセージ通信ネットワークを実現する標準仕様を提供する．

ビットネットは，リレーやスイッチなどの ON/OFF 信号を 1,0 のビット信号と対応させてその情報を収集するためのネットワークである．このレベルでは，情報伝送速度がネットワークに接続される部分の動作特性と密接に関係するなどの理由により，プロコトルやアプリケーションの概念はなく，標準化はなされていない．

〔割澤伸一〕

▶▶ 文　献
1) 精密工学会：生産システム便覧, pp.10-11, コロナ社（1997）
2) 岩田一明, 中沢　弘：機械系大学講義シリーズ 28－生産工学, p.176, コロナ社（1988）
3) 和田龍児：CIM/MAP 絵ときシリーズ 2－CIM/MAP 実践絵とき読本, pp.34-35, オーム社（1990）
4) 人見勝人：CIM 総論－コンピュータによる設計・生産・管理（第 2 版）, pp.4-9, 共立出版（1992）
5) 日本機械学会：創立 100 周年記念機械工学 100 年のあゆみ, pp.170-175, 日本機械学会

(1997)
6) CIM/FA 事典編集委員会：CIM/FA 事典, pp. 494-498, 産業調査会事典出版センター (1990)
7) 機械技術 2001 年 11 月臨時増刊号, 工作機械 50 年［進化と未来］, pp. 45-51, 日刊工業新聞社（2001）

3. 切削加工

3.1 加工原理と加工機械

3.1.1 切削加工の基本原理

切削加工は，工具と工作物間に相対運動を与え，工作物の干渉部分を切りくずとして除去し，工作物を所定の形状寸法に仕上げる加工法である．これはさらに，創成法（generation method）と成形工具法（formed tool method）とに分けられる．創成法は，工具の運動軌跡の包絡線として工作物形状を決定するものであり，工具形状は単純でよいため，簡単に精度の高い工具をつくることができることが長所である．また，1つの工具で任意の輪郭形状が創成できること，工作機械の運動誤差を制御により補正できれば高い精度が可能なことなどの特長がある．

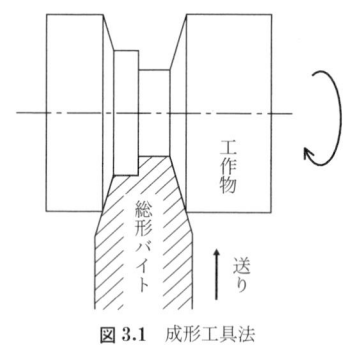

一方，図3.1に示すような成形工具法は，工具の輪郭形状をそのまま工作物に転写して所定の工作物の形状に加工するものであり，工作機械の精度によらず，工具自体の精度で形状創成が行われる．低コストで大量の生産を行うのに向く方法である．創成法の方が形状創成の自由度が高いのは明らかであり，今日の工作機械のほとんどは創成法による形状創成の精度と能率を向上することを目標として開発が行われている．

図3.1 成形工具法

図3.2に切削加工の基本的な様式を示す．創成法においては，切削の主運動（primary motion）を工具回転により与える場合と，工作物回転により与える場合とに大きく分類される．前者が一般的なフライス切削やドリル切削，後者が旋削に対応する．平削りあるいはヘール加工は能率が高くないので多用されることはないが，マシニングセンタや多軸制御工作機械を用いれば曲面の加工も可能である．しかも，エンドミル加工で生じるカッタマークが加工面に残らず，小Rのコーナ部も加工可能であるので，金型の表面加工や隅部の加工に用いられることがある[1,2]．

a. 切削力

切削力の予測は重要である．加工機械設計時には剛性や所要動力の見積りに必要で

主運動	加工例	切削様式	運動様式	加工形状
工作物回転	旋削		XZ 2 軸制御による直線，曲線	円柱面，円すい面曲線母線の軸対称形状平面（端面）
工具回転	ドリル加工		ドリル軸方向直線運動	穴
	フライス加工		XYZ 3 軸制御による直線，曲線（＋2 軸旋回）	平面曲面
回転運動なし	平削り形削りヘール加工		直線平行XYZ 3 軸制御による曲線＋工具向き	平面曲面

図 3.2 切削加工の基本的な様式

あるとともに，作業時には工具や工作物のたわみにつながり，加工精度の低下の要因となるためである．切削力の予測には，あらかじめ切削試験を行い，単位切削断面積当たりの切削抵抗（比切削抵抗）を求めておき，切込みや送りといった条件の変更に対して，切削断面積を乗じて切削力とする方法が最も簡単である．しかしこの方法では，すくい角が異なる別の工具の場合や切削速度を変更した場合の切削力を正確に予測することはできず，そのつど切削試験が必要となる．

切削力を理解するには，切削機構のモデルを理解することが必要である．図 3.3 に示すせん断面モデルで説明する．すくい角 α の工具で，切削厚さ t_1 で切削が行われると，せん断面 AO で反時計回りのせん断変形を生じ，厚さ t_2 の切りくずがすくい面を擦過しながらすくい面に平行に流出する．せん断角 ϕ は幾何学的に求めることができ，切削比 $r_c = t_1/t_2$ を用いて，

$$\tan\phi = \frac{r_c \cos\alpha}{1 - r_c \sin\alpha} \quad (3.1.1)$$

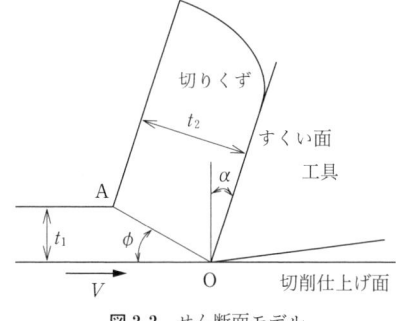

図 3.3 せん断面モデル

で与えられる．すなわち，すくい角 α と切削厚さ t_1 は既知なので，切りくずの厚さ t_2 を測定すればこれが求められる．実際には，被削材，工具材，切削速度，切削厚

さ，切削油剤，工具摩耗状態などによってせん断角は変化する．

図3.4に示すように，せん断面で切りくずをせん断する力 R' が，切りくずを生成するために必要な力であり，これは工具すくい面を介して工具が受ける抵抗 R（切削力）と大きさが同じで向きが反対となり平衡している．R はすくい面に働く垂直力 N と摩擦力 F に分解し，R' はせん断方向の成分 F_S とこれに垂直な成分 N_S とに分解すると，次の関係が成立する．

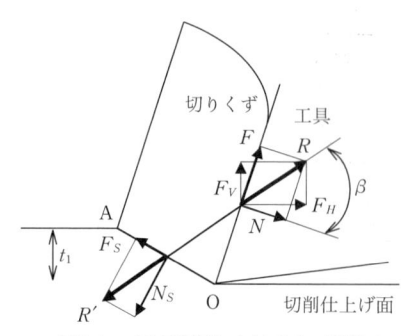

図3.4 二次元切削における力の平衡

$$F = F_H \sin\alpha + F_V \cos\alpha \\ N = F_V \sin\alpha + F_H \cos\alpha \quad \quad (3.1.2)$$

$$F_S = F_H \cos\phi + F_V \sin\phi \\ F_N = F_H \sin\phi + F_V \cos\phi = F_S \tan(\phi+\beta-\alpha) \quad (3.1.3)$$

すくい面での平均摩擦係数 μ と摩擦角 β との関係は次式となる．

$$\mu = \frac{F}{N} = \tan\beta \quad\quad (3.1.4)$$

せん断面上の平均せん断応力 τ_S および平均垂直応力 σ_S は，切削幅を b とすると次式となる．

$$\tau_S = (F_H \cos\phi - F_V \sin\phi) \cdot \sin\phi / bt_1 \\ \sigma_S = (F_H \sin\phi + F_V \cos\phi) \cdot \sin\phi / bt_1 \quad (3.1.5)$$

逆に，せん断面せん断応力 τ_S，すくい面摩擦角 β，せん断角 ϕ が既知であれば，F_H，F_V は次式で求められる．

$$F_H = \frac{\tau_S b t_1}{\sin\phi} \cdot \frac{\cos(\beta-\alpha)}{\cos(\phi+\beta-\alpha)} \\ F_V = \frac{\tau_S b t_1}{\sin\phi} \cdot \frac{\sin(\beta-\alpha)}{\cos(\phi+\beta-\alpha)} \quad (3.1.6)$$

せん断面モデルを用いて切削力を予測するには，二次元切削における諸量をあらかじめ実験により測定しておき，上述の関係に代入すればよい．切削速度，すくい角の変化に対する諸量のデータベースがあれば，様々な切削条件の変更に対しても切削力の予測が可能である．

さらに，近年では，有限要素法による切りくず生成のシミュレーション用ソフトも開発され[3,4]，エンジニアレベルでの利用が可能となってきた．この場合，基本的には切削時の物理状態を計算機内で再現しているので，切削力だけでなく，温度やひずみ，残留応力といった物理量も同時に求めることができる．なお，せん断角も変形過

表 3.1 各種の切削力予測手法

手法	入力データ	予測可能物理量	その他
比切削抵抗	都度の実験	切削力	簡便だが,条件変化への適応性は低い
せん断面モデル	二次元切削データ	切削力	一般的な旋削やエンドミル加工など三次元への拡張の際には,切りくず流出方向を他の方法で定める必要がある
有限要素法	材料特性,工具すくい面摩擦特性	切削力,せん断角,切りくず厚さ,温度・ひずみ・応力などの分布	大ひずみ,高温,高ひずみ速度に対応した被削材の変形特性を得る必要がある

程の結果として定まる.表 3.1 に以上の切削力予測手法についてまとめる.

b. 切削における熱の発生

切削における加工エネルギーのほとんどは熱に変換される.加工機側からみた消費電力のうち切削力に抗してなした仕事に相当するエネルギーは,主分力 F_H と切削速度 V の積として与えられ,切削点から切りくず,工具,工作物に流入しそれぞれの温度を上昇させる.切削機構的には,せん断面でのせん断仕事,工具-切りくず間での摩擦仕事,工具逃げ面摩耗部と仕上げ面間での摩擦仕事として熱に変換される.したがって,切削速度が増大するほど単位時間に発生する熱量は増大し,温度上昇量も大きくなる.

切削エネルギーのうち,およそ 70~80% 程度は熱として切りくずに,残りが工作物と工具に流入する.工具,工作物,あるいは工作機械の温度が上昇すると熱膨張し変形が引き起こされる.したがって,高精度な加工を行うには,それらの温度変化を極力抑えるか,あるいは温度変化による変形を補正するような加工を行う必要がある.

また一方で,工具温度の上昇は工具の強度を低下させるとともに,工具-工作物界面を熱的に活性化させ,工具摩耗を促進させる.

図 3.5 はドリル加工において熱エネルギーの工具,切りくず,工作物への配分割合を測定した例である.このように,切削速度を高くすると,発生した熱量のうち,切りくずへ流入する「割合」が漸増し,工具や被削材への流入「割合」は漸減することはよく知られているが,切

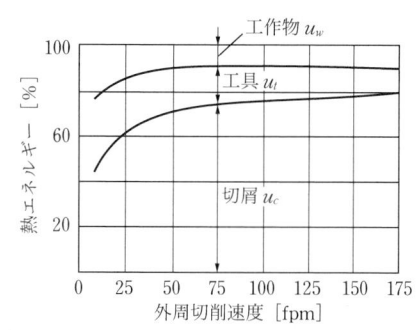

図 3.5 熱エネルギーの配分割合の測定例[5]
被削材 Dow Metal,外形 9.5 mm,内径 2.8 mm,高速度鋼ツイストドリル(ねじれ角 30°,頂角 118°,逃げ角 12°,ドリル径 11.1 mm,送り 0.22 mm/rev).

速度の増大に伴って，ほぼそれに比例して熱の発生量は増大するため，工具や被削材への絶対的な熱流入量も増大するのが普通である．

小径エンドミルによる高速切削（高回転速度による切削）では，被削材温度や工具温度が高くならない場合がある．断続切削となるエンドミル加工では，切削時に加熱，非切削時に冷却・熱拡散が行われる．高速回転状態では工具から空気への熱伝達が促進されること，断続周期が短くなると熱拡散による温度の上昇が定常状態に近づく前に非切削区間となることなどにより，結果的に連続切削のような温度までは上昇しないと考えられる．単位時間当たりの加工体積を一定とするような加工条件設定は，主軸回転速度や切込み，送り，工具径などの組合せにより無数に可能であるが，条件によって温度状態は異なり最適条件は存在する．

当然ながら，工具，被削材の材質，特に熱伝導率や切削油剤の使用によっても温度は大きく変化する[6]．

c．切りくず処理

加工機内で発生した切りくずは，上述のように熱源でもあり，速やかに工作物付近や加工機テーブルやベッドから離れた場所に排除する必要がある．熱源となる以外にも，切りくずは加工硬化しているため，加工面に傷をつける可能性があり，切削部にかみ込むと工具欠損や仕上げ面品位の低下につながる．旋削の場合には，連続してリボン状あるいはらせん状の切りくずが生成していると，被削材や工具周りにからみつき危険でもある．また，そのような切りくずは収納するために必要な容積が大きくなる．したがって，以上のような問題が生じないよう，切りくずの生成状態を制御してトラブルを回避する必要がある．

切りくずを加工点付近から除去するには切削油剤により流し去る方法が最も一般的に用いられている．しかしながら，油剤の入れ替え・廃棄によるコスト上昇の回避や環境意識の高まり，クーラントポンプ消費電力の削減を契機として，油剤を用いないドライ切削，または微量の油剤を圧縮エアとともにミスト状に加工点に供給するMQL（minimum quantity lubrication）などがかなり普及してきている．一方で，従来切削油剤に依存していた切りくず除去の機能を，何らかの方法により代替する必要性が高まっている．

その主な対策として，図3.6に示すようなチップブレーカ付きの工具が多用されている．すくい面上にある溝型のチップブレーカにより切りくずを強制的に曲げてカール半径を小さくする．さらに，カールした切りくずは工具逃げ面や，被削材の被切削面に衝突する．そこで切りくずカールを大きくするような曲げモーメントが作用し，切りくずが破断することになる．

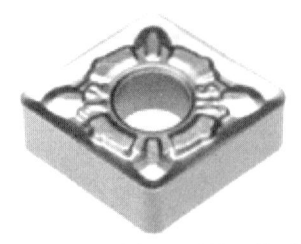

図3.6 チップブレーカ付き工具の例

チップブレーカの形状には，仕上げ加工や粗加

工，被削材の種類などに応じて多様であるが，切りくずを良好に切断するためには，図3.7のような送りと切込みの有効な範囲が存在する．有効範囲より小さな送り，切込みでは，チップブレーカとして作用せず，リボン状やもつれた切りくずを生成してしまうことになる． 〔笹原弘之〕

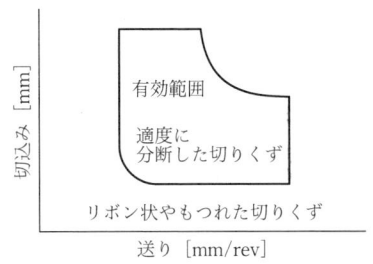

図 3.7 チップブレーカ作用の有効範囲

3.1.2 加工機械

形状を創成するために使用される加工機械を工作機械 (machine tools) という．国際的には塑性加工機械および木工機械を含めて工作機械というが，日本では金属切削形の加工機械だけを工作機械と呼ぶ．工作機械には，表3.2に示すような種類がある．この分類は，図3.2に示した切削加工の基本様式に基づいて分類したものである．

この表の中で，ブローチ盤は，工具の形状を工作物に転写する成形工具法による加工機の代表的な存在で，自動車部品のような量産品の加工に使用されている．工作物に直進運動を与えて加工する平削り盤は能率が低いために，最近は製造されていない．同様に形削り盤は，加工能率だけでなく加工精度も低いために大学の機械工場で散見される程度で，ほとんど使用されることはなくなっている．

卓上ボール盤，ひざ形立てフライス盤，普通旋盤などは，いまでも手動で操作する機械として製造，販売されている．この種の汎用機は，作業者に技術があれば，ある程度高い精度の部品を製造することができるために試作品の製造に利用されることが多い．しかし，わが国ではほとんどがNC化されていて，手動操作の機械の製造は

表 3.2 代表的な金属切削工作機械とその加工方法

代表的な工作機械	工作物	工具	代表的な加工方法
ブローチ盤	—	直進	ブローチ加工
平削り盤（形削り盤）	直進	—	平削り
ボール盤	—	回転・直進	穴あけ，タッピング
中ぐり盤	—	回転・直進	中ぐり
フライス盤	直進	回転	フライス削り，穴あけ
プラノミラー	直進	回転	フライス削り
マシニングセンタ	直進	回転	フライス削り，中ぐり，穴あけ，タッピング
旋盤	回転	直進	旋削
自動旋盤	回転	直進	旋削
ターニングセンタ	回転	直進	旋削,
	—	直進・回転	穴あけ，フライス削り
ホブ盤	回転	回転・直進	ホブ切り

回転・直進：回転運動と直進運動とを同時に与えることを意味する．

ほとんど行われていない。

　工作物を把持するチャックが6個も付いている多軸自動旋盤や主軸台が移動する主軸移動形の単軸自動旋盤も大部分がNC化されている．総形工具を利用する典型的な機械である歯車を切削加工するための機械であるホブ盤も最近ではほとんどがNC化されている．

　これら工作機械の中でわが国における生産額が多く，また広く利用されている工作機械は，マシニングセンタとターニングセンタである．マシニングセンタは，全生産額の3分の1を占め，ターニングセンタは，NC旋盤も含めて全生産台数のほぼ半分を占めている．これら2機種はバリエーションも多様で，日本の大手工作機械メーカは，この両方またはどちらか一方を生産している．　　　　　　　　　〔堤　正臣〕

3.1.3　マシニングセンタ
a.　マシニングセンタの誕生

　マシニングセンタが登場したことで製造技術が大きく変革した．生産の自動化とコンピュータ化が飛躍的に進んだ．この変革は，第2の産業革命ともいわれている．マシニングセンタが誕生するまでの歴史を簡単に振り返ってみよう．

　マシニングセンタが誕生したのも，数値制御技術があったからである．この技術は，アメリカ人技術者 J. Parsons の発明によるものである．そのアイデアは Parsons の経営する会社で製造していたヘリコプタの回転翼製造用板ゲージを能率よく製作するために考案された，「多数の点群データをパンチカードに打ち込んで機械を制御する方式」[7] に基づいている．

　1947年当時，アメリカ空軍は航空機やミサイルに使用する複雑形状部品を精度よく加工する方法の開発に迫られていた．この問題を解決するためにアメリカ空軍は，Parsons と開発プロジェクトの契約を交わした．そのプロジェクトは，「パンチカードの形の指令値を用いて，曲面を製作する実験機を製作するに当たっての設計上の問題の研究」[7] というものであった．Parsons の発明を実現するにはサーボ技術が必要であった．そのため，当時サーボ技術の研究に取り組んでいた MIT（マサチューセッツ工科大学）がこのプロジェクトに加わることになった．そのプロジェクトの成果は，開発を開始して3年後の1952年に MIT から NC フライス盤として発表された（図3.8参照[8]）．これが世界初のコンピュータ制御の機械となった．

　Kerney & Trecker 社（アメリカ）は，1958年，自動工具交換装置（ATC: automatic tool changer）付き横形のフライス盤を開発し，マシニングセンタ（machining center）と名付けて発表した．これがマシニングセンタの誕生であった[9]．これ以降，ATC 付きの横形 NC フライス盤をマシニングセンタと呼ぶようになった．

　5軸制御加工機が登場したのもほとんど同じ年である．はっきりした記録は Sundstrand 社の歴史[10] に記されている．それによると，「1957年に5軸制御のできる NC 機 OM-3 Omni-mill を開発し，1960年には20台以上を販売した」とのことである．

図3.8 MITで公開された世界初のNCフライス盤[8]
立て形である．左側に並んだ大きなボックスがNC装置．
Cincinnati社の倣いフライス盤を改造して製作された．

これは，1960年にはすでに5軸制御加工機が利用されていたことを意味する．特にアポロ計画で使用する機器の製造に貢献したという．

b. マシニングセンタの定義

JIS B 0105「工作機械-名称に関する用語」[11]によるとマシニングセンタは，「主として回転工具を使用し，工具の自動交換機能（タレット形を含む）を備え，工作物の取付け替えなしに，多種類の加工を行う数値制御工作機械」と定義されている．一方で，ISO 10791-1[12]によると，「フライス削り，中ぐり，穴あけ，ねじ立てを含む複数の切削作業ができ，かつ，加工プログラムにしたがって工具マガジンまたは同様の格納装置から工具を取り出し，自動交換ができる数値制御工作機械」と定義されている．

したがって，マシニングセンタは次のような機能をもった工作機械であるということができる．

① 加工に使用する工具を格納するための工具マガジンまたはそれに類する装置を備えて，加工に合わせて必要な工具を選択し，自動交換する機能を有している．
② 主軸に装着した回転工具を加工条件に合わせて適切な速度で回転させることができ，立体形状を創成するために，工具と工作物との間の相対距離を三次元的に変化させる機能を有している．
③ 以上の①および②の機能を，すべてNCプログラムで自動的に運転することができる．
④ 横形マシニングセンタは，回転割出しができ，工作物の自動交換のできるパレットを有している．

c. マシニングセンタの種類と特徴

マシニングセンタの種類は，主に主軸の向きによって分類する．主軸が垂直（vertical）を向いている形態を"立て形"マシニングセンタ（vertical machining center），水平（horizontal）を向いている形態を"横形"マシニングセンタ（horizontal machining center）という．

コラムの構造によっても分類される．コラムの側面に主軸頭を備えた片持形（single column type）とコラムがベッドの両脇に立っている門形（double column type）とがある．片持形という名称は使われることはほとんどなく，門形に対応する用語として使用される程度である．門形のコラムが案内面上を移動する形態を，特にガントリ形（gantry type）と呼ぶ．門形やガントリ形は，大形の機械が多いが，最近では，中形や小形のマシニングセンタでも工作物への接近性をよくすると同時に主軸頭のオーバハング量を小さくするために，図3.9に示すような門形構造を採用することが多くなっている．

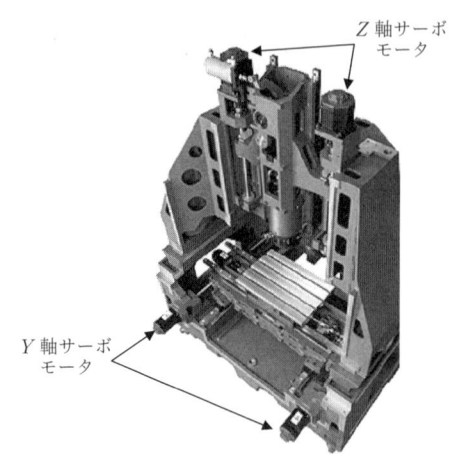

図3.9 立て形マシニングセンタの例
門形構造を採用し，主軸頭のオーバハングを極力抑えている．Y軸とZ軸とはそれぞれ2本のボールねじで駆動（森精機のホームページによる）．

制御軸数によっても分類される．X，Y，Zの直進3軸だけを有する機械を単にマシニングセンタと呼ぶ．横形マシニングセンタの場合には，直進3軸のほかにテーブルを割り出すための制御軸（B軸）を備えている．直進3軸に旋回2軸を加えた5軸を同時に輪郭制御できる機械を5軸制御マシニングセンタ（5-axis control machining center）と呼ぶ．テーブルに割出し機能を備えていて5面加工のできる機械を5面加工機（5-sided machining center）と呼び，5軸制御マシニングセンタとは区別している．

（1） 横形マシニングセンタ（horizontal machining center）　主軸が水平に配置された形式を横形という．工作物は，割出し機能を備えたテーブルサドルにクランプされたパレット（pallet）に取り付けられる．このパレットは，自動的に取付け，取外しができる．横形マシニングセンタは，主軸が加工面に対して垂直の状態で使用され，切削中に切りくずが工作物表面に堆積することなく落下するので切りくずの排除性に優れ，長時間の無人運転に適している．パレットは，パレット交換装置（pallet changer）で自動交換される．自動車部品やその他一般部品の加工に適している．

横形マシニングセンタのテーブルは，従来は1本のボールねじで駆動されてきたが，最近では，図3.10に示すように2本のボールねじを使ってテーブルやサドルの左右を同期させて駆動する方式が増えている．

（2） 立て形マシニングセンタ（vertical machining center）　主軸が垂直に配

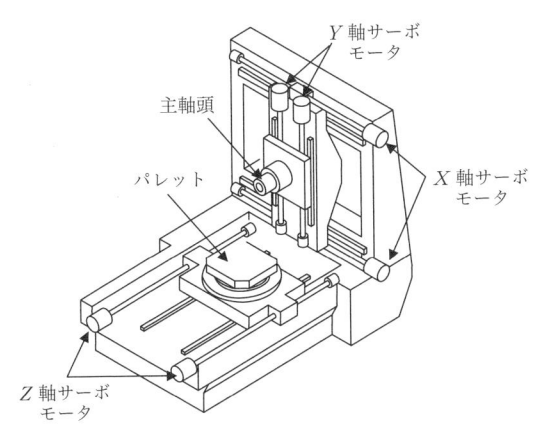

図 3.10 横形マシニングセンタの例（豊田工機ホームページから）

図 3.11 立て形5軸制御マシニングセンタによる自由曲面の加工

置されている3軸制御のマシニングセンタを立て形マシニングセンタという．立て形マシニングセンタは，機械の動きと加工図面とが同じ向きになることから，初心者にも使いやすい機械である．比較的大きなテーブルをもっているので，大きな工作物の取付けも容易である．金型に代表される多品種少量生産にも適している．門形マシニングセンタや5軸制御マシニングセンタには立て形が多いのが特徴である（図3.11参照）．

（3） 5軸制御マシニングセンタ（5-axis control machining center）

5軸制御マシニングセンタは，X, Y, Z の直進3軸のほかに，旋回2軸（例えば，A 軸と B 軸）を同時に制御できる能力を備えた機械で，任意の角度に割り出して多面加工を行うだけでなく，輪郭加工や曲面加工も行える．従来の3軸機では，干渉を避けるために特殊な工具やジグが必要であったが，5軸機では工具軸を加工面に対して任意の角度傾けることで工具と工作物との干渉を避けながら複雑形状部品の加工が行えるなど，その利点は多い．

しかし，5軸制御マシニングセンタの動きは複雑なために，頭に工具経路を思い浮かべながらプログラムを作成することは不可能に近い．そのため使用に際しては，機械に対応したCAMシステムが必ず必要になる．また，工具，工作物，機械との干渉チェックも重要な課題になる．

利　点
① 段取り替えすることなく，複雑な形状の加工ができる．
② 工作物との干渉を避けるために，特殊な工具やジグを使用しなくてもよい．
③ 工具軸と工作物表面との角度を一定に保つことができる．

欠　点
① パレットに1個の工作物しか取り付けることができない．
② 機構が複雑になるので，剛性は必ずしも高くなく，誤差要因の数も多い．
③ CAMなしでは使用できない．衝突・干渉チェックが欠かせない．

5軸制御マシニングセンタは，旋回2軸の配置の仕方によって（ⅰ）RRTTT形，（ⅱ）TTTRR形，（ⅲ）RTTTR形の三つの形態に分類することができる．この分類では，左側を工具，右側を工作物としている．ただし，Rは旋回軸（rotational axis），Tは直進軸（translational axis）を意味する．

（ⅰ）RRTTT形を主軸頭旋回形（universal spindle head type）と呼び，工具側に旋回2軸がある形態である．舶用プロペラ，大形の金型，航空機の部品の加工に利用されることが多い（図3.12参照）．（ⅱ）TTTRR形をテーブル旋回形（tilting rotary table type）と呼び，工作物側に旋回2軸がある形態で，インペラのような小形の複雑形状部品の加工に利用されることが多い．（ⅲ）RTTTR形は，特に一般に定まった名称はないが，主軸・テーブル旋回形と呼ばれることが多い．この機

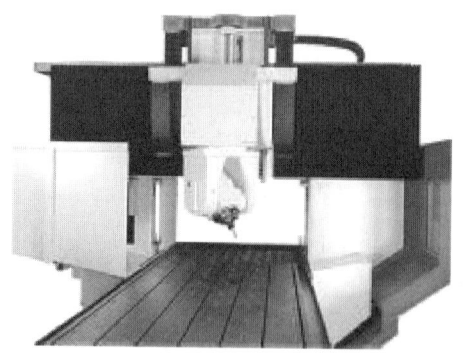

図3.12　門形5軸制御マシニングセンタの例
主軸頭が旋回するRRTTT形（ドイツMatec社）

械は，主軸頭側に旋回1軸，テーブル側に回転1軸がある形態で，中形の部品の加工に適している．旋削を主体としてフライス削りもできる複合加工機とも呼ばれる多機能ターニングセンタ（multi-tasking turning center）もRTTTR形に分類できる．

d. マシニングセンタの構造

マシニングセンタは，一般に，主軸頭，コラム，ベッド，テーブル（パレット），工具交換装置から構成される．主軸頭は，サドルを介してコラム案内面に取り付けられ，コラムとテーブルは，それぞれ同様にサドルを介してベッドの案内面上に取り付けられる．

（1）主軸および主軸頭 主軸頭（spindle head）は，マシニングセンタの切削性能を決定する最も重要なユニットである．最近は，構造をコンパクトにするために主軸とモータロータとが一体になった構造が多くなっている．図3.13は，高速回転用主軸頭の例[13]である．この例に示した主軸の軸受間隔をさらに短くする工夫をすれば，主軸の固有振動数を高くすることができる．

高速化は，近年，急速に進み，毎分1.5万～2.0万回転の主軸速度は普通である．2万～4万回転の機械も珍しくはない．微細加工への要求の高まりからますます高速回転に対応する機種が増える傾向にある．

軸受の潤滑方法として開発されたオイルエア潤滑やジェット潤滑は，潤滑油の回収，潤滑に伴うエネルギー消費を抑制するために見直しを迫られている．その解決策の一つとしてグリース潤滑による高速化が注目を集めている．図3.14は，間欠的に常時微少量のグリースを外輪側から軸受内部に供給する方式で，$d_m N$値（d_m；軸受の内径と外径の和の1/2，mm，N；回転速度 min^{-1}）170万が実現されている[14]．この方式では，主軸速度に合わせて最適にグリース補給する方法が採用されている．

ロータ組込み形の主軸では，ロータと転がり軸受が発熱源になって熱変形を引き起こし，工作物の寸法精度や形状精度を悪化させる．熱変形の抑制と制御は，工作機械

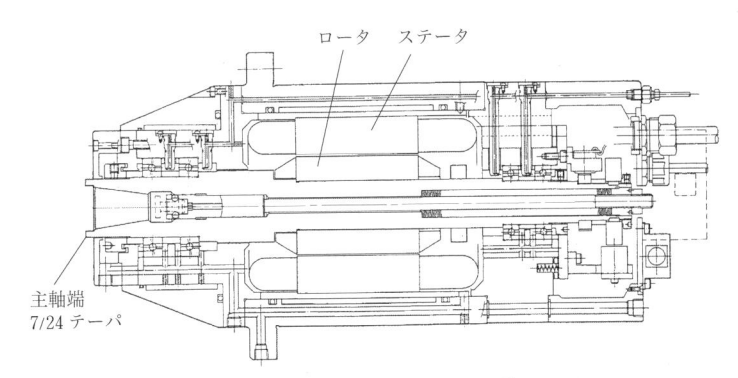

図3.13 高速主軸ユニットの例[12]
モータ組込み形で，主軸端は，7/24テーパインタフェースを採用

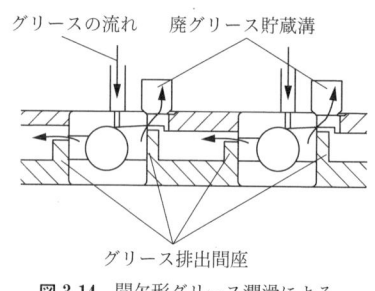

図 3.14 間欠形グリース潤滑による軸受の潤滑[13]

技術の中で最も重要な課題である．主軸の熱変形を抑制するために様々な冷却方法や補償方法が考案されているものの決め手がないのが現状である．

もうひとつの重要な課題に，高速回転させたときに発生する遠心力による振れと振動の抑制がある．工具刃先の振れは回転速度の2乗に比例して大きくなる．工具の自動交換を繰り返すと，工具と主軸との結合部であるテーパ穴とテーパ軸の軸心がわずかにずれて偏心質量を発生させてしまう．それだけでなく，工具のクランプ機構に採用されている皿ばねのずれも偏心質量を発生させる．この問題を解決するには，偏心質量が発生しにくいクランプ機構を採用したり，バランス修正をしたりするほかに，主軸-軸受系の剛性を高くすることが必要になる．

操作ミスやプログラムミスで主軸を破損するような事故を完全に回避することはできない．主軸に損傷を与えると加工精度が低下するばかりか，加工を継続できないこともあって生産性に大きな影響を及ぼす．この問題を解決するためには，主軸または主軸ユニットを迅速に交換できるシステムの開発が必要である．

工具はインタフェースを介して主軸に装着される．このインタフェースにはフライス盤で使われてきた7/24テーパが採用されてきたが，最近では繰返し精度の高い2面拘束形のインタフェースが利用されることが多くなっている．2面拘束形の代表的なインタフェースは，ISO規格となっているHSK[15]である．このインタフェースは，装着精度が高く，また剛性も高いところに特徴があるが，従来の7/24テーパのようにテーパ穴と軸との間で発生する摩擦減衰の効果が期待できないために，耐びびり振動特性の点では劣ることが多い．そのためにより高い減衰効果を望めるインタフェースが求められている．

（2） ベッドおよびコラム ベッド（bed）は，XYテーブルやコラムを載せるための土台となる重要な構成要素である．図3.15に示すようにベッドには直進運動の基準となる案内面が設けられる．この案内面は，負荷に対してできるだけ変形が小さくなるように多数のリブが配置されている．ベッドは，T字形

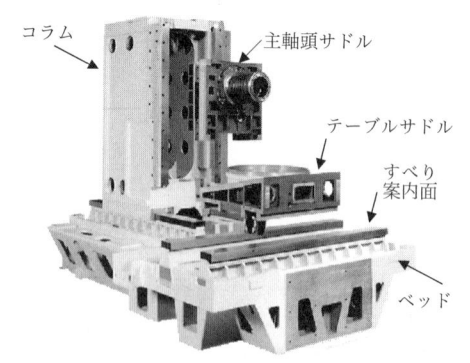

図 3.15 横形マシニングセンタの本体構造の例
案内面が多数のリブで補強されているのがわかる．
（三井精機工業，HU40A/HU50A）

をしたものが多く，一般に鋳鉄製であるが，振動減衰性の高いプラスチックコンクリート（人造グラナイト（synthetic granite）とも呼ばれる）も利用されている．

コラム（column）は，ベッド上に固定される形式とベッドの案内面上を移動する形式とがある．案内面上を移動するコラムは，剛性が高いだけでなく軽量であることも要求される．コラムは，主軸頭の垂直方向運動の基準となる案内面を備えている．

ベッドに設けられた案内面には，図3.15に示すように動圧すべり案内方式が採用されているが，最近では，直動転がり案内方式も広く採用されている．転がり案内は，転動体に球を使ったボールガイドと，円筒ころを使ったローラガイドとがある．このいずれもリテーナを使って隣り合う転動体どうしが直接接触することがないようになっている．その結果，一定速度で運動させたときの摩擦力の変動を小さく抑えることができる．

（3）テーブルおよびパレット テーブルは，一般に長方形をしており，工作物やジグを取り付けるためにT溝が設けられている．テーブルの長手方向の運動は，多くの場合にX軸運動として定義される．自動化のために長方形のテーブルに代わってパレットが使用される．パレットの形状は，正方形をしており，その上面には工作物やジグを取り付けるためのボルト穴（図3.16参照）やT溝が多数設けられている[16]．

パレットは一定角度ごとに割り出されるが，その割出し機構には，カービックカップリング（curvic coupling）などの歯形継ぎ手が利用されることが多い．割出し角度は，90°，1°，0.001°，0.0001°など機械の仕様によって異なるが，最近では，任意の角度で連続的に割り出すことのできる機械も増えている．

連続割出しには，ウォームギアが使用されることが多いが，高速化を図るためにローラカムギアやハイポイドギアなどが採用されたりしている．これらの機構では，ギアのかみ合いによる回転むらをなくすことは不可能に近く，将来的には高トルクモータによる直接駆動（direct drive）が普及すると予想されている．

図3.16 立て形5軸制御マシニングセンタの傾斜回転テーブル
ジグや工作物を固定するためのボルト穴が多数設けられている．このテーブルはウォームギアで駆動されている．（松浦機械製作所，MAM72-63V）

（4）ATC（自動工具交換装置） ATC（automatic tool changer）は，主軸に装着された工具を取り出し，工具マガジンに戻すと同時に，工具マガジンから新しい工具を取り出し，主軸に装着する装置である（図3.17参照）．工具交換に要する時間は，生産における無駄時間であると考えられ，その短縮が大きな課題の1つになって

(a) 工具マガジン　　　　　　　　(b) 工具交換中の ATC

図 3.17　工具マガジンと工具交換中の ATC（東芝機械ホームページによる）

いる．過去には主軸を回転させたままで工具交換を行うような意欲的な挑戦が行われたが，現在では，主軸が静止した状態で工具を交換する方式がほとんどである．そのために工具を交換したあとに主軸を駆動し，設定した回転速度に達するまでの時間を短縮するための努力がなされている．

工具交換時間は性能評価の一項目となっている．ISO は，工具交換時間（cut-to-cut tool change time : CTC time）[17] を次のように定義している．

「工具交換時間：加工領域内の基準位置 P_R から交換すべき工具を移動させ始めたときから，交換した次の工具をその基準位置 P_R に位置決めし終わるまでにかかる時間．」

主軸を回転させることなく，ある基準位置 P_R に位置決めし，その位置から動き出して工具交換位置 P_C まで移動させ，工具を交換し終わった後に基準位置 P_R に戻るまでの時間である．この間に行われる操作は，

a) 基準位置 P_R から工具交換位置 P_C までの移動
b) 次の工具の割出し
c) 工具交換
d) 工具格納装置と加工領域との間の可動扉の開閉
e) 工具交換位置から基準位置までの移動

主軸の加減速時間は，a) および e) の動作に含まれると仮定する．

工具を格納するマガジンには，ランダムアクセス方式と固定アクセス方式とがある．できるだけ多くの工具を格納でき，交換時間の短い装置の開発が行われ，様々な形式が実用化されている．

〔堤　正臣〕

3.1.4 ターニングセンタ (turning center)
a. ターニングセンタの誕生

旋盤 (lathe, turning machine) は，工作物を回転させ，刃物をその回転軸に平行に移動させながら円筒を削り出す機械で，その歴史は古い．

工作物は，主軸に取り付けられたチャックで保持され，回転運動（主運動）が与えられる．バイトと呼ばれる工具は，刃物台に固定されて直進運動（送り運動）が与えられる．この2つの運動を利用して円筒を創成するのが旋盤である．しかし，このような機能は，モズレーがねじ切り旋盤（1787年）を製造して以来，大きく変化することはなかった．

1960年代に入って数値制御旋盤（numerical control lathe）が登場しても機械構造や機能に大きな変化は現れなかった．この当時のNC旋盤は，手動で操作する普通旋盤（conventional lathe）やタレット旋盤（turret lathe）にサーボ機構が取り付けられただけであって，刃物台に取り付けられる工具本数も6角タレット形刃物台であるかぎり最大で6本までであった．NC旋盤が登場しても，精度の点で汎用機に比べて劣るとされ，依然として生産性の高いカム式のタレット旋盤や自動旋盤が広く使われていた．

70年代に入ると，工作物の着脱が容易なように刃物台は作業者とは反対側に取り付けられ，また，切りくず排除を容易にするためにベッドは水平ベッドからスラントベッド（slant bed）へと変化していった．この構造形態の変化は，単に在来の手動操作に適した旋盤にサーボ機構を搭載するのではなく，NC旋盤（数値制御）に適した構造への変化であった．この頃から生産の自動化が急速に進み，NC旋盤が普及して行った．

80年代に入って，Z軸とX軸の制御だけではキー溝の加工ができないことから，刃物台に回転機構が組み込まれ，ドリル加工やエンドミル加工ができるようになった．また，主軸に割出し機能をもたせて円筒上の一定の位置に穴や溝加工ができるようになった．回転工具も使えることからNC旋盤という呼び方に代わってターニングセンタと呼ばれるようになった．しかし，フライス削りの能力は低かった．

90年代には，Y軸機能が付き，回転工具軸の中心位置をY軸方向に移動させることができるようになった．ATC機能，B軸（ZX面内において工具主軸台を旋回させる軸）機能も順次加えられ，軸外しの溝入れや穴あけ，任意の角度割出しによる斜面加工，斜め穴加工が行えるようになった．

2000年代に入ると，同時・同所加工を目指して，背面加工用の第2主軸が心押台に代わって取り付けられた．刃物台も，第2刃物台，第3刃物台まで装備され，制御軸数が11軸にもなる機械も登場した．回転工具が使用でき，工具主軸台を旋回させることができるようになったことから，1台の機械で研削加工やホブ加工もできるようになった．

さらに，最近では，ターニングセンタとマシニングセンタとの融合も始まった．1

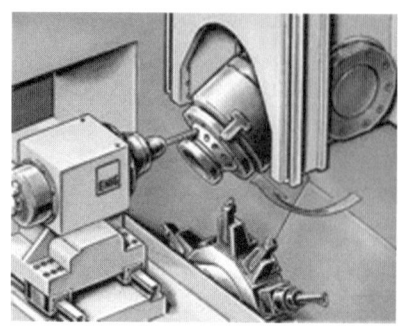

図3.18 逆さ旋盤とも呼ばれる複合5軸ターニング・マシニングセンタ　上側に工作主軸があって，下を向いたチャックで工作物を把握する．バイトはタレットに，ドリルやエンドミルは水平主軸に取り付ける．(EMAG社，HVSC 400 MT 形)

つの部品を同時・同所で加工して加工時間を短縮するだけでなく，段取り替えをなくし最終形状になるまで1台の機械で加工することを目標とした機械である．これによってシステムを入れ替えることなく製品形状に合わせて柔軟に対応できるようになった．その例を図3.18に示す．

b. 数値制御旋盤の構造

数値制御装置（NC）を付けて自動運転できるようにした旋盤を数値制御（NC）旋盤と呼ぶ．国際標準化機構（ISO : International Organization for Standardization）は，数値制御旋盤を numerically controlled turning machine と呼んでいる．

基本的な2軸制御のNC旋盤を図3.19に示す．これは，手動の普通旋盤と同様の操作で加工できるNC旋盤である．この図に示すように，一般に旋盤と呼ばれる機械は，主軸台がベッド上に固定され，心押台および往復台はベッドの長手方向（Z

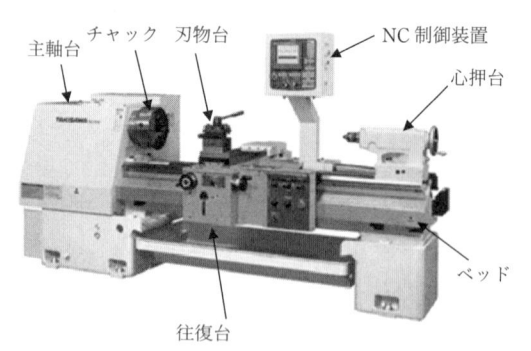

図3.19 手動操作の旋盤を基本にしてNC化した例　制御軸はZ軸とX軸だけである．(滝澤鉄工所，TAC-510)

軸方向に)に平行に移動できるような機構になっている．往復台の上にはバイトを固定するための刃物台が備えられている．

刃物台は，ベッドの長手方向（Z方向）だけでなく，切込み運動をするために，前後方向（X方向）にも運動させることができる．比較的小さな軸部品を加工する旋盤には，主軸台がZ方向に移動する主軸台移動形もある．

(1) 主軸および主軸台 一般に工作物を保持するために主軸端にはチャックが装着されている．工作物に回転動力を与える工作主軸は，マシニングセンタと比べて主軸径が大きく，高剛性で，伝達トルクも大きいのが特徴である．低速で高トルクを出すために有段変速機構付きの駆動方法が採用されることが多い．回転速度はマシニングセンタほど高速ではない．

(2) ベッド NC旋盤のベッド構造は，ベッド案内面の配置によって，水平ベッド，スラントベッド（slant bed），垂直ベッドに分類される．水平ベッドは，加工時における作業者の操作性を優先した形態である．NC旋盤が登場した初期の頃は，水平ベッドが多かったが，その後，切りくずの排除性，工作物の着脱の容易さを考慮して，スラントベッド（図3.20）が採用された．同時に刃物台の位置が作業者側ではなく，作業者とは反対の位置に配置された．これによって作業者側に広い空間が確保され，工作物の着脱が容易になった．

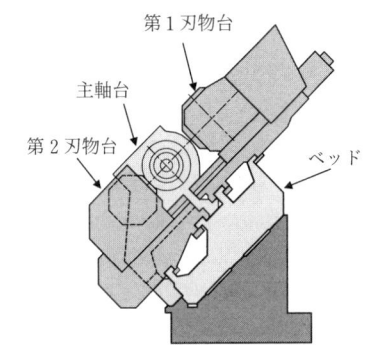

図3.20 スラントベッド構造をもつNC旋盤の例（オークマホームページによる）

(3) 刃物台およびタレット形刃物台
刃物台（tool post）は，普通旋盤は四角刃物台を採用していた．NC旋盤になって六角形や八角形など多角形のタレット形刃物台（turret head）になった．これは，自動化への必然的な変化であった．1つの部品を加工するのに必要な工具（バイトやドリル）をすべてタレット上に装着しておけば，加工途中で人手によって工具を交換する必要がなくなるからである．刃物台に工具回転用モータを組み込んで回転工具を駆動できるようにしたものもある．B軸機能を備えた機械では，工具主軸頭（tool spindle head）は1つだけであり，旋削用の静止工具から回転工具まで自動交換してその主軸に装着して加工を行う．図3.21は，ISO 13041-1に定義されている刃物台形式[18]である．

(4) 心押台および第2主軸台 心押台（tailstock）は，長い工作物を加工するときに工作物の一端を支持する必須の装置である．心押台の代わりに第2の主軸台を備えたものもある．この第2主軸台（second spindle head）は，第1の主軸台と同期して回転し，機械を停止させずに工作物を受け渡しでき，引き続いて背面の加工もできる．

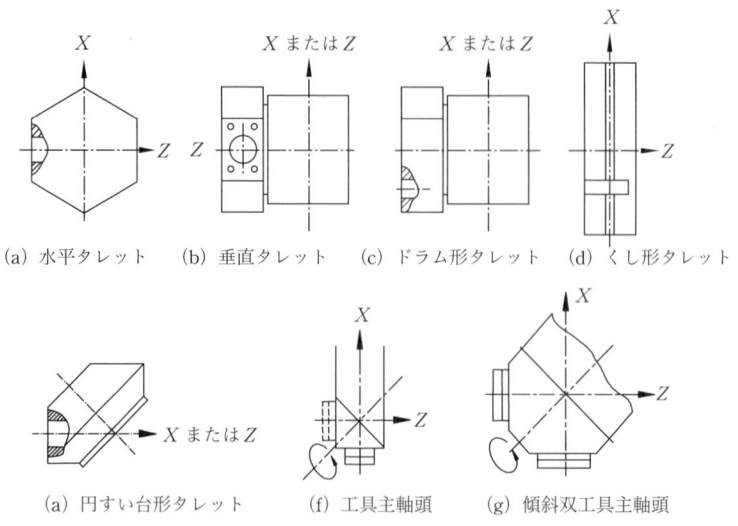

(a) 水平タレット　(b) 垂直タレット　(c) ドラム形タレット　(d) くし形タレット

(a) 円すい台形タレット　(f) 工具主軸頭　(g) 傾斜双工具主軸頭

図 3.21 ISO 13041-1 で分類されている刃物台

c. NC 旋盤の種類と特徴

　NC 旋盤は，手動操作の旋盤や自動旋盤にサーボ機構を付けることで発達してきた．そのために，主軸の向き，主軸の数，用途などによって様々な名称が付けられている．主軸の向きについては，マシニングセンタと同様に主軸が垂直を向いているものを"立て"旋盤と呼ぶ．立て旋盤は，図 3.22 に示す形態が一般的で，比較的大きな工作物の加工に利用されてきた．回転テーブルは，工作物を載せるのに便利なように水平を向いている．ところが，最近では，立て旋盤と主軸の向きが反対になっている"逆立ち"旋盤と呼ばれる形態が登場している．これは，切りくずの排除性を考慮し，工作物上に切りくずが堆積しないようにした形態である．図 3.19 に示したような NC 旋盤は，主軸は水平を向いているものの"横形"とは呼ばないが，分類のために"横形"と呼ぶことがある．

　それ以外の分類は，例えば，工作物を保持する主軸の数が 6 軸あるような旋盤を NC 多軸自動旋盤と呼び，また，特殊な例であるが鉄道車輪を削るための専用の旋盤を NC 車輪旋盤などと呼ぶ．複数の主軸台と複数のタレット刃物台

図 3.22 立て旋盤の一般的な形態（東芝機械マシナリ）

表3.3 ISO 13041-1に定義されているNC旋盤およびターニングセンタの分類[18]

基本は，心押台の有無によって次のように分類する．
A形：心押台をもつ機械
B形：心押台をもたない機械
A形の機械は，さらに次の2つに分類する．
A-1：1つのタレットをもつ機械
A-2：2つのタレットをもつ機械
B形の機械は，さらに次の4つに分類する．
B-1：1つの工作主軸台をもつ機械
B-2：対向した2つの工作主軸台をもつ機械
B-3：平行な2つの主軸台をもつ機械
B-4：同軸上にあり，旋回可能な2つの工作主軸台をもつ機械

を備えたような高生産性を狙ったNC旋盤を高生産性NC旋盤と呼んだり，磁気ディスク用アルミ基板，OA機器などの高精密部品を加工するための旋盤を高精密NC旋盤や超精密NC旋盤などと呼んだりする．さらに，1台で多品種少量品を全自動で加工する工程集約形のNC旋盤を複合加工機（machining complex）や多機能ターニングセンタ（multi-tasking turning center）などと呼ぶ．

NC旋盤の構造形態は，工作主軸台，刃物台，案内面などの数，心押台の有無によって様々である．ISO 13041-1は，ANSI B 5.57[19]と同様に表3.3のように分類している．

ISOでは，Y軸機能はオプションとして扱っている．多機能ターニングセンタは，Y軸機能を別とすればB-2に分類できるが，マシニングセンタとの融合を考えると，Y軸機能をもつ機械として新たに分類した方がよいと考えられる．

　C　：旋回工具主軸台をもつ機械
　C-1：1つの工作主軸台をもつ機械（Y軸機能付き）
　C-2：対向した2つの工作主軸台をもつ機械（Y軸機能付き）

d. 多機能ターニングセンタ

NC旋盤の自動化のレベルを上げるために考案されたのが，1主軸2タレット刃物台付きのNC旋盤や2主軸2タレット刃物台を備えたNC旋盤である．これらの機械に回転工具を付けられるようにしたものをターニングセンタと呼ぶ．円筒面にドリル加工やエンドミル加工ができるようにするために，主軸を連続的に回転させる機能だけでなく，Z軸周りの任意の角度位置に割り出す機能を備えている．これによって，軸部品に設けられたキー溝やフランジ部品に設けられたボルト穴の加工などもできるようになった．

その後に，Z軸に垂直や平行だけでなく任意の向きや位置に穴あけができるようにX，Zの直進2軸だけでなく，Y軸機能が付けられ，さらにB軸機能が付けられ，多機能ターニングセンタ（複合加工機ともいう）と呼ばれる新しい機械が誕生し

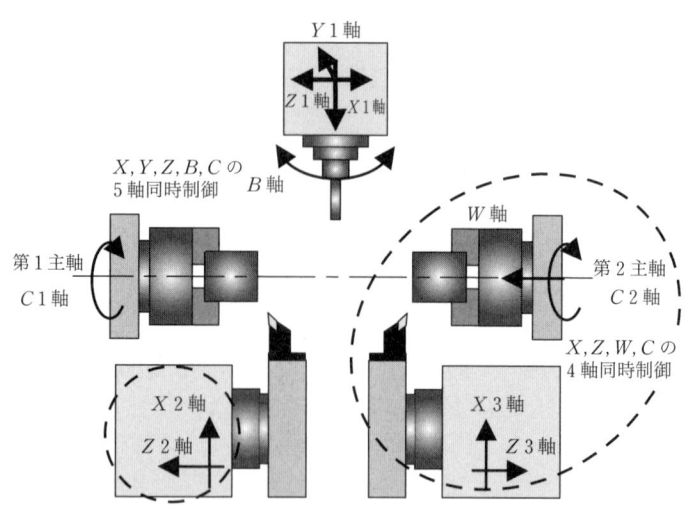

図 3.23　3 系統 11 軸制御の多機能ターニングセンタ（中村留精密工業のホームページによる）

た．多機能ターニングセンタと呼ぶのが望ましいと考えるが名称は定まっていない．

図 3.23 は，現在最も制御軸数の多い 11 軸制御の多機能ターニングセンタである．第 1 主軸台と第 2 主軸台（対向主軸台ともいう），ZX 面内で連続割出しができる回転工具主軸台，そしてさらに通常のタレット形刃物台 2 台から構成されている．2 つの主軸台と 3 つの刃物台は，それぞれ独立に制御できる．図示した構造は，3 つの系統で制御されている．第 1 主軸台と第 1 刃物台とで同時 5 軸制御が行え，第 2 主軸台と第 2 刃物台とで同時 4 軸制御が，そして，第 3 刃物台で同時 2 軸制御が行える．

第 2 主軸台は Z 軸に平行に運動させることができ，第 1 主軸と同期して回転できる主軸を備えている．工具主軸台は，通常の NC 旋盤と同様に Z 方向や X 方向の送りのほかに Y 軸送りもできる．今後，ますますこの種の多軸制御工作機械が多く利用されるようになると思われる．　　　　　　　　　　　　　　　〔堤　正臣〕

▶▶ 文　献
1) 井沢祐弥，森重功一，竹内芳美：5 軸および 6 軸制御を併用した隅部加工，精密工学会誌，**70**，8，pp. 1106-1110（2004）
2) 神谷昌秀，島田元浩，鈴木　裕，竹内芳美，佐藤　眞：非回転切削機構を用いた曲面加工用 CAM システムの開発，日本機械学会論文集（C 編），**62**，600，pp. 3326-3332（1996）
3) http://www.thirdwavesys.com/
4) 本田考耶，笹原弘之：有限要素法による切削シミュレータの開発—GUI の開発と工具形状の影響の検討—，精密工学会誌，**71**，1，pp. 115-119（2005）
5) 臼井英治：切削研削加工学（上），共立出版，p. 143（1971）
6) 前川克廣，仲野義博，北川武揚：切削熱挙動の有限要素解析（第 1 報）―熱物性値が切

削温度に及ぼす影響,日本機械学会論文集（C編）,**62**, 596, pp. 1587-1593（1996）
7) 山岸正謙：図解 NC 工作機械の入門, pp. 3-4, 東京電機大学出版局（1986）
8) R. Olexa : The Father of the second industrial revolution, *Manufacturing Engineering*, **127**, 2（2001）
9) 生産システム副読本（改訂 14 版）, pp 19-20, ニュースダイジェスト社（2005）
10) History of Sundstrand machine tool company, http://www.schoepski.com/states/illinois/sundstrand/sundstrand.htm
11) JIS B 0105, 工作機械―名称に関する用語（1998）
12) ISO 10791-1 Test conditions for machining centres―Part 1 : Geometric tests for machines with horizontal spindle and with accessory heads（horizontal Z-axis）（1998）,＝JIS B 6336-1, マシニングセンタ―検査条件―第 1 部：横形及び万能主軸頭をもつ機械の静的精度（水平 Z 軸）（2000）
13) 森脇俊道ほか：工作機械の設計学（応用編）―マザーマシン設計のための基礎知識―, p. 184, 日本工作機械工業会（2003）
14) 青木満徳, 森田康司：グリース補給潤滑ビルトインモータスピンドルの開発, NSK Journal, 676, 16-25（2003）
15) ISO 12164-2, Hollow taper interface with flange contact surface-Part 2 : Receivers-Dimensions（2001）
16) JIS B 6337, 工作機械用パレット 形状・寸法（1998）
17) ISO 10791-9, Test conditions for machining centres―Part 9 : Evaluation of the operating times of tool change and pallet change（2001）,＝JIS JISB 6336-9, マシニングセンタ―検査条件―第 9 部：工具交換及びパレット交換時間の評価（2002）
18) ISO 13041-1:2004, Test conditions for numerically controlled turning machines and turning centres―Part 1 : Geometric tests for machines with a horizontal workholding spindle（2004）
19) ASME B 5.57, Methods for performance evaluation of computer numerically controlled lathes and turning centers（2000）

3.2 工具と加工条件

3.2.1 工具材料

a. 硬度と抗折力

工具の最も重要な特性は，耐摩耗性，耐欠損性，ならびに刃先強度である．工具の硬度は耐摩耗性と刃先強度に対応し，抗折力は耐欠損性に対応するので，各種工具材料の基本性能を図 3.24[1]の硬度と抗折力の関係から評価することができる．一般に工具には被削材の 3 倍から 5 倍の硬度が必要とされる．工具の硬度を被削材硬度の 3 倍とすれば，被削材（右側）とその切削に必要な工具（左側）との対応関係は図 3.25[2]のように表される．これより，超硬合金による焼入れ鋼の切削は極めてむずかしいが 2500 HV を超える高硬度のセラミックスをコーティングしたコーテッド超硬であれば焼入れ鋼の切削が十分に可能になること，CBN 工具では超硬合金やセラミックスの切削がむずかしいこと，などが容易に理解される．

実際には切削温度の上昇に伴って工具が軟化するため，図 3.26[3]のような工具硬

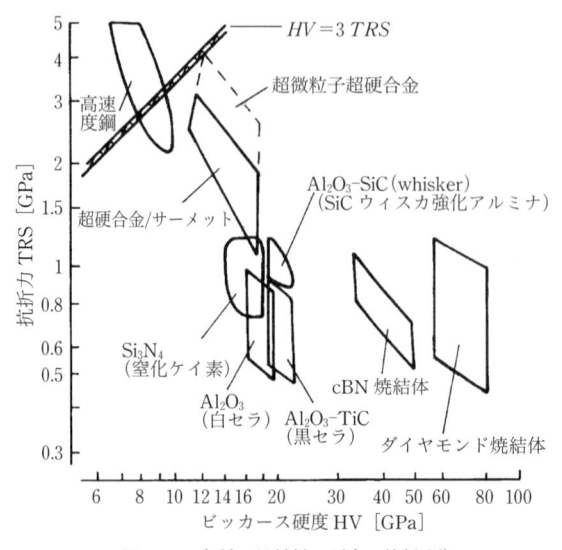

図3.24 各種工具材料の硬度と抗折力[1]

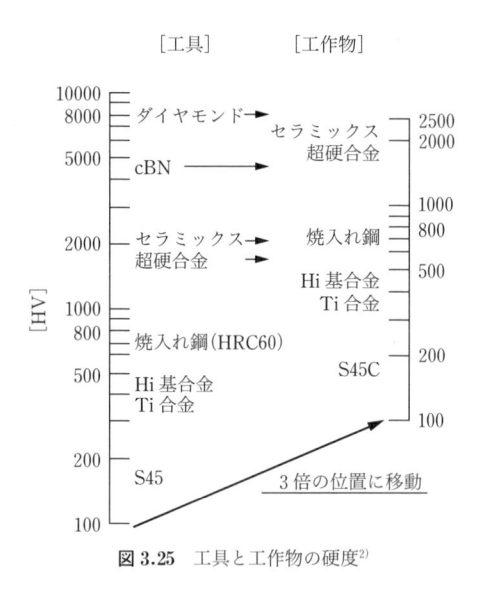

図3.25 工具と工作物の硬度[2]

度の温度依存性を考慮する必要がある．超硬の硬度は使用系列や分類番号に依存するので示していないが，平均的には室温硬度を18 GPaとし，高温硬度についてはサーメットとほぼ同様の減少傾向を想定すればよい．高温における硬度の減少率は，高速度鋼で最も大きく，超硬合金およびサーメット，各種アルミナとダイヤモンドおよび

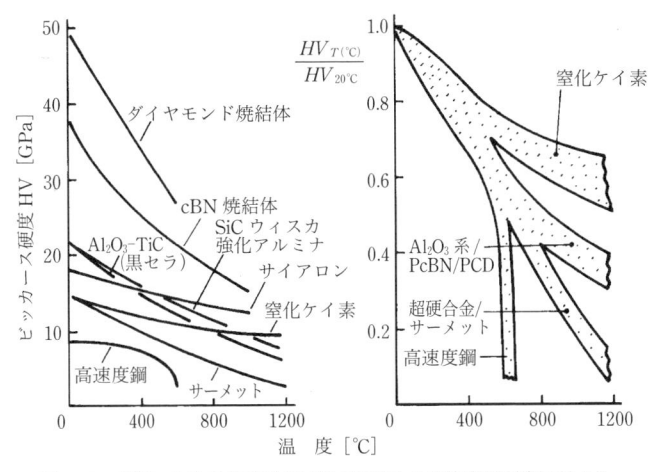

図 3.26 高温における各種工具材料の硬度ならびに室温硬度に対する相対値[3]

CBN がそれに続き，窒化ケイ素で最小となる．

b. 使 用 分 類

適正な工具材種の選定に際しては，工具の硬度や抗折力のほかに，被削材の特性や要求される切削条件などに基づいた総合的な判断が必要となる．被削材の硬度と要求される切削速度に対して，適正な工具材種はおよそ図 3.27[4]のように与えられる．また ISO では，超硬合金，サーメット，セラミックス，CBN，ダイヤモンド，ならびに，これらのコーテッド工具に対して，被削材と工具との適合性を総合的に判断するための指標として使用分類を定めている．使用分類は表 3.4 のように P［鋼］，M［オーステナイト組織のステンレス鋼］，K［鋳鉄］，N［非鉄金属］，S［超合金とチ

表 3.4 切削用超硬質工具材料の使用分類

系列	系列色	被 削 材	使用分類記号
P	青	［鋼］オーステナイト組織のステンレス鋼を除くすべての鋼，鋳鋼	P01, P05, P10, P15, …, P50
M	黄	［ステンレス鋼］オーステナイト系およびオーステナイト/フェライト系ステンレス鋼	M01, M05, M10, M15, …, M40
K	赤	［鋳鉄］ねずみ鋳鉄，球状黒鉛鋳鉄，可鍛鋳鉄	K01, K05, K10, K15, …, K40
N	緑	［非鉄金属］アルミニウム，その他非鉄金属，非金属	N01, N05, N10, N15, …, N30
S	茶	［超合金およびチタン］鉄基・ニッケル基・コバルト基超耐熱合金，チタン，チタン合金	S01, S05, S10, S15, …, S30
H	灰	［高硬度材料］焼入れ鋼，高硬度鋳鉄，チル鋳鉄	H01, H05, H10, H15, …, H30

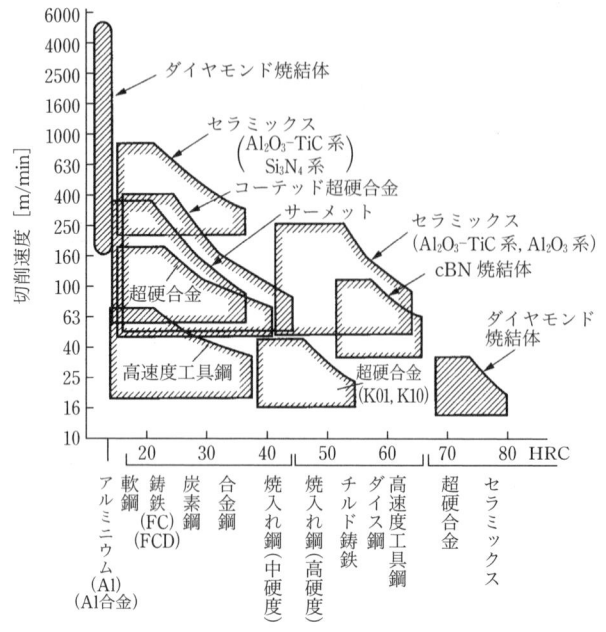

図 3.27 被削材硬度と工具材種ならびに適用切削速度[4]

タン], H [高硬度材料] の 6 系列に大別され, さらに, 切削条件の厳しさに対応して 7 ないし 11 のグレード (分類番号) に分けられる.

　従来の規格からの大きな変更は, ① 対象とする材種がセラミックス, CBN, ならびに, ダイヤモンドまで拡大されたこと, ② N, S, H の 3 系列が追加されたこと, ③ M 系列が P 系列と K 系列の中間的な材種からオーステナイト組織のステンレス鋼専用の材種として位置づけられたことである. 一方, 各系列の分類番号は, 切削条件と工具との適合性を示すパラメータである. 分類番号が小さいほど耐摩耗性が高く高速での仕上げ削りに適した材種であり, 反対に分類番号が大きいほど工具の靱性が高く断続切削や高送りの厳しい条件での切削に対応可能な材種である.

　工具材種の使用分類のほかに, 工具の材料記号が ISO により表 3.5 のように定められている. 使用分類と同様に改定が行われ, 例えば, 従来の超硬合金 P 20 と超微粒子超硬合金 Z 10 は, それぞれ HW-P 20 と HF-K 10 のように表示される. 規格の改定は, 工具材種が増え, 工具が多様化したことによる. スローアウェイ工具における超硬合金, コーテッド超硬, サーメット, セラミックスの生産は 1981 年より図 3.28[5] のように推移している. 1989 年まではサーメットの伸びが最も大きく, それ以降はコーテッド超硬の伸びが著しい.

表3.5 切削用超硬質工具の材料記号

記号	工具材料	記号	工具材料
HW	超硬合金（粒子径1μm以上）	CR	Al$_2$O$_3$系強化セラミックス
HF	超微粒子超硬合金（粒子径1μm未満）	CC	コーテッドセラミックス
HT	サーメット	DP	ダイヤモンド焼結体
HC	コーテッド超硬，コーテッドサーメット	DM	単結晶ダイヤモンド
CA	Al$_2$O$_3$系セラミックス	BL	CBN低含有焼結体
CM	非酸化物複合 Al$_2$O$_3$系セラミックス	BH	CBN高含有焼結体
CN	Si$_3$N$_4$系セラミックス	BC	コーテッドCBN

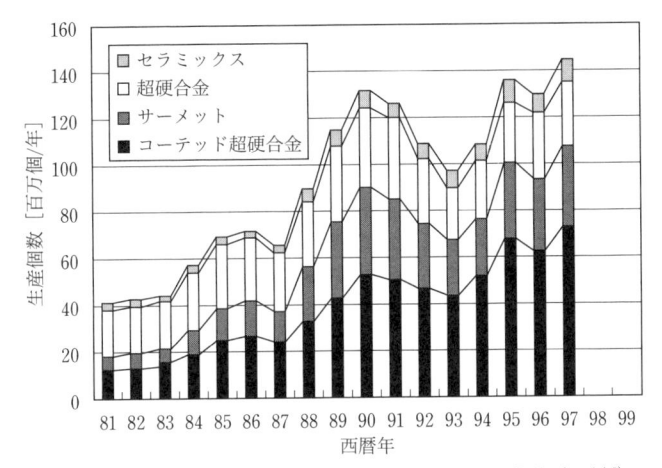

図3.28 工具材料別スローアウェイチップの生産個数の推移（日本）[5]

3.2.2 各種工具材料の特徴

a. 高速度鋼

高速度鋼はおよそ0.8〜1.5%の炭素，合わせて10〜18%のタングステンとモリブデン，4%のクロム，1〜5%のバナジウム，10%程度までのコバルトを含む特殊鋼である．代表的な高速度鋼における平均的な主要化学成分を表3.6に示す．高速度鋼の非常に高い硬度は，焼入れ・焼戻しにおける微細炭化物の析出硬化によるものである．バナジウムは，硬く微細な炭化バナジウムの生成を促し，硬度と耐摩耗性を増大させ，コバルトは，高温硬さを改善する．しかし靭性はバナジウムとコバルトの増加により低下する．したがって比較的高い切削速度で使用されるバイ

表3.6 代表的な高速度鋼における平均的な主要化学成分

材種	化学成分 [%]				
	C	W	Mo	Cr	V	Co
SKH4	0.8	18		4	1	10
SKH51	0.85	6	5	4	2	
SKH55	0.9	6	5	4	2	5
SKH57	1.3	10	3.5	4	3.5	10
SKH59	1.1	1.5	9.5	4	1	8

トにはコバルト量の多い SKH 4, SKH 57, SKH 59 が用いられ，比較的厳しい条件下で使用されるドリルや歯切工具には硬度を抑えて抗折力を増した SKH 51, SKH 55 などが用いられる．

溶解による通常の高速度鋼と同様に，粉末高速度鋼もバイト，ドリル，エンドミル，歯切り工具などに広く適用されている．粉末高速度鋼は炭化物組織が均一かつ微細であるため，高硬度で抗折力が高く，熱処理によるひずみが少なく形状寸法が安定している．また PVD コーティングのエンドミル，ドリル，ホブなどが，より高速の加工に用いられる．特に TiAlN コーティングの開発以来，複合多元素コーティング技術が進歩し，ホブ切りでは 200 m/s を超える高速ドライ加工が実現している．

b. 超硬合金

超硬合金は，炭化タングステンを主成分とし，コバルトを結合材とする硬質炭化物の焼結材料である．WC-Co 超硬合金では，鋼の切削において異常に大きなすくい面摩耗が発達するので，鋼用の P 系列，ステンレス鋼用の M 系列には，耐摩耗性を改善するため TiC や Ta(Nb)C を最大で 35 wt% 程度添加した WC-TiC-Ta(Nb)C-Co 系超硬合金が用いられる．一方，鋳鉄や非鉄金属，非金属材料の切削では，主として機械的な摩耗による逃げ面摩耗が問題となり，軽金属の切削では鋭利な刃先が要求される．したがって，鋳鉄用の K 系列，非鉄用の N 系列には，刃先強度や耐アブレシブ摩耗性（耐すきとり摩耗性）が高く，刃立ちのよい WC-Co 系超硬合金が用いられる．難削材のチタン合金の切削では，工具-切りくず接触長さが短くクレータ摩耗が刃先に及ぶため，刃先の健全性・高信頼性が要求される．このような場合にも WC-Co 系の超硬合金は優れた性能を示す．

超微粒子超硬合金は，粒径 1 μm 以下の WC を主成分とする WC-Co 系の超硬合金である．通常の超硬合金より抗折力が 1.5~2.0 GPa 程度高く，耐アブレシブ摩耗性や刃立ちに優れるので，ソリッドエンドミルやソリッドドリル，ミニチュアドリルなどに用いられる．各系列において分類番号の小さい材種は，コバルト量が少なく硬度と耐摩耗性に優れる．これに対し分類番号の大きい材種は，コバルト量が多く，P, M 系列では TiC や Ta(Nb)C も少ないため，靱性に富む．しかしコーテッド超硬の性能が向上し超硬系工具の材種統合が進んだ結果，超硬工具の標準在庫の種類が著しく減少した．

c. コーテッド超硬

超硬合金の母材に PVD や CVD により硬質膜をコーティングしたコーテッド超硬は，多様な硬質膜の開発により用途が拡大し，現代切削加工技術に欠かすことのできない工具となっている．高速度鋼やサーメット，セラミックス，CBN を母材とするコーテッド工具を含めると，コーテッド工具の適用範囲はきわめて広い．切削工具のコーティングには，TiN, TiC, TiCN, Al_2O_3, ダイヤモンドライクカーボン（DLC），ダイヤモンド，さらには，TiN や CrN などの窒化物を Al, Si などの窒化物で固溶硬化した TiAlN, AlCrSiN などが用いられる．また TiN や TiAlN などの

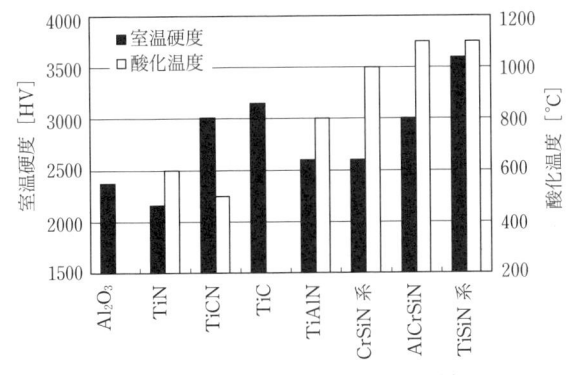

図 3.29 各種コーティング膜の室温硬度

ナノ結晶粒を Si-N 系などの非晶質組織に分散したナノコンポジットや異なる硬質膜を数 nm の厚さで交互に積層した TiN/AlN などの超格子膜が工具用に開発されており，このような新たな多元系複合硬質膜が切削工具の性能向上をさらに促進すると期待されている．

硬質膜のコーティングは，① 靱性をほとんど損なうことなく工具の硬度を増大させ，② 耐酸化性を向上させ，③ 工具-切りくず間の親和性や摩擦係数を低下させる．これにより工具の耐摩耗性が飛躍的に改善され，構成刃先の生成や工具-切りくず間の強固な凝着が抑制され，切削温度の上昇が抑えられる．図 3.29 と図 3.30 に各種硬質膜の室温硬度と酸化温度，ならびに数種類の硬質膜硬度の温度依存性を示す[6~11]．酸化物の Al_2O_3 以外では高温での酸化が避けられないが，TiAlN，CrSiN，AlCrSiN などは表面に緻密な酸化膜を生成しコーティング層内部への酸素の拡散を抑制するので，酸化温度（酸化がコーティング層内部へ進展する温度）が非常に高く，高温まで高い硬度を維持することが可能である．こうした酸化温度の高いコーティング膜は高温強度が要求される高硬度材の切削や高速切削，特に，切削時の高温と空転時の大気への暴露を繰り返す断続切削に適している．

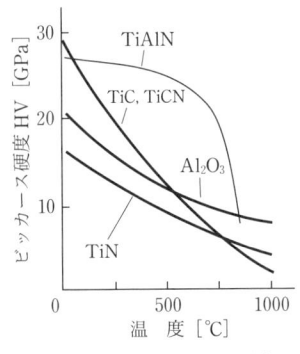

図 3.30 コーティング膜硬度の温度依存性

CVD と PVD ではコーティング温度が異なるため耐欠損性に違いが現れる．1000 °C 程度の高温でコーティングが行われる CVD では，密着性のよい硬質膜が得られるが，超硬母材に対して線膨張係数の大きな硬質膜に引張残留応力が生じ，抗折力が低下する．そのため CVD コーテッド工具は機械的・熱的衝撃の小さい旋削に多用される．しかし近年，母材の傾斜機能化，硬質膜の多層化と機能分担の明確化，層間結合

122 —— 3. 切削加工

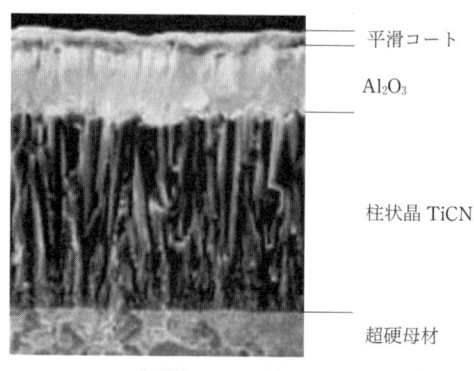

図3.31 典型的なCDV多層コーティング[12]

（図中ラベル：平滑コート、Al$_2$O$_3$、柱状晶TiCN、超硬母材）

相の導入による結合力の強化により，耐欠損性は著しく改善されてきた．一方，処理温度が600℃程度のPVDコーテッド工具は，硬質膜の引張残留応力が抑制されるため耐欠損性に優れ，断続切削や高硬度材切削，難削材切削などの厳しい条件に適用される．ただしCVDとPVDのいずれにおいても切削条件が厳しくなるほど，コーティング層の剥離やき裂の発生を抑えるために膜厚を薄くする．CVDコーテッド超硬の場合，全コーティング層の厚さは，高速旋削用のP10，K10相当で約15 μm，ステンレス用のM種やフライス切削用の材種で約5 μmである．

鋼や鋳鉄の高速旋削用のCVDコーテッド超硬には，図3.31[12]のタイプの多層コーティングが多用される．コーティングの基本構成は母材側から順にTiCN/Al$_2$O$_3$/平滑コートの3層となっているが，層間結合層を含めると多くのバリエーションがある．表面の平滑コートには耐凝着性に優れるTiNなどが用いられ，工具—切りくず間の摩擦を低減し溶着を防止する．中間層は厚めの（α）Al$_2$O$_3$であり，高い熱遮蔽効果を示すとともにすくい面摩耗ならびに境界摩耗に対する優れた耐摩耗性を有する．図3.29，図3.30のようにAl$_2$O$_3$の室温硬度は硬質膜の中では小さい部類に属するが，他の硬質膜と比べ熱軟化が小さく，酸化による劣化がなく，しかも化学的活性度が低いので，比較的硬度の低い炭素鋼や鋳鉄の切削の場合，高温（高速切削）になるほど他の硬質膜に対する優位性が高まる．最下層の最も厚い（微細）柱状晶のTiCNは逃げ面摩耗に対して優れた耐摩耗性を示すだけでなく，硬質膜としては高い靱性を有し機械的衝撃に対する抵抗が大きく，靱性を改善する．

高硬度材の加工には，刃先応力が大きくなるだけでなく，切削温度も上昇するので，超硬質でしかも耐酸化性に優れるコーティングが適している．図3.29のTiAlNやAlCrSiN，TiSiN系のナノコンポジット，あるいは，硬質材の超格子のPVDコーティングがこれに対応し，高硬度材のエンドミル加工などに優れた切削特性を示す．またこれらの硬質膜のコーテッド工具はドリル加工など比較的厳しい条件の加工にも幅広く適用される．アルミニウム合金などの軽金属の切削には，炭素系超硬質膜

のコーテッド工具がエンドミル，ドリル，スローアウェイ工具に幅広く適用されている．ダイヤモンドライクカーボン（DLC）は水素を含む超硬質の炭素系アモルファスであり，通常のPVDよりさらに低い温度でコーティングが可能である．DLCは非常に滑らかであり，しかもアルミニウムとの親和性が極めて低いため，アルミニウム合金の高速切削，ドライ・セミドライ切削に適している．

d. サーメット

サーメットはチタンの炭化物，炭窒化物，窒化物を主成分とし，ニッケルとコバルトを結合材とする焼結材料である．チタン化合物以外の硬質粒子としては，Ta(Nb)C，WC，Mo_2C などが含まれている．現在主流となっているTiC-TiN系サーメットの硬質粒子の典型的な組織はスピノーダル分解によるコア/リム構造を呈し，コアは硬いTiCN，リムは（Ti, Ta, Nb, W, Mo）(C, N) の固溶体炭窒化物である．この組織は微細で，耐摩耗性，耐酸化性，耐溶着性に優れ，鋼との親和性が低いことが特徴である．それゆえ工具摩耗が少なく，特に前切れ刃の境界摩耗が生じにくく，さらに構成刃先が付着しにくいため，炭素鋼や鋳鉄の仕上げ削りに多用され，寸法精度がよく良好な仕上げ面が得られる．

サーメットは一般に超硬合金より耐欠損性に劣るため，負荷の小さい切削に適用されたが，硬質粒子の微粒化や硬質粒子と金属相との結合力の強化によって抗折力が改善されてきた．またTiAlNやTiNなどのPVDコーティングによりサーメットの抗折力が増大するため，適用可能な切削条件が拡大している．その結果，断続切削を含む仕上げ削りを，他の工具材種に変更することなくサーメットで行うことができるようになってきた．こうした工具の集約化により，切削工程のさらなる集約化が可能となる．しかし熱伝導率が小さく熱衝撃に弱いので，切削液の使用が限定される場合が多く，注意を要する．

e. セラミックス

切削工具用セラミックスは表3.5のようにアルミナ系セラミックス（CA, CM, CR），窒化ケイ素系セラミックス（CN），ならびにコーテッドセラミックス（CC）に大別される．高硬度で耐摩耗性が高く，特に前切れ刃境界部の耐摩耗性に優れるが，図3.24のように概して靱性に乏しく機械的・熱的衝撃に対する抵抗力が低い．

アルミナ系セラミックスには，白セラと呼ばれる純アルミナやジルコニア添加アルミナ，黒セラと呼ばれるTiCとの複合アルミナ，サイアロンに代表される窒化ケイ素との複合アルミナ，さらには，炭化ケイ素ウィスカによる強化アルミナがある．窒化ケイ素との複合化や炭化ケイ素ウィスカによる強化は靱性を改善し，厳しい加工条件での耐損傷性を向上させる．白セラや黒セラは主として鋳鉄の高速仕上げに，窒化ケイ素複合アルミナと炭化ケイ素ウィスカ強化アルミナは，主としてニッケル基合金の高速切削（200～500 m/min）に用いられる．

窒化ケイ素は，セラミックスの中では靱性が高く，アルミナの約1.5倍，超硬合金の約1/2の抗折力を有する．鋳鉄の高速切削に適するが，ダクタイル鋳鉄の切削には

適さないことに注意を要する．コーテッドセラミックスは，コーテッドサーメットと同様にコーティングにより工具の靭性が改善されることが特徴である．母材がアルミナ系と窒化ケイ素系の２種類のタイプがあり，前者は焼入れ鋼の高速切削に，後者は鋳鉄の高速切削に用いられる．

f. ダイヤモンド

ダイヤモンド工具には，単結晶ダイヤモンドとダイヤモンド焼結体（PCD）が使用される．ダイヤモンドは，きわめて高硬度（10000 HV）で耐摩耗性に優れ，しかも熱伝導率が 1000～2000 W/m/K で WC-Co 系超硬合金の約 15 倍，WC-TiC-Ta (Nb)C-Co 系超硬合金の約 40 倍ときわめて高く，ヒートシンクとして作用するので切削温度が上がりにくい．また切れ刃が非常に鋭利で，鉄鋼材料を除けば，一般に被削材との親和性が極めて低いため工具として多くの優れた特性を有する．

単結晶ダイヤモンドは上述の特性を生かし，アルミニウム合金や無電解ニッケル，無酸素銅などの超精密切削に多用され，光学ガラスや超硬合金などの難加工材の超精密切削にも適用される．しかし分解温度が約 650℃ と非常に低く，鉄への拡散が顕著であるため，炭素鋼の切削には適さない．またへき開しやすく，欠けやすいので，機械的な衝撃を受ける断続切削や繊維強化プラスチックなどの複合材料の切削に対しては，靭性が十分でない．

ダイヤモンド焼結体は，ダイヤモンド粒子を結合材とともに超高圧で焼結した材料である．通常，Co が結合材として用いられる．ダイヤモンド焼結体ではダイヤモンドの靭性不足が改善されることにより切れ刃の信頼性が向上し，アルミニウム合金などの軽金属のほかに FRP や FRM などの繊維強化材料の切削に多用される．

g. cBN

cBN（cubic boron nitride）は立方晶の窒化ホウ素であり，ダイヤモンド構造を有する．自然には存在せず，合成ダイヤモンドと同様に超高圧で合成される．ダイヤモンドに次ぐ硬度（5000 HV）とダイヤモンドと同様に非常に高い熱伝導率を有し，しかも鉄との親和性が低いことが cBN の大きな特徴である．工具には cBN 粒子の超高圧焼結体（以下，CBN 工具と呼ぶ）が用いられる．

CBN 工具の特性は結合剤の種類と量によって大幅に変わる．セラミックスを結合剤とする工具は鋳鉄や高硬度鋼の切削に用いられ，Co 系の金属を結合剤とするものは Ni 基超耐熱合金の切削に用いられる．結合剤を使用しないバインダーレス CBN も開発されており，鋳鉄やチタン合金の高速切削において良好な結果が得られている．

CBN 工具はダイヤモンドと同様に高価な工具であるので，高硬度材の切削（次項の図 3.37）や他の工具では実現できない高速切削（次項の図 3.36）など，１つ上のクラスの切削を実現する必要がある．

3.2.3 加 工 条 件
a. 各種被削材と加工条件

3.2.1 項で示したように,主として鉄鋼材料については,被削材の硬度と切削速度および適正な工具材種の関係が図 3.27 のように与えられる.被削材の硬度が大きくなるにしたがい,適正な条件で使用できる工具材種が非常に少なくなる.しかし近年のコーテッド工具の著しい性能の向上により,高硬度材に適用可能な材種が確実に増加している.高速切削における各種被削材の硬度と切削速度の関係については,図 3.32[13] が報告されている.工具寿命は 5 分から 10 分を想定している.高速切削に対応するため,使用工具は常用切削と必ずしも同じではないが,被削材の硬度と切削速度の関係は,おおむね,① 炭素鋼・鋳鉄・アルミニウム合金,② 純金属,③ 焼入れ鋼,④ 超耐熱合金,⑤ セラミックス・超硬合金の 5 グループに分けられる.またデータの上下界を表す 2 つの実線に注目すると,一定の被削材硬度に対して,切削速度は約 10 倍異なる.したがって切削速度(言い換えれば被削性)は,被削材硬度だけでなく,工具と被削材の親和性や反応性,あるいは,被削材の加工硬化性,高温強度,熱的特性などの影響を受けるので,それらを考慮した切削条件の選定が必要である.

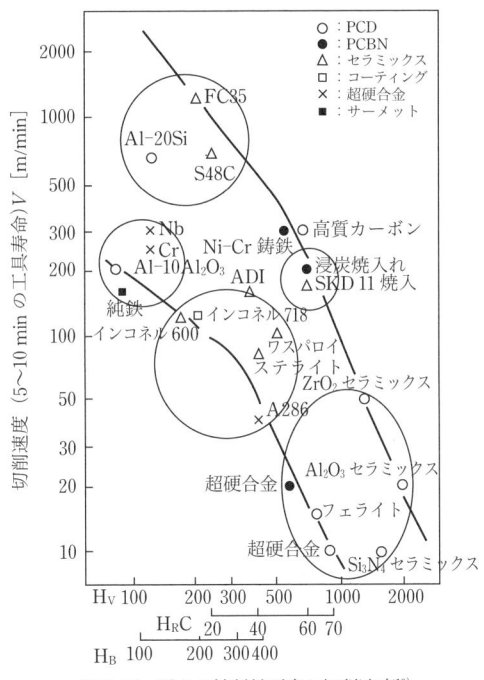

図 3.32 種々の被削材硬度と切削速度[13]

表3.7 各種被削材の標準的切削速度（旋削）

被削材	工具（切削速度 [m/min]）
炭素鋼，合金鋼（硬度：軟）仕上げ切削	サーメット（200〜300） CVDコーテッド超硬（150〜300）
炭素鋼，合金鋼（硬度：軟）中切削	CVDコーテッド超硬（150〜300）
炭素鋼，合金鋼（硬度：中）仕上げ切削	サーメット（150〜250） CVDコーテッド超硬（100〜250）
炭素鋼，合金鋼（硬度：中）中切削	CVDコーテッド超硬（100〜250）
ねずみ鋳鉄	CVDコーテッド超硬（150〜300） cBN焼結体（300〜1200）
ダクタイル鋳鉄（硬度：軟）	CVDコーテッド超硬（150〜250）
オーステナイト系ステンレス鋼	CVDコーテッド超硬（100〜180）
アルミニウム合金（Si<12%）	ダイヤモンド焼結体（300〜1800） 超硬K10（400〜800）
チタン合金	超硬（30〜80） PVDコーテッド超硬（30〜80）
ニッケル基合金　仕上げ切削	PVDコーテッド超硬（30〜50） cBN焼結体（100〜250）
焼入れ鋼　仕上げ切削	cBN焼結体（80〜250）

　旋削における被削材別の推奨工具と推奨切削速度を表3.7に示す．既述のように鋼[P]や鋳鉄[K]，ステンレス鋼[M]などの鉄鋼材料の切削では，おおむね図3.31のタイプのCVDコーテッド超硬が推奨される．例外は，鋼の仕上げ削りにおけるサーメット，鋳鉄の高速仕上げ削りにおけるcBN焼結体である．非鉄金属[N]の切削では，K種の超硬が基本工具材種であり，高速仕上げ切削には，ダイヤモンド焼結体が推奨される．難削材[S]では，チタン合金とニッケル基合金で工具の選び方が異なる．チタン合金では難削材用の超硬が基本材種である．コーテッド超硬は必ずしも良好な結果を示すとは限らないので注意を要する．一方ニッケル基合金では，基本材種が超硬からTiAlNやTiN/AlN超格子などのPVDコーテッド超硬に移行しつつあり，高速仕上げ切削にはcBN焼結体が用いられる．また高硬度材[H]の切削にはもっぱらcBN焼結体が用いられる．よりよい切削を実現するためには，前項の各種工具材種の特徴を十分理解し，いくつかの適正と思われる工具材種の中から最もよい工具を選定することが望ましい．

　正面フライス削りになると，断続切削が支配的になるため，グレードが高く（使用分類番号が大きく）より靭性の高い工具が推奨される．鋼[P]や鋳鉄[K]，オーステナイト組織のステンレス鋼[M]では，衝撃の程度に応じて，CVDコーテッド超硬とPVDコーテッド超硬が使い分けられる．

b. 高速加工・難削材加工における工具寿命とその特異性

工具の摩耗速度は，切削温度の上昇により図 3.33[14]のように変化する．すなわち摩耗速度は，切りくずが工具に激しく凝着する温度域で極大となり，温度上昇により凝着が弱まると極小値を示す．さらに温度が上昇すれば，熱的摩耗が支配的になり摩耗速度は再度上昇する．通常の材料を通常の切削条件で切削する場合，こうした複雑な変化はほとんどみられないが，高速切削や難削材の切削ではこうした変化が現れやすいので，切削トラブルに対応するためには複雑な状況を念頭に置く必要がある．ただし摩耗速度に極大値や極小値が現れる要因は凝着だけではない．切りくず生成の急激な変化や工具保護膜の生成なども摩耗速度の極大・極小に影響する．図 3.33 の場合，工具寿命までの切削距離と切削速度との関係は図 3.34[15]のようになる．しかし実際にはもう少し単純な，図 3.35 の高速形の変化を示す場合が多い．図 3.34 から切削速度 V と工具寿命 T の関係を求めると，両対数グラフ上でS字を反転した形状の工具寿命曲線となることが想定されるが[16]，cBN 焼結体によるねずみ鋳鉄の乾式高速旋削では，図 3.36[17]のように工具寿命曲線が逆S字形になる．図 3.35 の高速形の例として，図 3.37[18]に cBN 焼結体による焼入れ鋼（SUJ 2, 62 HRC）の旋削の結果（切削距離 600 m における逃げ面摩耗幅と切削速度の関係）を，図 3.38[19]にコーテッド超硬による高硬度鋼のエンドミル切削の結果（工具寿命までの切削距離と主軸速度の関係）を示す．

図 3.36 の寿命特性を示す切削の場合，右凸部が理想的状態となるが，一般にこれ

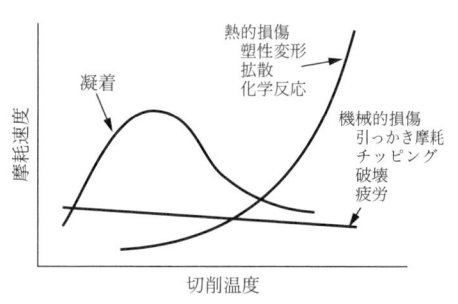

図 3.33 切削温度と摩耗機構[14]

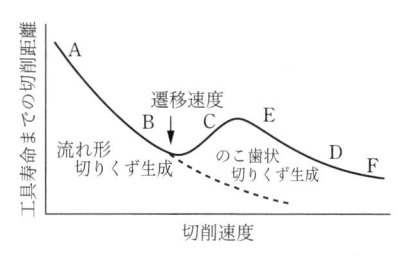

図 3.34 寿命切削距離の特異な変化[15]

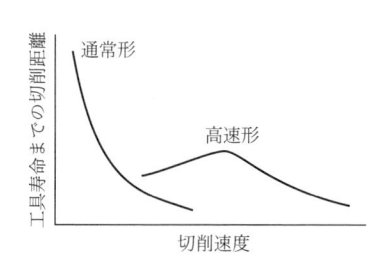

図 3.35 工具寿命の2つのタイプ

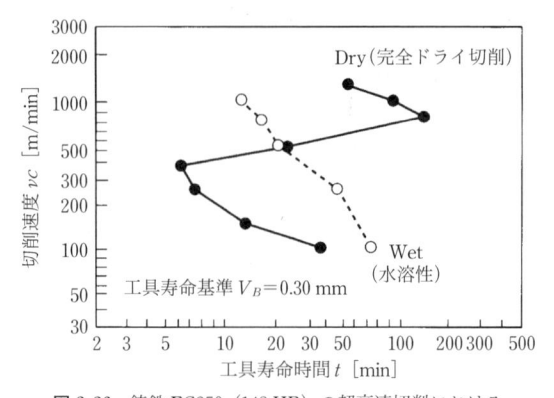

図 3.36 鋳鉄 FC250（148 HB）の超高速切削における寿命曲線[17]
工具 cBN 焼結体，切込み 0.50 mm，送り 0.10 mm/rev.

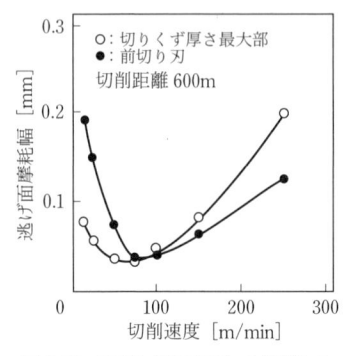

図 3.37 SUJ2（62 HRC）の旋削における切りくずと工具寿命[18]
工具 cBN，切込み 0.15 mm，送り 0.10 mm/rev, dry.

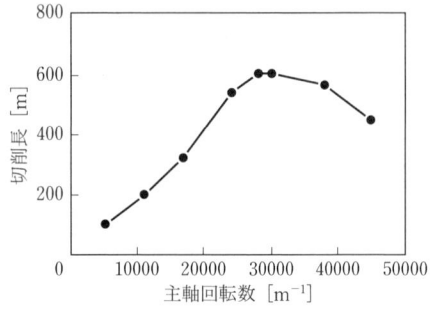

図 3.38 SKD61（43HRC）のエンドミル切削における切削速度と工具寿命[19]
TiAlN コーテッド超硬ボールエンドミル，軸方向切込み 0.5 mm，半径方向切込み 0.5 mm.

を実現するには工夫が必要である．図 3.39[20] に，ボールエンドミル（正確には，複合 R 刃具）によるダクタイル鋳鉄金型の仕上げ加工の事例を示す．図中の左右の太線はそれぞれ当初選択した TiAlN の PVD コーテッド超硬と新たに選択した cBN 焼結体の工具寿命曲線である．TiAlN コーテッド超硬の切削速度は約 400 m/min，寿命での切削距離は約 1300 m であったが，cBN 焼結体では工具を 15°傾けることにより，PVD コーテッド超硬と比べて 2 倍以上の切削距離（同図 (a)）と約 2 倍の切削速度（800 m/min）（同図 (b)）とを実現している． 〔帯川利之〕

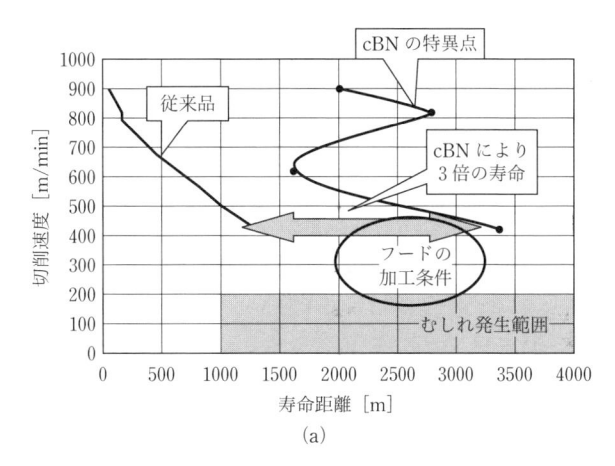

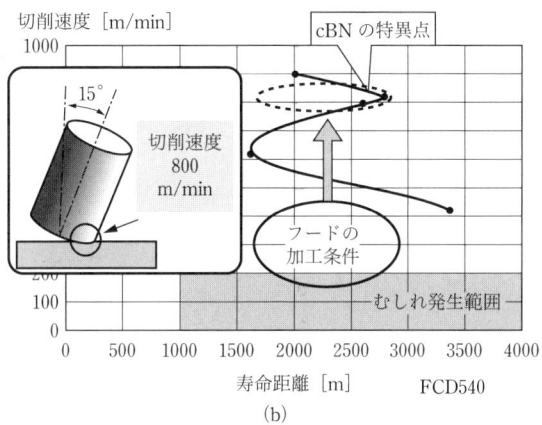

図 3.39 工具寿命の特異性を利用した鋳鉄金型の仕上げ加工における高速化・長寿命化[20]

▶▶ 文　献

1) T. H. C. Childs, K. Maekawa, T. Obikawa and Y. Yamane : Metal Machining-Theory and Application-, p. 100, Arnold, London (2000)
2) 精密工学会編：精密加工実用便覧, p. 87, 日刊工業新聞社 (2000)
3) 文献 1), p. 104
4) 狩野勝吉：データで見る次世代の切削加工技術, p. 11, 日刊工業新聞社 (2000)
5) 文献 4), p. 80
6) 文献 1), p. 110
7) D. A. Stephenson and J. S. Agapiou : Metal Cutting Theory and Practice, p. 161, Marcel Dekker, New York (1997)
8) 文献 2), p. 94

9) 超硬工具ハンドブック編集委員会：超硬工具ハンドブック，p. 61，超硬工具協会 (1998)
10) 佐藤 彰：高硬度鋼の効率的加工を実現する新コーティングエンドミル，機械と工具，**48**，3，pp. 84-87 (2004)
11) 日立ツール（株）：コーティングテクノロジー http://www.hitachi-tool.co.jp/j-site/product/new/cservice/ctechnology.pdf
12) 三菱マテリアルツールズ：ダイヤコート（CVD）http://www.mitsubishicarbide.net/mmc/jp/product/technical_information/grade/information/turning/diacoatcvd.htm
13) 木曽弘隆：難削材の切削と工具材料 ①，機械技術，**40**，7，p. 93 (1992)
14) 文献1)，p. 121
15) 帯川利之：金属学会編，金属便覧，p. 1118，丸善 (2000)
16) 帯川利之：難削材切削加工技術の本質と特異性，機械の研究，**54**，3，pp. 227-235 (2002)
17) 文献4)，p. 246
18) 江川庸夫，市来崎哲雄，黒田基文，日朝幸雄，塚本頴彦：焼入れ鋼の切削におけるcBN焼結工具の摩耗特性，精密工学会誌，**61**，6，pp. 809-813 (1995)
19) 松浦甫篁：金型用鋼，機械と工具別冊「難削材の切削加工技術」，pp. 28-31，工業調査会 (1998)
20) 砂原徳考，笠原一代司，水野彰彦，保坂光一郎：異形工具によるプレス型手仕上げレス加工，機械と工具，**48**，8，pp. 46-50 (2004)

3.3 高精度加工技術

3.3.1 高精度化のための要素技術

　前章で述べられているように，高精度加工を実現するためには，工作機械は，静剛性，動剛性，熱剛性を高くするととともに，各部の運動精度が高くなるように設計がなされている必要がある．一般には，それだけでは不十分であり，これらの特性を有効に発揮させるための各種要素技術が必要となる．その主なものとして，標準的な機械本体設計だけでは実現できない高度な機械特性を付加し，工作機械をさらに高精度化するための要素技術，切削工具を機械に高精度に，かつしっかりと取り付けるための要素技術，工作物を機械に高精度に，かつしっかりと取り付けるための要素技術，そして，さらに加工プロセスを最適な状態に維持するための要素技術などがあげられる．以下では，それぞれの要素技術の主なものについて具体的に述べる．

a. 工作機械の主要基本特性を補完するための要素技術

　高精度加工を困難にしている大きな要因の1つは機械の熱変形である．そのため，機械本体の設計技術以外にも，表3.8に示すように非常に多くの要素技術が熱変形対策として投入されている．例えば主軸やボールねじの軸心冷却は，非常に有効な手段である．また，長時間にわたって加工精度を維持するためには，環境温度の変化にも影響されないことが重要であり，構造本体内に温度管理された液体を循環させるなどの対策がなされている．さらには，機械の熱変形を単純な変形モードになるように設

表 3.8　工作機械の熱変形抑制のための要素技術

基本的な熱変形抑制原理	具体的な要素技術
発熱源の排除	油圧レス化（リンクとカムによる駆動），ギヤレス化
熱発生の抑制	高出力・低発熱モータ，アクチュエータの適時運転化，転がり案内の採用
発熱源の冷却	主軸・ボールねじの軸心冷却，オイルシャワー冷却
発熱源の隔離と拡散の抑制	発熱源の機械本体からの隔離，カバーによる加工液・切りくずの隔離，断熱板による熱バランス制御
発熱源の分散，熱の拡散（温度分布の一様化）	クーラントの構造内循環，機械のウォーミングアップ
熱変形の抑制	プリテンションボールねじの採用，低熱膨張構造材料の採用
熱容量の制御	温度制御した流体の充填と循環
熱変形の補正	機械的・ソフト的な位置補正
機械設置環境の改善	室温の管理
作業条件の改善	加工条件，加工順序による加工熱の分散

計を行うとともに，熱変位と相関の強い部分の温度データを実時間で監視しながら，CNC機能により補正するなどの技術も開発されている[1]．

　一方，すでにある仕様で設計されている機械をさらに高精度化し，高精度加工を実現するための要素技術も開発されている．主軸関係では，その高機能化のために多くのユニットが開発されている．例えば，主軸の高精度，微細加工対応化のための高速エアスピンドルユニットがあげられる．マシニングセンタなどでは，転がり軸受を用いた標準装備の主軸を固定し，その主軸端に，通常の切削工具の代わりに本ユニットを装着することにより，より高精度な，そして高速仕様の機械に変身することが可能になる．このほか，主軸自身の回転駆動力を用いて主軸回転速度を高速化するユニット，研削加工を可能にするユニットなどがある．

　一方，マシニングセンタなどの主軸では，組立て時に高精度なバランス取りが行われているが，工具交換を行うと，そのつど，位相と大きさの異なるアンバランスが生じることになる．最近，主軸の高速化に伴い，これを自動的に補正するオートバランサが望まれている．その一例を図3.40に示す．これは，主軸のフロントベアリングに隣接して組み込むことができるもので，アンバランスは，加速度ピックアップにより検出され，それに応じて，リング状の2枚の補正質量を外から電気的に駆動してバランシングを行っている．バランシングをきちんと行うことにより，以下のような効果があることが知られており，主軸のさらなる高速化に伴い，ますます重要な開発課題となってきている．

　① 加工表面粗さの向上
　② 主軸ユニットの長寿命化

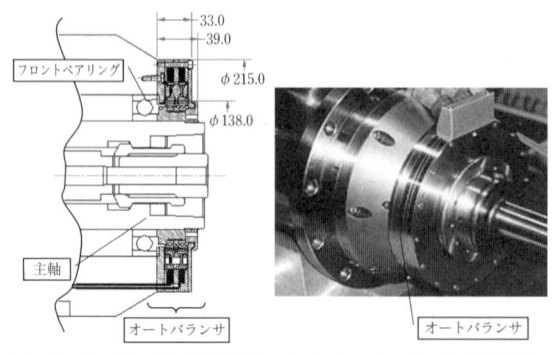

(a) オートバランサの基本構造　(b) オートバランサ装着状態

図 3.40　オートバランサの横形 MC への適用事例（BalaDyne）

③　切削速度，切削送りの高速化
④　工具寿命の増大
⑤　切削工具，工具ホルダへの要求バランシング精度の緩和

b.　機械と切削工具間のインタフェース機能の高度化技術

フライス加工時に機械に切削工具を取り付けるためのインタフェース要素をツールホルダと呼んでいる．その基本構成を図 3.41 に示す．ツールホルダは，機械との結合部であるツールシャンク部と，工具との結合部であるチャック部と工具自動交換ための V 溝をもつフランジ部から構成されている．このツールホルダは，これまであまり注目されてこなかったが，工作機械の高精度化，高速化に伴い，その重要性が認識されるようになり，主軸系の高性能化を目指して，シャンク部，チャック部の高度化のための技術開発が鋭意行われている．

図 3.42 は，代表的なツールシャンクの概観を示している．同図 (a) は，図 3.41 に示したものと同じで，日本発のツールシャンク（MAS 規格準拠）として，世界中

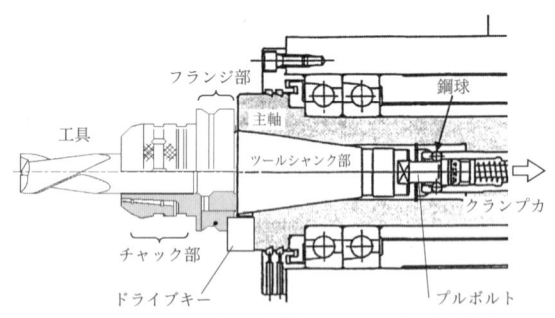

図 3.41　マシニングセンタ用ツールホルダの基本構成

(a) 中実ロングテーパ(BT)　(b) 中空テーパ(HSK)

(c) 中空非真円テーパ　(d) 中実スリーブテーパ
　　(Coromant Capto)　　　(NC5)

図 3.42　主なツールシャンク

で広く使われているものである．このシャンク部は 7/24 のロングテーパとなっており，BT シャンクと呼ばれている．このほか，同じ構造形態をもつものとして，ドイツの DIN 規格に準拠したもの，アメリカの ANSI (CAT) 規格に準拠したものが普及している．図 (b) は，ドイツで提案された HSK ツールシャンクと呼ばれるもので，テーパ長さが短く，テーパの角度が 1/10 で，中空構造となっている．BT シャンクとは異なり，テーパ面とフランジ端面の 2 面でシャンクを拘束する，2 面拘束形のツールシャンクである．本シャンクは，高速・高精度が必要な機械によく使われている．図 (c) は，やはりショートテーパで，2 面拘束形であるが，その角度が 1/20

表 3.9　ツールシャンクの構造形態

基本構造	事　例	HSK
シャンクの基本形態	中実，中空	中空
テーパ角度	1/20，1/10，7/24，16°，20°	1/10
テーパシャンクの長さ	ロング，ショート，インローのみ	ショート
シャンク断面形状	円形，非真円形（おむすび形）	円形
シャンク形状の軸対称性	完全対称，非対称	非対称
2 面拘束のための当たり調整機構	シャンクの弾性変形，コーンリング+皿ばね，フランジ部軸方向皿ばね支持，鋼球，ブッシュ+油圧，ボルト	シャンクの弾性変形
クランプ力の作用点	シャンク軸心，中空シャンク内面	中空シャンク内面
フランジ部の拘束形態	平面+平面，カービックカップリング，ハースカップリング，平面+ボルト，平面+調整スリーブ	平面+平面
ドライブキーの位置	シャンク前部，シャンク後端部，キー無し	シャンク後端
クランプ力増力機構	内蔵，無し	内蔵
増力機構の位置	シャンク内，シャンク部直後，シャンク部後方	シャンク内

で，シャンクの断面形状が非真円でおむすび形をしている．トルクに強いことから，偏荷重のかかる旋削用バイトホルダのシャンクや，ターニングセンタや複合加工機のツールシャンクとして広く普及している．図 (d) は，HSK とほぼ同様な外形をしているが，シャンク部を2重スリーブ構造として，減衰性を高めたもので，びびり安定性が高いとされている．このほかにも多くの形式が実用化されている．表3.9は，それらツールシャンクの構造形態を分類整理したものである．

これらに加えて重要になるのが，それらツールシャンクのクランプ機構である．従来の BT シャンクでは，図3.43 に示すように，シャンク後部に設けられたプルボルト部を介して，皿ばねにより発生させた力によりシャンクをテーパ穴に引き込む方式が採用されている．しかしながら，同図に示すように，クランプ時の力の流れのループ長は非常に長く，工具支持系の剛性を高くしにくい構造となっている．これを改善したのが，前述の HSK ツールシャンクであり，図3.44 に示すように，クランプ機構がセルフロック構造になっており，力のループ長が非常に短くなり，工具支持系の剛性を高くすることができる．さらには，前述のように2面拘束であることから，剛性が高くなるとともに，工具の装着が端面基準となることから，工具装着時の精度とその安定性が飛躍的に向上することが知られている．また本クランプ機構には増力機構が内蔵されており，皿ばねによる引張力を3倍程度に増力可能で，強力にシャンク

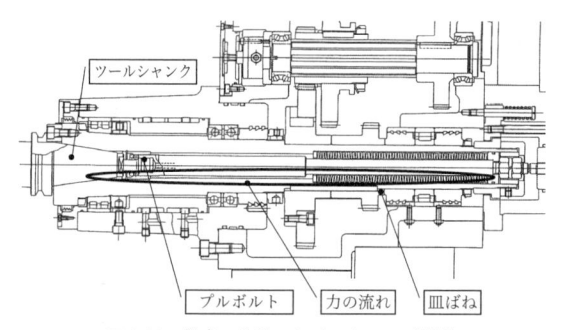

図 3.43　従来の主軸におけるクランプ機構

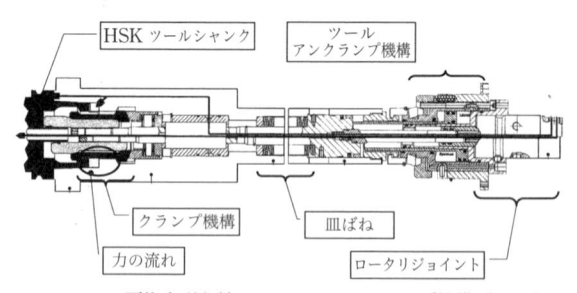

図 3.44　2面拘束形主軸におけるツールクランプ機構（OTT）

表 3.10 ツールシャンクの評価項目

基本性能	性能を決定する基本因子	備考
精度	シャンクの装着精度 クリーニングのしやすさ バランスの取りやすさ クランプ力の影響 品質管理の容易さ シャンク面での圧力分布	2面拘束の有効性 対称構造が望ましい 結合精度の変化 厳しい寸法公差の必要性
静剛性	曲げ静剛性 耐トルク性能 クランプ力 クランプ機構の力のループ長さ シャンク部テーパ角度	2面拘束の有効性 増力機構の付与 小さいほど有利
動剛性	減衰性付与機構 シャンク面上での圧力分布	一様な圧力分布が理想
高速回転への適合性	風切り騒音の発生度 軸対称性 テーパ長さとコンパクトさ 遠心膨張補正機能 クーラントスルー用継手構造	ドライブキーの位置 継ぎ手部要素の寿命
メンテナンス性と寿命	クリーニングのしやすさ シャンク面上の圧力分布 シャンク面への他機能の付与 クーラントスルー用継手構造 局部摩耗（シャンク面，クランプ機構）	継ぎ手部要素の寿命
コストパフォーマンス	製造しやすさ バランスの取りやすさ 寿命 従来形シャンクとの互換性 MCとTCへの共用性	品質管理のしやすさ

を主軸端に装着できる．さらに端面拘束や力のループ長の短縮の効果も加わり，工具支持系の剛性を飛躍的に向上することができる．このクランプ機構にも非常に多くのものが提案されており，ツールシャンクとクランプ機構の組合せにより，それぞれ特徴をもった工具支持系が実現されている．表 3.10 は，これらツールシャンク系の評価項目を示したものである．このように非常に多くの評価項目が存在しているが，使用目的に応じて，必要な項目を満足しているものを選定することにより，より高精度な加工が可能になる．

一方，チャックについても非常に多くの構造形態のものが存在している．例えば，従来からよく用いられているものとしては，サイドロック，コレット，ロールロック，油圧などの各方式のチャックがあげられる．これらに対して，さらなる高精度・

(a) 焼きばめチャック(MARQUART)
(b) 油圧スリーブロックチャック(SANDVIK)
(c) 圧入チャック(日研工作所)
(d) コレット圧入チャック(REGO-FIX)
(e) 弾性変形チャック(SCHUNK)

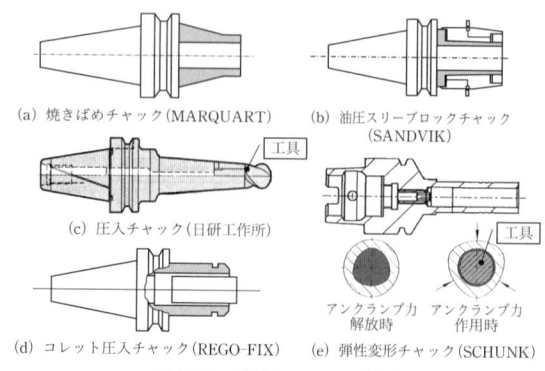

図 3.45 新形チャックの事例

高速化を目指して，多くのチャックが開発されている．図3.45はその一例を示している．同図 (a) は，工具装着時にチャック部を熱風や誘導加熱方式で加熱し，チャック穴を熱膨張させ，工具を挿入後，冷却して穴を収縮させ，把持する方式である．図 (b) は，非常に緩いテーパのついたスリーブを油圧力でコレットチャックのナットのように軸方向に移動させることにより，チャック部を収縮させる方式である．図 (c) は，切削工具のシャンク部に 1/100 のテーパを付与して，同様に 1/100 のテーパをもったチャック穴に工具を圧入する方式である．図 (d) は，非常に緩いテーパの付いたスリーブを，油圧力で工具とともに圧入し，工具を把持する方式である．図 (e) は，弾性変形を利用したチャックである．同図下部に示すように，おむすび形状の穴をもったチャック部に3方向から力を掛けて，円形状にし，工具を挿入した後，その力を解除すると工具を把持できるというものである．いずれも把持精度が高いこ

表 3.11 チャックの基本性能

チャックの種類		工具振れ精度 (4D位置) [μm]	把持トルク性能	回転数領域
サイドロック式チャック		5～50	中～高	低～中
コレットチャック	ナット式	3～25	低～中	中～高
	コレット引き込み式	3～10	低～中	中～高
ロールロックチャック		5～15	高	中～高
スリーブロックチャック		2～10	中	中～高
油圧スリーブロックチャック		2～10	中～高	中～高
油圧式チャック		3～5	低	低～中
焼きばめチャック		3～5	中～高	中～高
弾性変形チャック		3	低	中
圧入チャック		3	中	中～高

表3.12 チャックの評価項目

評価対象	評価項目		備考
チャックの基本把持性能	把持力	許容トルク 許容軸方向力	
	把持精度	心ずれ 角度変位 軸方向位置決め アンバランス補正精度	チャック口元，3D位置 軸方向刃先位置の再現性
	静剛性 動剛性 耐遠心力特性		曲げ静剛性 固有振動数，減衰定数 遠心力による把持力低下
適用可能範囲	回転速度 対応可能な工具径 工具径の寸法許容値 対応可能な工具材料		 幅広い工具径に対応可能か 工具径の寸法管理の必要性 すべての材料に対応可能か
チャッキング時の作業性	工具交換時間 工具挿入の容易さ チャッキング力の再現性 必要作業スペース バランス取り時間		チャック開放時の径の大きさ
その他	重量 工作物との干渉 寿命 メンテナンス性		高速化には必須条件 スリムなチャック
	コスト	構造の単純さ 製造のしやすさ 特殊装置の必要性	焼ばめチャックなどは，加熱冷却装置が必要

とが共通の特徴となっており，また図(a)から図(d)については，把持トルクも大きく，高速加工用，高精度加工用として幅広く用いられるようになっている．

これらチャックには，それぞれの構造に応じた特徴があり，主なチャックの基本性能についてまとめてみると表3.11のようになる．これら以外にも，表3.12に示すような多くの評価項目があり，使用目的に応じて，必要な項目を満足するものを選定する必要がある．

c. 機械と工作物間のインタフェース機能の高度化技術

旋盤では，工作物を機械に取り付けるインタフェース要素を，チャックと呼んでおり，非常に多くのものが存在している．基本的には，図3.46[2)]に示すようなチャックが使われる．中実で比較的短い工作物は，同図(a)のような外締めで工作物を把持する．中空で比較的短い工作物は，同図(b)のような内締めで工作物を把持する．

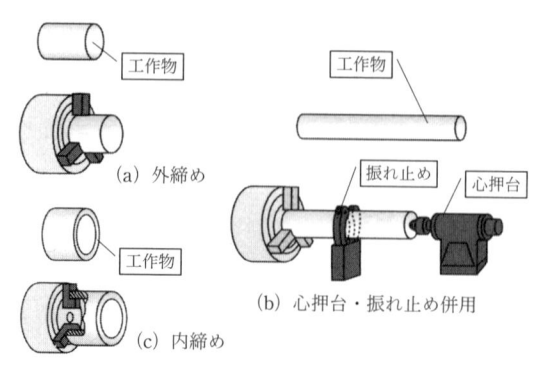

図 3.46 旋盤における工作物の基本的な把持法[2]

(a) 外締め
(b) 心押台・振れ止め併用
(c) 内締め

中実で長い工作物は，同図 (c) のように，心押台も併用して把持し，さらに工作物が長く，円筒度を高める必要がある場合は，振れ止めを用いる．

工作物形状には，多様なものが存在しており，それらに対応した専用のチャックも多く用いられているが，特殊形状対応としてよく使われるものとして，図 3.47[2] のようなチャックがある．四角い形状の工作物には，2爪チャックが用いられる．また，締付力により変形しやすい薄肉リング形状の工作物には，工作物外周を包み込むように把持できるパイ形の爪が用いられる．これにより，3点に集中する把持力が分散され，工作物の変形が緩和される．バルブや継ぎ手のような異形状の工作物には，同図 (c) に示すように1回のチャッキングで4面加工が可能なインデックスチャックが用いられる．このようなチャックを用いることにより，ワンチャックですべての加工が行えるため，高能率で，高精度な加工が可能になる．また，バー材の加工には，コレットチャックが用いられ，工作物の自動供給に対応しやすい構造であるため，主として自動旋盤で用いられており，長時間，高精度な無人加工を可能としている．

フライス加工では，図 3.48 に示すような，工作物取付具が使われる．図は，汎用

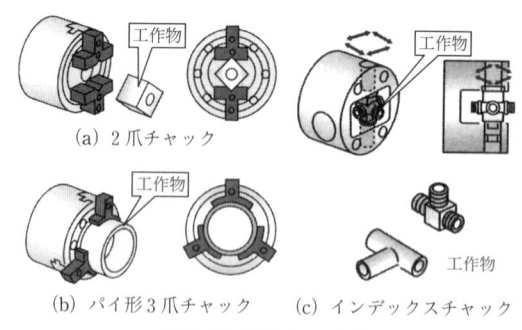

(a) 2爪チャック
(b) パイ形3爪チャック
(c) インデックスチャック

図 3.47 特殊チャック[2]

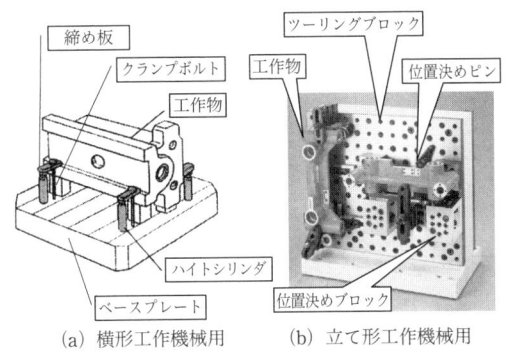

(a) 横形工作機械用　(b) 立て形工作機械用

図 3.48 フライス加工時の工作物汎用取付具（ナベヤ）

表 3.13 取付具の分類

種　類	特　徴
専用取付具	特定の工作物にしか適用できない
GT取付具	類似品を対象に共通的に使用できる
多目的取付具	バイス，電磁チャック，真空チャックなどが含まれ，広い適用範囲を持つ
モジュラ構成取付具	用意された標準機能要素を組み合わせて取付具を構築
複合形取付具	専用取付具とモジュラ構成取付具など，各種取付具を組み合せて取り付け具を構築

的な取付具であり，取付けに必要な標準的な要素が準備されており，それらを組み合わせて必要な取付具を構築する方式である．このような取付具をモジュラ構成取付具と呼んでいる．このような標準的な取付具を含めて，フライス加工で用いられている取付具を分類すると表 3.13 のようになる．最も汎用的に用いられているのが，多目的取付具であり，バイスがその代表的なものである．

これら取付具で工作物を固定する際に重要なのは，締付けによる工作物の変形を最小限にすることと，加工中に，加工力により工作物が変形や振動を起こさないことである．そのためには，工作物を何点で，どの個所で固定し，いかに加工基準点を変化させないようにするかが重要となる．したがって，バイスでも，工作物を締め過ぎないように，力表示が可能なものも開発されている．高精度化のためには，びびり振動抑制機能，切りくずの溜まりにくい構造，工作物取付面の自動洗浄機能などの付与が望まれている．

d.　加工プロセスの最適化のための要素技術

（1）　クーラント供給技術　　クーラントは，冷却，潤滑，そして切りくずの加工点，ならびに機械からの排出という重要な役割を果たしている．冷却により，工具の長寿命化，加工寸法の安定化などが図れる．また，潤滑により，切削抵抗を低減でき

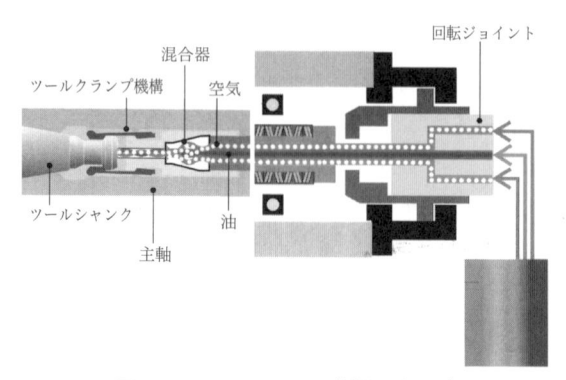

図3.49 MQLシステムの仕組み（GAT）

ることから，加工精度も向上し，工具寿命も伸ばすことが可能になる．また切りくずの加工点からの排出により，加工表面性状が向上するとともに，工具寿命も長くできる．さらに，熱をもった切りくずを機械からいち早く機外に排出することにより，工作機械の熱変形を抑制できることになり，結果として加工精度を向上できる．以上のように，クーラントの効果的な供給は，加工精度向上に大きな役割を果たすことがわかる．このため，これまでは，大量のクーラントが使用されてきたが，最近，工場環境の向上と省エネの観点から，クーラントの使用量を削減しながら，従来の加工精度を維持するための技術開発が行われている．図3.49は，セミドライ加工のためのMQL技術の概念を示している．微量の油を粒子化するとともに，空気とともに加工点に供給して，クーラント使用量を大幅に削減しようというもので，広く普及している．粒子が大きいと加工点に到達するまでに液状化してしまい，供給効率が低下するため，粒子を微粒子化するとともに，使用空気量をできるだけ抑制するための技術開発が行われている．MQLでは切りくずを機外へ排出する機能はないので，機械側で，切りくずの溜まりにくい構造とする，切りくずが飛散しないうちに吸引するなどの対策がとられている．

このほか，セミドライ加工用のクーラント供給技術としては，水滴に油膜を形成させて供給したり，油と水を超微粒子化し，加工点に高推力で噴射する技術などが開発されている．さらには，一切クーラントを使用しない，ドライ加工技術の開発も行われている．

（2）切りくず処理技術　　前述のように，切りくずを効率よく加工点や機械から排出することは，加工精度向

図3.50 切りくず吸引装置（三菱マテリアル）

上のためには効果的である．機械からの排出には，各種切りくず処理装置が開発されている．加工点からの排出には，図3.50に示すような，切りくず吸引・排出装置が開発されている．本装置は，切りくずを吸引し，常に一定方向に排出し，機外への排出を行いやすくしたものである．このほか，各種タイプのチップブレーカが開発され，切りくずの絡みつきや，加工点へのかみ込みを防止するとともに，機外への排出性を高めている．チップブレーカは，このほかにも，切削抵抗の低減などの機能を有しており，高精度加工のための重要な要素技術になっている． 〔清水伸二〕

▶▶ 文 献
1) S. Shimizu: The Latest Trends of Machine Tool Developments and theirDriving Key Technologies, The 11 th International Machine Tool Engineers Conference (IMEC) Program & Proceedings, pp. 243-253 (2004)
2) 清水伸二ほか：現代からくり新書 工作機械の巻―NC旋盤編―, p.68, 日刊工業新聞 (1998)

3.3.2 加工の知能化技術

NC工作機械が登場して半世紀，誰もがNCプログラムで運転することを当然と考えている．確かにNC工作機械の登場で複雑な形状の部品加工が可能となり，技術の進歩とともに高精度・高能率加工が達成されるようになった．さらに，NC工作機械は産業用ロボットや無人搬送車とともに多様な部品加工に柔軟に対応できるFMS (flexible manufacturing system) を構成するなど，現在の生産システムには不可欠な存在である．しかし，「NCプログラムどおりに運転される」自動機械であるために，以下に示すような問題点を抱えている．
・加工状況に応じて加工条件を変更できない．
・加工中に切削トラブルが発生しても対処できない．
・NCプログラムはNC工作機械ごとに作成されるため，複数の工作機械で同じNCプログラムを共有できない．
こうした問題点を解決するために，加工の知能化を目指して研究が行われている．

a. 加工の知能化を目指した研究事例

1) カリフォルニア大学の山崎らは，TRUE-CNC, VIVID-CNCと呼ばれる未来指向型CNCコントローラを提案し，その開発を行っている．図3.51はTRUE-CNCシステムの構成を示している[1]．TURE-CNCという名前は，このコントローラの特徴を表す英単語, transparent（透明）, transportable（可搬）, transplantable（可移植）, user-reconfigurable（再構成可能）, revivable（再蘇生性）, evolving（進化し続ける）の頭文字から名付けられた．このシステムは工程設計，解析，制御，品質管理および診断，情報提供，モニタリングというモジュールで構成され，日常の加工作業からCNCコントローラが自律的に加工ノウハウを蓄積し，作業者の経験や技能によらずに与えられた環境の中で最善の生産性と品質を達成することを目標とし

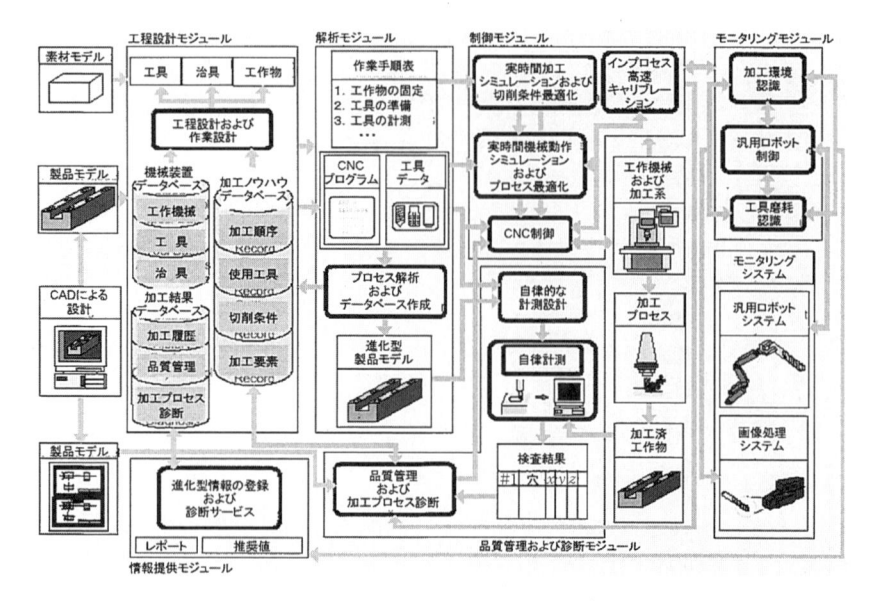

図 3.51　TRUE-CNC システムの構成[1]

ている．

　研究成果として解析モジュールの AMPA (autonomous machining process analyzer) がある[2]．この AMPA は，NC プログラムには作業者の専門知識や技能といった加工ノウハウが含まれているという考えに基づき，NC プログラムを解釈して加工ノウハウのデータベースを構築する．ここでは，NC プログラムから加工フィーチャや加工順序，切削条件，加工時間などが抽出されている．また，制御モジュールの DMS/MRAC (dynamic machining simulation/model reference adaptive control) は，単位時間当たりの金属除去量が一定になるように送り速度を修正し，NC プログラムを最適化する[3]．実際にコンロッドを加工する NC プログラムを最適化し，工具寿命の延長や表面粗さの改善ができたと報告されている．

　2) 京都大学の垣野を中心とする INC (intelligent numerical controller) 研究グループは，図 3.52 に示す知能化工作機械の開発を行っている．NC 工作機械のサーボモータを制御する通常の電流，速度，位置のフィードバックループ（レベル1）の外側に，加工状態の監視と制御を行うフィードバックループ（レベル2），さらに加工結果をデータベースに反映させるフィードバックループ（レベル3）を用意して，工作機械に学習能力を付与するシステムの開発を目指している．

　これまでにドリル加工を対象にした開発が行われ，硬さにばらつきがある被削材を安全かつ高速・高能率に加工できるように，データベースと適応制御機能，学習機構をマシニングセンタに組み込み，良好な送り速度の決定ができることが示されてい

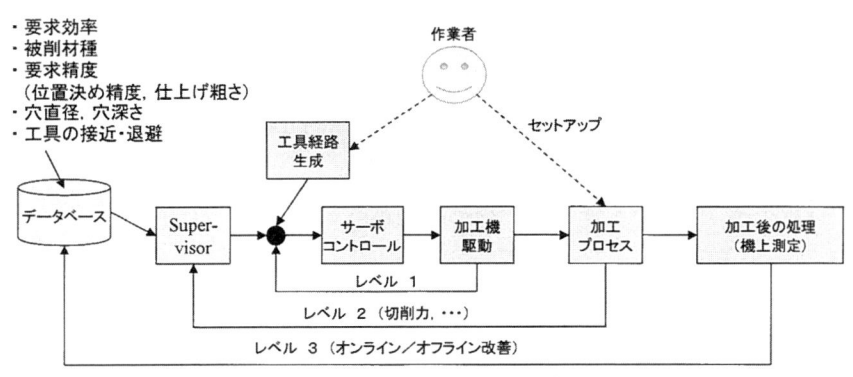

図3.52 知能化工作機械の概念[4]

る[4]．また，内部センサを用いてドリル加工中の切削トルクを検出し，工具摩耗と切りくずづまりを認識して加工能率を改善する目的で，適応制御機能と工具寿命監視機能，自動ペッキング機能を準備し，安全で効率のよいドリル加工が実現されている[5]．

3) 東京大学の光石らは，図3.53に示すCAD-CAM情報相互帰還型システムを提案している．このシステムはデータベース部，CADシステム部，実時間コントローラ部で構成されており，加工中に動的な情報通信を行いながら知的な加工を実現する．データベース部では，実験的に求めるには手間を要する安定限界線図を，実際に工作機械に加工指令を与えて，実時間で加工状態を判定しながら自動的に求めてい

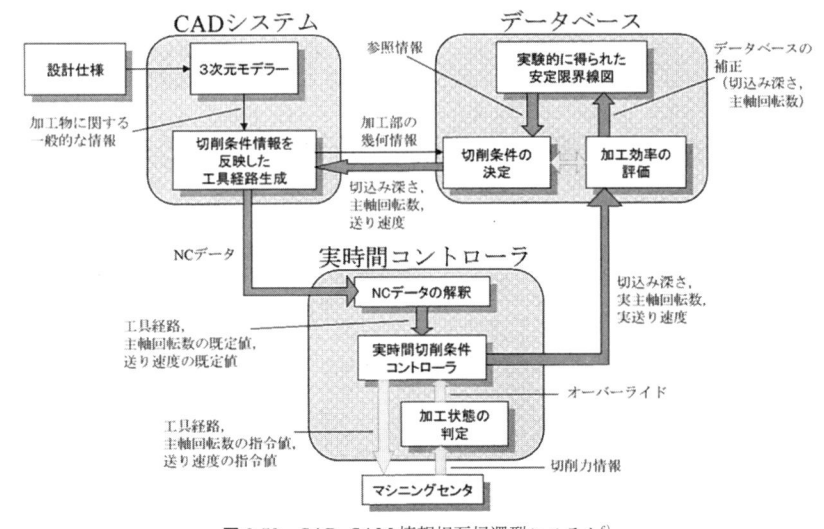

図3.53 CAD-CAM情報相互帰還型システム[6]

る．安定限界線図を効率よく更新する手法として，二分探索法とヒューリスティックな方法の 2 つが提案されている[6]．CAD システム部では，加工形状情報とデータベースの情報を基に，加工条件や工具経路が決定される．また，実時間制御部では，実時間で加工状態を監視しながら適応制御が行われ，加工条件と加工状態との関係をデータベース部にフィードバックし，加工条件の決定に反映させている[7]．

4) 白瀬（神戸大学）らは，自律型・知能型工作機械として図 3.54 に示す AIMac (autonomous and intelligent machine tool) を提案している．AIMac は「工程管理」，「加工予測」，「加工戦略」，「加工観測」という 4 つの機能モジュールで構成されている．「工程管理」では，工作機械に対する作業の割当て，工作機械自身の能力，工具や被削材に関するデータ，過去の加工事例といった加工技術情報を管理し，工作機械を有効に活用するための工程設計や作業設計を行う．「加工予測」では，切削加工シミュレーションを行って加工状況や加工トラブルを予測する．予測結果は，びびり振動や過大な切削力といった加工トラブルを回避するために切削条件の適応制御に利用される．「加工観測」では，モニタリング信号に基づいて加工状況を把握するとともに加工トラブルを検出する．検出された信号は，知的な加工を実現するためにフ

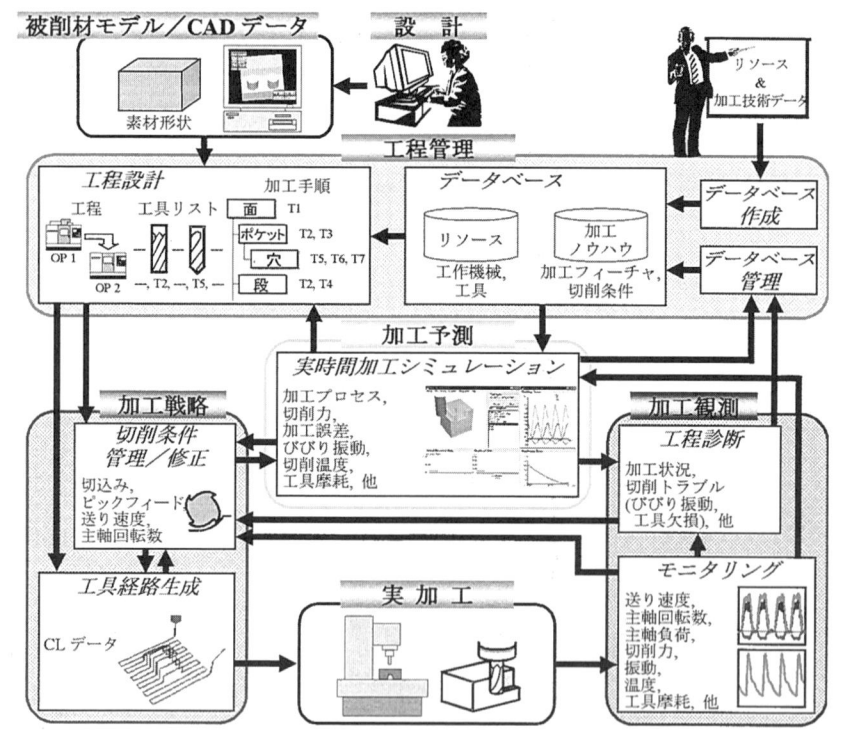

図 3.54　自律型・知能型工作機械（AIMac）の構成

ィードバックされる．「加工戦略」では，「工程管理」，「加工予測」，「加工観測」からの情報をもとに，切削条件と工具経路を決定する．ここでは工具経路を加工中に実時間で生成する機能を用意することで，加工状況や加工トラブルに柔軟に対応しながら加工中に切削条件や工具経路を動的に変更することを可能にしている．

b. 加工性評価のための切削加工シミュレーション

（1）切削加工シミュレーション　スクウェアエンドミルによる加工を例にすれば，図3.55に示す切削加工モデルを用いて加工中に発生する切削力を推定すること

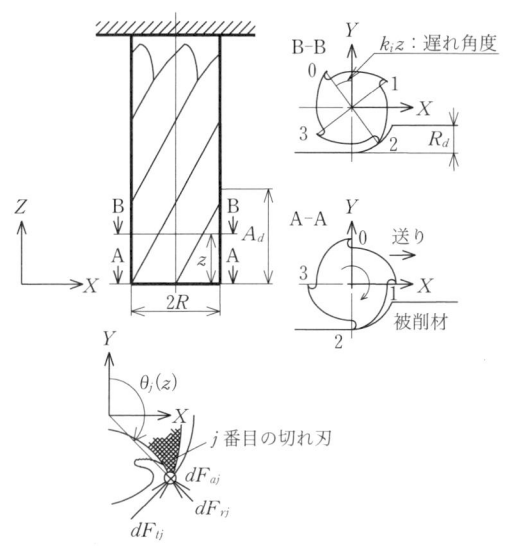

図 3.55　エンドミル加工における切削加工モデル[8]

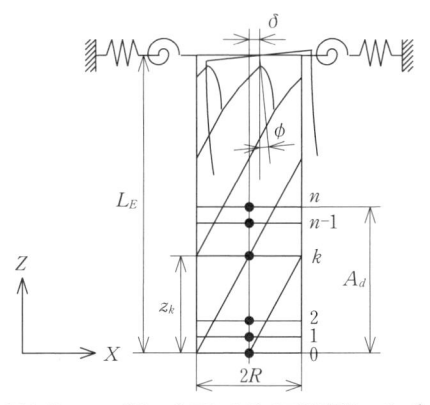

図 3.56　エンドミル加工における工具変形モデル[8]

ができる．この切削加工モデルの場合，工具は軸方向に沿って薄板要素に分割され，個々の薄板要素における切れ刃先端に微小切削力が作用すると仮定している．このとき，j 番目の切れ刃の薄板要素に作用する工具接線方向，半径方向，軸方向の微小切削力 dF_{tj}, dF_{rj}, dF_{aj} が，工具回転角度 θ と薄板要素の位置 z から求められる．この微小切削力を送り方向 x と工具軸方向 z, それらに垂直な方向 y に分解し，切れ刃 j の実切削領域に沿ってそれらを積分することにより切れ刃 j に作用する切削力が求められる．最後に，切削に関与している切れ刃に作用する切削力の総和として工具全体に作用する瞬間切削力が推定できる．

また，切削力によるエンドミルの弾性変形が加工面に転写されると仮定すると，図 3.56 に示す工具変形モデルを用いて加工誤差を推定することができる．この工具変形モデルの場合，工具は線形ばねとねじればねで支持されており，機械や工具ホルダの剛性がここに反映される．工具変形量は時間とともに変動するが，切れ刃が加工面を創成する瞬間の変形量を節点 k ごとに決定していくことで，加工面の誤差曲線が求められる．

図 3.57 に推定された切削力と実測された切削力を，図 3.58 に推定された加工誤差と実測された加工誤差を，それぞれ比較して示す．これらの図より，切削力や加工誤差が正しく推定できることがわかる[8]．こうした切削加工シミュレーションを行えば，加工中の切削力や加工後の加工誤差を事前に推定することが可能となる[9]．

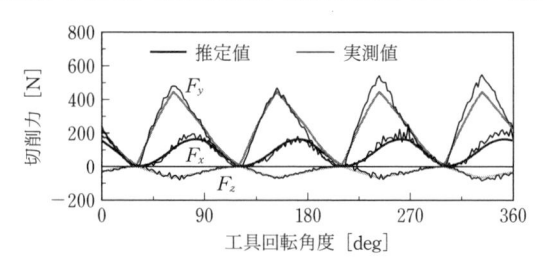

(a) R_d=5.0 mm, A_d=10.0 mm, s_t=0.02 mm/刃, 下向き切削

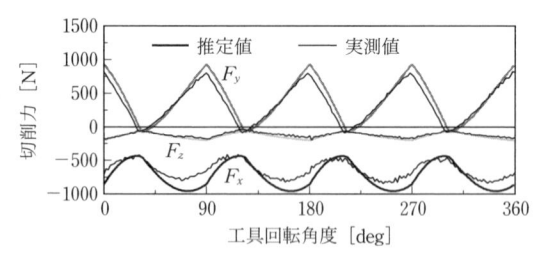

(b) R_d=10.0 mm, A_d=10.0 mm, s_t=0.05 mm/刃, 上向き切削

工具：HSS スクウェアエンドミル，直径 20 mm，4 枚刃，ねじれ角 30°
被削材：炭素鋼 S55C

図 3.57 切削力の推定値と実測値の比較[8]

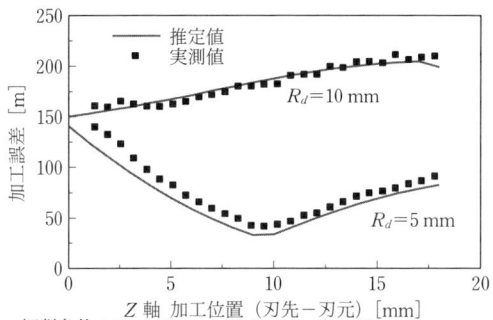

図3.58 加工誤差の推定値と実測値の比較[10]

切削条件：R_d=5.0 mm, 10.0 mm, A_d=18.0 mm, s_t=0.1 mm/刃，下向き切削
工具：HSS スクウェアエンドミル，直径20 mm，4枚刃，ねじれ角30°
被削材：アルミニウム合金 A7075

（2） NC プログラムの評価と改善 ここでいう NC プログラムの評価は加工プロセスを考慮したもので，市販の切削シミュレータが対象とする工具と工作機械や被削材との幾何学的な干渉チェックとは本質的に異なる．機械加工では工作機械の動力や工具の強度から加工中の切削力は制限され，製品仕様から加工精度が指定されるが，前述した切削加工シミュレーションを行えば，加工中の切削力や加工後の加工誤差を事前に推定することで，作成された NC プログラムを実加工に先立って評価することができる．

また，切削力や加工誤差の推定結果をフィードバックして，NC プログラムを改善することができる．すなわち，切削力や加工誤差が要求を満足しない部分では送り速度指令値を低減させたり，逆に要求を十分に満足する部分では送り速度指令値を増加させたりして，要求を満足する新たな NC プログラムを自動的に生成することが可能となる．特に，切削加工シミュレーションを詳細に，すなわち工具の微小移動量ごとに行えば，例えばコーナ部の送り速度指令値だけを修正することもできる[11]．

簡単なポケット加工を例に，切削力の上限値を 600 N，加工誤差の上限値を 30 μm として NC プログラムを評価して修正した．図3.59に切削加工シミュレーションで推定された切削力（工具軸方向の最大値と最低値）と実測値の時間変化を比較して示す．実測値は切れ刃の回転周期で増減を繰り返すために，これらのグラフでは塗りつぶされて示されているが，推定値の最大値と最小値の間にほぼ収まっている．さらに，修正後の NC プログラムでは切削力の上限値が 600 N（符号は切削力の方向を示す）となり，正しく NC プログラムが修正されていることがわかる．また，コーナ部の送り速度指令値が細かく修正されて，切削力のピーク値が小さくなっていることもわかる．なお，この例では加工の後半はポケット壁面の加工となるため，加工誤差の上限値を満足するように送り速度が修正されている．ポケット壁面の加工誤差につ

(a) 修正前 NC プログラム

(b) 修正後 NC プログラム

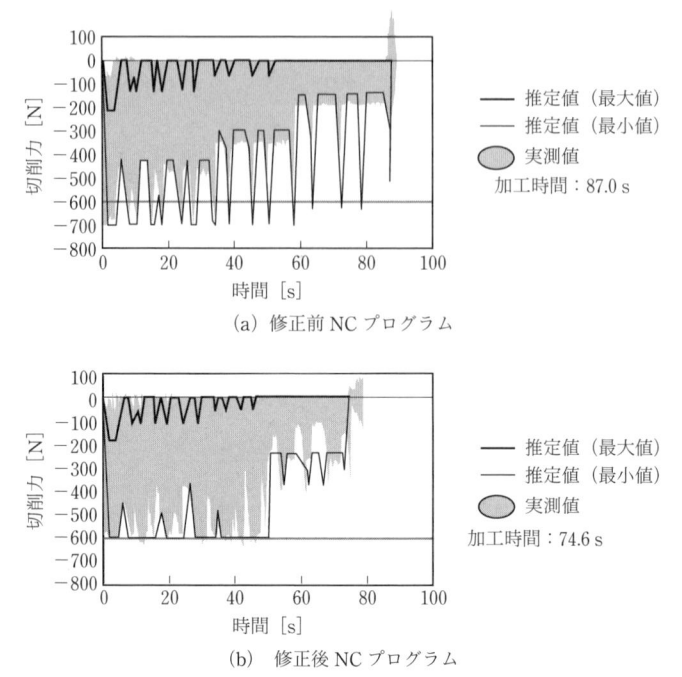

工具:超硬スクウェアエンドミル,直径 10 mm,2 枚刃,ねじれ角 30°
被削材:鋳鉄 FC250

図 3.59 修正前後の NC プログラムによる切削力の比較

いても,図 3.60 に推定値と実測値を比較して示すとおり,上限値の 30 μm をほぼ満足するように低減されていることがわかる.さらに図 3.59 に示した加工時間を比較すると,修正後の NC プログラムで総加工時間が短縮されたことがわかる.切削力や加工誤差の上限値を考慮しても,切削力が小さい加工領域で送り速度指令値を増加させることにより,この例のように加工能率が改善される場合もある.

c. NC プログラムを必要としない工作機械の開発

シミュレーションを利用して加工プロセスを考慮して NC プログラムを改善する方法を示したが,「NC プログラムどおりに運転」されている限り,予期せぬ加工中の切削トラブルに対処するために切削条件や工具経路を変更するということはできない.このため,NC プログラムで運転するのではなく,加工と同時に工具経路や切削条件を決定しながら,こうした問題点を解決する試みも登場している.

(1) 仮想倣い加工による実時間工具経路生成[12,13] 倣い加工は NC プログラムを必要とせずに,機上のマスタモデルを倣うスタイラスの動きで工具位置を制御している.この倣い加工の原理を忠実に計算機内でシミュレートすることで,加工と同時に工具経路を生成しながら工具位置を制御することが可能となる.倣い加工の場合に

(a) 修正前 NC プログラム

(b) 修正後 NC プログラム

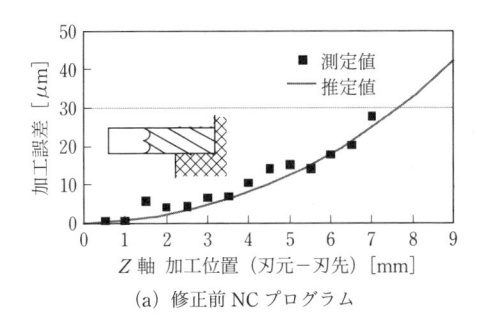

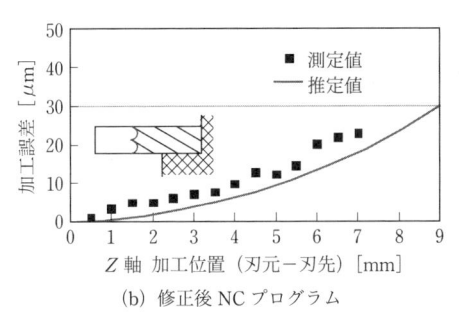

工具：超硬スクウェアエンドミル，直径 10 mm，
2 枚刃，ねじれ角 30°
被削材：鋳鉄 FC250

図 3.60　修正前後の NC プログラムによる加工誤差の比較

は実体としてのマスタモデルが必要であるが，倣い加工をディジタル化した仮想倣い加工の場合には実体としてのマスタモデルが不要となり，製品の 3 次元 CAD データをマスタモデルの代わりとして図 3.61 に示すような工具経路を生成することができる．この例では素材の形状を直方体としており，製品形状の最終加工に至るまでの加工途中の工具経路も生成することができる．

また，仮想倣い加工では加工と工具経路生成が並行して行われるために，加工中に切削条件や工具経路を変更することができる．図 3.62 に示すように送り速度はもちろんのこと，ピックフィードや工具軸方向の切込みも変更することができる．加工順序や使用工具，切削条件を決定する生産設計を自動化して仮想倣い加工と統合すれば，あらかじめ NC プログラムを用意することなく，製品の三次元 CAD データから加工を行うことができる．

（2）　切削条件や工具経路の動的修正[14]　　加工と工具経路生成が並行して行われる仮想倣い加工では，加工中に切削条件や工具経路を変更することができる．これを利用すれば加工状況に応じて切削条件を動的に修正することが可能になる．図 3.63 は切削条件を加工状況に応じて修正している加工実験の写真で，加工と並行して工具

150 —— 3. 切削加工

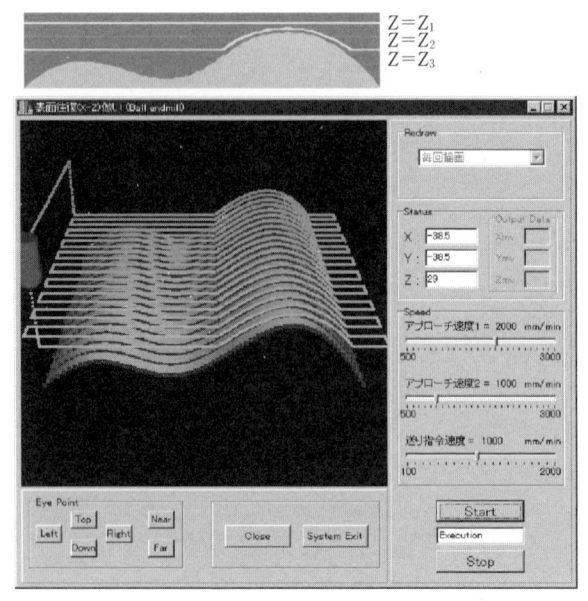

(a) 加工途中の工具経路

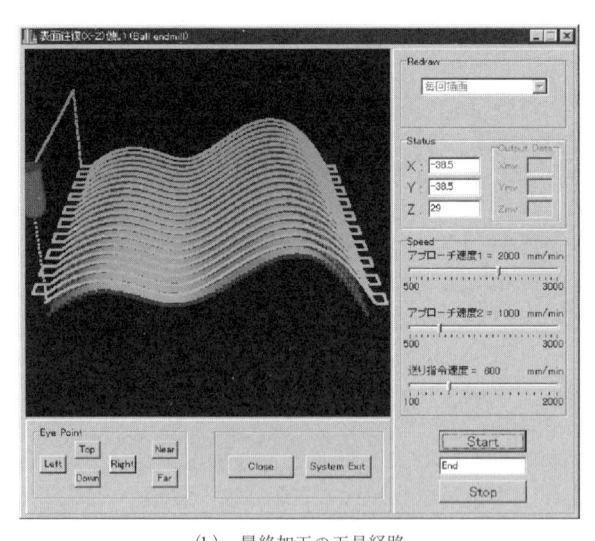

(b) 最終加工の工具経路

図 3.61 仮想倣い加工システムで生成される工具経路の例

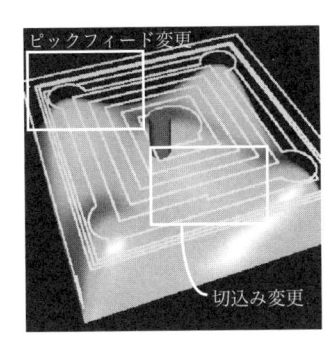

(a) 生成された工具経路

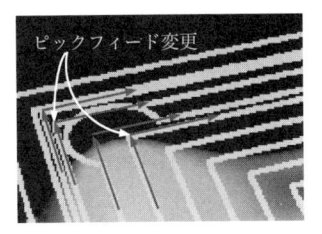

(b) ピックフィードの変更

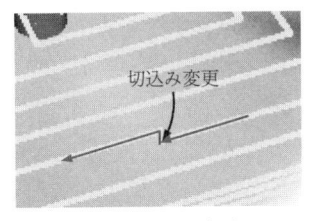

(c) 切込みの変更

図 3.62 仮想倣い加工システムによる工具経路変更の例

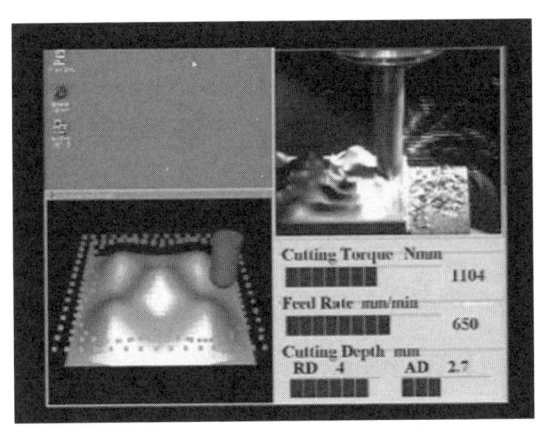

図 3.63 加工状況に応じた切削条件の修正

経路を生成する仮想倣い加工システム(左下)が,工具位置を制御し(右上),主軸モータの電流値から検出される切削負荷に応じて,送り速度,ピックフィード(工具半径方向切込み[RD]),工具軸方向切込み[AD]が動的に修正される(右下).

加工実験中に修正された送り速度,ピックフィード,工具軸方向切込み,ならびに主軸トルクの変化の例を図 3.64 に示す.切削負荷の大小に応じて,送り速度,ピックフィード,工具軸方向切込みが修正されるが,標準値のほかに上限値と下限値が設定されていて,送り速度が上限や下限に達すればピックフィードを,ピックフィード

が上限や下限に達すれば工具軸方向切込みを修正する．また，突然の過負荷に対しては瞬時に工具を退避させる．このように切削負荷をフィードバックして切削条件を修正するとか，過負荷によるトラブルを未然に防ぐといった，従来のNC工作機械では実現できない対応が可能となる．

d. 生産設計の知能化

生産設計（工程設計および作業設計）の知能化は，高効率で高精度な切削加工を達成するうえで重要である．加工形状特徴（加工フィーチャ）を手掛かりに，加工順序や使用工具，切削条件や工具経路を決定する研究が幅広く行われている．これらは文献15, 16にまとめられているが，取り扱う製品形状や加工フィーチャに制約が与えられている場合が一般的である．また，多くの研究では加工フィーチャが製品形状の幾何学的な特徴から認識されているが，素材から製品形状を創成する切削加工では，素材から除去すべき加工除去領域から加工フィーチャを認識するべきである．

さらに，加工フィーチャは一意に決定するべきではない．加工除去領域の分割を変えれば認識される加工フィーチャも異なるが，加工順序や使用工具の多様性を考えれば，異なる加工フィーチャに基づいて種々の生産設計を行い，加工時間や工具交換回数などで優位な生産設計の結果を採択するべきである．図3.65は加工除去領域を3種類の分割案で分割

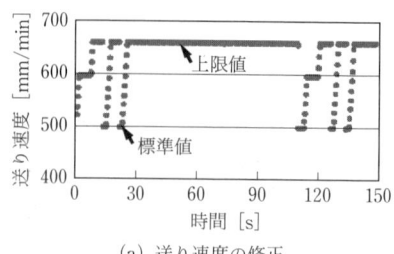

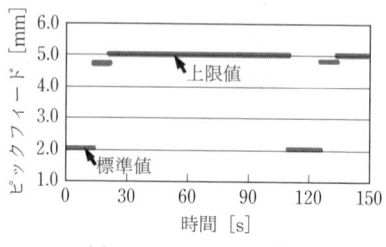

(a) 送り速度の修正

(b) ピックフィードの修正

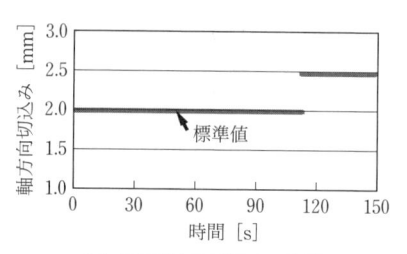

(c) 工具軸方向切込みの修正

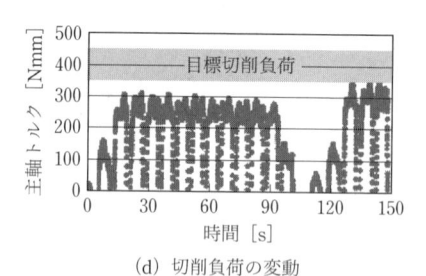

(d) 切削負荷の変動

図3.64 切削条件の動的修正と切削負荷の変動

し，そこから認識される加工フィーチャに基づいて生産設計を行った結果で，工具経路長，加工時間，工具交換回数と工具経路を比較して示す．ケース2では工具欠損を想定して一部の工具が使用できないという制約が加えられていて，工具経路が密になり加工時間も大きくなっている．この例では3種類の分割案の中で，ケース1では分

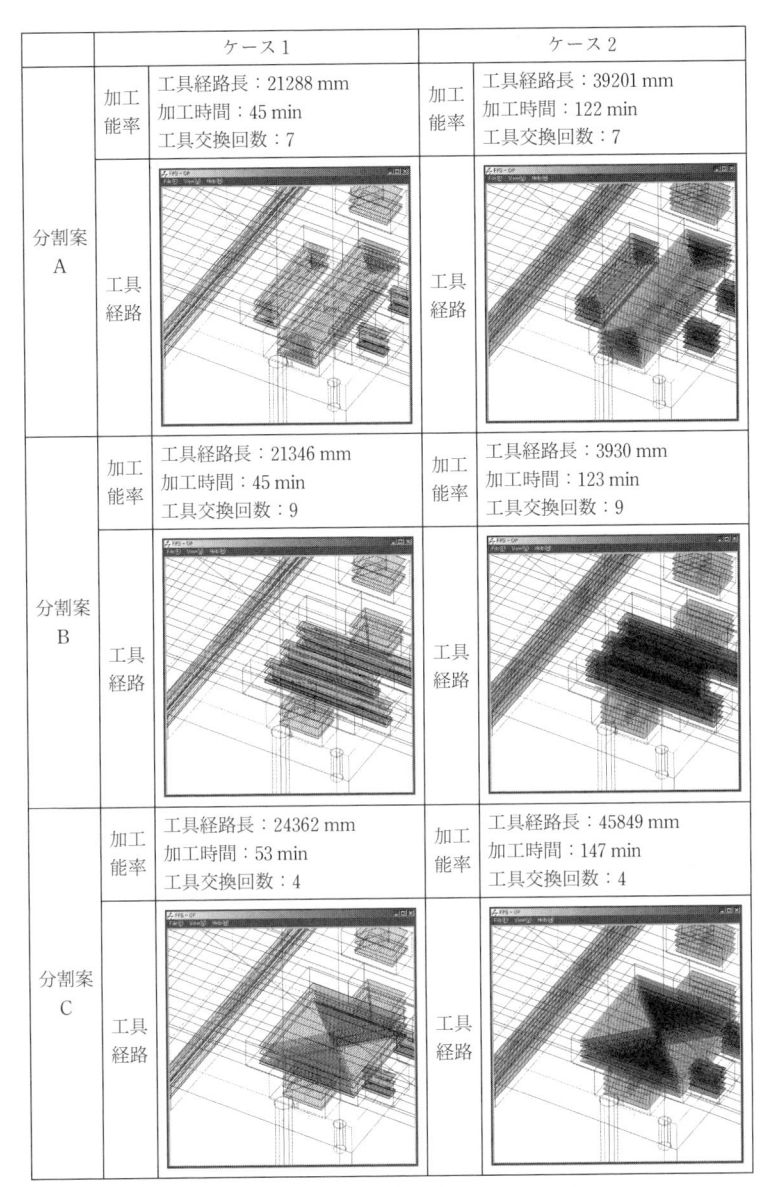

		ケース1		ケース2
分割案 A	加工能率	工具経路長：21288 mm 加工時間：45 min 工具交換回数：7	加工能率	工具経路長：39201 mm 加工時間：122 min 工具交換回数：7
	工具経路		工具経路	
分割案 B	加工能率	工具経路長：21346 mm 加工時間：45 min 工具交換回数：9	加工能率	工具経路長：3930 mm 加工時間：123 min 工具交換回数：9
	工具経路		工具経路	
分割案 C	加工能率	工具経路長：24362 mm 加工時間：53 min 工具交換回数：4	加工能率	工具経路長：45849 mm 加工時間：147 min 工具交換回数：4
	工具経路		工具経路	

図 3.65　異なる加工フィーチャに対する加工能率と工具経路の比較

割案 B，ケース 2 では分割案 A の場合に加工時間が最短となる結果が得られている．
　生産設計においては，加工順序，工具交換や加工能率を考慮した工具選択も重要であるが，加工機である NC 工作機械の性能や機能，使用できる工具によって採択す

べき生産設計の結果が変化するという事実は無視できない．このことは，工具欠損などのトラブルが発生した場合には，加工除去領域や使用できる工具が変化するために，生産設計そのものを動的に行う必要があることを意味している．すなわち，従来のCAD/CAMシステムのように，工作機械と独立したシステムで工程設計や作業設計を行っていたのでは，加工作業にふさわしい生産設計を行うことは不可能である．加工状況やNC工作機械の状態を考慮に入れて生産設計を動的に行うためにも，NC制御装置内で工程設計や作業設計が自動化できるようにNC工作機械の知能化が望まれる．

〔白瀬敬一〕

▶▶ 文　献

1) K. Yamazaki, Y. Hanaki, M. Mori, and K. Tezuka: Autonomously Proficient CNC Controller for High Performance Machine Tool Based on An Open Architecture Concept, *Annals of the CIRP*, **46**, 1, pp. 275-278 (1997)
2) X. Yan, K. Yamazaki, and J. Liu: Extraction of Milling Know-how from NC Programs through Reverse Engineering, *Int. J. Prod. Res.*, **38**, 11, pp. 2443-2457 (2000)
3) N. Furukawa: Real Time Machining Optimization with Dynamic Machining Simulation for TRUE-CNC, Proceedings of the TRUE-CNC'99 Annual Meeting (1999)
4) 佐藤智典，垣野義昭，松原　厚，藤嶋　誠，西浦　勲，鎌谷康史：知能化工作機械によるドリル加工制御に関する研究（第1報）―切削条件の決定方法―，精密工学会誌，**66**, 8, pp. 1270-1274 (2000)
5) 藤嶋　誠，垣野義昭，松原　厚，佐藤智典，西浦　勲：知能化工作機械によるドリル加工に関する研究（第1報）―工具の異常監視と加工能率の向上―，精密工学会誌，**66**, 11, pp. 1792-1796 (2000)
6) M. Mitsuishi, T. Nagao, H. Okabe, and M. Katsuya: An Open Architecture CNC CAD-CAM Machining System with Data-Base Sharing and Mutual Information Feedback, *Annals of the CIRP*, **46**, 1, pp. 269-274 (1997)
7) 長尾高明，畑村洋太郎，光石　衛，中尾政之：知能化生産システム，朝倉書店 (2000)
8) 白瀬敬一：エンドミル加工における切削モデルとシミュレーション，先端加工，**16**, 1, pp. 62-73 (1997)
9) S. Takata, M. D. Tsai, M. Inui, and T. Sata: Cutting Simulation System for Machinability Evaluation Using a Workpiece Model, *Annals of the CIRP*, **38**, 1, pp. 417-420 (1989)
10) 岩田一明，荒井栄司監修，NEDEK研究会編著：モデリング工学入門，培風館 (1999)
11) 成田浩久，白瀬敬一，若松栄史，荒井栄司：ヴァーチャルマシニングシミュレータを用いたNCプログラムの評価と修正，日本機械学会誌（C編），**66**, 648, pp. 2871-2876 (2000)
12) 白瀬敬一，近藤貴茂，岡本　満，若松栄史，荒井栄司：NCプログラムを必要としない機械加工のための仮想倣い加工システムの開発（自律型NC工作機械のための実時間工具経路生成），日本機械学会論文集（C編），**66**, 644, pp. 1368-1373 (2000)
13) 中本圭一，白瀬敬一，若松栄史，妻屋　彰，荒井栄司：NCプログラムを必要としない機械加工のための仮想倣い加工システムの開発（第2報，干渉チェックの強化と等高線加工の実現），日本機械学会論文集（C編），**67**, 663, pp. 3656-3661 (2001)

14) 中本圭一，白瀬敬一，若松栄史，妻屋　彰，荒井栄司：NCプログラムを必要としない機械加工のための仮想倣い加工システムの開発（第3報，自律的インプロセス切削条件修正戦略），日本機械学会論文集（C編），**69**, 677, pp. 270-277 (2003)
15) J. J. Shah : Assessment of features technology, *Computer-Aided Design*, **23**, 5, pp. 331-343 (1991)
16) J. H. Vandenbrande, and A. A. G. Requicha : Spatial Reasoning for the Automatic Recognition of Machinable Features in Solid Models, *IEEE Transaction of Pattern Analysis and Machine Intelligence*, **15**, 12, pp. 1269-1285 (1993)

3.4　高速切削加工

　工業製品を速く，精度よく，それなりの価格で製作することは常に要求されるところである．切削速度の高速化は，これらを満たすことができる一手法として有望視されてきた．もうひとつの高能率化対策に，切削面積を大きくすることによる高除去加工があり（送り速度や切込みの増大），これを実現するには高剛性や大消費動力を有する大型機が要求され，また仕上げ寸法に規定があるために，むやみに切込みを大きくできないなど制限がある．これに比して切削速度の高速化による高能率化は，この制約が少なく，速く，精度よくしかも安価に工業製品（金型，機械部品など）を得るための有効な手立てとして注目されている[1]．

　高速切削の定義となるとあいまいで，工作機械，工具材種，被削材種，加工手法などによって定義は大きく異なる．切削速度の高速化，工具の高回転化による切削環境の変化について，すべての加工手法を詳細に理論的・実験的に解明することはむずかしい．ここでは，ここ十数年で発展してきたボールエンドミルを用いた高速切削による形状加工に的を絞って実験結果を中心に詳説する．

3.4.1　高速化に対する切削環境の変化

　高速化によって顕著な変化がみられるのは切りくず形態の変化と工具摩耗であろう．

　流れ形切りくずが生成される場合が切削抵抗の変動が少なく，良好な仕上げ面粗さ

表 3.14　切削条件による切りくず形態の変化[2]

切りくずの形態	流れ形	せん断形	むしり形	き裂形
被削材	延　性	←―――	―――→	脆　性
すくい角 (γ)	大	←―――	―――→	（小）
切込み (t_1)	小	←―――	―――→	大
切削速度 (V)	速	←―――	―――→	遅
温度 (T)	高	←―――	―――→	低
摩擦係数 (μ)	小	←―――	―――→	大
工作機械の剛性	大	←―――	―――→	小

が得られると一般的にいわれる．表3.14に切削条件による切りくず形態の変化を示す[2])．切削速度が速くなるほど流れ形切りくずが生成され良好な加工が実現される．

切削速度の高速化に伴い切削温度は上昇する．切削温度と工具摩耗の関係は，実験的に

$$\theta T^{n\theta} = C_\theta \qquad (3.4.1)$$

で表され，ここで，θ は切削温度，T は工具寿命，$n\theta$，C_θ は実験によりあらかじめ求める工具材種などによる定数を表す．切削温度に影響する因子としては，切削条件，被削材種，工具刃先形状，切削油剤などがあり，加工条件の中では，切削速度の影響が最も大きい．したがって，切削速度を上昇させれば温度が上昇して工具摩耗も促進され寿命が短くなると一般的にいわれていた．しかし，高速側で工具摩耗が減少する場合が高速ミーリングで見いだされており，必ずしも上式が成り立つわけではなく，切削速度の上昇＝工具温度の上昇≠工具摩耗の増大の場合もある．

切削速度の高速化による工具寿命の低下以外にも軸受や工具ホルダの把持力低下の問題などもあるが，空気静圧軸受や焼ばめホルダによって解決されつつある．

3.4.2 高速ミーリングのメリット

最近のマシニングセンタの傾向をみると高速指向が強く感じられる．ただスピンドルが高回転で送りが速いだけでは高速ミーリングを実現することはむずかしいが，幸いにも工具，ツーリング，CAD/CAM などの付随する要素技術もあわせて高度化されておりバランスがよくなってきた．

ここでいう高速ミーリングは，浅切込み，高送りを前提とし，できるだけ工具にかかる負荷を抑えた断続切削法である．高速に回転したボールエンドミルを用いて，少ない種類の工具で形状加工することによる CAM の軽減も同時にねらっている．高速に回転させて，速く送れば生産性がアップするから当然その方がよいと思われるが，実は高速ミーリングの必然性がある．金型の曲面などの形状加工ではボールエンドミルが主に使用され，図3.66に示すように切削される．すなわち，工具進行方向とこれと直角方向にそれぞれ送りをかけて切削する．前者を1刃当たりの送り，後者をピックフィード（Pf）と呼ぶ．1刃当たりの送りは，機械，工具の剛性で決まり，かつチップポケット（切りくずを排出するための空間）より大きくできないのは容易に理解できる．これが削り残し形状に及ぼす影響は Pf ほど大きくない．図3.66の表

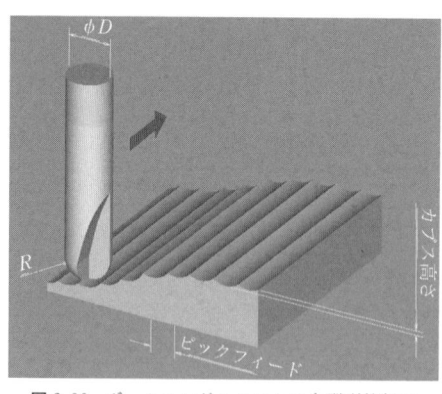

図3.66 ボールエンドミルによる金型形状加工

面粗さは近似的に $Pf^2/8R$ で表され（R は工具半径）[3]，工具半径 R を大きくするか Pf を小さくすれば切削後の表面粗さは小さくなる．しかし，できるだけ少ない種類の工具で加工しようとすれば自ずと最終仕上げ R の工具で加工することになり，Pf を小さくすることが表面粗さを小さくするための残された手段であることがわかる．切削後の表面粗さはできるだけ小さい方が研磨・仕上げ工程の軽減（場合によっては削減）になり，さらなるリードタイム短縮が期待できる．しかし，Pf を小さくすればそれだけ加工時間がかかり，それを短縮するためには工具を速く送れば良いが，回転数を変えずに送りを速くすると工具への負荷が増大する．これを減少させるのには回転数を増大させて1刃当たりの送りを小さくすれば良い．かくして工具を高速回転させて送りを速くする高速ミーリングの必然性が生ずる．

以下に実験を通して得られた高速ミーリングのメリットについて述べる．

3.4.3 各種金型用鋼材の超硬ボールエンドミル加工における摩耗特性[4]

図3.67に各種金型用鋼材を一定距離切削した後の逃げ面最大摩耗幅と実切削速度の関係を示す．同一鋼材種で塗りつぶし印は中心近傍（$r=0.5$ mm），白抜き印は外周（$r=3$ mm）での工具摩耗を示している．中心近傍の摩耗は，いずれの鋼材種でも切削速度の増加に伴い減少しているが，外周部での摩耗は切削速度の増加に伴い増大している．ボールエンドミルにおける高速域での摩耗増加は，熱に起因する拡散，酸化摩耗によるものであり，低速域での摩耗とは明らかに形態が異なる．低速側では主に圧力凝着に伴う機械的な因子による摩耗である．摩耗形態の相違についてはコーテッド超硬ボールエンドミルの項で後述する．また，断続切削であるボールエン

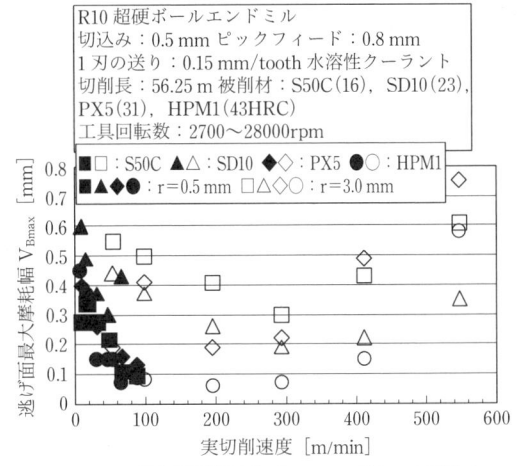

図3.67 各種金型用鋼材をボールエンドミル加工した際の実切削速度と逃げ面最大摩耗幅の関係

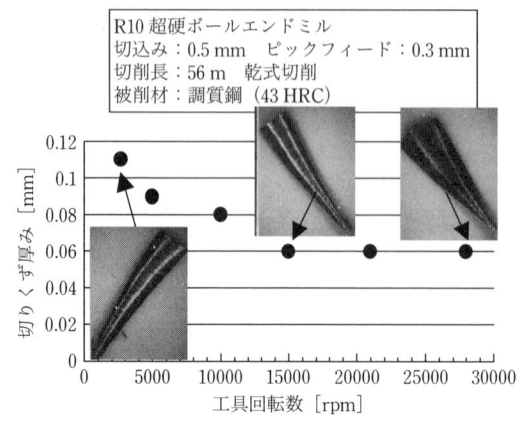

158 ── 3. 切削加工

図 3.68 調質鋼をボールエンドミル加工した際の工具回転数と切りくず厚みの関係

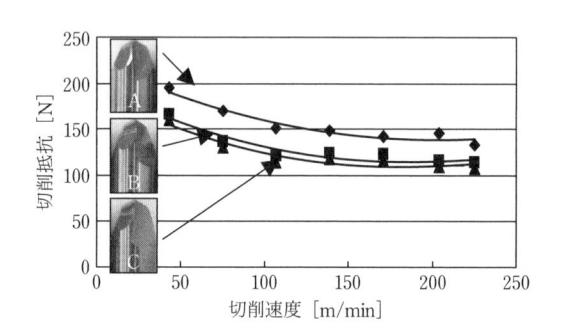

図 3.69 試作した各種ボールエンドミルを使用して加工した際の実切削速度と切削抵抗の関係

工具仕様	Neg/Neg A	Neg/Pos B	Pos/Pos C
アキシャルレーキ (deg)	−5	−5	5
ラジアルレーキ (deg)	−3	3	3
工具径　　　　ϕ(mm)	6	6	6

切込み：0.3 mm　ピックフィード：0.3 mm
1刃の送り：0.05 mm/tooth　乾式切削
被削材：調質鋼（43HRC）
工具回転数：2700〜28000 rpm
動力計：Kistler 9256A2

ドミル加工では，回転数が低くなると工具・被削材の接触時間が長くなること，切りくずの排出性が悪化すること，切削エネルギーの低下など多くの因子が複雑に関与している．

一方，より高速で切削すれば，図3.68に示すように，低速側での切りくず厚みに比して高速側でのそれは薄くなっており，せん断角が変化しているのが推測される．さらに図3.69に示すように切削速度の上昇に伴う切削抵抗の減少もみられ，高速での優位性が確認されている．

3.4.4 高速ミーリングにおける表面粗さ

図3.70に各工具回転数における調質鋼の切削距離と切削後の被削材表面粗さの関係を示す．低速側では切削長の増加に伴い表面粗さが増加している．一方，15000 rpm以上の高回転では，切削長に関係なく表面粗さは一定値を示す．この傾向は，

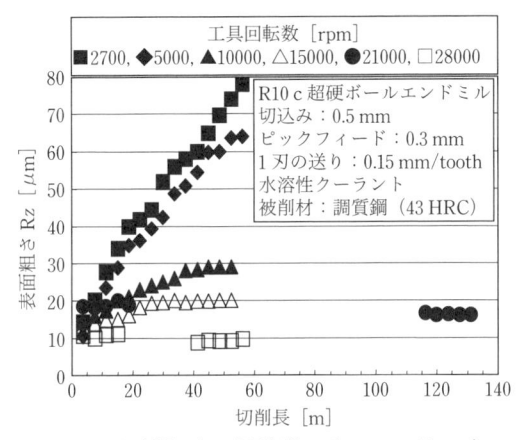

図3.70 調質鋼を各工具回転数でボールエンドミル加工した際の切削長と表面粗さの関係

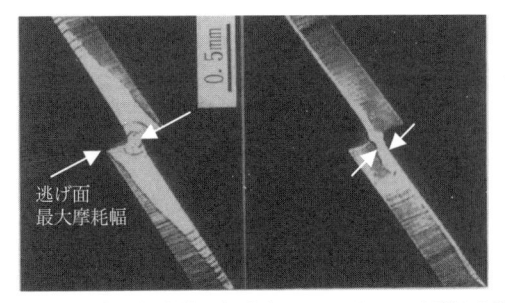

図3.71 調質金型用鋼材を超硬ボールエンドミルで切削した際の周速による摩耗形態の相違（左：2700 rpm，右：15000 pm）

他のいずれの金型鋼材でも同様に観察された．ここでの表面粗さは，切込みおよび Pf 値から工具中心近傍の形状に依存する．これは，低速側では切れ刃中心が，高速側では外周部が摩耗しているため，高速になればなるほど，中心刃近傍は摩耗しないので，高速側では摩耗しない本来の切れ刃で切削されることになり（図3.71），高速側で良好な表面粗さが得られる．より高速で，切削した方が表面粗さに対してよい切削条件ということは，一刃当たりの送りを同一にして加工するなら送り速度をより高速にすることができる．さらに，Pf を小さくしても加工効率を落とすことなく切削できることを意味し，後の仕上げ工程の軽減あるいは省略などが考えられ，高速送りすることによる他の問題が生じなければ，高速ミーリングによって高精度で高効率な形状加工が可能になる．

3.4.5 工具突出し量の違いが形状精度に及ぼす影響

切削加工で指摘される問題点の1つに工具突出し長さ（工具長さ L/工具径 D）がある．工具径に対して工具長を長くとった場合，工具が逃げる現象である．深物の加工ではしばしば問題になり，放電加工で代替せざるを得ないのが現状である．しかしながら，高速ミーリング加工ではこの悪影響を軽減できる．

図3.72に L/D の異なる TiAlN コーテッドボールエンドミルで 57 HRC の焼入れ鋼材を各切削速度で切削した際の切削長さと加工精度の関係を示す[5]．$L/D=3.7$ の

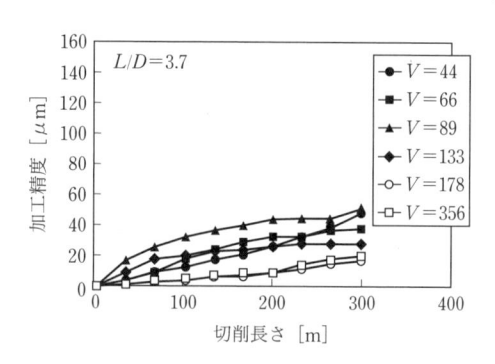

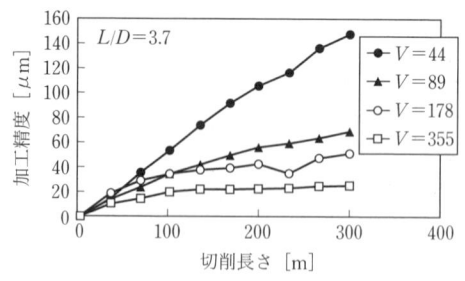

図3.72 突出し長さの加工精度への影響[5]

場合，切削速度が 178 m/min 以上の高速側で高精度が維持されている．$L/D=7$ の場合，いずれの切削速度においても $L/D=3.7$ に比して精度は悪化している．突出し長さが増加すれば当然工具に加わる曲げモーメントは増大し，その結果として工具のたわみ量が大きくなってその分工具が逃げるために精度は悪化する．突出し長さが大きい場合，高回転することによる精度への寄与は突出しが少ない場合に比して顕著であり，ここにも高速ミーリングのメリットが見いだされる．

3.4.6　焼入れ鋼のコーテッド超硬ボールエンドミル，cBN ボールエンドミルによる高速ミーリング

45 HRC 程度までの金型用鋼材の超硬ボールエンドミルによる切削では，高速で切削する方が工具寿命，切削後の表面粗さの点から，良好な結果が得られた．ここでは，より高硬度な焼入れ鋼材のコーテッド超硬ボールエンドミル，cBN ボールエンドミルによる切削特性について述べる．

図 3.73(a)，3.73(b) に 57 HRC の SKD 11 を切削した際の逃げ面摩耗量，被削材加工精度と切削速度の関係をそれぞれ示す[6]．切削速度が約 200～500 m/min の範囲で摩耗量が少なく，加工精度が良好である．これは工具摩耗形態とおおいに関連があ

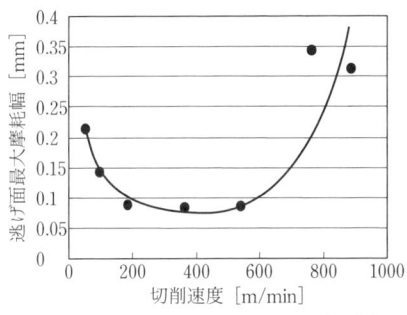

図 3.73(a) 焼入れ鋼材をコーテッド超硬ボールエンドミルで切削した際の切削速度と逃げ面最大摩耗幅の関係[6]

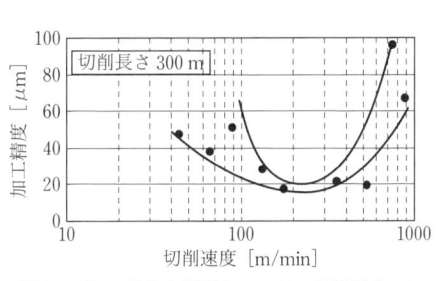

図 3.73(b) 焼入れ鋼材をコーテッド超硬ボールエンドミルで切削した際の切削速度と加工精度の関係[6]

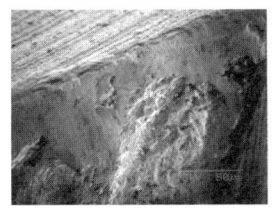

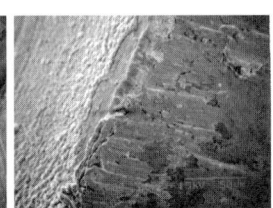

44 m/min　　　355 m/min　　　889 m/min

図 3.74 各切削速度で焼入れ鋼材をコーテッド超硬ボールエンドミルで切削した後の工具摩耗形態の相違

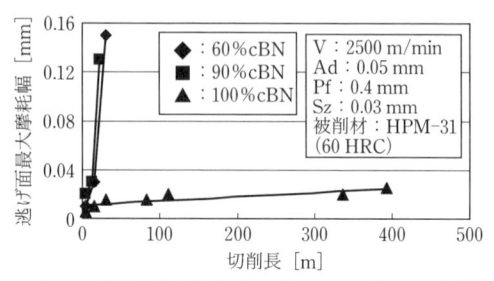

図 3.75 焼入れ鋼を各種 cBN ボールエンドミルで切削した際の切削長と最大逃げ面摩耗幅の関係[7]

る．図 3.74 に各切削速度で 300 m 切削した後の工具摩耗状況を示す．低速側では，主に欠けが観察され，凝着物もみられるが，889 m/min ではサーマルクラックが観察されて熱的に損傷した摩耗形態を示す．その中間では正常摩耗を呈し，この範囲で寿命，精度ともに良好であった．これは前述のコーティングなしの場合と同様の傾向を示している．

通常，焼入れ鋼材を用いた金型加工では，放電加工が一般的であるが，電極の切削加工，加工精度，経済性などを考慮した場合，55 HRC 程度なら適当な加工条件を選択すれば，コーテッド超硬ボールエンドミルが十分実用的であろう．それ以上の高硬度鋼材の切削加工は cBN 工具に頼らざるを得ないのが現状である．

図 3.75 に 100% cBN ボールエンドミル工具と他の cBN 工具で焼入れ鋼を切削した際の切削長と最大逃げ面摩耗幅の関係を示す[7]．2500 m/min という高速にもかかわらず．バインダレス cBN 工具はほとんど摩耗していないのがわかる．最適な加工条件を見いだすことによって 60 HRC を超える焼入れ鋼材であっても低コストで直彫りできる可能性のひとつがここに存在する．

3.4.7 高速ミーリングによる金型加工事例

ここでは高速ミーリングによる金型加工事例について紹介する．
表 3.15 に自動車用樹脂バンパー金型における高速化への改善内容を示す[8]．cBN

表 3.15 形状仕上げ加工の高速化（φ30）[8]

	～1994	～1998	1998～
使用工具	ハイス＋コーティング	超硬＋コーティング	cBN
回転数	700 min^{-1}	6000 min^{-1}	15000 min^{-1}
切削送り	400 mm/min	4000 mm/min	16000 mm/min
保持具	BT 50	BT 50＋端面密着	←＋バランス取り
機械出力	3000 min^{-1}	15000 min^{-1}	←
減速制御	なし	CAM 減速機能	←＋機械先行制御
工具寿命	数十 m	数百 m	数千 m

図 3.76 cBN ボールエンドミルを用いた自動車用樹脂バンパー金型の高速ミーリング事例

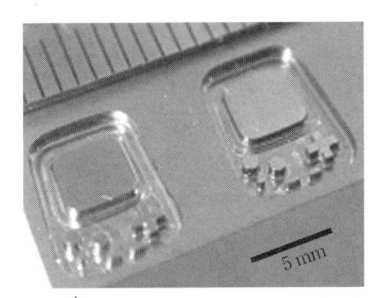

R 0.2 mm TiAlN コーテッド超硬ボールエンドミル
工具回転数：50000 rpm，実切削速度：33 m/min
Z 方向切込み：0.03（仕上げ：0.01）mm
軸方向切込み：0.05（仕上げ：0.01）mm
送り速度：1000 m/min　オイルミスト
被削材：焼入れ鋼 60 HRC

図 3.77 焼入れ鋼材のコーテッド超硬ボールエンドミルを用いたキャビティ形状の加工事例[9]

工具を適用することによって加工速度と耐摩耗性を飛躍的に向上させることが可能となり，図 3.76 にみるような良好な仕上げ面を得ることが可能になってきている．

図 3.77 にゲーム機金型モデルの外観を示す[9]．60 HRC の焼入れ鋼材を R 0.2 mm の TiAlN コーテッド超々微粒子超硬ボールエンドミルで加工した事例である．

図 3.78 に調質鋼材を R 0.3 mm の cBN ボールエンドミルで加工した携帯金型モデルの外観を示す[10]．最終仕上げを 1 本の工具で加工することによって段差のない均一な仕上げ面とシャープなキャラクタラインが得られているのが特徴である．

図 3.79 にクランクシャフト鍛造型の加工事例を，表 3.16 に加工条件をそれぞれ示す[11]．最大深さが 54 mm と深く 1.5°の最小抜き勾配がある．被削材は 43 HRC の調質鋼材で ϕ3 mm コーテッド超硬ボールエンドミルと ϕ8 mm ラジアスボールエンドミルで加工した事例である．約 23 時間の実切削時間で使用工具本数合計は 25 本であった．このような深物で抜き勾配が少ない金型では従来放電加工で製作されていたが，高速ミーリングの適用によって直彫りが可能になってきた良い事例であろう．

他方，ラピッドプロトタイピング（RP）の金型製作への適用もかなり増えてきて

R 0.3 mm cBN ボールエンドミル
Z 方向切込み：0.01 mm
軸方向切込み：0.01 mm
送り速度：1000 m/min　乾式切削
被削材：調質鋼 40 HRC
工具回転数：32000 rpm

図 3.78　調質鋼材の cBN ボールエンドミルを用いた携帯モデルの加工事例[10]

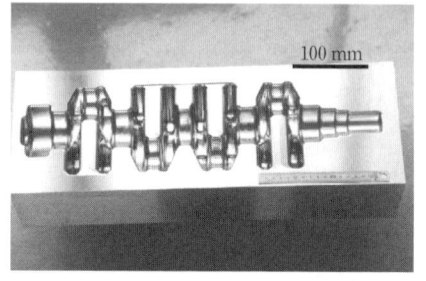

図 3.79　調質鋼材のコーテッド超硬ボールエンドミルを用いたクランクシャフト用熱間鍛造型の加工事例[11]

表 3.16　クランクシャフト鍛造金型用工具，加工条件と加工結果[11]

工具形式			A	B
工具半径	[mm]		ボールエンドミル	コーナー R 付きエンドミル
工具半径	[mm]		1.5	4（コーナー R1.5）
シャンク直径	[mm]		6	12
全長	[mm]		80	100
刃長	[mm]		3	30
刃数			2	2

材質：DAC4（43HRC）

番号	加工分類	工具種類	ピックフィード		主軸回転数 S [min^{-1}]	切削送り速度 F [mm/min]	使用工具本数	実切削時間 [min]	切削長 [m]	平均切削長 [m/本]	備考
			Z	XY							
1	荒加工	A	0.25—0.5		18000—24000	3000—5000	31	1220	4380	141	
2	仕上げ	A	0.2—0.5		18000	2000—4000	5	240	445	89	
		B			18000	2000—4000	2	130	415	208	
3	その他	—	—		—	—		35	95	—	試行など
合計							38	1625	5335	—	

いる．しかし RP では転写技術を使用する，材料に制限がある，精度が悪いなどの問題点がある．高速ミーリングでは，RP 機を使用しないで実物モデルを製品と同一材質で製作することができ，これにより意匠チェックと干渉チェックができ，その後鋼材製の金型が同一の（問題が発見されれば手直しされた）データで製作できることになる．この分野での高速ミーリングの適用事例も今後増加すると思われる．

3.4.8 高速ミーリングの問題点

　高速ミーリングのメリットについて上述した．もちろん万能な加工ではないので問題点もある．従来の切削加工における問題点はやはり高速ミーリングでも問題点として残る．重要な問題点の1つにカッタパスや CAD/CAM があり，高速ミーリング用の最適なカッタパスはいかにあるべきかについての結論はでていない．ハード的な問題をあげれば，工作機械，工具，ツーリングなどはどのような仕様が良いか結論づけられているとはいいがたい．ここでは工作機械の送り速度の問題点について例をあげる．

　図3.80に4種類のマシニングセンタを用いて焼入れ鋼を形状加工（ゲーム機金型モデル）した際の荒加工，仕上げ加工における指定送り速度と実際の加工時間から計算した実送り速度の関係を示す[12]．指定送り速度が速くても遅くても1刃の送り量を一定に設定しているので，指定送り速度が速い方が高回転であることを意味する．しかし，加工形状や工作機械の制約により指定送り速度が速くなればなるほど実送り速度は指令値に追従しなくなる．すなわち，工具は仕事をしないで擦ってばかりいるので摩耗が促進され工具寿命が短くなる．基礎的なデータを取る場合は，直線かつ一定速度で切削する場合がほとんどであるが，実際の形状加工ではむしろ曲面が多くなるため高回転，高送り条件で切削することはむずかしくなる．例えリニアモータ駆動のマシニングセンタを用いても，微細・複雑形状な加工になると高速での方向転換はむずかしい．

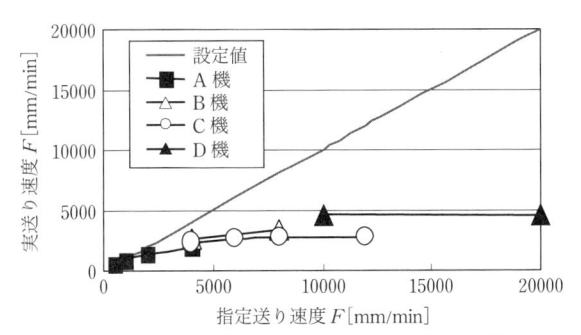

図3.80 ゲーム機金型モデルを形状加工した際の指定送り量と推定送り量の関係[12]
設定送り速度が増大するほど実送り速度は追従しない．

3.4.9 高速ミーリングの将来[13]

種々の問題点が解決され,各要素技術がさらに高度化すればさらなる高精度で迅速な加工が実現される.しかしながら,新たな工具や被削材が開発されれば,やはり削ってみなければ,詳細な摩耗状況などは判断できない.これらがシミュレーションによっておおよそ判定でき,削る前に加工条件の最適化ができれば,それは究極のミーリングになる.コンピュータの発達を考えればそれほど無理な話でもなく,切削のデータベースがあわせて構築されれば,これらのことは近い将来可能になるだろう.

〔安斎正博・高橋一郎〕

▶▶ 文　献

1) 精密工学会編:精密加工実用便覧,p.187,日刊工業新聞社 (2000)
2) 吉田嘉太郎:時末光編ものづくり機械工学,p.97,日刊工業新聞社 (2003)
3) 藤村善雄:実用切削加工法,p.146,共立出版 (1991)
4) 安斎正博:機械の研究,**55**,6,23 (2003)
5) 第64回切削油技術研究会総会資料「精度を維持・向上する現場の工夫」,p.108,切削油技術研究会 (2002)
6) 嘉戸　寛,安斎正博,高橋一郎:型技術,**17**,13,48 (2002)
7) 松浦寛幸,福井雅彦,高橋一郎,安斎正博:機械学会第4回生産加工・工機械部門講演会講演論文集,111 (2002)
8) 渡辺敬一郎:型技術,**16**,2,36 (2001)
9) 後藤隆司,岡田浩一,黒澤淳一,石井　聡:型技術,**17**,8,74 (2002)
10) 高橋一郎,安斎正博,三井健一:型技術,**17**,13,51 (2002)
11) 安斎正博,嶽岡悦雄:鍛造技報,**22**,70,9 (1997)
12) 第65回切削油技術研究会総会資料「高能率加工の新たな展開」,p.129,切削油技術研究会 (2003)
13) 松岡甫篁,安斎正博,高橋一郎:はじめての切削加工,p.217,工業調査会 (2003)

3.5　ナノ・マイクロ加工技術

3.5.1　超精密加工機の発展経過

超精密切削加工機はナノメートルスケールの位置決め精度をもち,普通の大きさのものから微細なものまで加工範囲の広さとともに,非常に高い寸法精度・形状精度・表面粗さを容易に得られること,複雑な形状を自在につくり出せること,加工材料をほぼ自由に選べることに特徴がある.精度良く管理された切れ刃形状をもつ工具を正確に運動させることによって,切れ刃の形状を工作物に正しく転写できることによる.

工具として単結晶ダイヤモンドが,その低摩擦係数と優れた熱伝導性,高硬度と原子レベルでの鋭利性のために例外なく用いられている.ダイヤモンド切削ではアルミニウム合金や銅,真鍮,ニッケル銀,銅ニッケル亜鉛合金が使われる.スチールに対しては,炭素からなるダイヤモンドと鉄の親和性が原因で工具摩耗を引き起こすため

に一般的には適していない.

　超精密加工と呼ばれる技術は,すでに旋削加工で実現されている.ナノメートルオーダの位置決め機構を備えた超精密旋盤と,高い形状精度をもつ単結晶ダイヤモンド工具を用いて,被削性の良好なアルミニウム合金や無酸素銅などを鏡面加工し,レーザプリンタ用のポリゴンミラー,レーザの反射ミラー,磁気ディスク用サブストレート,複写機のドラムなど平面や球面,軸対称非球面の生産に貢献してきたことはよく知られている[1].1970 年代後半になって急成長したコンピュータや複写機,レーザ関連の産業の進展とともに超精密切削加工機によるダイヤモンド旋削加工を主体とした部品加工に活躍した.その後,マイクロエレクトロニクスやオプトエレクトロニクスの急速な発展と,製品の小形化・複合化・集積化の要求もあり,さらに超精密加工技術への期待は高まっている.

　しかし,旋削でX線光学系の集光用に用いられるトロイダルミラーのような2軸非球面や,複雑な自由曲面の加工を行うことはむずかしい.今後はより複雑な形状をもつ工作物の超精密加工が必要になってくると考えられる.非軸対称・非球面ミラー加工,各種の光学素子の加工,精密成形用金型加工,硬脆材料の加工などの要請から,旋削加工だけでなく,回転工具を用いたフライス加工や砥石を用いる研削加工も可能で,複雑な形状に対応する多軸制御加工機へと開発内容も変化してきている.

　そのような要求に対処しようと,ダイヤモンド工具による超精密フライス加工に目が向けられ始めている.そのような例として,単刃のダイヤモンドをディスク状に回転させた溝加工をあげることができる.このプロセスはフライカッティングとも呼ばれ,交差させることによって図3.81のようなマイクロ構造もつくられている[2].

　工具や金型などの複雑形状や曲面の加工のできるエンドミルは一般に超硬でつくられ,直径 0.1 mm 以下のマイクロ工具も市販されている.図3.82は,ミニチュアカーのホイールの金型入れ子で,HRC 55 の工具鋼で直にフライス加工したものである.その表面粗さは 0.3 μm Rz である.

　さて,通常の大きさの工作物の超精密加工が進む一方,微細な構造をつくり出すマイクロ加工技術にも関心は高まっている.これはマイクロ化によって省エネルギー,省スペース,高付加価値を狙うという背景があるためで,微細な光学部品や光電素

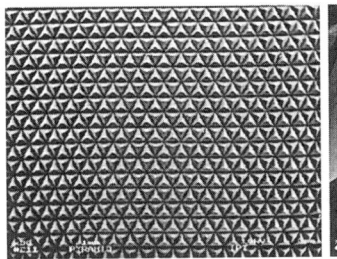

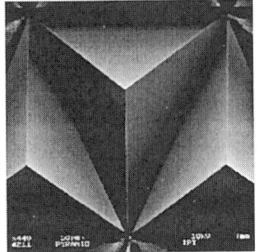

図 3.81　フライカッティングで加工されたマイクロ構造[2]

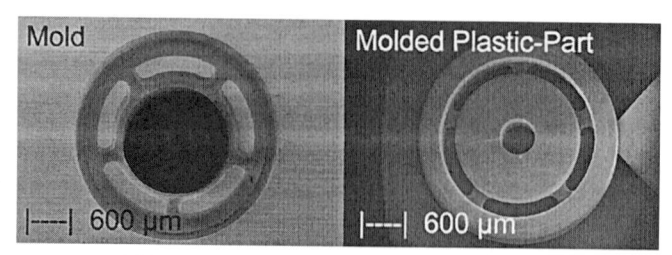

図 3.82 ミニチュアカーのホイール金型と成形部品

子，超小型アクチュエータのようなマイクロ機構部品，マイクロロボットやマイクロマシンに必要となるマイクロ構造体などの生産に期待が集まっているからである．

マイクロ加工はマイクロマシニングとも呼ばれ，その製造プロセスはエッチングとフォトリソグラフィを組み合わせた半導体製造技術を用いることが多い．しかし，厚みのある三次元構造の形成はむずかしく，また高品位の表面をつくるのは困難である．そこで，超精密切削加工の特徴を活かしたマイクロ加工技術が注目されている．工具の微細化という問題を抱えているものの，マイクロ加工に対し，伝統的な切削加工もその一翼を担うと期待は大きい．

以下，超精密マイクロ加工，特にフライス加工の現状を述べる．なお，ここでマイクロ加工と称するものは，ミリメートルの寸法を有する部品を 10 nm 程度の面精度で製作するものである．

3.5.2 超精密加工機の構成と構造

超精密加工機の基本構造は，工具や加工物を送り軸に沿ってナノメートルの精度で位置決めするための仕組みと関係が深い．駆動をモータに結合されたねじで送るのか，直接駆動のリニアモータにするのかで分かれ，ねじ駆動もボールねじか静圧ねじかによって区分けされる．低摩擦で高い真直度をもってテーブルを移動させるため，駆動されるテーブルの案内も，転がり案内か静圧（油，空気）案内で分かれる．回転部の軸受も同様である．それぞれの軸受の特徴を表 3.17 に示す．

表 3.17 各種軸受の特徴 軸制御（藪谷 誠による）

項 目	転がり軸受	油静圧軸受	動圧軸受	空気軸受	磁気軸受
精度	○	◎	○	◎	○
精度寿命	△	◎	△	◎	◎
剛性	○	◎	△	○	△
負荷容量	○	◎	△	△	△
振動減衰性	△	◎	○	△	△
発熱	○	△	×	○	◎
耐久寿命	△	◎	△	◎	○
保守管理	○	△	○	○	△

送り軸は直交するようにつくられる．空間で任意の位置に位置決めするには3軸，すなわち3自由度が必要になり，3つの送り軸はそれぞれの直角度を保持するよう組み立てられる．送り軸は直進軸であるが，回転軸も制御軸の1つであり，工具や加工物の姿勢を制御するために必要で，最近は回転軸を2軸追加して5軸制御化した超精密加工機も増えている．

工具を取り付ける主軸の構造も加工対象物の小形化・微細化によって高速化が求められ，そのためにDDモータ駆動の空気静圧主軸が一般化している．

3.5.3 超精密切削加工機の現状

超精密加工機は，すでに述べたように2軸制御の旋盤として製作されたが，当然のことながら軸対称部品に限定された．複雑な形状の超精密部品の加工にはフライス系の超精密加工機が適している．ドイツのアーヘンのフラウンホーファー研究所では，UPMというマイクロ加工用3軸制御フライス盤を開発した．図3.83に示すように，空気軸受とレーザ干渉計を備え，花崗岩の定盤の上にセットされ，空気ダンパで支持されている[2]．

英国の国立物理学研究所NPLでは図3.84のような高剛性の四面体構造の加工機が開発され，研削加工用に使われた．ドイツのクーグラー社はアーヘンのフラウンホーファー研究所と共同で，図3.85のような空気と油静圧軸受をもつ5軸制御フライス盤を開発した．最近では，超精密加工機の送りにはリニアモータの利用が増えている．リニアガイドや主軸には油静圧軸受が使われる．

今日の超精密加工機の性能は次のようである．

・表面粗さ $R_a < 10$ nm
・形状精度 $< 0.1\ \mu m/100$ mm
・主軸の軸方向，径方向の振れ $< 0.1\ \mu m$

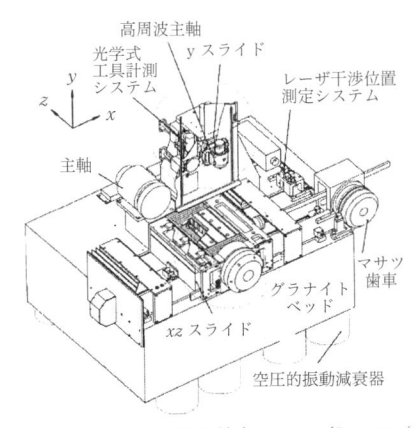

図3.83 3軸制御超精密フライス盤UPM（ドイツ・フラウンホーファー研究所）[2]

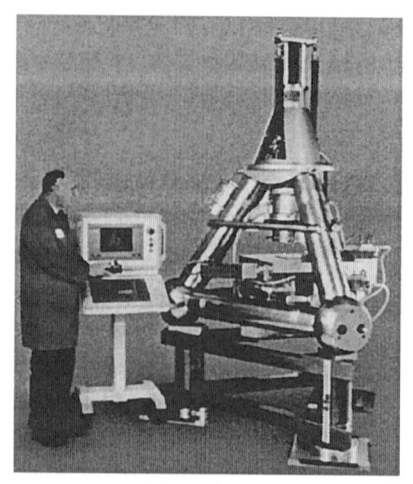

図 3.84 四面体構造の加工機(英国・NPL)

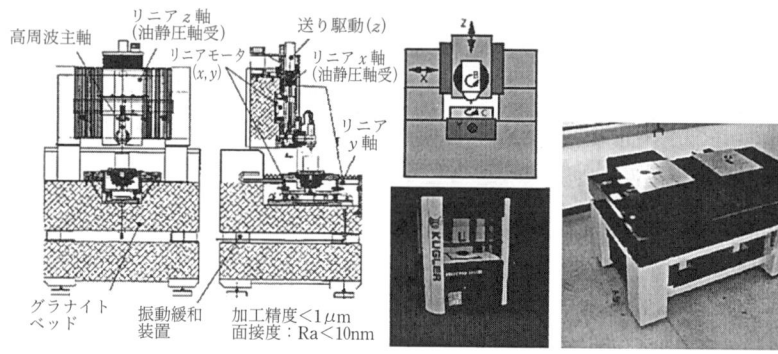

図 3.85 5軸制御フライス盤(ドイツ・クーグラー)

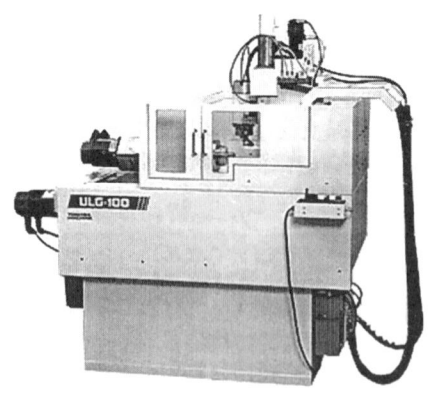

図 3.86 東芝機械(株)のULG 100C(H^3)

・主軸スピード＜100000 rev/min

国内で市販されている超精密加工機の現状を概括してみる．旋盤とフライス盤の機能をあわせもつものが多い．図 3.86 に示すのは東芝機械(株)のULG 100 C(H^3)である．同時4軸制御で研削・切削加工が可能である．X軸，Y軸，Z軸の案内には超精密ニードルを配置した有限形V-V転がり案内を採用し，その駆動系にはボールねじ駆動とリニアモータ駆動を用いて

3.5 ナノ・マイクロ加工技術 —— 171

いる．ワーク軸および研削軸に超精密空気静圧スピンドルが使われている．ダイヤモンドバイトやダイヤモンド砥石によって球面，非球面，自由曲面金型の切削と研削に対応でき，さらには特殊光学部品製作に威力を発揮するとしている．

油静圧案内を採用した機種に（株）不二越の ASP 30 と豊田工機（株）の AHN 05 がある．ASP 30 は図 3.87 に示すように，すべてのスライド・送りねじ・ナットに油静圧を採用し，ナノメートルオーダのスムースなバックラッシのない位置決め制御を実現している．X 軸，Y 軸，Z 軸の 3 軸制御で自由曲面を加工でき，1 nm 以下のレーザスケールにも対応可能である．機上形状計測装置を搭載し，加工物の設計値に対する誤差修正加工ができる．光学レンズやレンズ金型加工機としての用途を狙っている．

図 3.87　（株）不二越の ASP 30 の油静圧機構

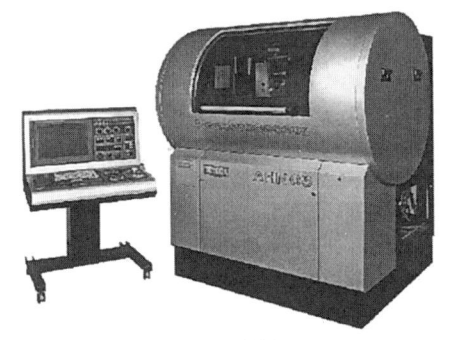

図 3.88　豊田工機（株）の AHN 05

図 3.88 は AHN 05 の外観であり，図 3.89 にその構造を示す．油静圧案内を採用し，リニアモータ駆動によって 2 軸～4 軸構成を選択できる構造になっている．ま

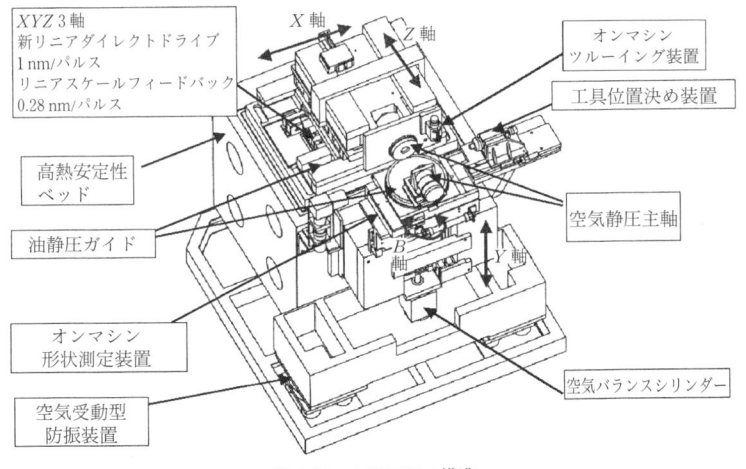

図 3.89　AHN 05 の構造

油静圧軸受

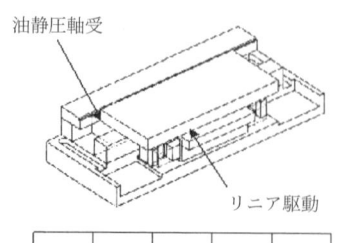

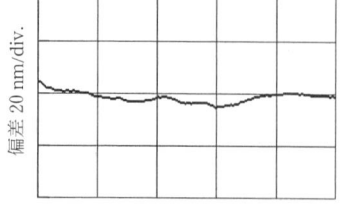

リニア駆動

偏差 20 nm/div.

送り方向 10 nm/div

図 3.90 AHN 05 の送り案内の精度

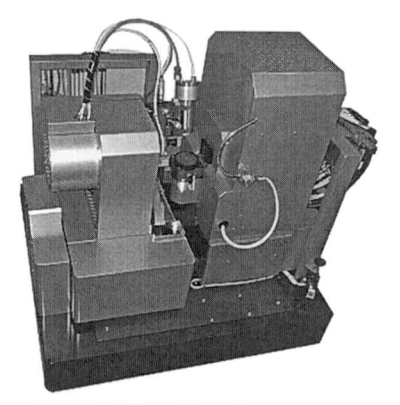

図 3.91 （株）ソディックの NANO 100

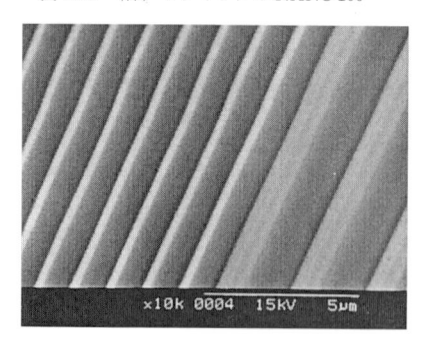

図 3.93 NANO 100 によって加工された可変ピッチ，可変角度の V 溝

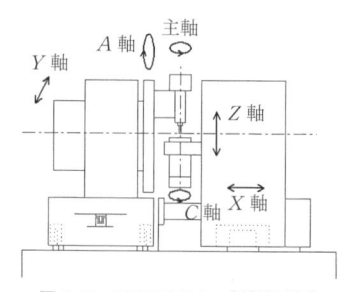

Y 軸　A 軸　主軸　Z 軸　C 軸　X 軸

図 3.92 NANO 100 の制御軸構成

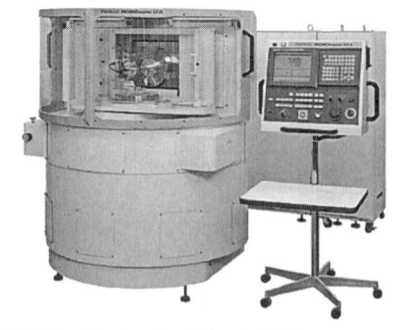

図 3.94 ファナック（株）の ROBONANO Uiα

た，リニアモータ駆動と 0.27 nm の位置フィードバックにより超滑らかな送りを実現できる．図 3.90 は送り案内の精度である．形状測定装置のオンマシン化による高能率化をうたっており，光通信分野などの小径非球面形状や三次元曲面加工に最適であるとしている．

摩擦を排除するために空気静圧案内を全面的に採用した超精密加工機に，（株）ソディックの NANO 100 とファナック（株）の ROBONANO Uiα がある．図 3.91 は NANO 100 の外観であり，図 3.92 にその制御軸構成を示す．5 軸制御可能であり，案内は空気静圧セラミックス製ガイドで，X，Y，Z 軸はリニアモータ駆動，A，C の回

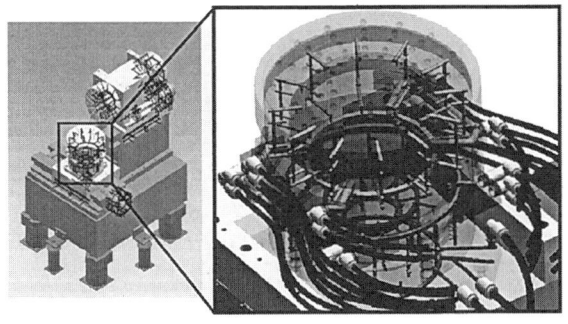

図 3.95 層流化対策を施された ROBONANO Uiα

転軸は AC サーボモータである．主軸は空気静圧で，エアタービン駆動によって毎分 5 万回転できる．図 3.93 は NANO 100 によって加工された可変ピッチ，可変角度の V 溝の形削り例である．ピッチは $1.41\ \mu m$ から $2.82\ \mu m$，角度は $44.87°$ から $35.51°$ に変化している．

図 3.94 は ROBONANO Uiα の全景である．すべて空気静圧でつくられた 5/6 軸制御可能な加工機であり，摩擦なしを標榜している．主軸もエアタービン駆動方式である．この加工機の特徴は静圧空気がもたらす乱流の影響を極力避けるために，それがナノメートルオーダであっても内部からの振動源を排除するよう配管系を層流化し，軸受面を鏡面化していることにある．図 3.95 は層流化対策された配管系を示す．

3.5.4 ナノ・マイクロ切削加工例
a. 5 軸制御マイクロ複雑形状加工

5 軸制御の機能を生かしてマイクロ加工を行った例を示す．仏像の頭部を三次元 CAD でモデル化し，これをもとに 5 軸制御加工用工具経路を生成し，擬似ボールエンドミルと名付けたダイヤモンド工具で加工するものである[3]．図 3.96 は実物大の仏頭を非接触の三次元デジタイザで計測し，それに面を張って三次元化したモデル像である．

曲面加工にはボールエンドミルが用いられるが，ダイヤモンドでできたボールエンドミルは存在しないので，旋削加工に使用する R タイプのダイヤモンド工具の片側を切除し，切削速度ゼロを避けるためにわずかに回転軸をずらした工具を使用する．この擬似ボールエンドミルと呼ぶ工具を図 3.97 に示す．

加工対象形状を得るには全面から工具をあてる必要がある．そこで，対象形状をスライスし，スライ

図 3.96 三次元モデル化された仏頭

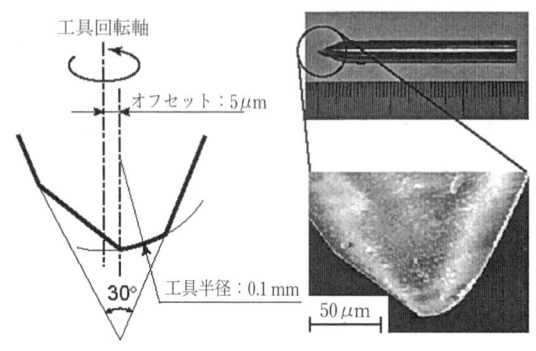

図 3.97 マイクロ曲面加工用の擬似ボールエンドミル

スした部分の周囲に沿って工具を移動させる．そのとき，工具の姿勢は加工点に対して垂直方向を向くようにセットする．そのためには位置と姿勢を同時に定めなければならず，5軸制御が必要になる．加工には5/6軸制御可能な超精密フライス加工機(FANUC 社製 ROBONANO Ui)を用いた[4]．この加工機の可動軸は，すべて静圧空気軸受で支持されており，摩擦なしサーボによって，直進軸の位置決め精度は1nm，回転位置決め精度は0.00001°となっている．また，空気＋油減衰式の遮蔽台をもつコンクリート内蔵の鋳鉄製のベース上に加工機が設置されている．このベースは床面からの振動を遮断するだけでなく同時に機械自身が発生する振動も吸収するために，静的にはnmレベルの振幅減衰が実現されている．

三次元CADの情報からCAMシステムの中のメインプロセッサによって工具の経路情報であるCLデータを生成したのち，ポストプロセッサを使い，超精密マシニングセンタの構造に適したNCデータに変換する．このNCデータは1nmの位置決め精度をもつNC装置に送られ，加工を行う．仏頭の高さは3mmほどの大きさである．加工材料はマシナブルワックスを用いた．加工条件は，送り5mm/min，切削速度1.6m/min，ピックフィード14μmである．加工時間は約10時間である．加工された仏頭を図3.98に示す．

三次元CADデータを用いて工具経路生成が行われるが，計測データを利用しているために工具の姿勢は滑らかに変化しない．これが面精度の悪化を引き起こす．そこで，工具姿勢の変化が滑らかになるようスムージングを行っている．このようにCAMを工夫することによって微細な三次元形状加工や金型製作に寄与できる．切削加工の特徴である高い形状精度や良好

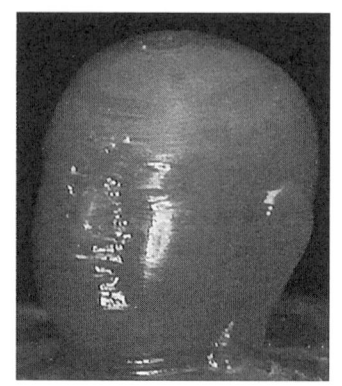

図 3.98 同時5軸制御で加工された3mmの大きさの仏頭

な表面精度は,これから必要となるマイクロメカニズムやマイクロロボットなどの構造要素の製作にも利用でき,一層の研究開発が望まれる.

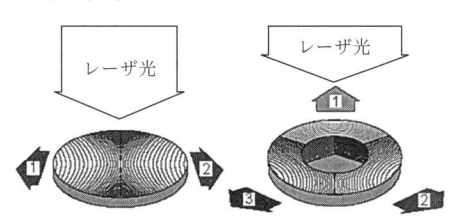

b. 非回転ダイヤモンド工具による多焦点マイクロフレネルレンズの加工

(1) フレネルレンズと多焦点マイクロフレネルレンズ 各種光学素子,電子素子の小型化,高集積化の要求が高まっており,光学素子の分野ではホログラフィック光学素子などがこれらの要求に応えるものとして注目されている.微細溝構造による光の回折効果を利用したホログラフィック光学素子は,レーザビームの分割,偏向,形状変換など複数の光学素子機能を単一の平板素子で実現できる.そのため,光ピックアップ装置の部品点数を削減可能とする要素技術として期待が大きい.

そこで,非回転工具を用いた5軸制御超精密加工機による自由度の高い微細溝の加工法で形状を得ようとした.非回転工具による加工では,工具の逃げ面と溝が干渉しない範囲で,連続的に変化する様々な曲率の溝も加工可能で,さらに5軸制御加工機と組み合わせることにより複雑な溝形状をもつ光学素子加工が可能となる.これまでの加工法では実現が困難であった微細溝の集合体である多焦点マイクロフレネルレンズ金型の加工を行い,この加工法の有用性を示す[5].

マイクロフレネルレンズは通常のフレネルレンズを極限まで小型・薄型化したもので,断面形状がのこ歯状になっている溝が同心円状に形成されたものである.図3.99に多焦点マイクロフレネルレンズの最も基本的な形状である2焦点マイクロフレネルレンズと3焦点マイクロフレネルレンズの概念図をそれぞれ示す.これらの素子は,1つの素子上に複数の切り取られたマイクロフレネルレンズを配置したものであり,入射したレーザ光を複数の焦点に集光させる機能をもつ.

図3.99 多焦点マイクロフレネルレンズの概念図

図からわかるように,いずれの光学素子も非軸対称形状であり,これまでにマイクロフレネルレンズ金型加工に用いられてきた旋盤型の加工機による作製は困難である.また,多焦点レンズを構成するいくつかのレンズ領域のマイクロ溝構造は,それぞれのレンズ領域において分断されており,1つの素子上に微細溝の始点と終点が同時に多数存在する.そのために,切削開始点と切削終了点において工具回転半径分の長い切上がりが生じる回転工具を用いた加工法も適していない.そこで,5軸制御超精密加工機に非回転工具を取り付ける加工法により素子形状の実現を試みた.ここでは,2焦点マイクロフレネルレンズの加工例を説明する.

(2) 2焦点マイクロフレネルレンズの設計と加工 2焦点マイクロフレネルレンズは,1つの素子上に2種類のフレネルレンズを配置したもので,1本の入射したレーザ光を2方向へ分割する機能をもつ.図3.100に示すように2焦点レンズの端面から0.5 mm離れた点に中心をもつ直径1.79 mmの大きなフレネルレンズから,2

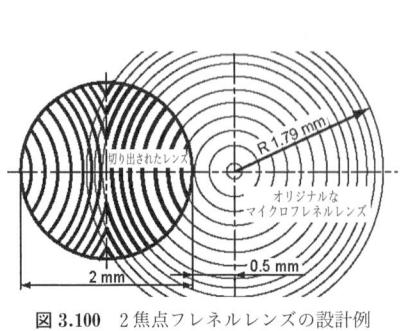

図3.100 2焦点フレネルレンズの設計例 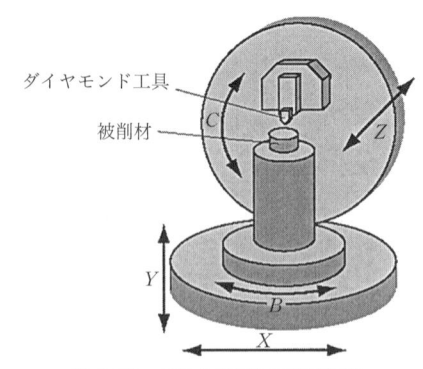　　**図3.101** 工具と工作物の位置関係

　焦点レンズと重なる部分を切り出すことにより片面のレンズとしている．同様の手法でもう片面のレンズを切り出し，素子に当てはめることによって2焦点マイクロフレネルレンズとする．切り出したそれぞれのマイクロフレネルレンズは，切り出される前のレンズと同様の地点に焦点を結ぶので，この2焦点マイクロフレネルレンズは素子の中心からそれぞれ1.5 mm離れた2地点の軸上に焦点を結ぶことになる．

　焦点距離を30 mm，入射するレーザ光の波長を650 nmとし，レンズ材の屈折率はアクリルの1.49を使用して微細溝構造を定義した．

　加工を行う被削材は無酸素銅である．工具には単結晶ダイヤモンド工具を使用した．工具先端に取り付けられるダイヤモンドチップの形状は，すくい角が0°，刃先角は45°，横逃げ角は8°となっている．図3.101のようにC軸テーブル上にダイヤモンド工具を取り付けている．工具の先端はC軸テーブルの回転中心と一致し，工具軸はB軸テーブルに対して垂直になっている．また，B軸テーブルの回転中心付近に被削材を固定している．

　加工にあたっては，定義した素子形状の幾何情報を参照してCLデータを出力する．CLデータとは，工具の位置と姿勢を工作物上に設定したワーク座標系上で表現したものであり，非回転工具の場合，工具の位置を表す工具中心点の座標値Pと，工具軸の向きを表す工具軸ベクトルT，工具のすくい面の向きを表す工具方向ベクトルDを一点の情報としてもつ点群データとなっている．このCLデータを工作機械の軸構成，加工法などを考慮に入れ対象とする工作機械の座標系に適するNCデータに変換する．

　単結晶ダイヤモンド工具はC軸テーブルに設置されており，工具中心点Pは常にC軸テーブルの回転中心軸上にセットしたため，工具軸方向は溝斜面角度と工具刃先角を参照して決定され，その値はC軸テーブルの回転角度に変換される．さらに，工具の送り方向が各切削点における溝の接線方向と一致するように各軸の制御を行う．加工条件は，1回当たりの切込み量0.5 μm，送り速度40 mm/minとし，切削

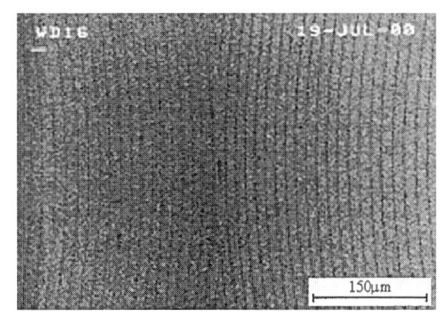

図 3.102 加工された2焦点マイクロフレネルレンズの SEM 写真

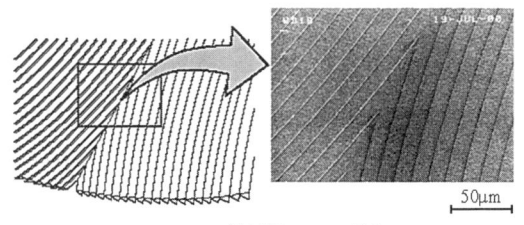

図 3.103 境界部の SEM 写真

油には白灯油を用いた．

図 3.102 に加工した2焦点マイクロフレネルレンズの中央部分を正面から SEM で観察した様子を示す．加工には 14 時間を要した．素子中央付近の溝の間隔が一番狭く微細な構造であるが，正常な切削が行われており加工面も良好である．図 3.103 に2つのマイクロフレネルレンズの境界部分を斜め上方から観察した様子を示す．2つのレンズ領域を構成する微細溝が，ずれることなく接続されている様子がわかる．また，溝斜面の工具送り方向について表面粗さを測定したところ，PV 値で 4 nm という結果が得られている．

3.5.5 ナノ・マイクロ切削加工の今後

超精密加工機として，最近発表が相次ぐフライス系の加工機の現状を説明した．位置決め精度は 1 nm になり，静圧案内にみられるようにバックラッシやスティックスリップのない「摩擦なしシステム」が一般的になっている．ますます微細化，複雑化する部品のナノ・マイクロ加工や微細部品成形用金型加工の分野の期待に応えようと研究開発に拍車がかかっている．

加工例として，微細で複雑な形状である仏頭を取り上げ，回転工具を 5 軸制御することによって対応できることを簡単に説明した．さらに，非回転工具を用いた加工法を提案し，2焦点マイクロフレネルレンズの加工例を示した．伝統的な切削加工も，

工作機械・工具・加工技術の工夫によってナノ・マイクロ加工の分野に大きく寄与できることが実証できた．

切削加工に対する期待も高く，さらに研究開発を進める必要がある．〔竹内芳美〕

▶▶ 文　献
1) 鈴木　弘：超精密切削技術の現状と今後の期待，精密工学会誌，**52**, 12, pp. 2008-2011 (1986)
2) mikroPRO report: Investigation of the International State of the Art of Micro-Production Technology, WGP, IWF, WBK, IPT CD-ROM (2002)
3) Y. Takeuchi, H. Yonekura, and K. Sawada：Creation of 3-D Tiny Statue by 5-Axis Control Ultraprecision Machining, *Computer-Aided Design*, **35**, 4, pp. 403-409 (2003)
4) 澤田　潔，竹内芳美：超精密マシニングセンタとマイクロ加工，日刊工業新聞社 (1998)
5) Y. Takeuchi, S. Maeda, T. Kawai and K. Sawada：Manufacture of Multiple-focus Micro Fresnel Lenses by Means of Non-rotational Diamond Grooving, *Annals of the CIRP*, **51**, 1, pp. 343-346 (2002)

3.6　環境対応技術

3.6.1　切削加工における環境対応の動向

1997年12月に開催された地球温暖化防止京都会議においていわゆる「京都議定書」が採択され，地球温暖化ガスの排出規制が唱えられた．このことをきっかけとして，生産技術の分野においても地球規模での環境問題への配慮が真剣に議論され，機械加工プロセスにおいては環境負荷を低減する省エネルギー・クリーンマニュファクチュアリングが重要なキーテクノロジーのひとつとして位置づけられている[1]．切削加工における環境対応技術としてその内容を大別すると，おおむね以下のようになる．

① 工作機械など加工装置の電力消費低減（省エネルギー対策）
② 工作機械に使用される油脂類の低減と化学薬品など毒物の排除
③ 切削加工時に使用される切削油剤の低減

工作機械は，その製造過程における環境負荷とこれを使用する際の環境負荷に分けて検討されるのが一般的であるが，この両者を含めた形で日本工作機械工業会において工作機械の環境対応技術とその評価方法に関する検討が進められている[2,3]．将来的には，JIS規格による工作機械の環境負荷に関する評価指針が提示されるであろう．以下には，工作機械を使用して切削加工を行う場合の環境負荷とこれを軽減するための環境対応技術について概説する．

3.6.2　工作機械の電力消費低減

図3.104に工作機械で消費されるエネルギーの割合を示す[4]．工作機械において消費される電力は，主軸やテーブル駆動用の電動機に関するもの以外に，油圧ポンプ，

クーラントポンプ，圧縮空気圧源，制御装置電源，設置室の冷暖房装置などの周辺装置によるものが含まれる．ここで注目すべきは，直接切削加工に関与する主軸・テーブル駆動に必要とされる電力消費よりも，各種ポンプ類の消費電力の割合が大きいということである．また，実加工の有無に関わらない固定エネルギー消費分が全体の約60%を占めていることも問題となる．図3.105に示すように，切削加工1サイクルにお

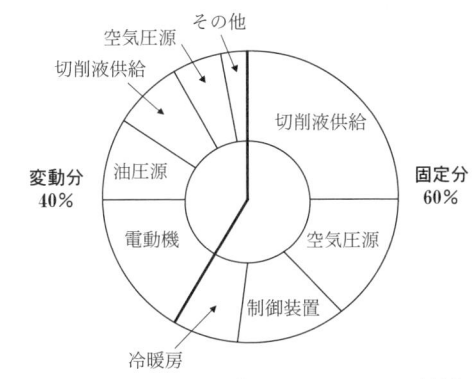

図 3.104 工作機械で消費されるエネルギーの割合[1]

ける消費電力は，油圧ポンプやクーラントポンプなどの固定電力消費分と実切削時の切削抵抗に応じた主軸・テーブル駆動に関する電力消費分の合計として表すことができる．これらの図から，工作機械の電力消費低減に関して以下のような項目をあげることができる．

① 消費電力の変動分の低減
② 消費電力の固定分の削減
③ 加工時間の短縮による全消費電力の削減

対策①については，工具性能や潤滑技術の向上など切削機構の高効率化による切削抵抗の低減や主軸・テーブル駆動用モータの効率アップなどが考えられる．主軸駆動用のモータに，永久磁石内蔵型のIPMモータを使用し，高効率化と同時に低発熱による熱変形の抑制を試みた例もある[5]．

対策②については，工作機械の待機時消費電力の削減，各種ポンプ類の廃止，容量の低減あるいはこまめなオン・オフ動作による不要な動作の抑制などが有効な方策と

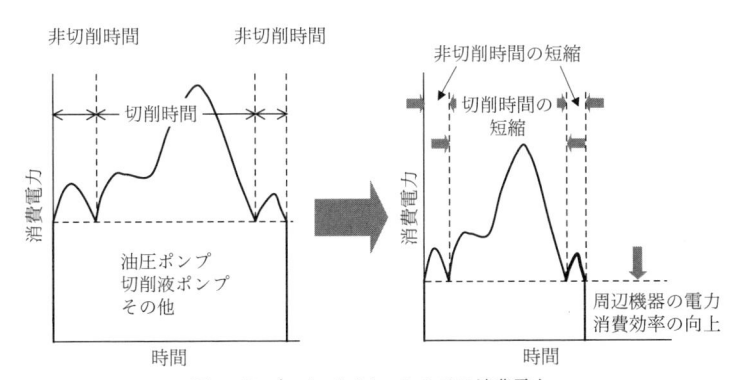

図 3.105 加工1サイクルにおける消費電力

して考えられる．特に，図3.104に示したように切削液供給用クーラントポンプの消費電力は全消費電力の約30%に達することから，その抑制が効果的である．次節において解説するニアドライ・ドライ加工技術は，クーラントポンプを使用しない加工方法であり，消費電力削減の積極的な方策としても評価することができる．このほか，工作機械の待機時電力を低減させるために，ソフトウェアによるこまめな不要電力消費のカットが行われる．例えば，主軸冷却用のオイルクーラのオン・オフや，加工室照明のオン・オフの自動化などがあげられる．

対策③については，高速切削や高送り切削による実加工時間の短縮や工具パスの最適化による，非加工時間の短縮などがあげられる．ただし，テーブルやコラムなどの送りの高速化とともに，これらの構造体に関する小型化・軽量化設計が合わせて重要項目としてあげられる．

ここで，対策①と対策②の方法を比較してみると，①の変動分の消費電力は②の固定分の消費電力に比べて全体の消費電力に占める割合が少ないことや，切削機構の高効率化そのものによる消費電力の大幅な低減はあまり望めないことから，対策②の方が大きな効果が得られるものと考えられる．

3.6.3 加工装置に使用される油脂類の低減

切削加工における環境対応策においては，工作機械に使用される油脂類の低減が重要項目としてあげられる．工作機械には，その構成要素の潤滑や冷却を目的として各部に潤滑油と冷却油が使用されている．潤滑油が使用される主な部位としては，主軸軸受やテーブル案内部などがある．主軸やテーブルの高速化・高精度化に対応して，潤滑方式も高度なものが採用されるようになり，消費油量の増大や使用される油種の多様化が進んでいる．高速主軸軸受の潤滑方式としては，多量の高圧潤滑油を供給するジェット潤滑方式と微量の潤滑油を冷却用エアとともに供給するオイルエア潤滑が多く使用されている．ジェット潤滑は，信頼性が高いものの，潤滑油供給用の油圧ポンプの消費電力が大きいことや，潤滑油の粘性抵抗に基因して主軸駆動に要する電力も大きいことなどから，環境対応の面からは有利な方式とはいえない．オイルエア潤滑方式は，使用する潤滑油量は微量であるが，同時に冷却エア供給のための電力消費が必要となる．また，供給後の潤滑油が主軸やテーブル案内部から漏れて切削油などに混入し，これが原因となって，切削油の腐敗や品質劣化などが生じ，切削油の寿命を短縮してしまう場合がある．この対策として，潤滑油と切削油の両目的に対応したマルチタスク油の開発が進められている．転がり軸受やリニアガイドなどには，外部からの油脂の供給の必要がないグリース封入型が好ましく，近年，軸受構造の最適化やグリースの高性能化などが進み，従来はグリース潤滑方式では無理とされていた高速域への使用も次第に可能となっている．

3.6.4 切削油剤の低減

切削加工における切削油剤の使用については，その使用段階や廃棄処理段階においてダイオキシンの発生が指摘されるなど，環境汚染による人体の健康への影響が指摘され，切削油剤の使用量と排出量を低減する技術が重要視されている．ドライ・ニアドライ（セミドライ）加工技術は，その代表的な技術項目である．

a. ニアドライ加工のための油剤

切削油剤をミスト状にして供給するニアドライ加工においては，ミストが周囲環境に浮遊し作業者に吸引される可能性があることから，使用される油剤に有害添加物が含有されることは許されない．このため，生分解性の高い合成エステル油や植物油が使用されている場合が多い．表3.18に，エステル系油剤の代表的な性質を示す．ニアドライ加工の場合，供給される油量は1時間当たり数 ml から数十 ml と極微量であり，高い潤滑効果を有することが最も重要な油剤性能として要求される．一般に，ニアドライ加工用のエステル系油剤の粘度は，10〜30 cSt の範囲である．また，浮遊した油剤が加工装置内部や床などに付着してべとつきの原因となり，作業環境を悪化させたり，さらに切りくずが付着しやすくなるなどして機械的障害を誘因することがあることから，べとつきにくい油剤の開発が望まれている．

表 3.18　エステル系油剤の性質

密度 ρ (15℃) [g/cm^3]		0.9460
動粘度 ν (40℃) [mm^2/s]		19.73
表面張力 γ (25℃) [mN/m]		30.3
生分解性 [%]	CEC 法 (CEC-L-33-T82)	100
	OECD 法 (OECD 301D 28days)	65

b. ニアドライ加工のための個別要素技術

切削油剤を全く使用しない完全ドライ加工は，その適用範囲がかなり制約されるのに対して，極微量の切削油剤を供給するニアドライ加工（セミドライ加工）技術は，その適用範囲も広く，条件設定によっては，従来の湿式加工とほぼ同等の加工結果が得られることから，環境対応型の切削加工技術として注目を集めている．ニアドライ加工に関連する技術課題として次の項目があげられる．

① ミスト生成装置
② 工作機械主軸構造を含むミスト供給装置
③ ミスト回収装置
④ 切りくず処理装置
⑤ 切削工具

ミスト生成装置における技術課題としては，ミスト供給経路の流路抵抗などの変化に依存しない安定した微小径ミストの生成と，ミスト量やミスト供給空気圧の制御があげられる．ミストの生成は，一般的にベンチュリ部における霧吹き作用によって行われる．したがってミストの生成量は，主にベンチュリ前後における空気の圧力差に依存する．工具径が小径になるとオイルホールも小さくなり，ここを通過する空気の

流量が低下するために，ベンチュリ前後で十分な圧力差が確保できなくなり，ミスト生成量が減少してしまう．これを防止するために，空気の一部を大気へ開放して流量の低下を避ける手段もあるが，無駄なエアが消費されることになりエネルギー消費の観点からも好ましくない．そこで，ベンチュリ部分の形状を改良することにより，低い圧力差でも高いミスト生成能力を可能とする構造が開発されている[6]．また，生成されるミストの粒径も重要なファクターである．ミスト生成装置から切削点までは，一定の配管内を高圧エアによって搬送されるが，ミスト径が大きいと配管内壁にミストが付着してしまい，切削点への十分なミストの供給ができなくなる．数値解析や実験などの結果によれば，一般に，ミスト径はこれが小さいほど配管内壁などへの付着は少なくなるとされるが，同時に肝心の切削点における工具や工作物への付着と潤滑作用も低下してしまう．これまでの研究開発結果から，ミスト径は約 $2～3\,\mu m$ とするのが最適であるとされており，この要求を満たすミスト供給装置が必要とされる．

　高圧の切削油剤を大量に切削点に供給する従来のウエット加工に比べて，ニアドライ加工では，オイルミストは，その流れの運動量が小さいため工具や工作物の高速回転によってその周囲に発生する空気のつれまわり流に妨害されて，十分なオイルミストを切削点に供給することが困難となる．この現象は，主軸回転数が毎分1万回転を超える高速切削や，深穴加工や溝加工などの場合に特に顕著となる．この問題を解決する有効な手段として，オイルミストを回転する主軸内を経て，ドリルやエンドミルなどの回転工具の油穴から，切削点へ直接供給するスピンドルスルー供給方式がある．この方法は，従来からウエット加工において使用されているが，その機構をそのままオイルミストの供給に転用することには問題がある．図 3.106 は，従来形の高速主軸にオイルミストを供給した場合の，工具先端からのミスト吐出量と主軸回転数の関係を示している．主軸回転数が毎分1万回転を超えると，工具先端から吐出されるオイルミスト量は極端に減少してしまう．この原因は，主軸の高速回転によってオイルミストに遠心力が作用し，油滴が主軸内の回転経路内壁に張り付いてしまうためであり，毎分3万回転の高速回転時には，オイルミストフローから油滴がほとんど遠心分離され，工具先端の油穴からは空気しか噴出されなくなる．この問題の解決策としては，①圧縮空気と切削油を別々の経路によって主軸を通し，主軸先端のツールシ

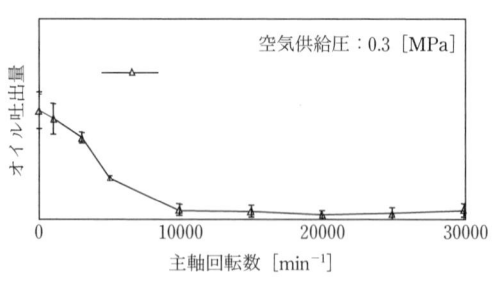

図 3.106　主軸回転速度とオイルミスト吐出量の関係

ャンク近傍で両者を混合させてオイルミストを生成する方法（図3.107）[7]、②主軸内のミスト供給経路を、非回転構造として遠心力の作用を抑制する方法（図3.108）[8,9]、などが開発されている．非回転機構により、高速回転域まで安定したオイルミストの吐出が得られている．工具先端の油穴から直接切削点にオイルミストを供給するスピンドルスルー機構とニアドライ加工の組合せにより、従来のウエット加工に劣らない潤滑性と冷却効果が期待できる．図3.109は、ドリルによる穴加工について、ドライ、ニアドライ、ウエット加工における工具逃げ面摩耗の進行を比較した一例である[8]．スピンドルスルー方式を採用したニアドライ加工では、工具摩耗の進行が効果的に抑制されており、その結果はウエット加工とほぼ同等である．

大量の切削油剤の消費を劇的に抑制可能なニアドライ加工であるが、

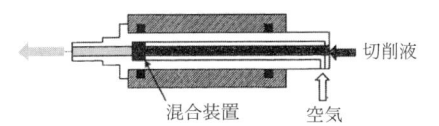

図 3.107 主軸先端に混合装置を組み込んだスピンドルスルーミスト供給機構[7]

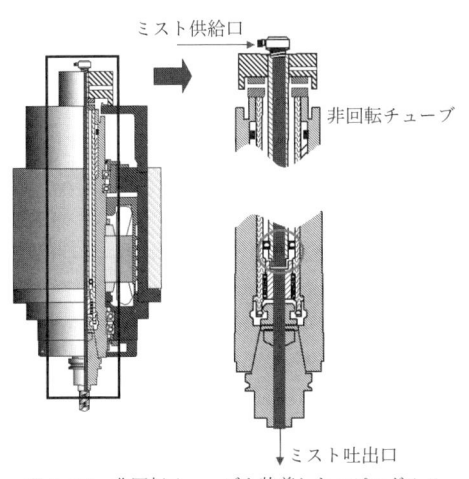

図 3.108 非回転チューブを装着したスピンドルスルーミスト供給機構[8,9]

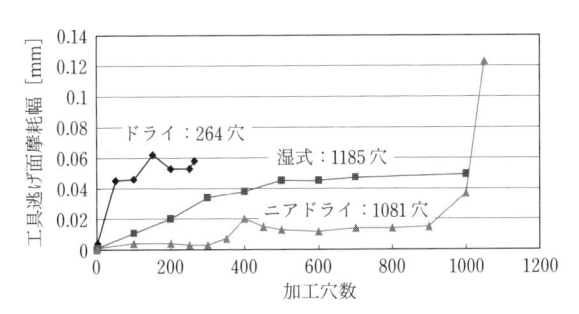

加工種類：　ドリル加工　　　切削速度：200 m/min (12650 min^{-1})
工作物：　　S55C　　　　　送り：　　0.1 mm/rev
工　具：　　超硬ドリル φ5 mm　穴深さ：　15 mm
コーティング：TiN

図 3.109 各種潤滑法における工具摩耗の進行比較[8]

残された課題もある．そのひとつは，浮遊するオイルミストの効率的な回収である．ニアドライ加工に使用される切削油剤は，人体に害の少ない植物性オイルを基本としてはいるが，これを作業者が継続的に吸引することは避けるべきである．また，浮遊していたオイルミストが工場床面に付着して，床が滑りやすくなり転倒などの危険性が増すとの指摘もある．さらには，加工機各部にオイルミストが付着して，そこに切りくずやカーボン粒子などが堆積することで，機械的障害を発生するおそれもある．加工機設計の面からは，ニアドライ加工対応設計として，カバーの機密性の向上やミスト回収口の取付け位置などの検討が必要となる．一般に，オイルミストの回収率を高めるには，ミスト回収装置の吸引流量の増大とフィルタの精細化が考えられる．しかしながら，装置の大型化による消費電力の増加や，フィルタ交換の頻度増大が避けられない．効果的なミスト回収口の設置方法や，従来の吸引方式のみによるオイルミストの回収以外の新たなミスト回収方法の開発などが望まれる．

ニアドライ加工におけるもう1つの課題は，切りくず処理性の向上である．従来のウェット加工とは異なり，工作物上や加工室内に飛散した切りくずは切削液による洗い流し作用がないため，オイルミストの粘着性も手伝って各部に付着する．これをきれいに除去するのは容易でないのが現状で，加工はニアドライプロセスであるが，切りくずの除去のために高圧クーラントを噴射する工程を設定している場合もある．切りくずを加工点近傍で吸引する装置（図3.110）が開発されているが，加工形態によっては使用できない場合もある．切りくずの処理が容易な機械構造や治具・取付具の設計，幅広い加工条件に適用可能な切りくず回収方式の開発が望まれる．

図3.110 切りくず吸引装置

高圧かつ大量の切削油剤を供給する従来のウェット加工方式に比べて，極微量の切削油剤と圧縮空気によるニアドライ加工においては，工具形状・材質などの選択が加工プロセスにより敏感に影響する．鋼など高硬度材の切削加工の適応する場合には，工具摩耗の進行を抑制して工具寿命を従来のウェット加工と同等に維持することが必要である．また，アルミニウム合金などの軟質金属に対しては，工具刃先への被削材の溶着を防止する必要がある．このように，ニアドライ加工に使用される工具には，優れた潤滑性と耐熱性が要求される．工具刃先に対するコーティング技術は，この問題を解決する有効な手段となっている．

ま と め

切削加工における環境対応技術について概説した．現状の工作機械のサイズは，実際に加工可能な工作物寸法に比べてかなり大きい（図3.111）．他の機械装置とは異なり，マイクロメートルオーダの静的・動的変形が問題とされ，高精度な加工性能を

確保するための高剛性設計が要求されることから機械構造各部の寸法が大きくなることは避けられないことではあるが，必要以上の大型設計は，製造時の資源の大量消費，運搬時の環境負荷の増大，設置時の大スペース占有，駆動時の消費電力の増大など，環境負荷の増大につながる問題となる．新材料の開発や，有限要素法などを利用した機械構造設計技術の進歩などにより，工作機械の小型軽量化が進められている． 〔青山藤詞郎〕

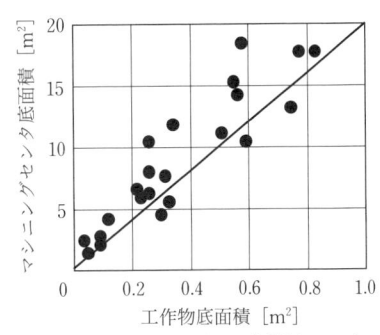

図3.111 工作物サイズと工作機械サイズの比較（マシニングセンタの場合）

▶▶ 文　献

1) 斎藤義夫：生産加工における環境・省エネ対応技術，機械と工具，No.7, p.10 (2002)
2) 日本工作機械工業会編：平成16年度工作機械の環境に関する標準化調査報告書 (2005)
3) 日本工作機械工業会編：平成15年度環境対応先端技術に関する調査研究報告書 (2004)
4) 井川正治，岩坪正隆：生産財マーケティング，**2**, A-38 (2000)
5) 井上　茂，青山藤詞郎：ブラシレスDCモータを用いた低膨張研削主軸の評価，砥粒加工学会誌，**49**, 4, p.209 (2004)
6) 山本通浩：自動車部品加工における環境対応技術（アルミ部品のドライ加工），機械と工具，**10**, 21 (2003)
7) 稲崎一郎：MQL切削加工の技術動向，トライボロジスト，**47**, 7, p.519 (2002)
8) T. Aoyama : Development of a mixture supply system for machining with minimal quantity lubrication, Annals of the CIRP, **51**, 1, 289 (2002)
9) Y. Saikawa, T. Ichikawa, T. Aoyama, T. Takada : High speed drilling and tapping using the technique of spindle through MQL supply, Key Engineering Materials, **257-258**, p.559 (2004)

3.7　加　工　例

3.7.1　切削加工の加工例

マシニングセンタおよびマイクロ加工機による切削加工例について紹介する．高精度，高速切削加工については金型の加工例を，ナノ・マイクロ加工についてはマシニングセンタによる真空容器のシール面の加工例を，さらに今後普及が図られるであろうマイクロ加工機や5軸加工機における加工例について紹介する．

a.　金型の加工例1（自動車用プラスチック型）

大形の高速マシニングセンタによる自動車用プラスチック金型の加工例を図3.112に示す．高速・高精度加工の目的は各工程の加工時間の削減で，具体例としては従来2週間かかっていた形状加工の工程を3日で行う加工法の開発や，後工程の磨き工程時間の短縮である．

金型加工における主な取り組みは以下のようである．

材質：S55C

総加工時間　荒 工 程：12.5 時間
約52.8 時間　中仕上げ：12.8 時間
　　　　　　仕 上 げ：26.0 時間
　　　　　　ポケット：1.5 時間

図 3.112　自動車用プラスチック金型加工例

移 動 量：1800×1600×1300 mm
パレット：1300×1300 mm
早 送 り：20000 mm/min
切削速度：20000 mm/min
送り制御：高精度送り制御
主　　軸：18000 min^{-1}

図 3.113　金型加工用マシニングセンタ

・送り速度 10 m/min の荒・仕上げ加工
・荒加工の無人化
・高精度なポケット加工
・微小カスプハイトの仕上げ加工
・極力 1 本の工具での仕上げ加工（工具寿命の延長）

などが解決しなければならない課題である．

図 3.112 は，大形マシニングセンタで主軸回転最大 18000 回転/min，軸心冷却およびアンダレース潤滑仕様の高速加工機械で加工を行った金型の加工例である．

荒加工	12.5 時間
中仕上げ	12.8 時間
仕上げ	26.0 時間
ポケット加工	1.5 時間
総加工時間	52.8 時間

荒加工（図 3.115）においては，切りくず除去量が最大 600 ml/min と現行の約 3～4 倍の能力で加工を行っている．また，仕上げ加工を高速で行うため従来よりも荒・中仕上げにおいて小径の工具を使用して仕上げのための残り代を少なくし，最も時間を要する仕上げ加工の高速化と高精度化を図り，金型の形状加工全体としての加工時間の短縮を図っている．

荒・中仕上げの自動化・無人化については，工具にかかる切削の負荷（切込み量×送り速度）を極力一定に保つように NC プログラムを作成し，工具経路および送り

RJ18/50：18,000 rpm/50 kW

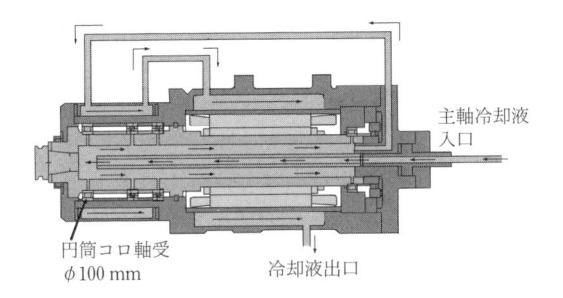

主軸冷却液入口

円筒コロ軸受 φ100 mm

冷却液出口

ビルトインモータ，軸心冷却，アンダーレース潤滑
振動　5 μm 以下・騒音　80 dBA 以下
熱変位　$X：5\mu m,\ Y：10\mu m,\ Z：15\mu m$

図 3.114　マシニングセンタの主軸例

送り速度 10 m/min
切りくず除去量 600 cm^3/min

・従来より小径工具（φ63）
　　コーナ部の残り少ない
・小切込み（1 mm）
　　なだらかな加工面
・SGIで安定加工
　　少残り代設定（1 mm）

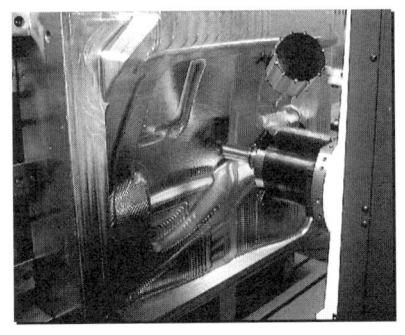

図 3.115　荒加工

速度を均一に制御し，加工の状態を安定に維持して工具欠損によるトラブルをなくすことが重要である．最近の高能率加工においては，高速回転の主軸を使用し工具1回転当たりの切込み量は少なく，送り速度を高速にして安定した加工を行う「浅切込み・高送り」の加工方法が主体となっている．

中仕上げ加工は，高精度の仕上げ加工を行うための前工程で，特に仕上げ加工時の

φ63 高送りカッタ

主軸回転数：834 min^{-1}
送り速度：10000 mm/min
切込み量：1.25 mm
総切削長：5081 m
工具寿命：500 m/コーナ

R10.0 超硬ボールエンドミル

主軸回転数：5300 min^{-1}
送り速度：2650 mm/min
切込み量：1.25 mm
ピックフィード量：10.0 mm

図 3.116　荒工程使用工具と加工条件

1本の工具で
全面仕上げ加工

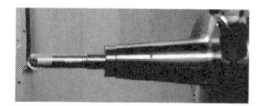

R8 cBN ボールエンドミル
15000 min^{-1}, 10 m/min
総工具軌跡長 6 km
カスプハイト設定 1.5 μm

図 3.117　仕上げ加工

とり代が一定になることが求められ，中仕上げであっても高精度に加工する必要がある．この加工例においては仕上げ加工のための残り代を 0.08 mm として加工を行っている．

　仕上げ加工（図 3.117）では，cBN ボールエンドミルを使用し，総加工長が 6 km にもなる NC プログラム経路を 1 本のボールエンドミルで連続加工し，工具交換による加工面段差の誤差をなくし，また，仕上げ加工のカスプハイト（ボールエンドミルの加工で加工方向と直角方向の加工面の凸部の高さ）の設定を 1.5 μm まで小さくした NC プログラムで，なだらかな加工面に仕上げることが最終工程の磨き工数の大幅な削減につながっている（図 3.118）．

　工具寿命の延長については，最近では金型の仕上げ加工に工具寿命の長い cBN 工具が使用されている．工具寿命は切れ刃の材質や切削加工条件の選択により大きく変化するが，そのほかにも工作機械側の要因として，主軸の振動や送り制御の安定性が

加工面粗さ：4.14 μmR$_{max}$

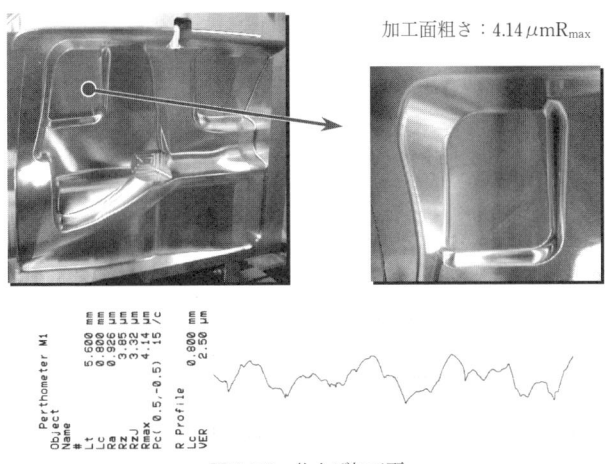

図 3.118 仕上げ加工面

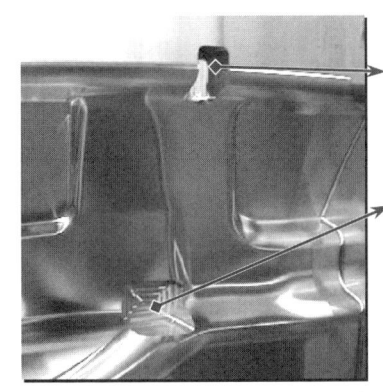

サイズ：70×110×100 mm
加工時間：36 分

サイズ：140×110×120 mm
加工時間：1 時間 3 分

図 3.119 ポケット部分の加工

工具寿命へ大きな影響を与えるため，高速回転でも振動の少ない主軸や，安定した送り制御を行うことができる高性能な工作機械が要求される．

　図 3.119 は，金型の一部に異なる形状の部品を組み付けるためのポケット加工の加工例である．ポケット加工はポケットに組み付ける部品との隙間をなくして密着し一体となるよう高精度に仕上げる必要がある．ポケットの形状は単純であるがミクロン単位の加工精度が要求され，隙間が大きいとその部分に樹脂などが侵入し成形品の表面に線となって現れてしまう．特に，長い工具の先端に切削負荷がかかると，加工工具のたわみにより，わずかではあるが加工誤差が生じ，要求された寸法に仕上がらなくなってしまう．したがって，ポケット加工においては1回の切込み深さを少なくし，また，削り代も十分少なくして工具先端にかかる加工負荷を極力少なくして高精

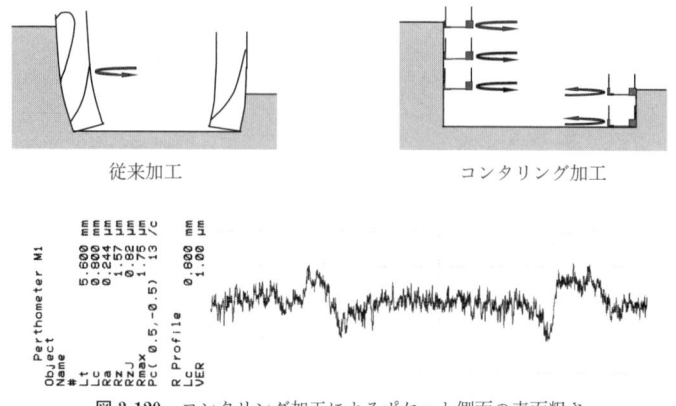

従来加工　　　　　　　　　　コンタリング加工

図 3.120 コンタリング加工によるポケット側面の表面粗さ

荒加工	側面仕上げ	底面仕上げ
$\phi 30 (2NT) RFM$	$\phi 21 (4NT) RFM$	$\phi 21 (2NT) RFM$
主軸回転数：2200 mm^{-1}	主軸回転数：15000 mm^{-1}	主軸回転数：10000 mm^{-1}
送り速度：10000 mm/min	送り速度：4800 mm/min	送り速度：800 mm/min
工具長：120.0 mm	突出し量：120.0 mm	

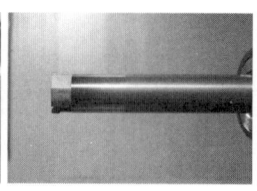

図 3.121 ポケット加工使用工具と加工条件

度な加工を実現させることが必要である．また，加工能率の向上については，小さい切込みであっても高速で繰り返し加工することにより，高精度で高能率の加工が実現できる．図 3.120 にポケット側面の加工面粗さの測定例を示す．図 3.121 はポケット加工における工具および加工条件である．

b. 金型の加工例 2（自動車用フロントグリル型）

図 3.123 は自動車用フロントグリルのプラスチック用金型の加工例で，立形マシニングセンタで加工した例を示す．この金型は形状部に深い溝をもち，切削加工のみでは溝の底の部分の加工がむずかしいため，最終加工は切削加工と放電加工を併用して加工を行っている．

特に，深い溝の底の部分は金型では奥の見えない部分であるが，成形したプラスチック製品では逆に最も手前の目立つ部分となり感覚的な美的形状が求められるため，単なる形状精度のみならず加工面の品位が求められる．

金型材料から形状をつくり出す大荒加工や荒加工（図 3.124）ではスローアウェイ

3.7 加 工 例 —— *191*

荒加工　　　　　　　　　　　　　　　　　　加工時間　12時間35分

工具	切込み	ピック量	主軸回転数	送り速度	加工時間
φ63 高送りカッタ	1.25 mm	50 mm	834 mm^{-1}	10000 mm/min	10H25M
R10.0 超硬ボールエンドミル	1.25 mm	10 mm	5300 mm^{-1}	2650 mm/min	2H10M

中仕上げ加工　　　　　　　　　　　　　　　　加工時間　12時間53分

工具	ピック量	主軸回転数	送り速度	加工時間
R8.0 超硬ボールエンドミル	0.50 mm	6000 mm^{-1}	3600 mm/min	15M
R6.0 超硬ボールエンドミル	0.36 mm	8000 mm^{-1}	4800 mm/min	9M
R4.0 超硬ボールエンドミル	0.24 mm	6400 mm^{-1}	1280 mm/min	1H06M
R3.0 超硬ボールエンドミル	0.18 mm	8500 mm^{-1}	1700 mm/min	41M
R8.0 超硬ボールエンドミル	1.80 mm	6000 mm^{-1}	3600 mm/min	10H23M
φ20.0 ラジアス超硬エンドミル	1/10 mm	3200 mm^{-1}	3200 mm/min	19M

仕上げ加工　　　　　　　　　　　　　　　　　加工時間　26時間01分

工具	ピック量	主軸回転数	送り速度	加工時間
R8.0 CBN ボールエンドミル	0.30 mm	15000 mm^{-1}	15000 mm/min	22H28M
R3.0 超硬ボールエンドミル	0.15 mm	8500 mm^{-1}	2600 mm/min	1H14M
φ20.0 ラジアス超硬エンドミル	1.0 mm	6400 mm^{-1}	6400 mm/min	2H19M

図 3.122　詳細加工条件（自動車用プラスチック全型）

素材寸法：900×420×150 mm
被削材種：PX5

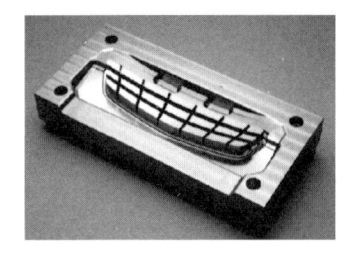

加工内容	使用工具	主軸回転数 min^{-1}	送り速度 mm/min	加工時間
大荒	φ80 フェイスミル	800	1120	1時間36分
	φ50 フェイスミル	1900	1900	1時間55分
荒	φ20 スローアウェイボールエンドミル	5000	2500	2時間10分
中仕上げ	φ10 ボールエンドミル	8000	3200	3時間23分
	φ6 ボールエンドミル	3200	400	1時間4分
仕上げ	φ10 ボールエンドミル	8000	2800	6時間19分
	φ6 ボールエンドミル	8000	2000	6時間32分
	φ4 ボールエンドミル	7200	1000	2時間24分
	φ50 フェイスミル	1000	600	15分
リブ部 荒	φ6 ボールエンドミル	6400	1400	6時間22分
	φ4 ボールエンドミル	8000	2000	9時間36分

使用工具本数　8種類　15本

総加工時間	41時間36分

図 3.123　車のフロントグリル金型

チップのフェイスミル，ボールエンドミルが使用され，Z 軸方向の加工位置を一定にして XY 軸で加工し，さらに次の加工位置を設定し Z 方向へわずかの切込みを与え繰り返し加工を行う等高線加工方法が広く用いられている．これは加工工具への負荷変動を極力なくして安定した加工条件をつくり，安定した切削条件の範囲で，できるだけ送り速度を上げることにより，結果として最も多くの切りくずを排出することが可能となる．

192 ── 3. 切削加工

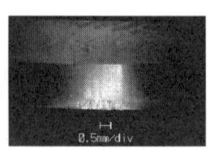

1時間加工後
チップ2コーナ使用
走行長 200 m
切りくず除去量 9000 cc

使用工具	切削条件		加工時間
φ50 丸駒フェイスミル (3枚刃) 突出し量80 mm	主軸回転速度 切削送り速度 切込み量 ピック量 仕上げ代	1900 min^{-1} 1900 mm/min 2.0 mm 25.0 mm 0.3 mm	1時間55分

図 3.124 荒工程

等高線加工
＋
走査線加工（上面，底面）

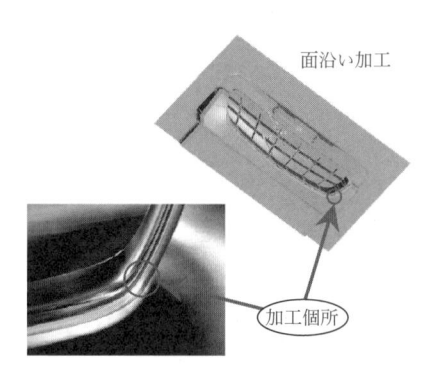

面沿い加工

加工個所

◆製品形状部（等高線加工＋走査線加工）

使用工具	切削条件		加工時間
φ10 ボールエンドミル シャンク径12 mm 突出し量70 mm	主軸回転速度 切削送り速度 ピック量	8000 min^{-1} 2800 mm/min 0.35 mm	4時間43分

◆製品形状部（面沿い加工）

使用工具	切削条件		加工時間
φ4 ボールエンドミル シャンク径10 mm 突出し量70 mm	主軸回転速度 切削送り速度 ピック量	7200 min^{-1} 1000 mm/min 0.22 mm	2時間18分

図 3.125 仕上げ加工

仕上げ加工（図3.125）においては等高線加工とともに形状の平坦部においては Z 軸方向の加工面位置の設定だけではなく形状表面の加工幅も考慮し，平坦部の加工ピ

ッチを一定にするNCプログラムの作成方法や，Z軸とX軸またはY軸による往復の送りによる走査線加工方法などを組み合わせて平坦部の仕上げ加工を行っている．また，部分的に曲率の小さい円弧により構成されている内側コーナ部については，曲率よりも小径のボールエンドミルで円弧動作により連続的に加工を行うが，小径のボールエンドミルを長く突き出して金型の深い部分を加工する場合には，エンドミル自体が大きくたわんでしまい目標とする加工精度が得られない．

したがって，ボールエンドミルの突出し長さが長くなっても工具自体の剛性が低下しないよう細心の注意が必要で，このような小径のエンドミルで加工する場合には"焼ばめ"方式によるスリムな形状の工具ホルダを用いるとよい．

このフロントグリルの仕上げ加工（図3.126）は，従来はすべて放電加工で行われ

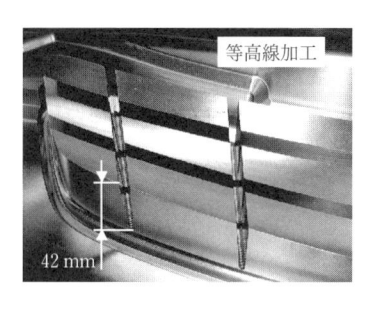

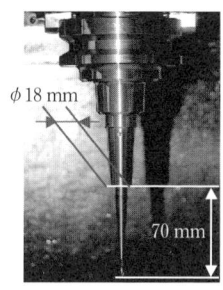

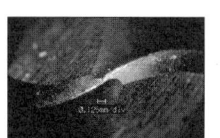

等高線加工

$\phi 18$ mm

42 mm

70 mm

6時間加工後
（工具2本使用）
走行長 780 m

◆R2まで

使用工具	切削条件	加工時間
$\phi 4$ボールエンドミル シャンク径10 mm 突出し量70 mm	主軸回転速度　8000 min^{-1} 切削送り速度　2000 mm/min ピック量　　　0.2 mm	9時間36分

図3.126　放電前加工

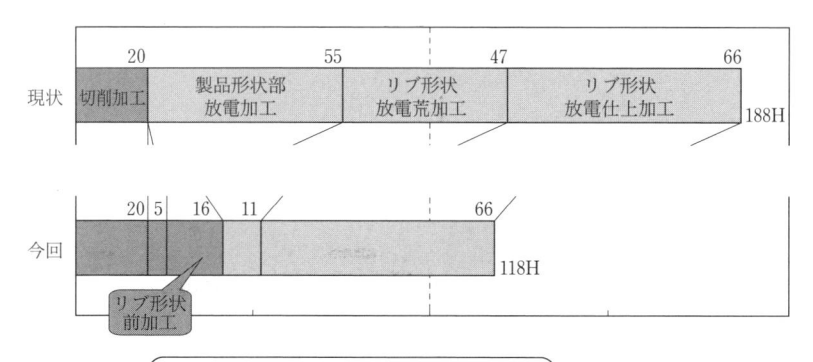

	20	55	47	66	
現状	切削加工	製品形状部 放電加工	リブ形状 放電荒加工	リブ形状 放電仕上加工	188H

	20	5	16	11	66	
今回						118H

リブ形状
前加工

リブ形状部を無垢から放電した場合と，
リブ形状部を前加工して放電した場合の比較．

図3.127　総加工時間の比較

ていたが，加工時間が長くかかるため，この加工例では放電加工は最終仕上げ加工のみに限定し，リブ形状の前加工までの加工を切削加工に置き換えることによって，切削加工後の放電加工時間が半減し，総加工時間の短縮を図っている（図3.127）．

c. 金型の加工例3（自動車用テールランプ型）

図3.128は自動車用テールランプの加工例である．特に，レンズ部分の加工においては，手磨きによるレンズ形状の精度劣化要因を排除するため，きわめて微細なピッチで形状加工を行い，切削加工のままの形状が最終的なレンズの基本形状となるような高精度加工が要求される．その結果，磨き工程は表面の光沢出しのみの作業となり，大幅な磨き工数の削減が図られた加工例である．

レンズ形状のようにかなり広い面をかつ高精度に微細ピッチで加工する場合には，特に仕上げ加工において長時間の加工となってしまい，長時間の加工における機械精度の安定性を必要とし，特に，工場環境の温度の変化においても加工精度に影響を受けない機械の特性が求められる．

ここで使用した立形マシニングセンタは，30000回転/minの主軸回転で連続運転し，環境温度の変化に対しても機械の熱変位の影響を受けにくい特性を備え，長時間

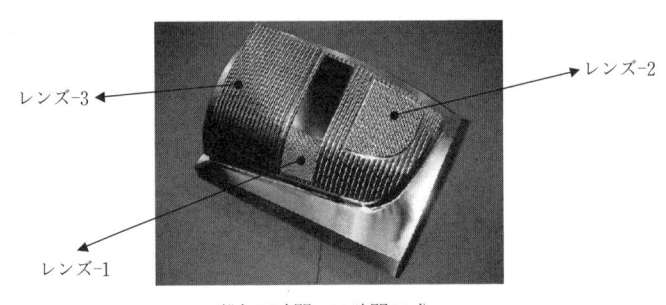

- 総加工時間：44時間12分
- 仕上げ加工時間：25時間52分
- 被削材　　　NAK80
- サイズ　　　360×230×180 mm

図3.128　自動車テールランプのレンズ金型

レンズ-1
- R0.3 ボールエンドミル
- S30000 min^{-1}
- 900 mm/min
- 仕上げ加工時間
- 6時間48分

レンズ-2
- R0.3 ボールエンドミル
- S30000 min^{-1}
- 900 mm/min
- 仕上げ加工時間
- 7時間32分

レンズ-3
- R2 ボールエンドミル
- S30000 min^{-1}
- 4800 mm/min
- 仕上げ加工時間
- 3時間10分

図3.129　レンズ金型の加工例
- 環境変化を遮断するサーマルスタビライザ搭載で，長時間の安定精度を実現．
- R0.3 BEMまでの加工を3万回転主軸で高送り仕上げ加工．
- 工具の長寿命を約束する振動，振れの小さい高精度主軸．
- 微小食い込みを排除する0.05μmの高分解能スケール．

の加工においても安定した加工精度を維持している．また，送り機構におけるフィードバックスケールも 0.05 μm 単位で機械の位置制御を行い，レンズ曲面のような高精度な機能形状が必要でかつ滑らかな加工面を創成するためには，送り制御において極めて応答性が高く，また長時間の高速運転による機械の高速送りにおいても，安定した加工性能が発揮できるような工作機械の送り制御や熱的な安定に対する基本的な機械特性が必要となる加工例である．

d. 高精度部品の加工例（真空容器）

半導体製造装置に欠かせない精密な真空チャンバの加工では高真空にするため，接合部分の鏡面状の高精度なシール面の加工が要求される．真空容器のシール面は 0.4 Ry 程度の面粗度が必要で，空気の漏れをなくすにはシール面の周方向に沿った面粗度が要求される．回転工具を使用したフライス削りでは 1 刃ずつの送りマークが周方向の面粗度に現れるため不都合となる．このような加工では，回転工具を用いない加工方法としてヘール加工が用いられる．ヘール加工法とは切れ刃は回転させず，サブミクロン単位の極めて浅い切込みでワーク表面を押しならして加工する方法で刃先形状と同一断面の加工形状を得ることができる．XY 面における加工では XY 軸の送り運動と円弧部分においては主軸の旋回角度を制御するための主軸の C 軸運動とを同期送りし加工を行う．

- 被 削 材：A5052
  （80×60×50 mm）
- 使 用 工 具：単結晶ダイヤヘールバイト
- 加工面粗さ：Ry＝0.35 μm
- 切 込 み 量：0.2 μm

図 3.130　ヘール加工の例

- マシニングセンタによるシール面加工
- エアー方式の採用で，
  ワイヤレス＆シンプル駆動
- 既存のホルダに取付け可能
  （シャンク径 φ32 mm）

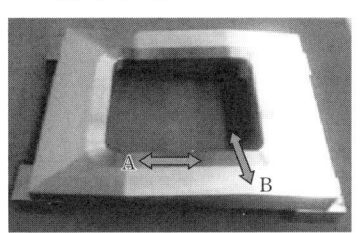

主軸装着時 全景

加工表面粗さ（被削材：SUS304）

A 進行方向　　Ry＝0.69 μm
B 法線方向　　Ry＝1.36 μm

図 3.131　ベルト研削装置による研削加工

ヘール加工の場合の工具ホルダはグースネックと称する弾性部分をもち，加工力に対してわずかに変位しながら加工を行うことが特徴であるが，加工条件によっては自励振動によるびびりマークが加工面に現れることや，主軸の C 軸回転動作が円滑に連動しなかったりする場合には良好なシール加工面が得られない場合もある．

図 3.130 はヘールバイトをベルト研削ヘッドに置き換えステンレスの大形チャンバのシール面の加工例で，ヘール加工と同様の加工面が得られる．

e. 5軸マシニングセンタの加工例（Blisk）

5軸マシニングセンタの機械の形態は主軸を傾斜・旋回させるタイプ，テーブルを傾斜・旋回させるタイプと主軸・テーブルのそれぞれを旋回させるタイプなど種々の機械形態がある．それぞれの機械形態は特長をもち，加工ワークの形状により機械形態が選択される．

図 3.132 はテーブル旋回形の立形5軸マシニングセンタを利用した航空機用の小型ブレードの加工例である．このような一体形状のタービンブレードを特にブレードディスクと称し，短く略して"Blisk"と呼ぶ．このブレード形状もボールエンドミルで加工が行われ，1回転当たりの切込み量を少なくし，羽の断面形状の加工動作を何回も繰り返して加工することによりワーク側の切削力によるたわみを少なくして高精度な加工形状を得ることが可能となる．航空・宇宙工学の進歩はこのような部品，加工技術の積み重ねによって実現する．

5軸加工機の場合でも，加工能率の向上を図る場合には，高速の主軸と高速送り制御が必要となり，特に旋回軸の高速制御が必要となる．

被削材種：Ti-6Al-4V
切削油剤：水溶性切削剤
翼 長 さ：63.5 mm
加工時間：9時間 （31分/枚）

図 3.132 航空機の8インチ Ti ブリスク

ボールエンドミル加工
超硬ソリッド
Ad
切込み量
Rd

荒加工
・ボールエンドミル：$\phi 9.525$（DIA. 3/8インチ）
・主軸回転数：3000 min^{-1}
・切削速度：48.6 m/min
・送り速度：10100〜700 Deg./min
・Ad/Rd：2 mm/7.73 mm

仕上げ加工
・ボールエンドミル：$\phi 6.35$（DIA. 1/4インチ）
・主軸回転数：8000 min^{-1}
・切削速度：159.6 m/min
・送り速度：11192〜2885 Deg./min
・Ad/Rd：0.2 mm/1 mm

図 3.133 Blisk の加工条件

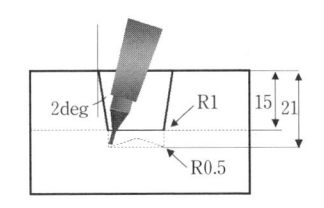

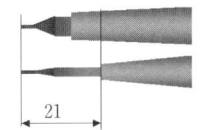

溝部　テーパ 2°　　　　　15 mm 深さ　底面 R 1 mm
ポケット部　ストレート　5 mm 深さ　底面 R 0.5 mm

上面からの加工の場合，ポケット部で細い（3 mm）シャンク工具で 20 mm 以上の突出しが必要．

割出し加工であれば，半分の突出しで加工可．

図 3.134　標準工具で割出し加工

f. 5軸マシニングセンタの加工例（割出し加工）

5軸マシニングセンタの活用例として，金型の割出し加工を示す（図 3.134）．同時5軸制御の加工においては，5軸加工プログラムの作成に高度な技術と高価な CAM システムが必要であるが，一般の金型加工においては 3 軸用の CAM システムが広く用いられており，5軸加工の導入は今後のテーマとなっている．

ここで紹介する加工法は旋回の 2 軸は割出しのみに使用し，急傾斜の深い部分の加工を工具の干渉を避けながらワークを傾斜させ加工する方法で，小径ボールエンドミルの突出し長さを短くして加工することによって，高精度で能率の良い金型加工を実現させようとする加工法である．

また，ボールエンドミルを傾斜させて加工するもうひとつの理由は，ボールエンドミルの頂点付近は切削速度がほぼ "0" であり，高速送りで加工する場合に送り方向に対して頂点の右側部分は切れ刃は裏側から切削する状況となってしまうため，正常な切削加工が行えず，良好な加工面を得ることができない．このような加工の状況を回避するためにはボールエンドミルを約 10～15°程度傾斜させ加工することにより正常な切削状態が確保され良好な加工面を創成することが可能となる（図 3.135）．また，現状はこのような金型加工でどのくらいの角度に傾斜させれば良いかの判断は熟練者の経験と勘で行っているが，最適な割出し角を金型の CAD データから自動的に求める方法も研究されており，金型のより高精度で高能率加工を行うための今後のテーマとなっている．

g. マイクロ加工機による加工例

マイクロ加工は微細切削加工分野の加工で，最小プログラム単位 10 nm でサブミクロンの加工精度を実現する加工法である．加工機（図 3.136）の構造は二重のガードが設けられ，設置環境の温度変化があっても機内温度が一定に保たれる機械構造

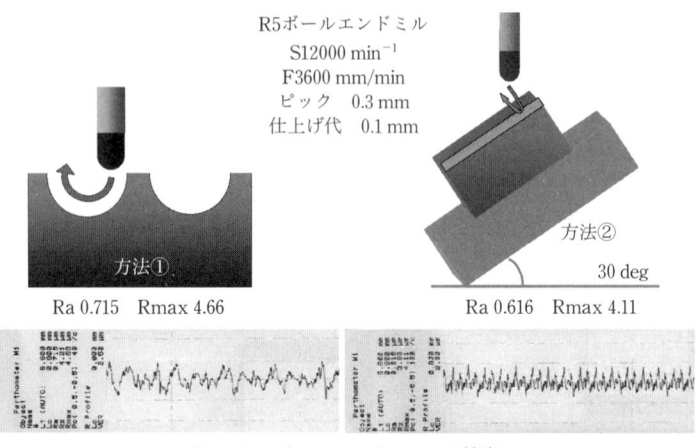

R5ボールエンドミル
S12000 min^{-1}
F3600 mm/min
ピック　0.3 mm
仕上げ代　0.1 mm

方法①
Ra 0.715　Rmax 4.66

方法②
30 deg
Ra 0.616　Rmax 4.11

図3.135　ボールエンドミルのR精度

HYPER2

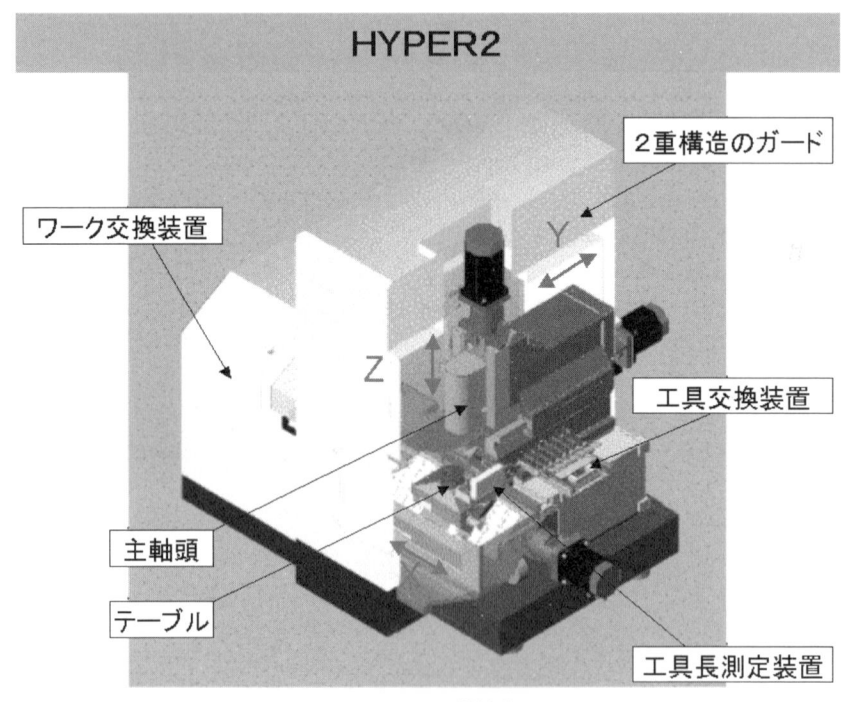

2重構造のガード
ワーク交換装置
工具交換装置
主軸頭
テーブル
工具長測定装置

図3.136　HYPER2機械説明図

で，サブミクロンの加工精度を目的とした設計となっている．

　主軸は40000回転/minで，φ6シャンクの工具を直接把持する方法により，高速回

名前　　　　　　：鏡面加工
使用機械　　　　：HYPER2
被削材　　　　　：A7075
サイズ　　　　　：70 x 60 x 20 mm
使用工具種類本数：1種 1本

ポイント

ダイヤモンドエンドミルを用いて、アルミワークの上面を鏡面に仕上

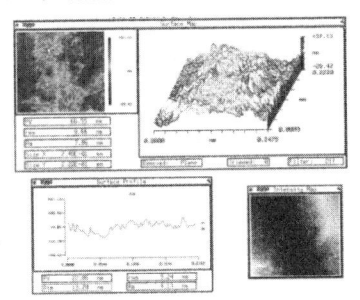

測定結果：PV 0.065μm

図3.137　ダイヤモンドエンドミルによる鏡面加工

転時のアンバランスによる主軸の振れや振動の原因となるツールホルダやコレットの影響を除去し，高精度な仕上げ面と工具寿命の増大を図っている．また，工具の繰り返し着脱による振れのばらつきは，ダイレクトチャック方式の場合には1 μm 以下となっている．

また，工具の交換により主軸の回転数が変化した場合の加工面の接続部分の段差も1 μm 以下の高精度な加工を実現している．

図3.137に，このような機械特性をもつマイクロ加工機で，ダイヤモンドエンドミルを用いて加工したアルミニウムワークの鏡面加工例を示す．仕上げ加工面の粗さはPV値で0.065 μm の鏡面となっている．　　　　　　　　　　　〔内海敬三〕

3.7.2　振動切削の加工例

近年，産業の空洞化に伴い，機械加工工程の多くが中国をはじめとする東南アジア諸国に流出し，わが国では通常の加工法を適用することが困難な難削材料または難削形状の加工工程の割合が増加している．振動切削加工法は，これらの困難な加工を実現する方法のひとつとして期待され，技術開発が進められている．本項では，各種の振動切削加工プロセスについて概説するとともに，その加工事例について紹介する．

a. 1方向振動を利用した振動切削加工

振動切削加工は，工具と被削材の間に振動を付加して切削加工を行う方法であり，隈部が発案[1]して以来，主にわが国の研究者，技術者らによって発展してきた技術である．その加工プロセスは，図 3.138 に示すように，振動を与える方向によって大きく 3 種類に分類することができる．

このなかで，金属の切削加工に多く利用されるのは，図 3.138 に示されるように切削方向に振動を与える方法である．この場合，見かけの切削速度（平均の切削速度）V に比べて切削方向の最大振動速度を高くすることによって間欠的な切削を行うこと，すなわち次式を満たすことが重要となる．

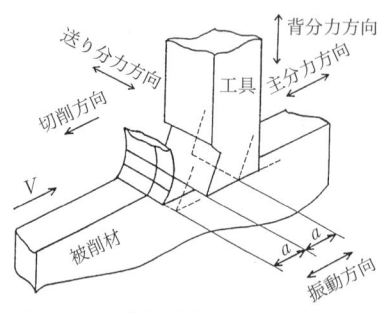

$$V < 2\pi a f \quad (3.7.1)$$

図 3.138 1 方向の振動切削加工プロセス

ここで，a は振動の振幅，f は周波数である．一般に超音波振動装置で得られる振動速度には振動子の疲労強度に起因する限界が存在するため，上式の限界から切削速度が制限される．現状では毎分数十 m の切削速度が限界となるため，元来高速切削が可能である旋削などに適用する場合には，この短所を認識しなければならない．この加工法において実用上注意すべきことは，振動の方向を切削方向からある程度傾斜させ，刃先が切りくずから離れる際に仕上げ面からも離れるようにすることである．これは，刃先を仕上げ面に擦りながら引き戻すとチッピングが発生しやすいためであるが，傾斜させすぎると仕上げ面上に残るのこ刃状の凹凸が問題になる場合がある．これらに注意した上で切削方向に振動を付加することによって，工具摩耗が著しく抑制される場合があること[1,2]，脆性材料を延性モードで加工するための臨界切込み量が大幅に増大すること[3]，平均的な切削力が大幅に減少して加工精度の向上やびびり振動の抑制，被削材の工具への凝着の抑制など，様々な効果が得られること[4,5]が報告されている．

工具に対して，超音波領域（40 kHz）の縦振動を切削方向に付加して振動切削加工を行う装置例[2,3]を図 3.139 に示す．図に示されるように，圧電素子を金属ブロックでサンドイッチした構造のボルト締めランジュバン型振動子（BLT）に振幅拡大用ホーンを結合して使用することが多く，共振モードにおける振動の節の位置を支持し，腹となる端部に工具を固定する．図 3.140 は，上記の装置と超精密旋盤を用いてステンレス鋼のダイヤモンド切削を行った結果である．振動を付加しない通常の切削では，鋭利なダイヤモンドの刃先が瞬時に摩滅して図のような鏡面を得ることはできないが，上述のように切削方向に振動を与えて間欠的な切削を行うことで工具寿命が桁違いに長くなり，ステンレス鋼や焼入れ鋼に対する鏡面切削が可能となる[2]．次に，同じ装置を用いて代表的な脆性材料であるガラスの延性モード切削を実現した

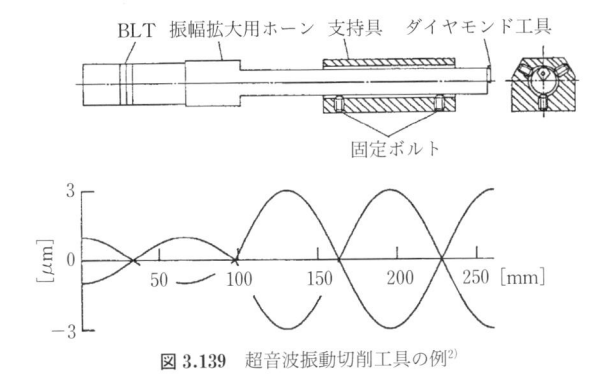

図 3.139　超音波振動切削工具の例[2]

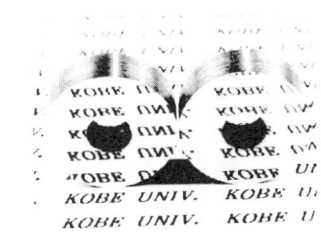

例[3]を図 3.141 に示す．図 3.141(a) に示されるように，ガラスのような脆性材料であっても切込み量が極めて小さい領域では脆性破壊を伴わない延性モードの加工が可能であるが，通常の切削ではその遷移点における切込み量（臨界切込み量）が極めて小さく，それ以下の切込みを維持することが困難である．これに対して，切削方向の超音波振動切削では，この臨界値を 1 桁以上増大する効果があり，図 3.141(b) に示すように実用的な超精密平面加工も行うことが可能である．図 3.141(c) は，ソーダライムガラスの端面旋削時に得られた流れ型切りくずの走査型電子顕微鏡写真であり，良好な延性モード加

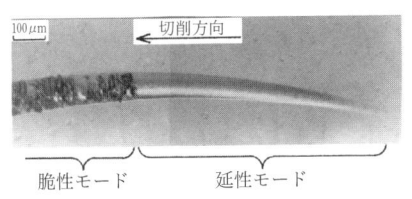

図 3.140　切削方向の超音波振動切削によるステンレス鋼の鏡面切削例[2]（左：切削距離 20 m，右：1600 m）

(a) ソーダライムガラスの溝加工における延性-脆性遷移

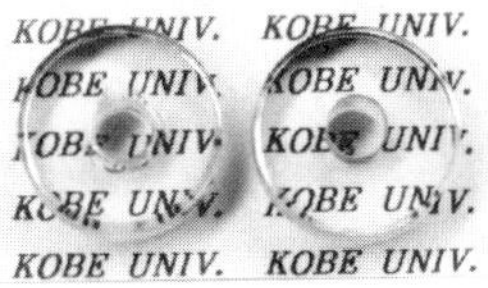

(b) ガラスの端面旋削加工面　　(c) 端面旋削時の流れ型切りくず

図 3.141　切削方向の超音波振動切削によるガラスの延性モード加工例[3]

工が行われたことを示している．

実用例としては，上記のような超精密加工はまだ少ないようであるが，細長い円筒面や薄肉などの難削形状，焼入れ鋼や耐熱合金などの難削材料の精密加工を中心に市販の超音波振動工具[5]が実用に供されている．

次に，図3.138において，背分力方向に振動を付加する振動切削について述べる．この手法では，工具が切りくず流出方向に運動する際に工具と切りくず間の摩擦が軽減されて被削性が向上したり，送り量に比べて振幅が大きいドリル加工の場合に切りくずが細かく分断されて排出しやすくなる効果などが知られている．しかし，その反面，振動1周期ごとに工具逃げ面を仕上げ面に押し当てるため，仕上げ面にその凹凸が残り，また工具刃先が欠けやすい問題もある．これらの特徴から，実用的にはドリルによる穴あけ加工[6]以外にはあまり利用されていない．ドリル加工の場合には，穴の位置精度向上や傾斜面への穴あけ加工の実現などの効果が報告されている．

最後に，送り分力方向に振動を付加する振動切削（図3.138参照）では，刃を引きながら切ることによって切削力を低減する効果がある反面，摩擦の増加による工具摩耗が問題となりやすい．このため，超音波カッタ[8]として軟質材料の切断に利用されることが多い．

b. 楕円振動切削加工

上述の1方向の振動切削加工に対して，2方向の振動を組み合わせた楕円振動切削加工が提案されている[8]．この加工法では，図3.142に示されるように，工具と被削材の間に相対的な楕円振動を付加して切削を行うことにより，従来の1方向振動切削にないいくつかの効果を得ることができる．従来の切削では被削材が存在する左下方向（図3.142）に向かって合成切削力を与えるのに対して，本手法の切りくず生成を行っている瞬間においては，主に被削材がなくなる左上方向（図3.142）に向かって合成切削力を与える．このため，従来の場合よりも極端に上向きにせん断変形が生じ，切りくずが大幅に薄くなる．つまり，被削材をせん断しなければならない面積が大幅に減少して飛躍的に切削力（例えば，従来の振動切削に比べて数分の1，通常切削に比べて時間的平均値で数十分の1程度），切削エネルギー，切削熱が減少する．このため，加工精度向上，ばりやびびり振動の抑制などの効果をもつことが確認されている．これに加えて，従来の振動切削（切削方向に1方向の振動を与える方法）と同様またはそれ以上に，工具摩耗や構成刃先の発生が大幅に抑制される．これらは，振動の1周期ごとに工具が切りくずや仕上げ面から離れるため，工具への切削熱の流入が少なく，また工具材料の切りくずへの拡散や被削材料の工具への凝着が抑制されるためと考えられている．

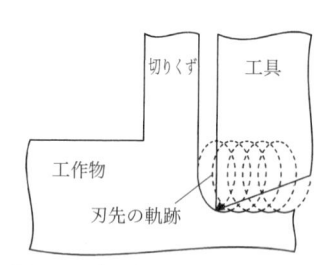

図 3.142 楕円振動切削加工プロセス[8]

郵 便 は が き

| 1 | 6 | 2 | - | 8 | 7 | 9 | 0 |

料金受取人払

牛込局承認

3000

差出有効期間
2008年
4月30日まで

切手を貼らず
このままお出
し下さい

東京都新宿区新小川町6-29

株式会社 朝倉書店

愛読者カード係 行

●本書をご購入ありがとうございます。今後の出版企画・編集案内などに活用させていただきますので，本書のご感想また小社出版物へのご意見などご記入下さい。

フリガナ
お名前

〒　　　　　　　　　電話
ご自宅

E-mailアドレス

ご勤務先
学 校 名　　　　　　　　　　　　　　　（所属部署・学部）

同上所在地

ご所属の学会・協会名

| ご購読新聞 | ・朝日　・毎日　・読売　・日経　・その他(　　) | ご購読雑誌 (　　　　　　) |

23108

| 書名 | 機械加工ハンドブック |

本書を何によりお知りになりましたか

1. 広告をみて（新聞・雑誌名　　　　　　　　　　　　　　）
2. 弊社のご案内
   （●図書目録●内容見本●宣伝はがき●E-mail●インターネット●他）
3. 書評・紹介記事（　　　　　　　　　　　　　　　　　　）
4. 知人の紹介
5. 書店でみて

お買い求めの書店名（　　　　　　　　市・区　　　　　　　　書店）
　　　　　　　　　　　　　　　　　　　町・村

本書についてのご意見

今後希望される企画・出版テーマについて

図書目録，案内等の送付を希望されますか？　　　・要　・不要
　　　　　・図書目録を希望する
ご送付先　・ご自宅　・勤務先
E-mailでの新刊ご案内を希望されますか？
　　　　　・希望する　・希望しない　・登録済み

ご協力ありがとうございます。ご記入いただきました個人情報については，目的以外の利用ならびに第三者への提供はいたしません。

朝倉書店〈機械工学関連書〉ご案内

機械加工ハンドブック
竹内芳美・青山藤詞郎・新野秀憲・光石 衛・国枝正典・今村正人・三井公之編
A5判 536頁 定価18900円（本体18000円）（23108-3）

機械工学分野の中核をなす細分化された加工技術を横断的に記述し、基礎から応用、動向までを詳細に解説。学生、大学院生、技術者にとって有用かつハンディな書。〔内容〕総論／形状創成と加工機械システム／切削加工（加工原理と加工機械、工具と加工条件、高精度加工技術、高速加工技術、ナノ・マイクロ加工技術、環境対応技術、加工例）／研削・研磨加工／放電加工／積層造形加工／加工評価（評価項目と定義、評価方法と評価装置、表面品位評価、評価のシステム化）

機械振動学通論（第3版）
小林幸徳・入江敏博著
A5判 224頁 定価3780円（本体3600円）（23116-4）

大好評を博した旧版を全面的に改訂。わかりやすい例題とていねいな記述を踏襲。〔内容〕振動に関する基礎事項／1自由度系の振動／他自由度系の振動／連続体の振動／非線形振動／ランダム振動／力学の諸原理と数値解析法／問題の解答

機械工学テキストシリーズ1 機械力学
吉沢正紹・藪野浩司・曄道佳明・大石久巳著
B5判 144頁 定価3045円（本体2900円）（23761-8）

機械システムにおける力学の基本を数多くのモデルで解説した教科書。随所に例題・演習・トピック解説を挿入。〔内容〕機械力学の目的／振動と緩和／回転機械／はり／ピストンクランク機構の動力学／磁気浮上物体の上下振動／座屈現象／等

機械工学テキストシリーズ2 熱力学
小口幸成・佐藤春樹・裼谷吉郎・伊藤定祐・高石吉登・矢田直之・洞田 治著
B5判 184頁 定価3360円（本体3200円）（23762-6）

ごく身近な熱現象の理解から、熱力学の基礎へと進む、初学者にもわかりやすい教科書。〔内容〕熱／熱現象／状態量／単位記号／温度／熱量／理想気体／熱力学の第一法則／第二法則／物質とその性質／各種サイクル／エネルギーと地球環境

役にたつ 機械製図
林 洋次編著
B5判 260頁 定価4410円（本体4200円）（23106-7）

設計のための製図をJISに基づきわかりやすく解説した教科書。実習課題も収録。〔内容〕基礎／図形／寸法記入／表面粗さと面の肌／寸法公差とはめあい／幾何公差と普通公差／ねじ／軸／歯車／軸受／シール／継手／ばね／配管／材料記号他

新版 基礎機械材料学
金子純一・須藤正俊・菅又 信編著
A5判 256頁 定価3990円（本体3800円）（23103-2）

好評の旧版を全面的に改訂。〔内容〕物質の構造／材料の変形／材料の強さと強化法／材料の破壊と劣化／材料試験法／相と平衡状態図／原子の拡散と相変化／加工と熱処理／鉄鋼材料／非鉄金属材料／セラミックス／プラスチック／複合材料

境界要素法 ―基本と応用―
J.T.カチカデーリス著 田中正隆・荒井雄理訳
A5判 256頁 定価5040円（本体4800円）（23104-0）

現実の工学問題に非常に有効かつ幅広く応用できる境界要素法（BEM）を斬新な方法で説明する究極の一書。〔内容〕2次元ポテンシャル問題に対するBEM／数値解析プログラム／境界要素の解析技術／2次元静弾性問題に対するBEM／他

流れ学
木村繁男・上野久儀・佐藤恵一・増山 豊著
B5判 216頁 定価3990円（本体3800円）（23107-5）

豊富な図・例題・演習問題（解答付き）で"本当の理解"を目指す基本テキスト。〔内容〕流体の性質と流れ現象／静止流体の特性／流れの基礎式／ベルヌーイの定理と連続の式／運動量の法則／粘性流体の流れ／管内流れ／物体に働く力／開水路

PID制御の基礎と応用（第2版）
山本重彦・加藤尚武著
A5判 168頁 定価3465円（本体3300円）（23110-5）

数式を自動制御を扱ううえでの便利な道具と見立て、数式・定理などの物理的意味を明確にしながら実践性を重視した記述。〔内容〕ラプラス変換と伝達関数／周波数特性／安定性／基本形／複合ループ／むだ時間補償／代表的プロセス制御／他

学生のための機械工学シリーズ
基礎から応用まで平易に解説した教科書シリーズ

1. 機械力学
日高照晃・小田 哲・川辺尚志・曽我部雄次・吉田和信著
A5判 176頁 定価3360円（本体3200円）（23731-6）

振動のアクティブ制御，能動制振制御など新しい分野を盛り込んだセメスター制対応の教科書。〔内容〕1自由度系の振動／2自由度系の振動／多自由度系の振動／連続体の振動／回転機械の釣り合い／往復機械／非線形振動／能動制振制御

2. 制御工学 —古典から現代まで—
奥山佳史・川辺尚志・吉田和信・西村行雄・竹森史暁・則次俊郎著
A5判 192頁 定価3045円（本体2900円）（23732-4）

基礎の古典から現代制御の基本的特徴をわかりやすく解説し，さらにメカの高機能化のための制御応用面まで講述した教科書。〔内容〕制御工学を学ぶに際して／伝達関数，状態方程式にもとづくモデリングと制御／基礎数学と公式／他

3. 基礎生産加工学
小坂田宏造編著　上田隆司他著
A5判 164頁 定価3150円（本体3000円）（23733-2）

生産加工の全体像と各加工法を原理から理解できるよう平易に解説。〔内容〕加工の力学的基礎／金属材料の加工物性／表面状態とトライボロジー／鋳造加工／塑性加工／接合加工／切削加工／研削および砥粒加工／微細加工／生産システム／他

4. 機械材料学
幡中憲治・飛田守孝・吉村博文・岡部卓治・木戸光夫・江原隆一郎・合田公一著
A5判 240頁 定価3885円（本体3700円）（23734-0）

わかりやすく解説した教科書。〔内容〕個体の構造／結晶の欠陥と拡散／平衡状態図／転位と塑性変形／金属の強化法／機械材料の力学的性質と試験法／鉄鋼材料／鋼の熱処理／構造用炭素鋼／構造用合金鋼／特殊用途鋼／鋳鉄／非鉄金属材料／他

5. 伝熱科学
稲葉英男・加藤泰生・大久保英敏・河合洋明・原 利次・鴨志田隼司著
A5判 180頁 定価3045円（本体2900円）（23735-9）

身近な熱移動現象や工学的な利用に重点をおき，わかりやすく解説。図を多用して視覚的・直感的に理解できるよう配慮。〔内容〕伝導伝熱／熱物性／対流熱伝達／放射伝熱／凝縮伝熱／沸騰伝熱／凝固・融解伝熱／熱交換器／物質伝達他

6. ロボット工学
則次俊郎・五百井清・西本 澄・小西克信・谷口隆雄著
A5判 192頁 定価3360円（本体3200円）（23736-7）

ロボット工学の基礎から実際までやさしく，わかりやすく解説した教科書。〔内容〕ロボット工学入門／ロボットの力学／ロボットのアクチュエータとセンサ／ロボットの機構と設計／ロボット制御理論／ロボット応用技術

7. 機械設計
川北和明・矢部 寛・島田尚一・小笹俊博・水谷勝己・佐木邦夫著
A5判 280頁 定価4410円（本体4200円）（23737-5）

機械設計を系統的に学べるよう，多数の図を用いて機能別にやさしく解説。〔内容〕材料／機械部品の締結要素と締結法／軸および軸継手／軸受けおよび潤滑／歯車伝動（変速）装置／巻掛け伝動装置／ばね，フライホイール／ブレーキ装置／他

機械工学入門シリーズ
基礎をていねいに解説した教科書シリーズ

1. 計測システム工学
木村一郎・吉田正樹・村田 滋著
A5判 168頁 定価3150円（本体3000円）（23741-3）

基本的事項をやさしく，わかりやすく解説して，セメスター制にも対応した新時代の教科書。〔内容〕計測システムの基礎／静的な計測方式／動的な計測方式／電気信号の変換と処理／ディジタル画像計測／計測データの統計的取り扱い

2. 材料の力学
冨田佳宏・仲町英治・上田 整・中井善一著
A5判 232頁 定価3780円（本体3600円）（23742-1）

材料力学の基礎を丁寧に解説。〔内容〕引張りおよび圧縮／ねじり／曲げによる応力／曲げによるたわみ／曲げの不静定問題／複雑な曲げの問題／多軸応力および応力集中／円筒殻，球殻および回転円板／薄肉平板の曲げ／材料の強度と破壊／他

3. 流体の力学
蔦原道久・杉山司郎・山本正明・木田輝彦著
A5判 216頁 定価3570円（本体3400円）（23743-X）

基礎からやさしく，わかりやすく解説した大学学部生，高専生のための教科書。〔内容〕流れの基礎／完全流体の流れ／粘性流れ／管摩擦および管路内の流れ／付録：微分法と偏微分法／ベクトル解析／空気と水の諸量／他

基礎機械工学シリーズ
セメスターに対応した新教科書シリーズ

1. 材料力学
今井康文・才本明秀・平野貞三著
A5判 160頁 定価3150円(本体3000円) (23701-4)

例題とティータイムを豊富に挿入したセメスター対応教科書。〔内容〕静力学の基礎／引張りと圧縮／はりの曲げ／はりのたわみ／応力とひずみ／ねじり／材料の機械的性質／非対称断面はりの曲げ／曲りはり／厚肉円筒／柱の座屈／練習問題解答

2. 機械材料学
平川賢爾・遠藤正浩・大谷泰夫・坂本東男著
A5判 256頁 定価3885円(本体3700円) (23702-2)

例題とティータイムを豊富に挿入したセメスター対応教科書。〔内容〕機械材料と工学／原子構造と結合／結晶構造／状態図／金属の強化と機械的性質／工業用合金／金属の機械的性質／金属の破壊と対策／セラミック材料／高分子材料／複合材料

3. 制御工学
岩井善太・石飛光章・川崎義則著
A5判 184頁 定価3360円(本体3200円) (23703-0)

例題とティータイムを豊富に挿入したセメスター対応教科書。〔内容〕制御工学を学ぶにあたって／モデル化と基本応答／安定性と制御系設計／状態方程式モデル／フィードバック制御系の設計／離散化とコンピュータ制御／制御工学の基礎数学

4. 流れの力学
古川明徳・瀬戸口俊明・林秀千人著
A5判 180頁 定価3360円(本体3200円) (23704-9)

演習問題やティータイムを豊富に挿入し、またオリジナルの図を多用してやさしく、わかりやすく解説。セメスター制に対応した新時代のコンパクトな教科書。〔内容〕流体の挙動／完全流体力学／粘性流体力学／圧縮性流体力学／数値流体力学

5. 機械製作法Ⅰ —鋳造・変形加工・溶接—
尾崎龍夫・矢野 満・濟木弘行・里中 忍著
A5判 180頁 定価3360円(本体3200円) (23705-7)

鋳造、変形加工と溶接という新視点から構成したセメスター対応教科書。〔内容〕鋳造（溶解法、鋳型と鋳造法、鋳物設計、等）／塑性加工（圧延、押出し、スピニング、曲げ加工、等）／溶接（圧接、熱切断と表面改質、等）／熱処理（表面硬化法、等）

6. 機械振動学
末岡淳男・金光陽一・近藤孝広著
A5判 240頁 定価3780円(本体3600円) (23706-5)

セメスター対応教科書。〔内容〕振動とは／1自由度系の振動／多自由度系の振動／振動の数値解法／振動制御／連続体の振動／エネルギー概念による近似解法／マトリックス振動解析／振動と音響／自励振動／振動と騒音の計測／演習問題解答

7. 流れの工学
古川明徳・金子賢二・林秀千人著
A5判 160頁 定価3150円(本体3000円) (23707-3)

演習問題やティータイムを豊富に挿入し、本シリーズ4巻と対をなしてわかりやすく解説したセメスター制対応の教科書。〔内容〕流体の概念と性質／流体の静力学／流れの力学／次元解析／管内流れと損失／ターボ機械内の流れ／流体計測

8. 熱力学
門出政則・茂地 徹著
A5判 192頁 定価3570円(本体3400円) (23708-1)

例題、演習問題やティータイムを豊富に挿入したセメスター対応教科書。〔内容〕熱力学とは／熱力学第一法則／第一法則の理想気体への適用／第一法則の化学反応への適用／熱力学第二法則／実在気体の熱力学的性質／熱と仕事の変換サイクル

9. 機械工学概論
末岡淳男・村上敬宜・近藤孝広・山本雄二他著
A5判 224頁 定価3570円(本体3400円) (23709-X)

21世紀という時代における機械工学の全体像を魅力的に鳥瞰する。自然環境や社会構造にいかに関わるかという視点も交えて解説。〔内容〕機械工学とは／材料力学／機械力学／機械設計と機械要素／機械製作／流体力学／熱力学／伝熱学／コラム

10. 機械力学 —機械系のダイナミクス—
金光陽一・末岡淳男・近藤孝広著
A5判 224頁 定価3570円(本体3400円) (23710-3)

ますます重要になってきた運輸機器・ロボットの普及も考慮して、複雑な機械システムの動力学的問題を解決できるように、剛体系の力学・回転機械の力学も充実させた。また、英語力の向上も意識して英語による例題・演習問題も適宜挿入

エース機械工学シリーズ
教育的視点を重視し平易に解説した大学ジュニア向けシリーズ

エース機械設計
肥田 昭・坂口一彦・林 和宏著
A5判 196頁 定価3360円(本体3200円)(23681-6)

設計手法の総合力を身につけてもらうため周到な内容構成を考えた新セメスター制授業に対応したテキスト。〔内容〕設計に生かす古代の知恵／設計の基礎／締結要素／軸系要素／支え要素／動力伝達要素／防振，緩衝，制動要素／密封要素／付録

エース機械加工
田中芳雄・喜田義宏・杉本正勝・宮本 勇他著
A5判 224頁 定価3990円(本体3800円)(23682-4)

機械加工に関する基本的事項を体系的に丁寧にわかり易く解説。〔内容〕緒論／加工と精度／鋳造／塑性加工／溶接と溶断／熱処理／表面処理／切削加工／研削加工／遊離砥粒加工／除去加工／研削作業／特殊加工／機械加工システムの自動化

エース流体の力学
須藤浩三編
A5判 192頁 定価3570円(本体3400円)(23683-2)

できる限り数式を少なくして現象の物理的意味を明確にすることに重点をおき，やさしく記述。まず流体の静力学を述べ，次いで理想流体，粘性流体の一元流れを主体とし，それに圧縮性流体の一次元流れを加えた流体の動力学について解説

エース自動制御
須田信英著
A5判 196頁 定価3045円(本体2900円)(23684-0)

自動制御を本当に理解できるような様々な例題も含めた最新の教科書。〔内容〕システムダイナミクス／伝達関数とシステムの応答／簡単なシステムの応答特性／内部安定な制御系の構成／定常偏差特性／フィードバック制御系の安定性／等

マテリアル工学シリーズ
佐久間健人・相澤龍彦 編集

1. 材料科学概論
佐久間健人・井野博満著
A5判 224頁 定価3570円(本体3400円)(23691-3)

〔内容〕結晶構造(原子間力，回折現象)／格子欠陥(点欠陥，転位，粒界)／熱力学と相変態／アモルファス固体と準結晶／拡散(拡散方程式，相互拡散)／組織形成(状態図，回帰，再結晶)／力学特性(応力，ひずみ，弾性，塑性)／固体物性

2. 材料組織学
高木節雄・津﨑兼彰著
A5判 168頁 定価3150円(本体3000円)(23692-1)

〔内容〕結晶中の原子配列(ミラー指数，ステレオ投影)／熱力学と状態図／材料の組織と性質(単相組織，複相組織，共析組織)／再結晶(加工組織，回復，結晶粒成長)／拡散変態(析出，核生成，成長，スピノーダル分解)／マルテンサイト変態

3. 材料強度学
加藤雅治・熊井真次・尾中 晋著
A5判 176頁 定価3360円(本体3200円)(23693-X)

基礎的部分に重点をおき，読者に理解できるようできるだけ平易な表現を用いた学生のテキスト。〔内容〕弾性論の基礎／格子欠陥と転位／応力-ひずみ関係／材料の強化機構／クリープと高温変形／破壊力学と破壊現象／繰り返し変形と疲労

5. 材料システム学
毛利哲雄著
A5判 152頁 定価2940円(本体2800円)(23695-6)

機械系・金属系・材料系などの学生の教科書。〔内容〕システムとしての材料／材料の微細構造／原子配列の相関関数と内部エネルギー／有限温度の原子配列とクラスター変分法／点欠陥の統計熱力学／不均質構造の力学／非平衡統計熱力学と拡散

6. 材料プロセス工学
相澤龍彦・中江秀雄・寺嶋和夫著
A5判 224頁 定価3990円(本体3800円)(23696-4)

〔内容〕〔固体からの材料創製〕固体材料の変形メカニズム／粉体成形・粉末冶金プロセス／バルク成形プロセス／表面構造化プロセス／新固相プロセス。〔液相からの——〕鋳造／溶接・接合。〔気相からの——〕気相・プラズマプロセスの基礎／応用

ISBN は 4-254- を省略   (表示価格は2006年11月現在)

朝倉書店
〒162-8707 東京都新宿区新小川町6-29
電話 直通(03)3260-7631 FAX(03)3260-0180
http://www.asakura.co.jp eigyo@asakura.co.jp

実際に工具に対して超音波領域（20 kHz）の楕円振動を付加して楕円振動切削加工を行う装置例[8]を図3.143に示す．図に示されるように，棒状の金属に圧電板を貼り付けた簡易的な構造のために出力は小さいが，超精密加工のような軽切削には適している．センサ用の圧電板は制御用のフィードバック信号に使用するものであり，楕円振動の軌跡の一部が仕上げ面に転写されることからこの軌跡制御の安定性が加工精度に反映される．

図3.144から図3.147は，上記の振動装置と超精密加工機を用いて焼入れ後のステンレス鋼の超精密ダイヤモンド切削を行った事例（TOWA（株）との共同研究成果）である．図に示されるように，いずれの加工例においても，従来の加工法では困難な超精密微細加工が実現されている．このほか，超硬合金[9]，単結晶フッ化カルシウム[10]，ガラス[11]などの硬脆材料の超精密加工に対しても楕円振動切削加工法が有効であることが確認されている．

先に述べた切削方向に振動させる従来振動切削加工においても焼入れ鋼の鏡面加工が可能であるが，工具のチッピングを防ぎ，かつ平滑な面が得られるように正確に振動方向を調整する必要があること，切込み方向の振動を制御し得ないために高精度化

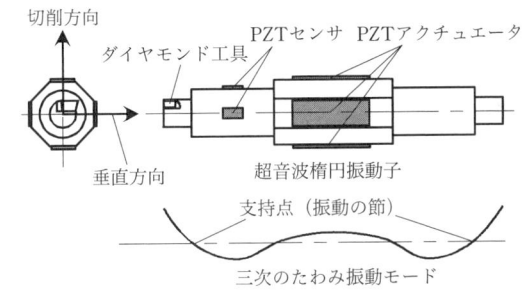

図3.143 超音波楕円振動切削工具の例[8]

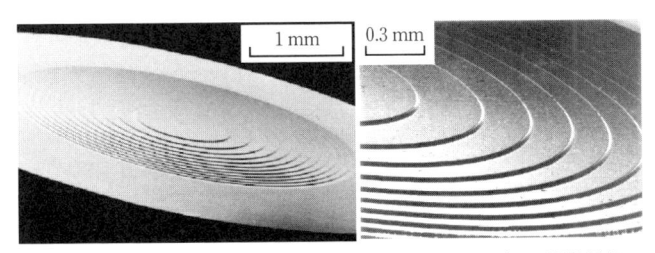

図3.144 マイクロフレネルレンズ金型加工例の走査型電子顕微鏡写真
[加工条件] 被削材：ステンレス焼入れ鋼（JIS：SUS440C），HRC55，切込み量：2μm，送り量：2μm/rev，主軸回転数：20 min^{-1}，工具：ノーズ半径25μm，刃先角60度，すくい角0°，振動：円振動，半径1.35μm，切削油：白灯油塗布，形状：溝深さ20μm，溝ピッチ0.12〜0.35μm，焦点距離30 mm
[測定結果] 溝廂面粗さ：0.08μm Ry（電子線粗さ解析装置）

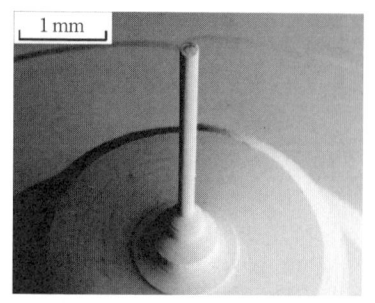

図 3.145 細長い微細円柱の加工例
［加工条件］被削材：ステンレス焼入れ鋼（JIS：SUS420J2），HRC44，切込み量：3 μm，送り量：3 μm/rev，主軸回転数：380 min^{-1}，工具：ノーズ半径 50 μm，すくい角 0°，振動：円振動，半径 2.5 μm，形状：φ0.22×4.0 mm
［測定結果］根元直径：φ0.226 mm，先端直径：φ0.244 mm

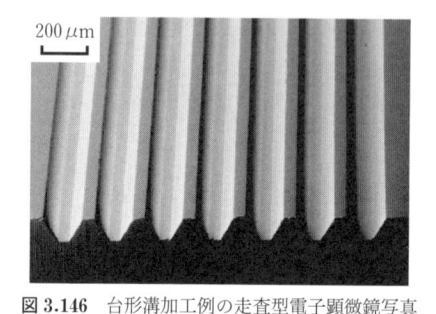

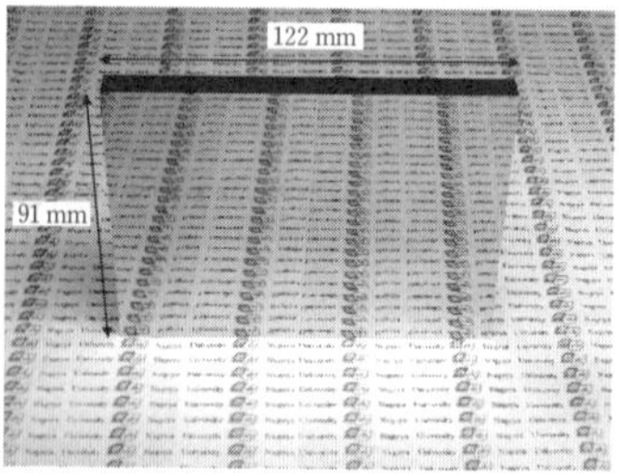

(a) 仕上げ面写真

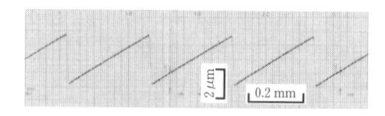

(b) 送り方向の断面曲線

(c) 微細溝の SEM 写真

図 3.146 台形溝加工例の走査型電子顕微鏡写真
［加工条件］被削材：ステンレス焼入れ鋼（JIS：SUS440C），HRC55，切込み量：5 μm×21 回，切削速度：0.05 m/min，工具：刃先角 60 度，フラット部長 50 μm，すくい角 0°，振動：円振動，半径 4.25 μm，切削油：白灯油塗布
［測定結果］底面粗さ：0.06 μm Ry（電子線粗さ解析装置），溝間ピッチ：220±0.25 μm，溝深さ：102±0.43 μm（フォームタリサーフ）

図 3.147 フロントライト用導光板金型を想定した超精密微細加工
［加工条件］被削材：ステンレス焼入れ鋼（JIS：SUS420J2），HRC53，切込み量：1 μm，送り量：300 μm，切削速度：0.25 m/min，工具：V 型刃先角 107 度，すくい角 0°，振動：円振動，半径 3 μm，切削油：白灯油ミスト
［測定結果］最大粗さ（触針式）：0.04 μm Ry

に不利であること，楕円振動切削の方が上述のように大幅に切削性能が向上することなどから，より精密な加工あるいはより難削な材料や形状を加工する場合には楕円振動切削加工法が有力な選択肢になるものと期待される．〔社本英二〕

▶▶ 文　献
1) 隈部淳一郎：精密加工振動切削－基礎と応用－，実教出版（1979）

2) 森脇俊道, 社本英二, 井上健二：ステンレス鋼の超精密超音波振動切削加工の研究, 精密工学会誌, **57**, 11, pp. 1983-1988 (1991)
3) T. Moriwaki, E. Shamoto and K. Inoue : Ultraprecision ductile cutting of glass by applying ultrasonic vibration, *Annals of the CIRP*, **41**, 8, pp. 141-144 (1992)
4) 神 雅彦, 渡邊健志, 小日向工, 村川正夫：傾斜超音波振動切削に関する研究（第1報）―各種形状の市販スローアウエイチップが適用可能な工具の開発―, 精密工学会誌, **67**, 4, pp. 618-622 (2001)
5) 多賀電気（株）製ソニックインパルス, 同社カタログ
6) 大西 修, 鬼鞍宏猷：傾斜面への微小径穴加工における超音波振動の効果, 精密工学会誌, **69**, 9, pp. 1337-1341 (2003)
7) 本多電子（株）製ハイカッター, 同社カタログ
8) 社本英二, 鈴木教和, 森脇俊道, 直井嘉和：楕円振動切削加工法（第4報）―工具振動システムの開発と超精密切削への応用―, 精密工学会誌, **67**, 11, pp. 1871-1877 (2001)
9) 鈴木教和, 益田真輔, 社本英二：超硬合金の超精密超音波振動切削加工―各種条件の影響, 2003年度砥粒加工学会学術講演会講演論文集, pp. 303-306 (2003)
10) 鈴木教和, 益田真輔, 社本英二, 京谷達也：単結晶材料の延性モード超音波楕円振動切削加工, 2003年度精密工学会秋季大会学術講演会講演論文集, p. 340 (2003)
11) E. Shamoto, C.-X. Ma and T. Moriwaki : Ultraprecision ductile cutting of glass by applying ultrasonic elliptical vibration cutting, Proc. 1st Int. Conf. and General Meeting of the European Society for Precision Engineering and Nanotechnology, pp. 408-411 (1999)

4. 研削・研磨加工

4.1 加工原理と加工機械

4.1.1 加工原理

　工作物は工具と干渉を起こして,切りくずを形成することにより加工される.切りくずを形成するために,工具の硬度は工作物より高いことが必要である.一般に,経済的に機械加工をするための工具は,工作物の3倍以上の硬度が必要である.

　常温・常圧の地球上で硬度が最も高い物質はダイヤモンドである.したがって,ダイヤモンドは優れた工具材料となる.一方,図4.1に示す指輪のように,ダイヤモンドでも工作物として加工することができる.すなわち,ダイヤモンドは結晶方位に応じて硬さに異方性があり,(111)面が最も硬い.多数のダイヤモンド砥粒を干渉させることにより,砥粒の(111)面がダイヤモンド(工作物)の(111)面以外に干渉すると,ダイヤモンドを研磨加工することができる.ただし,工作物であるダイヤモンドの加工面が(111)面であれば,常温・常圧下で加工することは困難である[1].

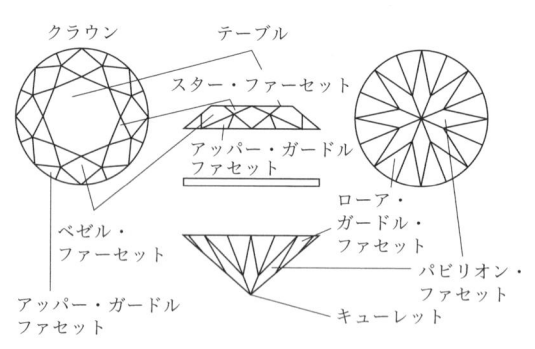

図 4.1 指輪用ダイヤモンドのカット例
（ブリリアント・カット）

4.1.2 研削・研磨加工とは

　研削加工は,多数の硬い砥粒を結合した研削砥石に強制切込みを与え,工作物と相対運動させる除去加工方法である.研削砥石は,切削工具と比較して10～50倍の速

度で高速回転して微少な単位で切りくずを除去するため，焼入れ鋼やセラミックスのような高硬度材料の加工も可能で，高い寸法精度と良好な表面粗さを得ることができる．

工具と工作物の相対運動は研削盤によって拘束されるため，加工される工作物の形状精度は母性原理[2]に基づき，研削盤の運動精度に依存する．したがって，強制切込みを行う研削盤には高い位置決め精度・運動精度と高い機械剛性が要求される．

研削砥石を構成する砥粒の切れ刃は鈍角であるため，単位体積当たりの切りくず除去エネルギーは切削加工の10倍以上になる．したがって，研削加工による発熱量は多く，加工条件を厳密に選定して研削焼け・研削割れなどの発生を防ぐ必要がある．

一方，研磨加工は，定盤と工作物の間に砥粒を供給し，一定の圧力を作用させながら相対運動させることにより，加工面を創成する加工方法である．研磨加工の歴史は古く，新石器時代における磨製石器の製作や弥生時代における硬玉製の勾玉の製作，古墳時代における金属鏡の製作にも研磨加工が使われている．

研磨加工には，工具を工作物に押し付ける場合と，工作物を工具に押し付ける場合がある．工具は工作物の面上から砥粒径だけ浮いた状態で加工面により案内されるため，加工精度は相対運動を与える工作機械の運動性能ではなく，工具表面の精度に支配される．すなわち，研磨条件を適切に制御すれば母性原理にしたがうことはなく，工作物の仕上り精度は工作機械の精度を超える可能性もある．

4.1.3 研削加工方法

a. プランジ研削

プランジ研削とは，図4.2に示すように工作物を砥石接線方向に往復（平面研削盤）あるいは回転運動（円筒研削盤・内面研削盤）させながら砥石または工作物のストロークごとに砥石切込みを与えて研削を行う方法である．円筒研削や平面研削で行われる総形研削（アンギュラ研削を含む）は，プランジ研削の一種である．研削砥石の切込みは，ストロークの片側で行う場合と両側で行う場合がある．

プランジ研削の加工能率はトラバース研削より高く設定できるため，粗加工段階では研削位置をシフトしながらプランジ研削を繰り返し行い，仕上げ加工でトラバース研削を行うシフトプランジ研削（図4.3）も実用化されている．

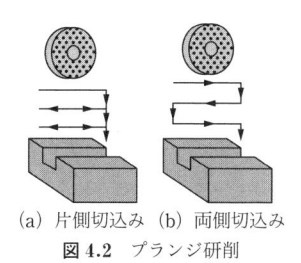

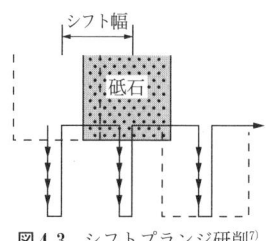

(a) 片側切込み　(b) 両側切込み
図4.2　プランジ研削

図4.3　シフトプランジ研削[7]

b. トラバース研削

トラバース研削とは，図4.4に示すように工作物を砥石軸方向に平行移動させながら砥石軸直交方向にストロークを繰り返す方法で，砥石切込みは前後の平行移動端で行う．工作物を砥石軸直角方向に連続的に平行移動させる方法をバイアス送り，ストロークごとに間欠的に平行移動させる方法をステップ送りという．ステップ送りでは，平行移動量が往復研削のストローク長さに影響されないため，加工条件を制御しやすい．一方，バイアス送りでは前後移動の加減速に起因する振動の発生が小さいため，表面性状のよい加工面が得られやすい．一般に，トラバース研削はプランジ研削と比べて加工時間は長くなるが，表面粗さは小さくなる．

コンタリング研削は，縁形の鋭利な研削砥石を用い，プログラムされた経路に沿ってトラバース研削する方法で，図4.5に示すように砥石より幅の広い工作物を成形研削することができる．コンタリング形状は，プログラムにより自由に変更できるので，そのつど砥石を交換する必要もなく多品種少量生産に適しているが，常に正確な砥石形状を維持する必要がある．

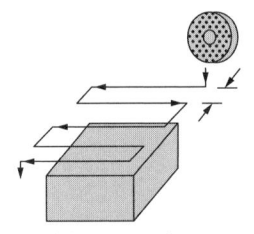

(a) ステップ送り
テーブル左右反転ごとに指定した量だけ前後移動し，ワークの前後両端で切込み．

(b) バイアス送り
テーブル左右反転に関係なく，指定した速度で前後移動し，ワークの前後両端で切込み．

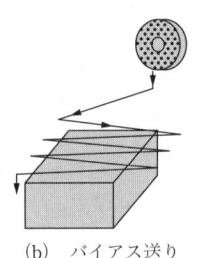

図4.4 トラバース研削

図4.5 自動車用エンジンバルブのコンタリング研削例

c. スパークアウト研削

研削砥石に切込みを与えずに加工する加工方法がスパークアウト研削（ゼロ研削）である．加工中の研削抵抗により弾性変形した研削盤の弾性回復力を利用した研削加工方法であり，表面粗さと寸法精度の向上を図ることができる．図4.6に示すように，スパークアウト研削は研削サイクルの最終段階に行う．

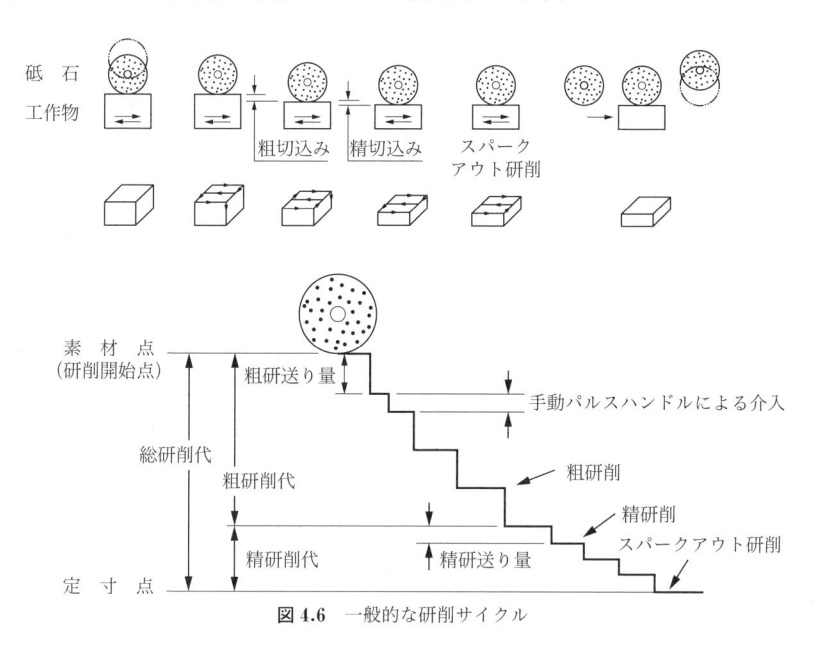

図4.6 一般的な研削サイクル

d. 上向き研削と下向き研削

図4.7 (a) に示すように，研削砥石の回転方向と工作物の送り方向（または回転方向）が反対方向になる研削方式を上向き研削（アップカット研削）という．上向き研削では，工作物に対する砥粒切れ刃の切込み角が小さくなるため，上滑りが起こりやすい．一方，図4.7 (b) に示す下向き研削（ダウンカット研削）では，研削盤のテーブル送り系にバックラッシがある場合にスティックスリップを起こしやすい．

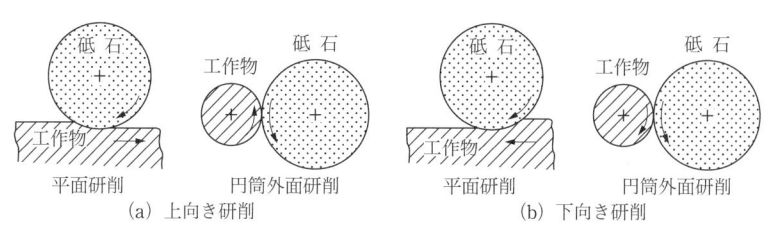

図4.7 上向き研削と下向き研削

円筒研削や内面研削では，工作物と研削砥石の相対速度を高くして表面粗さを小さくするために，上向き研削が一般的である．一方，心なし研削では，支持刃に工作物を押し付けて安定的に案内するために，下向き研削が一般的である．また，横軸平面研削盤では，ストロークごとに上向き研削と下向き研削を繰り返すことになる．

4.1.4 研削・研磨理論

加工条件により，研削抵抗，研削温度，表面粗さなどが変化するのみならず，研削砥石の目つぶれ，目こぼれ（脱落）状態，研削比（工作物除去体積と砥石減耗体積の比）も変化する．図4.8に加工条件と研削性能の概要を示し，以下で幾何学的に解析する．

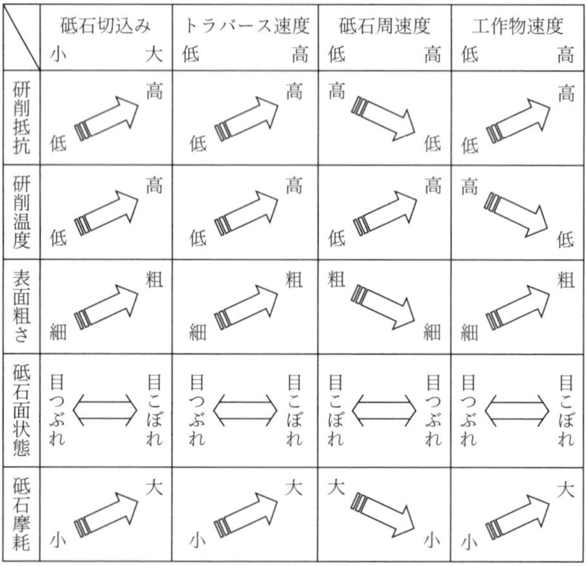

	砥石切込み 小　　　大	トラバース速度 低　　　高	砥石周速度 低　　　高	工作物速度 低　　　高
研削抵抗	低→高	低→高	高→低	低→高
研削温度	低→高	低→高	低→高	高→低
表面粗さ	細→粗	細→粗	粗→細	細→粗
砥石面状態	目つぶれ⇔目こぼれ	目つぶれ⇔目こぼれ	目こぼれ⇔目つぶれ	目つぶれ⇔目こぼれ
砥石摩耗	小→大	小→大	大→小	小→大

図4.8 加工条件と研削結果

a. 砥粒最大切込み深さ

研削砥石は，図4.9に示すように，砥粒と結合材と気孔の3要素から構成されている．砥粒は整然と幾何学的に分布しているわけではない．しかし，砥石の同一周上に連続切れ刃間隔 a で配列すると仮定すると，図4.10に示す幾何学的関係から砥粒最大切込み深さ $g_{max}(=AH)$ は次式により計算することができる[3]．

$$g_{max} = 2 \cdot a \cdot \frac{v_w}{V_s} \cdot \sqrt{t \cdot \left(\frac{1}{D} \pm \frac{1}{d}\right)} \qquad (4.1.1)$$

ここで，v_w：工作物送り速度，V_s：砥石周速度，t：砥石半径切込み量，D：砥石直径，d：工作物直径を示す．平面研削の場合は，$1/d=0$ となる．また，円筒研削の

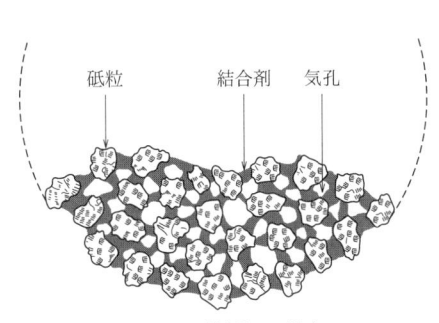

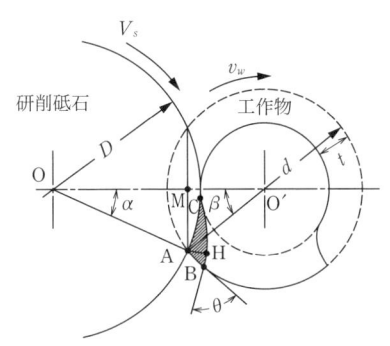

図 4.9 研削砥石の構成　　**図 4.10** 砥粒切れ刃と工作物の幾何学的関係

場合（　）内は＋であり，内面研削の場合は－となる．v_w や t が大きいと g_{max} は大きくなり，V_s や D が大きいと g_{max} は小さくなる．

g_{max} が大きいと，砥粒切れ刃に作用する力が大きくなり，砥粒の破砕や脱落に起因する目こぼれを起こしやすくなる．逆に，g_{max} が小さいと砥粒の上滑りが発生することにより砥粒切れ刃の摩滅摩耗が進行し，研削砥石は目つぶれや目づまりを起こしやすくなる．したがって，工作物に応じた最適な g_{max} を選定する必要がある．

b. 研削抵抗

図 4.11 に示す接線研削抵抗 F_t は次の式で与えられる[4]．

$$F_t = k_0 \cdot b \cdot \left(\frac{v_w}{V_s}\right)^{1-\varepsilon} \cdot t^{1-\frac{\varepsilon}{2}} \cdot \left(\frac{1}{D} \pm \frac{1}{d}\right)^{-\frac{\varepsilon}{2}} \cdot \omega^{-2\varepsilon} \qquad (4.1.2)$$

ここで，k_0, ε：研削砥石と工作物の組合せによって決まる定数，b：砥石幅を示す．法線研削抵抗 F_n と F_t の比 λ（2分力比）は研削砥石と工作物の材質により決定され，一般的には加工条件には依存しない．普通砥石で鋼類を加工する場合，$\lambda=$ 1.5～2.5 の範囲にあり，超硬合金では $\lambda=4$ 程度，セラミックスでは $\lambda=5$～10 で，硬度が高い工作物の方が λ の値は大きくなる．F_t が高いと大きな研削動力を必要と

(a) 平面研削の場合　　(b) 円筒研削の場合

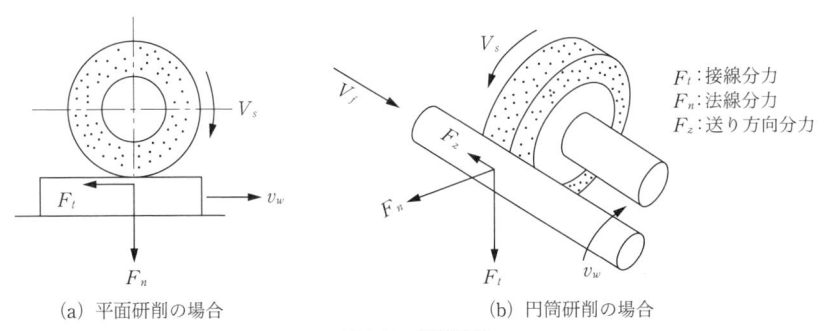

F_t：接線分力
F_n：法線分力
F_z：送り方向分力

図 4.11 研削抵抗

し，F_n が高いと研削盤や工作物に生じる弾性変形量が大きくなり，工作物の寸法精度に悪影響を与える．

c. 工作物温度

研削加工中の工作物の平均温度上昇 θ_ω は次式で与えられる[3]．

$$\theta_\omega = \frac{R_w \cdot F_t \cdot V_s \cdot \tau}{J \cdot C \cdot M} \qquad (4.1.3)$$

ここで，R_w：全熱量のうち工作物に伝達される割合，τ：研削加工時間，J：熱の仕事当量，C：工作物の比熱，M：工作物の質量を表す．工作物温度は F_t と V_s に比例し，工作物の比熱と質量に反比例して上昇する．ただし，V_s が高い高速研削では R_w が小さくなるため，その分 θ_ω は低くなる．

d. プレストンの式

定圧切込みの研磨加工における加工能率 Z' は次式で与えられる[5]．

$$Z' = \varkappa \cdot p \cdot v \cdot \tau \qquad (4.1.4)$$

ここで，Z'：単位時間当たりの工作物除去量，$\varkappa$：加工条件による定数，p：加工圧力，v：相対速度，τ：加工時間を表す．砥粒と工作物間で化学的作用が働くと $\varkappa$ の値は大きく増加することがある．

4.1.5 研削盤の種類

研削盤は，砥石を高速回転させて工作物と干渉させながら相対運動させることにより工作物を精密に加工する工作機械である．一般に，研削加工は精密仕上げを目的とするので，研削盤の砥石軸回転精度，工作物の送り精度が十分に高いことが要求される．

加工する工作物の形状に応じて，平面研削盤，円筒研削盤，内面研削盤，心なし研削盤，工具研削盤，歯車研削盤などがある．図4.12に研削盤の生産台数の比較表を示す[6]．研削盤のNC化率は切削加工機と比べるとまだ低いが，2004年現在で約60％（台数ベース）に達し，年々上昇している．研削盤の中でも，円筒研削盤のNC化率は特に高い．

a. 平面研削盤

工作物の平面を研削加工するのが平面研削盤である．図4.13に示すように，砥石軸の方向によって横軸形と立軸形に分けられ，テーブルの形態・運動機構によって角テーブル形と円テーブル形に分類される．

最も一般的な平面研削盤が図4.14に示す横軸角テーブル形平面研削盤で，高い寸法精度と形状精度が得られる．また，総形に成形した研削砥石を用いたプランジ研削または単純形状の研削砥石を用いたコンタリング研削により平面上に三次元形状を形成する成形研削盤も，横軸角テーブル形平面研削盤に分類される．図4.15に砥石軸断面を示す．ラジアル方向の研削抵抗をしっかりと支えると同時に，熱変位によるスラスト方向のスピンドルの伸びを砥石と反対側に逃がすことができる．工作物はマグ

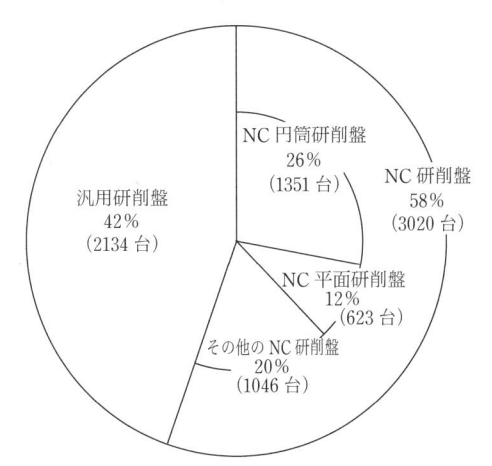

図 4.12 研削盤の生産台数（総生産台数 5154 台，2004 年）[6]

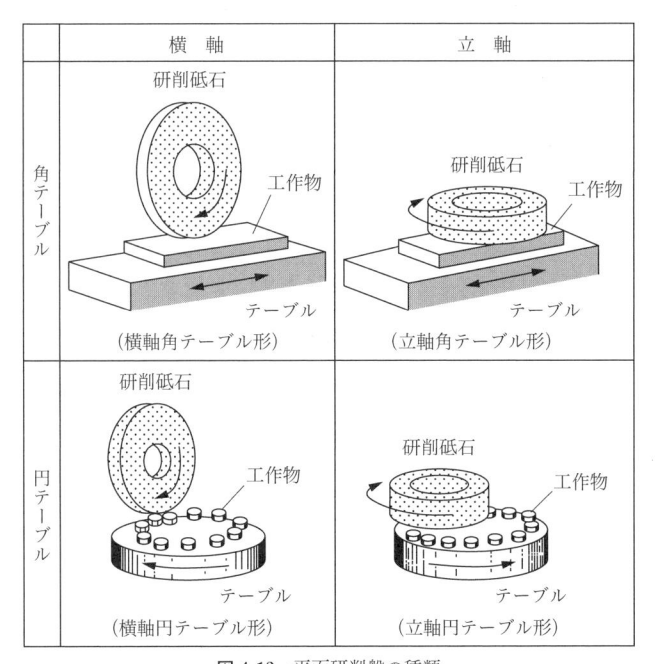

図 4.13 平面研削盤の種類

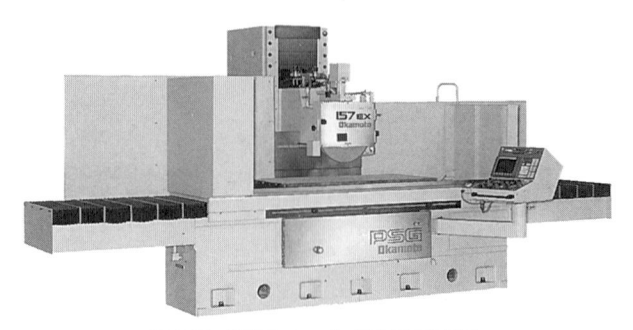

図 4.14 横軸角テーブル形平面研削盤[7]

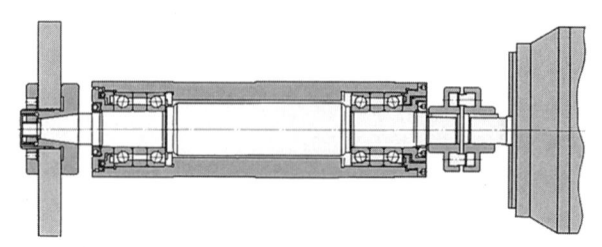

図 4.15 研削盤の砥石軸断面（平面研削盤）[7]

ネットチャックにより把持するのが一般的であるが，磁気吸着力のない工作物は，バイス，真空チャック，冷凍チャック，専用ジグなどを用いて把持する．

　成形研削では，特に仕上り寸法や形状精度が重要視されるため，一般にテーブル案内面にボールガイドなどを用いて，油膜によるテーブルの浮上がりを防いでいる．一方，平面研削盤では加工面性状が重要視されるため，テーブル案内面にはV-平やV-Vのすり合せ案内や油静圧案内構造を採用して振動減衰効果をもたせるとともに案内面からの振動を抑制している（図 4.16）．

　クリープフィード研削盤は，横軸角テーブル形平面研削盤に分類され，一般に単位時間・単位砥石幅当たりの加工能率は $0.1 \sim 10 \text{ mm}^3/(\text{mm}\cdot\text{s})$ である[8]．切込み量が数 mm と大きく，工作物送り速度は数 mm/s と低い．主に，耐熱合金などの難削材の高能率研削加工に用いられる．テーブル駆動機構には油圧シリンダやラックとピニオンギヤを組み合わせた送りを用いる方法もあるが，ボールねじ送りが一般的である．クリープフィード研削では法線研削抵抗が特に高くなるため，研削盤の静剛性が十分に高くなるように設計されている．

　ドイツで開発された HEDG 研削盤（図 4.17）は，クリープフィード研削盤を発展させて，100 m/s 以上の高周速度で回転する電着ホイールと高圧注水装置を組み合わせることにより，1桁から2桁も高い $50 \sim 2000 \text{ mm}^3/(\text{mm}\cdot\text{s})$ の加工能率を実現させている[8]．

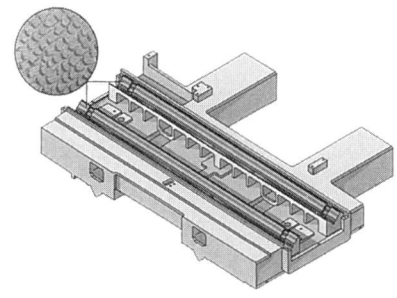

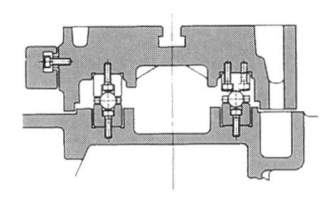

(a) V-V すり合せ案内面[7]
（平面研削盤）

(b) ボールガイドを用いた案内面[7]
（成形研削盤）

図 4.16　テーブル案内面

スピードストローク研削盤（ハイレシプロ研削盤）は，短いテーブルストロークを極めて短い周期で往復運動する横軸角テーブル形平面研削盤で，金型用パンチなどを高能率に成形研削加工することができる．テーブル駆動には，モータ駆動のクランク機構や油圧サーボ機構が用いられ，近年ではリニアモータ駆動機構を用いた研削盤も実用化されている．横軸角テーブル形平面研削盤では，テーブル運動方向が反転するごとに研削砥石を切り込むのが一般的であるが，スピードストローク研削盤では，テーブルストロークとは同期せずに，連続的に切り込み高能率研削を行うこともできる．

立軸円テーブル形平面研削盤は，平面を高能率・高精度に加工することができる．図 4.18 に示す研削盤では，セグメント砥石を用いて大型工作物の重研削をすることができる[9]．加工面はあや目（クロスハッチ）になる．一方，カップ砥石を用いた高精度な立軸回転テーブル形平

図 4.17　HEDG 研削盤[8]

図 4.18　立軸円テーブル形平面研削盤[9]

面研削盤では，シリコンウェーハなどの鏡面研削加工に用いられる．

b． 円筒研削盤

円筒形工作物の外周面を研削加工する工作機械が円筒研削盤（図4.19）である[7]．一般に，小型の円筒研削盤では工作物を軸方向に往復運動させるが，大型の円筒研削盤では研削砥石を軸方向に往復運動させる．短い工作物はチャックにより片持ち把持する場合もあるが，一般的には両センタで支持し，回し金で回転力を伝える．特に長い工作物に関しては，適度な間隔に振止めを設置して，工作物の自重によるたわみを防止している．工作物の外形寸法は，図4.20に示すように，直接定寸装置でインプロセス計測を行うことができる．

加工方式として，プランジ研削，トラバース研削，アンギュラ研削がある．アンギュラ研削とは図4.21に示すように，工作物の軸に対してある角度に設定した研削砥石を斜め方向から工作物に押し当てることにより，工作物の円筒面と端面を同時に研削する方法である．工作物を高能率に加工することができる研削加工方法であり，少品種大量生産に適している．アンギュラ研削では，端面と円筒面を同時に加工するため研削砥石の接触面積が大きくなり，研削抵抗が大きくなる．そこで，特に研削盤の静剛性が高くなるように設計されている．

円筒研削盤の中でも，特に砥石台および主軸台を水平面内で旋回することができ，テーパ研削，端面研削，内面研削などの加工ができる多機能な研削盤を万能研削盤（図4.22）という[11]．

c． 内面研削盤

穴の内面を研削加工する工作機械が内面研削盤（図4.23）である[7]．内面研削盤は，チャックで把持した工作物を回転させ，その穴に研削砥石を挿入して研削する．工作物の穴径より小径の研削砥石を用いるため，砥石周速度が低くなるばかりでなく仕上面粗さが悪くなりやすい．そこで十分な周速度を得るために，砥石回転数を高くする必要があるが，高回転化により振動を起こしやすい．また，砥石軸が細くなり，研削砥石の突出し量も大きくなるため，砥石軸系の剛性が低くならないように砥石軸

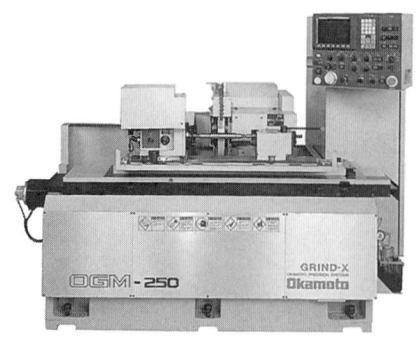

図 4.19 円筒研削盤[7]

図 4.20 直接定寸装置によるインプロセス計測[10]

図 4.21　アンギュラ研削[10]

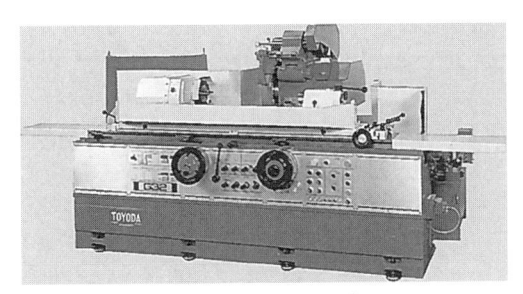

図 4.22　万能研削盤[11]

図 4.23　内面研削盤[7]

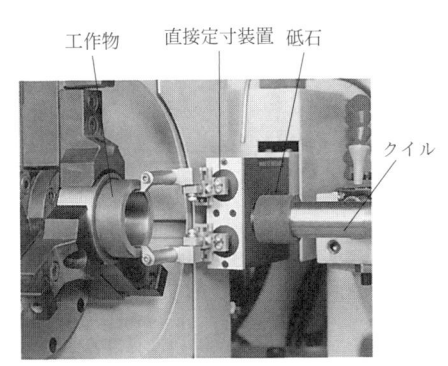

図 4.24　内径の直接測定による自動定寸装置[7]

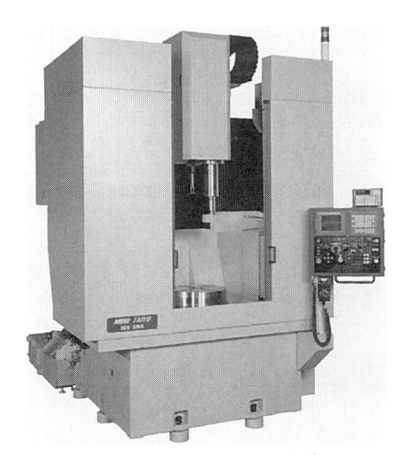

図 4.25　立軸内面研削盤[12]

の設計には充分注意する必要がある．工作物寸法を管理するために，図4.24に示すように，加工中に内径を自動測定する直接定寸装置を使うことができる[7]．

一般には横軸内面研削盤が用いられるが，大きな工作物に対しては，立軸内面研削盤（図4.25）も用いられる[12]．立軸内面研削盤は，重力の影響で工作物主軸がたわむことがなく，比較的高精度に加工することができる．

d. 心なし研削盤

図4.26に示す心なし研削（センタレス研削）盤は，工作物を支持刃と調整車により支持・回転させながら円筒形工作物の外周面を研削加工する工作機械である[13]．心なし研削では，工作物を全長にわたって支持するため，研削抵抗による工作物のたわみが生じにくく，細長い工作物の加工が可能である．また，円筒研削盤のようなセンタ穴を必要としないため，チャッキング工程が不要になり，加工誤差の発生要因が少なくなるうえ，工作物の脱着が容易で自動化に適用しやすいなどの特長がある．ただし，安定した成円運動を実現し，高精度な円筒面を得るためには，適切な加工条件の選定が重要となる．

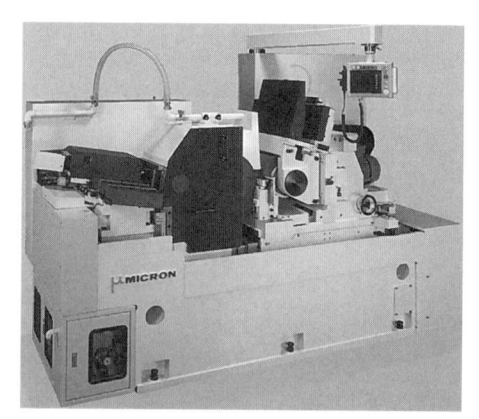

図4.26 心なし研削盤[13]

e. 歯車研削盤

高い精度を必要とする歯車は，図4.27に示す歯車研削盤で仕上げる[7]．例えば，自動車の減速機の騒音や振動を防止したり，歯車の強度を低下させずに小径化する場合などに研削加工が施される．図4.28に示すように，総形に成形した研削砥石を用

図4.27 歯車研削盤[7]

図4.28 総形砥石による歯車研削[7]

図 4.29 インボリュート形状砥石による歯車研削[7]

いて創成研削で仕上げる場合と,図 4.29 に示すように,ラックまたはインボリュート形状に成形した砥石を用いて,一歯ずつコンタリング研削する方法がある.複雑な歯形形状を創成するために,歯車研削盤には砥石軸と工作主軸の高速高精度な同期制御が必要とされる.

f. 工具研削盤

工作物を高能率・高精度に加工する切削加工において,直接に除去作業を行う切削工具の役割は大変重要である.切削工具は,多岐にわたる種類・形状寸法のものが用いられ,工具研削盤によって加工される.付与された切れ刃の形状と表面性状が工作物の精度,表面粗さや加工能率に大きくかかわる.

工具研削盤には,加工対象とする工具によっていろいろな種類があるが,万能工具研削盤が多く用いられる.図 4.30 に示すように,汎用万能研削盤は可動軸が 9～12 軸あり,各軸の設定と各種のアタッチメントの使用でいろいろな作業が可能であるが,段取りに手間がかかり加工条件の選定も容易ではない.近年では CNC 装置の進

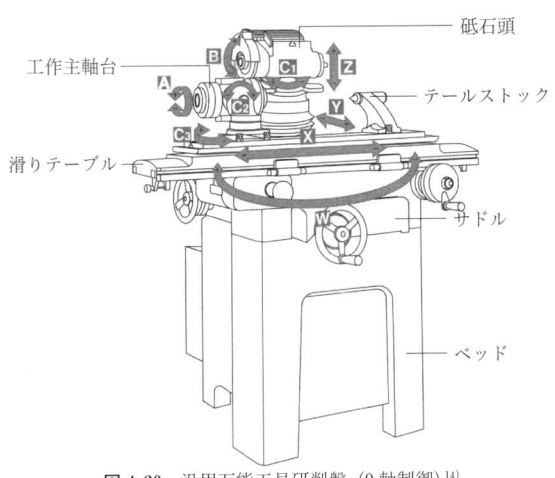

図 4.30 汎用万能工具研削盤(9 軸制御)[14]

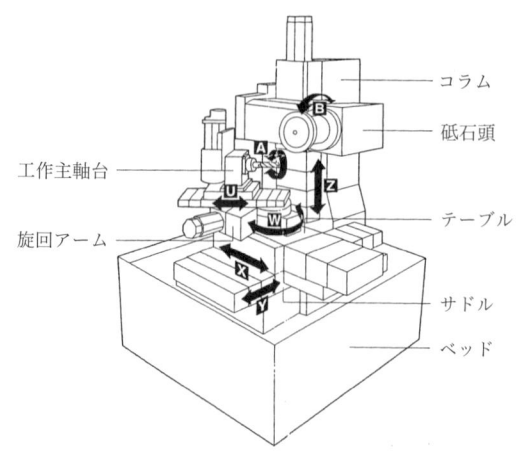

図 4.31　CNC工具研削盤（7軸制御）[14]

歩から，同時多軸制御が高精度で信頼性も高くできるようになり，図4.31に示すように，5〜7軸のCNC工具研削盤が広く使われるようになってきた[14]．研削条件の選定も，シミュレーション結果をみながら修正できるようになってきている．

4.1.6　研磨加工

研磨加工には，砥粒を固定状態で使用するホーニングや超仕上げ，半固定状態で使用するポリシングやバフ仕上げ，遊離状態で使用するラップ仕上げ，超音波加工，バレル仕上げ，噴射加工などがある．

a.　ラッピング

図4.32に示すように，鋳鉄や銅合金のような軟質金属あるいは非鉄金属製のラップに工作物の表面を押し付け，ラップとそのすきまに遊離砥粒を分散させた研磨剤を加えて，相対運動させる加工方法がラッピングである．研磨剤に水やオイルを加えた研磨液を用いて行う方法を湿式ラップ，ラップ面に埋め込まれた砥粒により乾燥状態で行う方法を乾式ラップと呼ぶ．過去には乾式ラップによって鏡面を得ることが多かったが，近年ではほとんどの場合，湿式で行われる．図4.33に示すように，ラップ

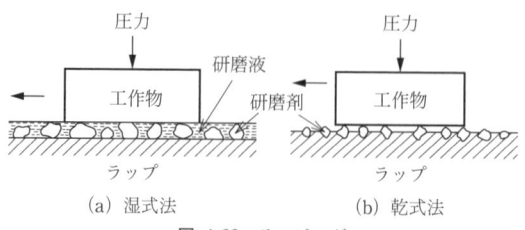

(a) 湿式法　　　(b) 乾式法
図 4.32　ラッピング

の偏摩耗を防ぐために加工中のラップは修正リングにより自機研磨される．

b． ポリシング

ラッピングよりさらに微細な遊離砥粒を用い，ポリシャと呼ばれる軟質な工具を用いた研磨加工がポリシングである．研磨剤としては水性のものが主に使われる．ダイヤモンドと銅あるいは錫定盤との組合せにより，機械的に表面を除去する方法や，コロイダルシリカやセリアと研磨布の組合せにより反応生成物を生成し機械的・化学的に除去する方法があり，特に後者はメカノケミカルポリシングと呼ばれる[15]．

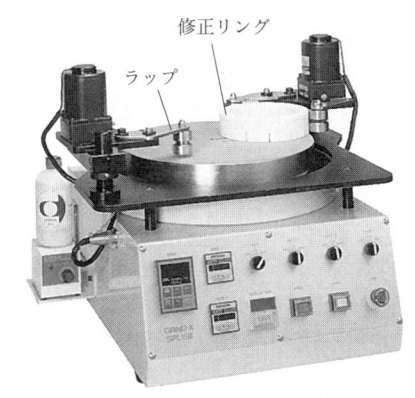

図 4.33 ラッピング装置[7]

c． メカノケミカルポリシング

与えられた機械的エネルギにより誘起される化学反応や相変化を積極的に利用して加工変質層のない高品位な超平滑面を創成する加工方法がメカノケミカルポリシングである．ラッピングと比較して加工変質層の少ない鏡面仕上げを行うことができる．湿式では工作物と研磨液の固相反応を利用して加工し，乾式では工作物と砥粒の固相反応を利用して加工する．工作物よりも軟質で，しかも微粒な砥粒を用いて極微少量な単位の表面研磨を行うため，スクラッチや加工変質層のない極めて平滑な鏡面が得られる．また，真実接触点での変形が軟質砥粒側で生じるので，縁だれのない平坦度の高い加工が可能である[16]．この方法は，特にサファイアやルビーといった高硬度材料に対して有効である． 〔由井明紀〕

▶▶ **文　献**

1) 帯川利之：切削四話，精密工学会誌，**69**，10，p. 1397（2003）
2) 中沢　弘：やさしい精密工学，工業調査会（1991）
3) 小野浩二，川村末久，北野昌則，島宗　勉：理論切削工学，現代工学社（1995）
4) 小野浩二：研削仕上，槇書店（1962）
5) 古河勇二ほか：精密加工便覧，p. 572，日刊工業新聞社（2002）
6) 経済産業省　生産動態統計調査．
7) 岡本工作機械製作所カタログ
8) クランフィールド大学のホームページ　http://www.cranfield.ac.uk/sims/mem/research_outlines.htm # Precision%20 Manufacturing
9) 市川製作所カタログ
10) 近藤製作所カタログ
11) 豊田工機カタログ
12) 森精機カタログ
13) ミクロン精密カタログ

14) 牧野フライス精機カタログ
15) 砥粒加工学会編：切削・研削・研磨用語辞典，工業調査会（1995）
16) 小林　昭監修：超精密生産技術大系第2巻実用技術，フジテクノシステム（1994）

4.2　工具と加工条件

4.2.1　研削砥石の構成と特徴

　研削砥石は図4.34のように砥粒，結合剤，気孔の三つの要素から構成されている．砥粒は工作物を削る刃の役割をもつ構成要素で，砥粒種類，粒度，砥粒集中度が研削特性に影響する因子である．結合剤は刃（砥粒）を保持するホルダの役割をもつ構成要素で，結合剤種類，結合度が研削特性に影響する因子となる．気孔は砥粒と結合剤の間にある空げきで，研削のときに生じる切りくずの排出を助ける役割をもつ．これら要素の因子をどのように選択するかにより，研削加工の成否が決まることになる．

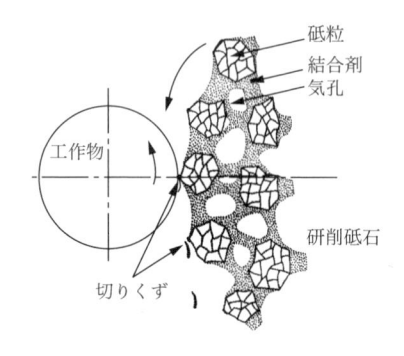

図4.34　研削砥石の構成

a.　一般研削砥石

　従来から使用されているアルミナ系（A系）・炭化ケイ素系砥粒（C系）を用いた砥石を一般研削砥石という．表4.1[1]に主な砥粒の表示記号と特徴・用途を示す．アルミナ系砥粒は鉄鋼材料の研削用として一般的に用いられる．主成分は酸化アルミニウムであるが，砥粒の製造工程や添加剤の違いにより，靭性・形状の異なった砥粒が生成され，研削対象に応じて使い分けられる．炭化ケイ素系砥粒は，アルミナ系砥粒より高硬度で脆く，非鉄金属や超硬合金の研削に適している．また最近では，ゾルゲル法により製造された微細な多結晶構造をもった高強度アルミナ砥粒（セラミックス砥粒）が開発され，重研削・難削材研削用の砥石として使用されている．高強度アルミナ砥粒は，研削によって極めて微細な自生発刃を起こすため，砥粒切れ刃の先端が摩滅して鈍化しても，一部の砥粒表面だけが微小破壊する．このため切れ刃寿命が伸び，ドレス回数を減少させることができる．砥石メーカのデータによると，従来の砥石に比べ研削比が3～5倍向上するといわれている[2]．高強度アルミナ砥粒砥石には，ノリタケカンパニーのCX砥石，クレノートンのSG砥石などがある．

　一般研削砥石を結合剤により分類すると，ビトリファイド砥石，シリケート砥石，オキシクロライド砥石，レジノイド砥石，ゴム砥石，セラック砥石などがあるが，使用される砥石の大半はビトリファイド砥石とレジノイド砥石である．ビトリファイド砥石は粘土質結合剤を高温で焼成し，磁器質化させて砥粒を結合させたもので，砥粒

表 4.1 砥粒の特徴と用途[1]

砥粒 JIS 記号		記号[1]	特徴	靭性と硬さ	色調	用途
A系砥粒	STA	75A（N） R61（C） SM（S）	靭性の特に大きいA砥粒	靭性大　↑ ↓　硬さ大	黒褐色	オーステナイト系ステンレス鋼の研削，自由研削，重研削
	A	TA（S） 44A（N）	靭性のある多結晶A砥粒		黒褐色	スラブ，ビレットの重研削，精密研削
		A（N） 2A（J）[1]	普通のA砥粒		褐色	柔らかい鋼の精密研削，鋼材一般の自由研削
	MA	SA（S） 32A（N） アルモH（H） MA（K）	単結晶非粉砕A砥粒，適度の靭性と硬さ		灰白色	研削しにくい合金工具鋼，ステンレス鋼，特殊鋳鉄の精密研削，総形研削
	RA	PW（S） PA（C） RA（M）	靭性の大きいWA砥粒		桃色	熱処理鋼の研削，工具研削，歯車研削
	WA	38A（N） 4A（J）[2]	普通のWA砥粒		白色	合金鋼，焼入れ鋼，工具鋼などの精密研削
C系砥粒	C	C（C） 37C（N） 2C（J）[2]	普通のC砥粒		黒色	非鉄金属，非金属，鋳鉄などの研削
	GC	GC（C） 39C（N） 4C（J）[2]	純度の高いC砥粒		緑色	超硬合金研削，特殊鋳鉄，非鉄金属，非金属などの研削

の保持力が強く，結合度の段階を広範囲に変えたものをつくりやすく，耐熱性も優れているため，ほとんどの研削作業に適している．レジノイド砥石は熱硬化性樹脂（フェノール樹脂など）を主体として砥粒を低温で結合させた研削砥石で，やや弾性があり，当りも比較的柔らかく衝撃も少ないため，粗研削や自由研削に適している．表 4.2[1] に一般研削砥石の仕様選定の一例として，円筒研削用研削砥石の選択諸表を記載する．鉄鋼材料の円筒研削ではWA，MAの #46～60 がよく使われている．

b. 超砥粒砥石

ダイヤモンドおよびCBN（cubic boron nitride）砥粒は，アルミナ系，炭化ケイ素系の一般砥粒と区別して超砥粒と呼ばれている．ダイヤモンド工業会では，超砥粒を使った砥石は，砥石ではなくホイールと呼んでいるが，本項では，砥石と呼ぶことにする．超砥粒の特徴は，図 4.35 に示すように，A系やC系砥粒に比べ，高硬度で熱伝導性もよく，それにより高能率加工が可能となる．ダイヤモンドは最も硬い材料であるため，一般砥石では研削が困難な高硬度材料（セラミックス，ガラス，高硬度合金）の研削に用いられる．しかし構成元素が炭素であるため，鉄鋼材料を研削する

表4.2 円筒研削用砥石の選択諸表[1]

工作物				JISの選択			
				砥石直径 [mm]			
				355以下	355を超え 455以下	455を超え 610以下	610を超え 915以下
				小 ←　　　　　硬さ　　　　　→ 大			
鋼	普通炭素鋼	SS S-C, S-CK STK SF SC	H_RC 25以下	A60M	A54M	A46M	A46L
			H_RC 25を超えるもの	WA60L	WA54L	WA46L	WA46K
	合金鋼	SNC SNCM SCr SCM SACM SUJ SCA SK	H_RC 55以下	WA60L [MA]	WA54L [MA]	WA46L [MA]	WA46K [MA]
			H_RC 55を超えるもの	WA60K [MA]	WA54K [MA]	WA46K [MA]	WA46J [MA]
	工具用鋼	SKH SKS, SKD SKT	H_RC 60以下				
			H_RC 60を超えるもの	WA60J [MA]	WA54J [MA]	WA46J [MA]	WA46I [MA]
	ステンレス鋼	SUS 21～34, 37～38, 44 SEH 1～3		WA60K	WA54K	WA46K	WA46J
		SUS 27～36, 39～43 SEH 4～5				WA46L	WA36L
鋳鉄	普通鋳鉄	FC 1～5		C60J	C54K	M46K	C36K
	特殊鋳鉄			GC60I	GC54J	GC46J	GC36J
	チルド鋳鉄			GC60I	GC54J	GC46J	GC36J
	可鍛鋳鉄			A60M	A54M	A46M	A46L
非鉄金属	黄銅					C46J	C36J
	青銅					A54L	C36J
	アルミニウム合金					C46J	C36J
	超硬合金					GC80I	GC60J D100
	鋳造磁石			WA46JK			

図 4.35　超砥粒の特性

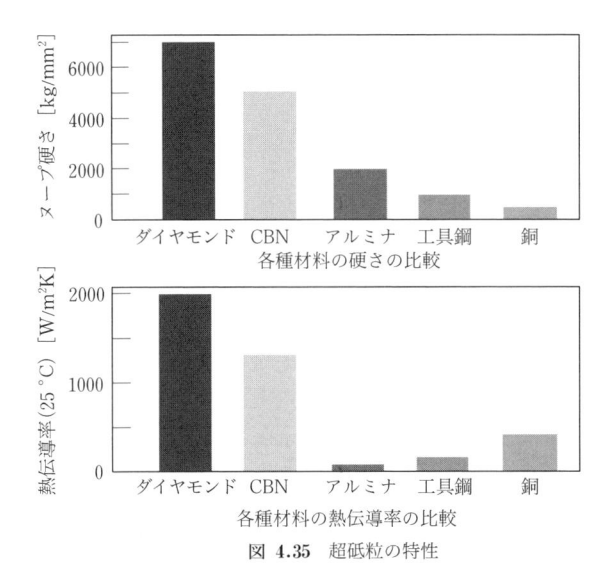

と研削熱によって砥粒（炭素）が拡散摩耗してしまう．そこで，ダイヤモンドの次に硬いCBN砥粒が，鉄鋼材料の研削用砥石として使われる．CBNは図4.36のように，ダイヤモンドに似た構造をもつホウ素と窒素の化合物で，硬さはダイヤモンドの約半分であるが耐熱性が高く，高温硬さはダイヤモンドよりも優れており，鉄鋼材料への拡散摩耗も起こさない．そのため，近年，鉄鋼材料の研削に広く使われるようになっている．

CBN砥粒にも一般砥粒同様，特性の違う数種の砥粒が存在する．表4.3にCBN砥粒メーカの最大手であるDiamond Innovations（旧 G. E. Super Abrasives）社の各種砥粒を示す[3]．同社だけでも多くのCBN砥粒を製造しており，結合剤の種類，対象工作物によって使い分ける．通常，研削性を重視する場合は大きくへき開割れす

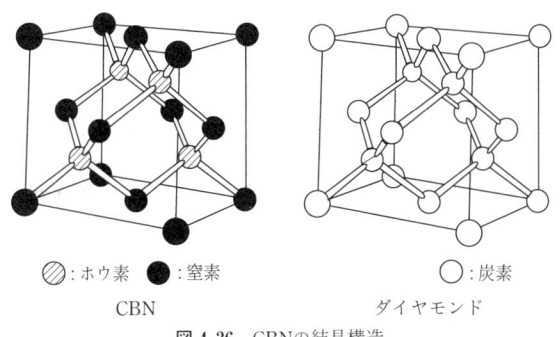

図 4.36　CBNの結晶構造

表4.3 CBN砥粒の種類[3]

砥粒種類	砥粒形状	結晶構造	破砕形態
TYPE I TYPE II（Niコート品）	セミブロッキー	単結晶	マイクロ破砕
CBN1000 CBN1200（Niコート品）	ブロッキー/アンギュラ	単結晶	マイクロ破砕
CBN400 CBN420（Niコート品）	アンギュラ	単結晶	マクロ破砕
CBN500 CBN510（Tiコート品） CBN520（Niコート品）	ブロッキー	単結晶	マクロ破砕
CBN550 CBN560（Niコート品） CBN570（表面処理品）	イレギュラ	多結晶	ナノ破砕

る砥粒を使用し，また，寿命を重視する場合はブロッキーでタフな砥粒を使用する．Diamond Innovations 社のほかにも elementsix（旧 De Beers）社，昭和電工，東名ダイヤモンド工業などのメーカが CBN 砥粒を製造しており，最近では，ロシアや中国で製造された砥粒も市場に流通している．超砥粒において，砥石の特性に影響を与える因子は，砥粒種類のほかに，砥粒径と砥粒集中度（砥粒率）である．砥粒径は通常砥粒，荒研削は荒目砥粒，仕上げ研削は細目の砥粒を使用するが，超砥粒の場合はツルーイングによって，砥粒表面に微細な切れ刃を形成して表面粗さをコントロールできるため，一般砥粒ほど仕上げ面粗さによって砥粒径を変える必要はない．砥粒集中度は砥石中の砥粒の占める割合を示すもので，高集中度になるほど砥石寿命は長くなるが，逆に研削抵抗は高くなる傾向がある．超砥粒砥石の場合，砥石仕様の調整を行うために，砥粒以外のセラミックス粒子（骨材）を混入し，砥粒集中度を下げることがよく行われる．超砥粒砥石にとって，砥粒集中度は砥石性能に大きな影響を与える因子である．

研削砥石の結合剤は，砥粒を保持するホルダの機能を果たすため，砥石寿命を長くするためには強固であるのが望ましい．ところが，切りくずの排出，自生発刃のためには，適度な脆性が必要となる．したがって，砥粒と同じく研削対象によって使い分けを行う必要がある．超砥粒砥石の結合剤種類は図4.37に示す4種に大別され，また，それぞれの結合剤種類の中でも，結合剤量や結合剤の組成配合を変えて結合度を調整している．

ビトリファイド超砥粒砥石（図4.38①）は，一般研削砥石よりやや低めの焼成温度で，粘土質（ガラス質）結合剤を使って砥粒を結合させたもので，砥粒と結合剤の間げきに連続気孔を有する．最大の特徴は，ツルーイング（成形）後のドレッシング（目立て）が必要ないことである．この使いやすさに加え，結合剤の耐熱性が高く，

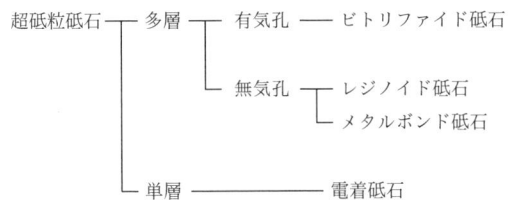

図 4.37 結合剤からみた超砥粒砥石の分類

```
超砥粒砥石 ─┬─ 多層 ─┬─ 有気孔 ── ビトリファイド砥石
           │        └─ 無気孔 ─┬─ レジノイド砥石
           │                    └─ メタルボンド砥石
           └─ 単層 ───────────── 電着砥石
```

① ビトリファイド砥石 (結合剤／砥粒／気孔)
② レジノイド砥石 (結合剤／砥粒／メタルコーティング)
③ メタルボンド砥石 (結合剤／砥粒)
④ 電着砥石 (砥粒／結合剤)

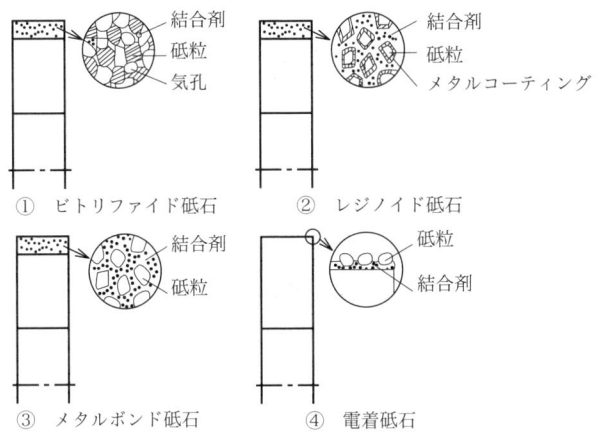

図 4.38 各種結合剤砥石の構成

高能率研削が可能であるため広く利用されているが，脆性であるため，薄幅やエッジ加工には不向きである．

レジノイド超砥粒砥石（図 4.38 ②）は超砥粒をレジン（樹脂）で固めた砥石で，研削のときに生じる切りくずの排出を助ける重要な要素である気孔がないため，研削できるようにするためには，ドレッシングが必要である．このドレッシング作業を容易にするため，結合剤内に閉気孔や脆性材料を分散させた砥石がよく使われる．結合剤の耐熱性が低く，砥粒保持力を向上させる目的でニッケルなどのコーティングを施した砥粒を用いる場合が多い．また，切りくずと結合剤の接触抵抗を小さくする目的で，結合剤中に固体潤滑剤を添加することもある．レジノイド砥石結合剤の剛性が低いことから，超仕上げ研削に向いている．

一般的にメタルボンド砥石（図 4.38 ③）という場合には，粉末メタルと砥粒を焼結によって固めた砥石を指す．メタルボンド砥石も，研削できるようにするためにはドレッシングが必要になり，レジノイド砥石と同様に添加剤を分散させたり，金属である特性を生かして，電解や放電によってドレッシングを行う．メタルボンドはほかのボンドに比べて靱性が高いため，重研削や高い形状精度の必要な加工に適している．

金属材料を結合剤に使用している砥石には,めっきによって砥粒を単層に固定した電着砥石がある.電着砥石(図4.38④)は,砥粒が結合剤から突出している構造のため研削性に優れるが,砥粒が1層しかなく砥石寿命が短い.通常の電着砥石は砥粒先端が不揃いのため,荒研削用に用いられるが,電着砥石の任意形状のつくりやすさを生かし,図4.39のように砥粒先端をマイクロツルーイング[2]することにより,形

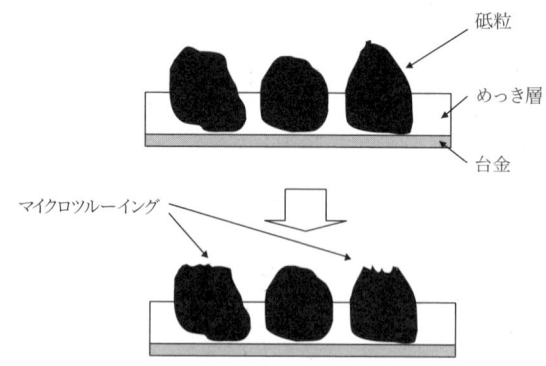

図4.39 電着砥石のマイクロツルーイング[2]

表4.4 超砥粒砥石のボンドの種類と特性[4]

砥石の種類	ボンド材料・製法	ボンドの特性	砥石の構造	ツルーイング方法	ドレッシング方法	砥石としての特徴
ビトリファイドボンド砥石	磁器質〜ガラス質 650〜950°Cで焼成	砥粒保持力 大 剛 性 大 耐 熱 性 大	ボンドブリッジタイプ (有気孔)	単石ダイヤモンドドレッサ ロータリダイヤモンドドレッサ		高精度加工 可 仕上げ面良 耐久性大 形くずれしない 総形ホイール 可
レジンボンド砥石	熱硬化性樹脂加圧・加熱下で樹脂を硬化	弾 力 性 大 研削熱により砥粒保持力低下 フィラにより改質可	ボンドマトリックスタイプ (無気孔)	・インプリダイヤモンドドレッサ ・ロータリダイヤモンドドレッサ	WA GC }スティック (#220G) 遊離砥粒 (WA#100)	ソフトな使用感
メタルボンド砥石	金属 粉末金属を焼結	剛 性 大 砥粒保持力 大		・インプリダイヤモンドドレッサ ・ロータリダイヤモンドドレッサ	WA GC }スティック (#220G)	耐久性 大 形くずれしない
				ブレーキツルア GC砥石研削		
電着砥石	金属 めっき	砥粒保持力 大	一般に台金に砥粒一層	一般には行わない		総形ホイール 極小ホイール

状精度と表面粗さを確保した成形研削用砥石として使用されることもある．

ここまでに述べた超砥粒砥石結合剤の長短所を表 4.4 に示す[4]．このように砥石の結合剤にはそれぞれ特徴があるので，それを生かせる使い方が必要である．

4.2.2 一般研削砥石と超砥粒砥石の比較

ここまで一般研削砥石と超砥粒砥石の構成について述べてきたが，ここでは鉄鋼材料研削用の一般研削砥石であるアルミナ砥石と超砥粒砥石である CBN 砥石の比較を行い，両者の構成上の違いから CBN 砥石の適性を考える．

アルミナ砥石は砥石全体が砥石層であるが，CBN 砥石はアルミナ砥石に比べて砥石摩耗が著しく少なく，また砥粒が高価であることから，砥石層を有効的に使用するため，砥石中心部にコアを有し，外周に数 mm の砥石層を設けた構造をしている．図 4.40 はクランクピン研削用砥石とカムプロフィル研削用砥石の外観を表したものである．砥石使用層が小さくなると砥石の小型化が可能となる．CBN 砥石にすることで，クランクピン研削用砥石・カム研削用砥石ともに，アルミナ砥石の約半分の径にすることができ，なおかつ砥石寿命はアルミナ砥石より数倍長い．砥石が小型化するとそれを装着する研削盤もコンパクトにすることができ，今日のように省スペース化が要求される時代においては大変重要な項目となる．また，CBN 砥石のコアは金属製であり，この構造は砥石の高周速度化を可能にする．アルミナ砥石において砥石使用周速度は通常 60 m/s 以下であるが，CBN 砥石では使用周速度が 200 m/s のものもある[5]．砥石の高速化は研削時の砥粒負荷を低減し，砥石摩耗の減少につながる．砥石摩耗が少ない（砥石径の変化量が小さい）ことは，研削盤を自動化するうえで都合がよい．特に，砥石径が工作物形状の創成因子となるプロフィル研削盤や，形状創成が困難な総形研削では利点が大きい．このような利点がある反面，CBN 砥石は単位砥石層当たりの価格がアルミナ砥石の何十倍も高い．

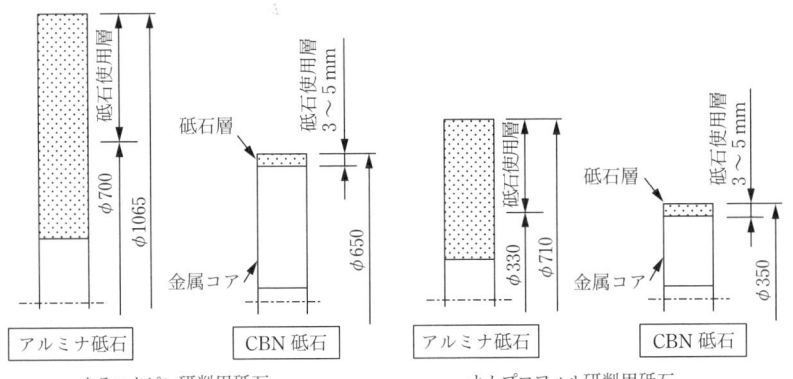

図 4.40 CBN 砥石とアルミナ砥石の構成の相違

4.2.3 CBN砥石の使用例

前章で述べたように，CBN砥石は生産形の研削盤でよく用いられる．その中でもカム研削盤は最もCBN化が進んでいる研削盤で，現状ではカムのプロフィール研削（以下カム研削）におけるCBN砥石の使用は，ほぼ100%に近い．鉄鋼材料の研削加工に使用されるのはビトリファイドCBN砥石が多く，CBN砥石専用のカム研削盤が登場した当初，砥石周速度は80 m/sであったが，研削盤や砥石の進歩とともに砥石使用周速度は向上し，最近では最高砥石周速度200 m/sの仕様の研削盤も実用化されている．そこには砥石の回転時の遠心膨張量の抑制と安全性確保のため，図4.41に示すような，FEM解析により最適な形状設計を行った特殊軽量合金コアをもつCBN砥石が使用されている．また，砥石仕様は被削材の材質・形状，加工条件によって変わるが，チル鋳鉄カム研削用とスチールカム研削用に大きく分けられる．表4.5にチル鋳鉄カムの研削例を示す．チル鋳鉄カムは比較的熱損傷（研削焼け）を受けにくいため，高能率で加工することができる．したがって，チル鋳鉄カム研削用には，砥石寿命を重視して高砥粒集中度（Conc. 200以上）の砥石を使う場合が多い．スチールカム研削の場合は，鋳鉄カムに比べ熱損傷を受けやすいため，切れ味（発熱量を抑制）を重視し，低砥粒集中度（Conc. 150～200）でへき開性の高い砥粒を用いた砥石を使用する．

カムプロフィル研削のほかにCBN砥石がよく使われる研削対象としては，カムシャフトのジャーナル研削，クランクシャフトのピンおよびジャーナル研削，パワーステアリングに使われるベーンポンプのロータのスリット研削とカムリングのプロフィル研削，等速ジョイントのインナレース・アウタレースのボール溝研削，CVT（continuously variable transmission）のシーブ面・内周・内溝などがある．

図4.41 特殊軽量合金コア砥石

表4.5 カムプロフィル研削事例

対象工作物	カムシャフト （材質：チル鋳鉄）
加工時間	5 s/cam
砥石	ビトリファイドCBN砥石#120，C=200 （外形×幅：$\phi 350 \times 20$）
砥石周速	200 m/s

4.2.4 ツルーイング・ドレッシング

研削作業を正しく行うためには，工具である砥石の表面状態を加工の目的にあった状態にすることが必要である．そのため，砥石修正作業は研削作業の中でも重要な工

程であり，修正方式，方法，条件などを十分理解したうえで作業しなければならない．そこで，本項では砥石修正（ツルーイング・ドレッシング）についてCBNやダイヤモンドの超砥粒砥石の例をとって解説する．

a. 超砥粒砥石のツルーイング・ドレッシング方法

図4.42に示すように，ツルーイングの目的は砥石の表面（円周方向，幅方向）を正確に形状を整形するとともに，砥粒に適切な切れ刃を与えることである．また，ドレッシングの目的は，ツルーイング後の砥石表面から結合材部分を除去して砥粒を突き出させ，切りくずの排出に必要なチップポケットを生成することである．この目的から砥石結合材の種類により，ツルーイングとドレッシングを使い分けることになる．

超砥粒砥石で主に使用される結合材は，レジノイド，メタル，ビトリファイド，電着である．一般に，気孔のないレジノイド砥石，メタルボンド砥石では，ツルーイング後にドレッシングを行ってチップポケットを生成する．気孔を有するビトリファイドボンドでは，普通砥石と同様にツルーイングのみでよく，特別にドレッシングを必要としない．また，電着砥石は単層砥粒で所定の形状と砥粒突出し量が得られているため，通常はツルーイングとドレッシングを行わずに使用される．

ツルーイングにはダイヤモンド工具を使用するのが一般的である．図4.43に各種ツルーイング方法を示す．図4.44は，砥石径300 mm，幅15 mmのCBN砥石に対し，半径10 μmのツルーイングを行ったときの砥石幅方向の形状を示す．トラバース型ロータリダイヤモンド方式以外では，ダイヤモンド工具の摩耗が多く，砥石面が中凸に整形され，短時間に正確な砥石形状を得ることは困難である．ツルーイングには，砥石径が大きくなるほど，また砥石幅が広くなるほど，トラバース型ロータリダイヤモンド方式が適している．

超砥粒砥石をツルーイングした場合，普通砥石よりツルーイング抵抗が大きくなる．剛性のないツルーイング装置では，ツルーイング後の砥石外周に凹凸が生じ，その結果，加工後の工作物にびびりマークなどを生じ，加工品位を悪化させるため，ツルーイング方式に見合った剛性をツルーイング装置にもたせる必要がある．

図4.45に，レジノイド砥石やメタルボンド砥石などの無気孔砥石に対するドレッ

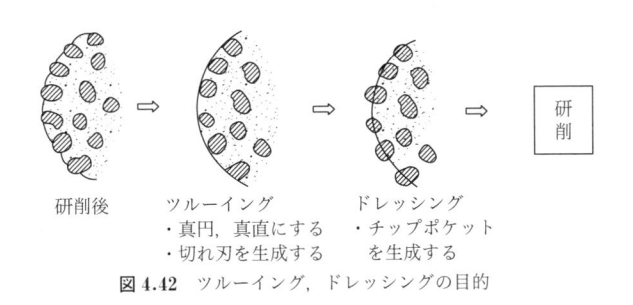

研削後 ⇒ ツルーイング
・真円，真直にする
・切れ刃を生成する
⇒ ドレッシング
・チップポケットを生成する
⇒ 研削

図4.42 ツルーイング，ドレッシングの目的

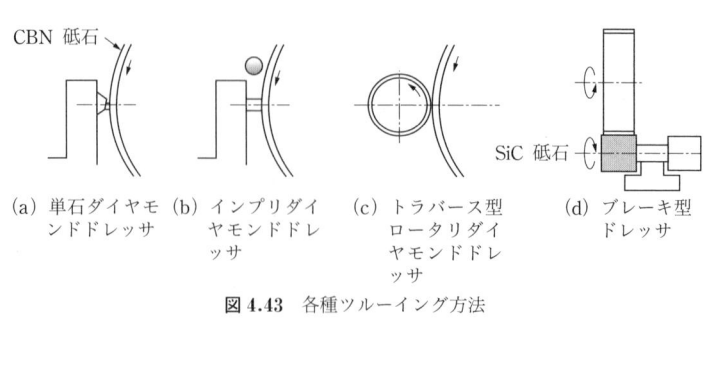

(a) 単石ダイヤモンドドレッサ　(b) インプリダイヤモンドドレッサ　(c) トラバース型ロータリダイヤモンドドレッサ　(d) ブレーキ型ドレッサ

図 4.43　各種ツルーイング方法

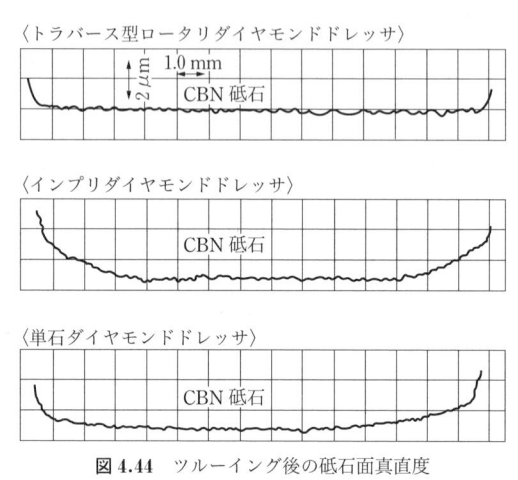

〈トラバース型ロータリダイヤモンドドレッサ〉

〈インプリダイヤモンドドレッサ〉

〈単石ダイヤモンドドレッサ〉

図 4.44　ツルーイング後の砥石面真直度

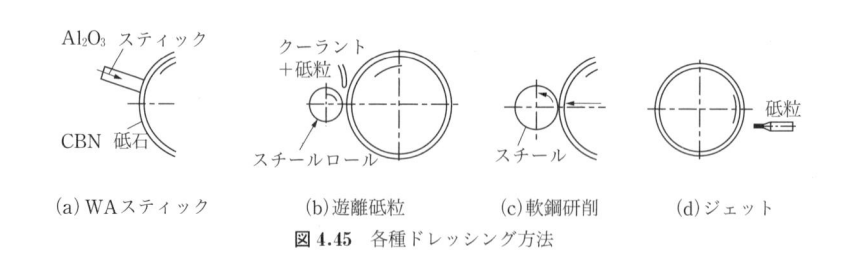

(a) WAスティック　(b) 遊離砥粒　(c) 軟鋼研削　(d) ジェット

図 4.45　各種ドレッシング方法

シング例を示す．このほか，メタルボンド砥石用として，電気化学作用を利用した電解ドレッシング，放電ドレッシングなどが使用されている．

b. ツルーイング条件と研削性能

トラバース型ロータリダイヤモンド方式は，ツルーイングトラバース速度，切込み

図 4.46　トラバース速度と研削性能

図 4.47　ツルーイング後の砥粒先端

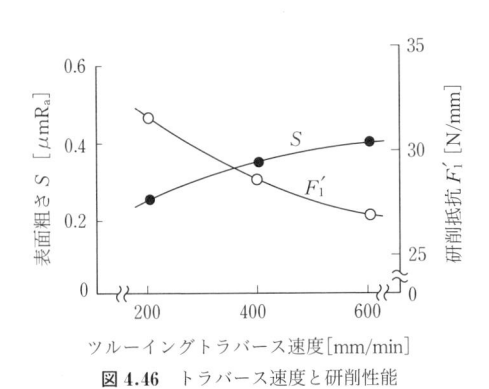

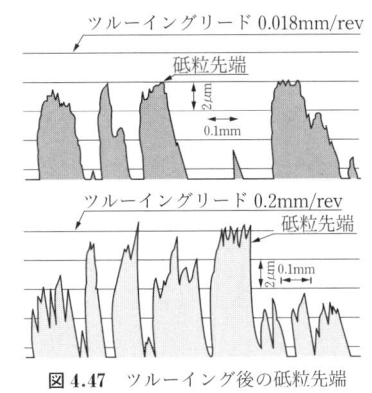

量，砥石とツルーイングロールの相対周速度などのツルーイング条件やダイヤモンド種類，粒度，幅などのツルーイングロール仕様により砥粒切れ刃をコントロールする．

図 4.46 に，レジノイド CBN 砥石に対するツルーイングトラバース速度と研削抵抗，表面粗さの関係を，図 4.47 にそのときの砥粒先端の断面形状を示す．ツルーイングトラバース速度を上げると，CBN 砥粒先端の破砕が大きくなるため研削抵抗は低下するが，表面粗さは粗くなる．このような相反する傾向は，前述のツルーイング条件についても同様であり，研削抵抗と表面粗さを単独にコントロールできる技術が必要である．その課題を解決するひとつの方策が，砥石とツルーイングロールの相対周速度の最適化がある．

一方，砥石に使用される超砥粒の破砕性もツルーイング性能に影響を与える．破砕性の異なるダイヤモンド砥粒を同一条件でツルーイングした直後の砥石表面を図 4.48 に示す．破砕しやすい砥粒（RVG-880）はツルーイングにより砥粒先端に微細な切れ刃を生じているが，破砕しにくい砥粒（CSG-II）はツルーイングでも平坦化している．平坦化した砥粒で研削した場合，研削抵抗は高くなり，砥石摩耗も増大する．破砕性は粒度によっても異なり，また超砥粒には多くの砥粒種類があるため，砥

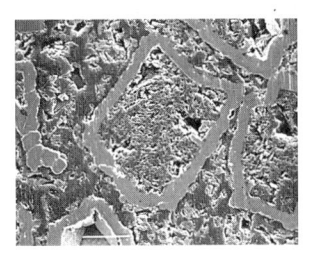

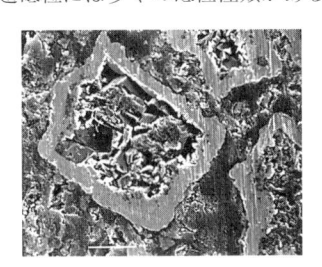

図 4.48　砥粒破砕性とツルーイング性能

粒の特性に応じたツルーイング条件を選定する必要がある．

c. ドレッシング条件と研削特性

砥粒の突出し量はドレッシングによりコントロールする．ドレッシングをやりすぎると，砥粒の突出し量は多くなり，研削抵抗は小さくなるが，砥粒の脱落を促進させ，表面粗さの悪化や砥石摩耗量の増加をまねき，また，ツルーイングで創成した高精度な砥石形状まで悪化させるので，適正かつ均一な突出し量を得るためのドレッシング量を把握しておくことが大切である．

GC 砥石でレジノイドダイヤモンド砥石をドレッシング量を変えてドレッシングしたときの砥石表面プロフィル，砥粒突出し量，砥石の表面砥粒数を図 4.49 に，ドレッシング量とセラミックス研削性能の関係を図 4.50 に示す．同じ砥粒突出し量でも，ドレッシング方法により研削性能が異なる．図 4.51 に，メタルボンド CBN 砥石を WA スティック砥石および放電によりドレッシングしたときの研削能率に対する研削抵抗の関係を示す．図 4.52 はドレッシング後の砥石表面である．放電ドレッシングでは，ボンドテールが生じないため，切りくずの干渉による摩擦抵抗が少なくなり，より高能率な研削が可能となる．

d. 超砥粒研削盤用ツルーイング・ドレッシング装置

量産工程へ超砥粒研削盤を適用するには，微小ツルーイング機能を有し，再現性が高く，短時間に完了し，自動化が可能なツルーイング・ドレッシング装置が必要であ

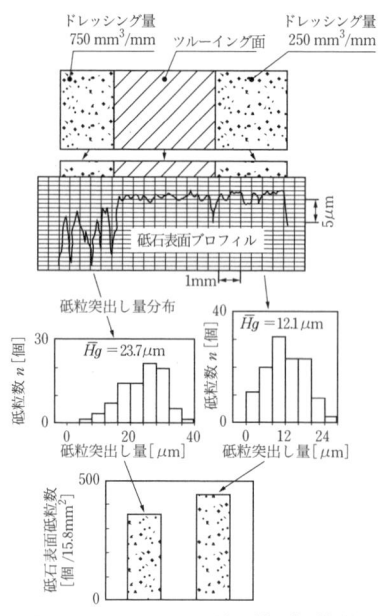

図 4.49 ドレッシング量と砥石表面状態

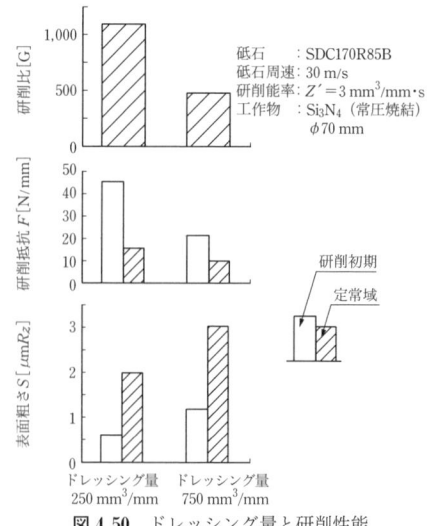

図 4.50 ドレッシング量と研削性能

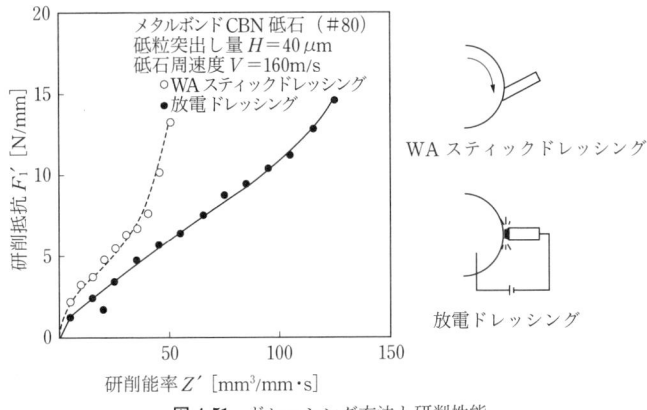

図 4.51 ドレッシング方法と研削性能

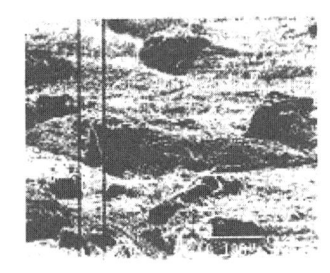

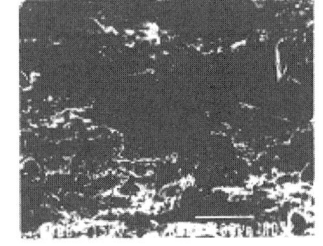

図 4.52 ドレッシング後の砥石面

る．

　生産形のカム研削盤に搭載しているツルーイング装置の一例を図 4.53 に示す．本装置は工作物主軸台の背面に取り付けられ，トラバース型のロータリダイヤモンド方式を採用している．有気孔のビトリファイド CBN 砥石を使用しているため，ドレッシング装置はついていない．ツルーイングロール形状は，ロールが摩耗してツルーイング性能が変わらず，研削抵抗の低い薄幅タイプを採用している．この考え方は，CBN 研削盤開発当初からのもので，現在では一般的になっている．CBN 砥石のツルーイングインターバルは，普通砥石に比べ格段に長いため，この間の機械の熱変位により砥石表面とツルーイングロール表面の距離が変化する．このような条件下でも砥石表面から実切込み量を正確に安定して制御するため，本装置は砥石表面の位置検出機構を備えている．

　図 4.54 のツルーイングサイクルのように，検知ピンと砥石の接触を AE センサ検知し，砥石表面の位置を正確に求めることができるため，砥石表面から μm 単位のツルーイング量を正確に与えることができる．この装置により，全自動で短時間にツ

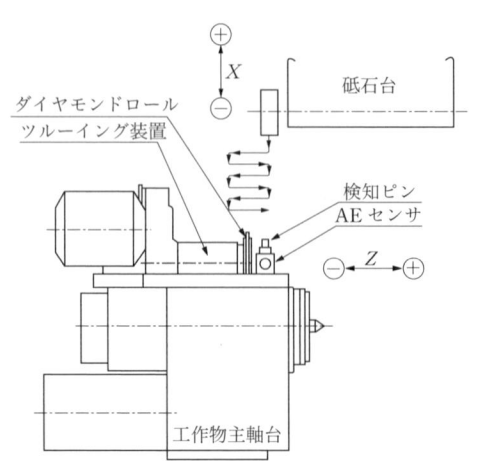

図 4.53 CBN 研削盤のツルーイング装置

図 4.54 全自動ツルーイングサイクル

ルーイング作業を完了することができ，さらに，砥石のツルーイング量，ツルーイングロールの摩耗量，研削による砥石の摩耗量などのデータが得られ，ツルーイング後の砥石位置の補正や，砥石・ツルーイングロールの交換予報などに利用される．一方，クランクピンの C-X 軸同期方式による高精度研削加工では，特に砥石径の管理が重要である．従来の AE センサ方式を用いたツルーイングシステムに対して，より高精度に砥石径の管理ができる方式として図 4.55 に示すタッチプローブ方式がある．

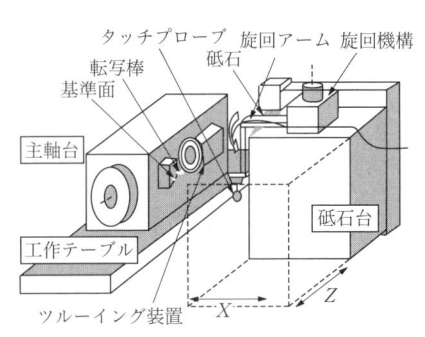

図 4.55 タッチプローブ式ツルーイングシステム　　**図 4.56** 超高速研削盤のツルーイング装置

　この方式では機械の熱変位量と砥石径の減少量を分離できるため，砥石径の正確な測定が可能になるとともに，砥石軸中心と主軸台の熱変位の補正が可能となる．

　近年，CBN 研削盤に求められる高生産性に対応するため，砥石周速度は高速化へ向かい，CBN 研削盤が普及しはじめた 20 年前の 80 m/s から，現在では 160～200 m/s の砥石周速度が実用化されている．図 4.56 に超高速研削盤に搭載しているツルーイング装置の一例を示す．砥石とツルーイングロールの相対周速度は，砥石の切れ刃生成に大きく影響するため，砥石周速度に応じたツルーイング回転速度が得られるよう，最高 32000 min^{-1} まで回転可能となっている．また，砥石は外周面ばかりでなく端面，R 部もツルーイングするため，砥石外周と端面の 2 方向または 3 方向の位置検出機能を備えている．

　等速ジョイントインナレースのボール溝や各種ポンプロータ溝などを CBN 砥石により高能率・高精度に研削する成形研削盤には，総形砥石が用いられる．普通砥石の総形成形には，プランジ式の総形ダイヤモンドロールを用いることが多いが，CBN 砥石では，総形ロールの形状精度を維持することは難しく，寿命が短く，ロールコストが高くなるといった問題がある．それを解決するために，成形研削盤には図 4.57 に示すトラバース型ロータリダイヤモンド方式を用いて，ビトリファイド CBN 砥石の円弧形状成形ができる NC 旋回式ツルーイング装置をテーブル上に設置してある．この装置はツルーイング中に，常にツルーイングロールが砥石の法線方向に位置するように同時 3 軸制御しているため，砥石の良好な切れ味が得られることが特徴である．

　高精度なグラインディングセンタに搭載しているツルーイング・ドレッシング装置を図 4.58 に示す．このグラインディングセンタはマシニングセンタのフレキシブルな機能に研削機能を加え，板カムなどの高硬度部品を高精度に全自動加工できる．グラインディングセンタは ATC により多種砥石を交換して使用するため，ツルーイン

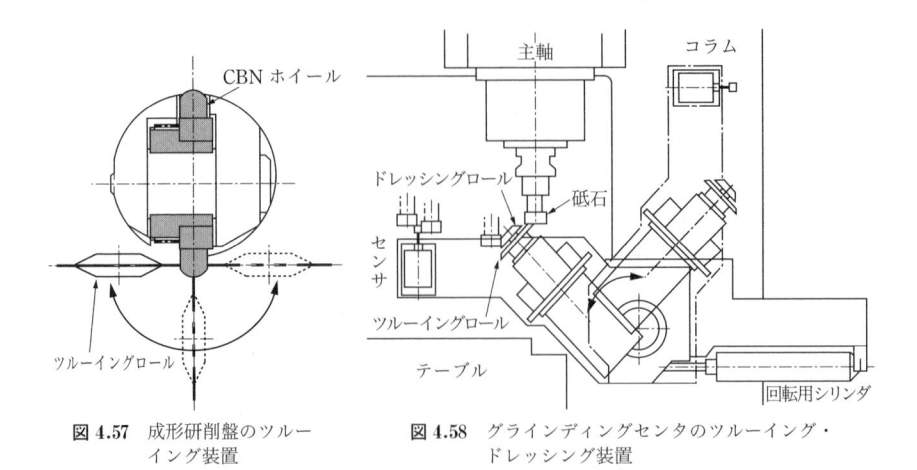

図4.57 成形研削盤のツルーイング装置

図4.58 グラインディングセンタのツルーイング・ドレッシング装置

ロールの回転速度を可変としている．また，円筒研削のような定寸研削を使用していないため，砥石の寸法管理は重要であり，砥石径自動計測補正機能がついている．本装置は作業に必要なときのみコラム右側から回転シフトし，加工中は収納され，テーブル面積が有効に活用できるよう工夫されている．

4.2.5 クーラントの作用と役割

一般的にクーラントには，加工時の熱の発生を抑える潤滑作用，発生した熱を取り去る冷却作用，目づまりの発生を抑える切りくず排出作用の3つの作用があると考えられている．図4.59に示すように砥粒1個が切りくずを排出するモデルで考えると，潤滑作用は砥粒のすくい面と切りくず，および砥粒の逃げ面と工作物の間に侵入して潤滑膜を形成し，摩擦で発生する熱を抑制する効果がある．また，冷却作用は切りくずがせん断されるときに発生する熱，および摩擦領域で発生する熱の除去に効果がある．したがって，クーラントは発生する熱を抑えるか，発生した熱を取り去るかにより使用する種類が異なり，加工方式や加工条件により適正な選択をする必要がある．

a. クーラントの種類と特徴

クーラントは，水で希釈せずに使用する不水溶性クーラントと水に希釈して使用する水溶性クーラントに大別される．不水溶性クーラントは表4.6に示すように，極圧添加剤の有無などによってN1～N4種に区分され，さらに動粘度，脂肪油分などによって細分化される．また水溶性クーラントは表4.7に示すように，希釈液の外観，表面張力，不揮発分などによってA1～A3種に区分され，さらにpH，金属腐食によって細分化される[6]．

不水溶性クーラントは，水溶性に比べて潤滑性が高いことから砥石摩耗を抑制することができ，ねじ研削や歯車研削のような工作物の形状精度を重視する加工に使用さ

図 4.59 研削加工のモデル

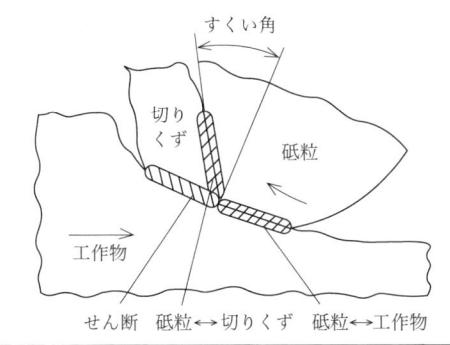

現象	形態	一次作用	二次作用
せん断	変形	冷却	
砥粒↔切りくず	摩擦	潤滑	冷却
砥粒↔工作物	摩擦	潤滑	冷却

表 4.6 不水溶性クーラントの種類[6]

N1種	鉱油および/または脂肪油からなり,極圧添加剤を含まないもの
N2種	N1種の組成を主成分とし,極圧添加剤を含むもの (銅板腐食が150℃で2未満のもの)
N3種	N1種の組成を主成分とし,極圧添加剤を含むもの (硫黄系極圧添加剤を必須とし,銅板腐食が100℃で2以下,150℃で2以上のもの)
N4種	N1種の組成を主成分とし,極圧添加剤を含むもの (硫黄系極圧添加剤を必須とし,銅板腐食が100℃で3以上のもの)

表 4.7 水溶性クーラントの種類[6]

A1種	鉱油や脂肪油など,水に溶けない成分と界面活性剤からなり,水に加えて希釈すると外観が乳白色になるもの
A2種	界面活性剤など水に溶ける成分単独,または水に溶ける成分と鉱油や脂肪油など,水に溶けない成分からなり,水に加えて希釈すると外観が乳白色になるもの
A3種	水に溶ける成分からなり,水に加えて希釈すると外観が透明になるもの

れている.しかし,汎用研削盤においては,発煙,引火などの危険性および作業性の問題から水溶性クーラントが使用されている場合が多い.したがって本項では,水溶性クーラントと研削性能の関係を中心に述べることとする.

　水溶性クーラントは含有成分・外観からエマルションタイプ(A1種),ソリューブルタイプ(A2種),ソリューションタイプ(A3種)に分類される.エマルションタイプは鉱油および界面活性剤を主成分として,水に溶かすと乳白色になるもの,ソリューブルタイプは界面活性剤または鉱油などを主成分として,水に溶かすと半透

明ないし透明になるもの，ソリューションタイプは無機塩などを主成分として，水に溶かすと透明になるものである．

b. クーラントの種類と研削性能の関係

ビトリファイドCBN砥石を用いた高能率研削において，エマルションタイプ，ソリューブルタイプ，ソリューションタイプの研削性能を比較すると，図4.60，図4.61に示すように，表面粗さや砥石寿命など研削性能の点だけでなく，加工後の工作物表面品位の点からも，エマルションタイプはソリューブルタイプ，ソリューションタイプより優れている[7]．また同じエマルションタイプでも，塩素系や硫黄系の極圧添加剤を多く含む潤滑性の高いクーラントほど，図4.62に示すように研削比が向上するなどの，研削性能の向上が確認されている[8]．

しかし近年では，作業環境はもとより地球規模での環境対応が必要とされてきており，2000年には焼却の際にダイオキシンが発生すると一部報じられた塩素系極圧添

記号	研削油剤		研削比
▲――▲	ソリューション	A	$G=5500$
○――○	ソリューブル	B	$G=5300$
●――●	エマルション	E	$G=11000$

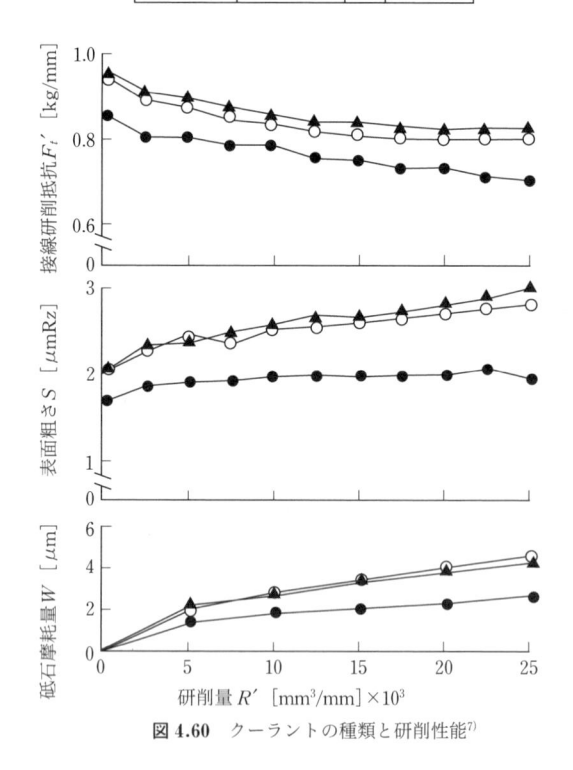

図4.60 クーラントの種類と研削性能[7]

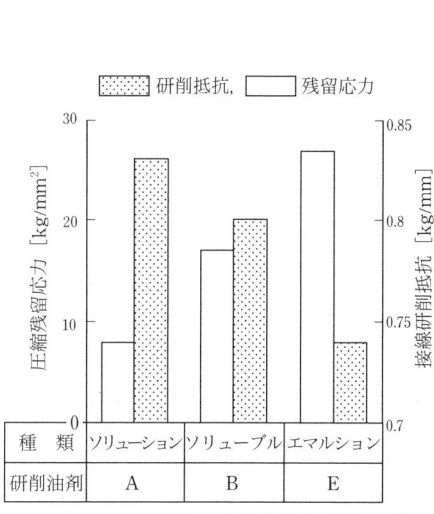

図 4.61 クーラントの種類と残留応力，研削抵抗[7]

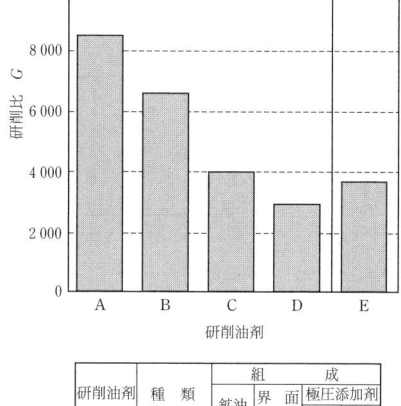

図 4.62 クーラントの種類と研削比[8]

研削油剤	種類	組成				
		鉱油	界面活性剤	極圧添加剤		
				硫黄	塩素	
A	エマルション	○	○	35%	20%	
B	↑	○	○	14%	14%	
C	↑	○	○	0%	5%	
D	↑	○	○	0%	0%	
E	シンセティックソリューション	−	○	0%	0%	

加剤がJISから除外され，その後指定化学物質354種類を含む環境汚染物質を排出・移動した場合には，国への届出が義務化されるPRTR（pollutant release and transfer register）法[9]が施行されるなど，クーラントに関係する様々な規制が進められてきている．

これを受けて，クーラントメーカでは環境対応型クーラントの開発が行われ，従来のクーラントと同等の研削性能を有し，PRTR法指定化学物質を全く含まない，塩素・硫黄フリーのクーラントが市販されている[10]．ここで，環境対応型クーラントと従来のクーラントを比較した結果を示す．表4.8は比較したクーラントの種類と組成，図4.63は研削結果である．高能率研削において，高粘度鉱油を用いることにより，硫黄系極圧添加剤を含んだクーラントと同等の研削比が得られ，また合成潤滑油を基油としたシンセティックタイプにおいても同等の研削比が得られることがわかる．シンセティックタイプとは鉱油の代わりに，化学合成により製造された化合物を

表 4.8 クーラントの種類と組成

研削油剤	種類	主な組成			希釈倍率
		基油	界面活性剤	硫黄	
A	エマルション	鉱油（50%）	○	10%	20倍
B	↑	鉱油（70%）	○	−	↑
C	↑	高粘度鉱油（70%）	○	−	↑
D	シンセティックエマルション	合成潤滑油（70%）	○	−	↑
E	シンセティックソリューブル	合成潤滑油（30%）	○	−	↑

図 4.63 クーラントの種類と研削比

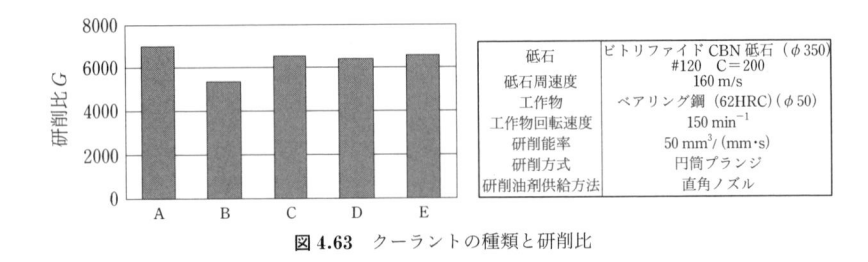

砥石	ビトリファイド CBN 砥石（φ350）#120　C＝200
砥石周速度	160 m/s
工作物	ベアリング鋼（62HRC）（φ50）
工作物回転速度	150 min^{-1}
研削能率	50 mm^3/(mm・s)
研削方式	円筒プランジ
研削油剤供給方法	直角ノズル

使用したものであり，浸透性，潤滑性，冷却性に優れ，またクーラントが劣化しにくいといわれており，今後広く使われていくと予想される．

以上のことから，クーラントを使用するにあたっては，目的に応じて仕様を選択し，また今後は環境に配慮したクーラントを使用していくべきである．〔向井良平〕

▶▶ 文　献
1) 竹中規雄，佐藤久弥：研削砥石の使用法と選択，誠文堂新光社（1971）
2) 小林博人：高効率研削を実現する砥石とその応用，機械と工具，**44**，8，p. 47（2000）
3) G. E. SUPERABRASIVES BORAZON *CBN Product Selection Guide (*Trademark of General Electric Company, USA)
4) 横川和彦，横川宗彦：CBN ホイール研削加工技術，工業調査会（1988）
5) 向井良平，相馬伸司ほか：軽量 CBN 砥石による高速カム研削加工，2000 年度精密工学会春季大会講演論文集，p. 490（2000）
6) JIS K 2241：2000
7) 今井智康，向井良平：CBN といしによる研削加工に及ぼす研削油剤の影響，豊田工機技報，**29**，3，p. 7（1989）
8) 今井智康，向井良平，吉見隆行：CBN ホイールによる高速研削加工（第 5 報），豊田工機技報，**36**，3，p. 63（1996）
9) 環境省ホームページ　http://www.env.go.jp/
10) 向井良平，吉見隆行，山崎敏男，岸　裕次：環境対応型高潤滑研削油剤の開発，2001 年度精密工学会春季大会講演論文集，p. 83（2001）

4.3　知能化加工技術

4.3.1　背　景

研削加工は，部品素材の切削加工および熱処理の後に行われる代表的な高能率精密除去加工プロセスである．研削砥石を工具として使用するが，その形状整形と切れ刃状態の調整を行うドレッシングプロセスを，研削を実行する研削盤と同一の機上で行うことを特徴とする（図 4.64）．研削加工の結果は，このドレッシングプロセスの結果に大きく左右される．研削プロセスを左右する加工条件は，砥石の選択，砥石周速度，工作物速度，切込み速度（深さ）などの多くの変数を含んでいる．加えて，ドレッシングプロセスに含まれる変数を考慮せねばならず，研削加工を成功させるための

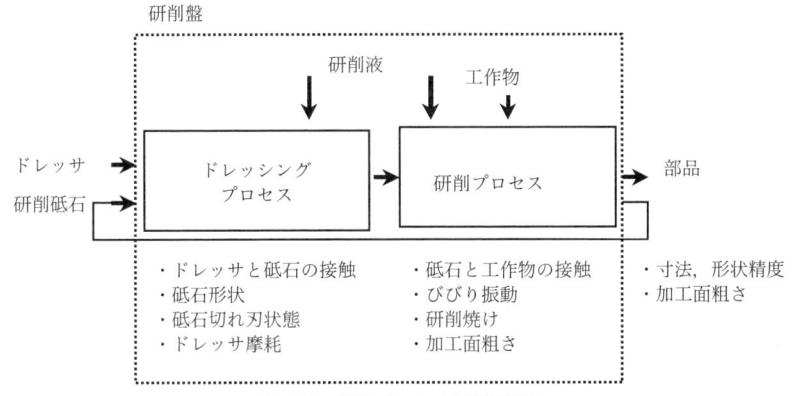

図 4.64　研削プロセスと監視項目

適切な条件設定を行うには多くの知識と経験が必要とされるのが通常である．

一方，熟練技能者の減少は必然的に研削加工の一層の自動化を要請しており，高度な機能と性能をもった監視・制御システムの実用化が急務となっている．加えて，近年その普及が著しいCBN砥石やダイヤモンド砥石を使用する研削作業においては，より信頼性の高い監視システムが必要とされる．なぜなら，これら超砥粒砥石は従来の砥石より高価で，その効果的な使用には細心の注意が必要となるからである．これらの背景は，高精度・高能率加工プロセスとしての研削加工が，高度な監視と制御技術によって知能化される必要があることを示唆している（図4.64）．

4.3.2　監視システムの役割

研削プロセスの監視システムは，加工中の計測を通して次の3つの機能を達成することが望ましい（図4.65）[1]．

① トラブルの検知：研削加工における代表的なトラブルは，加工表面粗さの増大，研削焼けの発生，びびり振動の発生である．これらは研削時間の経過とともに生じてくることが多く，研削砥石作業面の巨視的・微視的な性状変化による場合が多い．これらトラブルを確実に検出することが必要である．

② 加工条件の最適化：研削加工には多くの決定すべき条件があり，加工時間を最短にする，あるいは加工費用を最少にする最適な条件の組合せをあらかじめ知ることは困難である．そこで，監視システムによって得られる加工中の情報から最適条件を探索できることが望ましい．

③ 加工データバンクの生成：プロセスへの入力となる加工条件と，プロセスからの出力である加工結果（監視システムや加工後の計測によって判定）との因果関係を把握することができれば，以後の加工条件設定に有用である．

これらの役割を達成するには，監視システムが各種のプロセス出力を高い信頼度を

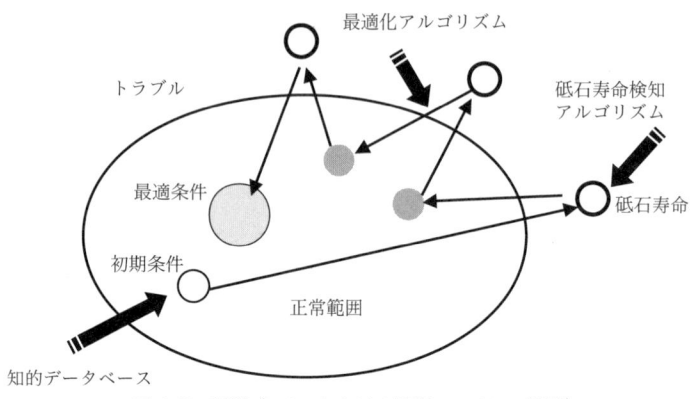

図 4.65 研削プロセスにおける監視システムの役割[1]

もって検知する性能をもっていることが必要となる.

4.3.3 監視項目とセンサ融合

加工プロセスの監視システムが達成しなければならない最も重要な課題は各種トラブルの検知である. 前項で述べたように, 研削加工の場合は工具である研削砥石の加工時間に伴う性状変化が原因となっている場合が多い. 研削砥石の性状変化は, 巨視的な形状変化と微視的な切れ刃の変化に分類できる. いずれも加工時間の経過に伴う砥粒切れ刃の脱落, 破壊, 摩耗によって生じるが, 前者はびびり振動の発生に, 後者は研削焼けの発生や加工面粗さの劣化に密接に関連している場合が多い (図 4.66). これらの現象がある限界を超えると, 砥石は寿命がきたとしてドレッシングが施され, もとの状態に復帰される. すなわち, これらトラブルの発生は工具としての砥石寿命の判定基準でもある. 超砥粒砥石として代表的な CBN 砥石を使用する加工においては, 砥粒切れ刃の破壊に伴う粗さの劣化が砥石寿命を決定する場合が多い.

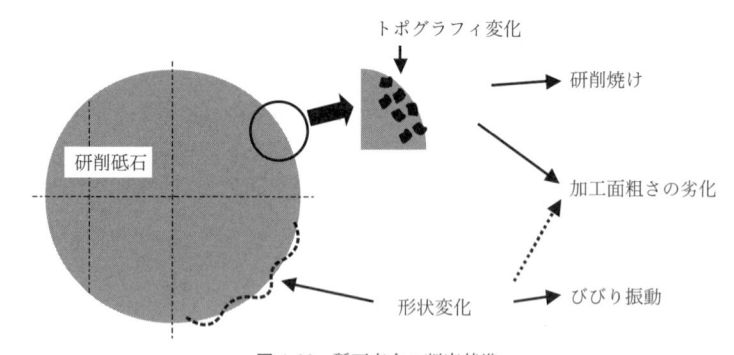

図 4.66 砥石寿命の判定基準

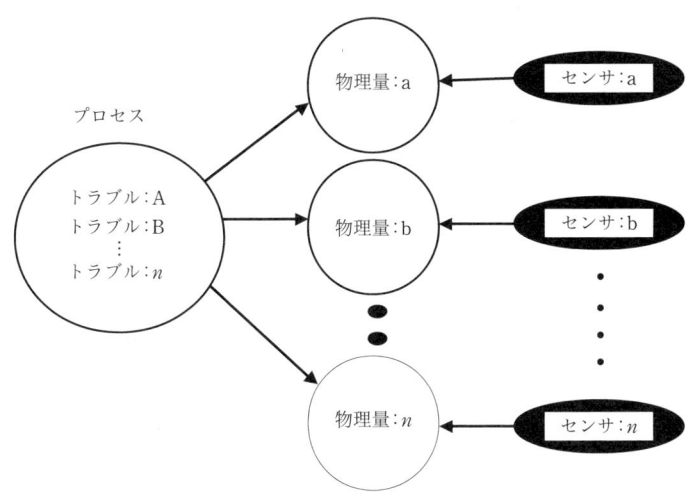

図 4.67 研削プロセス監視のためのセンサ融合

　研削焼けの発生は，砥粒切れ刃の摩滅的摩耗に起因する研削動力の上昇が密接に関連していると考えられるため，その検知には研削消費動力あるいは研削抵抗の検出が有効であろう．一方，びびり振動や粗さの劣化は，砥石の不均一摩耗による形状劣化や砥粒切れ刃の分布変化が関連していると考えられ，広い周波数範囲にわたる振動，音，アコースティックエミッション (acoustic emission: AE) の検知によって判定できるであろう．したがって，研削消費動力あるいは研削抵抗と，振動の検出を組み合わせることによって，研削砥石に起因する主要なトラブルの発生を監視することが可能となろう．もちろん粗さの検知に対しては，これまでに反射光を利用したセンサなど各種のものが提案されてはいるが，実用に供されているものはまだない[2]．

　熟練作業者は，視覚，聴覚，触覚などの五感を駆使してプロセスの監視を行っている．高度な自動監視システムを構成するには，これと同様に複数センサを融合した監視システムが有効となろう（図 4.67）．複数センサからの信号を融合してプロセスの状態を判定するには，高度な計算処理が必要となり，計算機の利用が必須となる．研削加工においては，先立って行われるドレッシングプロセスの監視も完全自動化には必要であり，このためのセンサも監視システムに組み込まれなければならない．

4.3.4　ドレッシングプロセスの監視

　研削砥石は，ドレッシングプロセスによってその形状が成形され，かつ切れ刃の分布状態が要求される加工面粗さを達成するように調整されなければならない．これらの要求を総合的に満足することができるセンサとして有望なのは，広い周波数測定範囲を計測できる AE センサである．AE センサの取付部としては，ドレッサや研削砥石が考えられる．砥石に取り付ければ，研削プロセスの監視用センサとしても併用で

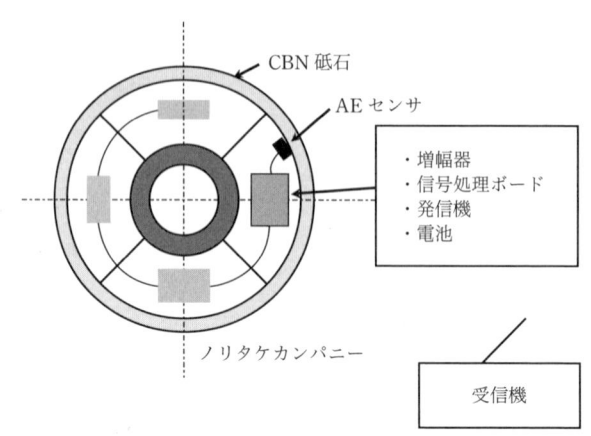

図 4.68 センサ内蔵研削砥石[3)]

きる利点があるが，回転体から信号を取り出すための特別な工夫が必要となる．図4.68に示した例では，AEセンサがCBN砥石のハブ内に内蔵されている[3)]．砥石外部への信号伝達は，無線方式やスリップリングなどによる有線方式のいずれでもよい．

　ドレッシング中に検出されるAE信号の二乗平均値は，標準的な円形平形砥石を例にとると図4.69のように整理できる．最も波長の長い変動は，砥石幅方向におけるドレッサの切込み深さの変動を示している．したがって，平形砥石の場合にはこの変動がなくなり，かつ砥石の全幅がドレッサと接触するまでドレッシングを継続しなければならない．この変動に重畳している周期的な変動は，砥石円周方向のドレッサ切込み深さの変動を表しており，これはびびり振動の発生によって砥石作業面上に周期的なうねりが形成されていることを表している．びびり振動の発生を取り除くには，

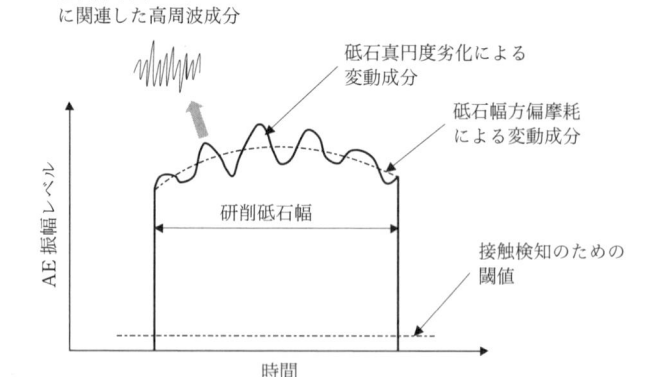

図 4.69　AEセンサによるドレッシングプロセスの監視

このうねりが除去されるまでドレッシングを継続しなければならない．
　実際のAE信号には，さらに高周波成分が含まれている．これは，ドレッサが個々の砥粒切れ刃に衝突する際に発生していると考えられ，切れ刃分布に関する有用な情報が含まれているはずである．したがって，引き続いて行われる研削により得られる加工面の表面粗さを決定する砥石作業面の性状を表していると考えられる．このAE信号と加工面粗さとの相関関係も実験的に報告されているが[4]，実際に応用するにはさらなる実証実験が必要である．加えて，監視システムはドレッサと砥石との接触を的確に検知することが重要である．AEセンサは応答が速く，接触検知には特に適しているといえる．
　ドレッシングプロセス監視の役割は，要求される加工物品質を達成する砥石作業面を最少の砥石消費量で創成することである．この役割は，超砥粒砥石の場合には特に重要となる．

4.3.5　砥石寿命の判定例

　① 研削焼けの検出：研削焼けの発生は，研削消費動力の上昇に密接に関係しているはずであるから，その検出に研削動力を監視することは理にかなっている[5]．砥粒切れ刃の摩滅的摩耗が進行すると研削動力が上昇し，被削材に流入する熱量が増大して研削温度が上昇し，ある限界を超えると研削焼けが発生する．このとき，しばしば被削材の局所的熱膨張が過大な切込みを引き起こし，研削動力の急増現象が検出される．顕著な研削焼けの発生は，動力の監視で検出可能であるが，被削材表面がわずかに変色する程度の軽微な研削焼けの発生は，その検出が極めて困難なのが実情である．
　② 加工面粗さの監視：研削プロセスが達成しなければならない最も重要な使命は，要求された加工面粗さの達成である．したがって，従来から研削中に粗さをインプロセスで検出しようとする試みが数多く提案されている．光学的に反射光の強度を測定しようとしたものが多いが[2]，研削液や研削切り粉などの外乱に十分に対応することができず，広く実用に供されているものはまだない．
　研削によって創成される加工面粗さは，砥石切れ刃の形状や分布密度に密接に関係しているはずである．切れ刃の分布密度は，一定の研削条件のもとで研削中に検出されるAE信号に影響を与えるはずである．このような考えに立脚し，CBN砥石による研削において，加工面粗さを間接的に監視した例を以下に紹介する[6]．
　CBN砥石による研削作業において，加工面粗さは通常，研削時間の経過に伴って次第に上昇する．一方，研削中に検出されるAE信号の強度は，次第に減少する．これは，研削時間の経過に伴って，砥石作業面上の切れ刃分布密度が切れ刃の破壊，脱落によって次第に低下することを表していると考えられる．そこで，このような関係を利用して，検出されるAE信号からいくつかの特徴量を計算し，それらを入力としたニューラルネットワークを構成して，形成される加工面粗さを間接的に推定した例

が図 4.70 である．この例において，粗さも含めてすべてのパラメータは初期値に対して基準化されている．したがって，初期粗さは粗さ計によってあらかじめ計測されていることが必要である．推定値と実測値の一致は必ずしも十分ではないが，ある程度の推定は可能であるといえよう．

③ びびり振動の監視：びびり振動は，加工部品の形状精度や表面粗さを劣化させるため，研削作業において監視されるべき重要なトラブルのひとつである．砥石の不平衡や偏心によって生じる強制振動もしばしば問題となるが，振動源の特定が周波数解析によって可能なのでその抑制対策も立てやすい．そこで，切削の場合と同様に再生効果による自励振動が特に重要となる[7]．研削においては，再生効果が工作物表面のみならず，砥石作業面にも存在するために振動現象は複雑なものとなる．加工物表面の再生効果によるものは，振動振幅の発達が早く，不安定領域での作業は困難である．一方，砥石作業面の再生効果によるものは図 4.71 に示したように発達速度が緩慢であるため，しばしば砥石寿命の判定基準として採用されている．

自励振動の発達状況は振動センサの適用で検知可能であるが，その周波数を作業前

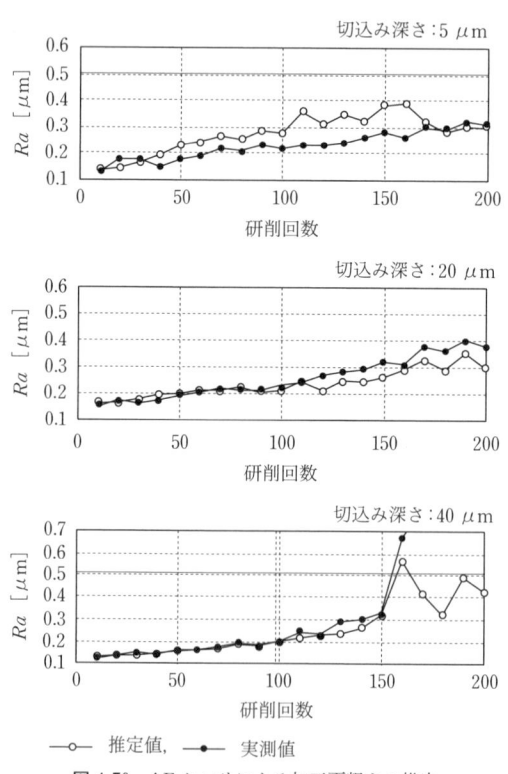

図 4.70 AE センサによる加工面粗さの推定

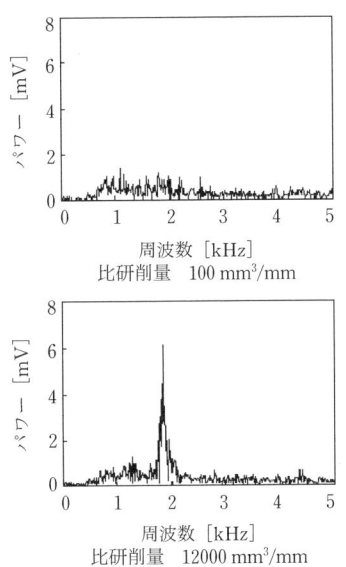

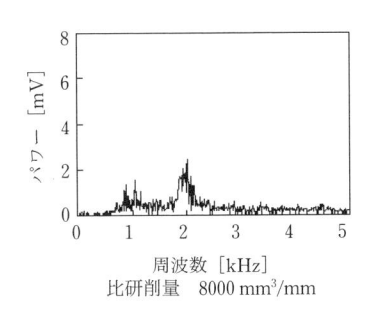

研削砥石：CB80L200VN1
工作物：SCM435
研削速度：31.4 m/s
加工物速度：0.32 m/s
切込み速度：4.0 mm/min

図 4.71 AE信号包絡線の周波数成分[8]

に予測することは一般に困難である．そこで，ある周波数範囲における図 4.71 のようなパワースペクトルの変化を，パターン認識アルゴリズムを適用して検出することが提案されている[8]．振動振幅が設定された閾値レベルを超えると，砥石にドレッシングを施し，作業面に形成されたうねりを除去することが必要となる．

4.3.6 研削サイクルの最適化

研削作業は，一般に材料除去を高能率に行う荒研削プロセスと，形状精度と加工面粗さを要求仕様内に収めるための精研削プロセスとから構成される．円筒外周研削の場合は，主に砥石切込み速度を変化させて対応している．多くの場合は，さらに砥石の送り運動を停止させて研削を行うスパークアウトプロセスが加えられる．すなわち，総合取り代を荒研削，精研削，スパークアウト研削にどのように配分するか，また荒研削，精研削における砥石切込み速度をどのように設定するかなど，適切な研削サイクルを決定するには多くの経験と情報が必要である．図 4.72 は，円筒研削プロセスにおける消費動力，AE 信号の変化を 1 研削サイクルにわたって模式的に示したものである．研削開始時，荒研削から精研削への移行時，そしてスパークアウト研削時に過渡的な現象がみられる．これは，加工物とその支持系，砥石とその支持系，さらに研削盤の弾性変形に基づくもので，加工時間を短縮する目的からは，なるべくこのような過渡的時間は短いことが望ましい．図 4.72 の縦軸は，加工物に対する砥石の真実の切込み深さの変化とみることもできる．

これまでに述べた，研削中の AE 信号と消費動力測定を有効に活用し，研削サイク

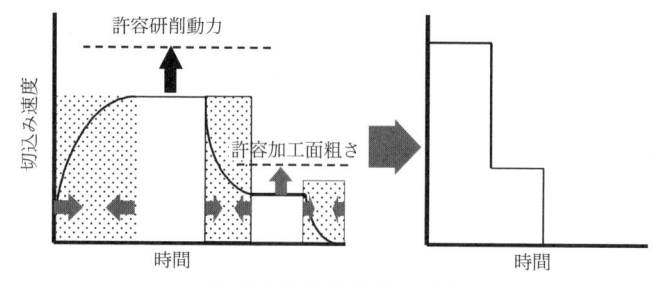

図 4.72 研削サイクルの最適化

ルの自動決定を試みた例を以下に紹介する[9]．目標は，研削焼けやびびり振動を発生せず，要求される加工面粗さを達成し，かつ加工時間を最短にすることである．簡単のためにスパークアウト研削を伴わない研削サイクルを想定する．図4.72に示した過渡的時間を極力短くするには，機械系の弾性変形を短時間で飽和あるいは除去しなければならない．これには，砥石と工作物の接触開始時の切込み速度を研削焼けが発生しない範囲内で最大化する急速接近工程を付加すること，荒研削から精研削への移行時に，砥石切込み運動の方向を逆転して弾性変形を開放する戻り運動（リトラクション）を付加すること，スパークアウト研削を行わないことが必要である．したがって，精研削時の砥石切込み速度は，要求される加工物形状精度と表面粗さを満足するように設定される．研削焼けの検知には研削消費動力センサを，加工面粗さとびびり振動の検知にはAEセンサを使用し，ファジー理論を適用して研削サイクルの最適化を実行した例が図4.73である．制御された変数は，急速接近工程時の砥石切込み速度である．加工条件の修正は，加工物の交換ごとに行われた．この例では，加工物4個目で最適化がほぼ達成され，1サイクルの加工時間が35秒から10秒程度に短縮されている．

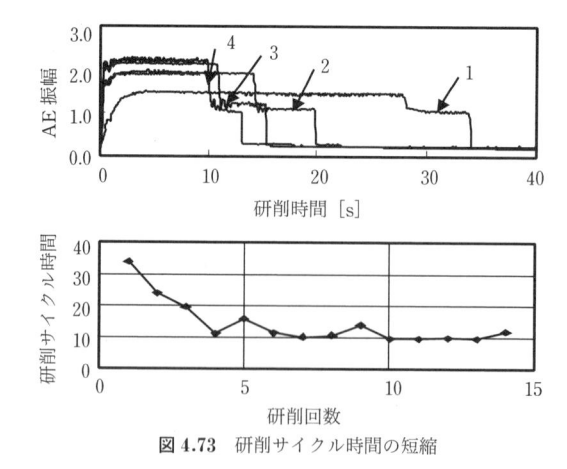

図 4.73 研削サイクル時間の短縮

図 4.74 知的研削システム[9]

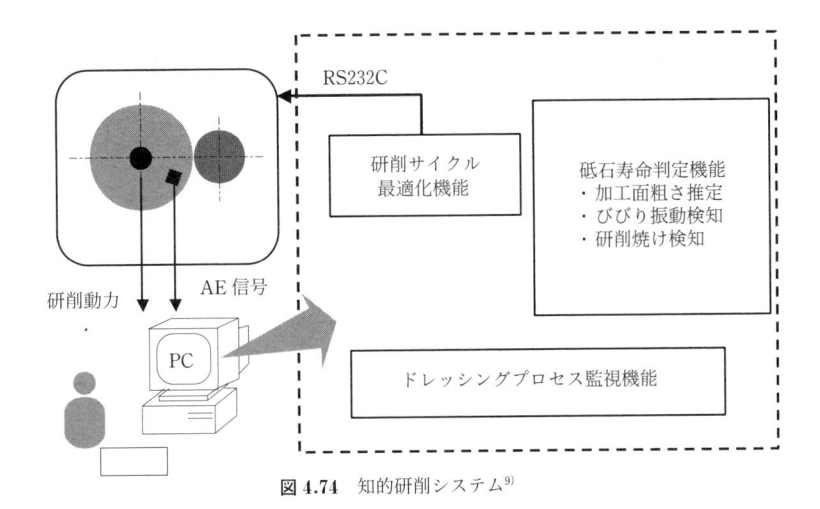

4.3.7 知的研削システム

AEセンサと動力センサを併用して，研削プロセス監視システムを構成した例が図4.74である[9]．AEセンサはCBN砥石に内蔵され，動力センサは砥石軸駆動モータに取り付けられている．砥石にAEセンサを内蔵させると，研削プロセスのみならず，ドレッシングプロセスをも監視することができる．

このシステムでは，AEセンサがドレッシング時の砥石とドレッサの接触検知，ドレッシング作業の終了判定，びびり振動の検知，加工面粗さの推定に利用され，動力センサは研削焼けの判定に利用されている．研削焼けの監視は，実際には検出された消費動力から比研削エネルギーを算出し，あらかじめ設定された閾値との比較によって行われている．

4.3.8 知的データベース

研削中に各種センサによって検知された信号は，研削プロセスからの出力として，その特性を同定するうえで有効に利用されるべきである．プロセスへの入力としての加工条件と関連づけることによって，研削プロセスの因果関係を知ることができる．このようなデータベースが構築されれば，研削作業における初期加工条件を設定するうえで有用である．

図4.75は上述の構想を示したもので，実際の研削作業を通して得られる情報をもとにして，加工出力（加工面粗さと比研削エネルギー）と，ドレッシング条件（ドレッサ切込み量と送り）や研削条件（加工物速度と砥石送り）などの入力条件との因果関係を把握し，データベースを自動的に構築しようとするものである[10]．入出力変数間の関係は，遺伝子アルゴリズムを適用して実際の現象とよく適合するものだけがデ

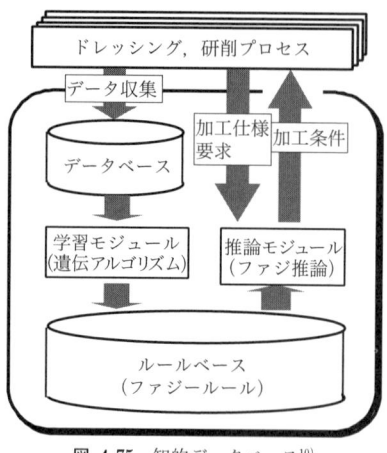

図 4.75 知的データベース[10]

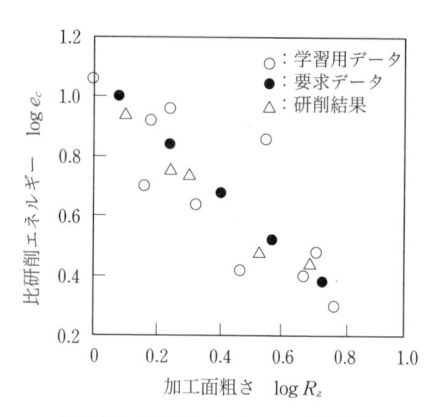

図 4.76 知的データベースの動作検証

ータベースの中に蓄積されていく．図 4.76 に例を示すように，実際の研削作業から得られた 10 組の入出力関係データ（教師データ：白丸）からつくられたデータベースに，要求される出力（加工面粗さと比研削エネルギー：黒丸）を入力してこれを満足する加工条件を問い合わせた．提示されたドレッシング条件と研削条件で加工作業を実行し，その結果得られた加工出力が三角印で示されている．黒丸と三角印はほぼ満足できる範囲内で一致している．

〔稲崎一郎〕

▶▶ 文　献

1) H. K. Toenshoff and I. Inasaki : Sensors in Manufacturing, p. 4, Wiley-VCH (2001)
2) 同上，p. 236
3) M. Wehmeier and I. Inasaki : Investigation and utilization of the acoustic emission signal for monitoring the dressing process, *Proc. Instn. Mech. Engrs.*, **216B**, pp. 543-553 (2002)
4) I. Inasaki : Monitoring of dressing and grinding processes with acoustic emission signals, *Annals of the CIRP*, **34**, 1, pp. 277-280 (1985)
5) I. Inasaki : Monitoring and optimization of internal grinding process, *Annals of the CIRP*, **40**, 1, pp. 359-362 (1991)
6) I. Inasaki : Sensor fusion for monitoring and controlling grinding processes, *International Journal of Advanced Manufacturing Technology*, 15, pp. 730-736 (1999)
7) I. Inasaki and B. Karpuschewski : Grinding chatter- origin and suppression, *Annals of the CIRP*, **50**, 2, pp. 515-534 (2001)
8) B. Karpuschewski, M. Wehmeier and I. Inasaki : Grinding monitoring system based on power and acoustic emission sensors, *Annals of the CIRP*, **49**, 1, pp. 235-240 (2000)
9) 志田　淳，稲崎一郎：センサフュージョンを適用した研削加工知的監視システムの開発，日本機械学会論文集（C編），**65**，629, pp. 173-178（1999）
10) M. Sakakura and I. Inasaki : Intelligent data base for grinding operations, *Annals*

of the CIRP, **42**, 1, pp. 379-383 (1993)

4.4 超高速研削加工技術

4.4.1 研削能率

ダイヤモンド砥粒やCBN（cubic boron nitride，立方晶窒化ホウ素）砥粒などの超砥粒の出現は，単にそれまで加工不能であった難削材の加工を可能にしたというだけにとどまらない．強靱で耐摩耗性の高い砥粒の普及は，小型・軽量で回転強度の高い金属コアの砥石を可能にし，研削盤の小型化や高速化・高能率化に大きく寄与してきた．本節では，高能率研削加工法としての超高速研削の特徴的な研削性能に関して，通常の研削加工，スピードストローク研削，クリープフィード研削と比較しながら説明する．

最初に研削能率を取り上げる．簡単のために図4.77(a)に示すような平面研削を考える．このとき研削能率，すなわち単位時間・単位研削幅当たりの研削加工量 Q_w' は次式で与えられる．

$$Q' = v \cdot \varDelta \tag{4.4.1}$$

ここで，v：工作物速度，$\varDelta$：砥石半径切込み量である．したがって研削能率をあげるには，v か $\varDelta$，あるいはその両者を大きくすればよい．しかしそのときの研削抵抗の法線分力は，図4.77(b)に示すように砥粒切れ刃を半頂角 α の円錐形と考えた場合，

$$F_n = Cp\left(\frac{\pi v \varDelta b}{2V}\right)\tan\alpha \tag{4.4.2}$$

で与えられる[1]．ここで，V：砥石周速度，b：研削幅である．また Cp は，砥粒切れ刃に作用する面圧力 p（近似的に被削材の硬さと考えることができる）と盛上り係数

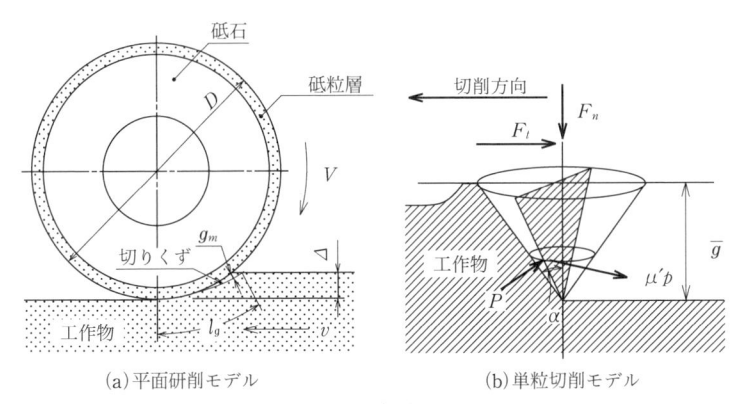

(a) 平面研削モデル (b) 単粒切削モデル

図4.77 平面研削モデル

表 4.9 各種研削方式の砥石半径切込み量 Δ, 工作物速度 v, 砥石周速度 V, 研削能率 Q_w' の比較

	通常研削	クリープフィード研削	スピードストローク研削	超高速研削
Δ [mm]	小；0.001〜0.05	大；0.1〜30	小；0.0005〜0.01	大；0.1〜30
v [m/min]	大；1〜20	小；0.05〜0.5	大；1〜50	大；0.5〜10
V [m/s]	小；20〜60	小；10〜60	小；20〜60	大；100〜500
Q_w' [mm³/mm·s]	小；0.1〜10	小；0.1〜10	小；0.1〜15	大；50〜3000

C の積で，工作物の比研削エネルギーに等しい．したがって，v あるいは Δ を大きくすれば，それに比例して研削抵抗が増大する．

一方，砥粒切れ刃1個の砥粒切込み深さ g_m は，定性的な議論に限れば，次式で十分である．

$$g_m = 2a\left(\frac{v}{V}\right)\sqrt{\frac{\Delta}{D}} \tag{4.4.3}$$

ここで，a は連続切れ刃間隔であり，有効切れ刃間隔と考えてよい．また砥粒切れ刃が1回転する間に切削する長さ，すなわち砥粒切削長さ l_g は近似的に

$$l_g = \sqrt{D\Delta} \tag{4.4.4}$$

で与えられる．ここで，通常研削，クリープフィード研削，スピードストローク研削，超高速研削でとりうる代表的な砥石半径切込み量 Δ，工作物速度 v，砥石周速度 V と，そのときの研削能率 Q_w' の範囲を表 4.9 に示す．

いま Δ を非常に大きくとり，その分 v を小さくすることを考える．その際，比率を同じにせず，例えば Δ を 1000 倍にし，v を 1/500 倍にすれば，式 (4.4.1) から明らかなように研削能率は2倍になる．しかも式 (4.4.3)，(4.4.4) から明らかなように，砥粒切削長さ l_g は増大するが砥粒切込み深さ g_m が極めて小さくなるため，通常研削に比べて砥石の摩耗や形くずれが小さいなどの副次的効果が期待できる．これがクリープフィード研削の基本的な考えである．しかし式 (4.4.2) から明らかなように，研削能率の増加分だけ研削抵抗は必然的に増大する．クリープフィード研削に高出力の研削盤が必要な理由である．

これに対して，C や p の値が砥粒の切削速度（すなわち砥石周速度）によって影響を受けないと仮定すると，工作物速度 v を 10 倍にしても砥石周速度 V を 10 倍にすることができれば，理論上，研削抵抗は同じである．この場合，砥石周速度 V は 10 倍になるから，研削能率を 10 倍にすることができる．しかもクリープフィード研削の場合と異なり，式 (4.4.3)，(4.4.4) からわかるように，砥粒切込み深さ g_m や砥粒切削長さ l_g には全く影響が及ばない．これが超高速研削の注目されるゆえんである．

4.4.2 超高速研削用の研削盤と砥石の開発

砥石周速度の高速化は 1960 年代からの課題であった．しかし砥石の回転強度不足

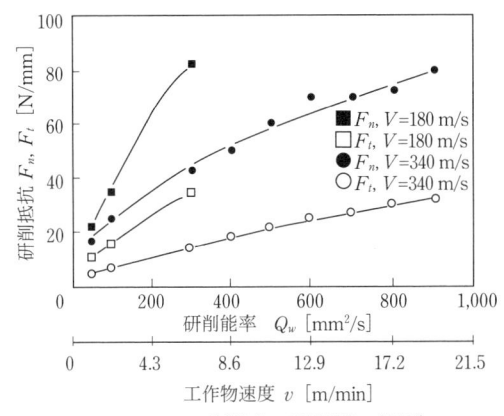

図 4.78 研削能率と研削抵抗の関係[3]

などの問題のために，砥石の実用周速度は一部の研削切断を除けば，ほとんど周速度 60 m/s の域を出ることができなかった．その後，在来砥粒に比べて耐摩耗性の極めて高い CBN 砥粒が開発され，また金属コアの砥石の使用が可能になって，砥石の回転強度が飛躍的に向上した．さらに高速スピンドルの設計・製造技術の研究も進み，高速・高出力砥石軸の製造が可能になった．このような背景のもとに，W. Werner ら[2] は周速度 180 m/s の超高速下ではじめて研削を実現し，W. König ら[3] はさらに 340 m/s とその記録を書き換えている．図 4.78 は W. König らの結果であるが，マイクロビッカース硬度 755 に熱処理した 16 MnCr 5 鋼について，$Q_w' = 900$ mm^2/s の研削能率を実現している．これは，砥石半径切込み量を $\varDelta = 5$ mm として，$v =$ 約 11 m/min の工作物速度で研削が可能ということである．さらに W. Werner ら[2] は，周速度 $V = 180$ m/s で，$Q_w' = 3000$ mm^2/s という驚異的な値を実現している．

これまでに 300 m/s を超える超高速域での平面研削加工が可能な超高速研削盤が開発されている[4,5]．このような超高速域では，砥石と空気あるいは研削液との摩擦による動力損失が大きい．したがって，高速・高出力の砥石軸を備えた研削盤が必要である．特に砥石軸の場合，マシニングセンタと異なり，軸端に質量の大きな工具（砥石）を装着する．共振を避けるためにはスピンドル軸径を大きくする必要があり，必然的に dn 値が高くならざるをえない．

砥石径を 250 mm とし，最高周速度 400 m/s で研削加工を行うためには，30000 rpm の回転数の砥石軸が必要である．砥石軸の設計にあたっては，① 軸径を大きくする，② 全体の軸長を短くする，③ 初段の軸受から砥石までのオーバハング量をできるだけ短くする，④ 軸受の支持剛性を高くするなどの配慮を要する．計算の結果，軸径は 65 mm，モータ出力は 22.5 kW とされた．試作されたスピンドル[4] の dn 値は 195×10^4 であった．前後ともセラミックボールのアンギュラ玉軸受が使用され，オイルエア潤滑が採用された．砥石はセンタ穴がなく，軸端に固定したフランジキャ

4. 研削・研磨加工

ップに，6本のボルトで締結する方式である．図4.79に試作された高回転・高出力スピンドルの写真を示す．図4.80は，試作されたスピンドルにフランジキャップを含めた砥石質量 m を装填したときのラジアル固有振動数 f_r である．この結果から，共振を避けるためには，安全を考えると砥石の重量を3.5〜4.0 kg以下にしなければならないことがわかる．

図 4.79 試作した高回転・高出力スピンドル
(22.5 kW, 30000 rpm, $dn = 1,950,000$)

この砥石軸を搭載した超高速平面研削盤[5]の写真を図4.81に示す．

通常の横軸平面研削盤では，砥石ヘッド・コラム・テーブルからなる研削系の固有振

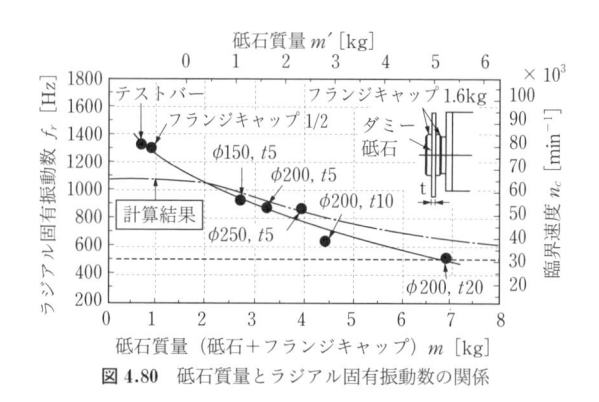

図 4.80 砥石質量とラジアル固有振動数の関係

図 4.81 開発した超高速平面研削盤

動数が砥石軸の回転周波数以下になることはほとんどない．したがって，始動時に砥石軸の回転周波数が共振点をよぎることはない．しかし超高速研削盤では，砥石軸の最高回転周波数が通常の研削盤の10倍以上となるため，研削系の固有振動数を超えるおそれがある．そこでコラムをリム構造にして剛性を高くし，また砥石軸の取付けをフランジタイプにし，はめ合いの公差をできるだけ小さくして，研削系の固有振動数が高くなるよう配慮がされている．

図4.82は，超高速平面研削盤の砥石軸端にアルミ合金製砥石（直径250 mm，質量 $m' = 1.7$ kg）を装着した状態で測定した周波数とコンプライアンスの関係である．図より明らかなように，812.5 Hzの点にコンプライアンス0.108 μm/Nのピークが存在するが，これは砥石軸のラジアル固有振動数 f_r によるものである．また500 Hz（30000 rpm）以下では，100 Hzおよび130 Hzに共振を示すピークが現れたが，この周波数帯域では，コンプライアンスは0.03 μm/Nと小さかった．

また砥石の回転破壊強度を高めるために，砥石断面形状や材質にも工夫が必要である．図4.83は砥石断面と破壊強度の関係を模式的に示したものである．高速化のためには，砥石センタ穴をなくし，砥石厚さを外周にいくほど薄くした形状が最適といわれている．また材質は鋼，チタン，アルミニウム合金，CFRPのいずれも破壊強度には大差ないが，砥石軸に装着した場合の固有振動との関係で，軽量な方が有利である．アルミニウム，CFRP，あるいはそれらのハイブリッド型コアが開発されている．図4.84にCFRPコアとハイブリッド型コアを有するCBNビトリファイドボンド砥石の写真を示す．

超高速域では，砥石と空気との摩擦による動力損失（風損）は無視できない問題である．図4.85に，砥石として幅5 mmの等厚円板を装着したときの風損を示す．図中の破線は，乱流境界層の速度分布が対数則にしたがうと仮定して求めた計算結果である．実際の空転時の動力損失は，これにスピンドル単体の消費動力，研削液と砥石との摩擦による動力損失が加わることになる．特に砥石側面に多量の研削液が作用し

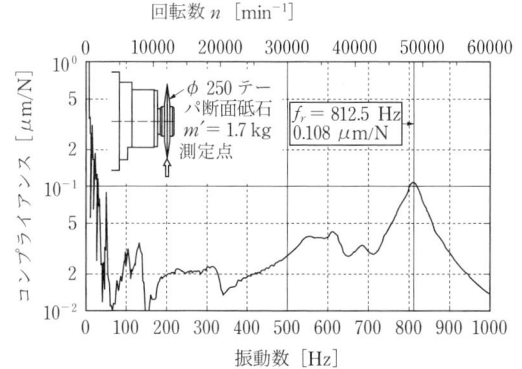

図4.82 周波数とコンプライアンスの関係

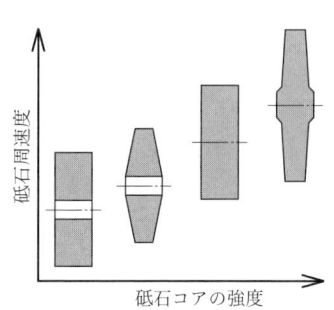

図4.83 超高速研削用砥石の断面形状

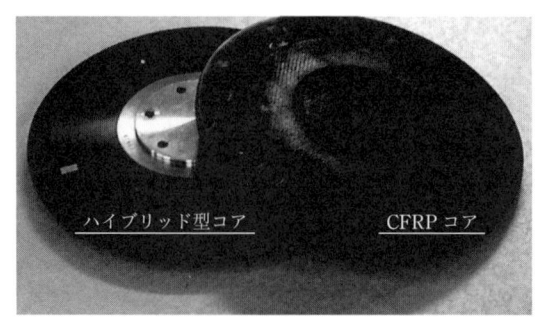

図 4.84　CFRP コアとハイブリッド型コアを有する CBN ビトリファイドボンド砥石

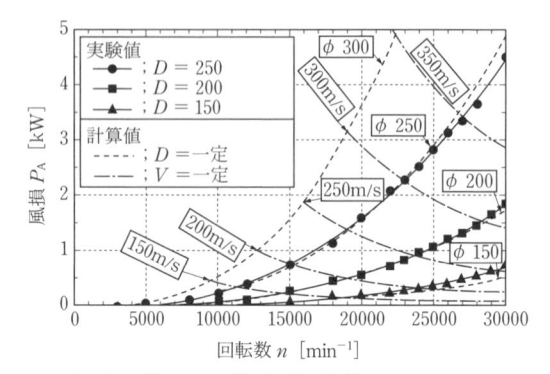

図 4.85　幅 5 mm の等厚円盤を装着したときの風損

た場合には，大きな動力損失が生じた．したがって研削液を供給する場合には，研削点にピンポイントかつ高圧で供給するよう，特に配慮する必要がある．

4.4.3　比研削エネルギー

前述の W. Werner らの実験結果によれば，砥石周速度 $V=300$ m/s で，$Q_w'=3000$ mm^2/s の研削能率が達成されている．しかし，ここでいかに大きな Q_w' を実現したかということのみならず，被削材の比研削エネルギー Cp が研削速度（すなわち砥石周速度）によって影響を受けるのかどうかという点も興味深い．砥石周速度を常用速度の 30 m/s から 10 倍の 300 m/s にあげたとき，比研削エネルギー Cp が 1/2 になるとすれば，研削抵抗を基準に考えたとき，研削能率 Q_w' は 20 倍になる．しかし，先に述べたように比研削エネルギー Cp が変わらなければ，Q_w' は大きくても 10 倍にしかならないはずである．それにもかかわらず，なぜ $Q_w'=3000$ mm^2/s というような高能率研削が可能なのだろうか．また図 4.78 の結果によれば，$F_n=80$ N を基準に考えた場合，砥石周速度を 180 m/s から 340 m/s と約 2 倍にしたとき，Q_w'

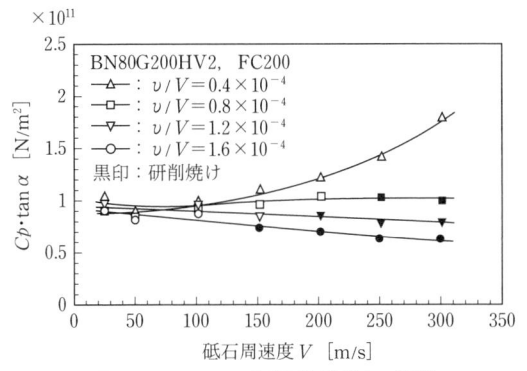

図 4.86 $Cp \cdot \tan \alpha$ と砥石周速度との関係

は 300 mm²/s から 900 mm²/s と約 3 倍に増加している．そこで，比研削エネルギー Cp が砥石周速度 V によってどのように影響を受けるのか，実験的に検討した．

式 (4.4.2) では，砥粒切れ刃は平均的に先端角 2α の円錐と仮定している．しかし実際の砥粒切れ刃先端には丸みがあり，砥粒切込み深さが大きく変われば，それに伴って先端角も変わると考えるべきである．すなわち同じ切れ刃であっても，砥粒切込み深さ g_m が非常に小さい場合には実効先端角 2α は大きくなり，逆に g_m が大きければ 2α は小さくなる．言い換えれば，これはいわゆる比研削エネルギー Cp の寸法効果である．しかし v/V を一定にして砥石周速度 V を変えれば，砥石作業面の状態が変わらない限り砥粒切込み深さ g_m は変わらないので，この問題は起こらない．

ドイツでの実験はすべて CBN 電着砥石を用いているが，電着砥石の場合は，電着層が剥離すると工作物に砥石コアが直接接触するので非常に危険である．そこで砥石コアに CFRP を使用したビトリファイドボンド CBN 砥石を用いて実験を行った．図 4.86 は，鋳鉄を $\varDelta = 1$ mm で研削したときの結果である．v/V が小さいときは，$Cp \cdot \tan \alpha$ の値は砥石周速度とともに増加するが，v/V が大きくなると高速域で逆に減少した．その傾向は，v/V が大きいほど顕著であった．v/V が一定の条件下では，上で述べたように $\tan \alpha$ は一定と考えられるから，Cp だけの変化とみることができる．したがってこれは，砥石周速度が高速化したことによって研削点の温度が上昇し，被削材が軟化したためと考えられる．いずれにしても砥石周速度の超高速化によって研削能率の改善を図ろうとするならば，v/V を大きくし，高切込みの方がその効果が大きい．

4.4.4 軟鋼研削時の砥石異常摩耗の低減

低炭素鋼の生材をビトリファイドボンド CBN 砥石で研削すると，研削抵抗が小さいにもかかわらず砥石が異常摩耗を起こすことが知られている．これは，気孔に堆積した切りくずが工作物新生面に再溶着し，その後方の砥粒が雪崩的に脱落するためで

ある[6]．異常摩耗の対策として，すでに気孔内部に目づまりしてしまった切りくずを研削液の高圧供給と高圧洗浄で除去するのもひとつの方法であるが，目づまりする以前に切りくずを除去できればより効果的である．すなわち，高周速による遠心力で切りくずを飛散させようというものである．そこで砥石周速度の高速化により，目づまりが減るかどうかについて検討した．

図4.87は，軟鋼を通常研削および超高速研削により研削したときの工作物表面のSEM写真である．通常研削による研削面上には切りくずや砥粒切れ刃の一部が付着しているのが確認され，良好な研削状態とはいえない．それに対し，砥粒切込み深さが同じ条件で比較した場合，超高速研削では良好な研削面が得られることがわかる．

また図4.88は，軟鋼SS 400をビトリファイドボンドCBN砥石で研削したときの砥石周速度と研削抵抗 F_n の関係である．通常の周速度における異常摩耗では切りく

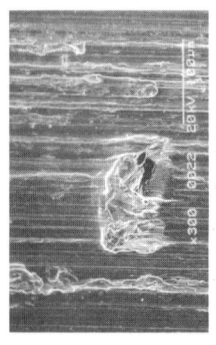

(a) 通常研削（$V=30$ m/s, $v=2.5$ mm/s, $\Delta=3$ mm）　　(b) 超高速研削（$V=300$ m/s, $v=25$ mm/s, $\Delta=3$ mm）

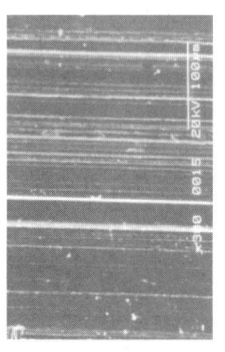

図 4.87 砥石周速度の高速化による軟鋼研削面の改善

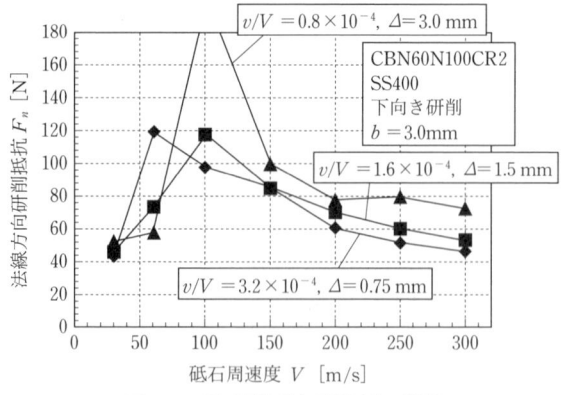

図 4.88 砥石周速度と研削抵抗の関係

ず形状が大きく影響し,砥粒切削長さが大きいほど大きな異常摩耗が発生する.したがって,砥石の摩耗や目づまりおよび研削抵抗に対する砥石周速度の影響を調べるためには,切りくず形状一定の条件下で実験を行う必要がある.そこで,本実験では v/V と砥石半径切込み量を一定とした.この場合,V を変えても切りくずの幾何学的形状は変わらないが,Q_W'($=v \cdot \varDelta$)は V に比例して変わることになる.図より,F_n は $V=30$ m/s 以後,周速度の増加とともに急増し,60~100 m/s で最大値をとる.この傾向は $\varDelta$ が大きいほど,すなわち g_m が小さく,l_g が大きいほど顕著であった.特に $\varDelta=3$ mm の場合,$V=100$ m/s では F_n が 200 N を超えたため,研削の途中で実験を中止した.

このような F_n の増大は目づまりによるものである.そこで目づまり面積率を測定した.その結果を図 4.89 に示す.砥石の目づまりは,$V=30$ m/s ではほとんど認められず周速度の増加とともに急増するが,$V=100$ m/s を超えると減少し,300 m/s ではほとんどみられなくなった.

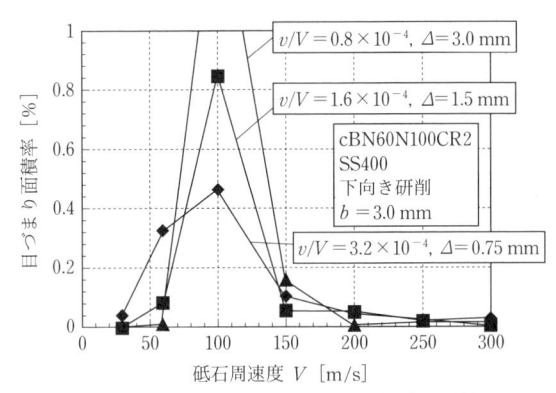

図 4.89 砥石周速度と目づまり面積率の関係

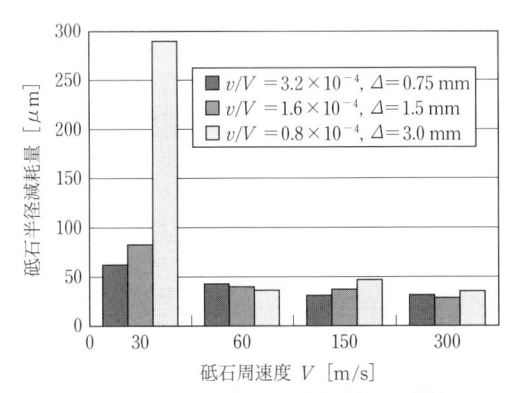

図 4.90 砥石周速度と砥石半径減耗量の関係

図 4.90 は，同一条件で 20 回連続研削をしたときの砥石半径減耗量の値である。$V=30$ m/s では，$\varDelta=3$ mm のとき明確な異常摩耗が生じた。これに対して，それ以上の砥石周速度領域ではいずれの場合にも，砥石半径減耗量は 30～50 μm 程度であった。$V=30$ m/s における異常摩耗は，気孔に堆積した切りくずの目づまりが工作物新生面に再溶着することによって引き起こされる。この現象の特徴は，雪崩的に脱落する砥粒とともに目づまりが消失するので砥石表面にはほとんど目づまり部分が認められないこと，したがって砥石の切れ味も非常によく，研削抵抗が小さいことである。ビトリファイドボンド CBN 砥石のように，チップポケットの大きいことがこの現象の要因でもある。

砥石周速度 $V=100$ m/s 程度の領域では，研削点温度の上昇に伴って気孔への切りくずの付着が活発になる。砥石表面の目づまりと工作物新生面は激しく摩擦し合い，溶融状態になる。したがって再溶着に至らない。研削抵抗の法線成分 F_n が非常に高くなるにもかかわらず，異常摩耗が起きないのはこのためである。さらに砥石周速度が高くなり，$V=300$ m/s 付近の超高速域では，遠心力が大きいために切りくずが飛散し，気孔への付着自体が起きにくくなる。そのため，異常摩耗は発生しない。

4.4.5 超高速研削の応用

産業界では，すでに超高速研削の実用化が始まっている。特に円筒研削への適用が先行しており，砥石周速度 200 m/s での研削が実用化されている。粗粒の CBN 砥石を用いた焼入れ鋼の超高速円筒鏡面研削が実用化されており，砥石周速度の高速化に伴うスパークアウト時間の短縮や加工変質層の極小化に効果があることが報告されている[7]。

またチタン合金コア・フランジの超高速切断ブレードが開発されており，ねずみ鋳鉄の高能率切断加工に適用されている[8,9]。このような超高速研削切断には，シェアカットに頼っている板材の切断や，一般砥石が用いられているシームレスパイプの切断などへの応用が期待できる。

しかし研削盤，砥石まで含めたトータルコストを考えた場合，まだ満足のいくレベルに達しているとはいえない。現在，超高速研削用の砥石のみならず，超高速回転に耐える高出力主軸，高剛性研削盤，高圧研削液供給システム，高速砥石バランス装置，超高速ツルーイング・ドレッシング装置などの開発が進んでいる。今後は，超高速領域でなければ効率的に研削できないような材料の加工，あるいは設備投資に見合うだけの大量生産品や加工代の大きい量産品の加工などに，適用が広がっていくものと考えられる。

〔厨川常元〕

▶▶ 文 献
1) 松井正己，庄司克雄：研削砥石の減耗量の評価法，精密機械，**35**，4，p.235 (1969)
2) W. Werner and T. Tawakoli : Requirements for high-efficiency deep grinding, *Ind.*

Diamond Rev., **50**, 4, p. 177（1990）
3) W. König and Ferlemann：A new dimension for high-speed grinding, *Ind. Diamond Rev.*, **51**, 546, p. 237（1991）
4) 稲田　豊, 庄司克雄, 厨川常元, 海野邦彦：超高速平面研削盤用砥石スピンドルの開発（超高速研削に関する研究, 第1報）, 精密工学会誌, **62**, 4, p. 569（1996）
5) 庄司克雄, 厨川常元, 稲田　豊, 海野邦彦, 由井明紀, 大下秀男, 成田　潔：超高速平面研削盤の開発（超高速研削に関する研究, 第2報）, 精密工学会誌, **63**, 4, p. 560（1997）
6) 趙学暁, 庄司克雄, 厨川常元：軟鋼研削におけるビトリファイドボンドCBN砥石の異常摩耗, 精密工学会誌, **62**, 8, p. 1117（1997）
7) T. Nakayama, M. Wakuda and M. Ota：Ultra-high speed cylindrical grinding using CBN wheel for high efficiency, *Key Engineering Materials*, 257-258, p. 273（2004）
8) 山崎繁一, 庄司克雄, 厨川常元, 岡西幸緒, 小倉養三, 福西利夫, 三宅雅也：超高速研削切断ブレードの応力解析（第1報, 超高速研削切断に関する研究）, 砥粒加工学会誌, **47**, 1, p. 28（2003）
9) S. Yamazaki, K. Syoji, T. Kuriyagawa, Y. Ogura, T. Fukunishi and M. Miyake：Development of ultra-high speed cutting wheel, *Key Engineering Materials*, 238, p. 271（2003）

4.5　ナノ・マイクロ加工技術

　近年，マイクロレンズや回折格子などの光学デバイス，高密度記録メモリなどの半導体デバイス，超高密度磁気ヘッドなどの磁気デバイスには，今日の社会を支える大容量光・磁気記録装置やスーパーコンピュータやモバイルコンピュータ，デジタルカメラ，情報通信機器などに欠かせない素子として，一層，超精密かつ精緻な加工技術が不可欠となっている．これらのデバイスには，成形技術により量産化されるものも多いが，特に高機能材料，硬質脆性材料などからなることから，こうした材料の高品位・超精密な加工を行うことのできる先端的砥粒加工技術の適用が求められている．その原理的な手法としては，特に近年実用化が進んできたELID研削法の適用が考えられる．一方，加工対象となるデバイス，素子，金型，パーツなどは微細化の一途をたどっており，こうした背景からも，ELID研削法のマイクロ加工への展開が不可欠となってきている．このようなマイクロ部品加工においてELID研削法の応用によりナノ精度化をねらうという，そうした意味での「ナノ・マイクロ加工技術」が改めて認識されてきているといえる．また，この加工プロセスを極限にまで発揮するためのナノ精度加工システム，小さいパーツ加工には小さい加工機を適用するというコンセプトに基づくデスクトップマイクロ加工システムの構築が不可欠と考えられる．

4.5.1　ナノ・マイクロ加工の特徴と効果

　特に，研削加工を主体としたナノ・マイクロ加工の特徴と期待効果をまとめると，次のようになる．

① 加工対象（特に素材とサイズ）のバリエーションが広範である：〈ワーク〉材質として大半の工業材料が対象となる．特に，硬質・脆性材料を対象にできることは高機能デバイス加工に有利である．

② 高品位加工が実現できる：ナノレベルの鏡面加工が可能であり光学部品や電子部品に適用可能．また低ダメージであり，十分な材料強度や材料機能が得られる．

③ 高精度加工が実現できる：寸法・形状精度が高い．ナノ精度加工機によりナノレベルを追求できる．

④ 高機能加工が実現できる：砥石の超精密なツルーイング法と組み合わせることで，回折などの光学機能を発現するシャープな微細形状加工が可能．また，表面改質などの表面の高機能化ができる．

⑤ 研削加工という単一加工原理：クリーンで制御性がよく，自動化が容易．

対象となるマイクロ光学素子やマイクロツール・パーツなどは，単に小さいという特徴だけでなく，プロファイル精度と加工面品質の両立，そして高強度化や耐摩耗性・耐食性などの新たな表面機能が必要となり，その機能素子が組み立てられたコンポーネントは，今までにない新たな性能を生み出すものといえる．こうした機能・効果の実現には，次に述べるELID研削法が大きな役割を占め，また超精密・ナノ精度加工システムや機上計測技術との統合化が，極めて重要となる．

4.5.2 ELID研削法

ELID研削法は，メタルボンド超砥粒砥石に電解インプロセスドレッシング（electrolytic in-process dressing：ELID）が複合化された高精度・高効率研削である．図4.91はELID研削法の基本原理である．硬脆材料を中心とした様々な工業材料の能率的な加工を実現するために，砥粒保持力やボンド材強度の高いメタルボンド超砥粒砥石が用いられる．その代表的なものに，鉄系ボンドダイヤモンド砥石がある．またコバルトボンド砥石や，これらの複合メタルボンド超砥粒（ダイヤモンド/cBN）砥石も利用できる．こうした砥石自体を陽極に，この一部と対向させた電極を陰極として，両極間にパルス電圧を印加することで電解を発生させ，砥粒（ここではダイヤ

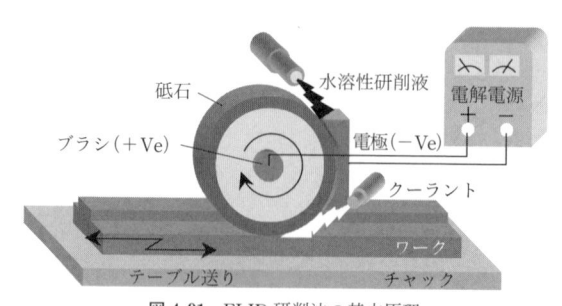

図4.91 ELID研削法の基本原理

4.5 ナノ・マイクロ加工技術 —— 265

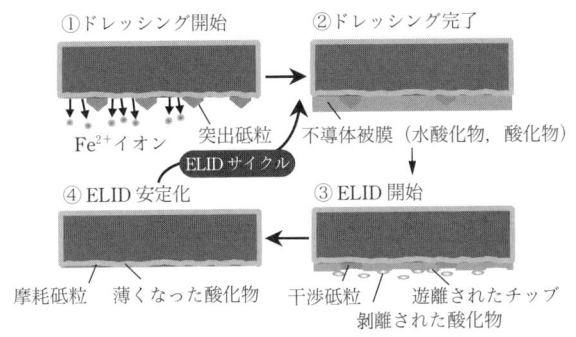

図 4.92 ELID 研削のメカニズム

モンドが主）の突出を加工中に得ることで，平均数 nm の平滑な鏡面加工を実現する手法である．様々な硬質・脆性材料の高品位加工が実現できる．

ELID 研削法では，鉄系砥石の電解性と不導体化特性をうまくバランスさせるために，主にパルス波形を発生する電解電源と，非線形電解現象を伴う水溶性研削液を組み合わせることで，図 4.92 のようなメカニズムが実現される．使用するメタルボンド砥石はツルーイング作業後，砥粒もボンド材も平坦化され，切れ味は極めて悪い．そこで，電解により鉄系ボンド材を溶出させると，砥粒を突出させることができる．この電解現象では，必要量溶出後，速やかに不導体被膜（水酸化鉄/酸化鉄）による絶縁層が砥石面に形成され，過度の溶出を防止する．研削開始後，被加工物がこの不導体被膜に接触し，砥粒が摩耗した分だけ被膜が剥がれる．そのため，被膜による絶縁が低下し，再度必要量ボンド材が溶出し突出が維持される．これが，ELID の自律的なドレス制御機能であるが，砥石ボンド材，電解波形，研削液成分の組合せにより，電解溶出と不導体化の割合を制御し最適化できる．本原理を用いれば砥石摩耗も小さく，切れ味もよく，研削技術をナノレベルの形状・表面加工に適用できる．

4.5.3 ナノ精度加工システムと加工事例

加工プロセスとして適用する ELID 研削法の加工精度を最大限に発揮させるためには，使用するメタルボンドダイヤモンド砥石を機上で高精度に整形し，それにより超精密な運動軌跡の転写加工をナノレベルの精度で行うための加工システムが不可欠となる．これにより，自由曲面を有する非球面光学素子など，複雑形状を有し高品位な加工面を実現する超精密鏡面研削が達成できる．開発されたナノ精度加工システムは，砥石・ワーク回転軸に空気静圧軸受を採用し，石定盤の上に組まれた超精密直動テーブルには固体どうしの摩擦を排した油静圧案内・油静圧ねじを採用し，位置検出分解能は 0.7 nm というナノレベルの制御が行える．

表 4.10 にこのナノ精度加工システムの仕様を示す．本機はまた，ワーク形状を，機上で計測して NC 加工データを補正するプローブを搭載している．図 4.93 には装

表 4.10 ナノ精度加工システム仕様

直進 駆動軸 (X,Y,Z)	油静圧案内，油静圧ねじ駆動 分解能：0.7 nm/8.7 nm 切替可 ストローク：X：350 mm，Y：100 mm，Z：150 mm 真直度：0.03 μm/20 mm 以下
ワーク回転軸 (C軸)	空気静圧スピンドル，回転数：最大1500 rpm，真空チャック付，連続/割出切替可能
工具 回転軸	空気静圧スピンドル 回転数：最大20000 rpm
機上計測機能	ϕ300 mm（軸対称）または L250 × H50 mm（自由曲面）範囲内計測可能

置構成を，図4.94には採用された油静圧ねじの構造を，図4.95にはテーブルの2.5 nm ステップによる応答の測定データを示す．

図4.96は，開発した加工システムによる非球面のELID研削方式である．図4.97は，大口径非球面ミラー加工の様子，図4.98は加工面性状で，延性加工面が得られている．図4.99は大口径非球面レンズ，図4.100は大口径非球面レンズ金型，図4.101は大口径非球面ミラー，図4.102は f-θ レンズ金型，図4.103はプラスチック（PMMA）非球面レンズ，図4.104はマイクロ非球面レンズの超精密ELID研削例である．ELID研削法とナノ精度加工システムを有機的に利用することで，こうした非球面光学素子などの超精密加工が実現できる．また，多自由度かつナノ精度のプログラミングおよび制御を利用することで，非軸対称非球面加工や自由曲面などの複雑形状の超精密加工プロセスが実現できる．

赤外用分散分光用回折光学素子であるイマージョングレーティングの加工例がある．その材

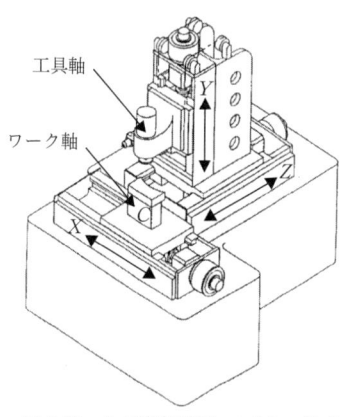

図4.93 ナノ精度加工システムの構成

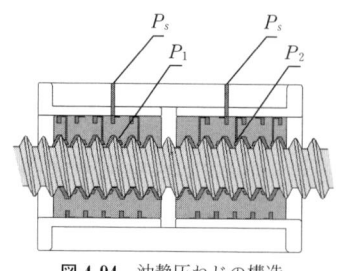

図4.94 油静圧ねじの構造

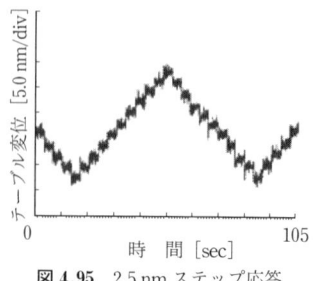

図4.95 2.5 nm ステップ応答

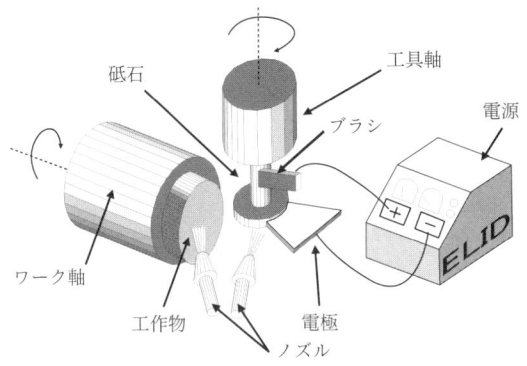

4.5 ナノ・マイクロ加工技術 —— 267

図 4.96 非球面の ELID 研削方式

図 4.97 ELID 研削の様子

(a) #1200　　(b) #3000

図 4.98 加工面性状

図 4.99 大口径非球面レンズ

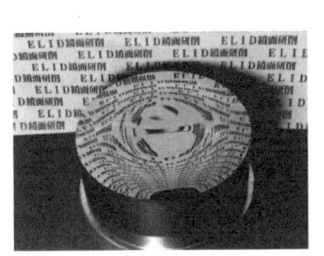

図 4.100 大口径非球面レンズ金型

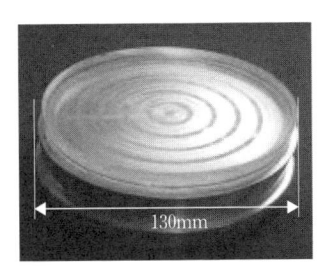

130mm

図 4.101 大口径非球面ミラー

図 4.102 $f\text{-}\theta$ レンズ金型

図4.103 プラスチック非球面レンズ

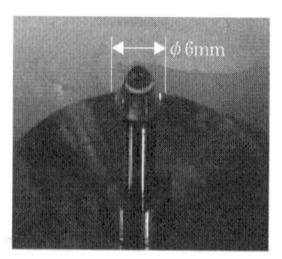

図4.104 マイクロ非球面レンズ

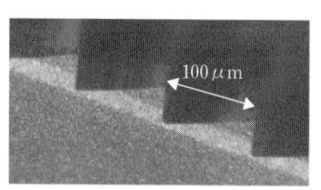

図4.105 ゲルマニウムに形成された微細溝

質として，波長帯域が10 μm前後の赤外線に対する屈折率nsが約4.0と大きいゲルマニウムが使用される．また回折機能の発現には，ゲルマニウム単結晶に100 μmピッチの高精度かつ高品位な溝加工を施す必要がある．後述するプラズマ放電ツルーイングを援用して，メタルボンド砥石エッジ部先端をシャープに形成し，ELIDを間欠的に付与することで，良好な性能をもつ回折格子の加工を実現できる（図4.105）．

4.5.4 大型超精密加工システムと加工事例

次に，大型の超精密加工のために開発された大型超精密鏡面加工システムについて紹介する．この超精密ELID研削システム（N-aou-VEL）は，安定性に優れた二重静圧スライドの全軸超精密油静圧駆動機構およびフルクローズドスケールフィードバックを採用しており，位置制御分解能10 nmを有する．また，鏡面研削を可能にするELID機能を搭載している．当該加工システムの基本仕様を整理すると表4.11のようになる．加えて，上記の基本仕様を満足させるためのシステム構成を以下に示す．

開発された加工システムは，砥石ヘッドのカウンタバランスを含めると全高約4 mの大型加工システムとなる．図4.106に砥石周辺部の様子を示す．ワークチャックサイズは1200 mm（X）×500 mm（Y）であり，積載最大重量は1200 kg，厚さ方向（Z）には500 mmのストロークがあるため，大型の被加工物でも十分対応可能である．ELID電極は砥石径方向のギャップをサーボで微調整可能としており，砥石の偏摩耗を避けるため，砥石軸方向の調節も可能としている．さらに，ノイズレベルを最小限に抑えるため，注水による超精密オートバランス調整可能なフランジを使用している．加えて，段取り換えなしに超鏡面ポリシングヘッドユニットに切り替えて，超鏡面研磨加工に移行することも可能である．図4.107には，システム化されたNC装置，ELID電源およびデータ転送用PCの様子を示す．ELID電源装置は，NCプ

表 4.11 N-aou-VEL の仕様

直進軸： 　超精密油静圧案内	最小設定単位：0.00001 mm X 軸；最大移動量 1400 mm，送り速度 0〜10 m/min Y 軸；最大移動量 560 mm，送り速度 1000 mm/min Z 軸；最大移動量 500 mm，送り速度 1000 mm/min
回転軸： 　超精密油静圧軸受け	砥石サイズ：$\phi 305$ mm×38×$\phi 127$ 砥石回転数：最大 1800 rpm 砥石軸用モータ（極低振動モータ）：11 kW 4P
ELID 機能： 　直流パルス電源	無負荷電圧：90 V，平均電流：20 A，最大電流：40 A デューティ比：最大 80% 波形：矩形波，τ on/off：1〜10 μs
制御装置	同時 2 軸制御 3 軸 CNC 制御装置（FANUC）
容　量	テーブル作業面：1200×500 mm 積載許容重量：1200 kg

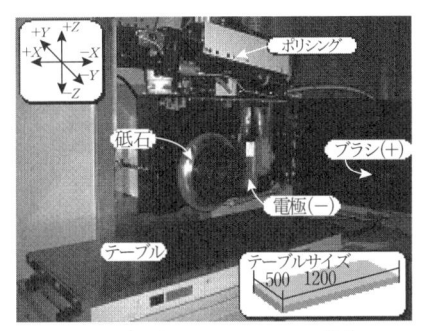

図 4.106　加工ヘッドまわりの構成 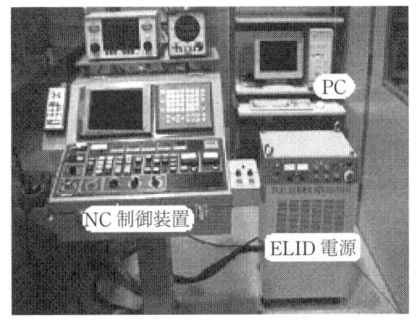　　図 4.107　NC 装置，ELID 電源，データ転送用 PC

ログラムによりリモートオン/オフされ，ELID 研削の自動化に対応している．

採用した NC 装置 15 i（FANUC）は，複雑な三次元形状の鏡面研削に必要な NC プログラムを扱うために，光ファイバケーブルによる PC との専用高速通信インタフェースを備え，コンソールを切り替えることが可能である．また，NC における各軸の機械座標値を PC に転送することで，後述する超精密な機上計測にも対応できる．さらに，本システムは高レベルで温度管理されており，24 時間運転で加工精度を保証することができる．例えば，全軸の静圧油およびスピンドル油に供給する油の温度はオイルコンディショナで±0.1℃に精密に制御され，長時間にわたる研削作業中の位置変動を抑えている．また，同様に温度管理した研削液を常時テーブルに循環させ，熱変位による加工誤差を防止している．

本システムは，安定性に優れた二重静圧スライドによる全軸超精密油静圧駆動機構を採用している．二重静圧スライド方式の概念を模式的に図 4.108 に示す．送り機構

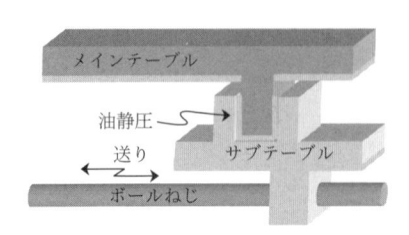

図4.108 二重静圧スライド方式の概念図

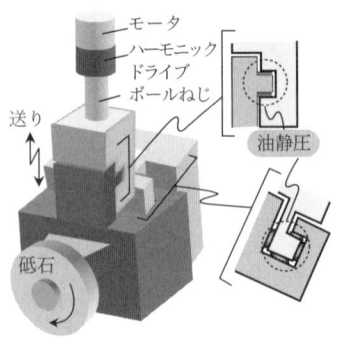

図4.109 Z軸方向の二重静圧スライド構造

は従来技術であるボールねじ＋CNC駆動方式を用いている．最も特徴的な点は，ボールねじで直接駆動されるのがサブテーブルであるということである．サブテーブルもしゅう動面は油静圧である．すなわち，メインテーブルとサブテーブルを油静圧で進行方向にのみ拘束された連結機構を用いて連結している．この機構により，ねじ軸に対するナットの振れなど進行方向に直交する方向にかかる荷重，すなわちボールねじの揺らぎをメインテーブルに伝えることなく，進行方向にのみ駆動力が生じるようにしている．ほかの制御軸も同様の機構を採用している．

図4.109にコラムの上下案内方式を模式的に示すが，上記二重静圧スライドの採用により，高剛性の大型ヘッドを極めて安定に支持することが可能となる．さらに，ボールねじCNC駆動方式に加え，減速機にハーモニックドライブを採用することにより，ロストモーションがほとんどない10 nmの微小切込みによる高精度加工を実現している．本システムは，ELID研削法の搭載を前提とする開発仕様を有している．図4.110に，ELID用の電極および砥石フランジの様子を示す．

上述のELID研削に使用するメタルボンド砥石は強固であるため，機械的ツルーイ

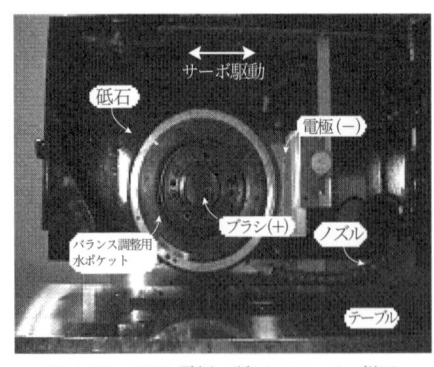

図4.110 ELID電極，砥石フランジの様子

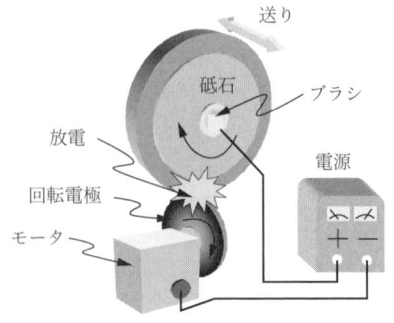

図4.111 プラズマ放電ツルーイングの原理

ングでは精度も能率も悪い．加工精度を高めるためには，高精度のツルーイングを行う必要がある．そのため，本実験では高能率にメタルボンド砥石のツルーイングを行う方法として，プラズマ放電ツルーイング法を適用した．プラズマ放電ツルーイング法の原理，および機上ツルーイングの様子をそれぞれ図 4.111，4.112 に示す．

図 4.112 機上ツルーイングの様子

加工機上にロータリツルアを取り付ける際には，砥石とツルアとの接触領域をなるべく小さくすることで高精度なツルーイングが実現できるため，両者を直交させて配置する．プラズマ放電ツルーイングは砥石を陽極に，ツルアを陰極に接続し，両極間に高電圧を与え，さらにミストを供給して行う．これにより，極めて高精度にメタルボンド砥石をツルーイングすることが可能となる．

N-aou-VEL のテーブル移動時の左右 (X) 方向 1000 mm のストロークで真直成分誤差を測定した結果を図 4.113 に示す．目標値である $0.5\,\mu m$ に対して $0.3\,\mu m$ が達成されており，極めて高い精度を実現していることがわかる．さらに，これらは優れた繰返し性を有していることから，加工プログラムにより補正可能である．超精密金型加工のためには十分な加工精度の実現が期待できる．

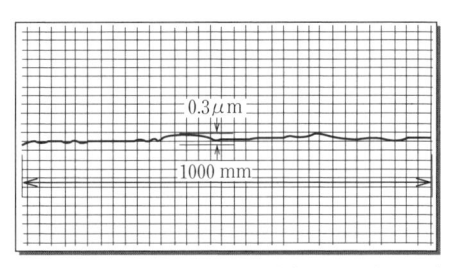

図 4.113 テーブル移動時の真直成分誤差 (X 方向)

開発した本システムの性能を確認する基礎実験として，大面積の成形金型や非球面加工などを想定した ELID 研削加工実験を実施した．以下に，適用した実験システムについて解説する．

① 加工装置：開発した超精密鏡面加工システム N-aou-VEL を適用した．
② 使用砥石：粗加工に #325 を，中仕上げに #1200 を，鏡面研削用には #4000（平均粒径約 $4\,\mu m$）の鉄系ボンドダイヤモンド砥石を適用した．砥石形状は，$\phi350$ mm×W 10 mm ストレートを用いた．
③ ELID 装置：直流高周波パルス電圧を発生する専用 ELID 電源を使用した．容量は，無負荷電圧 90 V，最大電流 20 A タイプを適用した．
④ 研削液：専用の水溶性研削液を 50 倍に希釈して使用した．
⑤ ワーク：大面積の金型用鋼材（SKD 11（HRC 約 60），HPM），低熱膨張ガラス（ゼロデュア）を対象とした．

表 4.12 ELID 加工条件（#4000）

研削条件	砥石回転数：400 rpm 切込み：3.0 μm（粗），0.3 μm（精） 送りピッチ（Y 軸）：1.0 mm（coarse），0.3 mm（finish） テーブル送り速度（X 軸）：6 m/min
ELID 条件	無負荷電圧 E_0：90 V，最大電流 I_p：20 A パルス幅（τ on/off）：2 μs パルス波形：矩形波

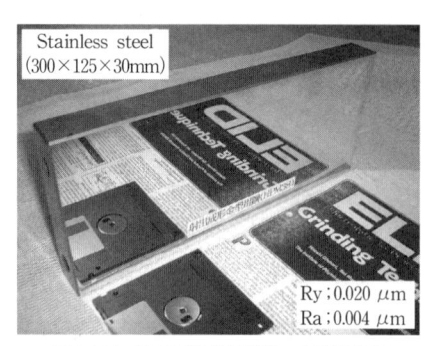

図 4.114 ELID 鏡面研削後の金型用鋼材

図 4.115 軸外し非球面ミラーの ELID 研削の様子

⑥ ツルーイング：ツルアには #140 ブロンズボンドダイヤモンド砥石（φ150 mm×W 3 mm）を用いた．電源装置は ELID 装置を流用した．

上述の実験システムにより，250 mm×200 mm×50 mm の平面研削加工実験を行った．#4000 の仕上げ加工に適用した条件を表 4.12 に示す．図 4.114 は ELID 鏡面加工後のワークの様子である．極めて良好な鏡面が得られており，安定的に ELID 研削が行われたことがわかる．加工面粗さは，20 nmRy，4 nmRa が達成され，平均ナノレベルの鏡面加工が実現されている．また，図 4.115 は，軸外し非球面ミラー加工の様子である．制御分解能 10 nm の超精密研削システムは，これからの金型や非球面加工においてサブミクロンの形状・寸法精度を実現するためには不可欠なものとなろう．

4.5.5 機上計測システムおよび事例

ナノ精度加工において，さらに重要となるのは計測・評価技術である．そのためには，ワークを加工機上に搭載したまま形状や表面粗さを計測・評価し，加工精度にフィードバックする技術手法の確立が望まれている．すでに，その機上計測システムの実用化が始まっている．図 4.116 は，低接触圧（最小 50 mgf）での機上計測プローブにより，次世代大口径天体望遠鏡用ミラーセグメントの ELID 鏡面研削後のプロファイルを計測している様子である．この方法は，最大傾斜角には限界があるものの，

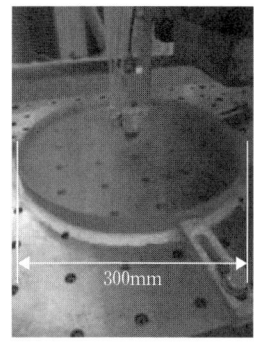

図 4.116 プローブによる機上プロファイル計測

図 4.117 レーザ干渉による機上プロファイル計測

図 4.118 機上 AFM 計測による粗さデータ例

計測対象とする形状は広く,自由度が高いという特徴をもつ.ただし,ある程度の計測時間を要するため,レーザ干渉計による機上計測手法の検討も進められている.図 4.117 には,大型非球面加工機上で前述のセグメントミラーのレーザ計測を行っている様子を示す.干渉縞解析の際に,外乱の要因を排する必要があるが,いずれかの方法,もしくは両者の組合せによる計測・評価技術が不可欠となることはいうまでもない.また,計測結果に基づき,形状修正を行うため再度,ELID 研削が行われ,目標精度に近づけていく.

また図 4.118 は,非球面ミラーの加工面粗さを機上で AFM(原子間力顕微鏡)を用いて計測したデータ例である.ナノレベルの表面粗さ計測のためには,加工機上で AFM 計測を行う必要があり,同図のような計測データの取得ができるようになってきている.

4.5.6 ナノ表面加工における表面改質効果

ナノ表面加工に関連して,特に金型などの金属材料の ELID 研削における耐食性改善効果を図 4.119 に示す.また図 4.120 には,(a)ELID 研削面と (b)アルミナ砥粒によるバフ研磨面の表面解析結果を示す.前者は,表層に厚く緻密な非晶質酸化膜層が形成されており,耐食性や表面強度などが大幅に改善されていると考えられる.ELID の適用により,ステンレスなどの金型材料についても表面改質効果が得られることから,強度・耐食性・トライボロジー特性の改善など,これからの高機

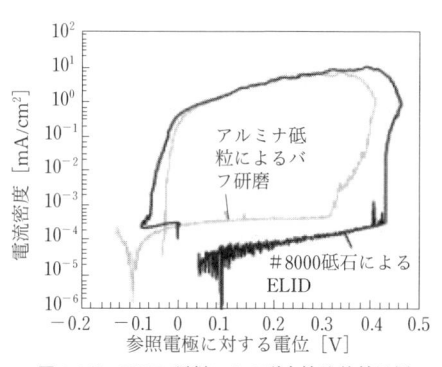

図 4.119 ELID 研削による耐食性改善効果例

(a) 表面改質加工面 　　(b) 通常研磨面

図4.120　表面改質加工と通常研磨の表層構造の相違

能ナノ表面加工技術として期待される．

4.5.7 デスクトップマイクロ加工システムと加工事例

機械加工の微細化において，小さい加工物には小さい加工機を適用するのが合理的と考えられる．こうしたコンセプトにより開発を目指したデスクトップ（卓上）加工機として，① 名前の通り卓上タイプであること，② 持ち運びが可能（容易）であること，③ 制御装置がパソコン NC で簡便に操作できること，④ 装置の入力電源が商用 100 V であること，⑤ ガラスや超硬合金などの硬脆材料の超精密鏡面加工が可能であること→ ELID 研削法の適用，などの特徴を得るコンセプトにより，いくつかの専用加工機能を有するマイクロ加工機を開発した．デスクトップタイプの加工機自体はすでに存在しているが，半導体材料，光学材料，超硬合金，セラミックスや金型鋼，バイオマテリアルなどの広範な素材が超精密・超微細加工でき，しかも高品位かつ高機能な鏡面加工を可能とするコンセプトはこれまでにない大きな特徴といえる．その実現には，① 硬質材料の研削加工が可能，② 鏡面加工（平均数 nm レベル）が可能，③ 研削抵抗が低く，高馬力の機械が不要，④ 工具の消耗も低く，超精密加工が実現できるなど，ELID 研削による効果が不可欠な要素となる．

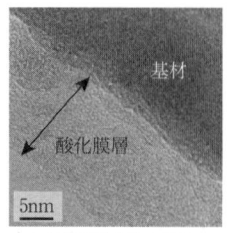

代表的な加工機として，デスクトップ 4 軸マイクロ加工機（図 4.121）が開発されている．図 4.122 に ELID 研削事例を示す．工具として，切削ツール，砥石のいずれも使用可能である．そのため，微細な掘込み加工や粗加工は切削で行い，その後，同一機上で鏡面研削ができる．マイクロ非球面レンズやその金型，マイクロパーツの製造への実用化が期待される．4 軸目である回転テーブルは連続回転と回転割出しのいずれにも対応しており，回転非対称の加工にも対応できる．直進 3 軸の位置制御分解能として 0.2 μm を有する．さらに，機

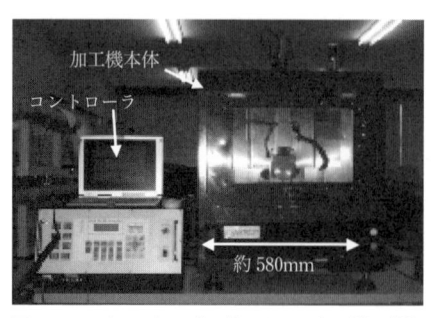

図4.121　デスクトップ 4 軸マイクロ加工機の外観

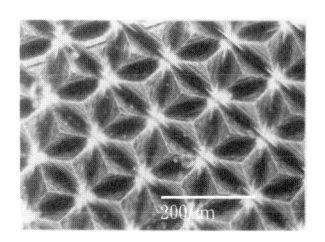

(a) ガラスレンズ加工例   (b) リフレクタ(超硬合金)

図 4.122　デスクトップ加工機による ELID 研削事例

上計測機能も搭載することができる．

さらに，微細な金型などの掘込み加工を行う際に必要となる微細ツール製作のために，デスクトップマイクロツール加工システムが開発された．本装置は3軸加工機であり，砥石軸が X-Y テーブル上に固定されたワーク（ツールとして加工される）を周回して微小径加工を施すものである．図 4.123 にその研削方法を示す．ELID の付与により，高アスペクトをもつマイクロツール加工（図 4.124(a)）や極微細先端マイクロツール加工（図 4.124(b)）が可能となっている．マイクロツール開発に関して，加工面品位が良好であるほど，マイクロツールの強度が高いことが実証されている．図 4.125 はこうしたマイクロツールによるマイクロパーツ（ギア）加工例である．

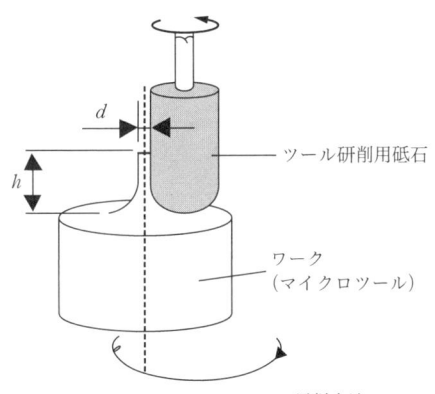

本節では，ELID 研削法をベースとしたナノ・マイクロ加工技術を中心として，最新の研究開発状況を紹介した．現在，さらなる超精密化，ナノ精度化，超微細化，デスクトップ化を目

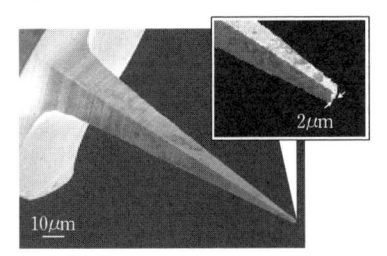

図 4.123　マイクロツール研削方法

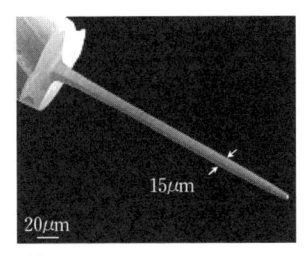

(a) 長アスペクトマイクロツール   (b) 極微細先端マイクロツール

図 4.124　マイクロツールの加工例

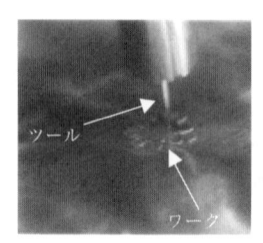

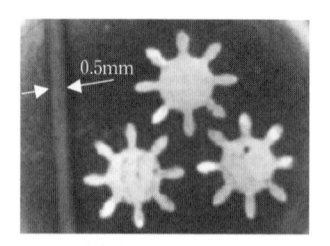

(a) 加工の様子　　(b) 加工されたギア
(左は 0.5 mm シャープペンシルの芯)

図 4.125　マイクロパーツ加工例

指し，マイクロ計測技術やマイクロ成形技術などとの複合化や統合化への取組みが始まっている． 〔大森　整〕

▶▶ 文　献
1) H. Ohmori and T. Nakagawa : Mirror surface grinding of silicon wafer with electrolytic in-process dressing, *Annals of the CIRP*, **39**, 1, pp. 329-332 (1990)
2) H. Ohmori and T. Nakagawa : Analysis of mirror surface generation of hard and brittle materials by ELID (Electrolytic In-Process Dressing) grinding with superfine grain metallic bond wheels, *Annals of the CIRP*, **44**, 1, pp. 287-290 (1995)
3) 大森　整：ELID 研削加工技術—基礎開発から実用ノウハウまで—，工業調査会 (2000)
4) 大森　整，片平和俊，林偉民，上原嘉宏：非球面の ELID 研削とナノプレシジョン加工システム，精密工学会第 285 回講習会テキスト，9，pp. 1-7 (2002)
5) 大森　整，片平和俊，安斎正博，牧野内昭武，山形　豊，守安　精，林偉民：超精密多軸鏡面加工システムによる超精密鏡面加工特性，砥粒加工学会誌，**45**, 2, pp. 85-90 (2001)
6) 大森　整，上原嘉宏，鈴木　亨，林偉民，戴玉堂，郭泰洙，安齋正博，田代英夫，牧野内昭武：3 D ナノファブリケーション技術の研究開発とものつくり応用，理研シンポジウムテキスト—ものつくり情報技術統合化研究，2，pp. 189-200 (2002)
7) H. Ohmori, T. Suzuki, Y. Uehara, T. Shimizu, K. Ueyanagi, Y. Adachi, T. Suzuki and K. Wakabayashi : Ultraprecision processing of solid immersion mirror by ELID grinding, proceedings, The Euspen International Topical Conference, pp. 249-252 (2003)
8) H. Ohmori, N. Ebizuka, S. Morita and Y. Yamagata : Ultraprecision micro-grinding of germanium immersion grating element for mid-infrared super dispersion spectrograph, *Annals of the CIRP*, **50**, 1, pp. 221-224 (2001)
9) 大森　整："MICRO-WORK-SHOP（マイクロワークショップ）"の開発状況，理研シンポジウムテキスト，5，pp. 56-60 (1999)
10) 大森　整，上原嘉宏，林偉民，片平和俊，浅見宗明：マイクロメカニカルファブリケーション，機械技術，**49**, 12, pp. 52-53 (2001)
11) H. Ohmori, K. Katahira, Y. Uehara, Y. Watanabe and W. Lin : Improvement of mechanical strength of micro tools by controlling surface characteristics, *Annals of the CIRP*, **52**, 1, pp. 467-470 (2003)

4.6 環境対応技術

4.6.1 研削加工におけるエミッションと環境負荷

　地球環境問題に早い段階から取り組んでいる欧州では，生産現場においても環境対応に対する社会的要求が大きく，研究も早くから進められている[1〜3].日本では地球温暖化防止に関する京都会議を契機として環境に対する問題意識が各分野で高まり，加工技術に関しても環境関連の特集記事が1990年後半から盛んに掲載されはじめた[4〜14].環境・省エネを考慮した新しい生産技術，さらに工作機械をはじめとする周辺機器の環境対策について紹介が行われている．これらの記事を整理すると，切削加工に関する記述が割合として多く，環境対応に関しては研削加工の方が少し遅れているといえる．この原因としては，研削加工は切削加工とは以下の点が異なり，環境対応技術の実用化がむずかしいためと考えられる．

① 研削砥石は負のすくい角をもつ砥粒が不規則に配列された多刃工具である．
② 加工条件は微小切込み・高速加工で，多数の細かい切りくずを生成する．
③ そのため，研削点に油剤が供給しにくく，研削点近傍が高温になる．

　研削加工は最終仕上げ加工として用いられることが多く，形状・寸法精度，表面粗さ，さらに加工能率の観点から，従来は研削油剤の使用が不可欠とされていた．油剤に期待する主な作用は，冷却効果，潤滑効果，切りくず除去効果の3つであり，これらが総合することで，加工精度と加工能率の向上という利点が得られる．しかし，油剤の大量消費は環境負荷が大きく，廃液の処理コストが増大するという欠点があり，油剤に含まれる有害物質の存在，火災発生の危険性などが作業環境の劣化につながることから，研削加工においても研削油剤の使用が制限されることになる．このような研削加工の背景を考慮して，エミッションや環境負荷について整理すると図4.126のようになる．

　研削加工は，微小切込みで大量の新生面をつくる加工方法であり，エネルギー効率としては切削加工より劣り，環境負荷としてエネルギー消費が大きな割合になる．油剤はクーラントとも呼ばれ冷却効果が強調され，研削点に大量に高圧で供給されることが多く，クーラントポンプの消費エネルギーや騒音も無視できない．高速で加工された細かい切りくずは研削油剤と一緒に周辺に飛散するため，エミッションとしては，ミスト状の油剤，切りくずや破砕した砥石などの粉じんが対象となり，ミストコレクタや吸じん機の使用が必要とされる．この点が研削加工の特徴ともいえるが，油剤，切りくず，砥粒，結合剤が混じった研削スラッジは，ヘドロ状で分離がしにくく，腐敗しやすいため，油剤の寿命が短く，処理がむずかしいという問題を含んでいる．そのほかのエミッションとしては，工作機械および周辺機器の騒音，振動，電磁波などがあげられるが，これらは切削加工と共通の課題である．

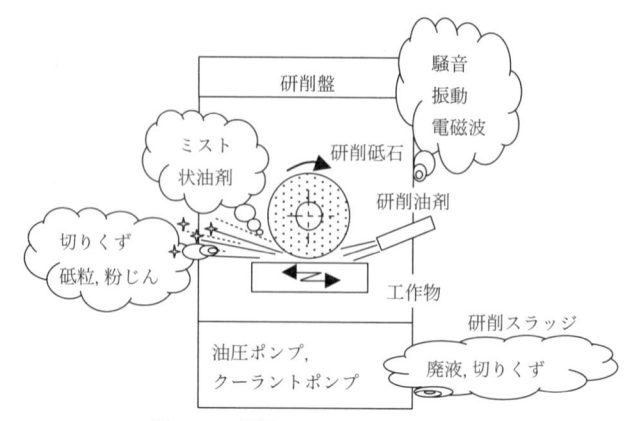

図4.126 研削加工におけるエミッション

4.6.2 研削加工における環境対応技術

　工作機械，工具，工作物が相対運動することにより加工が行われるので，これらの運動効率を改善することが，消費エネルギーの削減，エミッションの低減に結びつき，環境対応技術の基本となることは，切削加工も研削加工も同じである．工作機械の主軸および送りの高速化とあわせて，油圧ポンプやクーラントポンプなどにおける待機時消費電力の削減が積極的に検討されており，研削盤としての環境負荷低減技術の実用化が進められている[15,16]．また，工場全体としての環境対策の重要性が認識され，ISO 14000 シリーズの認証取得を目標として，生産システム全般に対する種々の試みが実施されている[4,17,18]．

　工具に関しては，切削の場合に工具内部を油剤が通るようにスルーホール付のドリルやエンドミルの開発など，MQL加工（セミドライ加工）の実用化の観点から数多くの検討が行われているのに対し，研削砥石についてはあまり議論が進んでいないのが実状[19]で，油剤の供給方法との融合が今後の課題である．

　研削油剤に関しては，油剤の代替に冷風を用いた研削加工の試みが積極的に行われている[20,21]．研削油剤の使用が不可欠とされていた研削加工においては，ドライ加工では解決すべき課題が多いため，切削の場合にも利用され効果をあげている冷風加工を適用する試みが盛んである．空気を冷却し冷風を発生する装置に関しては，油剤供給用のクーラントポンプより環境負荷が大きくては問題の解決にならないので，効率よく温度の低い空気を大量に生成するための工夫が必要である[20]．

　また，MQL加工が研削でも利用されているが，冷風発生装置やミスト生成装置などの周辺機器は，前節でも取り上げているように，切削加工で利用するものと基本的に同じである．研削加工の特徴は前述したように，高速微小切込みで研削点が高温になることであるため，次に示すように環境負荷の大きい研削油剤に関する総合的な環境負荷低減対策が重視される．

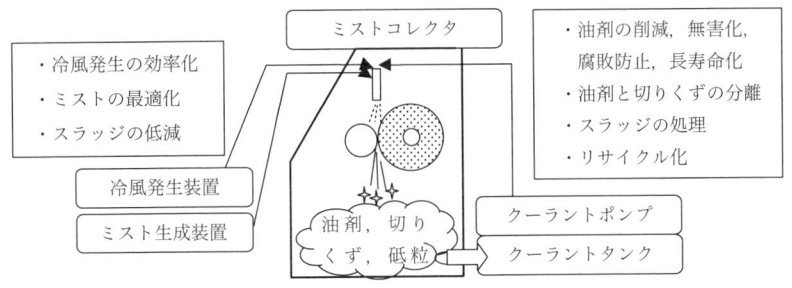

図 4.127 研削加工周辺の環境対応技術

① 油剤の使用量の削減・低減，ドライ化
② 油剤の代替物質への変更，無害化，無負荷化
③ 油剤の長寿命化，腐敗防止化，循環再利用化，無廃棄化
④ 油剤を使用しない新加工方法への転換

冷風研削は①のドライ研削の実現に対するひとつの解決策といえる．極微量の油剤をミスト状に供給するMQLは①の油剤使用量の削減技術であり，人体に害がなく環境負荷が少ない植物油をMQLで利用することは②の無害化，無負荷化にも関連している．水溶性研削油剤の場合には，油剤がミスト状に飛散し作業環境を悪化させるおそれがあるのでミストコレクタを使用する例が多く，切りくずを分離し腐敗を防止して油剤の長寿命化を図ることが③に関連して解決すべき課題である[22]．また，環境負荷が少ない方法で研削スラッジを処理することも②，③に関連したむずかしい問題である．一方，④に示すように，レーザ加工や微生物による加工法など，研削加工に代わる油剤を必要としない新しい加工方法の開発，実用化も望まれている．

以上のように，研削加工における環境対応技術は，図4.127に示すように油剤関連の周辺装置が中心であり，クーラントタンク，クーラントポンプ，ミストコレクタ，ミスト生成装置，冷風発生装置などが使用されている状況で，油剤や冷風を有効に活用するとともに，研削スラッジの処理工程，切りくずと油剤の分離・処理工程を効率よく行うことが環境負荷の低減に大きく貢献する．

4.6.3 冷風研削加工に関する研究状況

ドライ加工，MQL加工，冷風加工について幅広い実用化の観点から種々の研究が行われている切削加工に比べると，研削加工の場合には研究例が少なく，冷風研削を主体に検討されている．冷風加工は空気を冷凍機で-30℃に下げて加工点に供給するもので，冷却効果に主眼をおいており，低温による材料の脆化も期待できる．このことから，横川らはドライ化が困難な研削加工への適用を積極的に試みている[20~24]．

図4.128は在来砥石による加工に冷風研削を適用した先駆的な研究で用いられた冷風研削システムである[23]．コンプレッサで圧縮された空気は，ミストセパレータとエ

280 —— 4. 研削・研磨加工

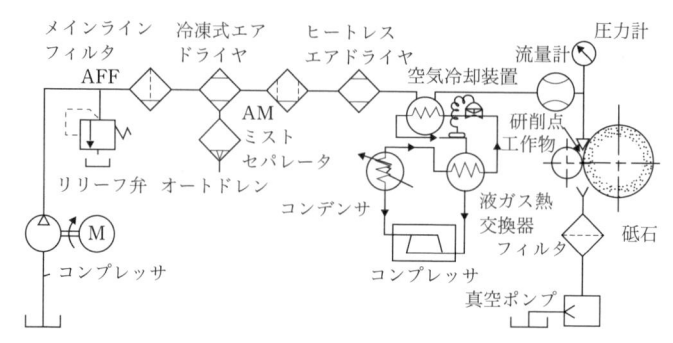

図 4.128 冷風研削システム [23]

アドライヤで微粒子と水分が取り除かれ，空気冷却装置によって約 −30°C まで冷却される．冷風は研削点上方から下向きに供給され，真空ポンプで切りくずとともに吸引される．研削抵抗，工作物温度上昇，研削面粗さなどについて，冷風温度や MQL 給油量の影響を実験的に調べ，油剤研削より研削比が高く砥石損耗が少ないことを示し，冷風研削の実用性を実証した．さらに，ドレッシング段階でも冷風を利用すると，砥粒の破砕が細かくなり研削性能が向上するだけでなく，ダイヤモンドドレッサの損耗低減にも効果があることを明らかにしている [24]．

0.2〜0.3 μm の超微粒集合体砥粒で構成されている SG 砥石に対して冷風研削を適用した例を図 4.129，4.130 に示す [25,26]．図 4.129 は冷風研削時の砥石作業面モデルを示したもので，SG 砥石では冷風により微小破砕が生じ，研削性能・研削比が向上するとともに，仕上げ面粗さも良好となる結果を得ている [25]．ただし，研削能率が高い場合には発生する熱量に対する冷風の冷却能力に限界があるため，被削材の加工精度に及ぼす影響が大きくなる問題点も指摘している．そこで，SG 砥石に適した冷風の供給法として，図 4.130 に示すように二系統冷却ノズルを取り付ける方法を提案し，砥石表面を冷却する方が加工精度の向上に有利であること，高能率研削においても冷風研削が有効であることを検証している [26]．

田中らは，インコネル，軟鋼，延性材料など異なる材料とダイヤモンド砥や CBN 砥を組み合わせて，冷風研削現象について研究を行っている [27〜31]．図 4.131 は冷風研削のための冷風供給システム [28] であり，冷却効果をより鮮明に把握することを目的

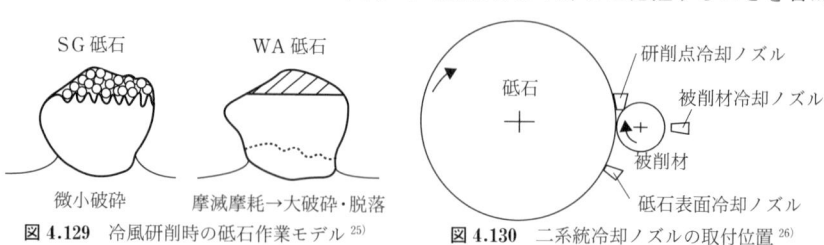

図 4.129 冷風研削時の砥石作業モデル [25]

図 4.130 二系統冷却ノズルの取付位置 [26]

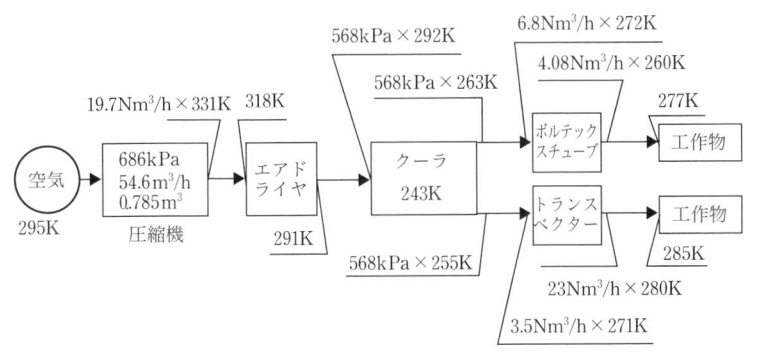

図 4.131 冷風研削のための冷風供給システム[28]

表 4.13 各種冷却方法における特徴[31]

各種冷却方式		研削面性状	研削面粗さ	接線研削抵抗
乾式		劣	小	中
冷風		やや良	中	中
ミスト	合成油	良	大	小
	植物油	やや良	やや大	小
冷風ミスト	合成油	優	小	小
	植物油	優	小	小
湿式		優	小	大

に，乾燥・冷却された空気をボルテックスチューブとトランスベクターの2種類の冷風機器を通して研削点近傍に供給する．ボルテックスチューブでは流量が減少する代わりに温度の低下が大きくなるが，トランスベクターは温度は上昇するが流量が増大するもので，両者の異なる冷却能力が研削現象に及ぼす影響について実験的に調べている．難削材であるインコネル718の冷風研削では，温度は高いが流量の多いトランスベクターを用いた方が，研削面性状が良好で研削抵抗も小さく，湿式研削に近い結果を得ている．

また，焼入れ鋼のCBN砥研削において，冷風とミストを組み合わせた供給方法についても研削性能を調べている．表4.13は乾式，冷風，ミスト，冷風ミスト，湿式の5種類を定性的に比較した結果である[31]．冷風ミスト研削は研削面性状と粗さに関して湿式研削と同等の性能を示し，研削抵抗に関しては湿式より小さくなり，冷風ミスト研削の可能性を示唆している．

以上のように，冷風研削について種々の検討が加えられ，湿式研削に匹敵する研削性能も得られている．研削加工においても環境対応技術が発展し，工作機械関連技術

と融合することで，飛躍的な環境負荷低減が実現することを期待したい．

〔斎藤義夫〕

▶▶ **文　献**
1) 井上英夫：エコファクトリー技術，日本機械学会誌，**95**，884，p. 612（1992）
2) G. Byrne and E. Scholta : Environmentally clean machining process, *Annals of the CIRP*, **42**, 1, p. 471 (1993)
3) 横川宗彦：ドイツにおける環境にやさしい生産加工の研究，機械と工具，p. 57（1996）
4) 井上英夫：環境調和型生産技術の研究動向，精密工学会誌，**64**，4，p. 493（1998）
5) 古川勇二：ライフサイクルデザインの提言への経緯，精密工学会誌，**64**，12，p. 1841（2000）
6) 松原十三生：環境対応加工技術の現状と課題，精密工学会誌，**68**，7，p. 885（2002）
7) 斎藤義夫：環境を考慮した工作機械技術，砥粒加工学会誌，**43**，1，p. 5（1999）
8) 松原十三生：エコマシニングの動向，砥粒加工学会誌，**46**，9，p. 424（2002）
9) 斎藤義夫：環境対策の工作機械，機械の研究，**50**，1，p. 169（1998）
10) 稲崎一郎：環境対応型工作機械の現状，機械の研究，**53**，5，p. 169（2001）
11) 斎藤義夫：生産加工における環境・省エネ対応技術，機械と工具，p. 10（2002）
12) 斎藤義夫：工作機械の環境・省エネへの最新対応技術，機械と工具，p. 10（2001）
13) 横川宗彦："環境""省エネ"に対応する工作機械と加工技術，機械と工具，p. 14（2000）
14) 横川宗彦：グリーンマシニングの動向，p. 10（1999）
15) 向井良平：研削盤における環境負荷低減技術の動向，精密工学会誌，**68**，7，p. 911（2002）
16) 岡本政弘：環境にやさしい工作機械，砥粒加工学会誌，**46**，9，p. 440（2002）
17) 横川宗彦：欧州と日本における環境対応加工技術の動向，砥粒加工学会誌，**43**，1，p. 14（1999）
18) 近藤猛雄：人や地球環境に優しい機械工場，砥粒加工学会誌，**43**，1，p. 18（1999）
19) 岡田昭次郎：環境対応型研磨剤としての人口雲母，砥粒加工学会誌，**46**，9，p. 444（2002）
20) 横川和彦，横川宗彦：環境にやさしい冷風加工技術，機械と工具，p. 46（1998）
21) 横川和彦，横川宗彦：切削油剤を使用しない冷風研削・切削技術，機械と工具，p. 95（1999）
22) 若林利明：切削・研削油剤からの環境対応，砥粒加工学会誌，**46**，9，p. 428（2002）
23) 奥村成史，横川和彦，横川宗彦：公害防止のための研削油剤を用いない在来砥石による冷風研削の研究，砥粒加工学会誌，**41**，12，p. 465（1997）
24) 奥村成史，横川和彦，清水茂夫，横川宗彦：冷風ドレッシングが冷風研削性能に及ぼす影響，砥粒加工学会誌，**42**，10，p. 424（1998）
25) 山内勝利，茶山達志，峠睦，渡邉純二：SG砥石を用いた冷風研削に関する研究，砥粒加工学会誌，**44**，8，p. 371（2000）
26) 山内勝利，傘裕倫，峠睦，渡邉純二：SG砥石を用いた冷風研削に関する研究—第2報：加工精度に及ぼす2系統冷却ノズルの影響—，砥粒加工学会誌，**45**，12，p. 586（2001）
27) S. H. Truong, Y. Isono and T. Tanaka : Investigation on thermal changes of workpiece in cool air grinding with porous metal bonded diamond wheel, 精密工学会誌，**66**，12，p. 1911（2000）

28) 田中武司,磯野吉正,盛貞悦一:インコネル718の冷風研削における研削現象,砥粒加工学会誌, **45**, 10, p. 490 (2001)
29) 田中武司,磯野吉正,盛貞悦一:CBNホイールによる軟鋼の冷風研削における研削現象,砥粒加工学会誌, **46**, 5, p. 234 (2002)
30) 田中武司,磯野吉正,盛貞悦一:CBNホイールによる延性材料の冷風研削現象について,砥粒加工学会誌, **46**, 9, p. 452 (2002)
31) 田中武司,盛貞悦一:CBNホイールによる焼入れ鋼の冷風/ミスト/冷風ミスト研削現象について,砥粒加工学会誌, **48**, 1, p. 35 (2004)

4.7 非球面レンズ用金型の研削・切削加工事例

4.7.1 背　景

　非球面レンズはCD, DVD, レーザプリンタ, カメラ, ディジタルカメラ, カメラ付携帯電話など大量生産を対象とした民生用機器の性能向上, 小型化, 軽量化, 低コスト化を達成するための最重要部品として, 加工機械, 加工方法, 工具, 測定機器などの研究開発と平行して発展してきた.

　現在, 非球面レンズは表4.14に示すような方法で製作されている. 射出成形法によるプラスチック非球面レンズ, 加熱プレス法によるガラス非球面レンズ, ガラス, ゲルマニウム・ジンクセレンなどの結晶材料, アクリルなど樹脂材料に対しての切削, 研削, 研磨という直接加工法があり, 精度・性能・付加価値はこの順序になっている.

　1982年にNC制御の超精密非球面加工機が米国から導入された. 非球面レンズを利用してカメラを小型化, 軽量化, 低価格化することを目的に, 超精密非球面加工機を用いて金型を製作し, 射出成形法によってプラスチック非球面レンズを製作するための研究開発が進められた. 導入された超精密非球面加工機は旋削用の機械であり, 射出成形時の圧力・温度 (170～250℃) に耐えることができ, 単結晶ダイヤモンドバイトで鏡面切削ができる材料として高硬度ステンレス鋼に無電解ニッケルめっきをし, めっき層を切削する方法がとられた. その後, プラスチック材料の改良と金型精度の向上によってカメラ用レンズとしての適用範囲が拡大するとともに, CD, DVD

表 4.14　非球面レンズの製作方法

プラスチックレンズ	射出成形法—金型（高硬度鋼, 無電解ニッケルめっき, 超硬） 切削法—超精密非球面加工機
複合レンズ	注型法—金型（球面レンズ＋樹脂）
コンタクトレンズ	注型法—モールドケース—金型（高硬度鋼, 超硬）
ガラスレンズ	モールドプレス法—金型（超硬, セラミックス） 研削法┬超精密非球面加工機─ポリシング 　　　└カーブジェネレータ

のピックアップレンズ，ディジタルカメラ用レンズ，カメラ付携帯電話用レンズへと市場は拡大していった．射出成形法によるプラスチック非球面レンズは，ほかの製作方法と比べ，低コストであることから市場は最も大きい．新しい樹脂材料の開発，金型精度と製品精度の向上により，生産性があがり，適地生産によってコスト優位性を保ち，市場は拡大していくものと思われる．

しかし，超精密な精度が求められる非球面レンズは射出成形であっても一般成形部品と異なり，精度を向上させるため圧縮成形や徐冷するなど金型の中での滞留時間が長く，十数分を要する場合がある．短時間で高精度が得られる樹脂・成形法の開発が市場を維持する決め手となるものと思われる．

加熱プレス法によるガラス非球面レンズはプラスチック非球面レンズに比べ高精度であり，耐環境性，光学性能に優れていることから，最近のディジタルカメラ，カメラ付携帯電話の需要拡大に伴って市場は拡大している．加熱プレス法は，成形される非球面レンズの体積と等しいガラス素材を金型の中に入れ，窒素ガスの不活性雰囲気の中で赤外線ランプで均一に加熱し，軟化温度に到達したところで上下の金型を閉じ，金型の温度・位置・締付け力を制御して成形する．ガラス素材の軟化温度は400～800℃であり，加熱・保持・冷却を経て200℃前後の温度で金型から取り出される．冷却は窒素ガスで行う．

プラスチックの射出成形法に比べ，高精度が得られるのは，固体のガラス素材を加熱し，軟化温度に達したところでプレスすることから，射出成形法のように樹脂の流動がなく，複屈折の発生が少ないためである．材料の熱膨張係数が小さいこともあげられる．図4.132に加熱プレス法でのガラスレンズ成形のプロセスを示す．ただし，作業温度が高いためガラス素材の金型への溶着が生じやすく，DLCや白金などのコ

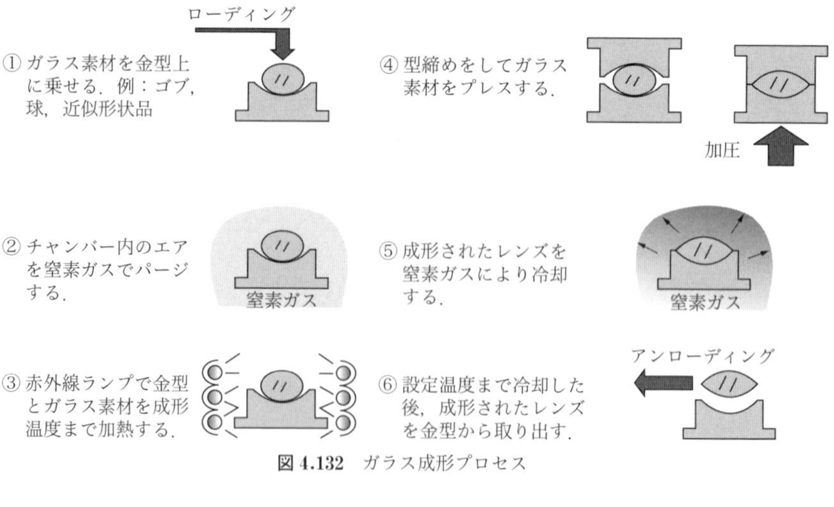

図4.132 ガラス成形プロセス

ーティングを行っているが金型寿命は短い．今後，プラスチック非球面レンズの市場を代替していくためには低温対応のガラス素材の開発（現在400℃前後），作業時間（ローディング・加熱・保持・冷却・取出し）の短縮（10分以下），金型寿命を延ばすための金型材料・コーティング材料の開発，加熱プレス装置の価格低減が求められる．

加熱温度に関しては，現在，1500℃まで可能であり，高温対応の金型材料・コーティング材料が開発されることにより，石英ガラス，シリコン，ジンクセレンなどの材料にも対応できるようになり，応用分野が拡大する．

射出成形法や加熱プレス法で対応できない材料，精度，寸法（大型非球面光学部品）に対しては切削，研削，研磨で対応することになるが，高付加価値が期待できる技術分野である．

加工対象についてはこれまでに述べてきたが，金型に関して大きさは $\phi 0.5 \sim \phi 80$ mm程度であり，加工方法は旋削，研削，フライカット，シェービングなどがあり，加工機械としてこれらへの対応が求められ，超精密非球面加工機として多くのバリエーションが生まれた．

加工精度に関しては，形状精度P-V 100 nm，表面粗さP-V 30 nm（1〜5 nmRa）程度まで到達させることが可能となったが，新しいニーズ，定量化技術の向上に伴って，より高い精度目標，くせやむらのない加工面が要求されるようになってきた．これらのレベルアップにより，後工程としてのラッピングやポリシングを行わなくても使用できる範囲の拡大が期待されている．

4.7.2 超精密非球面加工機

1970年代後半に米国で開発された超精密非球面加工機も高精度化，多軸化，小型化，安定化，低価格化の要求を受け，機構，制御装置，工具，加工方法，測定器などの研究開発が進められ，最先端の工作機械として発展してきた．これまで述べてきたように，わが国における非球面形状光学部品の用途から金型用の加工機として追求され，研削，切削，フライカット，シェービングなどに対応できる2軸制御機から多機能の6軸制御機まで，多くのバリエーションをもつ超精密非球面加工機が開発された．

高精度化の要求の中，最新の超精密非球面加工機のひとつとして図4.133に示すリニアモータ駆動の超精密非球面加工機があり，超精密非球面加工機とこれを構成する要素技術について述べる．

a. リニアモータ駆動有限形V-V転がり案内

超精密加工機の案内として，高精度で摩擦係数の小さい軸受形式である空気静圧軸受，油静圧軸受，転がり軸受が使用されてきたが，リニアモータ駆動を採用するにあたっても，実績のある有限形V-V転がり案内（高剛性・コンパクト・低摩擦係数・低価格）が用いられる（図4.134）．

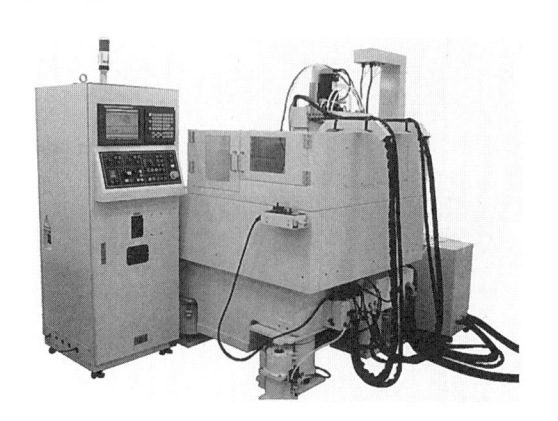

ULG‐100D（SH3）仕様

移動量	X 軸	有限形 V-V 転がり案内	300 mm
	Y 軸	有限形 V-V 転がり案内	70 mm
	Z 軸	有限形 V-V 転がり案内	150 mm
ワーク軸	C 軸	空気静圧スピンドル	$10 \sim 1500$ min^{-1}
砥石軸		空気静圧スピンドル	$5000 \sim 40000$ min^{-1}
早送り速度	X, Y, Z 軸		1000 mm/min
送り速度	X, Y, Z 軸		500 mm/min
	C 軸		$1 \sim 22000$ deg/min
最小設定単位	X, Y, Z 軸		1 nm
	C 軸		0.0001 deg
NC 制御装置	FANUC series 15iMA		

図 4.133 リニアモータ駆動の超精密非球面加工機

図 4.134 リニアモータ駆動の有限型 V-V 転がり案内

有限形V-V転がり案内は，案内面（ベッド）の精度（真直度・面粗さ），ニードルの精度（真円度・円筒度・寸法のばらつき），テーブルの精度と形状を追求することにより，運動精度，微小うねりと摩擦係数（0.001～0.003）などに関して流体軸受に匹敵する性能を得ることができる．特に，剛性に関しては流体軸受に比べ5～10倍以上となり，駆動系が非接触であるリニアモータに対して高ゲインの制御が可能となる．

リニアモータ駆動はボールねじ駆動に比べ，平行ばね継手，平行ばねを支持するリニアガイド，モータブラケット，カップリングなどが不要となり，構造が簡単になることから組立作業も容易になる．また，ボールねじの摩耗によるロスとモーションの発生がない．

b. ワーク主軸

超精密加工を目的に空気静圧スピンドルの研究・改良が進められてきたが，超精密非球面加工機のワーク主軸としても空気静圧スピンドルが最適である．ワーク主軸は，比較的低速回転（1～3000 min^{-1}）で使用されることから発熱の心配は少ないため，剛性を重視して軸径を大きくし，自成絞りと表面絞りを組み合わせた複合絞りと

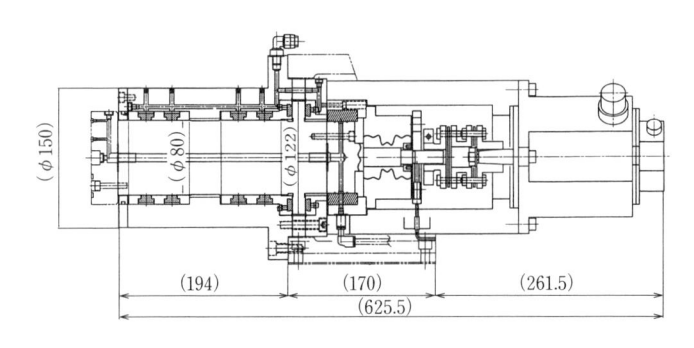

仕　様

主軸直径		ϕ80 mm
主軸回転数		10～1500 min^{-1}
C軸割出し速度		1～22000 deg/min
C軸分解能		0.0001 deg
C軸制御時許容負荷イナーシャ		4.9×10^{-3} kg・m^2
軸受形式		多孔質軸受
モータ定格トルク		4 Nm
エンコーダフィードバック		0.0001 deg
心振れ	ラジアル	4 nm
（SPAM）	アキシアル	3 nm
軸受剛性	ラジアル	100 N/μm
（供給圧 0.5MPa 時）	アキシアル	300 N/μm
空気消費量		約 30 NL/min

図4.135 ワーク主軸の構造と仕様

してきたが，剛性の向上と空気流量を減少させるため多孔質絞りを使用した．図4.135にワーク主軸の構造と仕様を示したが，多孔質絞りは自成絞りに比べ，低い供給空気圧（0.5 MPa）で自成絞り（0.6 MPa）と同等の剛性が得られることと，空気消費量が 30 NL/min と約 1/8 となり，空気振動の減少により，加工面の状態が顕著に改善された．

c. 研削スピンドル

これまで，高速回転を行う駆動源として高周波誘導モータが使用されてきたが，誘導モータには滑り，トルクリプルに起因する低周波振動（0.3~3 Hz）が発生し，加工面のびびりや微小うねりの原因となっている．これらをなくし，表面粗さを向上させるため，高速回転に対応できるコアレス同期モータを高速対応型の空気静圧スピンドルにビルトインすることにより，3000~60000 $\min^{-1}$ の広い範囲で使用できる超精密（SPAM：5 nm 以下）研削スピンドルが開発された．

研削スピンドルは，主軸の前後端で使用回転数でのアンバランス量の二面修正が可能な構造となっており，さらに砥石などの工具を取り付けた状態でも修正が可能である．モータ駆動のスピンドルでは高速回転時の発熱・熱変形の対策として，温度制御（±0.1℃）した冷却水を循環させることでモータ部と軸受部を温度制御している（図4.136）．

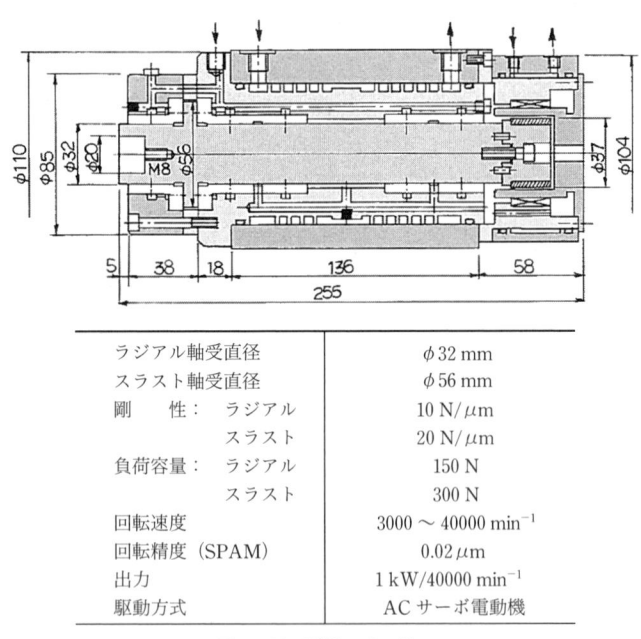

ラジアル軸受直径	$\phi 32$ mm
スラスト軸受直径	$\phi 56$ mm
剛 性： ラジアル	10 N/μm
スラスト	20 N/μm
負荷容量：ラジアル	150 N
スラスト	300 N
回転速度	3000 ~ 40000 $\min^{-1}$
回転精度（SPAM）	0.02 μm
出力	1 kW/40000 $\min^{-1}$
駆動方式	AC サーボ電動機

図 4.136 研削スピンドル

d. 送り機構と制御

ボールねじ駆動の超精密非球面加工機では測定条件さえ整えれば1 nmのステップ応答が確認されており，実績のあるCNC装置とのマッチングを考慮して，コギングの発生ではコアレスリニアモータに劣るものの，モータ効率の高いコア付リニアモータが採用された．超精密非球面加工機の直線案内は，微細な運動指令に対しての追従性を重視し，摩擦係数の小さい軸受で構成されており，ねじ駆動のように機械的な拘束をもたないリニアモータ駆動では，機械内部および外部からの振動に対して徹底した配慮が必要である．

リニアモータ駆動の通電状態における静振性，振動に対する強さ，サーボ剛性は，モータの可動部と固定部の電気的（磁気的）結合の強さによって左右される．サーボ剛性を高めるためにはモータの制御技術（フィードバックの分解能：0.067 nm，制御の処理速度，共振除去フィルタなど），モータの機械的な剛性向上が必要になる．

回転型モータは，コイル固定子，磁石回転子，回転子を支える軸受，位置検出器などが一体で構成されている．リニアモータも磁石板部とコイル部とこれら取付部，案内面，移動体，加工物，位置検出器の取付部も含めてモータと考え，大きな吸引力が作用するリニアモータに対して剛性が確保できる図4.133に示す構造としている．この結果，静振性に関しては停止時および移動時におけるポジションエラーは10 nm以下となり，ボールねじ駆動に比べて大きな改善がみられる．また，サーボ剛性の向上により，図4.137に示すようにボールねじ駆動では加工条件と補正で対応していた象限突起についても改善されている．

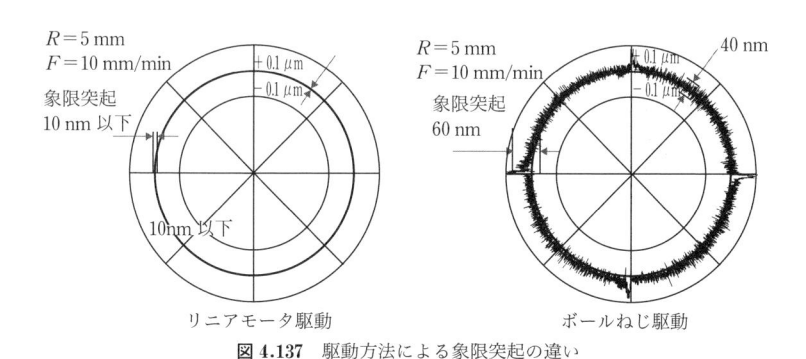

図4.137 駆動方法による象限突起の違い

4.7.3 非球面光学部品の加工方法

非球面レンズ，非球面レンズ用金型，自由曲面レンズおよび金型の加工では加工物の形状・材質によって，図4.138に示すように工具，加工方法が異なる．①～④の加工ではX，Z軸の同時2軸制御で軸対称の非球面形状を加工することができ，ワーク軸をNC制御軸とし，X，Z，C軸の同時3軸制御で軸非対称形状（トーリック

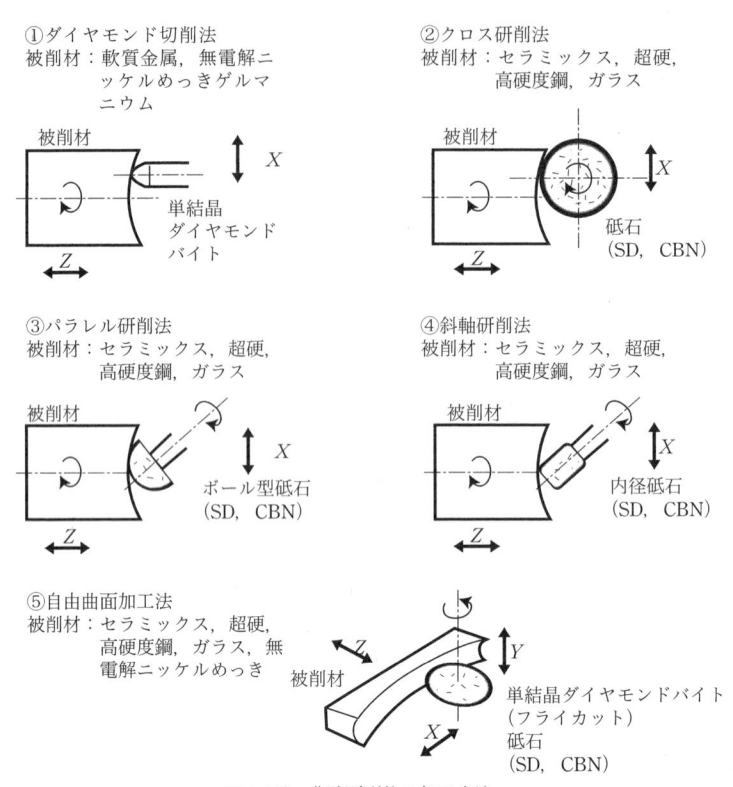

①ダイヤモンド切削法
被削材：軟質金属，無電解ニッケルめっきゲルマニウム

②クロス研削法
被削材：セラミックス，超硬，高硬度鋼，ガラス

③パラレル研削法
被削材：セラミックス，超硬，高硬度鋼，ガラス

④斜軸研削法
被削材：セラミックス，超硬，高硬度鋼，ガラス

⑤自由曲面加工法
被削材：セラミックス，超硬，高硬度鋼，ガラス，無電解ニッケルめっき

図 4.138 非球面形状の加工方法

など）の加工が可能となる．②に示すクロス研削法は，角テーブル形平面研削盤のテーブル移動でピックフィードさせ，砥石軸の前後運動で面を形成する方法であり，③のパラレル研削法は平面研削盤の砥石の回転方向と工作物の移動方向が一致する方法である．④に示す斜軸研削法は，小口径で曲率が大きく，深い凹面の工作物に対応する加工方法である．

　いずれの加工方法においても，①回転中心と座標系のずれ，②砥石径の測定誤差と砥石摩耗，③中心部と外周部の加工条件の違い，④加工力による工作物および工具の逃げ，⑤熱変形，⑥機械の運動誤差，⑦工具（砥石/バイト）の形状誤差といった誤差要因によって，計算された形状とは異なった加工形状となる．加工後，このような誤差を包含した加工形状を測定し，誤差を修正するための補正プログラムによる補正加工を数回繰り返し，目標精度に近づける方法がとられている．補正加工を行うごとに精度を向上させるためには，工具，加工条件，加工機，測定方法が安定していることが前提となる．

4.7 非球面レンズ用金型の研削・切削加工事例 —— *291*

■加工物：超硬 J05
■加工条件：砥石軸回転数……… 40000 min^{-1}
　　　　　　ワーク軸回転数…… 30 min^{-1}
　　　　　　送り量……………… 0.2 mm/min
　　　　　　切込み量…………… 0.1 μm
　　　　　　砥　石……………… SD1500
　　　　　　　　　　　　　　　　直径　φ2.06 mm
　　　　　　研削液……………… ユシロケン CN50

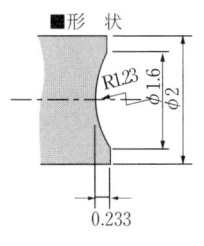

■形　状

■加工機械：ULG-100C（H³）
■加工精度
　・形状精度　0.097 μm

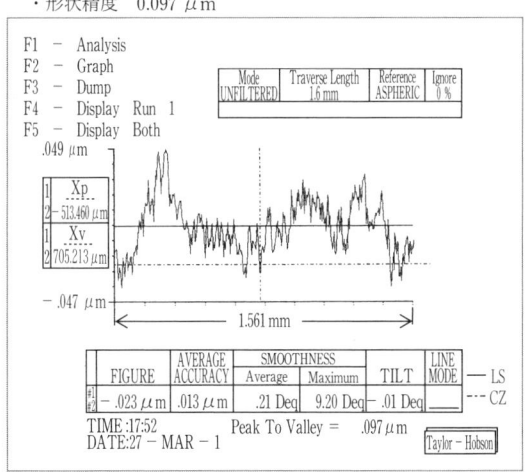

　・面　粗　さ　0.07 μm Ry
　　　　　　　　0.012 μm Ra

図 4.139　非球面レンズ用小径金型の研削

■加工物：超硬　J05
■加工条件：砥石軸回転数……… 54000 min^{-1}
　　　　　ワーク軸回転数……… 599 min^{-1}
　　　　　送り量…………… 1 mm/min
　　　　　切込み量………… 0.5 μm
　　　　　砥　石…………… SD1500　φ1.2 mm
　　　　　研削液…………… ユシロケンCN50

■形状

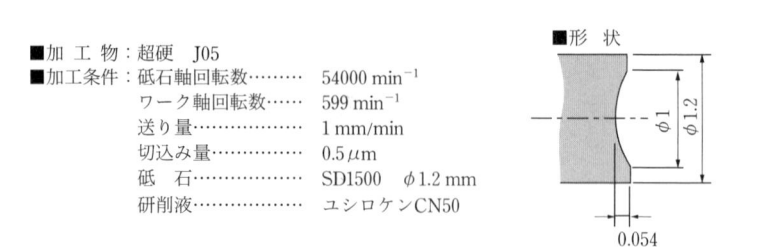

φ1 / φ1.2 / 0.054

■加工機械：ULG-50A

■加工精度
　・形状精度　　0.0799 μm

Taylor Hobson

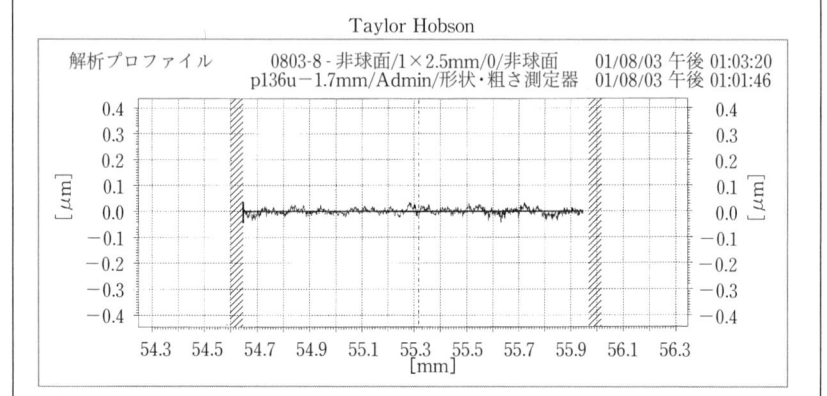

解析プロファイル　　0803-8 - 非球面/1×2.5mm/0/非球面　　01/08/03 午後 01:03:20
　　　　　　　　　　p136u－1.7mm/Admin/形状・粗さ測定器　01/08/03 午後 01:01:46

Rt	0.0799 μm	Xp	0.4154 mm	Smx	2.8119°
Ra	0.0091 μm	Xv	0.3239 mm	Smn	0.4764°
Fig	−0.0170 μm	Xt	0.6608 mm	傾斜	0.1025°

図 4.140　超硬非球面レンズ用金型の研削

- ■加工物：ステンレス鋼（HRC50）
- ■加工条件：砥石軸回転数……　21600 min^{-1}
  　　　　　（砥石周速　　　1390 m/min）
  　　　　　ワーク軸回転数…　400 min^{-1}
  　　　　　送り量…………　5 mm/min
  　　　　　切込み量………　0.3 μm
  　　　　　砥石……………　CBN1500
  　　　　　　　　　　　　　直径　ϕ20.5 mm
  　　　　　研削液…………　ユシロケン CN50
- ■加工機械：ULG-100A（H）
- ■加工精度
  - ・形状精度
  - ・面粗さ

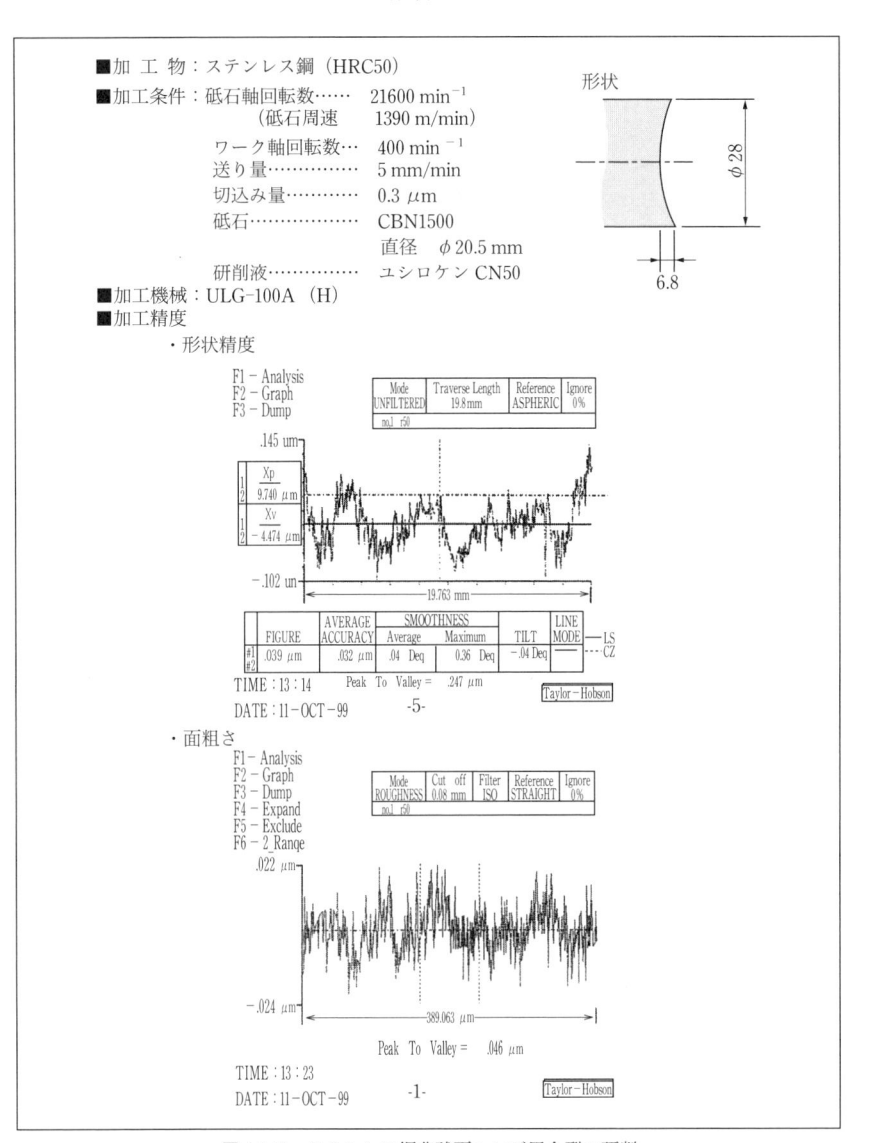

図4.141 ステンレス鋼非球面レンズ用金型の研削

```
■形 状
```

(図中ラベル: 金型, 砥石, Z軸, Y軸送り量, X軸送り量, 0.4mm, R1.16mm, 0.02mm, 2mm, a, b, c, d, 研削手順 a⇒b⇒c⇒d)

■加 工 物：超硬　J05
■加工条件：砥石軸回転数……75000 min^{-1}
　　　　　Y軸送り量………10 mm/min
　　　　　X軸送り量………0.01 mm
　　　　　切込み量…………1 μm
　　　　　砥石………………SD1500　ϕ 0.8 mm
　　　　　研削液……………ユシロケン CN50
■加工機械：東芝機械製 ULG-100C (H^3)
■形状精度　a　0.0621　μm
　(P-V)　　b　0.0454　μm
　　　　　 c　0.0873　μm
　　　　　 d　0.0563　μm

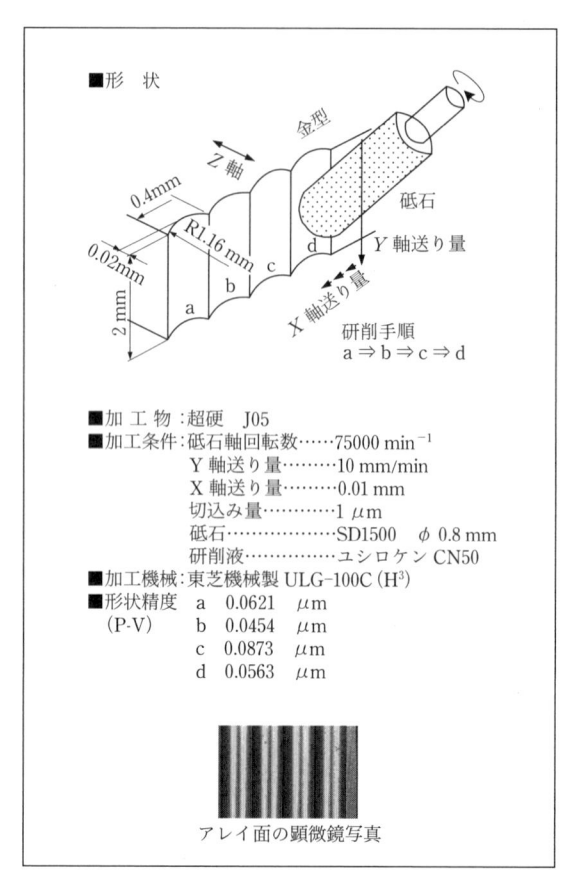

アレイ面の顕微鏡写真

図 4.142　シリンドリカルレンズアレイ金型の研削

4.7.4 非球面光学部品の加工事例

a. 非球面レンズ用金型の研削

前述したように射出成形用金型と加熱プレス用金型は，その作業温度によって材質が異なり，被削材によって研削，切削と加工方法が異なる．各種形状の非球面レンズ用金型の加工事例を紹介する（図 4.139～4.143）．

b. メガソニッククーラント法による非球面レンズ用金型の研削

メガヘルツ帯域の超音波振動を重畳させた研削液を加工点に供給することにより，加工能率，加工精度，砥石寿命の向上とクーラント使用量の低減が可能となるメガソニッククーラント法を非球面レンズ用金型研削に適用し，良好な結果を得た．研削液に超音波を重畳させることにより，研削点への研削液の浸透，切りくずの除去，冷却効果，潤滑効果（摩擦力の減少）が改善され，図 4.144，図 4.145 に示すように大幅

4.7 非球面レンズ用金型の研削・切削加工事例

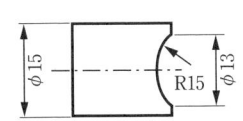

材　料：無電解ニッケルめっき
加工方法：切削加工
ワーク回転数：1000 min^{-1}
送　り：0.5 mm/min
切込み：2μm

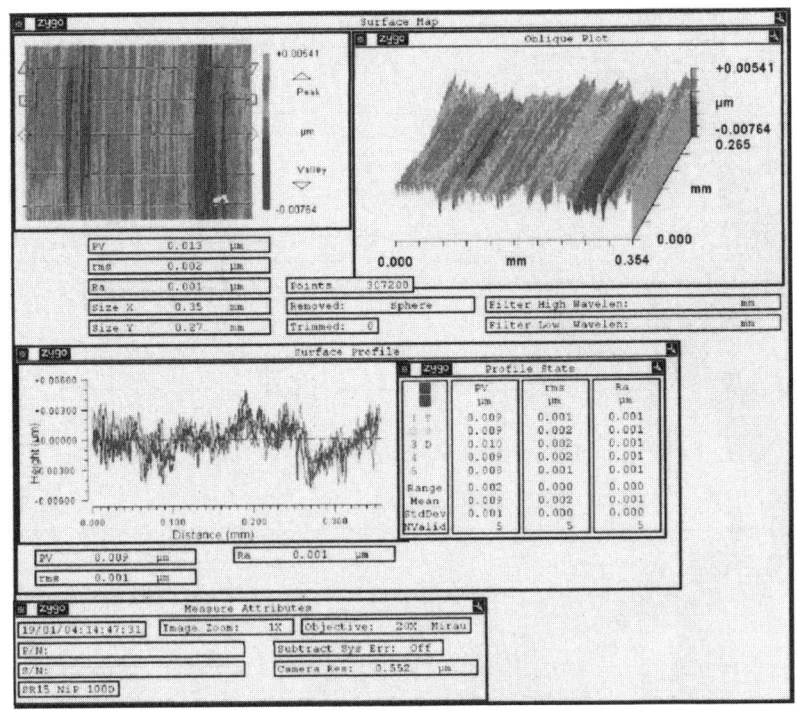

図 4.143 非球面レンズ用金型の切削

表 4.15 工作物および加工条件

被削材	超微粒超硬（JO5：富士ダイス）
加工条件	ワーク軸回転数：300 min^1 砥石回転数：28000 min^1 送り量：1 mm/min 切込み量：0.001 mm
工　具	レジノイドボンドダイヤモンド砥石 #2500　砥石径 ϕ9.7mm
研削液	ノリタケクールNK55（50倍希釈）

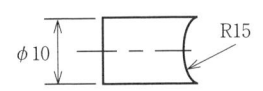

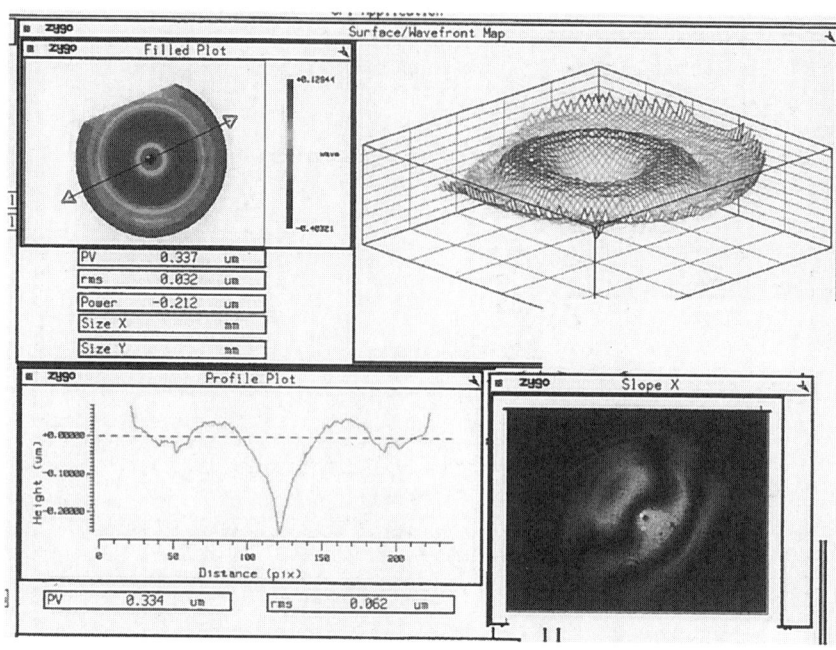

図 4.144　通常研削での加工結果（外周から中心へ加工）

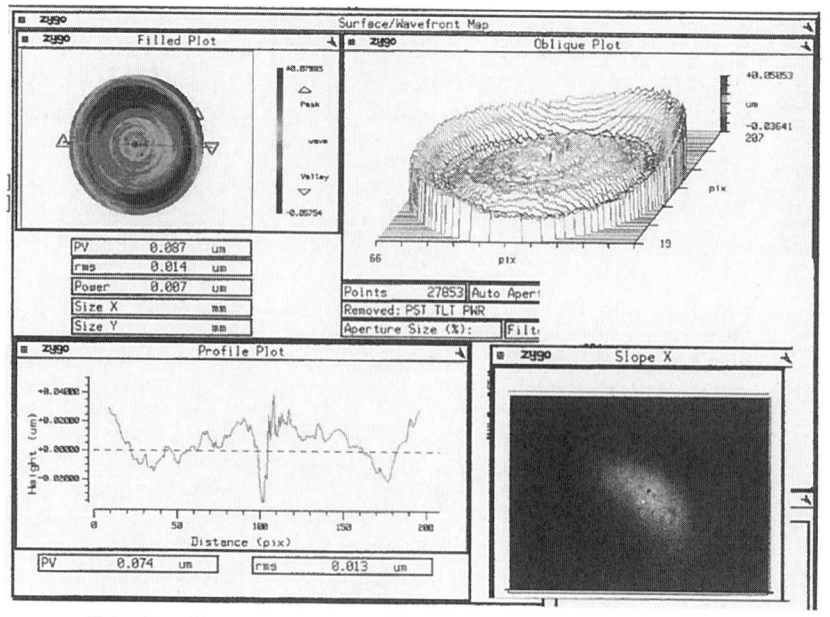

図 4.145　メガソニッククーラントを使用した加工結果（外周から中心へ加工）

な形状精度・表面粗さの向上が確認できた．表 4.15 に加工条件を示す．通常の研削では砥石寿命を維持するため，切込み量は 0.5 μm で研削しているが，メガソニッククーラントを使用することによって切込み量 1 μm で研削を行っても砥石寿命は長時間維持できた．

〔田中克敏〕

▶▶ 文　献
1) 三代祥二，鈴木　清，岩井　学，植松哲太郎，田中克敏：3 ch メガソニッククーラントシステムの開発，2003 年度精密工学会春期大会学術講演会講演論文集，p. 131 (2003)．
2) 田中克敏，福旧将彦，鈴木　清，植松哲太郎：レンズ金型研削におけるメガソニッククーラントの効果，2003 年度砥粒加工学会学術講演会講演論文集，pp. 309-310 (2003)．

5. 放電加工

5.1 加工原理と加工機械

5.1.1 加工原理

放電加工（electrical discharge machining：EDM）は，絶縁液中で工具電極と工作物間の微小な間げきに起きる過渡アーク放電を利用して，除去加工を行う加工法である[1]．この加工法は従来の機械的加工法にはない優れた特徴をもっているので，ここ数十年の間に大きく発展してきた．しかし，工具と工作物の微小間げきで起こる現象については，極短時間（μs オーダ），高温（10000 K 以上)[2]，高圧（数百気圧)[3]という特異な状況下なので直接観測することがむずかしく，現在でも不明な点が多い．

我々の身近にみられる放電現象としては雷がある．雷の場合は，図5.1にみられるように発達した積乱雲の中の上昇気流によって水蒸気や氷粒がこすれあい，雲の上方にプラス電荷が，また下方にはマイナス電荷が蓄積されると言われている．これに対応して地上にもプラスの電荷が誘導され，電界の強さ［V/cm］がある値以上になって空気の絶縁破壊強度（状況によっても異なるが，10^5～10^6 V/cm 程度）を超えると稲妻が走り，100 kA 程度の大電流が瞬間的に流れる．そのとき，地面には大きな痕跡が残る．

一方，放電加工は，この規模を小さくして工具電極と工作物の微小間げき（極間距

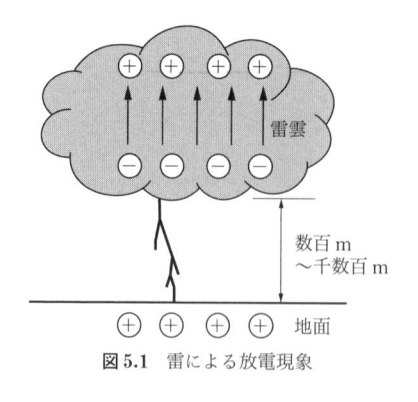

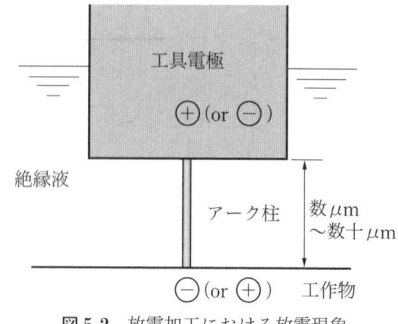

図5.1 雷による放電現象

図5.2 放電加工における放電現象

離は雷の場合の数億分の1）に極めて多くの放電を起こしながら，所望の形状に加工を行うものである．図5.2にその概要を示す．すなわち，放電加工では工具電極と工作物の間げきは数 μm～数十 μm であり，また印加電圧は通常 100 V 程度である．1回の放電現象はパルス幅 1 μs～数百 μs，電流値は目的に応じて数 A～数百 A が使用される．この条件では，パワー密度は 10^6 W/cm^2（パワー密度は慣習的に W/cm^2 で表現される）以上となり，材料は瞬間的に溶融・蒸発する．実験的にも放電の瞬間のアーク柱中心部の温度は 10000 K 以上であることが測定されており[2]，すべての材料の融点以上で，どんな硬い物質でも加工できるという長所がある．工具電極の材料としては一般的には銅やグラファイトなどの加工しやすい材料が選ばれるために，柔らかい工具で硬い材料が除去加工でき，従来の切削加工や研削加工などの接触型の除去加工にはない特徴をもっている．すなわち，導電性であれば，工作物の硬度に関係なく加工できるために，特に高硬度材料に対しては，非常に有用な加工法である．

a．放電加工回路

放電加工は 1943 年にソ連のラザレンコ夫妻によって発明された．そのときの加工はコンデンサ放電回路を用いて行われた．この回路は図5.3に示すようであり，RC回路とも呼ばれる．放電電流の立上りが早く，ピーク電流も高いという特徴をもっているために，現在でも精密微細加工を行う場合には使用されている[4]．この回路におけるコンデンサ端子電圧と放電電流の関係は図5.4のようであり，電流のピーク値は高いが実際に加工を行っている時間の割合（放電加工ではデューティファクタ（D.F.）と呼んでいる）が極端に低いため，加工能率が低く，また工具の消耗も多いという欠点をもっていた．このために，放電加工は開発当初はもっぱら「タップ抜き加工」として重宝された．すなわち，雌ねじ加工をしていてタップが折れた場合に，これを取り除く適当な方法として用いられたのである．

1960 年代後半になってパワートランジスタが発展し，大電流のスイッチングを行うことが任意に設定できるようになると，デューティファクタを大きくとることがで

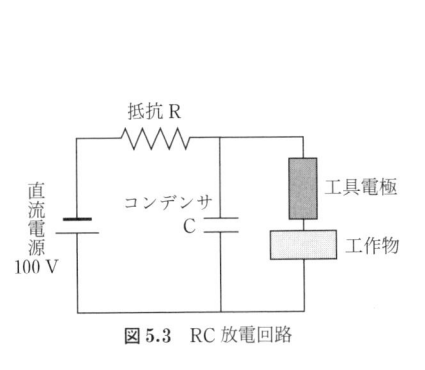

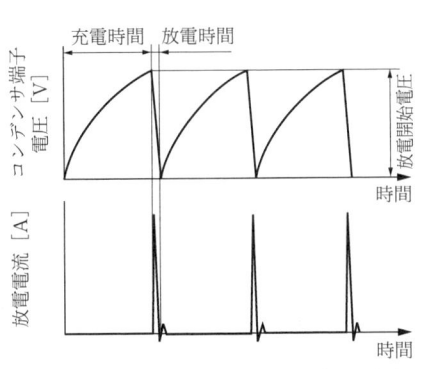

図 5.3 RC 放電回路

図 5.4 RC 放電回路における極間電圧と放電電流

図 5.5 トランジスタ放電回路

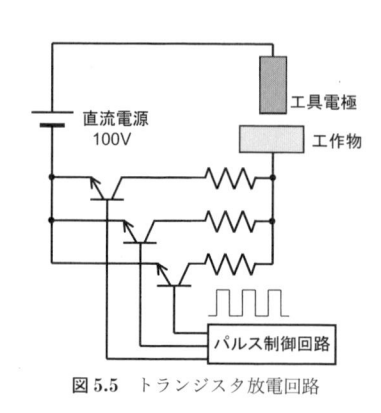

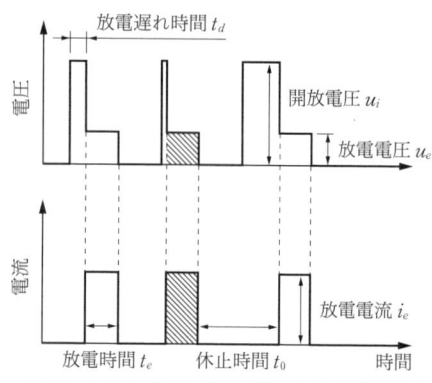

図 5.6 トランジスタ放電回路における極間電圧と放電電流

きるようになり，加工速度も格段にあがった．また加工条件の工夫によって電極低消耗加工（後述）も可能となったために，放電加工は金型加工のマザーマシンとしての地位を確立した．

図 5.5 はトランジスタ放電回路の一例である．直流電源と工具・工作物との間に多数のトランジスタと電流制限抵抗が並列に配置され，これがパルス制御回路でオン/オフ制御されている．図 5.6 はこのようにして得られた極間電圧波形と電流波形である．トランジスタによって回路がオンになると極間には開放電圧 u_i が印加される．しかし，すぐには放電は開始されない．放電が開始されるまでの時間を放電遅れ時間 t_d といい，極間の状態（極間距離，極間の加工粉などの状態）によって放電ごとに異なる．放電が開始されると極間電圧は放電電圧 u_e の約 20 V に低下する．このときに流れる放電電流 i_e は，オンにするトランジスタによって決定される．トランジスタのオン/オフを制御する回路からは，放電時間 t_e だけトランジスタがオンとなる信号を出し，それが過ぎると強制的に回路をオフにして放電を停止する．そして，一定の放電休止時間 t_o をおいた後に再び回路に開放電圧が印加される．

このような電圧・電流波形の場合，放電1発当たりのエネルギー E は下記の式で表される．

$$E = u_e \cdot i_e \cdot t_e \quad [\mathrm{J}] \tag{5.1.1}$$

また，デューティファクタは

$$\mathrm{D.F.} = \frac{t_e}{t_e + t_o + t_d} \tag{5.1.2}$$

となる．

b. 単発放電現象

放電加工は単発放電現象の集積で進行する加工法であるから，単発放電現象は放電加工を理解するための基礎である．工具電極と工作物の間で1回の放電の間に起こる

図5.7 単発放電現象

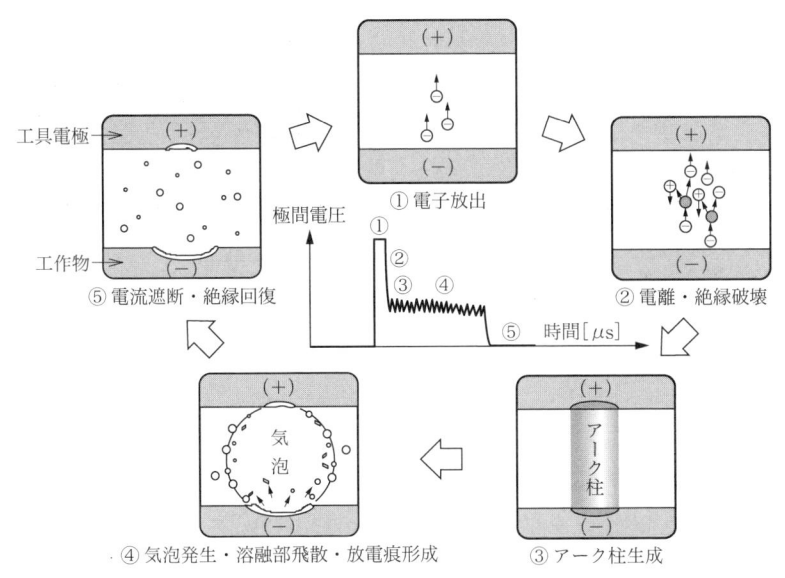

現象を詳しく観察してみると図5.7のようになる．なお，ここでは一般的に用いられているように工具電極を陽極とした場合（逆極性加工）を示しているが，この逆の極性で加工する場合（正極性加工）もある．

① 電子放出：まず，絶縁液中に配置された工具電極と工作物の間に100V程度の電圧を印加し，工具電極を工作物に徐々に近づける．両者の間げきが数 μm から数十 μm になり電界強度が絶縁耐圧付近になると，電界強度が最も大きな場所の陰極表面から電子が放出される（電界放出）．

② 電離・絶縁破壊：陰極表面から放出された電子は高い電界強度によって加速され，陽極の方向に向かって運動する．このとき，電子は極間にある絶縁液の分子に衝突し，これを電離する．電子は次々と衝突を繰り返すので，電子数や陽イオン数は急激に増加する．このようにして生成された電子は陽極表面に到達し，また陽イオンは陰極表面に到達する．これが絶縁破壊である．

③ アーク柱生成：いったん絶縁が破壊されると，その部分の抵抗は周囲の絶縁液に比べて極端に低いので，電流はこの絶縁破壊点に集中して流れることになる．陽極および陰極表面は，それぞれ電子・陽イオンの衝突エネルギーによって加熱され高温となる．このようになると，陰極表面ではその温度上昇により熱電子放出が生じ，電子の供給が急激に増大するので，アーク柱が生成される．アーク柱の電流密度は $10^8 \sim 10^9 \, A/m^2$ にも達し，その中心温度は10000Kを超える高温となるので，アーク柱の根元にある両極の材料はアーク柱からの熱伝導によって瞬間的に溶融・蒸発する．

④ 気泡発生・溶融部飛散・放電痕形成：アーク柱の中の絶縁液は蒸発して気泡を

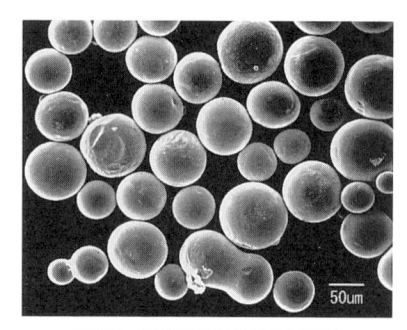

図 5.8 放電加工における加工粉

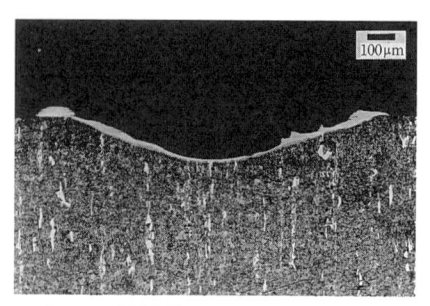

図 5.9 単発放電によってできるクレータ断面写真

生成し，急激な体積膨張をする．しかし，気泡はまわりの加工液の慣性や粘性に抗して膨張するために，その中の圧力は極めて高くなり（数百気圧），しかも膨張は急激に起こるので衝撃圧力波が生じ，両極の溶融した部分は飛散・除去される．飛散した工具電極や工作物は周囲の絶縁液に接すると急速に冷却されて，表面張力によって球状になる．図 5.8 は加工粉の SEM 写真であり，加工粉はこのようにきれいな球状をしている．一方，飛散しなかった溶融部は両極表面で盛上り部や再凝固層を形成する．図 5.9 は，SKD 11 に対して単発放電を行った場合のクレータおよび再凝固層の写真である．写真で白くみえている部分が再凝固層であり，白層とも呼ばれる．このように再凝固層は一定の厚さではなく，場所によって厚さが異なる．また，クレータの周囲には再凝固層よりなる盛上り部が存在することがわかる．

⑤ 電流遮断・絶縁回復：放電が続くとアーク放電に移行し，アーク柱直径が膨張する．するとエネルギー密度は小さくなり加工が不可能となるので，一般に放電加工では短時間の過渡アーク放電の状態で強制的に電流を遮断する．電圧の印加を停止すると放電は終了し，まわりから冷たい絶縁液が入り込んで残留する熱を奪い去り，プラズマが消沈し絶縁が回復する．加工液が解離してできた水素やメタンなどのガスは極間から排出される．

実際の加工では図に示すように，上記の①から⑤が周期的に繰り返されて加工が進行する．

c. 単発放電と連続放電面

放電加工では単発放電が 1 秒間に数千回から数十万回繰り返されて加工面が形成される．図 5.10 は工作物上に形成された単発放電痕（クレータ）であり，また図 5.11 はそれが繰り返されてできた連続放電面である．このように，放電加工面は単発放電痕の集積であるから，原則的には無方向性の梨地面となっている．

図 5.12 は単発放電が繰り返されて連続放電面を形成していく過程を模式的に示すものである．図に示すように，単発放電のエネルギーの大小によって，加工される工

図 5.10 単発放電痕

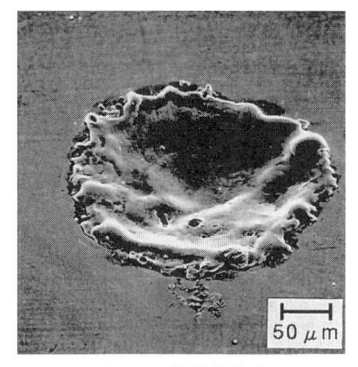

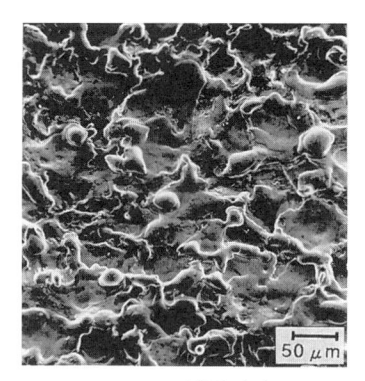

図 5.11 連続放電面

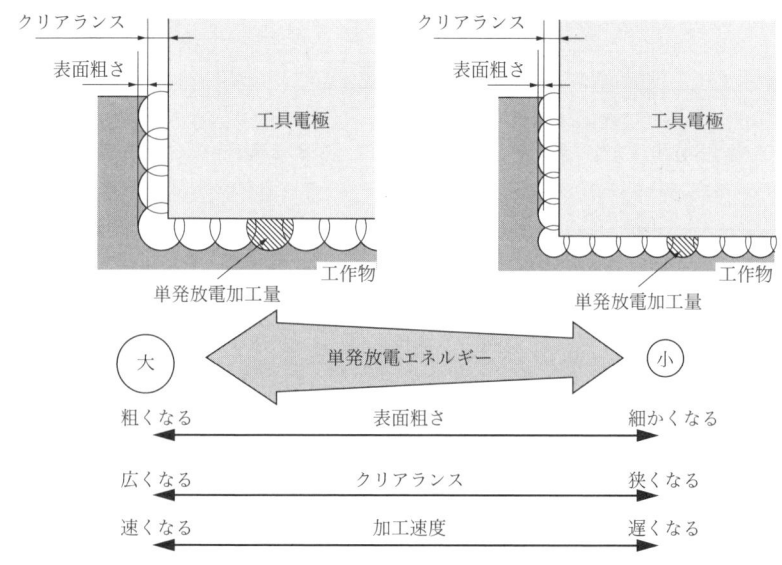

図 5.12 単発放電エネルギーと加工特性の関係

作物表面の状態は異なった性状を示す．すなわち，単発放電エネルギーが大きい（放電電流や放電時間が大きい）ときには表面粗さは粗く，クリアランスは広く，また加工速度は速くなる．反対に，単発放電エネルギーが小さいときには表面粗さは良好となり，クリアランスは狭く，加工速度は遅くなる．これらの特性を把握して，粗加工，中加工，仕上げ加工のときの条件設定を行っている．また，実際には放電痕はこのようにきれいに並ぶわけではなく，クレータ周辺には盛上りも存在するので，表面粗さはもっと粗くなるのが普通である．

d. 形彫り放電加工とワイヤ放電加工

一般に放電加工は加工の形態からみると図5.13と図5.14に示すように，2つの方式に大別される．図5.13は所望の形の逆転形状をした総形電極をつくってその形状を転写する形彫り放電加工であり，図5.14は直径0.02〜0.3 mm程度のワイヤを糸のこ式に二次元的に操作して加工するワイヤ放電加工である．歴史的にみると最初は形彫り放電加工が発明され，その後，数値制御（numerical control：NC）装置の発達によって，ワイヤ放電加工が発展してきた．それぞれ特徴があり，用途によって使い分けられている．それらの主な特徴を表5.1に示す．最近ではワイヤ放電加工機の

図 5.13 形彫り放電加工

図 5.14 ワイヤ放電加工

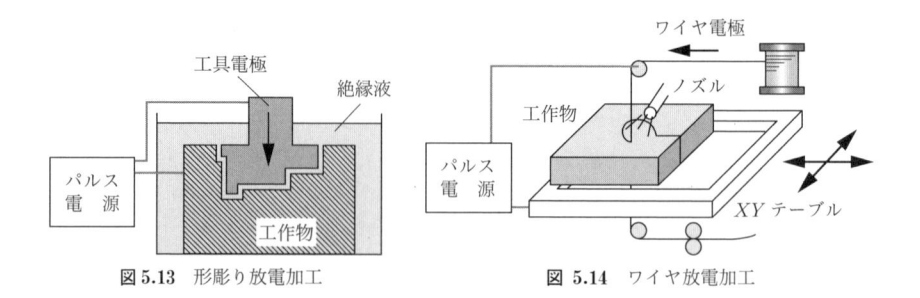

表5.1 形彫り放電加工とワイヤ放電加工の特性比較

	形彫り放電加工	ワイヤ放電加工
加工原理	過渡アーク放電 （パルス幅が比較的長い）	過渡アーク放電 （高ピーク電流，短パルス幅）
工具電極作製	特定形状の電極作製が必要	市販のワイヤを使用 （電極製作不要）
加工液	絶縁加工油（一般に白灯油系）	脱イオン水（比抵抗調整）
電源	トランジスタ放電回路 （一部，コンデンサ放電回路）	トランジスタ放電回路 （一部，コンデンサ放電回路）
加工形状生成	電極形状の反転投影，現物合わせ加工	NCによるXY駆動で加工形状を合成する
クリアランスの調整	仕上げ面粗さによって決定されるので，調整は不可能	オフセット量を設定することにより調節は可能
加工可能な形状	三次元自由形状が可能	二次元の自由形状および線織面で形成される曲面も可能
加工面積	大から小まで広範囲に可能	加工断面積が小さすぎると不安定（面積効果がある）
加工変質層	加工油の分解による炭素の拡散によって浸炭硬化層ができる	水の電解作用による軟化層が形成される
残留応力の開放による変形	徐々に加工していくために残留応力の開放による変形は少ない	くりぬいた場合は残留応力の開放による変形が出やすい
安全性	油中放電であり，発火の危険性がある	水中加工であるため，発火する危険がなく長時間無人運転が可能

(a) 工具電極(Cu)　　　(b) 金型(SKD11)　　　(c) 製品(プラスチック)
図5.15 形彫り放電加工例（カメラの裏ぶた，セントラルファインツール提供）

図5.16 ワイヤ放電加工例（高精度ギアの金型，三菱電機提供）

(a) 表面　　　(b) 裏面
図5.17 ワイヤ放電による上下異形状加工

生産量の方が多い．

図5.15に形彫り放電加工で加工されたカメラの裏ぶたの金型の電極と加工例およびその金型を使って射出成形されたプラスチック製品を示す．また図5.16にはワイヤ放電加工で作製された超硬合金製の高精度ギア金型の加工例を示す．

ワイヤ放電加工では二次元的な形状だけでなく，上下のワイヤガイドを NC で同期して動かすことによって，テーパ加工や上下が異なった形状を作製することも可能である．図5.17は表がハート形状，裏がクラブ形状になった部品の加工例である．このように，直線を操作してできる加工を線織面加工と呼んでおり，これによってワイヤ放電加工の適用範囲は大きく広がった．

e. 放電加工の特徴

放電加工はバイトを用いる旋削加工，エンドミルを用いるフライス加工，研削砥石を用いる研削加工，プレスによる塑性加工などのように機械力を直接的に利用する機械的加工法とは異なり，高温の放電現象を利用して材料を除去する非接触加工であるため，様々な利点がある．それらを総括すると以下のようである．

1) 過渡アーク放電現象を利用した熱加工であるために，導電性があれば工作物の硬度，靱性などの機械的特性に関係なく加工が可能である．そのため従来の機械的加工では困難な焼入れ硬化された鉄鋼材料や超硬合金などの高硬度材料，

あるいはステンレス鋼などの靭性材料の加工も容易である．
2) 工具電極と工作物は狭い極間距離を保ちながら加工が進行するために，形彫り加工では電極形状を反転した形状が工作物に転写される．つまり，工具電極を作製できればどんな複雑形状でも高精度に加工できる．
3) 放電が起こっている微小部分には圧力に換算すると数百気圧の力が作用していると考えられるが，その作用する面積は小さいので，電極あるいは工作物全体に作用する力は一般の機械加工に比べると著しく小さい．したがって，薄い板や管，細い線やハニカム構造などに対する加工が容易となり，また微細な穴（5 μm 程度まで）や深いスリットの加工も容易である．
4) 放電加工によって生成された仕上げ面には機械加工にみられるような方向性がなく，一般的な条件下では梨地面となるが，1発当たりの放電エネルギーを小さくすることによって 1 μmRz 以下の仕上げ面を得ることも可能である[5]．また最近，斉藤，毛利らによって開発された粉末混入放電加工においては，鏡面を得ることも可能となっている[6]．
5) 工具電極は一般的には銅，グラファイト，黄銅などの比較的安価な材料でつくられる．形彫り放電加工では電極の成形が必要であるが，これらの材料は加工しやすく，複雑形状も比較的容易に得られる．
6) ワイヤ放電加工では電極を送りながら絶えず新しい電極で加工するために，電極の摩耗を心配することがなく，精度の高い加工（加工精度 1 μm 程度）ができる．また，板厚が数百 mm でも垂直精度の高い加工ができる．

以上のように，放電加工は数々の利点をもつ反面，以下のような欠点もある．
1) 放電加工の加工速度は，汎用の切削加工機と比較すると，著しく遅い．したがって適用される範囲はほかの加工法では不可能な難削材料，複雑形状，微細形状などに限定される．
2) 工具電極の消耗が避けられない．しかし，この点はトランジスタ電源の開発による電極低消耗回路が発見されたことによって大幅に改善されている．ただし，超硬合金などの加工ではまだ十数％という消耗が普通であり，また仕上げ加工条件での低消耗加工という放電加工は実現されていない．

f. 電極低消耗加工

コンデンサ放電を利用した RC 回路による加工が主流であった時代には，放電加工は電極の消耗が大きく，精度の高い加工には不向きとされていた．どうしても消耗を嫌う場合には，銀-タングステンや銅-タングステンといった高価な電極材料に頼らざるを得なかった．しかしトランジスタ電源が普及して，銅やグラファイトといった安価な電極材料による電極低消耗加工が可能であることが発見されると，鍛造金型加工，ダイカスト金型加工，プラスチック金型加工などの底付金型製作に盛んに利用されるようになってきた．すなわち，放電加工における電極低消耗加工の発見は，放電加工にとっては画期的な技術革新であった[7]．

電極低消耗の真の原因はまだ完全には解明されていないが，概略は以下のように考えられている．

1) 電極低消耗は工具電極を正極，工作物を負極とし，しかもパルス幅を長くした場合（数十 μs 以上）で可能となる．
2) 放電電流は電子電流とイオン電流の和であり，パルス幅が極めて短い場合は電子電流が多い（電子の方が軽いので早く到達する）が，パルス幅が長くなる（形彫りの一般的加工条件）とイオン電流の割合が多くなり，陰極側の電流密度が高く，逆に陽極側の電流密度は低くなるので工具電極は加工されにくくなる．
3) 電極（陽極）側への加工油の分解生成物（乱層構造カーボン）の付着が多くなるとともに工作物材料である鉄も付着するようになり，これらが電極材料を保護する作用をする．

図 5.18 はグラファイト電極を用いて SKD 11 を加工した場合の電極消耗率を示したものである．図より明らかなように，Gr(+) のときには，放電時間 t_e=100 μs 付近で工具電極消耗率 ν はほぼゼロとなっている[8]．

g．放電加工特性

放電加工の加工特性を論議するうえで指標となるのは，加工速度，表面粗さ，工具電極消耗率の3つである．このうち，加工速度は一般に形彫り放電加工では単位時間に加工される体積 [mm³/min] あるいは重量 [g/min] で，ワイヤ放電加工ではワイヤが単位時間に進行する面積 [mm²/min] で表される．また，工具電極消耗率は単位時間当たりの工具電極の消耗体積と工作物の除去体積の比で与えられる．これら3つは背反関係にあり，すべての指標を同時に向上させることはできない．すなわち，① 加工速度をあげて表面粗さをよくすれば，電極消耗率は大きくなり，② 電極消耗率を小さくする条件（電極低消耗条件）を選定すると，一般に加工速度は高くなるが，表面粗さは大きくなり，③ 電極消耗率と表面粗さを小さくすると，加工速度は小さくなる．

図 5.18 電極消耗率と放電時間の関係

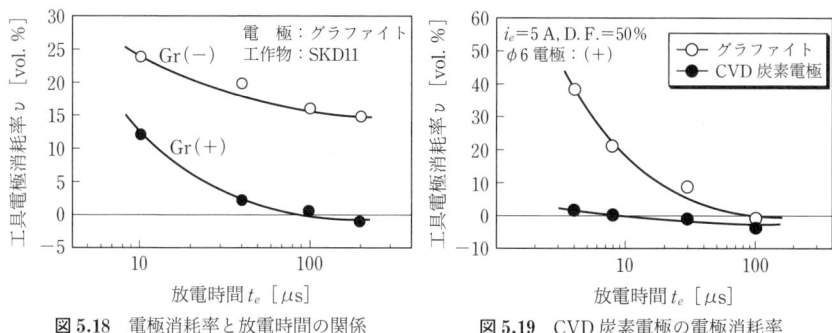

図 5.19 CVD 炭素電極の電極消耗率

以上の傾向は一般的であるが，これらの常識を打ち破るための研究も盛んに行われている．その一例として図 5.19 に，工具電極として CVD 炭素電極を使用した場合の電極消耗率を示した．一般のグラファイト電極と比較して明らかなように，仕上げ加工条件下でも摩耗はほとんどなく，新しい工具電極として有望である[9]．

〔宇野義幸〕

▶▶ 文 献
1) 佐藤敏一：特殊加工，p.4，養賢堂（1981）
2) 吉田英史，国枝正典：分光分析による放電アークプラズマの温度測定，精密工学会誌，**62**，10，pp.1464-1468（1996）
3) 斉藤長男，毛利尚武，高鷲民夫，古谷政典：放電加工技術，p.24，日刊工業新聞社（1997）
4) T. Masuzawa：Micro-EDM, Proceedings of the 13th International Symposium for Electromachining, 1, pp. 3-20 (1991)
5) 金子雄二，豊永竜生，正田和男：超仕上げ "SuperPIKA" 加工，精密工学会誌，**64**，12，pp.1719-1722（1998）
6) 斎藤長男，毛利尚武：大面積放電加工における仕上げ面粗さの向上，精密工学会誌，**57**，6，pp.954-958（1991）
7) 古川利彦：ジャパックスの放電加工機開発過程の一面，電気加工学会誌，**36**，82，pp.2-4（2002）
8) 宇野義幸，岡田 晃，伊藤 満，高木 俊：高速極性切替放電加工に関する研究，電気加工学会誌，**29**，60，pp.22-30（1995）
9) 宇野義幸，岡田 晃，郭常寧，高木 俊：CVD 炭素電極の放電加工特性，電気加工学会誌，**30**，65，pp.1-8（1996）

5.1.2 加工機械・加工電源
a. 形彫り放電加工機
（1） 加工機の構成　　形彫り放電加工機は図 5.20 のように，機械本体，加工液処理装置，NC，加工電源から構成される．NC のない加工機もあるが，現在のほとんどの加工機は NC 機であり，NC と加工電源は一体化されている．通常，ワークは機械本体のテーブルに，電極はヘッドに取り付けられる．有機溶剤を添加した水を加工液に用いる機種もあるが，通常は油を加工液として用いる．放電面が空中に出ると火災になるため，ワークは加工槽内の油中に浸漬して加工を行う．テーブルやヘッドを X, Y, Z 軸方向に相対移動させつつ加工を行うが，通常の軸駆動にはモータとボールねじが用いられる．高速応答を目的としてリニアモータを用いたタイプも出ている．そのほか，オプションとして，電極自動交換装置，Z 軸まわりに電極の回転位置決めを行う C 軸，細孔加工用の電極回転装置，パイプ電極内に加工液を供給する装置などを取り付けることもできる．

通常の加工機ではテーブルを X, Y 方向に移動させる機種が多く，その場合は加工槽を上下させることはできないが，図 5.21 のように，加工槽を上下に動作するタ

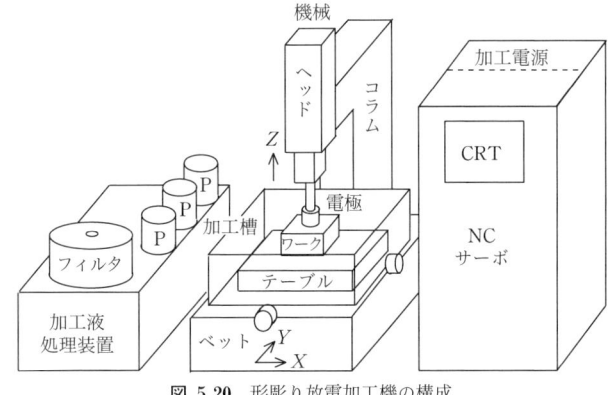

図 5.20 形彫り放電加工機の構成

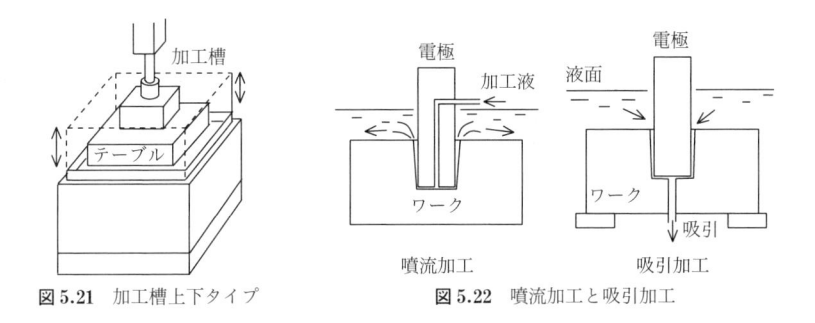

図 5.21 加工槽上下タイプ

図 5.22 噴流加工と吸引加工

イプもある．この場合はテーブルを固定したままヘッドを X, Y, Z 方向に移動させる．機械は高価になるがワークの取付けなどがしやすいため，ヨーロッパでは広く用いられている．

　加工槽にはそのほか，図 5.22 のような噴流加工・吸引加工を行うための噴流・吸引装置が用意されている．また加工液に油を用いるため，火炎を検出して消化剤を放出する自動消火装置が加工槽に標準装備されている．

　加工液処理装置は図 5.23 のように構成され，加工槽に加工液を供給するとともに，加工液中の加工くずをフィルタで沪過する．フィルタとしてけい藻土を用いる方式もあるが，紙フィルタが一般的である．加工中に液温が上昇すると機械が変形し，精度低下の原因になるため，加工液冷却装置が必要になる．通常の吐出用ポンプの圧力は 2 気圧程度であるが，細いパイプ電極を用いて細穴加工する場合には，数十気圧以上の高圧ポンプを用いる．

　なお，油を用いる放電加工機を設置する場合は消防署への届け出が必要になる．1 台，あるいは複数台での全体油量に応じて消防法上の規制が異なる．建物について規制される場合もある．そのほか，放電加工機は電磁波を放射し，これがラジオ，テレ

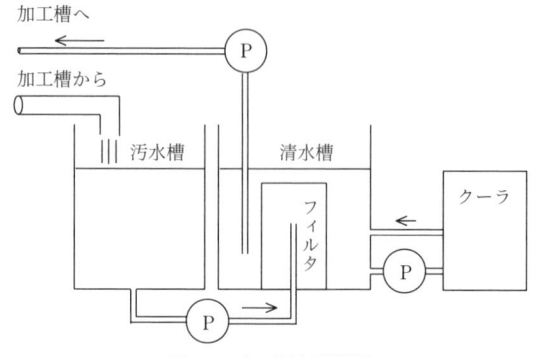

図 5.23 加工液処理装置

ビその他の受信障害の原因となる場合がある．近年，ヨーロッパ向けに機械本体をシールドしたタイプがあるが，そうでない場合は加工機全体をシールドルームに設置することが必要になる．

（2） NC およびサーボ送りシステム　　NC はプログラムにしたがって機械を移動させるとともに，加工液処理装置やその他の機器の動作を制御する．旋盤などの一般の NC 機ではプログラムで移動経路と加工速度を指令する．NC はプログラムにしたがい時々刻々，各軸にパルス分配してモーターを駆動し，工具やテーブルを移動させる．したがってこの場合の速度はあらかじめ定まっている．これに対し放電加工では，加工中の放電状態が大きく変動するため，常に放電状態を監視して，その状態に応じてパルスを発生し，各軸に分配して電極を駆動する必要がある．このように加工状態に応じて送りを制御する方法をサーボ送りと称する．サーボ送りにはいくつかの方式があるが，通常は図 5.24 のように電極とワーク間の平均加工電圧を計測し，この電圧と設定電圧（サーボ電圧と呼ぶ）の差にほぼ比例した速度で電極を駆動する．したがって差電圧が正ならば電極はワークに接近し，負の電圧であれば後退すること

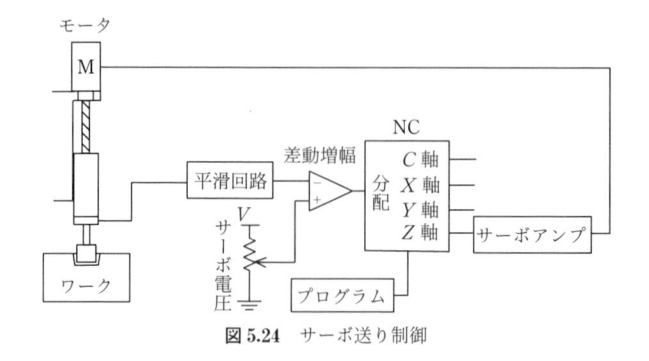

図 5.24 サーボ送り制御

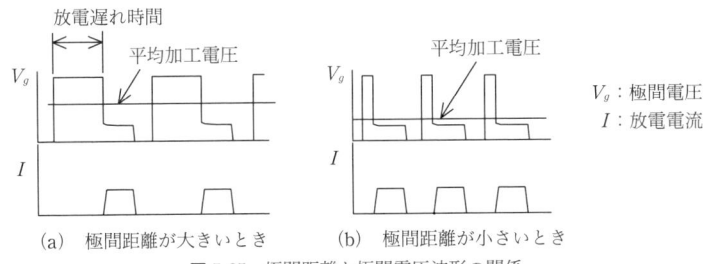

図 5.25 極間距離と極間電圧波形の関係

(a) 極間距離が大きいとき
(b) 極間距離が小さいとき

V_g：極間電圧
I：放電電流

になる．

電極とワークの間の間げきが比較的広い場合には，図 5.25(a) のように，電圧をかけてから放電するまでの放電遅れ時間が長く，平均加工電圧は高い．そのため電極はワークに向かって移動する．この移動により電極とワークの間げきが狭まると，図 5.25(b) のように放電遅れ時間が減少するため放電数が増加する．それと同時に平均加工電圧は減少し，加工速度は低下する．すなわち，これにより全体としてひとつのフィードバック系が構成されることになる．NC は差電圧を監視し，現在位置などをもとに各軸へのパルス分配を行うが，その応答が早いほど，加工速度や加工面精度などの性能がよくなるため，通常の NC 機よりも高速なパルス分配が必要である．軸を駆動するモータも応答速度の速いものが要求される．

なお，このような送り制御と別に，放電電圧（放電電流が流れている期間の電圧，アーク電圧ともいう）や，放電遅れ時間，放電電圧の高周波成分などから放電状態を監視し，その結果に基づいて，加工電源条件やジャンプ条件などの制御が行われる．

(3) 形彫り放電加工電源

① RC 放電加工回路：形彫り放電加工用に様々な電源方式が開発されている．図 5.26 は形彫り放電加工の初期に用いられた RC 放電加工回路である．通常，電極側を（−）とし，ワーク側を（＋）とする．この極性の放電を正極性放電と呼び，逆に電極側を（＋）とし，ワーク側を（−）とする放電を逆極性放電という．コンデンサ

(a) 回路構成
(b) 極間電圧・放電電流波形

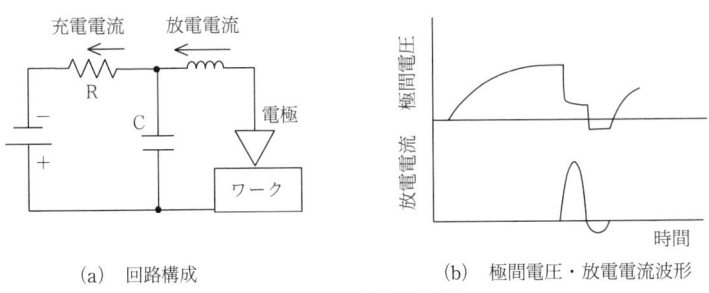

図 5.26 RC 放電加工回路

は抵抗を介して充電され,コンデンサ電圧がギャップの絶縁を破壊できる電圧になると放電する.放電電流波形はコンデンサの充電電圧,インダクタンス,コンデンサ容量,放電電圧によって定まる.この方式はパルス幅が小さく,ピーク値の大きい電流波形を発生させる場合にはよいが,そのような波形では電極の消耗が大きい.充電抵抗を小さくすると充電が高速になり,放電繰返し数をあげることができるが,あまり抵抗を小さくすると,放電終了時に充電抵抗から直接ギャップ間に電流が流れる現象が発生し,電流が流れ続けて加工が困難になる.したがって加工速度を大きくすることができない.また放電するときのコンデンサ電圧が一定でないため,放電ごとに放電電流波形が変化し,面粗さがよくないといわれている.これらの理由により,この回路は形彫り放電加工の主回路としてはほとんど用いられない.しかし,微細な電流を容易に発生できるため,現在でも仕上げ加工や,マイクロ放電加工の分野で用いられている.

② トランジスタ放電加工回路:図5.27は形彫り放電加工で最も一般的に用いられるトランジスタ放電加工回路である.通常は逆極性放電で用いる.図のように複数のトランジスタと抵抗を並列接続しており,動作させるトランジスタを変えて任意の電流ピーク値を得ることができる.トランジスタを駆動するオン/オフ信号のパルス幅は任意に設定できる.電流ピーク値を小さくし,パルス幅を長くすると,油の分解カーボンが電極に付着しやすくなり,その分解カーボンの保護作用によって電極の消耗が小さくなる.電極に付着したカーボンは,放電の衝撃圧力を受けると一部脱落する.したがって,衝撃波が小さいほど消耗が少なくなる.油中に発生する衝撃波の大きさは電流波形の立上りに依存するので,電流の立上りをなだらかにすればさらに消耗が小さくなる.図5.27で,複数のトランジスタに時間差を与えて駆動し,なだらかな電流波形を得る方式もある.

初期のトランジスタ放電加工回路では,トランジスタ駆動信号のオンパルス幅は一定であった.しかし,この方式では放電遅れ時間が変化すると図5.28(a)に示すように,放電ごとに放電電流のパルス幅が変化してしまう.現在の加工機は,図5.28(b)に示すように放電を検出し,その時点から一定幅の電流を流す方式が主流である.これをアイソパルス方式と呼ぶことがある.

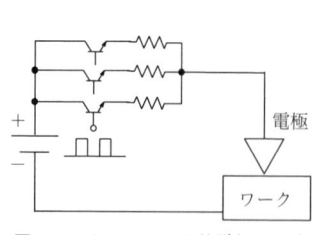

図5.27 トランジスタ放電加工回路

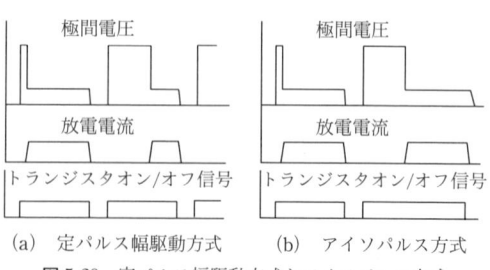

図5.28 定パルス幅駆動方式とアイソパルス方式

(a) 定パルス幅駆動方式 (b) アイソパルス方式

これらの回路のトランジスタには，従来はバイポーラトランジスタが用いられていた．しかし，バイポーラトランジスタは蓄積遅れ時間があるため応答が遅く，またこの蓄積遅れ時間はトランジスタの駆動条件や流れる電流値によって変化するので，現在はバイポーラトランジスタよりも数段早いFETトランジスタや，IGBTトランジスタ（insulated gate bipolar transistor）が用いられている．極間に並列にトランジスタを挿入し，オフ時にこれをオンにして，トランジスタの動作の改善と，極間の残留電荷の吸収による消弧をねらった回路などもある．

③ 高圧重畳回路：以上の放電加工回路では電流の大きさを制限するために抵抗を用いている．放電電圧は15～30 V程度であるが，放電を発生させるためには100 V程度の電圧が必要になる．したがって図5.27の回路では電流が流れているとき，85～70 Vの電圧は抵抗で負担することになる．この電圧×電流が抵抗のエネルギ損失となるため，直流電源電力の7～8割が無駄に消費されることになる．一般に放電を安定させるためには，仕上げ加工では100 V以上の高い電圧が必要になる．そこで放電が始まるまでに極間にかける電圧を高く，電流が流れているときの電源電圧を低くしてエネルギ損失を小さくする目的で，図5.29のような高圧重畳回路が用いられている．この回路は低電圧大電流電源に高電圧小電流電源を重畳した形態であり，高電圧小電流電源から高電圧を印加し，放電したら低電圧大電流電源から放電電流を供給するように構成されている．ダイオードは低電圧電源回路の保護用である．

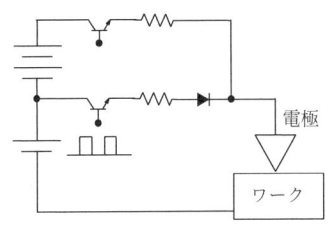

図 5.29 高圧重畳形トランジスタ放電加工回路

④ 抵抗レス放電加工回路：抵抗損失をさらに小さくする目的で，図5.30のような抵抗のない加工電源が開発されている．抵抗の代わりにコイルを用い，2つのトランジスタを同時に高速でスイッチングして，所望の電流波形を得る．トランジスタがオンのときに電流が増加し，オフのときにダイオードを介して電流が直流電源に環流し，減少する．このオンとオフの幅をコントロールすれば所望の電流波形が得られ

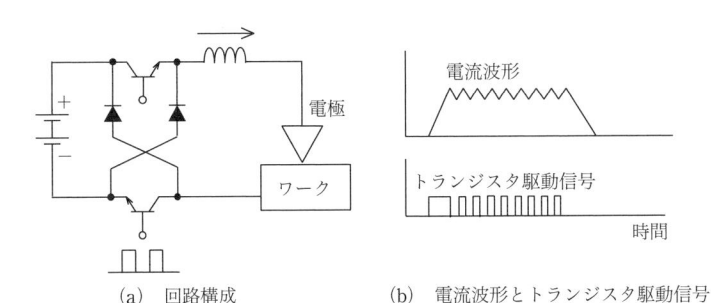

(a) 回路構成　　　　(b) 電流波形とトランジスタ駆動信号

図 5.30 抵抗レス放電加工回路

る．抵抗がないため，無駄なエネルギー消費がない．基本的にはモータの駆動回路と同じ方式であるが，モータの場合に比べてインダクタンスが小さいので，滑らかな電流波形を得るには高周波のスイッチングが必要になる．無駄なエネルギー損失がないので，直流電源も小さくすることができる．また加工電源から周囲に放出する熱量もわずかになる．この回路を2つ組み合わせて，各回路から位相差をもたせた電流を流し，より滑らかな電流波形を得る方法も提案されている．

b. ワイヤ放電加工機

（1）加工機の構成　ワイヤ放電加工機はワイヤを走行させながらワイヤとワーク間で放電を行い，ワークを切抜き加工する．ワイヤを走行させるのは，ワイヤ電極の消耗による加工精度劣化や，ワイヤ断線を避けるためである．図5.31に示すように，形彫り放電加工機と同じく，機械本体，加工液処理装置，NC，加工電源からなるが，ワイヤを傾斜させて加工するテーパ加工を行うものが多く，その場合には，X，Y，Z軸以外にU，V軸が必要になる．テーブルの駆動には，形彫り放電加工機と同じく，サーボ送りが用いられる．最終仕上げ加工などで速度指令方式を用いる場合もある．

ワイヤ走行機構は図5.32のように構成される．ワイヤはワークを挟む上下ガイドで支えられ，ブレーキで所望の張力を与えられつつ一定速度で送られる．ガイドには通常，ダイヤモンドが用いられる．上下2つの給電子からは加工電流が供給される．加工液はガイドと同軸の上下ノズルから供給される．ワイヤの回収には，当初，リール巻取方式が用いられたが，現在はワイヤ回収箱に収納する方式が主流である．

ワイヤ電極には$0.02 \sim 0.3 \phi$程度の金属線が用いられ，$0.1 \sim 0.3 \phi$では黄銅線，0.1ϕ以下ではタングステン線やモリブデン線が主に用いられる．そのほか，ワイヤ表面に亜鉛をコーティングしてワイヤの過熱を抑制したものや，鋼線に銅や黄銅をコーティングしたものも用いられている．細いワイヤの場合には線が切れやすいため，走行系のローラーの回転慣性を小さくするなどの配慮が必要になる．

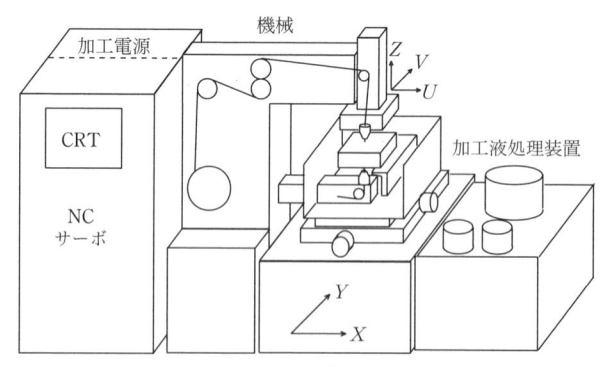

図5.31　ワイヤ放電加工機の構成

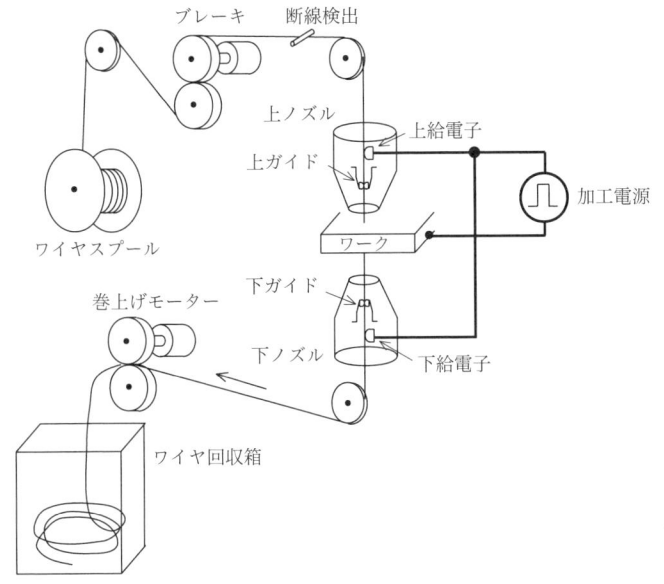

図 5.32 ワイヤ走行系

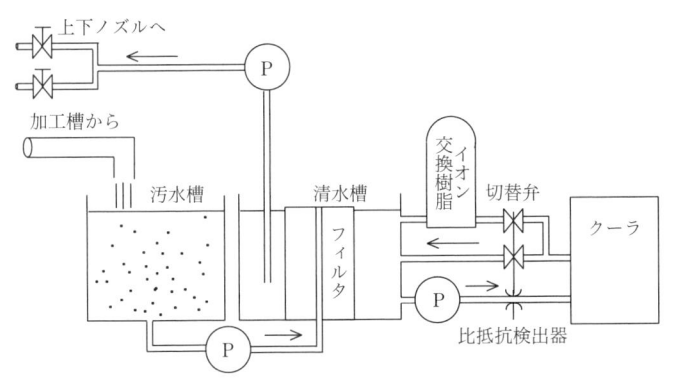

図 5.33 ワイヤ放電加工機の加工液処理装置

　加工液には，一般にイオン濃度を調整した水が用いられる．超硬の電食防止などの目的で油を用いたり，水と油を加工目的に応じて切り替えるタイプもあるが，油の場合は加工速度が大幅に低下する．また，消防法上の規制対象となる．

　加工液処理装置の構成は，図 5.33 に示すように，形彫り放電加工機の場合と同様であるが，水中のイオン濃度を調整する必要があるため，図のようにイオン交換樹脂を用い，水の比抵抗が低下したときに水中のイオンを除去して比抵抗をあげるように構成されている．比抵抗を下げることはできない．上下ノズルの加工液の圧力は

10～20気圧程度であり，加工目的に応じて圧力や流量を調整する．

（2）ワイヤ自動供給装置　ワークに多数の穴を加工する場合には，各穴の加工終了時に自動的にワイヤを切断し，次の穴にワイヤを通して加工を再開するワイヤ自動供給装置が用いられる．図5.34はその方式の例を示す．ワイヤの切断には，主にワイヤを加熱して引っ張り，切断する方式が用いられる．これによりワイヤ癖が矯正され，先端が細くなるため，ガイドへの挿入が容易になる．細い穴に変形しやすいワイヤを確実に挿入する必要があるため，水ジェットを用いてワイヤを挿入する方式が多い．ワイヤはワークの穴を通過したのち，下ガイドを通り，水ジェットやベルトを用いてワイヤ回収箱に送られる．

図5.34　ワイヤ自動供給装置

（3）ワイヤ放電加工電源

① Tr-R-C放電加工回路：ワイヤ放電加工に必要な加工電源は形彫り放電加工の場合とだいぶ趣が異なる．ワイヤ放電加工ではワイヤを走行させた状態で加工するから，ワイヤの消耗を気にする必要がない．一般に電流ピーク値が大きいほど高速加工が可能である．また電流パルス幅を広くすると，加工溝にワイヤくずが付着して溝をふさぎ，ワイヤ断線の原因になることが知られているので，電流パルス幅は3 μs以下にする必要がある．そこで初期の加工電源には，トランジスタと抵抗とコンデンサを組み合わせて短パルス，大電流を得るようにした図5.35のTr-R-C放電加工回路が用いられた．

この回路はRC放電加工回路と同様に，抵抗を介してコンデンサを充電し，放電を行うが，トランジスタを一定周期でオン/オフして充電電流を断続させている．RC

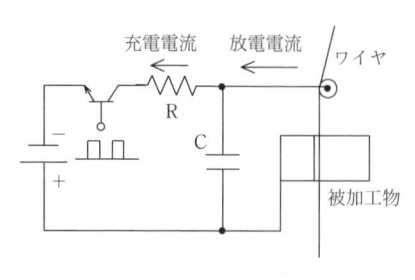

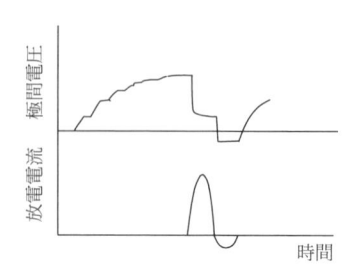

(a) 回路構成　　　　(b) 極間電圧・放電電流波形

図5.35　Tr-R-C放電加工回路

放電加工回路であるから，本来，充電抵抗をあまり小さくできないはずであるが，充電電流の断続によって，充電電流が加工間げきに直接流れ込んだ場合にその電流を遮断し，異常アーク放電を防止するため，RC放電加工回路よりも充電電流を大きくすることができる．

このほか，形彫り放電加工と同じく，抵抗で電流を制限するトランジスタ放電加工回路も用いられたが，大電流を流したときの抵抗の電力損失が大きすぎるため，現在は用いられない．

③ 低電圧印加型抵抗レス放電加工回路：高速な加工を行うには，パルス幅を制限したまま，より高い電流ピーク値を得る必要がある．これには放電回路のインピーダンスを下げることと，電源電圧を高くすることが有効である．放電回路のインピーダンスを下げるために，放電線を同軸状にしたり，ワイヤの上下から給電することが行われたが，限界がある．一方，電源電圧を高める方法は有効ではあるが，極間に印加する電圧を高くすると，急激にワイヤは断線しやすくなる．そこで低電圧で電圧を印加したのちに，高電圧の主放電回路から電流を流す方式が開発された．またこのとき，抵抗があるとその電力損失が莫大なものになるので，抵抗レス回路が用いられた．図5.36はその回路例であり，左の低電圧小電流回路から電圧を印加し，放電を検出して，右の高電圧大電流回路から加工電流を流すように構成されている．この方式でピーク値1000A以上の電源が開発されている．

④ 交流電圧印加型放電加工回路：以上の放電加工回路ではワイヤを負極，ワークを正極として加工する．このとき加工液として水を用いると，ワーク表面に電解作用が発生する．この電解作用は鉄系材料の荒加工ではさほど問題でないが，仕上げ加工の場合，表面がさびて仕上げ加工が不安定になる．また超硬の場合には，結合材のコバルトが水中に溶出して脆くなる．これはダイヤモンド焼結体の場合も同様である．さらにチタンの場合には表面が変色し，銅の場合には表面にピットができるなどの不都合を生じる．そのため正負電圧を交互に印加し，平均加工電圧を0Vにして電食を避けるタイプの加工電源が開発されている．当初は仕上げ加工用のみであったが，

(a) 回路構成　　　　　　　　(b) 極間電圧・放電電流波形

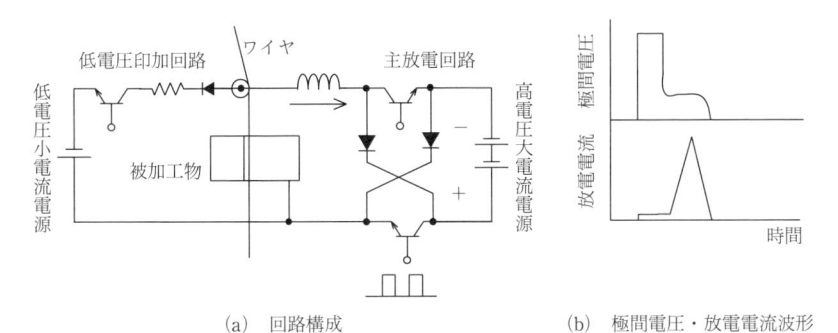

図5.36　低圧重畳型抵抗レス放電加工回路

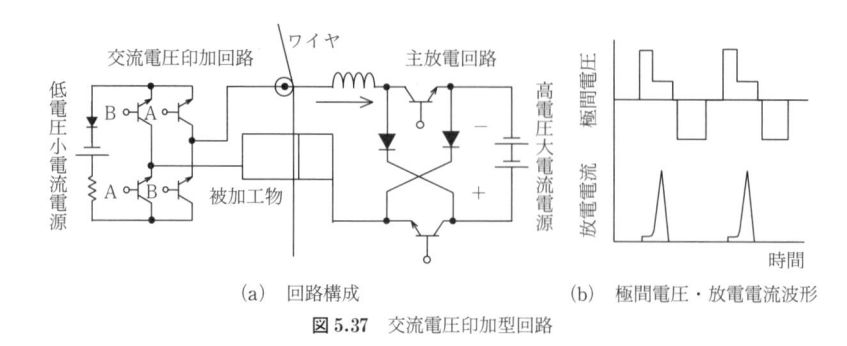

(a) 回路構成　　　(b) 極間電圧・放電電流波形

図 5.37　交流電圧印加型回路

最近は荒加工から仕上げ加工まで交流で加工する方式が普通になっている．図 5.37 はその回路例である．A，A のトランジスタを駆動すればワイヤには負の電圧が，B，B のトランジスタを駆動すれば正の電圧がかけられる．

⑤ 仕上げ加工回路：荒加工の後に，加工面をわずかに削り取る仕上げ加工が必要になる．仕上げ加工の目的は，加工形状の修正と加工面粗さの向上である．表面粗さをよくするにはパルス幅が狭くピーク値の小さい電流が必要となる．これを荒加工電源から供給すると，電源やケーブルの浮遊容量のために，電流を十分小さくすることができない．そのため高仕上げの加工では荒加工の電源を切り離し，仕上げ専用の加工電源から電流を供給する．ワイヤ放電加工では，0.5 μm Rz 程度の表面粗さが得られており，また十数 MHz の高周波を用いた電源では 0.2 μm Rz 程度の表面粗さが得られている．

〔小原治樹〕

5.2　工具電極材料と工作物に対する加工特性

放電加工は，パルス放電による材料の熱的な溶融除去現象を利用するため，加工間げきに供給される放電のエネルギー，すなわちパルス波形の形態によって，工作物に対する加工速度や加工面の粗さ，さらに，工具電極の消耗状態などの加工特性が異なる．特に，金型加工のように加工の能率や品質・精度が要求される場合は，こうした加工特性を十二分に把握したうえで機械操作を行う必要がある．本節では，各種工具電極材を用いて，金型用鋼や亜鉛合金，アルミニウム合金，超硬合金を加工した場合の形彫り放電加工の加工特性について述べる．

5.2.1　放電パルス回路と電流波形

現在の形彫り放電加工機には，図 5.38 に示すようなスイッチングトランジスタによる直流の方形波パルス回路が多く用いられている．この回路方式では，パルス波形の放電時間 t_e や休止時間 t_o，放電電流 i_e の値をそれぞれ設定することにより，いろいろな工作物と電極材の組合せに対する加工特性を得ることができる．

5.2 工具電極材料と工作物に対する加工特性

本節では,放電電流を一定にした場合の放電時間に対する加工速度や電極消耗率,加工面粗さについて述べる.なお,デューティファクタ(D.F.)(放電の発生周期に対する放電時間の比率,$\tau=t_e/t_e+t_0$)は,すべて50%(一定)とし,電極消耗率は体積電極消耗率($\nu=$電極消耗体積/工作物加工体積×100[%])で表した.実際は放電周期には放電遅れ時間 t_d が含まれるが,ここではそれを除いた定義に基づくD.F.を一定とした.また,加工液のフラッシングは,円柱電極の中心部に設けた中空穴からの噴流によった.

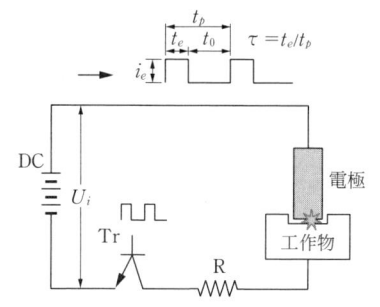

U_i:開放電圧[V], i_e:放電電流[A], t_e:放電時間[μs], t_0:休止時間[μs], t_p:放電周期,$t_p=t_e+t_0$[μs], τ:デューティファクタ, $\tau=t_e/t_p\times100$[%]

図5.38 放電パルス回路と電流波形

5.2.2 銅電極による鋼材の加工特性(逆極性加工)

一般に金型加工を対象とした放電加工において最も頻繁に使用されているのが,銅電極による鋼材の加工である.図5.39に銅電極で鋼材(合金工具鋼:SKD 61)を逆極性加工(電極を陽極,工作物を陰極に接続)した場合の加工特性を示す.

加工速度は放電時間の増加とともに上昇し,各々の放電電流に対する最大加工速度が存在する.この場合の最大値は,放電電流の増加とともに放電時間の長いパルス条件側へ移動する.

また,工作物に対する加工は,毎回の放電パルスによる単発放電痕の累積と考えられる.図5.40は放電時間に対する単発放電痕のSEM像である.逆極性接続では,中央部の凹凸の激しいクレータとともに外周部にも微小なクレータが無数に形成され,放電点に

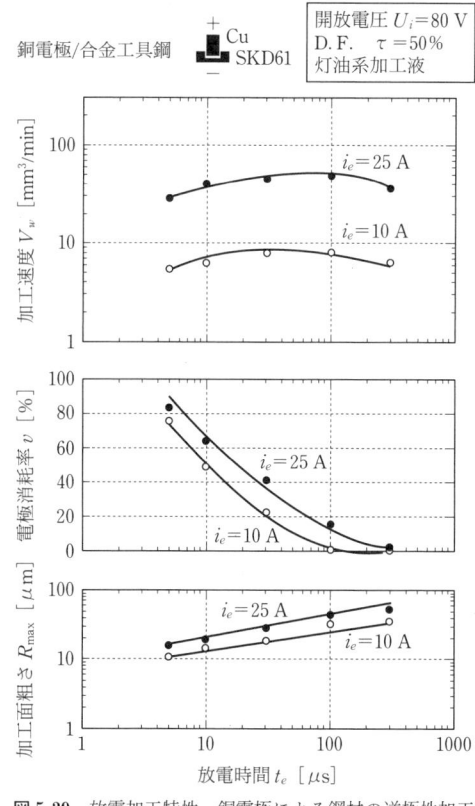

銅電極/合金工具鋼 Cu/SKD61
開放電圧 $U_i=80$ V
D.F. $\tau=50$%
灯油系加工液

図5.39 放電加工特性―銅電極による鋼材の逆極性加工(SKD61)の場合

	$t_e = 5\,\mu s$	$t_e = 30\,\mu s$	$t_e = 250\,\mu s$
$i_e = 10\,A$			
$i_e = 20\,A$			

条件: +Cu / SKD11, 開放電圧 $U_i = 80\,V$, 灯油系加工液

図 5.40 単発放電痕の SEM 像

おける工作物の溶融と飛散状態を類推することができる．こうした放電痕は放電電流や放電時間の増加とともに成長し，$i_e = 20\,A$，$t_e = 250\,\mu s$ の放電痕径は，約 $500\,\mu m$ にも及ぶ．

電極消耗率は，高い放電電流ほど上昇するが，放電時間の増加とともに減少傾向を示す．通常，金型加工における加工能率や精度の維持には，工具側電極の消耗率は 1% 以下の低消耗条件が必要不可欠とされている．図 5.39 の $i_e = 10$, $25\,A$ では，それぞれ $t_e = 100$, $300\,\mu s$ 以上の放電時間において電極低消耗加工が可能である．こうした電極低消耗の一因としては，負に帯電した加工油からの熱分解カーボンが陽極の電極側に付着し，電極面を保護するためと考えられている．しかし，電極低消耗領域では，前述の加工速度は最大値から若干低下する．

加工面粗さは高い放電電流ほど大きく，放電時間の増加とともにその値は上昇する．放電エネルギーの高い荒加工条件では，加工面には大きなクラック（割れ）が発生しやすいので，その後の仕上げ加工には低い放電電流で，放電時間の短いパルス条件が必要である．

5.2.3 銅電極による鋼材の正極性仕上げ加工

銅電極を陰極, 鋼材を陽極とする正極性接続の放電加工では, 逆極性加工のような電極低消耗領域が存在せず, 加工速度もかなり低い. しかし, 放電電流が低く, 放電時間の短い正極性パルス条件では, 比較的滑らかな加工面が得られるので, 金型などの最終仕上げ加工に用いられる. 図5.41は仕上げ領域における放電時間と加工面粗さの関係を示している. 同一のパルス条件に対する正極性接続での加工面粗さは, 逆極性の場合よりも約50%程度改善される.

図5.42は極性による仕上げ加工面の比較を示す. 凹凸の激しい逆極性加工面に対して, 正極性接続時の放電痕は, 比較的滑らかでほぼ完全な円形を呈し, もとの表面に沿った再凝固層(白層)が形成される. 放電点直下では, わずかな蒸発や溶融が行われるものの, そうした溶融物が放電痕の周辺部に飛散したような痕跡はほとんど認められない. この場合の仕上げ加工面は, プラスチック成形金型などのシボ加工面としてそのまま使用することもできる. なお, 正極性接続加工の加工間げきは逆極性の場合よりも狭いため, 不安定な加工状態に陥りやすいので電極のジャンプや揺動動作を行い, 加工液のフラッシングを十分に保つ必要がある.

また, 加工面に沿って一様に形成された再凝固層(白層)では, 加工油の熱分解に伴う浸炭や電極材の移転現象がみられ, 最近, こうした表面層を耐食・耐摩耗性に富んだ表面改質層として積極的に活用しようという試みがなされている[1,2]. さらに, 加工液中に適当な合金化元素を添加し, 正極性低電流パルス条件で加工を行うと, 加工面には新たな合金化層が形成される. 例えば, タングステン微粉末の添加液では, 加工状態の安定化とともに滑らかで耐食・耐摩耗性に優れた加工面も得られている[3,4].

以上の結果から銅電極による鋼材の加工では, 電極の消耗を抑えて加工速度を優先

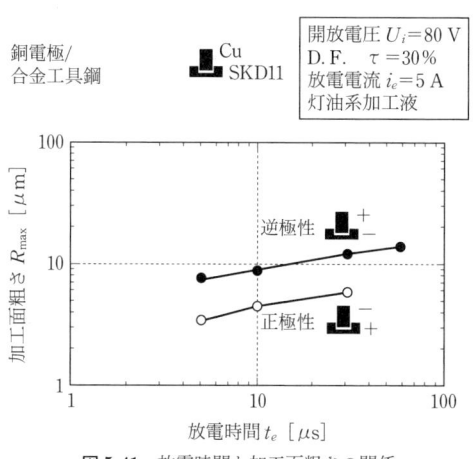

図5.41 放電時間と加工面粗さの関係

322 — 5. 放 電 加 工

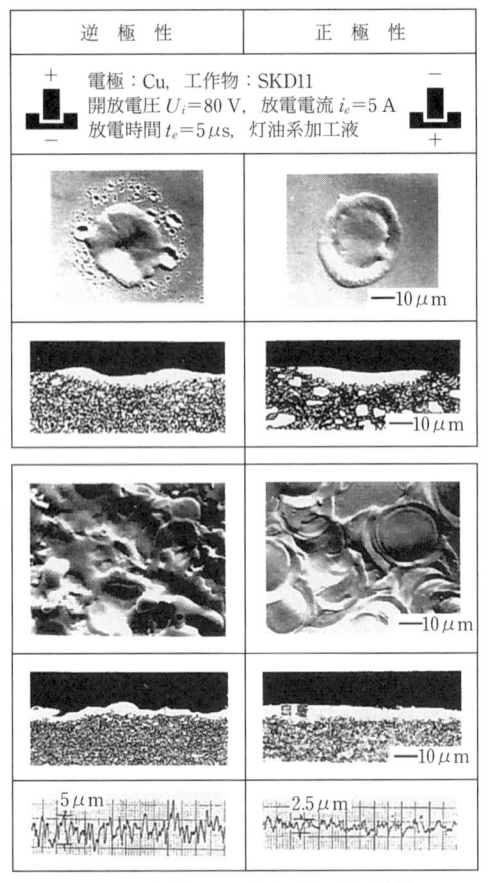

逆極性	正極性
電極：Cu, 工作物：SKD11 開放電圧 $U_i=80$ V, 放電電流 $i_e=5$ A 放電時間 $t_e=5\,\mu$s, 灯油系加工液	

図 5.42 極性による仕上げ加工面の比較

する荒加工には，放電電流に対して比較的放電時間の長いパルス条件で，銅電極を陽極とする逆極性加工が望ましい．また，滑らかな仕上げ面を得るには，銅電極を陰極とする正極性接続にて，放電時間の短い低電流パルス条件が効果的である．しかし，この場合の正極性加工は，電極の消耗は避けられないので，加工量の少ない最終的な仕上げ工程で行う必要がある．

5.2.4 グラファイト電極による鋼材の逆極性加工

グラファイトは，銅などの金属材料に比べて耐熱性が高く，熱膨張係数や密度は小さく，さらに，切削や研削などの機械加工性にも優れるので，放電加工の電極材料として種々の利点がある（表5.2）．このためグラファイトは，キャビネットのような大型部品はもとより，薄いスリットなどのリブ加工用の電極材として多く使用されて

表5.2 物性値の比較 (Gr/Cu/Fe)

		Gr	Cu	Fe
密　度	[g/cm^3]	1.8〜2.2	8.90	7.85
融　点	[℃]	3500 [昇華]	1083	1535
熱伝導率	[cal/cm・s・℃]	0.05〜0.11	0.37	0.06
熱容量	[cal/g・℃]	0.169	0.09	0.113
熱膨張係数	[×10^{-6}/℃]	3〜5	17.5	14
電気抵抗	[$\mu\Omega$・cm]	900〜1700	1.73	10

いる．図5.43はグラファイト電極を陽極（逆極性）とした場合の鋼材（SKD 61）に対する加工特性である．

　加工速度は銅電極の場合と同様に，放電時間の増加とともに上昇し，各々の放電電流に対する最大加工速度が存在する．この場合，銅電極に比べて1.2〜1.5倍程度の加工速度が得られる．逆極性接続の電極消耗率は，放電時間の増加とともに減少する．この傾向は銅電極の場合とほぼ同様な様相を示すが，同一パルス条件での消耗率は銅電極に比べて小さく，さらに，高い放電電流ほど減少傾向が著しい．このため銅電極よりも高速加工領域において電極低消耗加工が可能であり，大型金型などの底付き加工に多く用いられる．加工面粗さは放電時間が長くなるにつれて大きくなり，その値は銅電極に比べて相対的にやや大きい．

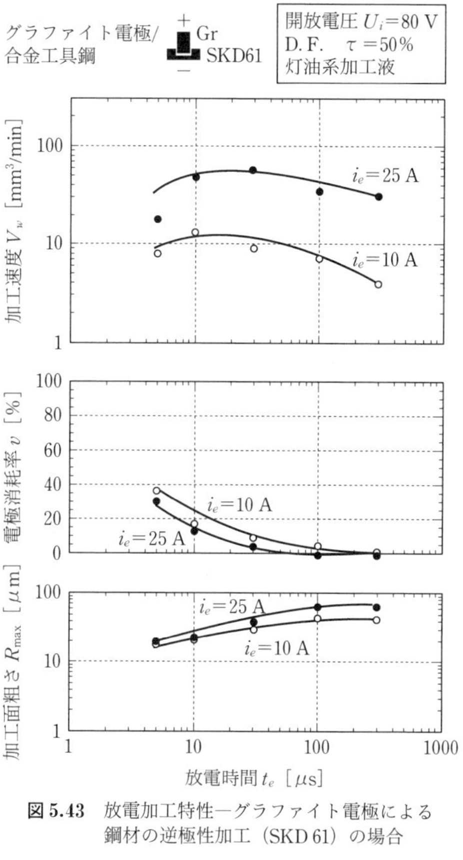

図5.43 放電加工特性—グラファイト電極による鋼材の逆極性加工（SKD 61）の場合

5.2.5　グラファイト電極による鋼材の正極性加工

　一般に銅電極による正極性加工では，ほとんど加工が進行しないのに対し，グラファイト電極では安定な加工状態が維持され，高速加工が可能である．
　図5.44はグラファイト電極を陰極（正極性）とした場合の鋼材（SKD 61）に対す

る加工特性である．放電電流が高くなるにつれて加工速度は飛躍的に早まり，逆極性の場合に比べて 1.5～2 倍の加工速度が得られる．しかし，正極性では放電時間を長くしても，逆極性加工のような電極低消耗領域が存在せず，この例ではすべてのパルス領域において 20～30% の消耗率を示す．この場合も電極消耗率は逆極性加工と同様に，高い放電電流ほどやや低い値を示す．また，加工面粗さは逆極性加工に比べてやや大きくなる．

通常，グラファイト電極による鋼材の正極性電極有消耗条件は，電極の消耗がある程度許容される貫通金型（アルミサッシの押出金型）などの高速加工に用いられる．

5.2.6 銅電極による亜鉛合金の逆極性加工

亜鉛合金 ZAPREC（表 5.3）は，従来から試作用や簡易金型用に限定使用されている ZAS にお

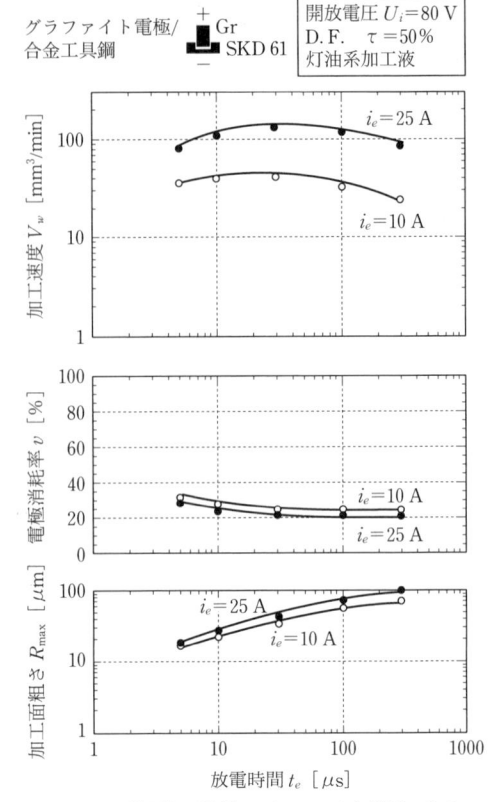

図 5.44 放電加工特性―グラファイト電極による鋼材の正極性加工（SKD 61）の場合

表 5.3 亜鉛合金（ZAPREC）の化学組成（wt %）

Al	Cu	Mg	Fe	Pb	Cd	Sn
7.18	3.89	0.018	0.025	0.011	0.002	0.015

表 5.4 物性値の比較（ZAPREC/SKD11）

	ZAPREC	SKD11
密度 [g/cm³]	6.52	7.72
融点 [℃]	372	1530
熱伝導率 [cal/cm・s・℃]	0.27	0.065
熱容量 [cal/g・℃]	0.099	0.113

ける素材特性(表5.4)が改良されたもので,鉄鋼材料に比べると金型製作時の加工性や,プラスチック樹脂の成形性などにおいて多くの利点を有し,小ロット生産用金型材として注目されている.

図5.45は銅電極によるZAPRECの放電加工特性を示す.放電電流が同じ場合,鋼材の加工に比べると,ZAPRECは約3倍以上の高速加工が可能である.また,鋼材の場合は加工速度のピークを示す放電時間が存在するが,ZAPRECではピークは現れず,放電時間の増加とともに加工速度も上昇する.

図5.46は単発放電痕を鋼材(SKD 11)と比較した写真である.表面写真では外周部に微小な溶融痕が点在するSKD 11の放電痕に比べて,ZAPRECの場合はこのような点在痕を伴わず,ほぼ完全な円形状の放電痕が形成される.ZAPRECの断面写真では,SKD 11のような溶融再凝固層(白層)が現れず,組織的な変化もほとんどなく,放電痕はより深く形成されている.これはZAPRECは融点が低いため,放電

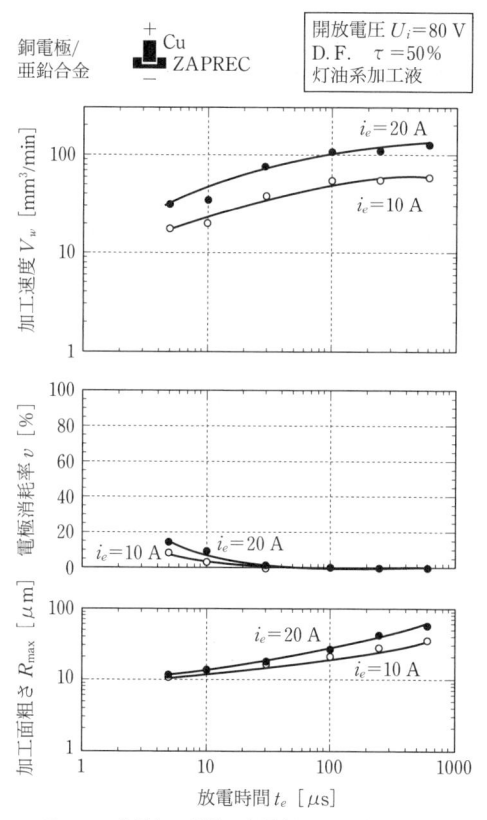

図5.45 放電加工特性―銅電極による亜鉛合金の逆極性加工(ZAPREC)の場合

```
                +  ┌──┐
                   │Cu│            開放電圧 $U_i$=80 V
                   └──┘            放電電流 $i_e$=10 A
                -  ZAPREC/SKD11    放電時間 $t_e$=10 $\mu$s
                                   D. F.  $\tau$=50%
                                   灯油系加工液
```

ZAPREC	SKD11
50 μm	50 μm

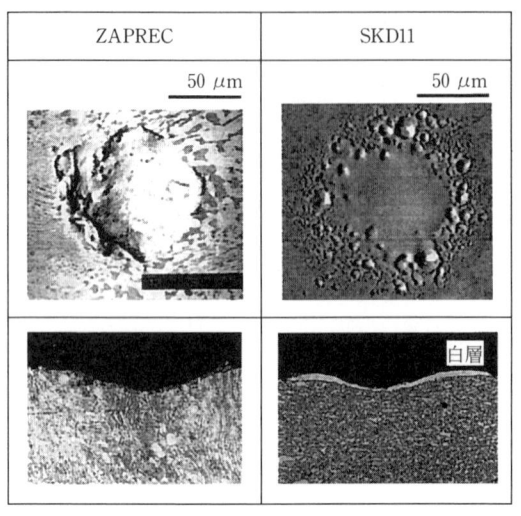

図 5.46 単発放電痕の比較 (ZAPREC/SKD11)

による蒸発や溶融量が多く，さらにそれが再凝固せずに除去されたためと考えられる．

一方，放電電流を一定とした場合の電極消耗率は，鋼材の加工に比べてかなり低い値を示し，放電時間の短い仕上げ加工領域においても電極低消耗加工が可能である．加工面粗さは放電時間が長くなるにつれて大きくなり，その値は鋼材の加工に比べて相対的にやや大きい．

5.2.7 グラファイト電極による亜鉛合金の逆極性加工

図5.47はグラファイト（イビデン製ED3）電極による亜鉛合金 ZAPREC の放電加工特性である．グラファイト電極を用いた場合の加工速度は，銅電極を用いた場合とほぼ同様の傾向を示し，放電時間の増加とともに加工速度も上昇する．放電電流が同じ場合，銅電極よりもさらに高速加工が可能である．

電極消耗率は鋼材の加工と同様に，高い放電電流ほど小さくなり，より放電時間の短いパルス条件において電極低消耗加工が実現できる．また，加工面粗さは放電電流や放電時間の増加とともに大きくなる．なお，加工表面や断面の観察では，ZAPREC ではすべての加工領域において，放電による加工変質層やマイクロクラックは，ほとんどみられない．

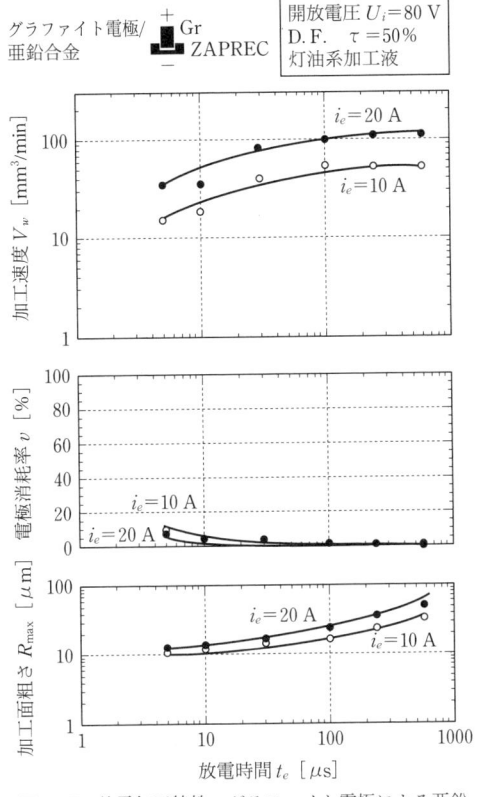

図 5.47 放電加工特性—グラファイト電極による亜鉛合金の逆極性加工（ZAPREC）の場合

これらの結果から，銅もしくはグラファイト電極による亜鉛合金の放電加工は，電極低消耗領域においてかなりの高速加工が可能であり，今後，ますます多様化が予想される小ロット製品の生産用金型材として大いに期待できる．

5.2.8 銅電極によるアルミニウム合金の逆極性加工

多様化する金型製作において，加工コストの低減化や短納期化を目的としてアルミニウム合金が一部使用されている．アルミニウム合金は大型金型に対する軽量化や成形ショットサイクルの短縮化，さらに，耐食性などにも優れ，中小量生産品の金型材として多くの利点が得られる．なかでも超々ジュラルミンと呼ばれる高強度アルミニウム合金 A 7075（表 5.5, 5.6）は，航空機部品用に開発されたものであるが，プラスチックの射出成形用金型材としても用いられている．

図 5.48 は電極材として銅を陽極に用いた場合の放電加工特性である．放電電流

表5.5 アルミニウム合金(A7075-アルクイン300-)の化学組成 [wt %]

Cu	Mg	Cr	Si	Fe	Ti	Zn
1.2	2.3	0.16	0.03	0.18	0.01	5.6

表5.6 物性値の比較(合金工具鋼/亜鉛合金/アルミニウム合金)

		合金工具鋼 (SKD11)	亜鉛合金 (ZAPREC)	アルミニウム合金 (A7075)
密度	[g/cm^3]	7.72	6.52	2.8
融点	[℃]	1530	372	476
熱伝導率	[cal/cm・s・℃]	0.065	0.27	0.31
熱膨張係数	[×10^6/℃]	13.1	28.7	23.6
熱容量	[cal/g・℃]	0.113	0.099	0.230

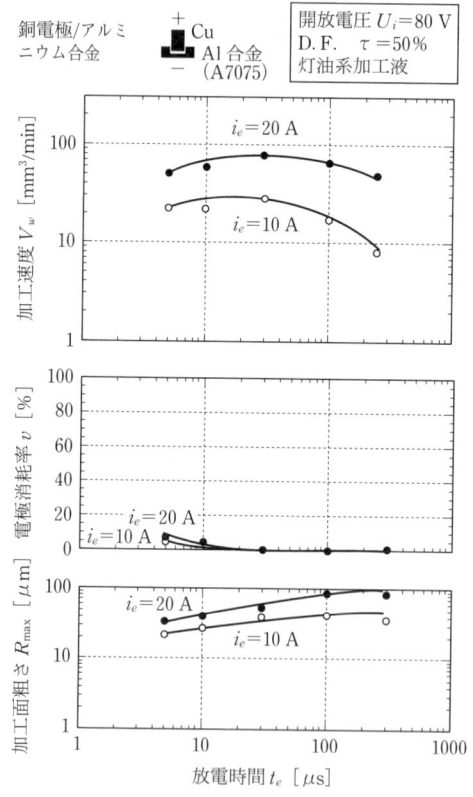

図5.48 放電加工特性―銅電極によるアルミニウム合金の逆極性加工(A7075)の場合

$i_e=10$ A, 20 A で逆極性加工を行った場合，加工速度は，放電時間 t_e が 20～100 μs の領域においてピークが現れ，鋼材に比べて約 2～3 倍程度となる．

電極消耗率は，放電時間が約 30 μs 以降で，1% 以下の電極低消耗加工が実現できる．なお，放電電流が低いほど電極の消耗率も小さくなり，中・仕上げ領域での電極低消耗加工が可能である．加工面粗さは放電時間の増加とともに大きくなる．

5.2.9 グラファイト電極によるアルミニウム合金の逆極性加工

大型金型の軽量化に伴い，必然的にグラファイトのような軽量電極材が使用される．

図 5.49 はグラファイト電極を陽極とした場合のアルミニウム合金に対する放電加工特性である．加工速度は銅電極の場合と同様に，放電時間の増加とともに上昇し，各々の放電電流に対する最大加工速度が存在する．逆極性接続の電極消耗率は，放電時間の増加とともに減少するが，高い放電電流ほど減少傾向が著しい．より高速化が要求される荒加工領域では，加工面の粗さは大きくなるが，放電電流を高く設定することにより加工速度が上昇する．

5.2.10 銅タングステン電極による超硬合金の正極性加工[5]

超硬合金は，耐熱・耐摩耗性に優れた特性を有するが，難削性のために一部の研削加工を除いて，ほかに効果的な機械加工法がなく，その大部分は放電加工に頼っている．とりわけ超硬合金の放電加工は，鋼材の場合に比べて加工速度や電極消耗についてまだ満足すべき条件がなく，さらに，加工面には放電によるマイクロクラックが発生しやすいなど，素材特有の問題が残されている．

超硬合金は，素材コストはもとより，銅タングステンや銀タングステンなどの高価

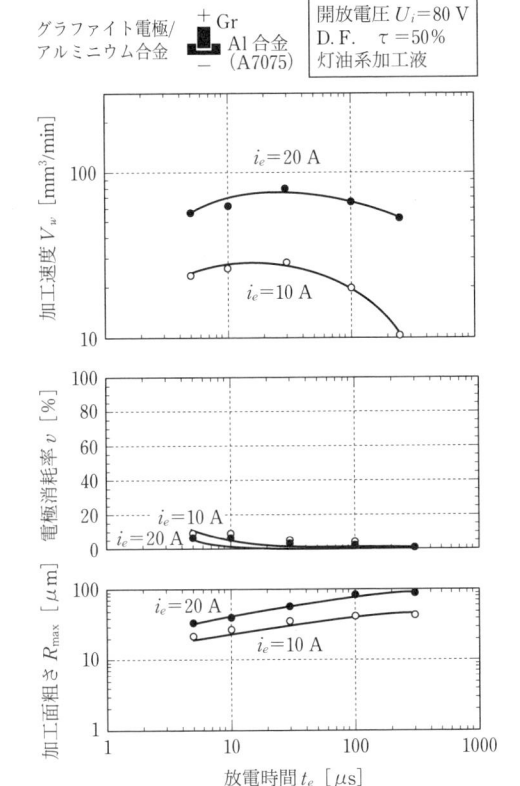

図 5.49 放電加工特性―グラファイト電極によるアルミニウム合金の逆極性加工（A7075）の場合

な電極材をはじめとする間接コストが高く，長寿命材としての素材性能を十二分に発揮させるには，加工後の表面性状や精度の把握など厳しい品質管理が要求される．図5.50は，超硬合金の表面写真と放電加工面である．特に，放電加工面に発生するクラックの問題は，超硬合金を工具や金型として使用する際に異常摩耗や割れの原因に

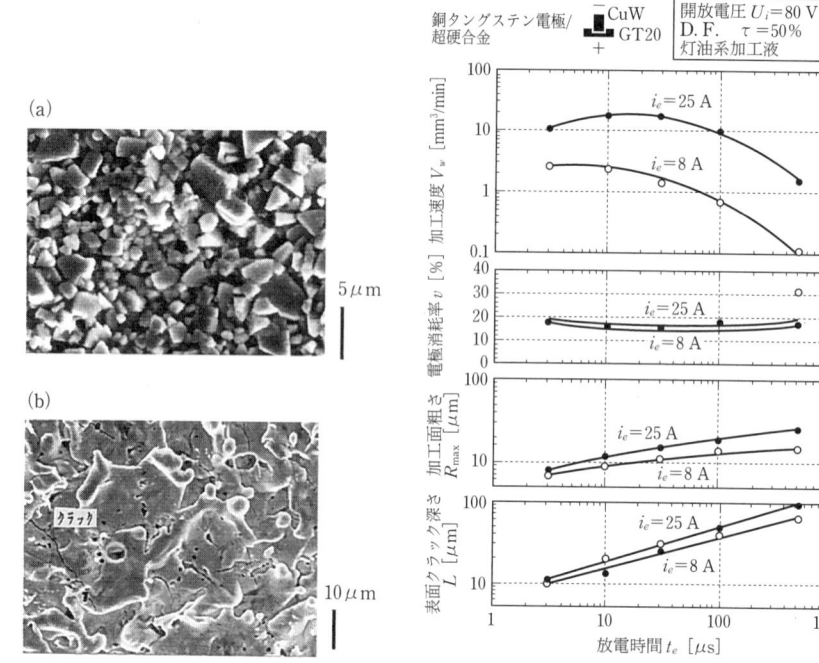

図 5.50 超硬合金の表面写真（a）と放電加工面（b）
(G5 Sumitomo；88％WC，12％Co)

図 5.51 放電加工特性—銅タングステン電極による超硬合金の正極性加工（GT 20）の場合

表 5.7 超硬合金の放電加工条件

超硬合金	GT20（75％WC，12％Co，3％TiC TaC）ドイツ Krupp 製 外径 17 mm，厚み 5 mm
電　極	銅タングステン Cu-W（25％Cu，75％W）フランス Sparkal X 外径 15 mm，内径 3 mm 穴より噴流
電　源	方形波パルス電源
開放電圧 u_i	80 V
放電電流 i_e	8 A（仕上げ加工），25 A（荒加工）
放電時間 t_e	3，10，30，100，500 μs
デューティファクタ τ	50％
加工液	灯油系加工液
噴出流量 q	0.3 cc/s

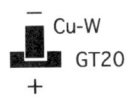

5.2 工具電極材料と工作物に対する加工特性 ——　*331*

開放電圧 U_i =80V
D.F. τ =50%
灯油系加工液

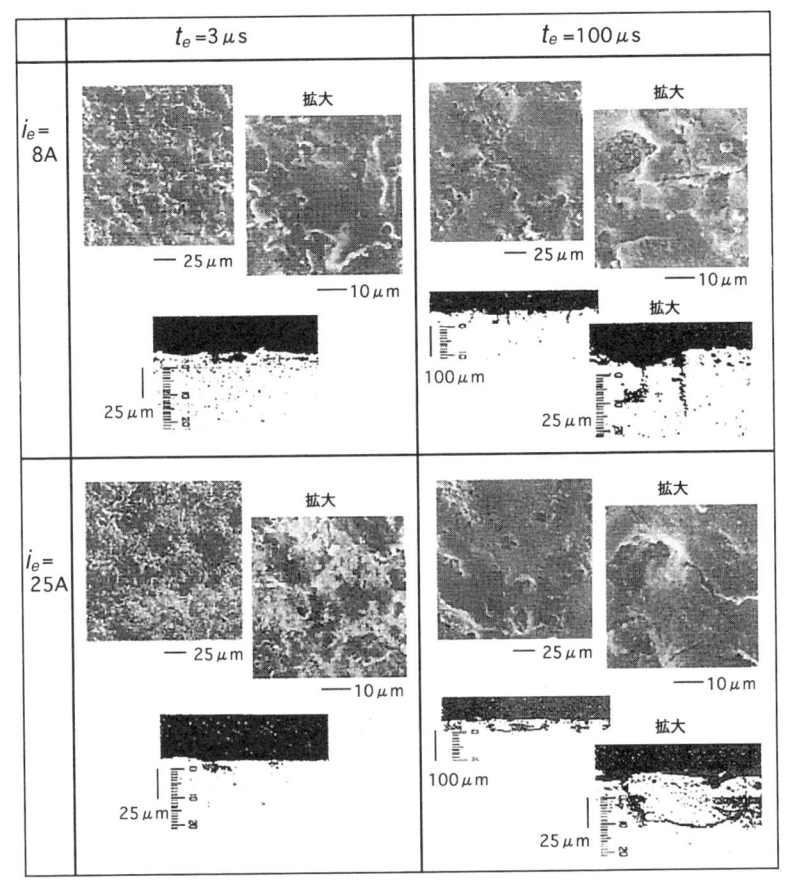

	t_e =3μs	t_e =100μs
i_e = 8A		
i_e = 25A		

図 5.52　加工面の SEM 像と表層クラック
　　　　　電極：Cu-W(Sparkal X)，工作物：GT 20

なるため，後の仕上げ研磨で除去するにしても，その深さや形態を知ることは重要である．

表5.7は，銅タングステン（Sparkal X）電極により超硬合金（GT 20）を正極性接続にて加工した場合の加工条件，図5.51は，そのときの放電加工特性である．超硬合金の放電加工では，加工速度は設定されるパルスの放電電流に大きく左右される．また，高い加工速度が得られる放電時間の幅は比較的狭い．i_e=25 A では，そ

の最大加工速度は，$t_e=10\sim30~\mu\mathrm{s}$ の間に存在する．

荒加工は，必要以上に放電エネルギーを高く（i_e や t_e を大きく）すると，結果的に加工面は粗くなり，また，発生するクラックも深くなるので，後の仕上げ加工でこれらの異常層を十分に除去できなくなる．一方，電極消耗率はパルス波形の影響をあまり受けず，正極性接続ではほぼ一定であることを考慮すると，むしろクラックの短い条件，すなわち，放電時間の短い波形の方が仕上げ加工や研磨には得策である．放電加工面に発生するクラックの深さは，そのときの加工面粗さのほぼ2倍にも及ぶ．放電エネルギーを高くした荒加工時のクラックの影響が，後の中加工や仕上げ加工にも残るので，高精度加工にはこれらのことを十分考慮した加工条件の設定が必要である．図5.52は，放電加工面のSEM像と表層クラックの状況である．クラックの深さは，放電電流よりも放電時間の影響を著しく受けるので，後の仕上げ工程を考慮すると，放電時間は極力短くする必要がある．

また，放電による仕上げ加工では，放電エネルギーの低下に伴って，加工間げきが極端に狭くなり，加工液のフラッシングや加工くずの排出が困難になり，異常アークや短絡が発生しやすい．これらも加工面の品質に大きく影響を及ぼし，うねりや電極の異常消耗の原因になる．このため，電極サーボの調整やフラッシングの状態には，注意が必要である．

なお，超硬合金の放電加工では，逆極性接続にすると，電極の消耗率は正極性の場合の2倍以上にも及ぶため，通常はほとんど正極性接続で加工される．〔増井清徳〕

▶▶ 文　献
1) 鈴木正彦，毛利尚武，齋藤長男：放電加工による金属表面の改質，精密工学会誌，**53**, 2, p.51 (1987)
2) 増井清徳，佐藤幸弘，曽根　匠，出水　敬：放電加工面のプラスチック成形雰囲気中における耐食性とその改善，電気加工学会誌，**26**, 52, p.36 (1992)
3) 毛利尚武，齋藤長男，成宮久樹，河津秀俊，恒川好樹，尾崎好雄，小林和彦：粉末混入加工液による放電仕上加工，電気加工学会誌，**25**, 49, p.47 (1991)
4) 増井清徳，曽根　匠，佐藤幸弘，出水　敬：放電加工による表面の合金化処理，電気加工技術，**16**, 53, p.38 (1992)
5) 増井清徳，谷村　毅：超硬合金の放電加工特性―CIRP共同研究―，電気加工学会誌，**11**, 22, p.126 (1978)

5.3　高精度加工技術

金型製作に対し，コスト削減・短納期化・高品位化が厳しく求められている．このような要求に対して，金型加工技術は近年大きく進歩している．放電加工技術もその役割を変えつつ発展している．

形彫り放電加工では，切削加工による直彫りの技術が大きく発展し，それに伴い放電加工による高品位加工の技術が進歩した．金型製作における切削加工・放電加工の

役割は近年大きく変化してきた．従来，放電加工で行っていた荒加工の工程は大部分が切削加工へと置き換わり，手磨きで行われていた最終仕上げの工程の一部が放電加工へと移ってきている．これは，射出成形などにおける製品の高品位化・短納期化への要求が厳しくなってきていることにもよる．

一方，ワイヤ放電加工は，プレス加工用などの高精度金型の主要な加工方法としての地位を築いてきているが，従来以上の高精度の形状・高品位の加工面が求められている．これは，日本の金型産業がより付加価値の高い金型製作に移行していると同時に，従来，例えば研削加工により行われていた超高精度加工が，ワイヤ放電加工に置き換えられていることも大きな要因である．

本節では，これらの動向に対応した放電加工の最近の高精度・高品位加工技術の概略とその加工事例について紹介する．

5.3.1 粉末混入放電加工法

放電加工は，パルス状の放電により工作物を加工する方法であるため，加工面は梨地状の面になるのが通常であり，多くの場合，後工程として磨きなどの仕上げ工程が必要である．粉末混入放電加工法は，放電加工により光沢面を得る革新的な技術であり，放電加工による金型の磨きレスを大きく進めた方法である．

最近の傾向として，形彫り放電加工に対する要求は大きく変化してきている．以前は電極を切削でつくり，放電加工により金型を製作するのが一般的であったが，工作機械の進歩・切削工具の進歩・CAD/CAMの進歩に支えられて，切削加工による金型の直彫りが可能となってきた．以前は放電加工の対象は，切削加工のできない焼入れ鋼の加工が主なものであったが，現在では，HRC 60を超える硬さの工作物でも切削で加工することができるようになり，CAD/CAMの技術により切削加工の表面粗さも $2〜3\ \mu mRy$ 程度まで得られるようになっている．熱間鍛造金型などは，以前は放電加工で製作されていたが，あまり細かい仕上げを必要としないこともあり，現在ではほぼ切削加工による直彫りに移っている．プラスチック金型も，試作型では切削加工のみで製作することもある．しかしそのようななか，例えばプラスチック金型の意匠面部分などは放電加工による仕上げ加工がほぼ確実に行われる分野である．プラスチック金型の意匠面は鏡面が必要とされるが，切削加工では，鏡面を得るのは不可能であり，磨き工程に時間がかかるという問題がある．そこで，切削加工後の仕上げ加工として放電加工が不可欠である．これは形状加工を行うというよりは磨き工程前の仕上げ工程であり，いかに細かい磨き工程を短縮できるような面を得るかという点が重要になる．

このような状況で，放電加工に対する要求も必然的に変わってきている．従来放電加工では，荒加工の加工速度が最も重視されていたが，現在では仕上げ加工の面性状が重視され，磨きレスで使用できるかどうか，あるいは，磨きやすい面になっているかが問題とされる．粉末混入放電加工法はこのような要求に応える技術である．

a. 粉末混入放電加工

放電加工は，パルス状の電流のエネルギーにより工作物を除去していく加工方法であり，一般的に加工面は梨地状になる．そのため，金型として使用するには磨きの工程が必要である．そこで，豊田工業大学・三菱電機のチームにより放電加工を用いて良好な加工面を実現するための研究がなされた結果，仕上げ加工において加工液中にシリコン粉末を混入すると光沢のある加工面が得られることが発見された[1]．これが粉末混入放電加工である．研究では，シリコン，アルミ，グラファイトなど様々な粉末が実験されたが，安全性・粉末の入手しやすさの点からシリコン粉末を採用し，1992年に三菱電機から粉末混入放電加工機として発売された．以来，鍛造金型，プラスチック金型などの生産に利用されている．

加工液に粉末を混入することで光沢面が得られるのは，粉末を混入することにより①電極と工作物との極間距離が広がり，放電パルスのエネルギーが小さくなる，②放電が発生しやすい状態になり，放電が分散するために表面粗さがよくなるという2点が理由であると考えられている．

粉末混入放電加工は光沢面を得るために開発された技術であり，当初は平らな放電痕を形成する電気条件が使用されたが，現在では適用範囲が広がり，放電の分散がよい点を利用して，梨地面の仕上げ条件の高速化にも使用されている．

b. 粉末混入放電加工面の特徴

図5.53は従来の限界面粗さにおける加工面と粉末混入放電加工での加工面の表面の顕微鏡写真，図5.54は断面の顕微鏡写真である．電極はグラファイト，電極形状は$\phi 50$ mm，工作物はSKD 61（焼），電気条件はピーク電流値$i_e=3.5$ A，パルス幅$t_e=4$ μs である．従来の加工面は表面粗さが悪く，クラックがあったのに対し，粉末混入放電加工での仕上げ面はクラックがなく均一な面に仕上がっていることがわかる．このような面が得られるので，プラスチック金型の意匠面などを除けば，磨きを

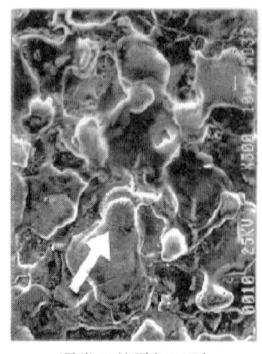

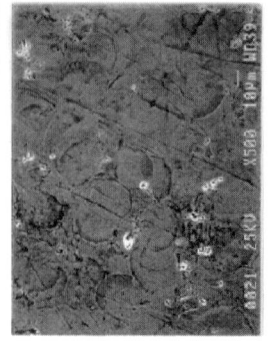

通常の放電加工面　　　　　粉末混入放電加工面

図5.53　加工面の比較

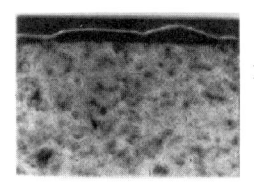

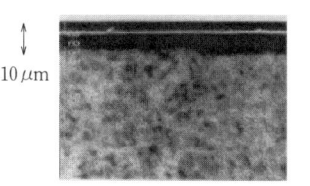

| 通常の放電加工面 | 粉末混入放電加工面 |

図 5.54 加工断面の比較

行わずに金型としてそのまま使用することができる．

　また，粉末混入放電加工による加工面は，平坦度が向上することがわかっている．この理由は，通常の放電加工においては，加工面積がある程度大きくなると放電が局所的に集まりながら加工されるのに対し，粉末混入放電加工では，放電が均一に分散するためである．放電が集中すると工作物の加工に偏りができ，面にうねりが発生してしまうが，放電が分散する粉末混入放電加工では，加工面全体が均一に除去加工されていくのでうねりの少ない面が得られる．

　さらに，粉末混入放電加工による加工面は耐食性が高くなっている．これは放電の際に加工液中に混入したシリコンが工作物に進入するためと考えられており，粉末混入放電加工された工作物を王水に浸しても冒されにくいという報告もある[2]．

c. 粉末混入放電加工の加工方法

　粉末混入放電加工では，荒加工・中加工は通常の油加工液中で放電加工を行い，最後にシリコン粉末を混入した加工液中で仕上げ加工を行う．油加工液中での放電加工では，表面粗さ $7\sim10\ \mu\mathrm{mRz}$ 程度の表面粗さまで仕上げておくことが望ましい．その後，粉末混入加工液に切り換え，表面粗さ $3\sim1\ \mu\mathrm{mRz}$ の光沢面に仕上げる．これにより，従来困難であった大面積の加工での光沢面が容易に得られる．また，銅電極に比べ仕上げ面粗さが劣るとされてきたグラファイト電極でも光沢面を得ることができる．粉末混入放電加工により光沢面を得るための仕上げ加工に要する時間は約 $3\ \mathrm{min/cm^2}$ である．光沢面を得るための放電の電気条件としては，電極をマイナス極性として，ピーク電流値 $i_e=1\sim5\ \mathrm{A}$ 程度，パルス幅 $1\sim4\ \mu\mathrm{s}$ 程度の条件が使用される．

　図 5.55 に粉末混入放電加工装置の概観写真を示す．加工槽の中の定盤に工作物を固定して加工液を満たし放電加工を行う．加工液タンクは，加工液を溜めておく場所であり，粉末混入放電加工装置の場合，通常の放電加工に用いられる油加工液と粉末混入加工液の 2 槽に分かれており，互いに混ざらないようになっている．荒・中加工で使用する油加工液から，仕上げ加工を行う粉末混入加工液への切換はプログラムで自動でできるようになっている．

　最近では，粉末の濃度を薄くし，高速に磨きやすい梨地面加工を行う技術も開発されている．

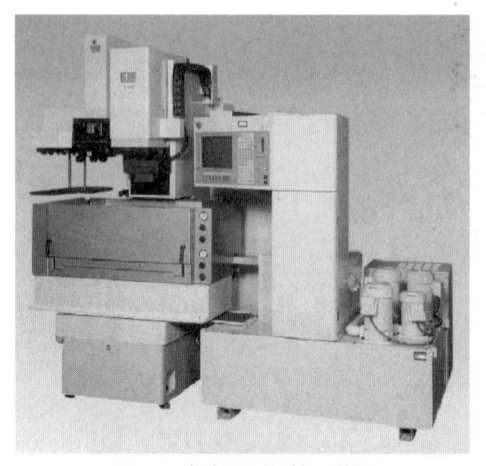

図 5.55 粉末混入放電加工装置
加工液タンク：通常の油加工液と粉末混入加工液の
2槽に分かれている

d. 工作物材質による光沢の違い

粉末混入放電加工による仕上げ加工を行う場合には，工作物の材料により光沢に違いがある．表5.8にその一例を示す．SKD 61やSKH 51などの材料はきれいな光沢面が得られるが，SKD 11やWC-Co（超硬合金）などの材料ではきれいな光沢面を得るのは困難である．しかし，光沢面を得るのが困難な材料でも放電が分散するという現象はあり，平坦な面を加工するという効果は得られている．

表5.8 ワーク材質による光沢度の違い

光沢の程度	◎	○	△	×
ワーク材質	SKD61 SKH51 SUS304	SK3 S55C SKS3 SKT4 SCM4	SKD11	WC-Co FC

e. 粉末混入放電加工の加工事例[3]

図5.56はプラスチック金型である．電極は銅，工作物はSKD 61である．加工時間は1つの形状当たり，荒加工17分，粉末混入放電加工による仕上げ加工が8分である．表面粗さは0.8 μmR$_{max}$まで仕上がっている．この事例はプラスチック金型の外装面であるが，磨きレスが実現できている．

図5.57は冷間鍛造型である．従来は放電加工により仕上げた後に磨きを行っていたが，粉末混入放電加工を採用することにより磨き工程を省略できた．さらに，仕上

図 5.56 プラスチック金型への適用例

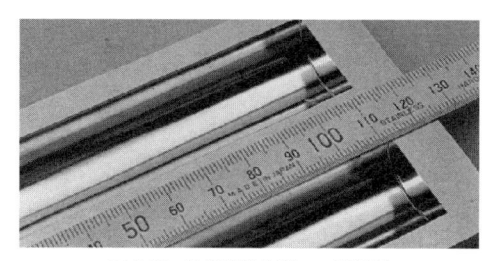

図 5.57 冷間鍛造金型への適用例

図 5.58 スピーカパネル金型への適用例

げ面品質が向上したために型の寿命を延長させることもできた．

また，図 5.58 はスピーカパネルの型である．スピーカパネル型のような複雑な形状の型は手で磨くのが極めて困難であるが，粉末混入放電加工により型を磨かなくても成形できるようになり，一体成形が可能になった．

以上のように粉末混入放電加工を利用すると，多くの型の加工において磨きレスを実現することができる．

5.3.2 ワイヤ放電加工の高精度加工技術

図 5.59 はわが国におけるワイヤ放電加工の販売台数・加工精度・加工速度の成長を示したグラフである．近年の高精度ワイヤ放電加工機は加工精度 $1\sim 2\ \mu\mathrm{m}$，表面粗さ $0.3\sim 0.5\ \mu\mathrm{mRz}$ 程度の実力に到達しているが，現在はより厳しい性能が要求されている．

一方，加工対象の微細化も進んでいる．図 5.60 はワイヤ放電加工による微細加工の代表例である IC リードフレーム金型の微細化の変遷を示したグラフである．10 年でピッチが約 1/2 になっていることがわかる．現在でもさらなる微細化が進んでいる．

このように，近年はワイヤ放電加工の特徴を生かした微細・高精度加工への要求が

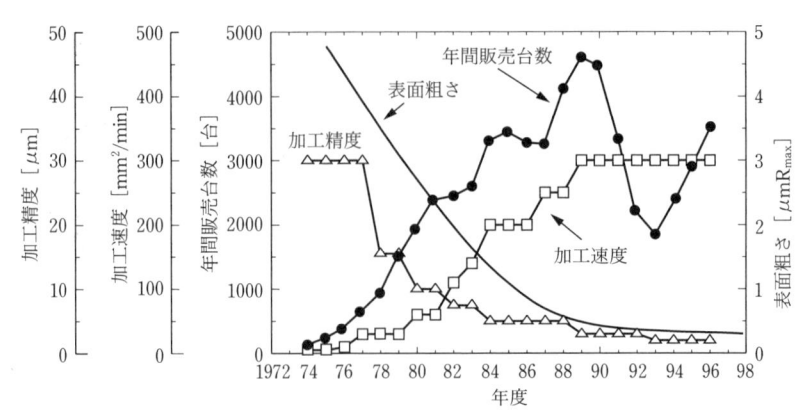

図 5.59 ワイヤ放電加工の進歩 (日本)

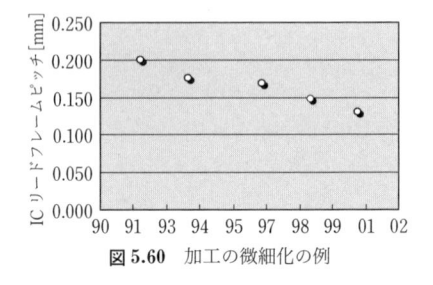

図 5.60 加工の微細化の例

高まってきている.本項では,加工性能,特に仕上げ加工・微細加工性能を中心とした最近の技術を紹介する.

a. ワイヤ放電加工高精度化のための技術

ワイヤ放電加工による高精度加工を行う場合,最も問題になるのが,ワイヤ放電加工は柔らかいワイヤを工具電極として使用するという点である.ワイヤが受ける力には大きく分けて,①ワイヤと工作物が引き合う静電引力,②ワイヤが工作物から遠ざかる方向に受ける放電の爆発力の2つがある.これらの力によりワイヤが振動して,工作物の加工面にワイヤに平行なスジ状の跡を残したり,真直精度を悪化させる作用を与えている(図5.61).放電加工においては加工面粗さを小さくするために放電のエネルギーを小さくすることが必要であり,現在のワイヤ放電加工においては数MHz~10 MHz程度の交流高周波が使用されることが多い(図5.62)[4].交流高周波電源は1 μmRy以下の細かい表面粗さが得られるため,仕上げ加工電源としての性能は高いが,最近のようにワイヤ放電加工に対する要求が厳しくなるにしたがい,問題点のあることがわかってきた.その中で最大の問題点は,十分な真直精度が得られない場合があることである.荒加工から仕上げ加工までの適切な条件列を組み立てれば面粗さと真直精度を両立できるが,繰り返し交流高周波電源で加工した場合などには真直精度を悪化させることもある.一般的にワイヤ放電加工の仕上げ加工では,通称「タイコ形状」と呼ばれる中凹みの形状になりやすく,逆にファーストカット以外の荒・中加工では中膨らみの形状になりやすい.この原因はワイヤ電極と工作物との間に働く静電引力と放電反力の関係で論じることができ,図5.63に示すように静電

5.3 高精度加工技術 ——— 339

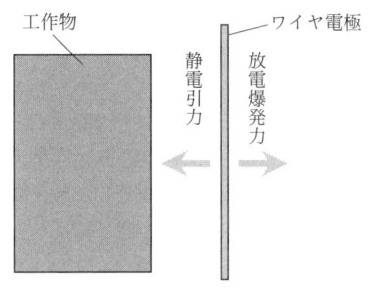

図 5.61 ワイヤが受ける力

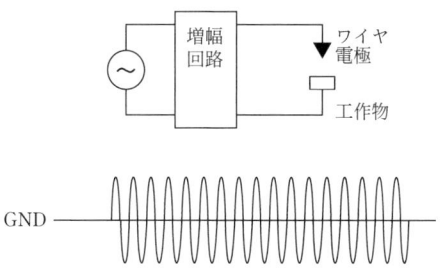

図 5.62 交流高周波電源の概略と電圧波形

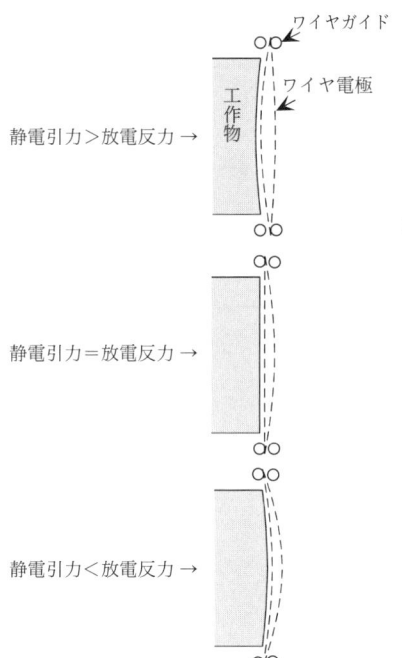

図 5.63 ワイヤの受ける力と真直精度の関係

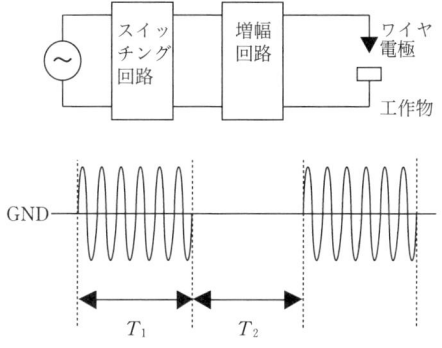

図 5.64 交流高周波電源の概略と電圧波形

引力が相対的に大きければ中凹みになり，逆に放電反力が大きい場合には中膨らみ形状になると考えることができる．

交流高周波電源は，ワイヤ電極と工作物間に常に電圧を印加した状態となるため静電引力が大きくなり，工作物は中凹み形状になりやすいと考えられる．そこで交流高周波電源を使用した場合の静電引力を低減するために，図 5.64 に示すように交流高周波電源にスイッチング回路を挿入した電源を試作した．図において T_1，T_2 の時間を適切な値とすることで，ワイヤに作用する静電引力と放電反力を制御することができ，真直精度と表面粗さを両立することができた．ここでは仕上げ加工条件における真直精度について論じたが，この考え方はほかの加工条件についてもあてはまるものである．

b. 加工事例

（1） 高精度パンチ加工　ワイヤ放電加工で最近取り組んできた微細加工および高精度加工の事例を紹介する．図5.65は本技術により厚板の加工を行った例である．加工の際の条件は，工作物：超硬合金（板厚80 mm），ワイヤ電極：黄銅（$\phi 0.2$ mm）である．表面粗さ・真直精度の測定結果を図5.66に示す．研削加工に匹敵する加工精度がワイヤ放電加工により得られている．

以上のような高精度の加工が要求される分野はいくつかあるが，代表的な例として研削加工のワイヤ放電加工への置換の例を紹介する．従来，高精度のパンチは研削加工によってつくられることが多かったが，研削加工は熟練を要するため，人材不足，コスト高など課題が多く，自動加工が可能なワイヤ放電加工での代替が強く求められていた．研削加工をワイヤ放電加工で置き換えるためには，形状精度・表面粗さ・真直精度が必要になる．以上が満たされると，図5.67に示すようにワイヤ放電加工により座の部分を含めたパンチの形状を加工し，その後，研削あるいはワイヤ放電加工でパンチの部分の座の形状を除去することで，容易に高精度パンチを加工することができる．今後このような加工方法はさらに広まっていくと考えられる．

図5.65　交流高周波電源による厚板の加工

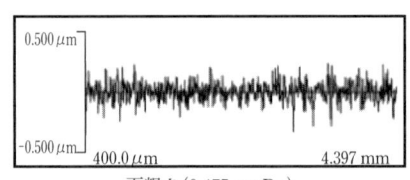

面粗さ($0.475\,\mu$mRy)　　　真直精度($1.0\,\mu$m)

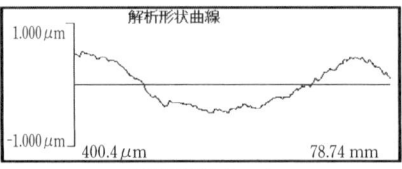

図5.66　面粗さと真直精度（厚板加工）

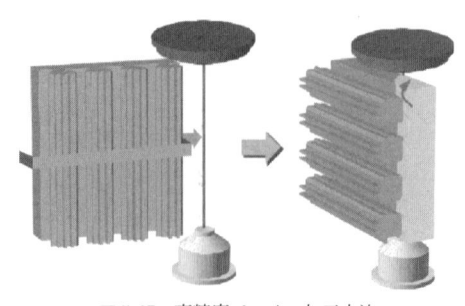

図5.67　高精度パンチの加工方法

(2) 狭スリット加工 図5.60でも紹介したように，ワイヤ放電加工による狭スリットの加工への要求はますます高まっている．狭スリットの加工のためには細線ワイヤ電極を使用するが，ある程度以上にワイヤ径が小さくなると，ワイヤの振れの影響が大きくなり，必ずしもスリットが狭くなるわけではない．現在のところ，実用のワイヤ電極の最小径は 30 μm 程度であり，このような微細加工の要求に応えるための電源・制御技術の開発が進められている．

図 5.68 は ϕ30 μm のワイヤ電極を使用した狭スリットの加工例である．図は微小電源でのファーストカットのみの加工であるが，38 μm のスリットの加工ができている．ファーストカットであるため，上端のエッジが多少だれているが，その'だれ'を含んでも 50 μm の幅であり，仕上げ加工を行えばダレのない 50 μm のスリットが加工できることになる（図 5.69）．微細化するリードフレームの金型，化繊ノズルの加工などに今後貢献できるものと考えられる． 〔後藤昭弘〕

図 5.68 高精度パンチの例

図 5.69 狭スリット加工（38μm）
ワイヤ ：ϕ0.03 mm タングステン
工作物：超硬合金（KD20），6 mmt
加工速度：約 0.1 mm/min

▶▶ **文　献**
1) 毛利尚武，齋藤長男，成宮久喜，河津秀俊，尾崎好雄，小林和彦，恒川好樹：粉末混入加工液による放電加工，電気加工学会誌，**25**，49，pp. 47-60（1991）
2) 齋藤長男，毛利尚武，高鷲民生，新開　勝，古谷政典：型技術者会議 96 講演論文集，pp. 24-29，型技術協会（1996）
3) 後藤昭弘，湯沢　隆，真柄卓司，小林和彦：放電加工層による加工特性の劣化とその防止に関する研究，電気加工学会誌，**29**，62，pp. 49-58（1995）
4) 真柄卓司，弥冨　剛，小林和彦：ワイヤ放電加工における高精度仕上の研究―交流高周波による亜鏡面仕上加工―，電気加工学会誌，**24**，48，pp. 45-64（1991）

5.4 高速加工技術

5.4.1 ワイヤ放電加工

ワイヤ放電加工の加工速度表記には，加工送り加工速度と面積加工速度がある．面積加工速度は，加工送り速度×加工物板厚で計算される．前者は加工現場での加工時間見積り，機械の加工状態確認に一般に用いられ，後者は加工機の性能を表すカタログデータでよく使用されている．

ワイヤ放電加工における最大加工速度は，ワイヤ断線によって上限が決まる．このワイヤ断線は，加工電流・放電によりワイヤ電極線が発熱し，その引張強度が使用ワイヤ張力を超えることで発生する．この断線限界を引き上げるための高速加工技術として，ワイヤ電極の特性，極間冷却の加工液噴流，効率のよい加工条件設定について説明し，また，加工物材質による加工速度の違いを示す．

a. ワイヤ電極の特性

ワイヤ電極は切削加工の工具に相当し，その物理特性はワイヤの断線限界に直接大きく影響する．図 5.70 に最も普及している真鍮電極線（硬線）と，高速加工用複合構造電極線との引張強度特性例を示す．荒加工中のワイヤ電極は 300°C 程度まで温度上昇しているため，高速に加工するためには常温での抗張力よりも高温での抗張力が高いことが重要である．高速加工用電極線は，常温では真鍮電極線よりも抗張力が若干低いが，高温での抗張力は真鍮線の 2 倍の強度をもっている．また，高速加工用電極線は真鍮電極線に比べ導電率がよく（表 5.9），このため同じ加工電流を流した場合の発熱も小さい．これらの特性の優位性により，高速加工用電極線は真鍮電極線に比較して 30～50％ 高い加工速度が得られる．この高速加工用電極線の構造は複合構造である．中心部に鋼線，その外側に銅層，亜鉛層を配置したもの，中心部から銅，亜鉛の比率を変えた合金を複

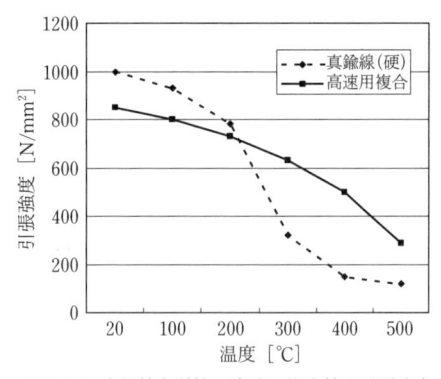

図 5.70 真鍮線(硬線)と高速用複合線の引張強度

表 5.9 ワイヤ電極線の抗張力，導電率

ワイヤ電極線	抗張力（常温）[N/mm^2]	抗張力（300°C）[N/mm^2]	導電率 [%IACS]
高速用複合線	800	600	30～50
真鍮線（硬線）	1000	300	22

層に構成したものなどの種類があり，高温での抗張力と導電率をあげる工夫がされている．しかしながら，高速加工用電極線は構造が複雑であるので一般真鍮電極線に比較してコストが2倍以上高く，普及率が伸びていないことが課題である．

b. 極間冷却の加工液噴流

ワイヤ放電加工で極間への加工液噴流の加工速度をあげるための主な役割は，①極間に発生する加工くずを排出し，短絡パルスを減らし有効放電を増やすこと，②ワイヤ電極を冷却しワイヤ断線を防ぐことである．

加工液の圧力と最大加工速度の例を図5.71に示す．加工液圧力とともに最大加工速度が上昇するが，傾きは徐々に小さくなる．これは極間の加工スリットへの加工液流量が圧力に対して示す特性とほぼ一致している．加工液のノズルを加工物へ密着させて加工を行うことができれば，極間への加工液噴流の効果が高くなり，高い加工速度が得られるが，一般には加工物に段差がある場合，加工物の固定具にノズルが干渉する場合が多く，加工液ノズルが加工物から離れた状態で加工を行う場合が多い．このような場合でも，加工液ノズルの直径，長さなどを工夫し，よりよい加工液噴流を行うと加工速度の向上が期待できる．

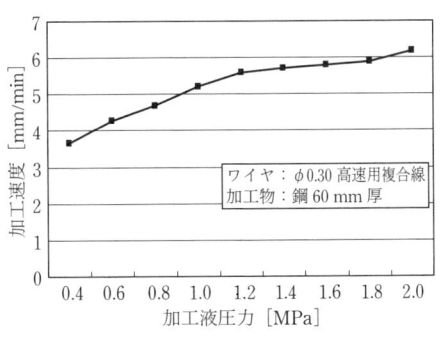

図5.71 加工液圧力と最大加工速度

c. 効率のよい加工条件設定

最大の加工効率を得るためには，加工条件の要素も最適化を図る必要がある．放電の単発エネルギーを大きくすると放電痕は大きく速度向上に寄与するが，実効電流値が上昇しワイヤ電極での熱損失が増え，ワイヤ断線の危険が増す．ワイヤ電極，加工物材質，加工物板厚，加工液圧力などが決まると，その条件で最も効率のよい放電の単発エネルギーを設定する必要がある．図5.72に放電時間 t_e の最適値を求めたグラフの例を示す．最適値を外れると最大加工速度が低下していることがわかる．

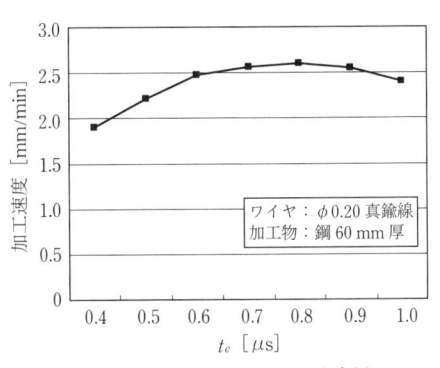

図5.72 放電時間と最大加工速度例

d. 加工物材質

ワイヤ放電加工の加工速度は加工物の材質の物性値，主に材料の融点と比重により

表5.10 加工物材質による加工速度比率例

加工物材質	加工速度比率	融点[℃]	比重[g/cm³]	主な用途
鋼	1	1536	7.8	金型材, 部品
超硬合金	0.5	3410（タングステン） 1495（コバルト）	14	金型材, 工具
アルミニウム	2～3	660	2.7	部品
銅	1～1.5	1083	8.9	電極

左右される．融点と比重の小さい材料は同一エネルギーでの単発放電の除去量が大きく，高い加工速度が得られる．表5.10に，鋼を加工速度1とした場合の代表的な加工物材質で得られる加工速度の比率例を示す．

5.4.2 形彫り放電加工

形彫り放電加工の加工速度の表記には重量速度と体積速度の2種類が用いられる．日本では重量速度が一般的であるが，欧米では体積速度が多く用いられる．形彫り放電加工の高速加工技術として重要な，電極材質，加工条件，加工くずの排出について説明する．

a. 電極材質

一般的に多く用いられる銅電極とグラファイト電極には，図5.73に示すような特徴がある．銅電極は小電流の低消耗加工に向いており，高精度加工用に用いられる場合が多い．グラファイト電極は大面積・大電流荒加工において，加工速度が速く，しかも比重が小さく大型の電極でも電極重量が軽く扱いやすい．また電極切削加工時間も短いため，大型電極の高速加工に適している．形彫り放電加工での大電流の高速加工例では，35 g/min（380 A）に達する．図5.74にグラファイト電極における放電電流 i_e と加工速度の例を示す．電極単位面積当たりの加工電流密度は，一般的には銅電極では5 A/cm²，グラファイト電極では2 A/cm²程度で使用することが性能上望ま

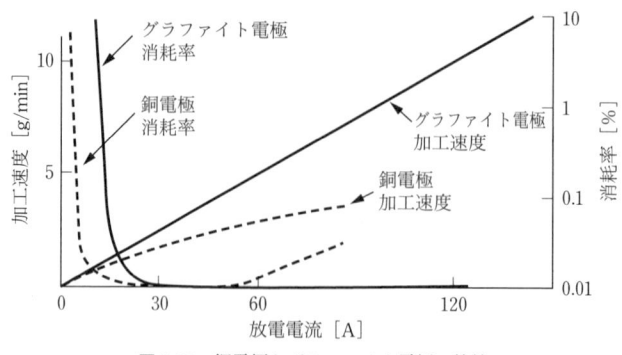

図5.73 銅電極とグラファイト電極の特性

しいが，高速に加工を行う場合には，電極消耗を犠牲にして高い電流密度で加工を行う．グラファイト電極は炭素の焼結材であり，その粒子の大きさ・密度が様々である．粒子が小さく密度の高いものは価格も高価であるが，消耗も少ないため小物高精度加工に適しており，また，密度が小さく安価なグレードのものは，大型の電極に用いられる．同じグラファイト電極でも，その材料のグレードにより最適な加工条件が異なるため注意が必要である．

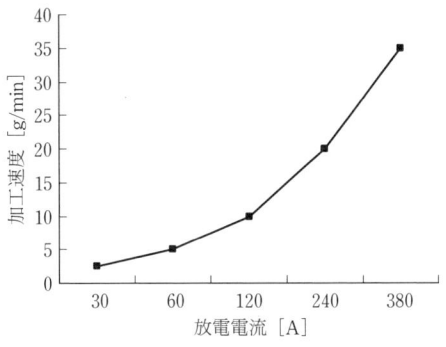

図 5.74 放電電流―加工速度例（グラファイト電極，加工物：鋼）

b. 加 工 条 件

形彫り放電加工での加工条件は，その加工の目的に応じて加工速度を重視した有消耗条件と電極消耗を少なく抑えたいわゆる無消耗条件に大別される．一般に速い加工速度を得るには最適な t_e 時間が存在するため，適切なピーク電流，t_e/t_o を選択する必要がある．銅電極での例を図 5.75 に示す．t_e は放電電流のタップ値である．銅電極の場合は，電極に黒く炭素が付着して保護被膜を形成し，電極消耗を低く抑えることができる領域がある．加工速度を重視し電極消耗が多い領域は，比較的要求形状精度が低い場合，仕上げ加工用に別の電極を用意できる場合，抜き加工で底面コーナがない場合などに用いられる．自動車用などの大型金型の荒加工を行う場合，最近では

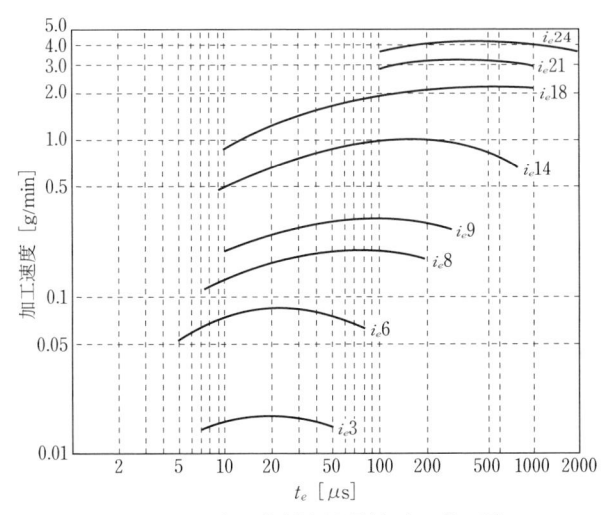

図 5.75 t_e と加工速度例（銅電極，加工物：銅）

高硬度材料の高速切削技術が進歩・普及したために，大型グラファイト電極での200～400 Aの大電流形彫り放電加工を行う事例は減少してきた．

c．加工くずの排出

加工速度を向上させる要点として，極間に発生する加工くずを効率的に排出し，短絡パルスを減らし有効放電を増やすことは，ワイヤ放電加工の場合と同様である．しかし，形彫り放電加工では，電極形状がワイヤ放電加工と異なり三次元製品形状となっているため，効率的な加工くずの排出方法として電極ジャンプ，加工液の吸引・噴流などの方法がとられる．

（1）電極ジャンプ動作　加工中に電極を加工物から周期的に引き離し，加工液のポンピング作用を利用し極間に堆積した加工くずを排出する動作を電極ジャンプと呼ぶ．図5.76にその様子を示す．

電極の形状・大きさ，加工条件に応じて最適な電極ジャンプの周期・量（距離）・速度を設定する必要がある．電極ジャンプしている最中は極間距離が広くなるため，放電加工は休止状態になる．したがって電極ジャンプの速度・加速度をできるだけ高くし，この休止時間を短くすることが加工速度を速くする要点となる．最近では，極間状態悪化を検出しアーク防止をする，自動的にジャンプ設定を最適化するなどの適応制御が進歩したため，ジャンプ動作のみを使用する加工が一般的となってきた．しかしながら電極が大型の場合では，高速にジャンプ動作を行うことは加工機への負荷が大きく困難であるため，ジャンプ速度を低く設定する．

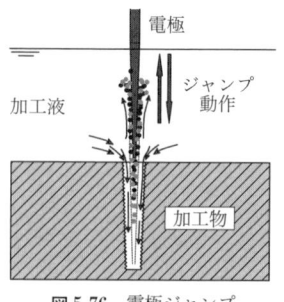

図5.76　電極ジャンプ

（2）加工液吸引・噴流　加工を休止せずに加工くずを効率的に排出するために

図5.77　電極の加工液噴流穴例

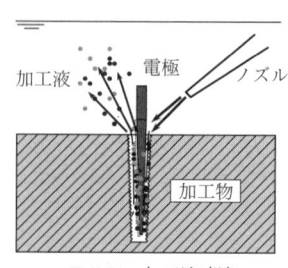

図5.78　加工液噴流

加工液吸引・噴流を行う．電極に加工液を通す穴をあけ，極間の加工液を強制的に排出する．図5.77に例を示す．この方法は製品形状において加工液穴部に加工物の突起が残ることが許される場合か，抜き形状である場合に適用できる．図5.78は噴流のノズルを外部から電極加工物間へ接近配置し，極間へ噴流加工液を流して加工くずを排出する方法である．この方法は，加工液の排出される側の放電ギャップが広がり精度劣化を起こす，ノズルの配置が煩雑であるなどの欠点があり，最近では電極ジャンプ加工の方が多く用いられる．

〔髙田士郎〕

5.5 ナノ・マイクロ加工技術

マイクロ放電加工は，放電加工の重要な分野のひとつである．加工の対象となる寸法が500 μm以下であるような放電加工をマイクロ放電加工と呼ぶ．加工寸法が10 μm以下であるような場合は，局部ではサブミクロンの形状が問題となるので，ナノ加工の領域も含んでいる．放電加工は細い穴，細いピンなど，加工の際に工具や工作物にかかる加工力を嫌うような場合に適した加工法である．放電加工は材料を溶融または気化させて除去する加工法であり，加工の際に働く力はゼロではないものの，切削，研削などにおける機械的反力とは比較にならないほど小さな力である．このため，細い電極を用いる加工，細いピンの加工などで，ほかの加工法に比べ弾性変形による誤差の少ない加工が行える．こうした利点を生かして，放電加工は細穴の加工，細いピンの加工，微細なスリットや溝の加工，微細な三次元的キャビティの加工など，広範なマイクロ加工に適用される[1~3]．

5.5.1 放電加工のマイクロ化

マイクロ放電加工と一般の放電加工の基本的な違いは，加工結果としての直径，辺などの寸法が小さいか大きいかだけである．こうした小寸法の場合に，放電加工によって所望の加工を行うためには次のような条件が必要となる．

放電加工に限らず，マイクロ加工を行うためには，一般的に，①加工単位を小さくする（ミクロ），②加工寸法の精度を高くする（マクロ）の2条件を満たす必要がある（塑性加工などでは型作成時の条件である）．これらの条件は，一言でいえば，少しずつ精度よく加工することと表すこともでき，精密加工の条件とほぼ同じである．

放電加工で上の2つの条件を満足させるためには，それぞれに対応して，(A)クレータを小さくする，(B)加工装置の精度を高くし，電極形状の工作物上への転写性を高めるという具体的な対応が必要となる．

まず，Aについてであるが，放電加工のクレータは主として放電パルスの電気的諸パラメータ，加工液の物性，工作物の熱的物性に支配される．工作物材料は多くの場合，製品の設計の要求により既定であり，加工液として実績があるのはパラフィン

系の油かイオン交換水に限られるなど,これらに関するパラメータは比較的選択の余地がない.そこで放電パルスを与えるための電気回路の設計が重要となる.

Bについて考えてみると,加工装置の精度に関しては工作機械一般と同じ考え方で,温度変化なども考慮して位置決め機構の精度を高めるように対応すればよい.極間距離については,条件Aが実現された場合,マイクロ加工に該当するような微小寸法の加工の場合は一般的にその絶対値は小さくなる(数μm～サブμm)ので,特に対策をとる必要がない場合もあるが,フラッシングなどにより加工くずの除去,均一な分散などを促進することが必要となる場合もある[4~6].電極・工作物の変形については,対応Aが実現すれば同時に加工力による変形は,多くの場合自然に抑えられる.しかし,ワイヤなどの細長い電極や工作物では,ガイドによるサポートを必要とする場合もある.以下,マイクロ化の技術的要点について順次示していく.

5.5.2 加工回路の概要

放電加工において放電部分に注入されるエネルギーは放電中の極間電圧をv,放電電流をi,放電パルスの持続時間をTとすれば,

$$\int_0^T vi\,dt \tag{5.5.1}$$

と表される.

クレータを小さくするためには,このエネルギーを小さくすることが効果的であり,v, i, Tのいずれを小さくしても効果があることになる.しかし,放電中の極間電圧は電極および工作物の物理的な性質によって10～40 Vの間のほぼ決まった値V_gとなるので,自由に変えることはできない.また,放電加工では電流密度の高い過渡アーク放電を利用しているが,電流値があまりに小さいと(例えば500 mA以下)放電が不安定となって,パルス波形の制御ができなくなる[7].このような制限下において,Tを小さくすることは放電に関しては特に問題が起きないため,それによって放電パルスのエネルギーを小さくするのが最も現実的である.

マイクロ放電加工に用いる加工回路の最も一般的なものは,図5.79に示すように,FETによるスイッチング回路,およびコンデンサに蓄えられた電荷の放出によって

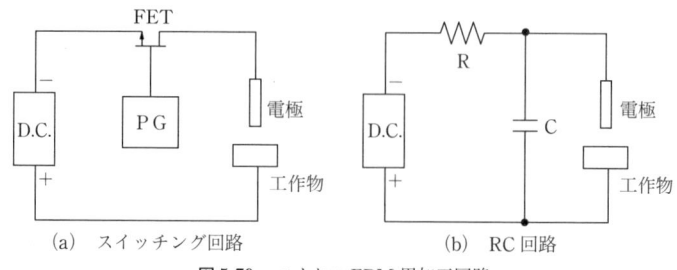

図5.79 マイクロEDM用加工回路

電流パルスを得るもの（RC回路と呼ばれる）の2つである．

スイッチング回路は一般の放電加工における加工回路の基本的な形とほぼ同様であるが，上記 T を小さくするために，蓄積時間の影響が小さい高速スイッチング用のFETがスイッチング素子として用いられる[8]．それでも，上述のように必要となる電流値が大きいため，$0.1\,\mu s$ 程度までが実用的なパルス幅であり，例えば電流値500 mA，$V_g=20\,V$ を仮定すると1パルスのエネルギーは約 $1\,\mu J$ となり，マイクロ加工としては荒加工および中仕上げ程度までが適用範囲となる．

一方のRC回路は，基本的にはコンデンサに蓄えられたエネルギーが放電のエネルギーの上限となるため，コンデンサ容量さえ小さくできれば，いくらでも小さいエネルギーの放電を起こせる可能性がある．DC電源の電圧を V とすれば，コンデンサに蓄えられるエネルギーは最大で

$$E_c = \frac{1}{2}CV^2 \tag{5.5.2}$$

であり，仮に $C=2\,pF$，$V=60\,v$ とすると，$E_c=3.5\,[nJ]$ となる．このように，RC回路によればスイッチング回路に比べ何桁か小さいエネルギーのパルス放電を得ることができるので，マイクロ放電加工の仕上げ加工や特に微細な製品の加工にはRC回路が適している．

5.5.3 RC回路

RC回路は簡単な構成で広く使われているが，その動作についてはあまり知られていない．以下にその概略を紹介する．詳細については文献を参照されたい[9,10]．

RC回路の放電時における最も単純化した等価回路を図5.80に示す．DC電源および充電抵抗（器）Rは，充電電流が放電電流に比べ十分小さくなるように設定されるので，放電時の等価回路では省略できる．

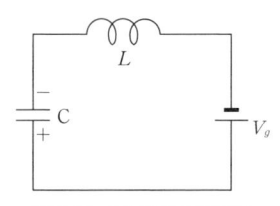

図5.80 RC回路の放電時等価回路

等価回路中の電池マークは，放電中のアーク電圧（極間電圧）を一定と仮定して逆起電力 V_g に置き換えたものである．また，マイクロ放電加工では通常，電極を負，工作物を正の極性に接続するので（反対の接続では電極消耗が異常に大きくなる），放電開始時にはコンデンサの工作物側端子が正となるように充電されている．したがってこの等価回路図では，上方が電極側，下方が工作物側と想定されており，図中の記号は放電が開始される瞬間の極性を示している．L は放電電流が流れるループ内の総インダクタンスである．これは配線・接続のためのリード線のインダクタンスが主体となる．放電が開始されると，コンデンサの端子電圧 v_c および放電電流 i はおよそ図5.81のように変化する．

放電電流は，最初増大するが，LとCの共振により減少に転じ，これが0までく

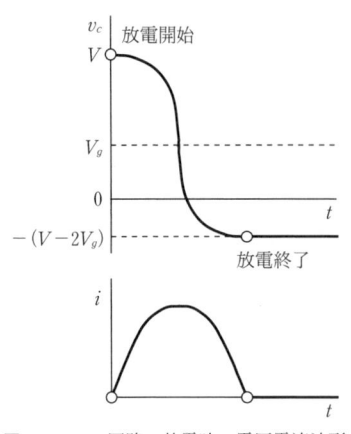

図 5.81 RC 回路の放電時の電圧電流波形

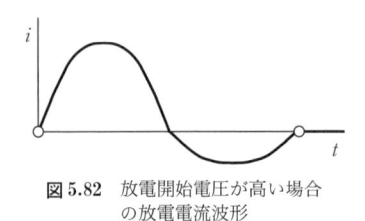

図 5.82 放電開始電圧が高い場合の放電電流波形

るとアーク放電は維持不能となり自然に消滅する．このとき，特定の場合を除き，コンデンサ端子電圧 v_c は負となる．すなわち，極性が逆転した状態となって放電が停止する．この時点で図からわかるようにコンデンサには

$$\frac{1}{2}C(V-2V_g)^2 \quad (5.5.3)$$

だけのエネルギーが残っている．したがって，放電により極間に注入されたエネルギー E_g は，式（5.5.2）と（5.5.3）の差であるから，

$$E_g = 2CV_g(V-V_g) \quad (5.5.4)$$

となる．

$V=2V_g$（DC 電源電圧が放電中のアーク電圧のちょうど 2 倍の関係にあるとき）の場合に限り，式（5.5.4）が 0 となり，コンデンサに蓄えられたエネルギーのすべてが極間に注入されることになる．また，V が大きい場合は放電終了時の端子電圧も大きいため，改めて逆方向の放電が起こることがある．このような場合は，図 5.82 のような電流波形が観察される．

図 5.81 のような電流波形の場合の電流ピーク値 I，およびパルス幅 T はそれぞれ

$$I \approx (V-V_g)\sqrt{\frac{C}{L}}, \quad T \approx \pi\sqrt{LC} \quad (5.5.5)$$

と計算される．マイクロ放電加工の場合，これらの波形の実測は困難な場合が多い（測定のためのプローブや検出器を接続すると回路定数が変わってしまうため）が，L および C の値を測定もしくは推定できれば式（5.5.5）により概略値を推定することができる．

5.5.4　ギャップ制御

放電加工では放電の繰返しを安定に行わせるために，極間距離を適当な大きさに保つ制御（以下，ギャップ制御とする）が必要である．マイクロ放電加工では一般の放電加工に比べ，より精細な制御が必要である．なぜなら，一般の放電加工では極間距離は数十 μm あるのが普通であるが，マイクロ放電加工では数 μm，場合によってはサブミクロンのオーダとなり，容易に短絡してしまうからである．このように極間距離が小さくなるのは，加工寸法が小さいため放電の起こる領域が狭く，大量の加工く

ずが極間に蓄積される状態になりにくいためである．ただし，マイクロ放電加工でも深穴の加工などでは，加工くずの堆積により極間距離が大きくなる．

　もうひとつ，マイクロ放電加工でのギャップ制御に要求されるのは応答の速さである．極間距離が小さいほど，ギャップは短時間で加工くずで充満し，短絡しやすくなる．したがって，平均電流が大きくなりすぎる前に極間距離を広げなければならない．応答を速くすることは別の意味でも重要である．穴加工などにおけるフラッシングは通常，電極の動きによる加工液の吸入・排出に依存するが，マイクロ加工では電極断面積が小さいために効果が低減する．ギャップ制御の応答が速ければ，電極の運動距離は微小でも，その速度が大きくなるので，フラッシング効果の低減を補うことができる[6,11]．

5.5.5 加工極性

　放電加工油を加工液とする一般の放電加工では，電極を正の極性とすることで電極消耗の小さい加工が行えることが知られている．一方，マイクロ放電加工では，電極の極性を正にすると電極消耗率は200～1000%といった大きな値となってしまい，ほとんど実用性がない．そこで，常に電極を負の極性として加工することが必要である．しかし，そのような極性とした場合でも，1%以下の電極消耗率を実現することは今のところ困難である．

　このように，正に接続された材料が一方的に除去される現象については，まだ完全には解明されていないが，極めて短いパルスの放電では，放電の電荷の主体が電子となるのでプラス極側の材料のみが主に加熱されると考えられている．実際に，例えばRC回路ではコンデンサ容量を小さくするほど電極消耗率（負電極）が小さくなる[12]．なお，電極消耗率の増大を気にしなくてよい場合は，工作物側を負とすることによって，同じ放電条件でのクレータの大きさを格段に小さくすることが可能であり，表面仕上げなどへの応用が考えられる．

5.5.6 電極材料

　電極材料の融点および熱伝導率が高いほど電極消耗率が低くなる傾向は，マイクロ放電加工の場合にも認められる．ただし，上記の2要素に加え，材料の沸点も高い方がよい．これらの条件を満足し，かつ入手の容易さなどから，タングステン，銀タングステン，銅タングステン，超硬合金などが電極材料として広く用いられている．タングステンの線材を用いる場合は，中心部分に欠陥があると，外周を加工して細くしたとき，内部残留応力の一部解放により曲がったり裂けたりするので，よい素材を選ぶ必要がある．超硬合金の場合はバインダのCoは消耗率が高いので，WCの比率が高いものの方が良好な結果を得やすい．また，空孔などの欠陥により，細く加工すると折損することがあるので，できるだけ高密度に焼成されたものが望ましい．

　ワイヤ放電加工やワイヤ放電研削（WEDG）のように，電極消耗の影響の少ない

方式では放電の安定性がよく，高精度の線材が得やすい黄銅が広く用いられる．ただし，こうした方式でも直径0.1mm以下の細線電極の場合は引張強度の点で有利なタングステンが主流となる．

貫通穴の加工などでは，余分の電極送りを与えることで電極消耗の影響を軽減することができるので，加工数量が少ない場合にはほとんどの金属材料が電極として使用可能である．また，電極素材を繰り出しながら連続的に穴加工を行う方式では，黄銅や鋼なども扱いやすい素材として量産加工に適用できる．

5.5.7 加工方式

一般の放電加工では，形彫り放電加工とワイヤ放電加工の2つが主な加工方式である．しかし，放電加工は切削や研削に比べると本来，加工方式の自由度が大きい．これは，放電加工の電極は切削工具などと異なり，どの部分でもどの方向にでも加工が可能であるからで，工具である電極の動きに関する制約が少ないからである．マイクロ放電加工ではこのようなメリットが特に大きく，様々な形の加工方式を実際に生かすことができる．表5.11に各種の製品形状に対応する電極と加工方式を示す．このほかにも最近では，中ぐりのできる旋盤形の加工方式も出現している[13]．

表5.11 マイクロ放電加工の対象となる加工形状

製 品	適用性	電 極	形 式
穴 ○		円柱，パイプ	穴あけ，ミリング
穴 □		棒（丸棒以外）	形彫り，ミリング
溝		円盤，板	放電研削，形彫り
3D 凹形状		3D 成形済み	形彫り
軸 ◎		ブロック	放電研削
棒 ◌		ワイヤ*	WEDG
3D 凸形状		ワイヤ**	WEDM

＊：バックアップあり，＊＊：バックアップなし．

5.5.8 種々の加工機

マイクロ放電加工には前述のように多くの加工方式があり，それぞれに対応した加工機があるが，現状で主要と考えられるものを以下に紹介する．

a. 形彫り放電加工

一般の形彫り放電加工と同じ方式であるが，微細な電極を用い，精度の高い位置決め機構，分解能の高いギャップ制御を適用することでマイクロ加工に対応対策したものである．加工電源は配線長や浮遊容量に配慮して，微小エネルギーパルスが供給できるようになっている必要がある．微細穴，微細スリットおよび比較的単純な微細キャビティ（底付き形状）の加工に適用される．

b. 微小穴専用放電加工（機）

形彫り放電加工と類似の加工方式だが，回転するパイプ電極を用いて，高圧をかけた加工液を噴流させながら加工する．円断面の穴加工に特化した加工方式である．水系の加工液を噴流した場合，極めて高速に深穴加工が行えるため，ワイヤ放電加工のイニシャルホール加工に適しているが，機構上，加工精度，微細限界ともに中程度以下である．$\phi 400\,\mu m$ 以上の穴が主対象であるが，油系の加工液を用いれば，より細い穴の深穴加工も行える．

c. EDミリング

円柱，パイプ，角柱などの単純形状の電極を用い，これをNCにより移動させながら三次元形状加工を行うもので，切削におけるNCフライスと似た加工方式である．複雑な形状の形彫りが必要な場合，寸法の小さい電極の作成は困難なことがある．そこで，電極形状は単純にして，運動軌跡により形状を創成するこの方式が有利となる．電極を回転させるか否か，また電極消耗補正の方式などにより，いくつかのタイプがある．回転電極を用いて連続的に消耗補正送りをかけるものは単にEDミリングと呼ぶ[4]．また，電極の回転/非回転によらず，消耗補正切込みによりレイヤーごとに加工を行う方法を均一電極消耗法と呼んでいる[15~17]．これら放電加工による三次元形状加工では，切削による場合と異なり，シャープコーナや深い溝などの加工も容易に行える特徴がある．

d. ワイヤ放電加工

一般のワイヤ放電加工と同じであるが，特に細いワイヤを電極として用いる．主として複雑形状のノズルやダイスの加工に適用される[18]．

e. WEDG（ワイヤ放電研削）

ワイヤを電極として用いる方式であるが，図5.83に示すように，ワイヤガイドによって支えられたワイヤの外周部のみが電極として工作物を放電加工するようになっており，円筒研削盤と似た加工方式である[19,20]．このため，切抜き加工と異なり，ワイヤ径と同程度か，それ以下の寸法が主な対象であり，マイクロピン加工に特化した方式である．工作物を回転させずに割出しなどを行えば，角柱などの加工も行える．また，NCにより工作物とワイヤガイドの相対位置を制御することで，NC研削盤のように種々の形状の加工ができる．研削盤に比べ，加工力が微小，砥石（電極）摩耗が見かけ上はゼロであるなどの特徴があり，微細度，精度とも優れている．

f. EDG（放電研削）

図5.84に示すように，工作物または電極の一方または両方が回転するもので，WEDGはEDGの一種と考えることもできる．電極としてはブロック[21,22]，ワイヤ（固定）[23]，回転円盤[13,24]などが用いられる．ブロックや回転円盤を用いる場合は，WEDGと異なり，シャープコーナを有する形状の加工が可能で，比較的大きな面積が同時加工されるので加工時間短縮にも有効である．ただし，WEDGのように電極の加工部が常に更新されるわけではないので，電極消耗による精度低下の対策は別途

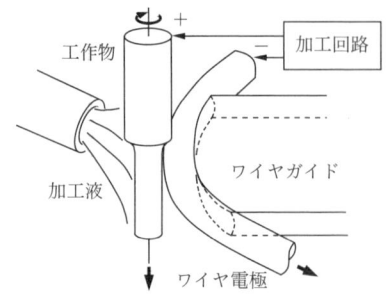

図5.83 WEDG（ワイヤ放電研削）

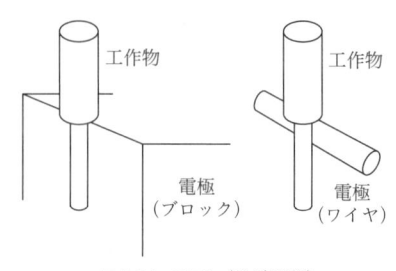

図5.84 EDG（放電研削）

必要となる．

5.5.9 加工例と微細限界

ここでは，実際に加工される各種微細形状の例と，現状における微細限界がどの程度であるかを紹介する．

a. ピン，スピンドルなど

放電加工の大きな利点のひとつは，加工時に力がほとんど必要ないことで，これにより細長い形状を曲げることなく加工することができる．WEDGを適用することで，直径5 μm前後のマイクロピンを加工することができ，製品はマイクロ工具としても利用することができる．図5.85(a)に直径2.5 μmのタングステンのピンを加工した例を示す[25]．WEDGは研削と似た形態の加工であるが，工作物は必ずしも回転している必要がないため，例えば90°ごとの割出しで側面を加工すれば矩形断面のピンを加工することもできる．図5.85(b)に製品の一例を示す．

b. 穴，スリットなど

WEDGなどにより作成した微細なピンを電極として用いれば，微細穴，微細幅スリットなどを加工することができる．これまでに報告された最小穴径は2 μmであ

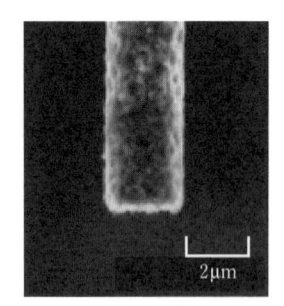

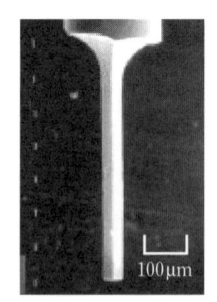

(a) 丸棒 (b) 角棒

図5.85 WEDGによる微細ピンの加工例

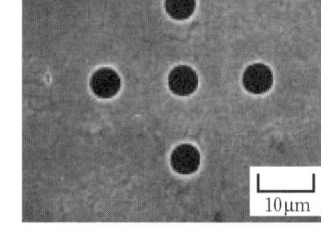

図5.86 微細穴加工例
（松下電器産業提供）

る[26]).図5.86は直径5 μmの微細穴の加工例である.微細穴の場合,多数の穴加工が要求されることが少なくない.こうした要求に応えるためにはプロセスの高能率化が必要となる.単一電極を用いる方法としては,電極成形と穴加工を同時進行させることで,長い電極素材を使い切るまで連続加工できる手法が提案されている[27]).また,複数の電極を一体化して能率よく供給することで高能率化を図っている例もある[28]).

図5.87は幅12 μmのスリット加工例である.この加工例では,水平面内での電極の位置をスリットの長手の方向に1 μmずつずらしては穴加工の動作を繰り返してスリットを得ている.つまり,実際には穴加工ではなく,穴の側壁を一方向に向けて1 μmずつ拡大していくことで任意長のスリットとする方法をとっている.70 μm程度のスリット幅であれば,連続送りによる2.5次元スリットの加工も可能である[29]).

c. 切抜き加工

微小径ワイヤを用いれば,ワイヤ放電加工により微細な切抜き加工が可能となる.図5.88は典型的な応用例で,化繊の紡糸用ノズルの一例である.これまでに適用が報告されている最も細いワイヤは直径10 μmである[18]).

d. 三次元的形状の金型・部品など

EDミリングによれば,自由曲面を含む三次元的なマイクロキャビティの加工が可能となる[17,30]).また,工作物の姿勢を変更しながら形彫り放電加工を繰り返すことに

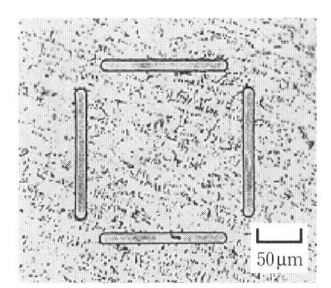

図5.87 微細スリット加工例
(松下電器産業提供)

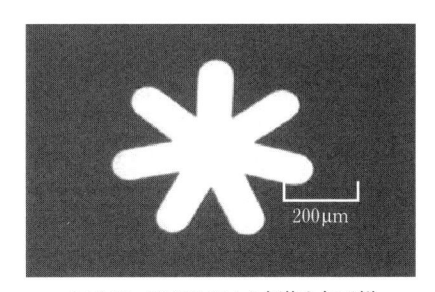

図5.88 WEDGによる切抜き加工例
(化繊ノズル製作所提供)

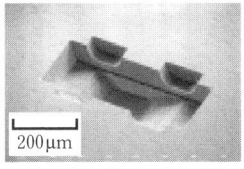

(a) 自由曲面を含む形状

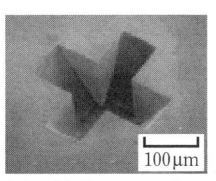

(b) 斜面とシャープコーナーを含む形状

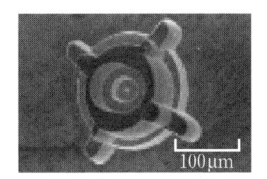

(c) 階段状複雑形状
(三菱電機提供)

図5.89 EDミリングによる加工例

よっても，複雑に入り組んだ形状のマイクロ加工が可能である[23,31]．図5.89はEDミリングによる加工例で，(a)は曲面を含む複雑な形状，(b)は平坦な斜面とシャープコーナをもつ形状，(c)は階段状の複雑形状の金型である．(a)では円柱・角柱電極が用いられ，均一電極消耗法が適用されている．(b)は角柱電極による均一電極消耗法，(c)はパイプ電極によるEDミリングで，電極には連続的な消耗補償送りがかけられている．

5.5.10 新しい放電加工方式の適用

放電加工は，絶縁性の加工液中での放電により金属などの導電性材料を加工する手法であるというのが常識であったが，近年これらの常識にあてはまらない放電加工技術が確立されつつある．それらの技術はマイクロ加工にも適用可能なので，以下に概略を紹介する．

a. 電気絶縁性材料の加工

絶縁性セラミックスなどであっても，表面に密着した導電性部分（補助電極と呼ぶ）があれば，そこから加工を開始することで継続して穴加工などが行えることが福澤らによって発見された．この場合，加工液には放電によりカーボンが生成される放電加工油などを用いることが必要であるが，普通の放電加工機により，金属の加工と同じようにセラミックスなどの加工ができる．マイクロ加工の例としては，厚さ2mmのSi_3N_4に直径100 μmの銅パイプの電極を用いて貫通穴を加工した例[32]や，同じくSi_3N_4に直径500 μmの電極で2.5次元的形状加工を行った例[33]などが報告されている．補助電極としてはCVDによるTiN被膜や，油中でのワイヤ放電加工により切断面に生成されたカーボン被膜などが利用されている．

b. 加工液を用いない加工

パイプ電極を用いてガスを噴出させながら放電を起こせば，加工液がなくても加工が行えることが吉田らによって見出された．微細なパイプ電極を用いれば，この方法によってマイクロ加工が可能であり，直径300 μmのCu-Wのパイプ電極によりS45Cに二次元的パターンの溝加工や，三次元的キャビティを加工した例が報告されている[34]．この方法では電極消耗が小さく，極間距離も小さくなる傾向があることから，EDミリング的な加工での将来性が期待されている．

5.5.11 他加工法との複合化

マイクロ放電加工を適用することにより，種々の加工法におけるマイクロ工具の作成，修正などが可能になる．切削，塑性加工などをマイクロ加工に適用する際は，工具として超硬合金などの硬い材料を用いることが多くなるが，そのような工具を成形するうえで放電加工は適合性が高い．微細なドリル，エンドミル，パンチ，ダイなどの製作にマイクロ放電加工を適用する例が報告されており，特に機械加工を行う機上で工具成形も行うことにより，高精度のマイクロ加工が実現される[35,36]．

研削においても，薄いメタルボンド砥石のツルーイングに WEDG などの放電加工を用いることで，よい結果が得られている[37]．電鋳により微細ノズルを作成する際のスローアウェイコア作成への適用なども，アスペクト比の大きい微細軸が加工できるマイクロ放電加工を応用した好例である[38]．

〔増沢隆久〕

▶▶ 文　献

1) T. Masuzawa : State of the art of micromachining, *Annals of the CIRP*, **49**, 2, pp. 473-488 (2000)
2) T. Masuzawa and H. K. Tönshoff : Three-dimensional micromachining by machine tools, *Annals of the CIRP*, **46**, 2, pp. 621-628 (1997)
3) T. Masuzawa : An approach to micromachining through machine tool technology, Proc. of Second International Symposium on Micro Machine and Human Science, pp. 47-52 (1991)
4) 増沢隆久：セルフフラッシング法による放電加工，生産研究，**36**，2，pp. 9-14 (1984)
5) 小川　仁，野上輝夫，板東和宏，常本佳生：高周波振動複合放電加工による金属材料の微細加工に関する研究，電気加工学会全国大会 (2000) 講演論文集，pp. 43-46 (2000)
6) 許東亞，増沢隆久，藤野正俊：放電による微細深穴加工の研究―ジャンプフラッシングの応用―，電気加工学会全国大会 (1997) 講演論文集，pp. 105-108 (1997)
7) 元木幹雄，小野雅章，上出諭吉：放電加工のギャップ現像，電気加工学会誌，**8**，15，pp. 44-53 (1974)
8) 増沢隆久，藤野正俊：微小パルス用放電加工装置，昭和55年度精機学会秋季大会学術講演会論文集，pp. 140-142 (1980)
9) 倉藤尚雄，増沢隆久：超硬合金の放電による微細加工，電気加工学会誌，**2**，3，pp. 1-16 (1968)
10) 増沢隆久，佐田登志夫：微小エネルギ RC 放電加工における持続アーク発生機構，電気加工学会誌，**5**，9，pp. 35-52 (1971)
11) 増沢隆久，田中勝也，藤野正俊：可動コイル式ヘッドによる放電微細加工の高速化，電気加工学会誌，**8**，16，pp. 43-52 (1975)
12) 蔡曜陽，増沢隆久，藤野正俊：マイクロ放電加工における電極消耗に対する電気条件の影響，電気加工学会全国大会 (2000) 講演論文集，pp. 49-52 (2000)
13) 岡島公紀，田口敬章，藤野正俊，増沢隆久：マイクロ加工用放電加工旋盤の開発，2001年度精密工学会春季大会学術講演会講演論文集，p. 183 (2001)
14) 湯沢　隆，真柄　卓，後藤昭弘，今井祥人，佐藤達志，千代知子：小径電極による微細輪郭放電加工，電気加工技術，**19**，63，pp. 1-6 (1995)
15) 余祖元，増沢隆久，藤野正俊：単純成形電極による三次元微細放電加工（第1報）―シャープコーナキャビティの加工および電極消耗補正―，電気加工学会誌，**31**，66，pp. 18-24 (1997)
16) 余祖元，増沢隆久，藤野正俊：単純成形電極による三次元微細放電加工（第2報）―円錐台状および半球状キャビティの加工と誤差の分析―，電気加工学会誌，**31**，67，pp. 14-22 (1997)
17) K. P. Rajurkar and Z. Y. Yu : 3D Micro-EDM using CAD/CAM, *Annals of the CIRP*, **49**, 1, pp. 127-130 (2000)
18) 木下晴美，林　敬裕：微細ワイヤ放電加工の研究―直径 10 μm ワイヤ電極を用いた加工技術―，電気加工技術，**17**，57，pp. 13-18 (1993)

19) 増沢隆久, 藤野正俊：高精度微細軸加工の研究（第1報）—ワイヤ放電研削法の開発—, 電気加工学会誌, **24**, 48, pp. 14-23（1991）
20) 増沢隆久, 藤野正俊：高精度微細軸加工の研究（第2報）—各種微細軸の加工—, 電気加工学会誌, **25**, 49, pp. 1-8（1991）
21) 鈴木晴夫, 江口嘉夫：微細精密放電加工の研究, 昭和58年度精機学会春季大会学術講演会論文集, pp. 575-576（1983）
22) 河田耕一, 水谷　武, 松下久登, 佐藤健夫, 丸山祐二：微小穴放電加工, 昭和58年度精機学会秋季大会学術講演会論文集, pp. 361-362（1983）
23) P.-H.'s Heeren, D. Reynaerts, H. Van Brussel, C. Beuret, O. Larsson and A. Bertholds : Microstructuring of silicon by electro-discharge machining (EDM)—part II : Applications—, *Sensors and Actuators*, **A61**, pp. 379-386（1997）
24) E. Uhlmann, U. Doll and S. Piltz : Electrical discharge grinding of microstructures, *International Journal of Electrical Machining*, **6**, pp. 41-46（2001）
25) 増沢隆久：放電マイクロ加工の研究—走行ワイヤによる細軸加工—, 昭和61年度科学研究費補助金一般研究B研究成果報告書 60460087（1987）
26) 稲垣耕司：放電による微細穴あけ加工, 精密機械, **37**, 1, pp. 5-11（1971）
27) D.-Y. Sheu and T. Masuzawa : Development of large-scale production of microholes by EDM, *Proc. of ISEM*, 13, pp. 747-758（2001）
28) 正木　健, 和田紀彦：繰り返し転写マイクロ放電加工法の開発, 電気加工学会全国大会（2000）講演論文集, pp. 47-48（2000）
29) 武田幸三：回転微細丸ワイヤによる二次元加工, 電気加工学会全国大会講演論文集, pp. 59-60（2000）
30) S. Reynaerts, X. Song, W. Meeusen and H. Van Brussel : Silicon bulk micromachining by micro-EDM milling with electrode compensation, *Proc. of Int'l Congress for Sensors Transducers & Systems*, Sensor 99, pp. 249-254（1999）
31) T. Masaki, K. Kawata and T. Masuzawa : Micro electro-discharge machining and its applications, Proc. of IEEE, MEMS '90, pp. 21-26（1990）
32) 福澤　康, 関　友則, 毛利尚武, 谷　貴幸：細線電極による絶縁性 Si_3N_4 セラミックスの深穴放電加工, 電気加工学会全国大会（1999）講演論文集, pp. 87-88（1999）
33) 福澤　康, 池田大輔, 毛利尚武, 谷　貴幸：微細電極による絶縁性材料の任意形状加工, 電気加工学会全国大会（2000）講演論文集, pp. 63-64（2000）
34) 吉田政弘, 国枝正典：気中放電加工による微細加工の試み, 電気加工学会全国大会（1996）講演論文集, pp. 77-80（1996）
35) 佐藤達志, 増沢隆久, 藤野正俊, 大西幸夫：WEDGのマイクロドリル・エンドミルへの応用, 1989年度精密工学会春季大会学術講演会講演論文集, p. 1091（1989）
36) 山本直樹, 増沢隆久, 藤野正俊：ワイヤ放電研削を利用したマイクロ打抜き加工（第2報）, 昭和62年度精密工学会春季大会学術講演会講演論文集, p. 733（1987）
37) N. Nebashi, K. Wakabayashi, M. Yamada and T. Masuzawa : In-process trueing/dressing of grinding wheels by WEDG and ELID, *International Journal of Electrical Machining*, 3, pp. 59-64（1998）
38) T. Masuzawa, C.-L. Kuo and M. Fujino : A combined electrical machining process for micronozzle fabrication, *Annals of the CIRP*, **43**, 1, pp. 189-192（1994）

5.6 環境問題とその対策

環境負荷としては，加工くずの処理の問題のほかに，放電加工特有の問題としてパルス放電による電波障害がある．また，油性加工液の場合は，ガスや煙霧の発生，火災の危険性，加工液の人体への影響が考えられ，ワイヤ放電加工のように水を加工液として使用する場合は，イオン交換樹脂の処理の問題やワイヤ電極材料の再利用などがあげられる．そこで，以下に主要な項目について問題点とその対策を述べる．

5.6.1 加工スラッジの発生

工作物や工具電極が溶融・蒸発した後，凝固した加工くず，加工液が分解してできた生成物などが固形物として加工液に混入する．これらは加工特性を劣化させるので一般にペーパフィルタや，けい藻土を沪材とした沪過装置を用いて取り除かれる．放電スラッジの中には Fe, Pb, Cr, V, Zn, Cu, Cd, Ni, Co, Mo, Cd などの重金属やカーボンが含まれるので，燃焼プラントで処理されたり，地下水への影響に特別の配慮をしたうえで埋立て処分されている．

使用済みのペーパフィルタは，従来は100％が産業廃棄物として処理されていた．それに対し，まだ一部のフィルタではあるが，① 使用済み品の部分品再利用（リユース），② 廃棄物の削減（リデュース）が行われるようになってきている．つまり，フレームの金属部分など，回収して再利用できる部分を再度使用し，廃棄する部分は産業廃棄物として処理（廃棄物を削減して処理）する構造の商品が出てきている．

また，ある大手自動車メーカ[1]では，長期間安定した沪過性能を維持できるという点で，ペーパフィルタではなくけい藻土を用いた沪過装置を使用しており，沪過性能の低下したけい藻土を燃焼炉に入れ，加工くずを鋳鉄として取り出すことによって直接埋立てゼロ化に成功した例がある．

5.6.2 イオン交換樹脂

ワイヤ放電加工では水加工液が主に使用されるが，水道水や井戸水には陽イオン（カチオン）や陰イオン（アニオン）が多く含まれている．また，加工中に Mo, Cr, V などの重金属イオンが混入し導電率が上昇する．したがって，強酸性カチオン交換樹脂と強塩基性アニオン交換樹脂を均一に混合して同一イオン交換筒内に充填し，それに加工液を通すことにより電気伝導率を低く保っている．このイオン交換樹脂は，原理的には回収して強酸（HCl）や塩基（NaOH）で処理し，再利用できるが，放電加工の場合は半導体プロセスでの純水の処理と違って不純物や固形物の混入が多いので，再利用しない場合が多いようである．さらに，使用済みの樹脂については，廃棄処理される場合と，サーマルリサイクルの形で（副燃料材として）再利用して省エネに寄与している場合がある．いずれにせよ，イオン交換の結果として重金属

イオンを含むので，処理に関しては厳しい規制が必要である．

5.6.3 ガス・煙霧の発生

放電のアークプラズマの温度は 7000℃ に達するので，加工液は蒸発するどころか分解し，様々な有害な生成物が排出される．鉱油系の加工液であるならば，水素，エチレン，メタンなどの炭化水素，加工液の蒸気や分解生成物が発生する．工作物や工具電極が蒸発して凝固した微粉やその酸化物なども検出される．特に脂肪系の炭化水素，煙霧，ベンゼン，微粉などは有害なので注意を要する．水加工液であれば，水蒸気，水素，酸素などが発生し，環境に対する影響は比較的少ない．しかし，特に有機物を溶融した水溶性の加工液の場合は，一酸化炭素，NOx，オゾン，グラファイト，すす，有害物質を含んだ煙霧などの発生があることを忘れてはならない．また，油性/水性を問わず水素が発生する．油性の場合は発生ガス体積の約 50% が水素である．したがって，部屋の換気には十分注意する必要がある．

有害なガスの発生をなるべく少なくするためには，極間で発生したガスが凝縮あるいは加工液に溶融されやすいように，液面の高さを放電が生じている部分より十分に高くすることが効果的である．また，加工機の台数が少ない場合や加工代(しろ)が小さい場合を除いて，発生ガスの沪過装置を設置することが望ましい．ガス中の微粒子の大きさは 0.05 μm から数百 μm まで広い範囲で分布する．したがって沪過装置は，機械的に 3 μm 以上のダストをとり，静電フィルタで 0.01 μm 以上のものを取り除く．そして，それより細かなものは活性炭などの化学吸着を利用したフィルタで取り除くことができる構造が望ましい[2]．

5.6.4 電波障害[3]

放電加工は溶接機やエンジンの点火プラグと同様に障害電波を発生し，その周波数はラジオ周波数帯（500 kHz～90 MHz）からテレビ周波数帯（90 MHz～770 MHz），さらには GHz 帯まで広く分布している．したがって，周辺のテレビ，ラジオなど多くのエレクトロニクス関連機器に対して電波障害を引き起こすおそれがある．その電波障害に関する法律には電波法があり，無線設備以外の設備が副次的に発する電波について，障害を除去する義務を規定している．

障害電波の伝播経路としては，① 加工間げきから放射される電磁波が空中を伝播して直接他の機器に入射する場合，② 空中に放射された電磁波が周辺の配電線や信号線に入射して機器に入る場合，③ 放電加工機の電源線から他の機器に入る場合，④ 放電加工機の電源線から空中に放射された電磁波が他の機器に入る場合などが考えられる．

そこで，1) 専用の電源ラインで放電加工機を稼動することにより，周辺の機械への電源線を介した電波障害を防止する，2) 入力電源にラインフィルタを取り付けることにより，上述した電波経路の ③④ を防止する，3) シールドルームを設置し，そ

の中で放電加工機を稼動させる，などの対策がとられている．また，欧州では特に電波障害に対する規制が厳しいので，加工機を金網や板金による遮蔽構造とし，工作物や工具電極の搬入ドアやのぞき窓にも電磁波シールドに関して十分な注意を払っている．

5.6.5 油性加工液による火災の危険性

加工液に油を用いる場合は，加工機は防火壁で囲まれた部屋に入れなければならず，隣合う加工機との設置間隔には規制がある．放電の生じている部分が加工液面の下であれば，空気中の酸素と反応することはないので火災の危険性は少ない．しかし，何らかの原因で加工液の液面が下がったり，工作物上に導電性の熱分解生成物が堆積して放電箇所が上昇するようなことがあると，放電点が液面に達して火災に至る．したがって，加工槽内の液面レベルの下降や，Z 軸の予期せぬ上昇，加工液温の異常な上昇を検出して自動的に加工をストップする機能が加工機にはつけられている．また，不測の事態には加工槽の上方に取り付けられたセンサが出火を検出し，消火液を噴出させる仕組みになっている．発火点については 100℃ 以上の加工油を用いることが推奨されている．

5.6.6 工具電極材料の再利用

環境問題に対する取組みは国内では主に消耗品に対して行われ，また納入先の廃棄物処理が納入メーカに求められるケースが増えている．特に，ワイヤ電極については使用済み品でも有価物としての価値があるので回収して再利用している．また，ワイヤ電極のボビンはプラスチック製であり，回収してリユース（原形のまま再利用）する場合と，リサイクル（素材の形での再利用）される場合の両方がある．

〔国枝正典〕

▶▶ 文　献
1) 一安俊平，前川　博，尾崎桝男：放電加工スラッジ「直接埋立て廃棄物ゼロ」に向けた取組み，型技術，**16**，13，p.50（2001）
2) H. K. Teonshoff, R. Egger and F. Klocke : Environmental and safety aspects of electrophysical and electrochemical processes, Annals of the CIRP, **45**, 2, p.569 (1996)
3) 日本工作機械工業会：放電加工機の電波障害と対策ガイドライン，日本工作機械工業会調査研究委員会技術資料 31-1993（1993）

5.7 加　工　例

本節では，放電加工機による加工例を示すにあたって，ワイヤカット放電加工機，形彫り放電加工機のそれぞれにおいて，精度や速度の観点から今日の先端水準を示

す．また，ここに示す加工例はすべて放電加工機そのものの性能・機能に大きく依存するため，すべての加工例には，通常表記される加工の条件以外に，それを加工した放電加工機の機種名と，その放電加工機が有する性能・機能のうち，当該加工結果をもたらすために大きく寄与した要素としての項目や機能名も同時に記載する．

5.7.1 ワイヤカット放電加工機による加工例
a. 超高精度コーナ形状——内エッジ

放電加工機の機械精度そのものは平均的レベルであっても，制御装置が有する精度向上機能によって超高精度を実現した加工例を示す．高精度が要求される加工においては，荒加工から仕上げ加工まで4回ないし6回の加工を行う．高精度を実現するには，荒加工（ファーストカット），形状補正加工（セカンドカット～フォースカット），仕上げ加工（フォースカット以降）と，それぞれのカットの役割に応じた適切な制御が必要であり，それぞれのカットがその役割を十分果たさないと，次のカットで加工がうまくいかなくなる．セカンドカット以降の内コーナにおいては，コーナ部の少し手前から，単位進行量当たりの加工除去量が増加するため，コーナ部手前から適切に減速させなければ，そのカットにおける除去が十分に行われない．その結果，より放電エネルギーの弱い次のカットのそのコーナ部で加工除去量が急激に増大し，加工の負担がかかり，コーナ部でのハンチングが発生し，精度の確保どころか，加工そのものが失敗する可能性がある．内コーナの加工は，制御装置が適切に加工除去量を計算して，その量に応じた送り速度に減速して行えば精度を得られるため，制御装置や機械が達成すべき機能や性能は，外コーナの加工よりも低い水準で耐えられる．図5.90は内コーナエッジの加工例である．実際にはエッジといいながら，ワイヤ半径に放電ギャップの大きさを加えた大きさのRがついている．コーナ部の加工において，内/外，エッジ/Rと分類した中で，内エッジが最も加工の難易度が低い．その1つ目の理由は，現実にはエッジにすることができない部分であるにもかかわらず，設計者が図面を引くときにRをつけずにエッジにしたということは，そこの部分の

図5.90 内コーナエッジの加工例   図5.91 内コーナ微小Rの加工例

精度があまり要求されないからである．2つ目の理由は，高精度を得るための制御が送りの減速方向であり，機械や駆動系のレスポンスや剛性といった性能向上を要求しないからである．

b． 超高精度コーナ形状——内コーナ微小R

図5.91は内コーナ微小Rの加工例である．これだけの鋭角でこれだけの形状精度を出すためには，ファーストカットの加工制御，セカンドカット以降の加工制御がそれぞれ適切に行われなければならない．セカンドカット以降においては，単位進行量当たりの除去量は，円弧部の少し手前から徐々に増加し，円弧部終了の少し手前から徐々に減少する．制御装置がワイヤのオフセット軌跡と前回カットでの被加工物の形状を幾何学的に認識して除去量を算出することにより，適切な送り制御を行えることとなり，高い加工形状精度を実現している．

c． 超高精度コーナ形状——外エッジ

板厚：40 mm，ワイヤ径：0.2 mm，材質：SKD 11，形状なす角：30°，使用機種：AQ 325 Lである（図5.92）．本加工例を実現するうえで大きく貢献した性能・機能は，数値制御装置によるワイヤの軌跡制御と送り速度制御，および機械のリニアモータ化の3つである．ここで挙げた軌跡制御という機能は，軌跡補正とは全く異なる考えに基づくものであり，ワイヤ電極の軌跡の補正は一切行っ

図5.92 外コーナエッジの加工例

ていない．軌跡補正においては，その補正を行う際に，補正量の設定がむずかしく，補正量を過大に設定すると副作用が発生し，被加工物が所望の形状に加工されないおそれがある．軌跡制御においては，ワイヤ電極は被加工物の所望の形状軌跡にワイヤ半径と放電ギャップ分を，オフセットした軌跡をすべて完全にトレースしている．外コーナエッジ加工でのエッジ形状の崩れは，ワイヤ電極がエッジ部で被加工物から離れた後，加工方向を変え，次のブロックの加工のために再び被加工物のエッジ部に接近する際にワイヤ電極の進行方向に対して，被加工物の所望の形状軌跡の存在する方向に対して加工反力が加わることにより，ワイヤ電極が所望の形状軌跡の存在する方向にたわみ，被加工物をオーバーカットしてしまうことが原因である．

この問題に対処するために，軌跡制御は，被加工物とワイヤ電極との間で加工している部分が，加工進行方向にできるだけ近づくように加工軌跡を制御するものである．

これにより，ワイヤ電極に加わる加工反力が加工進行方向とは逆方向になる．その

ため，計算上のワイヤ電極の位置からたわみによって，実際のワイヤ電極の位置がずれても，その実際の位置は，計算上のワイヤ電極経路上に存在することになる．つまり，ずれ量の大小が実際のワイヤ電極の経路に影響を与えない．これによって，被加工物をオーバーカットしてしまうことによる形状の崩れを防いでいる．

エッジの先端付近においては，セカンドカット以降において単位進行量当たりの除去量が小さくなるので，それを数値制御装置が自動的に計算し，それに応じて送り速度をあげている．これが内コーナよりも外コーナの加工の難易度が高い理由である．まさにエッジ先端においては，理論上の送り速度は無限大になり，駆動系に高い性能が要求される．本加工例においては，使用した機械がリニアモータを採用していることにより，NCからの高速移動の指令に対し高い追従性を示している．同一水準の高精度を得るための難易度自体は，次項の外コーナ微小Rよりも容易であるが，加工結果を拡大して肉眼で判定した場合に，たとえ定量的には同程度の誤差であっても，形状が単純な分，誤差が目立つので，加工結果を評価する者からより高い水準を求められるため，結果として放電加工機にとっては外コーナ微小Rと同様の難易度となる．

d. 超高精度コーナ形状——外コーナ微小R

外コーナ微小Rも制御装置の精度向上機能によって高精度を実現した．外コーナ微小Rの加工は，外エッジ形状加工のようにワイヤ電極を被加工物から離して軌跡制御を行う余地がないので，エッジ加工よりもさらに難易度があがる．セカンドカット以降の除去量計算によって決められる送り速度を適切に制御することによって高精度を実現している．Rの部分はかなりの高速で加工送りをしながらコーナリングをしなければならず，ここでもリニアモータを採用していることが有利に働いている．図5.93は，ここまで述べてきたセカンドカット以降の加工除去量の変化を図解したものである．PE2は今回のカットにおけるワイヤ電極の中心の移動経路である．PE2の上を走行している円は，ワイヤ電極に放電ギャップを加えたものである．TN2は，前回カットによって形成された被加工物の形状である．TN1は，今回カットによって形成する被加工物の形状である．つまり，TN2とTN1で囲まれた斜線部分が今回のカットで除去する部分である．PNは，被加工物の最終的な所望の形状である．NCプログラムにおいては，この形状軌跡がプログラムされている．Prは，被加工物の微小Rの半径である．Oは，被加工物の微小Rの中心である．

ワイヤ電極が点Aから点Bへ進む直線領域においては，単位進行量あたりの除去量は一定である．次に，ワイヤ電極が点Bから点Dへ進むにしたがって，除去量が減少することが図から理解できる．ワイヤ電極が点Dから点Eへ進む円弧領域においては，単位進行量あたりの除去量は一定である．このDE間においては，被加工物の微小Rの中心Oを中心とした同心円上で，ワイヤ電極中心経路PE2が，実際に加工している部分であるTN2やTN1よりも，外側を走っていることから，AB間のような直線部分よりも単位進行量あたりの除去量が小さいことがわかる．逆にいう

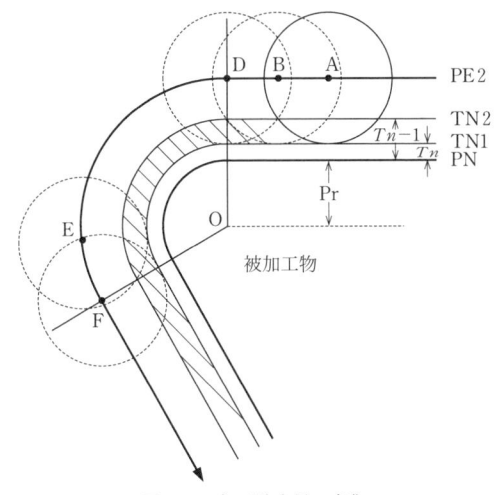

図 5.93 加工除去量の変化

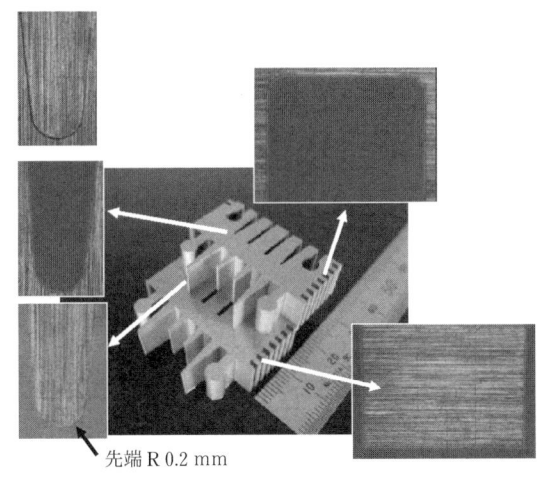

図 5.94 加工例

先端 R 0.2 mm

と，DE 間においては，AB 間よりも高速に送らなければならないのである．今ここで Pr の値が小さくなればなるほど，AB 間の送り速度に対しての DE 間の送り速度の増加比率が大きくなることが図より理解できる．つまり，微小 R が小さくなればなるほど，機械系や駆動系の性能の良し悪しが露見することになる．最後に，ワイヤ電極が点 E から点 F に進むにしたがって除去量が増加することもこの図から理解できる．ここまで述べたコーナ部においての高精度加工制御を用いて，テスト加工した

例を図 5.94 に示す．嵌合テストで加工形状精度を確認するための NC プログラムを使用して加工した被加工物の嵌合において，隙間が生じていないことが見てとれる．ここで使用した NC プログラムは，一方の辺の凸部分と他方の辺の凹部分とで形状軌跡が同じであり，オフセットをかけることによりワイヤ電極が，凸部分では形状軌跡の外側を，凹部分では形状軌跡の内側を通過している．この加工例は，今日の技術水準が，パンチ加工においてもダイ加工においても極めて高い精度を実現していることを示している．ワイヤ径：0.2 mm，被加工物：SKD 11，板厚 10 mm，使用機種：AP 200 L である．

e. 高精度加工機を使用した加工事例──微細リードフレーム

高精度を要求されるもののひとつに IC リードフレーム型のダイがある．電子部品の高集積化はとどまることがなく，ワイヤ放電加工において狭幅加工の要求の数，水準ともに，日に日に増えている．また，金型の強度を確保するために，板厚も重要な要素である．高精度機種を使用して加工した例を図 5.95 に示す．板厚：6.0 mm，ワイヤ径：0.02 mm（タングステン），材質：KD 20，仕様機種：AP 200 L，加工液：油，最狭溝の幅：0.040 mm，加工面粗さ：0.5 μmRz である．

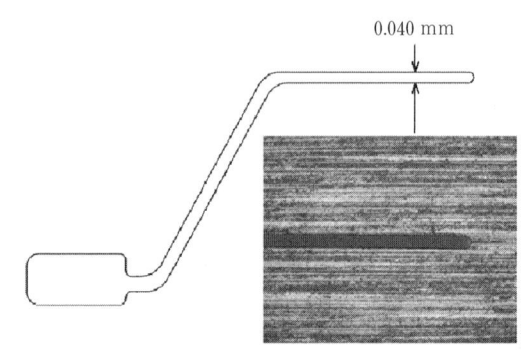

図 5.95 高精度加工機を使用した加工例

f. 極限的超高精度機種を使用した加工事例──マイクロ櫛刃加工と微細スリット

スリットの極限加工を次に示す．板厚：0.60 mm，被加工物：WC（G 5），ワイヤ径：0.02 mm（タングステン），加工面粗さ：0.40 μm，加工液：油，使用機種：EXC 100 L である．この微細加工では，オールセラミックス製でエアスライダーによる完全非接触の位置決めを行う超高精度放電加工機を使用した．幅がわずか 25 μm のスリット加工であるから，直径が 20 μm のワイヤ電極を使用しても両側 2.5 μm ずつの放電ギャップしか許されない．加工液に油を使用し，リニアモータ駆動での高応答サーボ制御によって，この極限的に小さな放電ギャップによる加工を実現した．さらに，この極限的に小さな放電ギャップにより，微小な放電エネルギーの制御が可能になり，図 5.96 に示されているような幅がわずか 7 μm のマイクロ櫛刃の根

図 5.96 マイクロ櫛刃加工

元部分で，熱影響による加工ひずみを最小限に抑えた．図 5.97 には，最小駆動単位・最小指令単位が $0.01\,\mu m$ の EXC 100 L の写真を示す．

g. 厚物の高精度嵌合

板厚が厚いものの高精度加工も重要である．図 5.98 の加工は，板厚：100 mm，ワイヤ径：0.20 mm（真鍮），被加工物：SKD 11，加工液：水，加工面粗さ：$0.5\,\mu mRz$，勘合の溝幅：0.500 mm，使用機種：AQ 325 L で行った．こういった形状の加工はひずみにより湾曲しやすく，これを精度よく

図 5.97　EXC 100 L

加工するためには，ワイヤ電極のテンションをできうる限り高くしてやる必要がある．しかし，ワイヤ電極のテンションを高くすると，加工中にワイヤ電極が断線する確率が高くなったり，加工速度の面でのデメリットが出たりする．この問題を克服するための重要な機能として，高テンションでの安定した加工を実現するテンションサーボコントロールがある．この機能によって，荒加工から仕上げ加工までの各カットにおいて，ワイヤ電極を高テンションにすることによって生じる不都合に悩まされることなく，形状精度の向上と面粗さの向上を実現している．

h. 精密打抜き加工用金型

厚板においての微細加工の要求も多い．図 5.99 に，荒加工で通常の太さのワイヤを使用し，仕上げ加工で細線ワイヤを使用することによって，厚物加工において加工時間と加工精度の両立を得たものを示す．荒加工ワイヤ径：0.20 mm（真鍮），仕上げワイヤ径：0.03 mm（タングステン），被加工物：SKD 11，板厚：80 mm，面粗さ：$0.40\,\mu mRz$，使用機種：AP 200 L である．使用した機種は，使用可能なワイヤ径が 0.20～0.03 mm と広い範囲であるため，同一加工機において荒加工と仕上げ加工で異なる太さのワイヤを使用して，加工時間と加工精度とを両立した．

368 ── 5. 放電加工

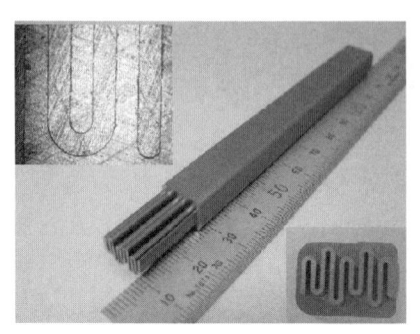

図 5.98 厚物の高精度加工

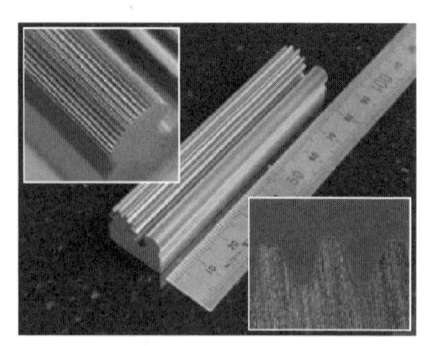

図 5.99 厚板における微細加工の例

i. 高速加工

実用的な太さのワイヤで大きな加工速度を得た例を示す．図 5.100 はワイヤ径：0.25 mm，被加工物：SKD 11 を各板厚で加工した面積速度データである．使用機種は LQ 33 W 付き AQ 325 L である．これを実現した機能は，放電電流の高ピーク化・高周波化された放電制御回路，断線回避回路である．

j. 中空形状加工，段差形状加工

ワイヤカット放電加工の連続運転において最も大きな障害となっているのが，ワイヤの断線である．その大きな原因として，被加工物の形状による実質板厚の変化がある．板厚が変化する場所において，加工エネルギーが変化した板厚に対応しないと，加工状態が不安定になりワイヤが断線する．このようなワイヤ断線を防ぐためには，加工者が加工中に加工状態を監視し，状況に応じて加工条件を変更する必要がある．これを無人化して，加工中に加工者が付きっきりにならなくても NC 装置が自動的に板厚の変化を認識し，それに対して最適な加工条件への変更を自動的に行った例が図 5.101 である．

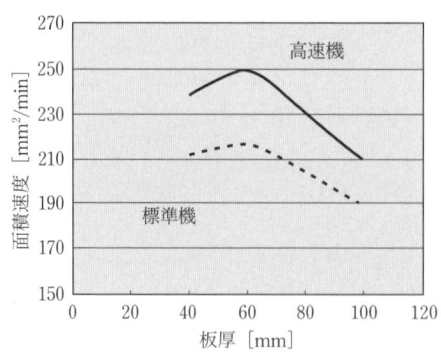

図 5.100 直線高速加工における板厚と面積速度の関係（真鍮ワイヤ φ0.25，SKD 11）

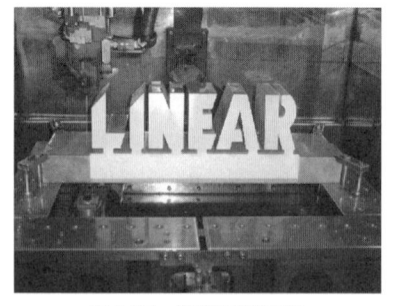

図 5.101 段差形状加工例

5.7.2 形彫り放電加工機による加工例

a. 三次元ソリッドモデル内蔵加工

図 5.102 のような加工では，電極が先端から根元に向かうに従って太くなっているので，加工完了後の被加工物の穴の浅い部分の上方からの加工投影面積は大きいのであるが，加工進行の初期の段階，つまり電極が被加工物に深く入っていない段階では電極の先の部分で加工しているので，最終的な所望の形状と実際に加工している電極形状とのギャップが大きい．したがって，加工が浅い部分では強い加工条件で加工することができる．しかし，加工修了地点付近では，所望の穴の形状と電極形状とが一致してくるので，形状精度の高い加工結果を得るためには，小さい減寸に対応した適切な加工条件に変更する必要がある．そして，図 5.102 のような電極の場合には，上方投影面積が，加工が進むに従って徐々に変化するのではなく，ある深さになると急激に変化して最終的な所望の形状と電極形状が一致するのである．このような形状の電極で加工する場合には，数値制御装置に電極形状を三次元的に認識させることによって，数値制御装置が最適な加工条件を自動的に選択することが可能となる．電極の三次元ソリッドモデルを内蔵した制御装置を使用することにより，逐次変わっていく見かけ減寸に応じた最適な加工条件で加工を行うことができる．さらに，荒加工と仕上げ加工で異なる最適な制御を行っている．つまり，荒加工では放電投影面積に応じた加工条件を，仕上げ加工では，加工深さごとの全体放電表面積に応じた加工条件を自動的に選び出し，最適な加工を行う．

次に示す加工例では，従来技術と比較して加工時間が約 40% 短縮された．大型

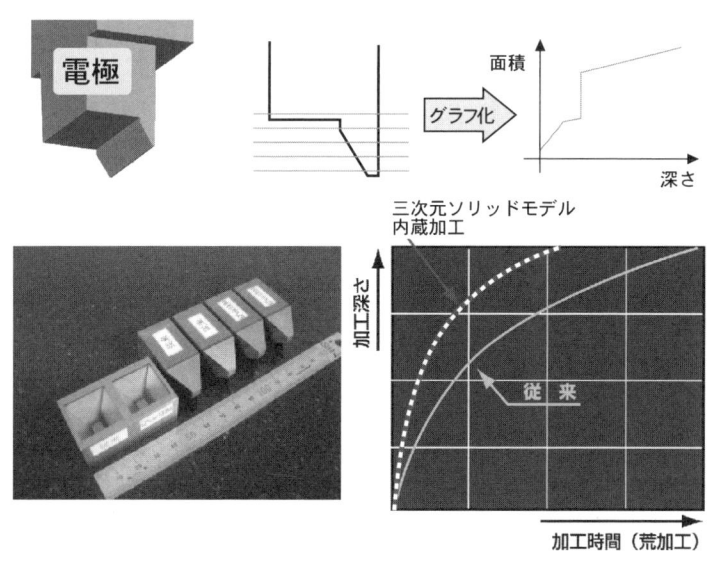

図 5.102 三次元ソリッドモデル内蔵加工による性能向上グラフ

□：20 mm，小型□：5 mm，30度テーパ，加工深さ：15 mm，電極：Cu，被加工物：SKD 61，減寸量：0.2 mm/side（荒・仕上げ）．

b. 鏡面加工

図5.103に今日の最良の加工面粗さである0.31 μmRzを達成した加工例を示す．電極材質：電気銅，電極形状：直径8 mmの円柱形，被加工物：SKD 61，加工面粗さ：0.31 μmRz，使用機種：AP1Lである．これは，1 μmRz未満の仕上げ面を実現する特殊な専用回路を放電電源内に実装することによって実現している．この鏡面加工を用いることにより，金型の磨き工程の省略や軽減を進めることができる．

c. 超微小コーナ内R

機械切削やワイヤ放電加工には真似のできない形彫り放電加工機の大きな特長として内コーナのエッジ加工がある．電極がエッジ形状でも，被加工物へはエッジ先端から放射状に放電されるので，厳密にはエッジ形状ではなく微小R形状である．しか

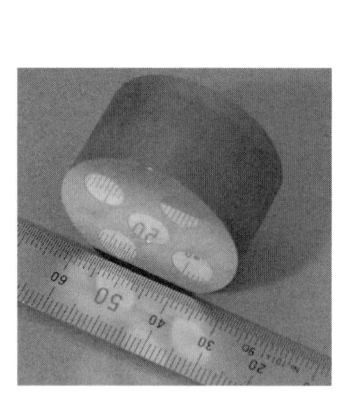

図5.103 鏡面加工例とそれを実現したAP1L

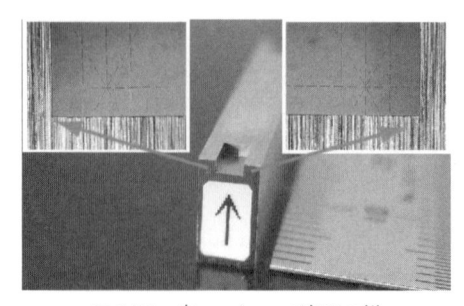

図5.104 内コーナエッジ加工の例

し，スピンドルによる切削加工の内コーナ形状と比較すると，エッジといっても差し支えないくらいのRの小ささを実現している．図5.104の例では，Rの部分は6〜8 μm である．電極材質：銅タングステン，加工形状：1×4 mm，被加工物：SKD 11，加工深さ：1.5 mm，加工面粗さ：0.35 μmRz，使用機種：AP 1 L である．

d. 加工面積に対しての最良面粗さ，および平坦度

形彫り放電加工においては，加工面積が大きくなると最良面粗さが劣化するが，100万分の1秒から数十分の1秒に正確に1ないし数アンペアの電流を実現したことにより，すべての加工面積において従来より改善がみられる．図5.105に加工面積と最良面粗さとの関係グラフを示す．さらに，平坦度は従来1.8 μm 程度であったが，1.0 μm に改善した．加工速度も向上している．

e. 細穴加工

穴加工において，底付の穴に対して貫通した穴を区別して「孔」と記す．本項目の加工例はすべて貫通した穴である．図5.106は加工孔径0.04 mm以下の多数個加工例である．電極材質：タングステン，電極形状：直径0.02 mmの非パイプ形円柱形状，被加工物：G 5，被加工物板厚：0.3 mm，加工孔径：0.037〜0.040 mm，加工時間：6分/孔，使用機種：K 1 BL である．通常，細孔はパイプ電極を使用して，加工液をパイプの中を通して加工先端に噴流することにより，加工チップを効率的に除去しながら加工する．しかし，加工孔径が更に細いものを加工する場合には，当然，使

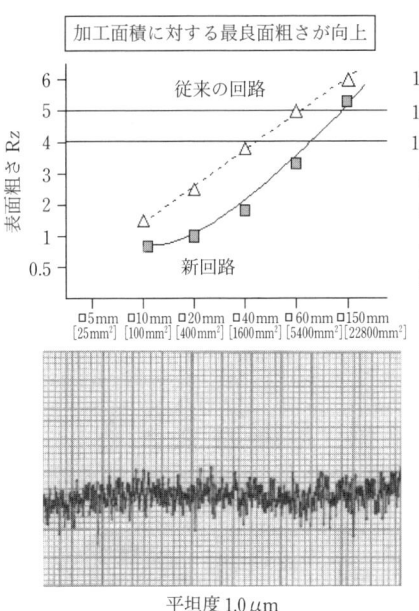

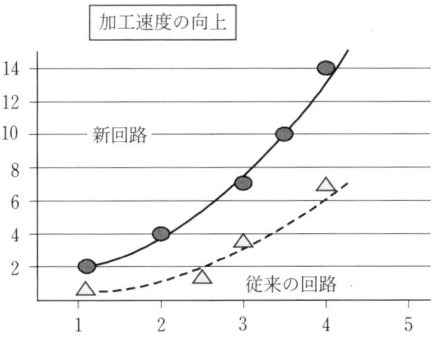

図 5.105 加工面積と最良面粗さの関係

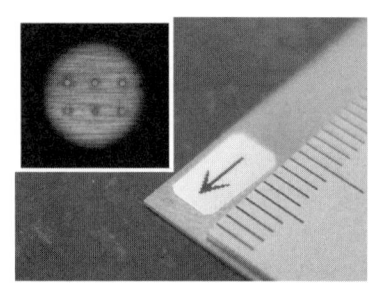

図5.106 超微細孔加工例

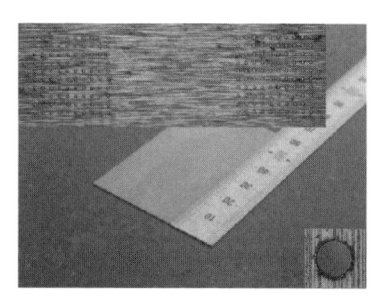

図5.107 微細孔の200孔連続加工例

用する電極も更に細いものを必要とし，電極を中空にしたパイプ電極の作成が不可能になる．したがって，本加工例のように，加工孔径が0.04 mm以下の場合には，パイプ電極ではなく，通常の棒形状の非パイプ電極を使用しなければならない．本加工例では，タングステンの非パイプ形円柱形状の電極を使用した．この例のような微細孔加工は，電子部品の高密度化に伴い，ますます増えてきている．こういった極めて細い電極で微細孔加工を行う場合には，Z軸の高応答性が要求され，Z軸にリニアモータを採用した機械で加工したことによる効果が大きい．図5.107は，電極径：0.03 mm，電極材質：タングステン，被加工物：WC (G5)，板厚：0.5 mmで，微細孔の200孔連続加工例である．

図5.108 微細孔加工機

さらに，Cuパイプ電極を使い，超硬合金の被加工物を，電極径100 μmで深さ15 mmの貫通孔加工という$L/D=150$をも実現している．図5.108は，これらの微細孔加工を実現した細孔専用放電加工機である．

5.7.3 先端水準加工のための要素

先端水準の加工結果を得るためには，人的要素と設備的要素の両方を満たす必要があることは一般に認識されている．

人的要素について述べると，加工担当者それぞれのノウハウの蓄積のみならず，放電加工機の性能をフルに引き出し，機能をフルに使いこなすために，そのマニュアルなどを十分に理解することが必要であろう．さらに，放電加工機の技術的な進歩の情報を常にウォッチして，ブレイクスルーの情報をキャッチした場合にそれに乗り遅れないように意識していることが重要である．

設備的要素についていえば，放電加工機の適切な維持管理や，放電加工機を設置してある工場の地盤が堅固であって，さらに工場内の気温管理が適切に行われていることが要求される．そして，上記キャッチした技術情報を遅滞なく設備に反映することも重要である．適切な時期に最新鋭の放電加工機に設備更新することだけではなく，機械本体は変更せずに制御装置のソフトウェアのみの更新でも，最新技術を享受することが可能な場合もある．

　以上，放電加工における先端水準の加工例を示したが，ワイヤ放電加工機における超大角度テーパ加工や，形彫り放電加工機における深物加工でも，先端水準の技術革新が進んでいることを付言しておく．

　機械加工現場における放電加工のノウハウの奥行きは深く，機械が保証している精度を越えた水準を現場が自らに課し実現している例もある．一方，放電加工の応用分野の裾野は広く，本節で示した技術水準を要求しない加工が多く存在することはいうまでもない．

　本節に示した例は，先端水準の加工例を技術的に分類して，それぞれの要素技術の紹介も兼ねるようにしたが，市場においての実際の加工は，ここで紹介した技術の組合せによって複合的な要素を加味したものになる．　　　　　　　　　〔沖　隆一〕

▶▶ 文　献
1) 沖　隆一，佐野定男，唐戸幸作，松原秀一，林　泰：3次元ソリッドモデルを内蔵した新世代NC，2003年度精密工学会秋季大会学術講演会論文集（2003）
2) 沖　隆一，唐戸幸作，荒井祥次，金子幹男：ワイヤーカット放電加工機における加工形状精度向上の研究，2003年度精密工学会春季大会学術講演会論文集（2003）
3) 沖　隆一，唐戸幸作，荒井祥次，金子幹男：リニアモーター搭載ワイヤー放電加工機における形状精度向上のための最新制御技術，電気加工学会（2002）
4) 出店紀和：リニアモーター駆動ワイヤ放電加工機における最新技術，機械と工具（2003）
5) 山田久典，大川正幸：リニアモータ駆動ワイヤ放電加工機による加工事例，型技術（2003）
6) 山田久典：リニアモーターで高速・高精度・高付加価値に変わる放電加工の可能性，ツールエンジニア（2003）

6. 積層造形加工

6.1 加工原理と加工機械

6.1.1 積層造形の原理

　積層造形は三次元造形の基本原理を表す方法で，その迅速性から一般的にはラピッドプロトタイピングと呼ばれている．この造形法は三次元データで記されたものを自動的に製造する（図6.1）技術であり，言い換えれば，イメージからものを表現する現在唯一の方法である．

　数値に定義された立体データから製品が直接創製されるため，慣用法に比較してはるかに自動的に高速に加工できるので，英語の rapid prototyping がこの技術の総称として用いられ，省略形のRPが通称となっている．試作が主な用途と考えられていたが，加工精度や材料の機械的特性が向上するとともに，このRPでしかつくれない実用製品への応用が進み，高速生産へと言葉の意味するところも大きく変わってきている．

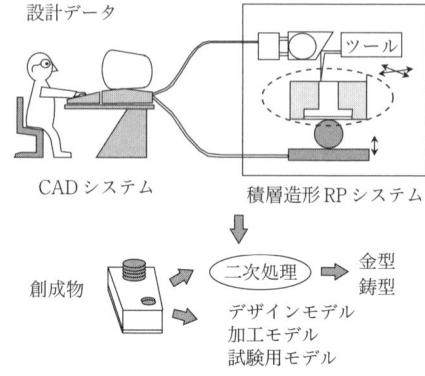

図 6.1 RP積層造形システム

　RPの重要な要素である「スピード」の点から眺めると，切削のような慣用の技術であっても，スピンドルの回転数やテーブルの送り速度の向上，あるいは往復加工などのソフトの改良によって高速化が進み，その意味でRPという言葉の範疇に入るようになってきている（図6.2）．しかしながら，切削は除去加工であり，切子という廃棄物を生み出す．型を用いる変形加工も製品以外の加工補助部分を必要とするため，ネットシェイプ加工ではない．それに対して，RPを代表とする付加加工は必要な部分にのみ材料を追加して造形するため，ある意味では無駄の少ないニヤネットシェイプ加工といえるだろう．

　切削の場合でも三次元形状を加工するには3本以上の加工軸が必要で，特に複雑な形状の加工にあたっては，回り込んだ裏側の面を処理することもあるため通常は5軸

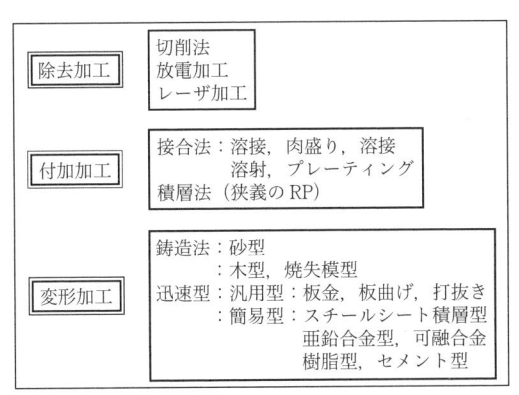

```
┌─────────┐ ┌──────────────────────────────┐
│ 除去加工 │ │ 切削法                        │
│         │ │ 放電加工                      │
│         │ │ レーザ加工                    │
└─────────┘ └──────────────────────────────┘

┌─────────┐ ┌──────────────────────────────┐
│ 付加加工 │ │ 接合法：溶接，肉盛り，溶接    │
│         │ │         溶射，プレーティング  │
│         │ │ 積層法（狭義のRP）            │
└─────────┘ └──────────────────────────────┘

┌─────────┐ ┌──────────────────────────────┐
│ 変形加工 │ │ 鋳造法：砂型                  │
│         │ │       ：木型，焼失模型        │
│         │ │ 迅速型：汎用型：板金，板曲げ，打抜き │
│         │ │       ：簡易型：スチールシート積層型 │
│         │ │         亜鉛合金型，可融合金  │
│         │ │         樹脂型，セメント型    │
└─────────┘ └──────────────────────────────┘
```

図 6.2 ラピッドプロトタイピングの分類（広義）

以上を使用する必要がある．しかも，加工にあたっては工作物を固定することが必要であるが，この部分はそのままでは加工できないため，持換えが必須となり，こうした機構を満足するにはさらに高度な装置とソフトが必要となる．もちろん，内部形状も加工できない．最近の装置開発の歩みは著しく進んでおり，こうした高度な技術を使用することなく，簡便に三次元加工を実現する要素技術が「積層」である．

この方法は三次元の物体データを Z 方向に垂直な XY 平面（水平面）で細かくスライスして分割する．この分割された二次元データを何らかの手段で造形し，これを接合・積層することを繰り返して，三次元形状を復元・造形する．こうして造形した二次元データをある厚さで重ねていくので，通常は 2.5 次元加工と呼ばれる．この方法を積層造形法とも呼んでいる（図 6.3）．この積層厚さを必要に応じて細かくすることにより，三次元造形が実現される．

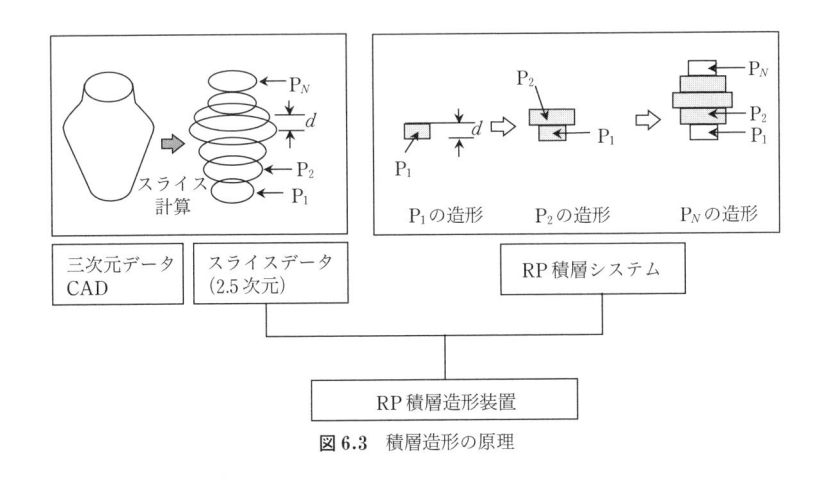

図 6.3 積層造形の原理

6.1.2 積層造形法の特徴
a. 長　　所
　従来の製造法と比較して大きな相違があり，既存の加工法にも影響を多々及ぼしている．

　ひとつの特徴は複雑形状の製造ができることである．特にほかの加工法との大きな違いは，外部と隔離された内部構造が容易につくれることである．したがって，負の抜け勾配はもちろん，多数の部品が組み合わさったユニットなども加工できることになる．

　NC加工のような複雑なプログラムを必要としないので，加工ルーティンが簡便であり，積層工法を基本として種々の材料の使用が可能である．加工単位を小さくできるので，マイクロ部品の加工も可能である．しかも，MRIやCTのような目の粗い点（ボクセル）データでも利用できる．基本は付加加工であるため，廃棄物が少なく，オフィス環境で扱える装置もあり，大型から小型まで必要に応じて装置が選べる．

b. 留　意　点
　装置の構成によってはかなりの金額になるものもある．製品材質，精度，強度などから適切な装置を選ぶ必要がある．

　業種によっては三次元CADが異なるので，CADデータの修正が必要な場合があるが，一般的には専用のデータ管理ツールが使われる．また，航空機や自動車などの自由曲面を多用する分野と，限られた空間に部品を詰め込む家電業界では，試作部品への要求が異なる．類似形状が繰り返される場合にはバーチャル設計が進み，試作の必要性は減少する．

　積層造形の出現はCADデータ，特にソリッドデータの普及に貢献した．欠陥のあるデータでは造形できないので，データの質が高いことが必要である．

　積層造形法は基本的に2.5次元加工であり，Z軸方向に積み重ねているので造形物には方向性があり，精度はXY方向に比較して劣る．また，加工単位を小さくするほど造形する時間がかかる．

　造形法によっては，構造を支えるサポートと呼ばれる，補助構造物を追加する必要がある．その位置や構造，個数は自動あるいは手動で決められるが，それにはある程度のノウハウが必要である．しかも，造形後に取り除く後処理を必要とする．そのため，現在ではプリンタ感覚で使用する装置の場合には，造形物以外の空間をすべてサポート材（可溶性の材料または簡便に除去できる材料，もしくは未結合の粉末）で満たし，造形性と精度を向上させるソリッドサポート方式が多くなってきている．

　造形機はほぼ自動化されているが，後処理が必要な場合が多い．また，細かな形状を造形するには，材料の特性を生かしたノウハウが必要となる．

6.1.3 積層造形機の構成

積層造形機の 3 要素は，①ハード，②材料，③ソフトである．ここでは全造形機に共通する造形工程（図 6.4）とそれに使用する制御ソフトについて述べる．

① データの取込み：三次元 CAD のデータにはワイヤフレーム，サーフェースモデル，ソリッドモデルがあり，現在ではサーフェースモデルあるいはソリッドモデルが使用されている（図 6.5(a)）．積層造形機で造形するには，二次元のスライスデータを作成する必要がある．三次元 CAD はそれ

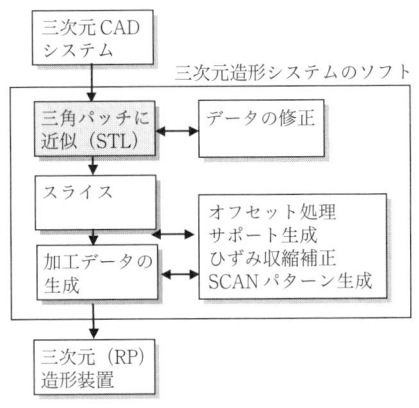

図 6.4 積層造形の工程

ぞれ独自の仕様に基づいてつくられているため，造形機に共通なデータを渡す必要がある．形状伝達用の中間ファイルとして，三角パッチ（表面形状が三角形のつながり）で表現する STL ファイルを用いる（図 6.5(b)）．形状データが取り込まれると，2.5 次元化するために輪切りのスライスデータを作成する．この過程で，CAD 上に表現されていなかった欠落部分や重複などの問題がある場合，もしくは CAD から出力された STL データの作り方に問題がある場合には，造形不良を引き起こすので，自動・手動で完全な造形用のデータに編集する必要がある（図 6.5(c)）．

② 造　形：スライスデータをもとに造形機を使って，材料を敷きつめて二次元平面部分を創製するが，微細加工をするには加工単位を小さくする必要があり，そうすると必要な造形部分を材料で埋めつくす（塗りつぶす）必要があり，これをいかに早く行うかが問題になる．単純な方法として，テレビの走査線のように左右にスキャンしながら走査するラスター方式がある．これとは別に，断面形状の輪郭を描いて埋めていくベクトル（ベクター）方式がある（図 6.5(d)）．後者の方が表面が滑らかに造形できる利点があるが，造形バランスを維持するには両者を組み合わせることが多い．これを Z 軸方向に積み重ねて，造形を終了する．

③ 後処理（仕上げ）：造形した製品を造形ベースから取り外す必要があるが，この際に造形品の底面形状が破損したりしないようにするため，除去用の造形ベース（サポートの一種で，通常は足と呼んでいる）を取り除き，段差の除去や塗装，場合によっては後熱処理を行う（図 6.5(e)）．

6.1.4　造形機の種類

造形機のハードとしては使用する材料と工法，加工単位によって数多くのものが考えられ（図 6.6）あらゆる事例が報告されている．筆者は使用する材料と加工要素の

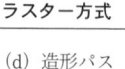

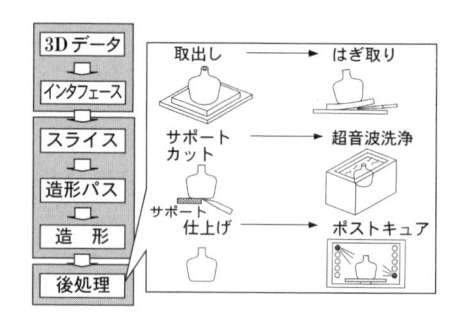

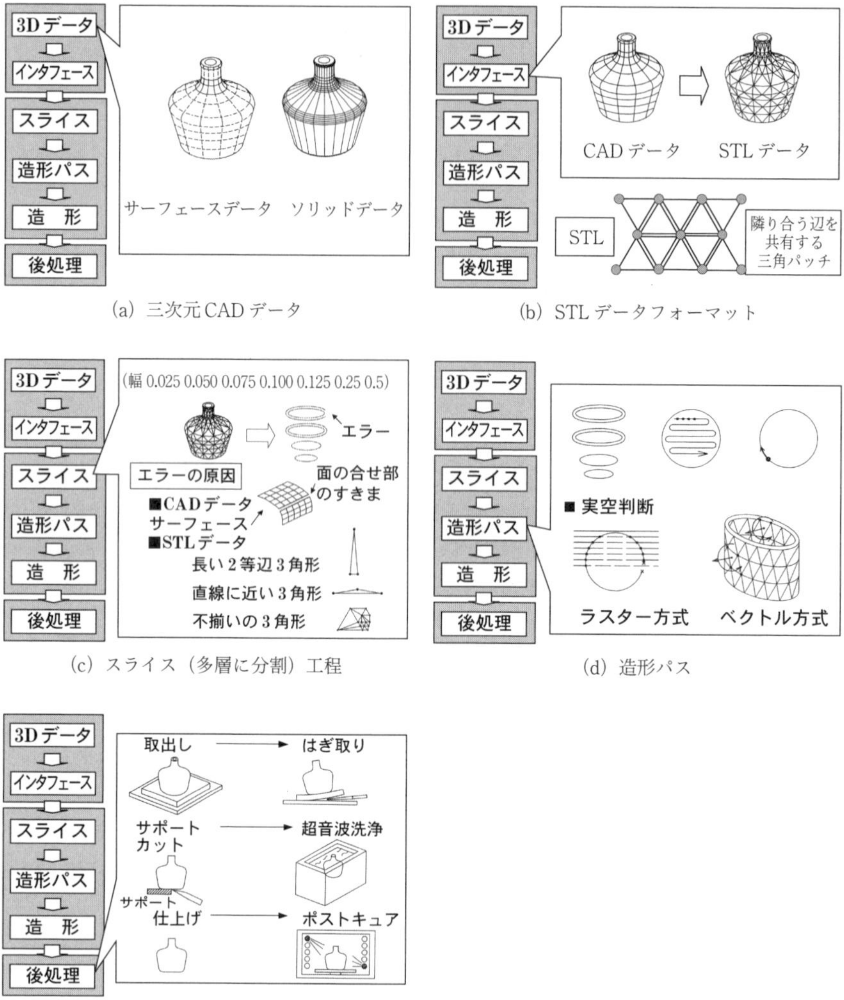

図6.5 (a) 三次元CADデータ
(b) STLデータフォーマット
(c) スライス（多層に分割）工程
(d) 造形パス
(e) 後処理（仕上げ）

図6.5 CADデータの加工工程

解析から（表6.1），便宜的に図6.7に示した4つの方法，① 光で硬化する液体樹脂を用いた光造形法，② 溶融材料を積層する溶融物堆積法，③ 粉末を固める粉末固着（焼結あるいは接着）法，④ シート材料を接着・接合・切断する薄板（シート）積層法，に分類している．ある場合には，② 溶融物堆積法を，押出方式，インクジェット方式，ガス分解堆積に分ける分類方式もある．これらの方法の主な特徴を表6.2に，詳細は6.2節以降の各論に示す．

6.1 加工原理と加工機械 ——379

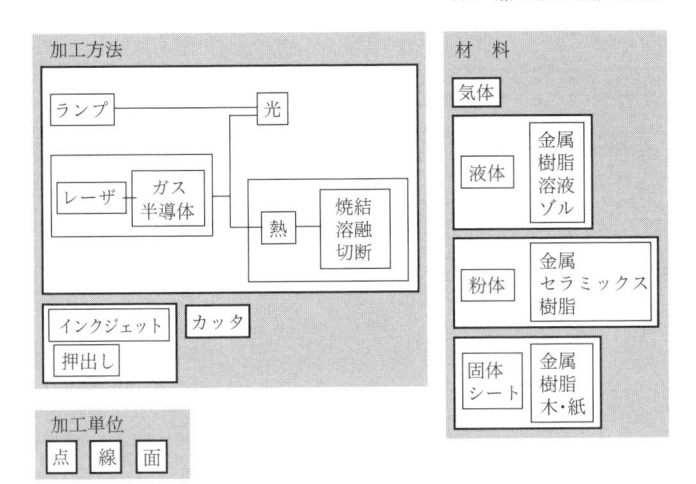

図 6.6 積層造形を実現する3要素

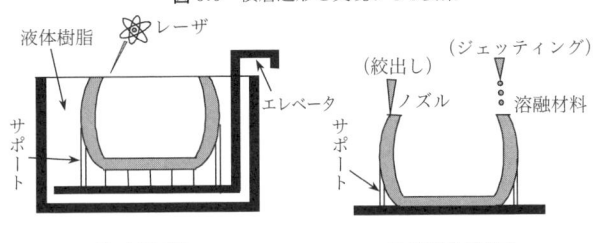

図 6.7 積層造形法の4分類

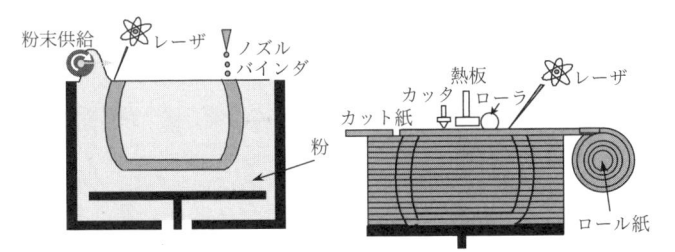

① 光造形法
② 溶融物堆積法
③ 粉末固着（焼結）法
④ 薄板積層法

表 6.1 RP製作方法と加工条件

造形法	加工動作	材料と加工エネルギー	材料付加
液体樹脂硬化法（光造形）	非接触	分離	連続接合
粉末固着（焼結）法	非接触	分離	連続接合
溶融物堆積法	接触（非接触）	一体	溶融接合
薄板（シート）積層法	接触（非接触）	分離	部分溶融接合

表 6.2 RP製作方法と特徴

液体樹脂硬化法（光造形）	微細加工，サポートが必要
薄板（シート）積層法	大物（かたまり）や薄物，後処理が必要
粉末固着（焼結）法	複合材料・汎用樹脂，微細加工が難しい
溶融物堆積法 ｛押出し法	汎用樹脂，精度は悪いが簡便，サポートが必要
インクジェット切削法	低融点樹脂，高精度，仕上げが不要

装置選択のポイントは，装置自体の精度，スピード，材料特性に依存するが，実際には造形する製品の形状，材質，特徴（機械的・物理的・化学的），個数に応じて選ぶ必要がある．

6.1.5 造形機の普及状況

造形機のユーザ分類を図6.8に示す．もともとは高価な装置であったため，誰もが所有できる装置ではなく，サービスビューロと呼ばれる模型製作業者，あるいは自動車業界や官公庁の研究機関にしかなかったが，三次元CADの普及により多くの業界に導入された．さらに教育機関への普及により，ユーザの裾野が広がっていった．わが国では世界の傾向とは大きく異なった使い方をしており，装置も微細加工と精度が期待できる光造形がほとんどで，その使用台数が全世界の半分を占めているという特異な状況にある（図6.9）．

光造形の時間がかかるという点を補完するように，大物で造形時間を小さくできるシート積層法が一時期増加した．シート積層法は原材料を切断する機構なので，製品部を塗りつぶす必要がなく，表面形状部分のみを切断工具が動くということになる．しかも，加工単位であるシートには繊維が連続し，それ自身が一体であることも特徴である．それに引きかえ，外国では汎用樹脂で後加工が楽なABSが使用できる押出

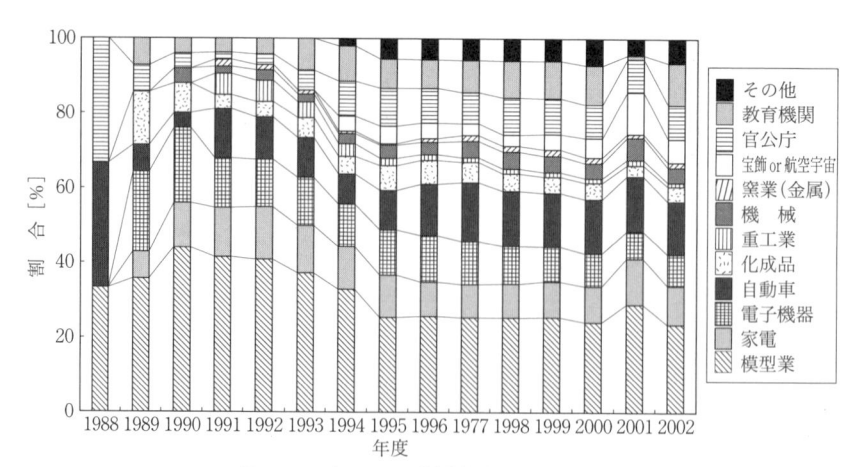

図6.8 日本における積層造形のユーザの分類

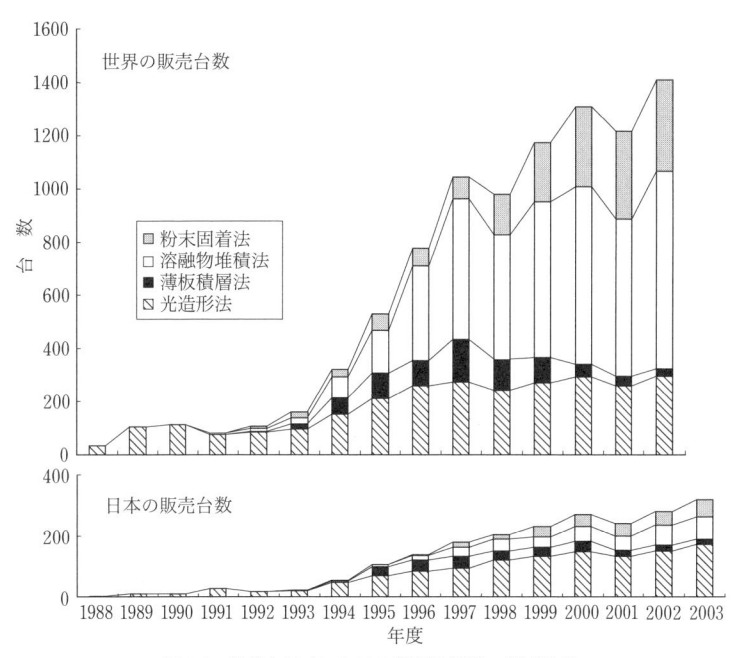

図 6.9 世界と日本における積層造形機の販売状況

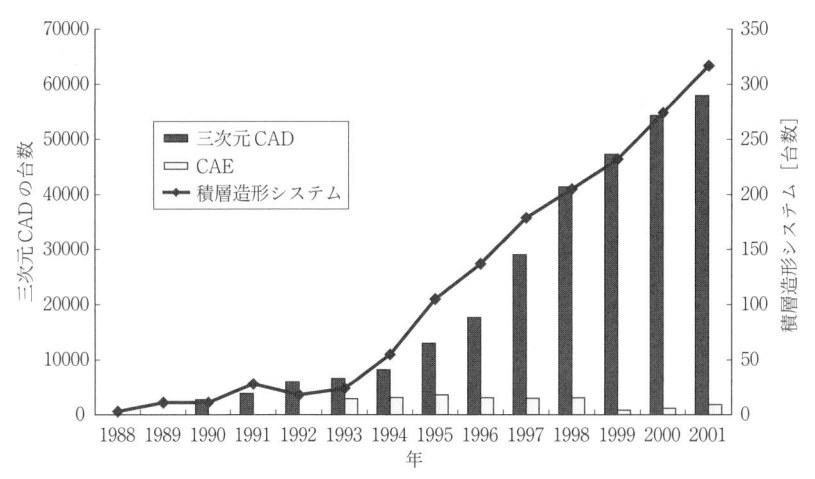

図 6.10 日本における三次元CADと造形機の伸び

タイプの溶融物（樹脂）堆積タイプが多いのが特徴である．さらに，微細加工には，切削でZ軸の厚さを薄く制御するワックスのインクジェット装置の普及や汎用材料が使える粉末焼結装置の使用がみられる．最近ではスピードの著しく速い水溶液バイ

ンダを使用する粉末造形機の使用が伸びてきている．造形機はそれを動かすデータ量によっても大きく変化する．図6.10に日本における機械系の三次元CADの稼動台数の関係を示すが，ほぼ同様な傾向を示し，三次元データの流通が大きく影響していることがわかる． 〔今村正人〕

6.2 材料と加工条件

6.2.1 光 造 形
a．加 工 原 理

光造形法の原理は図6.11に示すように，コンピュータ上で設計した三次元形状を二次元スライスデータに分解し，各層に該当するスライスデータに基づいて紫外線レーザを選択的に照射して1層の硬化物を得るものである．1層分のデータに該当する硬化物を得た後は，エレベータを積層膜厚分降下させ，次層のデータに対応する硬化物を紫外線レーザを用いて硬化させる．この手順を繰り返すことによって所望の三次元形状物を得ることができる．この技術は種々製品の開発設計に要する納期の短期化・低コスト化に貢献している．

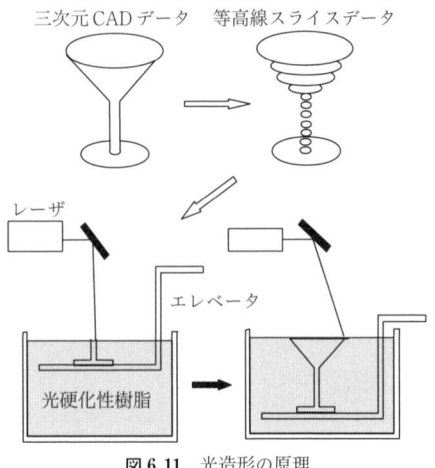

図6.11 光造形の原理

b．用 途

光造形の用途は図6.12に示すようなものがあげられるが，大きく分けてデザインおよび機能の確認モデル，少量生産の加工マスタ，成形用のダイレクト型用途およびその他に分類できる．それぞれの用途で必要な特性が異なり，光造形装置，光造形用樹脂組成，造形条件の最適化がなされている．

デザインおよび機能の確認モデル用途では，三次元CADデータの形状確認，部品の組付け干渉などの機能確認，設計形状のシミュレーションなどがある．確認モデル用途では，目的とする造形物は単品で作成され，主に設計の初期段階における妥当性検証に用いられる．設計の中期段階では数個から数十個の試作品による信頼性試験，あるいは量産に備えた試験が必要となる．真空注型，ロストワックスなど小ロット試作に適した注型法の加工マスタモデルとしても光造形が適用されている．量産時の金型設計は，金型試作-検証-修正-試作のサイクルが繰り返され，コストと時間がかかる工程である．光造形技術を適用して射出成形型を作成することで，検証-修正のサ

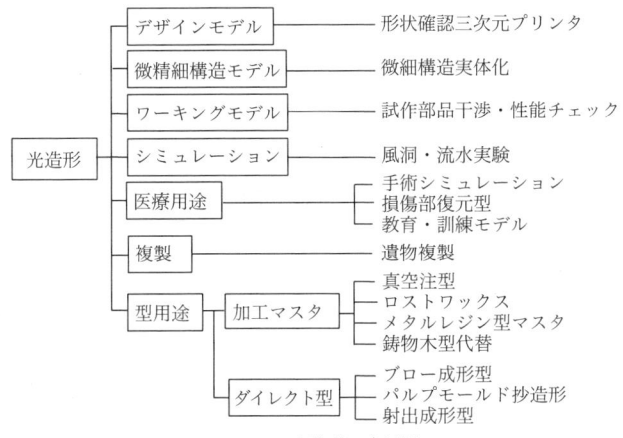

```
                    ┌─ デザインモデル ─────── 形状確認三次元プリンタ
                    ├─ 微精細構造モデル ───── 微細構造実体化
                    ├─ ワーキングモデル ───── 試作部品干渉・性能チェック
                    ├─ シミュレーション ───── 風洞・流水実験
                    │                          ┌─ 手術シミュレーション
 光造形 ─┤─ 医療用途 ─────────────┼─ 損傷部復元型
                    │                          └─ 教育・訓練モデル
                    ├─ 複製 ─────────────── 遺物複製
                    │                ┌─ 加工マスタ ─┬─ 真空注型
                    │                │              ├─ ロストワックス
                    │                │              ├─ メタルレジン型マスタ
                    └─ 型用途 ──┤              └─ 鋳物木型代替
                                     │              ┌─ ブロー成形型
                                     └─ ダイレクト型 ┼─ パルプモールド抄造形
                                                    └─ 射出成形型
```

図 6.12 光造形の応用例

イクルを大幅に短縮できる．小ロットの射出成形であれば金型を用いなくても樹脂型で生産することができ，設計から射出成形品入手までの時間とコストを大幅に削減できる．光造形では，切削加工では不可能な中空構造・複雑な形状の造形も可能である．また，コンピュータソフトウェアの発展によって，三次元データの収集，CAD以外の三次元形状データの変換も容易に行えるようになった．そのため，医療用CTデータを用いた骨格・臓器の形状モデル作成，遺物や人体の外観形状のモデル化，芸術作品としての適用なども行われている．

表 6.3 に製品開発の流れと各段階におけるモデルの必要数，および各段階における光造形技術の適用目的を示す．

表 6.3 光造形のターゲット

製品開発の流れ	モデル必要数	光造形技術の適用目的
意匠設計	数種各1個	デザイン確認
製品設計	数種各1〜10個	機能確認，シミュレーション
型設計	10〜50個	型形状検証
量産試作	50〜5000個	少量試作用射出成形型

c．デザインおよび機能の確認モデル

（1）光造形法の造形精度　光造形では設計データ通りの三次元形状物が得られることが最も重要な要求性能である．光造形で作成される造形物の造形精度は，光造形装置の特性と造形用樹脂の特性に大きく依存する．光造形を行う対象の大きさ，要求される精度に応じて，光造形装置，光造形用樹脂のグレードが用意されている．

造形精度の中でも最も重要な特性は造形物の寸法精度である．寸法精度を決定する大きな因子は光造形装置の紫外線レーザの位置決め精度であるが，これは目的とする造形物のサイズによって異なる．紫外線レーザはコンピュータ制御されたガルバノミ

ラーによってX方向およびY方向に走査される。X-Y方向への振り角が大きくなると周辺部ではレーザ光が斜めに照射されるため,厳密にいえばテーブルの中心部と周辺部で硬化形状が違ってくる。また,ガルバノミラーの可動角度にも制限があるため,現行光造形装置のレーザは約20度の振り角となっている。大きな造形物を作成するためには大面積の照射領域をカバーする必要があるが,そのためには上記制限から,レーザの照射位置を液面から遠くする必要がある。逆にレーザの照射位置を液面に近づけることでレーザの位置決め精度を高めることができるが,大きな造形物を作成することがむずかしくなる。対象とする造形物の大きさ,求められる造形精度に応じて数種の光造形装置が用意されている。一般の造形装置では,X-Y方向のレーザ位置決め精度は±50 μm,高精細造形装置では±25 μm 程度が実現できている。

X-Y方向の造形精度はレーザの位置決め精度で決定されるが,Z方向(深さ方向)の造形精度は造形物を設置するエレベータの昇降精度に依存する。光造形は前述のごとく硬化薄膜を積層させて三次元形状物を作成するため,硬化薄膜の膜厚が薄くなれば,造形物のZ方向の段差が減少する代わりに積層回数が増えて造形時間が伸びる。造形物の段差と造形時間の兼合いから,通常は単層膜厚100～200 μmで作成されている。現行の市販されている光造形装置では,エレベータの昇降精度はおおむね±10 μm以内の値を示している。

光造形法の最も大きなメリットのひとつはオーバハング形状が作成できることである。光造形では下層から順番に硬化層を積層していくが,下層に硬化物のない状態でも上層に硬化層を作成することができる。この特性のため,切削加工や射出成形では作成不可能な複雑な形状,中空形状などを容易に作成することができる。オーバハング形状を作成するためには光造形用樹脂の硬化深度コントロールを行うことが必要である。レーザ光は紫外線硬化性樹脂の表面から樹脂液中に浸透していく。樹脂液中の光重合開始剤は,紫外線を吸収して液状樹脂の硬化反応を引き起こす活性種を生成する。紫外線は液中で吸収されながら表面から内部に浸透していくため,徐々にその強度が低下していく。紫外線硬化性樹脂は硬化反応を引き起こす活性種によって硬化するが,活性種濃度の下限ぎりぎりの点では完全硬化状態でも未反応状態でもない中途半端な硬化状態(ゲル状態)になる。光造形では薄膜の硬化物が積層されて三次元形状が形成されるが,硬化された層の上に新たな硬化層が形成される際,下層にも紫外線が浸透する。単層の形成時には十分に硬化しなかった部位が上層形成時に浸透してきた紫外線で硬化し,深さ方向の不要な硬化(余剰成長)を引き起こし,Z方向の寸法精度を損なうことがある。余剰成長をなくすための試みがなされており,図6.13に示すように光硬化性樹脂の紫外線に対する感度,特に低照射光量における硬化挙動をコントロール[1]することで防止することができる。

寸法精度としては三次元形状物の設計寸法と得られた造形物の寸法差のみならず,経時的なゆがみや反りの少なさも大事な特性である。造形物の反りやゆがみを決定する最大の要因が紫外線硬化性樹脂の硬化挙動である。紫外線硬化性樹脂には大きく分

けてラジカル硬化性樹脂とカチオン硬化性樹脂があるが，その寸法精度，造形後の経時的な反りやゆがみの少なさから，エポキシ樹脂を主としたカチオン硬化性樹脂が主流となっている．カチオン硬化性樹脂の反応速度がラジカル硬化性樹脂に比較して適度に遅いことが反りやゆがみの少なさの要因[2]であると考えられている．

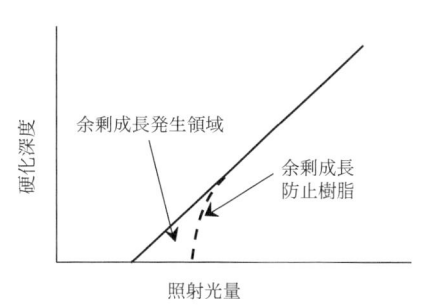

図 6.13 余剰成長防止のための樹脂感度設計

（2） 樹脂の機械的特性・熱的特性

光造形技術は，光造形装置の精度向上，反りやゆがみが少なく良好な造形精度の得られる樹脂の開発により，三次元 CAD データの形状確認用途での展開が可能となった．光造形を用いて設計開発の短納期化を図るため，三次元 CAD データの形状確認目的のみならず，光造形で作成した部品を用いた組込試験あるいはシミュレーション実験への適用が求められるようになった．

光造形で作成した部品を組込試験に用いるためには，スナップフィット耐性，セルフタップ耐性など，一般のプラスチックと同等に取扱いができる靱性が必要となる．光造形用樹脂は寸法精度に優れるため，エポキシ樹脂などを用いたカチオン硬化性樹脂が主流となっているが，これを組込試験に用いるには光造形用樹脂の脆さを克服する必要があった．最近では高靱性プラスチックである ABS 樹脂の靱性発現機構を組み込んだ樹脂設計を行うことにより，スナップフィット耐性やセルフタップ耐性に優れた樹脂が市販されている．表 6.4 に従来の光造形用樹脂と高靱性樹脂との性能比較を示す．高靱性樹脂の開発により，光造形用樹脂の靱性は開発当初に比較すると飛躍的に改善されたが，まだ ABS と同等レベルには至っていない．靱性のさらなる向上は，現在も研究開発の進められているテーマである．

光造形樹脂の靱性が改善されたことによって，光造形技術は形状確認のみならず組

表 6.4 高靱性樹脂の一例と ABS 樹脂の物性比較表

項　目	高靱性樹脂 (SCR710)	ABS 高剛性 グレート	汎用光造形樹脂 (SCR710)
曲げ弾性率　[GPa]	2.5	2.6	3.1
曲げ強さ　　[MPa]	85	80	104
引張弾性率　[GPa]	2.7	—	3.3
引張強さ　　[MPa]	66	52	75
伸び　　　　[％]	10	3.5	6
アイゾット衝撃強度 [J/m] （ノッチ付き）	46	110	26
比重	1.19	1.04	1.19
セルフタップ性	◎	◎	×

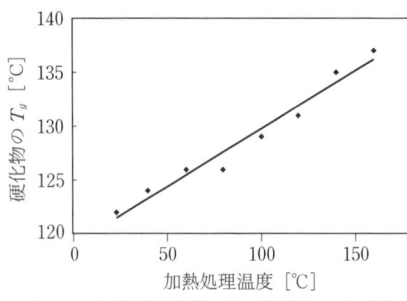

図 6.14 加熱処理温度による硬化物の T_g 変化

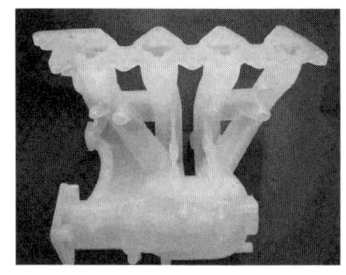

図 6.15 光造形で作成された自動車エンジンのインテークマニホルド

込試験にも用いることができるようになったが，さらに光造形で作成した部品をシミュレーション目的にも適用する試みがなされている．特に耐熱性の要求される用途でのシミュレーションに用いるため，高耐熱性と高靱性を兼ね備えた樹脂[3]が開発されている．光造形用樹脂に用いられているエポキシ樹脂は光照射で発生した酸が触媒となってカチオン開環重合が進行する．重合の進行に伴い樹脂の分子運動性が低下するため，ある程度反応が進行すると重合反応は停止する．熱硬化性樹脂と同様，光造形用樹脂も加温によってその反応を促進することができる．

図 6.14 に光造形物の造形後に行う加熱処理（ポストキュア）温度と造形物の耐熱性の指標であるガラス転移点温度 T_g との関係を示す．ポストキュア温度の上昇とともに造形物の耐熱性が向上していくことがわかる．図 6.15 は光造形によって作成された自動車エンジンのインテークマニホルドの例である．この例では光造形樹脂に要求される特性は靱性のみならず，エンジンに取りつける際のボルト締めに対する耐性，さらにエンジンからの熱に対する耐性が併せて要求される．図 6.15 のインテークマニホルドは光造形法で作成後にポストキュアされてからエンジンに取りつけられて実働試験に供せられたが，ボルト締めによる破損もなく，またエンジンからの熱にも耐えて変形を起こさないことが実証されている．

d. 加工マスタ用樹脂

真空注型，ロストワックスなどの転写型作成の加工マスタとしても光造形技術が適用されている．いずれの用途でも最も重要な特性は造形物の造形精度であり，造形機や光造形用樹脂はデザインおよび機能の確認モデルとして用いられるものと同じものを用いることができる．ロストワックス法の場合は加工マスタは焼却されるが，焼却時の発生ガス量が問題となる．樹脂組成によって微妙に異なるが，光造形用樹脂を燃焼させた場合，樹脂 1 kg 当たり，常温常圧換算で 1 M^3 強の炭酸ガスと 1 M^3 強の水蒸気が発生する．燃焼が急激に進行すると発生したガスで型が破損しやすくなるため，ロストワックスに用いるためには極力樹脂の使用量を減らす必要がある．ロストワックスで必要な特性は外的な形状であり，造形物の内部まで樹脂が詰まっている必要はない．しかし造形物の機械的強度があまりにも低いと，造形物の取扱い時に変形

をきたすため，正確な型の転写が行えない．そこで，ロストワックス法の加工マスタを作成する際には外壁は連続した樹脂層とし，内部はハニカム構造とすることで，造形物の機械的強度を維持して樹脂の重量を極力低減する手法がとられる．最近はコンピュータが加工マスタの外壁を認識し，内部のハニカム構造を自動的に作成するソフトウェアが開発されている．樹脂の焼去時に燃焼熱があまりにも高いと，型材料の劣化やひび割れの原因となることがある．樹脂焼去の際の昇温速度，酸素供給量の制限などで樹脂の燃焼速度を抑制し，上記問題の解決が図られている．

e. ダイレクト型

　光造形は，短時間で複雑な形状を成形できる特徴と，飛躍的に改善された樹脂の機械的強度を生かして，単なる形状確認から機能確認に用途を広げてきた．光造形技術の可能性を追求して，さらに部品の少ロット生産，セミ量産にも適用したいと考えるのは自然な展開である．光造形は1個ごとの生産になるので，同一形状の物を複数個生産する用途には不利である．大量生産が目的であるならば，金型を作成して射出成形する方がコスト的にも時間的にも有利である．しかし少ロット生産，セミ量産となると金型作成コストや費用が大きな問題となってくる．そこで光造形技術を使って短期間で樹脂型（ダイレクト型）を作成し，これを用いて射出成形品を作成する発想が生まれた．樹脂型作成は，製品のCADデータを反転し，樹脂型のパーティション面やスプルー，ランナ，ゲート，突出しピンなどの情報をコンピュータ上で任意に設定すれば，後は通常の光造形と何ら変わらない操作で作成することができる．光造形技術を用いて射出成形やブロー成形などの樹脂型を作成し，種々プラスチック成形品の少量試作まで行うことができる．

　射出成形では高温で溶融あるいは流動性を付与したプラスチックを型内に高圧で押し込むため，ダイレクト型用の光造形用樹脂にはデザインおよび機能の確認モデル用途，あるいは加工マスタ用樹脂に比較して高い弾性率と耐熱性が要求される．ダイレクト型に適用可能な弾性率と耐熱性を付与するために，光造形用樹脂としては無機系のフィラを充填したグレードが用いられている．フィラ充填することにより，樹脂の弾性率を飛躍的に高めることができ，また耐熱性も大きく向上させることができる[4]．表6.5にJSR製ダイレクト型用グレードであるSCR802の機械的特性を示す．

　光造形で作成した樹脂型を射出成形用途に用いる際に必要な特性は，耐熱性と強度のみではない．造形面の表面粗さが悪ければ射出成形したプラスチック成形品の表面も荒れてしまう．ダイレクト型造形物の表面の平滑さを得るにはエポキシなどのカチオン硬化系樹脂を用いることが有利である．図6.16にエポキシ系樹脂とウレタン系

表6.5　ダイレクト型用樹脂の特性の一例

特性値		SCR802
引張弾性率	[GPa]	9.3
破断強度	[MPa]	85
破断伸び	[%]	2
曲げ弾性率	[GPa]	9.1
曲げ強度	[MPa]	120
線膨張係数	[/℃]	8.6×10^{-5}
熱変形温度	[℃/1.82MPa]	250

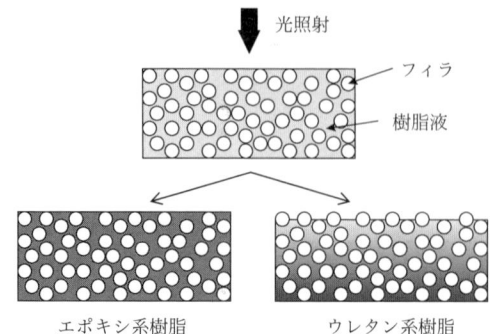

```
                    ↓ 光照射
           ┌─────────────────┐
           │  ○ ○ ○ ○ ○ ○   │── フィラ
           │ ○ ○ ○ ○ ○ ○    │── 樹脂液
           │  ○ ○ ○ ○ ○ ○   │
           └─────────────────┘
           ↙                 ↘
  ┌─────────────┐       ┌─────────────┐
  │ ○ ○ ○ ○ ○  │       │ ○ ○ ○ ○ ○  │
  │○ ○ ○ ○ ○ ○ │       │○ ○ ○ ○ ○ ○ │
  │ ○ ○ ○ ○ ○  │       │ ○ ○ ○ ○ ○  │
  └─────────────┘       └─────────────┘
   エポキシ系樹脂          ウレタン系樹脂
   表面層から硬化し, フィ    酸素阻害のない内部から硬化
   ラを包埋する.           し, 樹脂の硬化収縮によって
                          フィラが押し出される.
```

図 6.16 樹脂種による樹脂型表面荒れの差異発生メカニズム

樹脂をベース樹脂とし,フィラを充填させたときの樹脂型表面の形状差を模式的に示した.ウレタン系樹脂のようにラジカル重合を用いた場合,硬化表面は酸素阻害を受けて硬化が進行せず,酸素阻害を受けない内部から硬化が進行する.硬化の進行に伴って樹脂は硬化収縮し,フィラが最表面に押し出されるため表面が荒れる.一方,エポキシ系樹脂の場合は硬化時に酸素阻害を受けることはなく,表面から硬化が進行する.表面に硬化層があるため,フィラは樹脂層内部にとどめられ,硬化の進行に伴ってフィラが押し出されることはない.実際,ウレタン系で設計した場合の表面粗さは約±20 μm であったが,エポキシ系樹脂を用いて設計した場合には±5 μm にまで平滑度を向上できた.

樹脂型を用いて ABS,PP,PS のごとき汎用プラスチックを成形することができる.ダイレクト型はさらに加工温度の高いナイロン,PPS,PC などのエンジニアリングプラスチックでさえも成形できる耐熱性を有しているが,樹脂種によってはダイレクト型に融着してしまい,成形物の離型時に型が破損する場合がある.これはダイレクト型表面にわずかに残るエポキシ官能基とエンプラの官能基が反応するためと推測されている.ダイレクト型表面に残るエポキシ官能基を逆手にとって,ダイレクト型表面に不活性で離型性の高いコーティングを施す試み[4]が報告されている.このコーティング処理によってガラス繊維強化ナイロン,ガラス繊維強化 PPS など,エンプラの成形も可能であることが確認されている.

f. 市販光造形装置と光造形用樹脂の一覧

前述したように,光造形に求められるサイズと造形精度に応じて光造形装置と光造形用樹脂のグレードが用意されている.表 6.6 には市販されている光造形装置を,表 6.7 には最近の光造形用樹脂を用途別に記した.

表6.6 光造形装置一覧

メーカ	小 型	中 型	大 型	高精細
ソニー（DMEC）	SCS-6000	SCS8000	SCS-9000	SCS1000HD
CMET	ラピッドマイスター 3000	ラピッドマイスター 6000	ラピッドマイスター 10000	ラピッドマイスター 2500F
3Dシステムズ	Viper si2	SLA7000 SLA5000 SLA3500	—	SLA250HR

表6.7 光造形用樹脂一覧

メーカ	一 般	耐 熱	高靭性	ダイレクト型	高精細
JSR	SCR701	SCR740	SCR710 SCR735	SCR802	SCR751 SCR950
帝人製機 旭電化	HS-674 TSR-820	TSR-930 HS-680S	TSR-821 HS-690	TSR-754 TSR-1971	HS-665
ハンチコ	SL7520	SL5530	SL7560 SL7565	—	SL5170 SL5220

g. 造形サイズの微細化

光造形技術で作成される構造体は通常，数cm～数十cmの大きさであり，電気機器のハウジングや部品，自動車部品などの試作に適用されてきた．近年マイクロマシンへの応用が検討されており，非常に微細な構造体の造形が検討されている．光造形法を微細な構造体の造形に適用しようとした場合，下記の問題点に留意する必要がある．

① 液状樹脂の積層膜厚と表面平坦化を微細造形に求められる μm あるいはそれ以下の膜厚範囲で制御する必要がある．

② 樹脂が光照射で硬化する硬化深度を従来より2～3桁低減する必要がある．

③ カチオン系樹脂の場合は重合触媒である酸の拡散を，ラジカル系樹脂の場合はラジカル連鎖長を制御し，光硬化反応を局在化して解像力を高める必要がある．

従来の光造形システム，光造形用樹脂で上記条件を満たすことは非常に困難であり，新しいシステムの提案や光造形用樹脂の開発が必要となる．積層膜厚の問題に対する対策として，規制液面法による膜厚コントロール，2光子吸収による三次元空間内の任意の位置での硬化を可能とすることで積層プロセスを不要化する技術[5]などが開発されている．　　　　　　　　　　　　　　　　　　　　　　　　　　〔田辺隆喜〕

▶▶ 文　献

1) T. Yamamura, T. Tanabe and T. Ukachi : RadTech Asia 1999 Technical Proceedings, pp. 53-58 (1999)

2) 高瀬英明, 渡辺 毅, 宇加地孝志：第46回ネットワークポリマー講演会要旨集, pp. 127-132（1996）
3) T. Yashiro, R. Tatara, T. Yamamura and T. Tanabe：RadTech Asia 2003 Technical Proceedings, G-4-4（2003）
4) T. Yamamura, T. Tanabe, T. Ukachi and K. Morohoshi：RadTech 2000 Technical-Proceedings, pp. 427-438（2000）
5) S. Kawata *et al*：*Appl. Phys. Lett.*, **80**, p. 312（2002）

6.2.2 溶融物堆積法

造形ベースに材料を盛り上げていく方法で，積層ピッチ分のすきまをあけたノズル面を基準面として押し出しながら成形する（加工工具と造形物が接している）方式と若干離れたところからジェッティングで噴射していく（工具と造形物が離れている）方式がある．

a. 押出法（接触法）

通常，押出しはプランジャなどの注射器状の器具を使うが，バッチ処理では装置が複雑化するために，線状の材料を使ってこれを連続的にプーリで押し出す方式で半永続的な成形を可能にしている．この方法は材料を直接押し出しているためにほかの方法のように重ね書きができないので，一筆書きで造形面を埋める必要があり，光造形や粉末固着の方法とは異なり，それなりの工夫が必要である．積層時には下地の造形

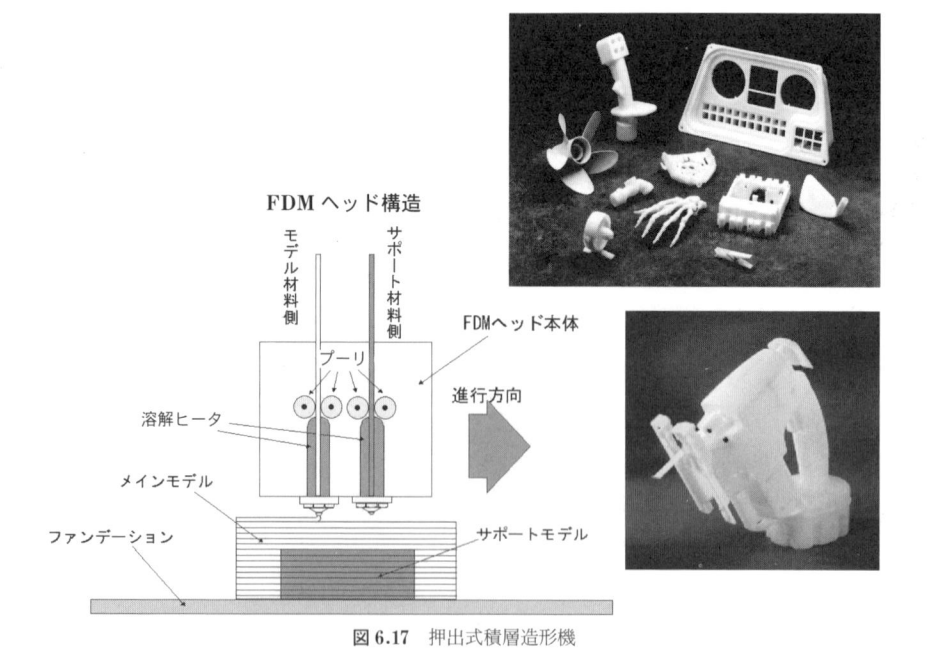

図 6.17 押出式積層造形機

6.2 材料と加工条件 —— *391*

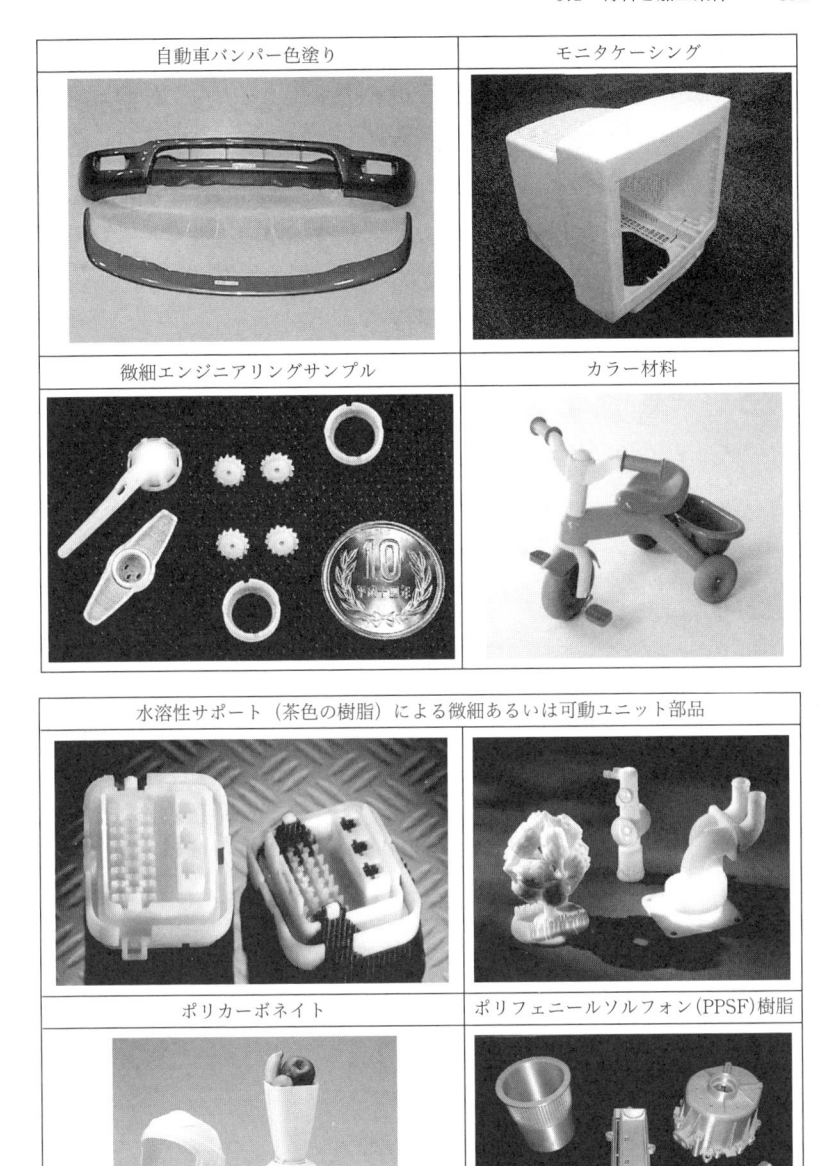

自動車バンパー色塗り	モニタケーシング
微細エンジニアリングサンプル	カラー材料
水溶性サポート（茶色の樹脂）による微細あるいは可動ユニット部品	
ポリカーボネイト	ポリフェニールソルフォン（PPSF）樹脂

図 **6.18** 押出堆積造形によるサンプル
(http://www.msol.co.jp/mda/stratasys/fdmsamp.html)

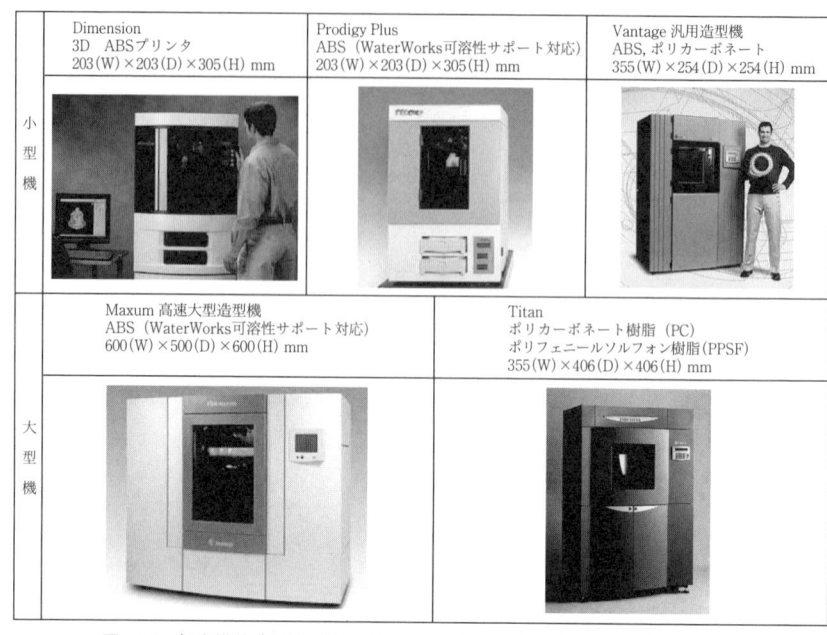

図 6.19 押出堆積造形機 (http://www.msol.co.jp/mda/stratasys/index.html)

物の一部を溶融しなければ接着しない．通常はヘッドを2個用いている．造形終了後に分離しやすいように配合したサポート材を用いる（図6.17）．低融点粉末材料（樹脂）では，かつてはワックスも用いられていたが，汎用樹脂の ABS（図6.18(a)）あるいは高強度材料のポリカーボネート PC やポリフェニルソルフォン PPSF, PPSU も利用できるように改良されてきた（図6.18(b)）．当初は造形物の間にすきまを生じるようなこともあったが，最近では格段に精度もスピードも進歩し安定性も高い．サポート材にアルカリ水溶液で溶解する材料を用いる場合には微細部品や稼動ユニットの一体成形（図6.18(b)）も可能である．装置が最も簡単であったがために，オフィス使用のプリンタ向けや高速造形など造形材料とスピードによって多数の機種構成がある（図6.19）．

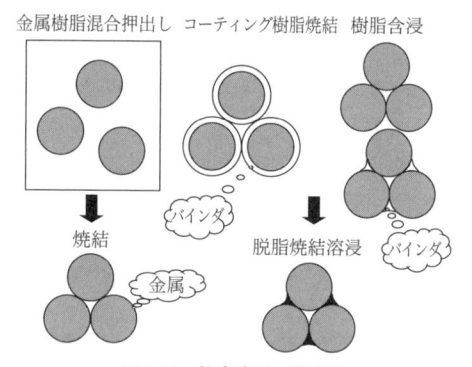

図 6.20 粉末成形の模式図

一方，樹脂以外の高融点材料を溶かすにはかなりのエネルギーを必要とするので，

6.2 材料と加工条件 —— 393

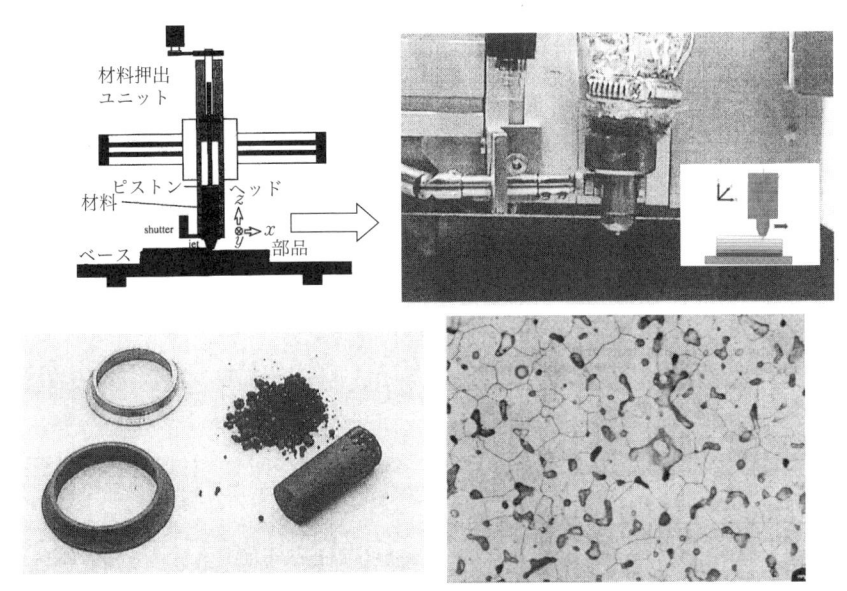

図 6.21 金属粉末含有樹脂の押出装置（上），材料および
成形・焼結品（下左）と顕微鏡組織（下右）

こうした場合には，簡易的には金属やセラミックスの粉末を樹脂に溶かして押出しする方法がとられている．配合的にはメタルインジェクションと同じで，型を使わない粉末インジェクション MIM ともいえるもので，粉末どうしが樹脂を介在して離れている（図 6.20）．したがって，脱脂・焼結するため収縮は大きいが，緻密な組織の製品が製造できる（図 6.21）．溶融金属を堆積する方法もこの中に含まれるが，本書では粉末応用に分類して解説している．

b. 噴射法（非接触法）

インクジェット法が一般的である．ピエゾ素子などを用いて噴射された液（溶融）滴を連続堆積し，線状固化物を成形して造形を行う．シングルノズルでベクター描画するタイプと多数個ノズルでラスター描画する2つの方式がある（図 6.22）．今のところ，高温材料が使えないのでワックス状の低融点材料が用いられる．試験的にはハンダ合金やアルミもテストはされているが，実用化はまだである．ベクター描画のシングルタイプのノズルでは，キシレン可溶性のソリッドサポート材を噴射するために造形材料を含めて2個のヘッドを使用する．また造形面の切削によって積層ピッチを小さくできるので，表面性状の優れた造形物の製造が可能である（図 6.22 左）．ラスター描画の装置では当初は1種類の材料のみを使用していたため素麺状の全面サポートを使用していたが（図 6.22 右，図 6.23），また，これらの熱可塑性の溶融樹脂ではなく，光造形用樹脂を噴射する小型の高速造形用装置も開発されている（図 6.24

394—— 6. 積層造形加工

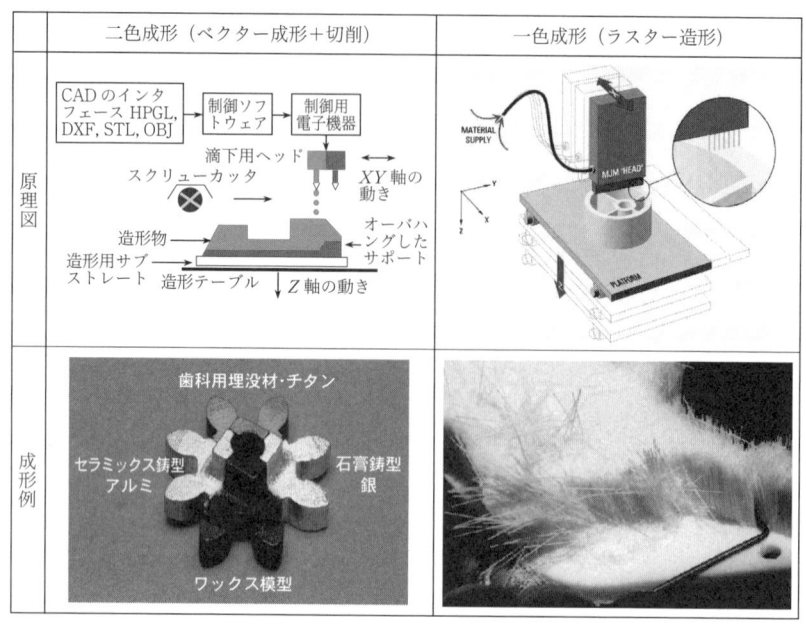

	二色成形（ベクター成形＋切削）	一色成形（ラスター造形）
原理図	CADのインタフェース HPGL, DXF, STL, OBJ／制御ソフトウェア／制御用電子機器／滴下用ヘッド／スクリューカッタ／XY軸の動き／造形物／造形用サブストレート／造形テーブル／オーバハングしたサポート／Z軸の動き	MATERIAL SUPPLY／MJM HEAD／PLATFORM
成形例	歯科用埋没材・チタン／セラミックス鋳型 アルミ／石膏鋳型 銀／ワックス模型	

図 6.22 インクジェット式溶融樹脂積層造形の原理

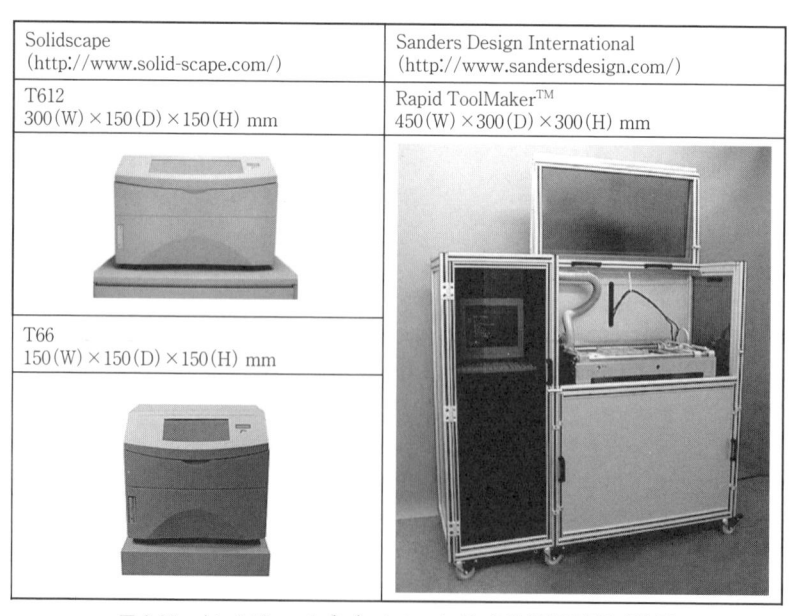

Solidscape (http://www.solid-scape.com/)	Sanders Design International (http://www.sandersdesign.com/)
T612　300(W)×150(D)×150(H) mm	Rapid ToolMaker™　450(W)×300(D)×300(H) mm
T66　150(W)×150(D)×150(H) mm	

図 6.23 インクジェット式（ベクター方式）溶融樹脂積層造形装置

3D Systems：Multi-Jet Modeling（MJM） (http://www.3dsystems.com/japan/)		Objet (http://www.fasotec.co.jp/)
溶融樹脂堆積	光硬化性樹脂（光造形）	
ThermoJet	InVision	Eden
250(W)×190(D)×200(H) mm	304(W)×326(D)×203(H) mm	250(W)×250(D)×250(H) mm

図 6.24 マルチインクジェット式（ラスター方式）溶融（左）および光硬化性樹脂（中, 右）積層造形装置

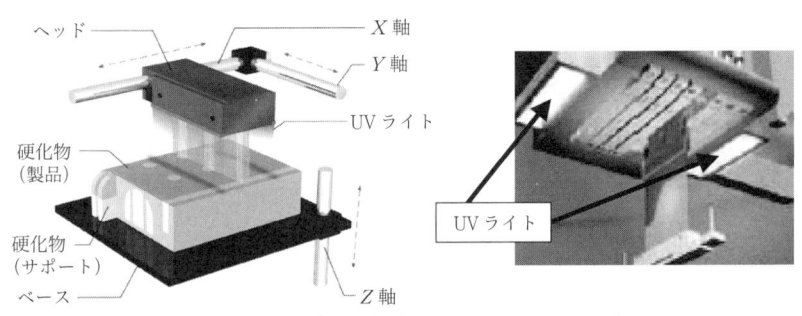

図 6.25 EDEN造形方法（http://www.fasotec.co.jp/）
プリンタヘッドがX方向に動作し，2種類の樹脂を600 dpi×300 dpiで吹き付け，16 μmの層を形成しながら，ヘッドの横に装備されたUVランプで紫外線を照射し，樹脂を硬化させて形状を作成する．2種類の樹脂はモデル用とサポート用からなり，サポート部はウォータジェットで簡単に除去することができる．

中，右）．この場合も，精度を維持するために，可溶性（低融点樹脂あるいは軟質樹脂）のサポート材の使用（図6.25）が増えている． 〔今村正人〕

6.2.3 粉末固着法
a．樹脂粉末
樹脂粉末をプロセスできる粉末焼結積層造形装置は，テキサス大学で1986年から研究された selective laser sintering (SLS) 技術を原点としている．このSLS技術を利用した粉末焼結積層造形法の装置概要図を図6.26に示す．

粉末焼結積層造形装置の開発当初である1991年当時は，ワックス粉末しか成形できなかったが，1993年以降になってポリカーボネートやナイロン11などの樹脂粉末

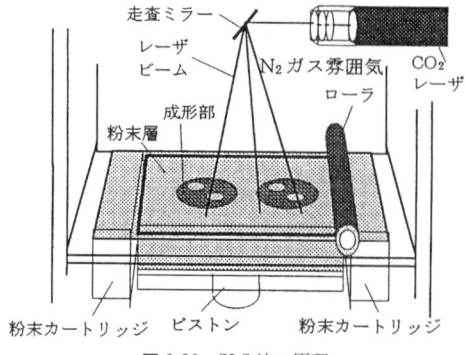

図6.26 SLS法の原理

表6.8 使用可能な粉末材料

用途	材質	粒子径
消失模型	アクリル酸スチレン	62 μm
機能モデル	ナイロン12の複合材	58 μm
	ガラスビーズ混入のナイロン	58 μm
	合成ゴム	80 μm

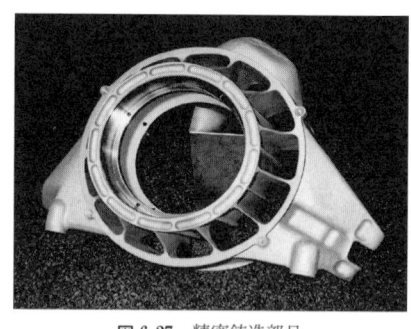

図6.27 精密鋳造部品

が発表された．しかし，成形精度は±0.5mmと劣悪であり，ナイロンの複合材の発表までは光造形装置に比べ成形精度が劣る装置というイメージしかなかった．複合材の発表に加え，成形時の装置内温度を昇温させ成形することでゆがみの少ない成形と±0.1mmの精度を実現し，かつ高速成形が可能となった．現在では，ゴム質の粉末材料やポリスチレンの粉末材料が利用されている（表6.8）．

耐熱性や靱性に優れたナイロン系粉末素材を用いたSLSプロセスでは，機能部品としてそのまま使える模型を作製できる．耐熱性や靱性に優れた素材であることから，例えばインテークマニホルドのような部品では実際に車載したうえで走行し，実験データをとっている．すでに，日本国内で使用されるインテークマニホルドの試作品では50％以上が粉末焼結積層造形法によるものであろう．インペラやロータなどの試作品も多く，機能部品は光造形ではなく粉末焼結の時代に入ったといえる．

一方，光造形により作製されたクイックキャストなどの模型を消失パターンとして使用する実験が行われてきたが，現在この方法を使用しているユーザは稀少である．その理由は，微細部が消失しないことであり，アッシュが残りすぎることにある．ポリスチレン系素材の場合は，成形後のポーラスな造形物にワックスを含浸して使用し，通常のワックスパターンと全く同様に使用できる．したがって，オートクレーブで脱漏が可能であり，精密鋳造鋳型にクラックを生じることなく鋳造できる．セラミックシェルモールド法以外にも，石膏鋳造やショウプロセスに利用できる．

〔早野誠治〕

b．金属粉末
（1）グリーン体焼結法（3D/DTM法） 粉末を用いる金属ラピッドプロトタ

イピング(RP)には2通りの方法がある．金属粉末をレーザで直接溶融・固化させながら積層する方法と，樹脂をコーティングした金属粉末の樹脂部分をレーザで溶融・固着させたグリーン体を作製し，その後，炉内で本焼結・溶浸の過程を経る方法である．前者は直接金属RP法，後者は間接金属RP法と呼ぶことができる[1]．ここでは間接金属RP法について説明する．

図6.26にDTM社(現3D Systems社)のSLS法[2]の原理図を示した．作業容器の中には液体ではなく1層分だけ粉末を敷きつめ，この粉末層にレーザビームを照射して溶融・固化させる．レーザで溶融・固化させるのは金属粉末それ自体ではなく，金属をコーティングしている樹脂，あるいは混入されている低融点合金である．次の粉末層を粉末カートリッジからローラで供給し，溶融・固化と積層を繰り返せば，立体モデル(グリーン体)ができあがる．

SLS法を用いた金属造形プロセスをLaserForm ST-100を例に説明する．この材料は，熱可塑性フェノール樹脂でコーティングされた球状粒子であり，マルテンサイト系ステンレス鋼(SUS 420，平均粒径23 μm)である．LaserForm ST-100を使用するSLSプロセスでは，金属成形体を得るために2段階の焼結工程が必要である．すなわち，レーザ熱源によって樹脂部分を溶融・固着させるレーザ焼結と，レーザ焼結された成形体(グリーン体)の結合剤(フェノール樹脂)を除去すると同時に，金属粒子どうしを固着させる雰囲気炉内での本焼結である．本焼結で得られた成形体をブラウン体と呼ぶ．本焼結の目的はグリーン体の密度をあげることではなく，できるだけ収縮を抑え，寸法精度を保ちながら金属粉末どうしを結合させることである．したがって，ブラウン体は必然的に多孔質となる．次に，密度を高める処理，すなわち，毛管現象を利用してブロンズなどの第二の材料を充填する溶浸工程が必要となる．これらの熱処理によって寸法精度や表面粗さが悪化した場合には，機械加工などの仕上げ処理も必要となる．LaserForm ST-100は，レーザ焼結後に焼結と溶浸を一工程で行える利点がある．

図6.28は，SLS法によって製作した4枚の羽根を組み込んだ小型発電機用ロータである．フェノール樹脂コーティングしたステンレス鋼粉末をレーザ焼結後に，アルゴン雰囲気炉内で本焼結とブロンズの溶浸を行い，最後に表面を磨き仕上げしたものである．このような金属造形プロセスにより作製されたものの引張破壊強度は550 MPa前後となり，ほぼ実用強度が得られる．〔前川克廣〕

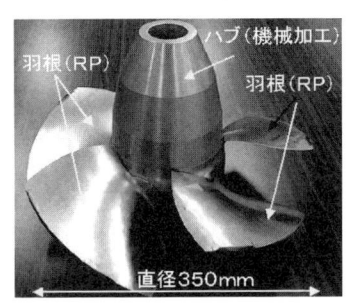

図6.28 SLS法によるステンレス鋼製の羽根車
(日立製作所提供)

▶▶ 文　献
1) 前川克廣：レーザ応用積層造形法によるRP, 精密工学会誌, **70**, 2, pp. 167-170 (2004)
2) C. C. Kai and L. K. Fai : Rapid Prototyping-Principles and Applications in Manufacturing, pp. 117-126, John Wiley & Sons (1997)

（2）活性化焼結法　グリーン体焼結法では，金属粉末にコーティングした樹脂を溶かして金属粉末を接合することにより造形するが，活性化焼結法では，コーティング樹脂の代わりに低融点金属を混合し，レーザにより低融点金属粉末を溶融させ，固体状態の高融点金属粉末を接合させる．低融点金属粉末にコーティング樹脂の役割をさせ，液相焼結により造形を行う．レーザ出力，加熱時間により溶融金属の固体金属粉末間での挙動が異なるため，条件により造形物内に空げきが生じる．金型などに使用する場合は表面に存在する空孔を埋める含浸と表面研磨工程が必要である．レーザの出力が高く，高融点金属も溶融すると，次項の溶融法と造形状態は同じになる．

造形物内の空げきは低融点金属の溶融量と，溶融した金属の毛管現象による固体粉末間での流動に依存する．レーザ出力が低く，レーザ移動速度が速い場合，低融点金属の溶融量が減少するため空げきが残る．レーザ出力が高くなるにしたがい空げき率は小さくなり造形物の密度は高くなるが，凝固収縮が大きくなるため造形物に変形が生じるようになる．また，大粒径の粉末間に存在する小粒径の粉末を溶融させる方が固体粉末間における溶融金属の充満率が高くなるため，低融点金属粉末の粒径は高融点粉末の粒径よりも小さい方が適する．

金属粉末の組合せにはリン青銅とニッケル，鉄系合金と銅あるいはニッケル，チタンカーバイド（TiC）とニッケルなどがある．また超硬粉末（WC）は通常数％のコバルトを混ぜて液相焼結により製品化される．このコバルトをレーザにより溶融させて，液相焼結により三次元造形を行う研究もされている．

造形に用いる粉末の粒径は，造形条件や造形物の形状精度・表面粗さに影響する．粒径が小さいほど造形物の表面粗さはよくなるが，粉末の流動性がなくなるため造形における粉末の供給が困難になる．また，粉末の凝集が生じ，低融点および高融点粉末の分布が不均一になる．粉末の粒径は，最大粒径で45 μm以下，平均粒径で20～30 μmが多くの場合に用いられている．

活性化焼結法により造形される製品としては樹脂の射出成形用金型がある．リン青銅とニッケルの混合粉末を用いてCO_2レーザにより造形されるが，造形物の相対密度は60～70％であるため，熱硬化型のエポキシ樹脂を含浸させた後，表面の研磨が必要である．金型の強度はアルミニウムとほぼ同じで，耐熱性もある．数千ショットの試作型に利用されている．鉄系合金粉末の場合，造形後の密度を高くすることができ，含浸工程が省略できる．射出成形では10万ショット程度の成形が可能で，アルミニウムやマグネシウムなどのダイカスト金型への適用も可能である．また，機械部品への適用例ではタイミングプーリなどがある．〔塩見誠規〕

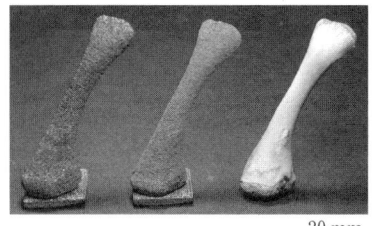

図 6.29 溶融法で作製したチタン人工骨と実際の骨の写真[3]
(ピーク出力1kW, パルス幅1ms, 繰り返し数50Hz, スキャン速度4mm/s) 左：平均粒径200μm, 中央：平均粒径25μm, 右：実際の鳥の骨

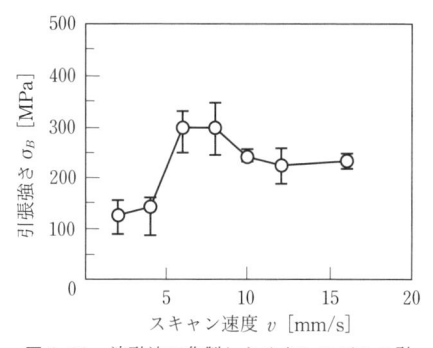

図 6.30 溶融法で作製したチタンモデルの引張強さ[3]
(チタン粉末平均粒径25μm, ピーク出力1kW, パルス幅1ms, 繰り返し数50Hz)

（3） 溶融法　先に述べたSLS法のように，材料となる金属粉末を層状に供給し，さらにエネルギー密度の高いレーザを照射することで，局部的に金属粉末を溶融させながら造形していくのが溶融法である．ここで用いられる金属粉末は，合金粉末もしくは単一材料の粉末がほとんどである[1]．これまでに材料として適していると報告されているものに，肉盛用合金粉末（ニッケル系やコバルト系）[2]や純チタン粉末などがある．熱源として使用されるレーザは，溶融に必要なエネルギーを与えることができるCO_2レーザやYAGレーザなどである．溶融法で作製されたモデルは，密度や強度が高いため，造形後の含浸や溶浸などの後処理が不要であるが，熱によるモデルの変形や割れに注意する必要がある．また，金属粉末の酸化による材質の劣化を防止するために，窒素ガスやアルゴンガスで置換した雰囲気中で造形を行う必要がある．

　平均粒径約25μmと200μmの純チタン粉末を材料とし，熱源に50Wパルス発振Nd:YAGレーザを用いて作製したモデルの例を，図6.29に示す[3]．左側と中央は，実際の骨を模して作製した人工骨である．チタンは生体適合性がよいため，チタンモデルは人工骨や歯科用インプラント材としての利用が期待できる．

　図6.29で作製したチタンモデルの機械的特性を図6.30に示す[3]．本試験の場合，レーザの出力は一定であるので，スキャン速度が変化することで投入エネルギー密度が変化していることがわかり，引張強さが大きくなる最適な投入エネルギー密度があることが明らかになった．この原因として，入熱が少ない場合の溶融や接合不足，入熱が多い場合の熱ひずみによるモデルの変形，残留応力の作用などが考えられる．モデルを造形する場合には，これらの点に注意し，適した投入エネルギーの量を選定する必要がある．

〔阿部史枝〕

▶▶ 文 献

1) 阿部史枝, 吉留彰宏, 小坂田宏造, 塩見誠規：レーザプロトタイピングにおける金属粉末溶融現象の有限要素解析, 鋳造工学, **69**, 11, pp. 930-935 (1997)
2) 阿部史枝, 吉留彰宏, 小坂田宏造, 塩見誠規：レーザクラッディングにおける溶融現象の有限要素解析, 鋳造工学, **70**, 1, pp. 40-45 (1998)
3) 阿部史枝, 北村嘉朗, E. C. Santos, 小坂田宏造, 塩見誠規：チタンモデルの機械的性質に及ぼすレーザメルティング製造条件の影響, 鋳造工学, **73**, 12, pp. 840-845 (2001)

（4） 溶融堆積法　粉末系の造形機では基盤をベースに粉末を均一に敷きつめ, 造形部分を加工していく SLS 方式の装置が多いが, 高温溶融材を使う方法も各国で開発されている. これは一種の肉盛法（図 6.31）ともいうべきものであり, プラズマやレーザが用いられる. サンディア国立研究所の LENS（市販機は Optometal 社が販売）あるいはフラウンホーファーの MCB（一時期 Roeders 社から市販されたが, 現在では中止）などが有名である. 民間では POM が工具鋼と銅のクラッド材と水冷用の配管を型形状に沿って行う conformal cooling を組み合わせて特殊な金型を製作し, プラスチックインジェクションの生産を激変すると考えられる事例の発表も行っている. 宇宙航空機用の大物チタン部品の製造にも用いられている（6.3 節参照）. この方法では加工単位が溶滴であるため, 重力の影響などにより形状がだれやすいので, 固化後に切削加工を伴うのが一般的である.

（5） バインダ噴射法　金属粉末関係で特記する方法として, ラテックスエマルジョンを噴霧してプリフォームをつくる方法も開発されている. この方法は MIT によって開発された 3D Printing を応用開発したもので, 粉末を直接レーザ焼結する方法と比較して 2 つの違いがある. ひとつは粉末自体にバインダがコーティングされていないので, 粉末同士が接触しているため, このすきまを外から入ってきたバイン

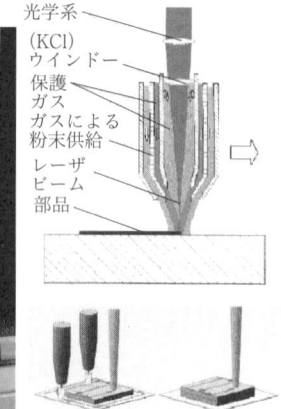

図 6.31　レーザ溶射法（フラウンホーファ IPT, CO_2 レーザ＋高速切削, Albrecht Roeders 社）

ダが埋めるいうことである（図 6.20 右）．もうひとつは，熱の影響を受けていないことである．熱伝達によって，レーザで造形物周囲の粉末も若干固まる傾向があるが，この場合には比較的容易に不要な基地材料が除去可能であり，内部構造がはっきりつくりやすい（図 6.32）．装置の外観を図 6.33 に示す．この場合には脱脂と同時に焼

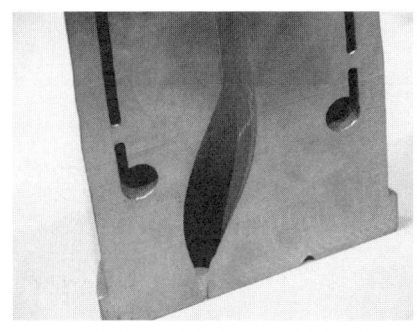

図 6.32 バインダ噴射による金属粉末グリーン体と脱脂焼結溶浸製品およびその断面（Prometal）

図 6.33 バインダ噴射金属粉末グリーン体造形装置（Prometal）

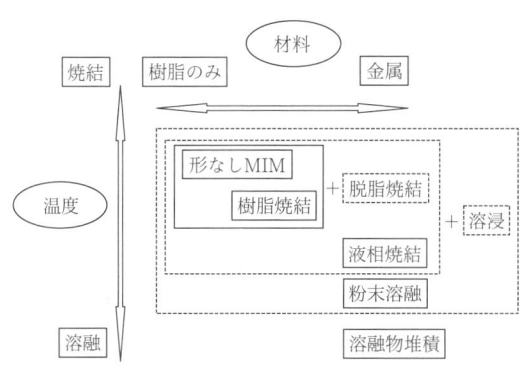

図 6.34 粉末を利用する場合に用いられる材料と温度（加工エネルギー）

結・溶浸して金属製品をつくる．

金属粉末加工の材料構成を図6.34に，加工法の模式図を図6.35に示す．金属を加工するには溶融する必要があり，加工温度は高くなりエネルギーも必要である．その

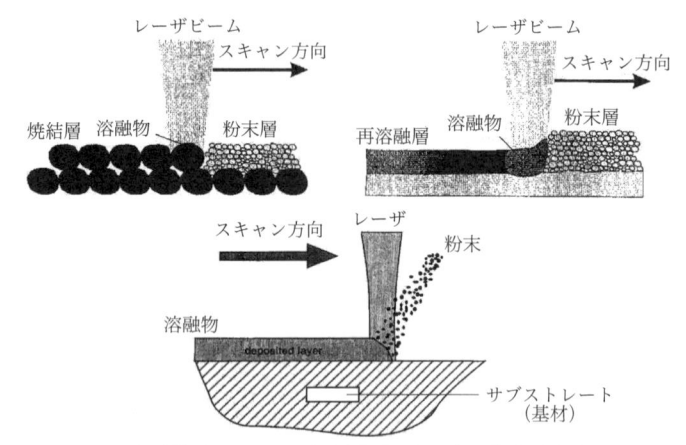

図6.35 粉末焼結SLSによる多孔質組織（左上）と粉末再溶融による緻密組織（右上），レーザ溶融物堆積（下）

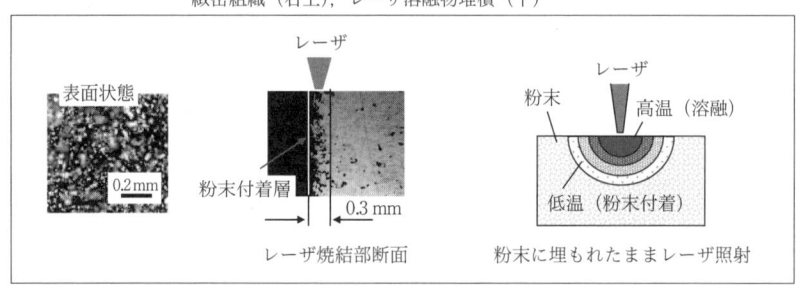

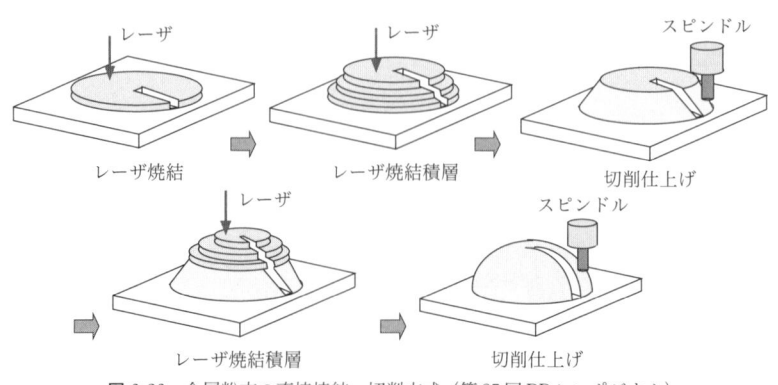

図6.36 金属粉末の直接焼結・切削方式（第25回RPシンポジウム）

プロトタイプ	松浦機械製作所（M-PHOTON）
YAGレーザ（350 W）＋プロッター方式 （リニア駆動, 最大速度：60 m/min）	CO_2レーザ（500 W） ＋ガルバノ方式
スピンドル回転数：50000 min^{-1}	
ワークサイズ：250 mm□ 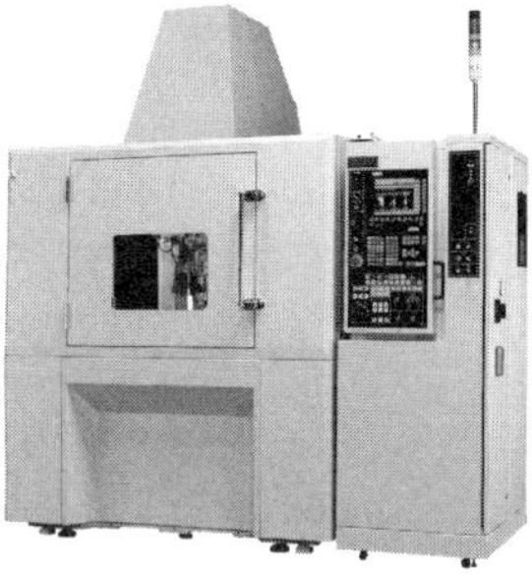	ワークサイズ：250×250×150 mm 

図 6.37　金属粉末の直接焼結・切削（金属光造形複合加工）装置

ため，粉末や金の手法を利用して，低融点の樹脂を混合する方法が用いられる．樹脂の量が多いときには押出堆積法が用いられる（図6.21）．樹脂の量が少ないと，流動させることがむずかしくなるため，基材（基準面）に敷きつめ，加工することになる．樹脂を使わない場合には粉末を溶融させればよいが，加工スピードが遅くなり，時間がかかる．そのため，低融点金属粉末を混合して活性化（液相）焼結することになる．樹脂を使うか否かということは，樹脂で固めたグリーン体を高速造形した後，まとめて焼結する時間の違いとともに熱履歴の違いとなって現れる．焼結したままでは表面性状が粗いため，切削加工で表面粗さを向上させる方式（図6.36）がわが国で開発され，発売されはじめた（図6.37）．　　　　　　　　　　〔今村正人〕

6.2.4　シート積層法

　シート積層法[1]は紙，鋼板などを積層して三次元造形を行う方法である．現在では日本製のKIRA社のものが主流である．図6.38にはじめて実用化されたHelisys社のLOM（laminated object manufacturing）法の模式図を示す．三次元CADより変換されたSTLデータから断面データを作成し，その断面データによりCO_2レーザの動きを制御して，材料を次々と断面形状に切り取り，貼り重ねて立体モデルを作成する．あたかも等高線形状の紙を重ねて立体の地図模型をつくるようである．図面ではわかりにくい立体形状の部品モデルをつくることができ，部品形状やフィッティングの確認，機能や工程の検討，試作マスタ型としての活用など，利用範囲は広い．

　紙は裏に接着剤をコーティングしたもので，安定した供給に適したロール状となっており，モデルの寸法に必要な長さだけ，加工位置へ送られる．そこで，テーブル上

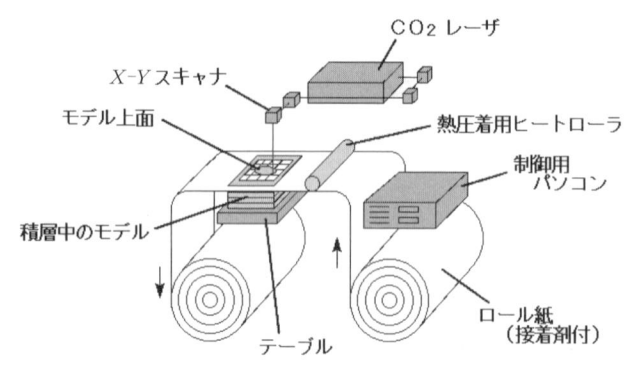

図 6.38 シート積層法（Helisys 社の LOM 法の原理）

に積み上げられた積層体（積層モデル）の上面にヒートローラが移動し，加熱圧着される．接着ごとにその上面の高さを測ることにより，次の断面形状が自動的に計算され，その断面形状に対してレーザの操作プログラムがリアルタイムに作成され，積層誤差を防ぐ．次にモデル断面形状以外の部分には格子状の切れ目が入る．これは造形後，積層体がモデル形状とそれ以外の支持部に分離されるが，支持部分をモデルから取り除きやすくするためである．

図 6.39 紙を用いたシート積層法の例（豊田工機提供）

造形後はテーブルから積層体（積層モデル）を取り出し，積層体の外枠を外して，モデル形状以外の格子状の支持ブロックを取り除く．最後に形状以外の細かなブロックを取り除き，積層モデルが完成する．唯一，原材料が形状を保つ，つまり基準面のある材料であり，素材のミクロ組織を受け継ぐ．図 6.39 は LOM モデル（上側）を磨き，塗装したファン（下側）の例である．

表 6.9 にシート積層法の特徴を示す．輪郭の切断にはレーザのほかにエンドミルやナイフ刃が用いられる．強度が要求されるモデルには，樹脂や GFRP（ガラス繊維強化樹脂）シート，鋼薄板など金属板も使用される．シート積層法ではシートそれ自体が強度をもつため，光造形法のようにオーバハング部分を支えるサポートの設計は不要である．紙などのシートを物理的に切断するため，モデル表面の仕上りが滑らかで，再現性が高い．生成したモデルはナイフや工作機械を使った後加工も容易に行える．しかし，シートに塗布された接着剤を加熱圧着して層間の接着強度を得るため，造形後に内部応力や反り変形が発生する場合がある．加圧しながら除冷する方法もとられている．また，紙は吸湿性があり，そのまま放置す

表 6.9 シート積層法の特徴

方法	材料	特徴	用途
CO_2 レーザ エンドミル	シート（紙，樹脂，鋼薄板） 接着剤塗布	シートを切断 大物部品も可 木型類似材質 サポート設計不要（サポート除去に手間）	モデル マスタ型木型 プレス型
ナイフ刃	普通紙 接着用トナー		

ると寸法変化をきたすので，塗装などの防湿処理が必要である．装置の価格は光造形機に比べて廉価である．

金属薄板を用いる場合には積層体の強度が高いので，モデルではなくプレス型[2]などにそのまま応用される．金属製部品の造形法としては，金属微粉末を有機バインダと混練してシート状にしたものをレーザで直接に焼結する積層法も提案され，ポーラス構造の創製法として発展している[3]．

LOM法の用途は広く，例えばデザインモデル（エポキシ樹脂などでコーティング仕上げ後，塗装も可能），実験・検証用モデル，鋳物用のマスタモデル，真空注型用のマスタモデル，精密鋳造用のマスタモデル（材質が紙のため，焼失時の膨張がなくシェル破損が起こりにくい），簡易金型やプレス型（NC工作機械によるモデル生成に比べて50%以上の工期短縮が図れる）などに適用されている． 〔前川克廣〕

▶▶ 文　献
1) C. C. Kai and L. K. Fai : Rapid Prototyping-Principles and Applications in Manufacturing, pp. 79-115, John Wiley & Sons（1997）
2) T. Himmer, T. Nakagawa and N. Mori : Rapid die manufacturing system, Proc. 7 th Europ. Conf. on Rapid Prototyping and Manufacturing, pp. 315-326（1998）
3) 前川克廣，小倉　慧，大島郁也，横山雄一：グリーンテープを用いたレーザマイクロ積層造形法，精密工学会誌，**64**, 9, pp. 1340-1344（1998）

6.2.5　おわりに

現在使用されている材料の全般的なまとめを図6.40に，型材としての特性値を表6.10に示す．樹脂タイプの工業用途の装置はほとんど完成しているので，小型タイプの装置が次々に発表されてきている．工業分野では材料開発に向かっており，高融点・高強度材料や高靱性材料が開発されてきている．次のステップは金属やセラミックスの加工となる．これらの高強度材の場合には結合エネルギー（融点）が高いので，出力の大きな特別なレーザを必要とするため，従来技術である焼結法を併用した簡便法が用いられてきたが，今では大出力レーザを使用し，直接に焼結あるいは溶解する傾向がある．またレーザはその出力と雰囲気ガスの組合せによって種々の加工が可能であり，酸素を使用すると切削加工の代わりの除去加工ができるので，前述のレ

406 —— 6. 積層造形加工

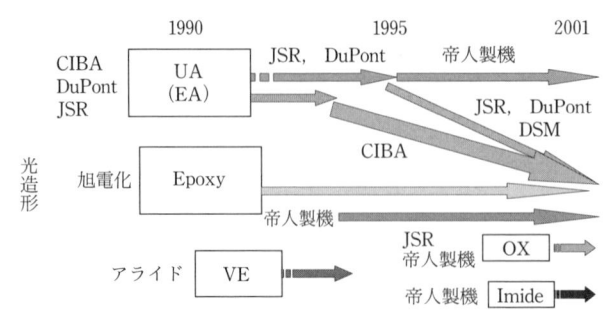

```
                1990              1995            2001
光      CIBA      ┌─────┐  JSR, DuPont   帝人製機
造      DuPont    │ UA  │ ────────────────────────→
形      JSR       │(EA) │ ──────────┐   JSR, DuPont
                  └─────┘           │       DSM
                                    │ ──────────→
                  ┌─────┐      CIBA
        旭電化    │Epoxy│ ────────────────────────→
                  └─────┘
                          帝人製機
                          ──────────────────────→
                                    JSR
                                    帝人製機  ┌──┐
                                    ────────→│OX│→
                                              └──┘
                  ┌─────┐               ┌────┐
        アライド  │ VE  │ ──────→ 帝人製機│Imide│→
                  └─────┘               └────┘
```

EA：エポキシアクリレート，UA：ウレタンアクリレート，
VE：ビニルエーテル，OX：オキセタン

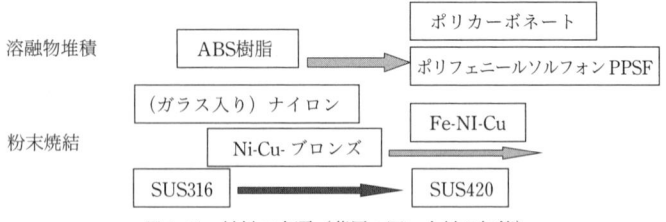

```
                              ┌──────────────────┐
                              │  ポリカーボネート │
溶融物堆積  ┌────────┐        └──────────────────┘
            │ABS樹脂 │ ───→  ┌──────────────────────┐
            └────────┘        │ポリフェニールソルフォンPPSF│
                              └──────────────────────┘

            ┌────────────────┐
            │(ガラス入り)ナイロン│          ┌──────────┐
            └────────────────┘          │ Fe-Ni-Cu │
粉末焼結              ┌──────────────┐  └──────────┘
                      │ Ni-Cu-ブロンズ │ ───→
                      └──────────────┘
            ┌────────┐                ┌────────┐
            │ SUS316 │ ─────────────→ │ SUS420 │
            └────────┘                └────────┘
```

図 6.40 材料の変遷（萩原の図に今村が加筆）

表 6.10 積層造形による型材特性のまとめ

種類(成分)	樹脂			金属粉末					金属	
	光造形		注型用	焼結：直接法		焼結：間接法		注型焼結	アルミ	鋼
	樹脂のみ	フィラ入り	アルミ粉	ニッケル、ブロンズ、リン銅粉	鋼粉	樹脂コーティング鋼粉	樹脂コーティングステンレス粉(SUS316)	バインダ混合ステンレス粉(SUS420)	A8工具鋼(タングステンカーバイド)	(7075-T5)	(P20)
特性	透明	白色	グレー			銅溶浸	ブロンズ溶浸	溶浸	ブロンズ溶浸		
比重	1.14	1.59～1.8	2.2	6.2	7.8	?	7.5	7.7	8.3	2.8	7.8
粘度 [cps]	165～500	4800～4900	10000	—	—	—	—	—	—	—	—
引張強度 [MPa]	55～80	79～87	66	123	500	475	413	587	735	570	1000
破断伸度 [%]	2～19	1～2	—	N.A.	7	15	0.9	12	4	15	20
引張弾性率 [GPa]	1.2～3.3	9.2～16	3.3	10.2	71	210	263	153	184	72	210
硬度	HRSD85	D90	D95	HRB43-84	HRB60-80	75	HRC22	HRB87	HRC30	81	200HRC30
熱伝導率 [W/m·°C]	0.2	0.45	1～1.4	108	25	91	23	49	38	130～207	29～50
熱変形温度 [°C]	65～90	100～250	250	—	—	—	—	—	—	—	—
熱膨張率 [°C]	9～18 ×10^{-5}	6×10^{-5}	3×10^{-5}	2×10^{-6}	18×10^{-6}	14×10^{-6}	14.6×10^{-6}	12.4	13.6×10^{-6}	24×10^{-6}	17×10^{-6}

6.2 材料と加工条件 —— 407

ーザ肉盛りと組み合わせて，1台で金属の加工ができることになる．当然のことながら熱処理も可能であるので，金属組織を制御して，必要な材料特性を二次的に生み出すことも可能になりつつある．

その他の注目すべき造形法としては，金属（図6.41）に関しては次の2つがある．ひとつは金属薄板を使った積層金型である．もうひとつは薄板の成形をNC制御したハンマで打ち出すもので，積層加工と同じ等高線加工で板金加工を行う方法であるインクリメンタル成形（図6.42）が個数の少ない製品，特に大型のプレス成形品の

```
転写成形：マスタ型—反転型：流し込み成形：Keltool成形
         —金型：射出成形：粉末射出

直接成形：
    板成形：鉄板積層，ブロック積層，インクリメンタル成形
    粉末成形
        バインダ                          加熱状況：
          :使用：外部から浸透              焼結：
                :内部：混合粉                脱脂
                   ：コーティング粉末         (脱樹脂)
                   ：複合シート              液相焼結
          :非使用                           溶融
    溶融堆積
```

図 6.41 金属造形のまとめ

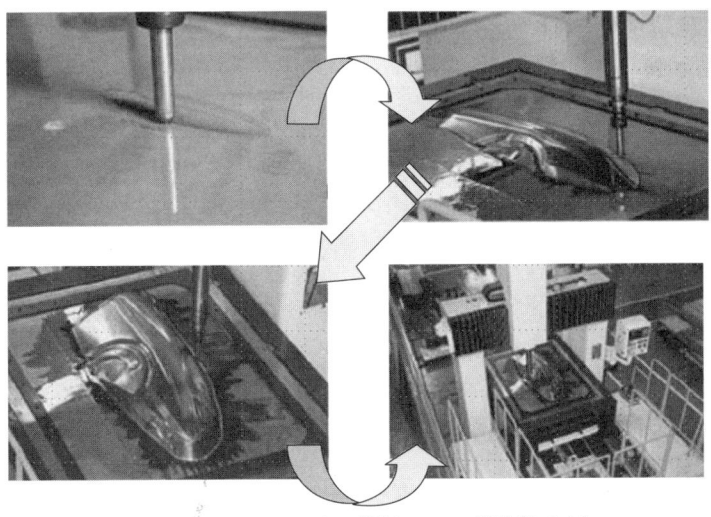

図 6.42 インクリメンタル成形（アミノ，資料CDより）

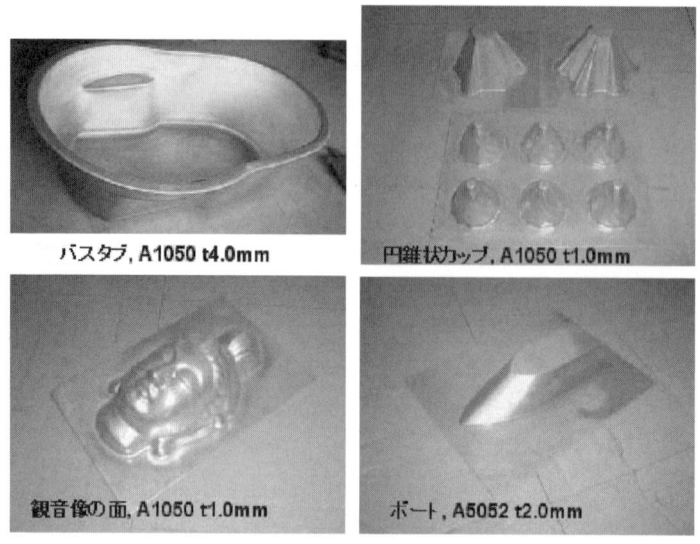

バスタブ, A1050 t4.0mm　　円錐状カップ, A1050 t1.0mm

観音像の面, A1050 t1.0mm　　ボート, A5052 t2.0mm

図6.43　インクリメンタルの成形例

試作あるいは少量生産（図6.43）に適用されている．これも加工のアルゴリズムは積層加工をベースとしている．　　　　　　　　　　　　　　　　〔今村正人〕

6.3　高 精 度 化

高精度化を実現するには加工単位を小さく制御する必要がある．これについては主に光造形について解析がなされてきたが，ほかの造形法にもその基本的な考え方は応用できる．

6.3.1　造形の基礎

光造形の場合，硬化単位はレーザ特性によって支配される．硬化物が球か立方体などの等方体であれば造形物は均一なものができるが，実際のレーザのエネルギー強度分布はガウス分布しているため，硬化物は紡錘形となる．内部の硬さもエネルギーに対応して変化し，結果として機械的性質も異なってくる．光反応とはいえ，化学結合による反応熱が発生し，これも造形に影響することがわかってきている（図6.44）．樹脂の硬化特性の一例を図6.45に示す．一般に硬化開始の臨界エネルギー E_c を超えると硬化が進み，造形物は成長する．E_c が小さければ硬化は大きくなりやすく（①），大きければ硬化は小さくなり（②），微細加工ができることになる．硬化深さ C_d がエネルギーに依存しなければ（③）矩形の断面となるものと考えられる．これらの制御は樹脂特性だけでなく，レーザの制御によっても可能である．樹脂は硬化時

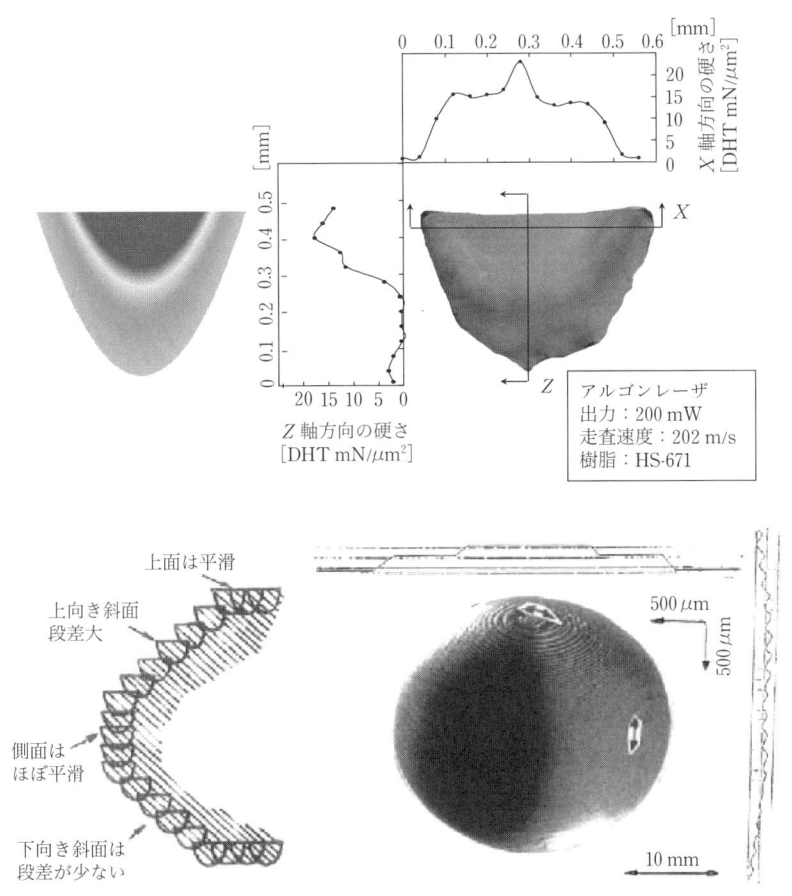

図 6.44 造形（光造形）単位と球の積層状況

に収縮するが，光造形の場合には順次未硬化の液体樹脂が流れ込んでいくので，特に問題にはならない．

　実際の造形では硬化物が接着して造形が進むよう，レーザビームが下地となる造形物をある程度重ねて造形するため，実際には Z 方向の積層間隔（ピッチ）が影響して，段差形状が異なることが知られている．もちろん，段差を限りなく小さくすれば問題は小さくなるが，造形時間が大幅に長くなる．忘れてはならないのが，積層することによる時間的なずれである．つまり，図 6.46 のように，順次の収縮積層によって変形が発生することである．これは特に，薄肉の場合に顕著で，収縮が均等になるように造形方法を工夫することが行われている．そのため，造形方向を交互に変化させたり（図 6.47），中抜きに造形したりすることもある．細かい複雑な形状では不要だが，片開きのような状況によってはサポートを支えとして使用することもある．積

図 6.45 光造形樹脂の硬化特性

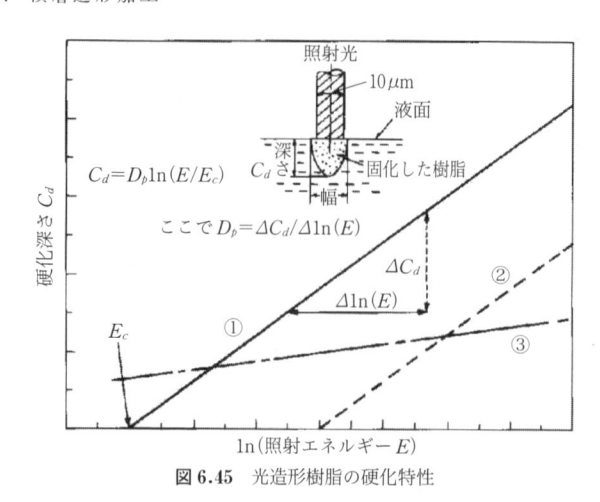

$C_d = D_p \ln(E/E_c)$

ここで $D_p = \Delta C_d / \Delta \ln(E)$

図 6.46 時間的ずれによる反り変形

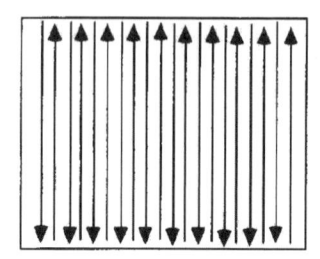

図 6.47 走査方向を変えた変形防止

層造形はベースから造形を行っていくので，ベースがない空中に造形することはできない．したがって，形状によってサポートは必須のものとなる．ところが，これは造形時には必要だが，造形後には不要なものとなるので，後処理でこれを切断することになる．積層で生じる段差の除去も後処理で行われる．通常はこの後処理を少なくするために，サポートの数は少ない方が望ましい．最近では非常に細かい素麺状のものを全面につける事例もある．部分的につけるにはある程度のノウハウが必要なので，すべてにサポートをつける方が簡便になるためである．また，溶融物堆積にならって，可溶性のサポート材で完全に製品を挟み込むソリッドサポートの導入がどの積層造形機でも進んでいるが，特に小型装置では顕著である．

6.3.2 ソリッドサポート

粉末法のように光造形以外の物質移動を伴わない相変化反応の場合には重ね合わせの影響も無視できるが，堆積法では下地となる固化物の一部を溶解しながら堆積物も固化するため形状制御がむずかしい．このことから，造形物の二次元的な精度を確保するため，補助的に造形物の周囲を別の種類の材料で囲んでしまうソリッドサポート

を用いることも行われる．もちろん，このサポート材には造形後に容易に造形物から分離できる材料が用いられる．

6.3.3 リコーティング（平滑化）

Z方向の精度確保のためにリコータが使われている．光造形や粉末焼結，薄板（シート）積層法では未加工の材料の自由表面を基準面としてローラあるいはブレードでならし（リコート）加工するので，精度は加工面の位置確認で比較的容易に確保できる．押出方式の堆積法でも材料突出穴のノズル平面で位置決めできる．これに比較して，インクジェットタイプの溶融物の堆積法では工作物と工具が離れているため固化物のトップの形状制御がむずかしいので，リコートすることが行われている．

6.3.4 応　用

溶融金属の堆積法，つまりレーザ肉盛りでは材料を加工途中で変えることが可能である．そのため，金型の構造，特に材質を局部的に変えることが可能となる．慣用の直管冷却から冷却管を金型キャビティ直下にその形状に沿わせて設置するconformal cooling（図6.48）を設けることが可能である．金属融液堆積法ではさらに熱伝達係数の制御のために冷却配管およびその近傍を熱伝導のよい銅でつくることで，冷却効果をあげて鋳るものがある．この金型を使用したインジェクション成形品では高速冷却による冷却時間の削減（生産性向上）のほかに，冷却時の温度むら（反り変形）が小さくなること（図6.49）が報告されている．これはともすれば，経験的に行われてきた型設計を変えることを意味しているかもしれない．つまり，従来は設計通りの成形品をつくるために成形時の変形を型の方に盛り込むノウハウが必要だったが，製品設計通りに形状反転するだけで型設計ができるということを意味している．さらに，耐熱性の低い樹脂を金型に使う場合にはキャビティ面直下での冷却効率をあげる

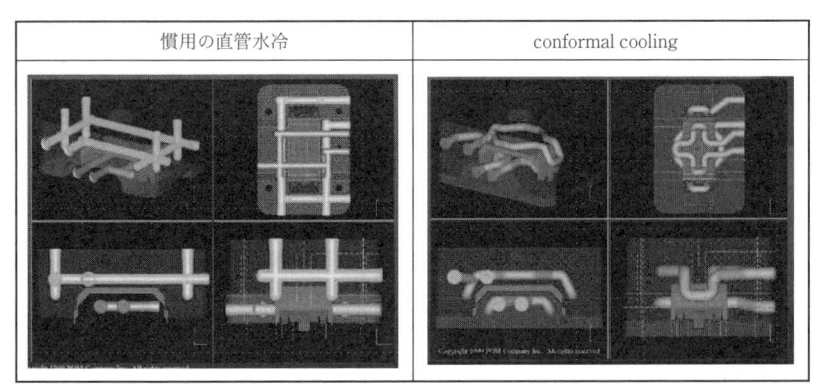

図6.48　金型に使用される慣用の直管水冷（左）とconformal cooling（右）
（POM, http://www.pom.net/）

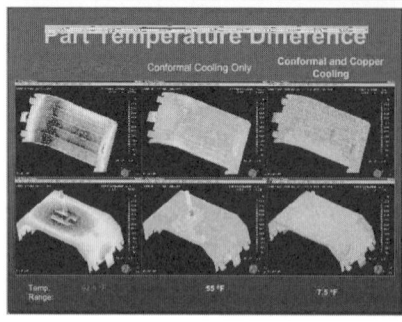

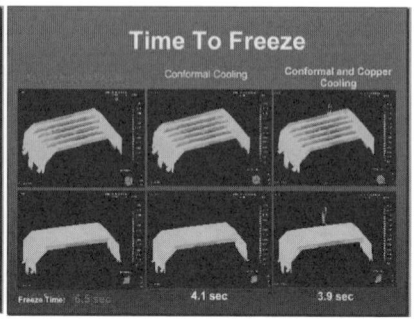

図6.49 直管水冷とconformal coolingと銅を使用した金型での製品冷却の違い（POM, http://www.pom.net/）

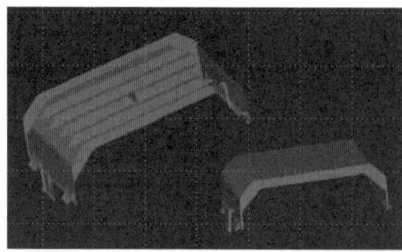

冷却法	慣用冷却	conformal cooling	複合化冷却 (conformal cooling＋銅)
固化時間[s]	6.5	4.1	3.9
温度差[℃]	16.9	12.7	4.2

ために，毛細血管状の枝分かれ構造の水路をつくることも行われており，機能的な改良がなされている．　　　　　　　　　　　　　　　　　　　　　〔今村正人〕

6.4 高速加工技術

6.4.1 積層造形法

高速化の第一手段は装置の改良で，出力，すなわち加工エネルギーを大きくすることで造形速度の大幅な改善が期待されてきた．光造形の場合には，原理的に極端な造形速度は達成できない．つまり，光開始反応で全体の硬化反応が律速されるので，1m/s以上の加工速度では十分な硬化が期待できないというおおよその結果が出ている．そのため，時間短縮のために搭載するレーザの数を増やしたり，あるいは高出力レーザを分割して利用する方法が市場投入されている（図6.50）．現在のところ，2～4本のレーザ

大きさ（目安）		タバコ	ティッシュ	掃除機
TAT [日]	従来	1～2	2～5	3～10
	4ビーム	～0.5		～1

図6.50 マルチレーザスキャンとその効果（日立製作所・シーメット）

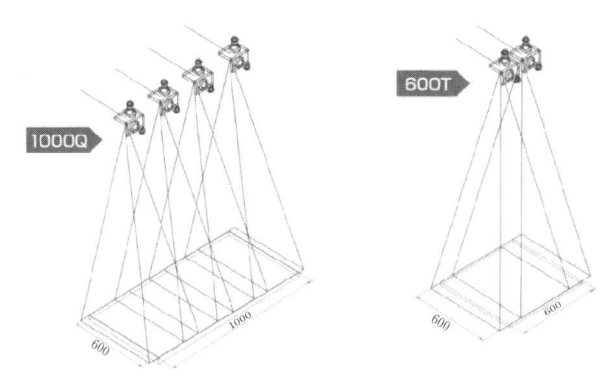

図 6.51 マルチスキャンシステム（帝人製機，シーメット）

を使う方式（図 6.51）が上市されている．これによって，大型物の一体成形が進む兆しがある．つまり，自動車用品ではモジュール化が進んでいるので，それに対応して，例えば内装用のインスツルメント・パネルの一体成形が試みられている．従来は何個かに分割成形・後処理した後に組み上げ接着加工していたものだが，接合のために使用された手立ての排除により，加工時間の短縮がなされている．これは工程短縮を意味するが，高精度化，省エネ，廃棄物減少も達成する．

また，光造形後の製品取出しの自動化装置も最近では開発されている．従来は，装置の中に手を入れて取り出していたものだが，ベースごと外に取り出して別に処理できる装置である．

これとは別に，接着法では澱粉や石膏粉に水系バインダを噴射して，毛細管力を利用して大面積を高速に成形する装置も MIT の 3D Printing 技術の応用として開発されている．この方式は市販のインクジェットプリンタの応用であるため，市販のカラープリンタのプリントヘッドを利用してカラー造形も可能となっている．カラー用のノズルをモノクロとして全部使用すると，高速化がさらに実現できる点も特徴である．

〔今村正人〕

6.4.2 切削加工

a. 切削加工を利用したラピッドプロトタイピング

新商品サイクルの頻繁化に伴う開発期間の短縮が一層望まれるなか，試作モデルの迅速生産技術として重要な技術に発展してきたラピッドプロトタイピング（RP）は，単なる意匠検討の用途から機能試験や強度試験などへの利用へと要求が高まっている．また RP の型製作への展開として，試作モデルをマスタとして金型を作製する手法や直接金型を RP により作製する試みも現れている[1]．このように RP 技術は単なる試作品の生産技術から，より広範囲，かつ重要な生産手段へと進展している．しかしながら，複雑な形状もほぼ全自動で迅速に生産できる反面，製作可能な材質が限定

されること，加工精度が不十分であることなどが原因となり，RPで最終製品そのものを製作することは困難とされてきた．一方で，高速ミリング技術は三次元形状の創成加工の高速化，高精度化に多大な効果があり，特に金型加工現場においてその実用化が進んでいる．高速ミリングによる製作時間の短縮に加えて，製品素材から直彫りで形状創成すれば上述した材質および加工精度の問題は解決できることになり，高速ミリングによるRPのメリットは大きい．加えて，切削加工によるRPは加工可能な形状に制限が生じるものの，1台の加工機で試作モデルから金型まで製作可能になるため，工程集約やリードタイムを大幅に短縮できる可能性もある．

RPの精度不足を補う目的で切削加工を複合した積層造形技術も開発されている．例えば，一層ごとにモデル上面をロータリカッタで切削することにより積層方向の精度を改善した熱可塑性樹脂を用いるインクジェット式三次元造形機や[2]，マシニングセンタ主軸側面に取り付けた材料供給装置から必要最小限の溶融樹脂素材を吐き出し，ニアネットシェイプに積み上げた後に切削加工によって精度よく造形するRP装置がある[3]．後者はプラスチック射出成形品の試作品を実物の素材と精度で作製可能である．また，金属粉末をレーザで焼結した数層ごとに高速ミリングで形状加工する金属光造形複合加工技術がある[4]．これは試作金型のみならず，実生産用金型の製作をねらった新たな金型づくりとして注目されている．

筆者らは高速ミリング技術の開発に取り組んでおり，光造形用CAD/CAMシステムを利用して作成したカッタパスを用いて金型などの三次元形状を切削加工する高速ミリング機も開発している[5]．ここでは，高速ミリングの特徴およびRP技術として期待される効果と，開発した高速ミリング機を用いてプラスチックおよびアルミニウム合金を被削材とした携帯電話の試作モデルを製作した結果について述べ，高速ミリングによるRPの有用性について言及する．

b. 高速ミリングとは

（1） 高速ミリングの特徴[6]　高速ミリングとは，高速回転主軸を有した工作機械により，高速送り，浅切込みの切削条件下で工具刃先への負担を最小限に抑え，高能率・高精度の切削加工を指向するものである．高能率は，使用する回転工具を速く送ることによって加工時間が短縮できるため実現できる．送り速度は工具回転数と1刃当たり送り量および刃数の積であるが，1刃当たり送り量と刃数の増大には限界があるため，回転数を高くすることも重要になる．一方，回転数を高めると切削速度が高くなり工具にかかる負荷も増大することから，小径工具を使用するとともに，工具の損傷や摩耗の増大を防ぐために切込みを小さく設定する必要がある．このように，浅切込み・高速送りの切削条件は必然的なものであり，小切込みながら高速な送りで加工能率を稼ぐことになる．したがって，切込みを大きくとって加工能率を稼ごうとする従来の高能率加工法とは異なる．また高速送りは単位時間当たりの加工面積の増大に効果が高いので，ボールエンドミル加工による仕上げ加工への適用において特に有効になる．

さらに，高速ミリングの大きな特徴のひとつに，切削後に被削材，工具ともに温度上昇が認められないという現象がある．熱の発生には切りくずのせん断による発熱，逃げ面と被削材および切りくずとすくい面の摩擦熱などがあるが，高速回転・高速送りにすることで実切削が極めて短時間のうちに行われるため，熱伝達がほとんどないことに起因している．また切りくずへの熱の流入割合が増すことが知られていて，熱容量の小さい切りくずは飛散中に冷却されてしまうため，結果的に切りくずが切削熱を持ち去ることになり，切削熱の悪影響がなくなる．これらは，工具および被削材への熱影響がむしろ減少し，工具寿命延長と加工精度向上に有効に作用していることを示している．また，ボールエンドミルの摩耗特性を切削速度と工具摩耗の関係から調査すると，旋削加工とは異なり，低速側と高速側で摩耗が増大する傾向を示す．すなわち，中間領域に最適な加工条件が存在している．ただし，この最適な加工条件は工具と被削材の材質，加工条件によって左右されるため，この最適条件の検討こそが重要である．

（2） 高速ミリングを実現するための要素技術とその限界　この高速ミリングの実現において，切削条件の上限やその実現を阻害する要因は様々あるが，工具と加工機について以下にまとめてみる．

① 被削材と工具に関する要因：工具回転の高速化に伴い切削速度が増大するが，適用する被削材と工具の材質に応じて実用的な切削速度には上限がある．鋼材を被削材とした場合，近年の切削工具の進歩によってこの上限が高められてきたことが高速ミリングの実現に大いに貢献している．従来では切削は困難とされていた 60 HRC 程度の硬度をもつ焼入れ鋼であっても，高速ミリングによって実用的な工具寿命で切削できるようになってきた．しかしながら，回転工具の切削速度は工具径に比例して大きくなるので，大径工具では容易にこの上限に達してしまう場合も多い．超硬，コーティング超硬，サーメット，セラミックス，CBN 工具などの実用切削速度は，被削材種，加工法，加工条件により変化し，その上限も異なることを考慮しなければならない．また，エンドミル加工においては工具径に対する工具突出し長さの比に限界がある．狭く深い溝のような形状の加工は困難である．

② 加工機性能に関する要因：高速回転・高速送りの実現は工作機械の性能に依存するところが多い．工具の高速回転に十分耐えうる主軸と，それに伴う高速かつ十分な精度を保証する送り駆動系を有していなければ，様々な問題が生じてしまうことも考慮しなければならない．特に金型加工に代表されるような複雑な形状創製加工では，工作機械性能が高速ミリングの実現の限界となることも多い．さらに主軸と送りの高速化のみならず，付随する周辺技術であるツーリングや制御装置，CAM の高速対応も重要である．

c. 高速ミリングによる RP の特徴，期待される効果，課題

表 6.11 に，光造形法と高速ミリングによる RP の特徴を比較して示す．高速ミリングによる RP は，作製モデルの材質がほぼ自由に選択できること，加工精度は要求

表6.11　高速ミリングによる RP の特徴と効果

光造形法（積層造形法）	高速ミリング
付加加工	除去加工
・製作形状の制限が少ない　オーバハング形状も可 ・一般に材質の制限あり	・材質の制限はほぼなし ・製作形状に制限がある　オーバハング形状は不可　工具径以下の加工は不可 ・加工精度，加工時間に優位

に応じてある程度可変であることがメリットである．一方，CAD/CAM や CNC 制御装置などのソフトウェアは積層造形用に比較して，工具径オフセットや干渉回避，先行制御や高精度輪郭制御などにおいて，より複雑である．現状では，市販の切削用三次元 CAD/CAM システムを利用することになるが，段取り換えまで含めた完全自動化システムに適用できるようなものはほぼ存在しない．高速ミリング用 CAD/CAM システムの開発が望まれる．

d. 切削条件と加工方法

使用した高速ミリング機の仕様を表6.12に示す．本機は小物金型の高速ミリングを目的に筆者らが開発したもので，10万回転のスピンドルと小径ボールエンドミルを用いて，金型三次元形状の高速・高精度直彫り加工を実現している．また光造形用 CAM を改造した CAD/CAM システムを開発しており，ジグザグカッタパスによる

表6.12　使用した高速ミリング機の主要な仕様

軸構成	縦型フライス盤（ATC なし）：キタムラ機械製 3方向4軸構成（X：サドル左右，U：テーブル左右，Y：テーブル前後，Z：ラム上下）
駆動系	移動量 [mm]：X 600, U 300, Y 600, Z 300 送り速度 [m/min]：X 60, U 40, Y 36, Z 36 加減速加速度 [G]：X 0.75, U 0.75
主　軸	空気静圧主軸：主軸径 ϕ 21 mm，出力 660 W，工具径最大 6 mm：東芝機械製 ホルダ：焼きばめ（開発）：MST コーポレーション製
CNC	FUNUC 15-MODEL B

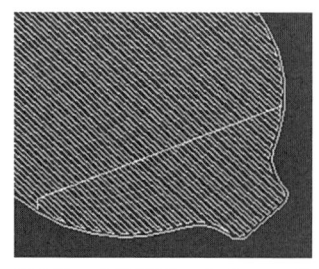

図6.52　ジグザグカッタパスの一例

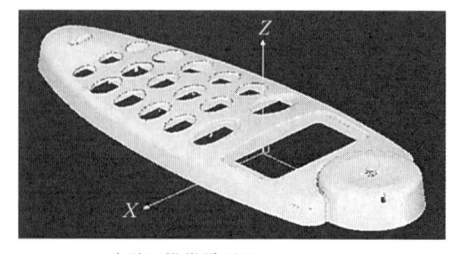

図6.53　実験用携帯電話器モデルの CAD データ（表側，ARRK 提供）

表6.13 切削条件

	一次加工	仕上げ加工
カッタパス	ジグザグ＋輪郭加工	輪郭加工のみ
仕様工具（コーテッド超硬）	R1.5×114	R1.0×116
工具回転数 N [min^{-1}]	100000	100000
指定送り速度 F [m/min]	40	20
Z方向切込み A_d [mm]	0.3	0.01
半径方向切込み P_f [mm]	0.3	—
加工時間　表面	2H 10M	4H 56M
裏面	2H 01M	5H 14M

等高線加工を用いた高速ミリング法を提案している[7]．図6.52に示すように，光造形のレーザスキャンパスと同様なカッタパスを用いている．

図6.53に示す携帯電話器のCADデータをSTLファイルに変換した後，上記のCAMでNCデータを作成し，ABS，PMMAのプラスチック材とアルミ合金の板状素材からモデルを切削加工する．モデルは一面を加工後，素材を反転してチャックし直し，反対面を加工する段取りによって加工する．さらに，工具軸方向の切込みを小さくして，輪郭形状のみによる仕上げ加工を付加した結果についても評価する．その切削条件を表6.13に示す．また，同形状のモデルを光造形法によって製作した結果と，形状精度，加工時間などについて比較検討する．

e. 実験結果

いずれの素材においても，$N=100000$ min^{-1}，$F=40$ m/min という，ほかに例のない超高速切削条件で同様に加工できた．したがって加工時間も同一である（表6.13中に表示）．加工精度も素材材質に関係なくほぼ同一の結果が得られた．

等高線加工ピッチ（Z方向切込み）$A_d=0.3$ mm で作製した場合と，その後に $A_d=0.01$ mm で仕上げを付加した場合について比較すると，後者では等高線加工で生じる A_d に相当する階段状の段差を小さくできる（図6.54）．後述する光造形法と比較しても滑らかな曲面が達成できた（図6.55）．ただし，輪郭加工のみとなる仕上げ加工では，$A_d=0.01$ によって切込み回数が増えることと，XY同時2軸制御加工では，高精度な軸動作を実現するための送り速度の減速制御が必要となり，実送り速度が低くなるために，長い加工時間を要してしまう．アルミ合金を素材に用いた加工事例について概観写真を図6.54に示す．

光造形装置（NTTデータ製SOUPシステム）を用いて同一モデルを作製した．ただし，積層段差の均一化のためモデルを45°傾斜させて，同時に6個作製した．全作製時間は17.8時間であり，単純に数量6で除した1個当たりの作製時間は約3時間となる．作製時間を単純に比較すると高速ミリングの優位性は本実験では得られていないが，切削条件の検討などにより加工時間の短縮は可能であろう．

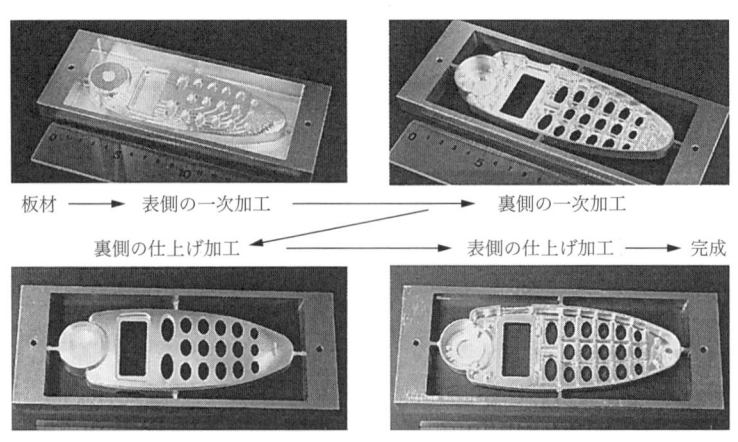

板材 → 表側の一次加工 → 裏側の一次加工
裏側の仕上げ加工 ← 表側の仕上げ加工 → 完成

図 6.54 加工されたモデルの概観写真（アルミ合金）

高速ミリング品（PMMA）　　　　光造形品

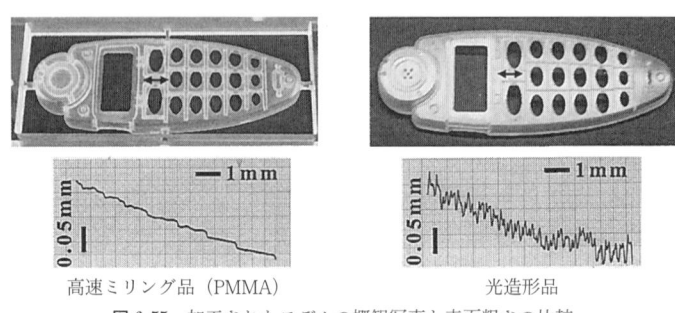

図 6.55 加工されたモデルの概観写真と表面粗さの比較

　以上，高速ミリング機による携帯電話器モデルの RP について，光造形法と比較して検討した．高速ミリングによって高能率・高精度な三次元モデルの作製が可能となり，モデル材質の制限がなくなった．同様な加工法によって，直ちに金型製作にも移ることができ，新製品開発の効率化に貢献できるものと考えられる．

〔安斎正博・高橋一郎〕

▶▶ 文　献
1) 中川威雄：精密工学と型技術，精密工学会誌，**63**，9，p. 1213（1997）
2) 田中太宏：インクジェット式 3 次元造形機 MM-II の紹介，第 15 回ラピッド・プロトタイピングシンポジウム（型技術協会），p. 8（1998）
3) 竹内　宏：マシニングを使用した新 RP P-Process，型技術，**13**，5，p. 70（1998）
4) 阿部　諭：ワンプロセスマシニングによる金型のラピッドプロダクション，第 24 回ラピッド・プロトタイピングシンポジウム（RP 産業協会），p. 67（2003）
5) 高橋一郎，安斎正博，中川威雄：10 万回転超高速ミーリングにおける超硬小径ボールエンドミルの摩耗特性，精密工学会誌，**65**，5，p. 714（1999）

6) 松岡甫篁,安斎正博,髙橋一郎:はじめての切削加工,工業調査会(2002)
7) 髙橋一郎,安斎正博,中川威雄:往復送りカッタパスを用いる超高速ミーリング機の開発,精密工学会誌,**65**, 5, p.714(1999)

6.5 ナノ・マイクロ加工技術

6.5.1 光造形

マイクロ加工には加工単位の制御が比較的楽に実行できる光造形が多く用いられる.歴史的には,規制液面法(図6.56)を用いてZ軸の制御を確実に行う方式で,染料(光吸収剤)を樹脂に混ぜてレーザビーム径を小さくする方式が用いられてきた.ほとんどが,研究者の手作りだが,市販されている装置(図6.57)もある.この分野で実際に商品を生産するのはむずかしく,ドイツのMicroTec社(図6.58)のみが供給を行っている.光造形ではわが国の研究が先端的で,山口・中本(図6.59左上),髙木・中島(図6.59右上),生田ら(図6.59左下),大坪らなどが積極的な開発を行ってきている.基本は三次元形状を生かした流路の形成あるいはユニット部品の製造で,もうひとつは稼動部品で,藤森(図6.59右下)の繊毛運動を模試したアクチュエータの例である.

市販の装置を使った通常加工でもサブミリ単位の加工は可能であり,年々その精度はあがってきている(図6.60)が,ポイントは洗浄にある.光造形は比較的複雑な形状をつくれるのが特徴だが,内部に取り込まれた未硬化の残留樹脂が速やかに取り出せないと,この樹脂が硬化してしまい,微細な形状を出すことができない.

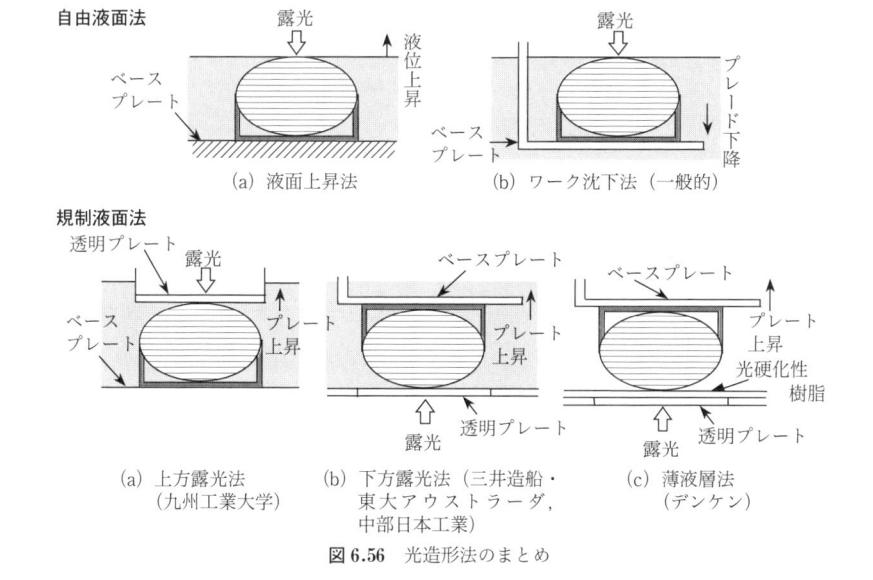

自由液面法

(a) 液面上昇法
(b) ワーク沈下法(一般的)

規制液面法

(a) 上方露光法
(九州工業大学)
(b) 下方露光法(三井造船・東大アウストラーダ,中部日本工業)
(c) 薄液層法
(デンケン)

図 6.56 光造形法のまとめ

420 —— 6. 積層造形加工

図 6.57 マイクロ光造形実験機（別称：マイクロマシン実験機）（ユニラピッド，http://unirapid.com/micro%20rp.htm）最小積層ピッチ：2μm，最大造形寸法：XYZ 各 30 mm，使用樹脂：無色透明アクリル，その他：除振台上に設置

図 6.58 MicroTec 社がイメージとして使用している生体探査マイクロマシン

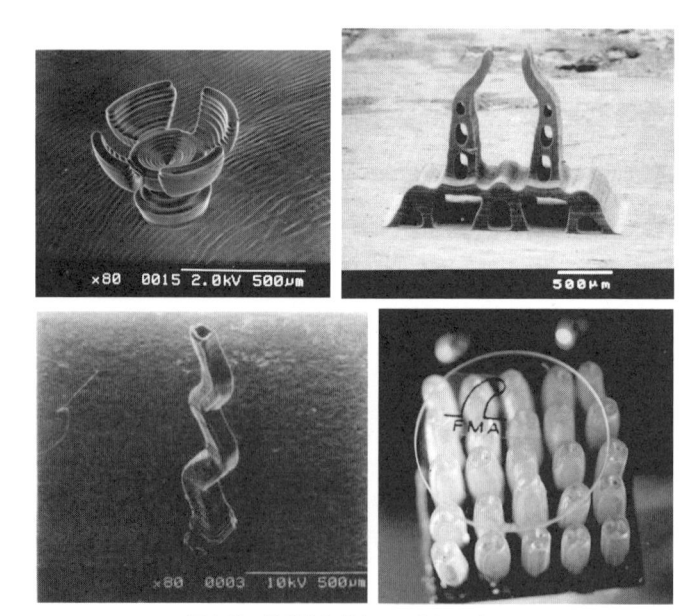

図 6.59 代表的な日本のマイクロパーツ

　特に，微細なマイクロ加工用としてはフェムト秒レーザを用いて二光子吸収で紫外線を発生させる方法がある．この場合には紫外線の出力が非常に小さいので加工単位も小さくなり，現状では世界で一番小さな光造形品がつくられている（図 6.61）．これは通常の造形のような線状の硬化物の連続成形ではなく，ボクセル（点，スポッ

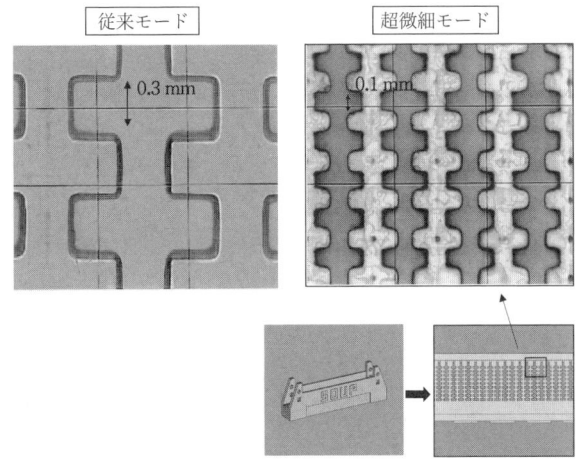

図 6.60 市販装置での微細加工の例（シーメット）

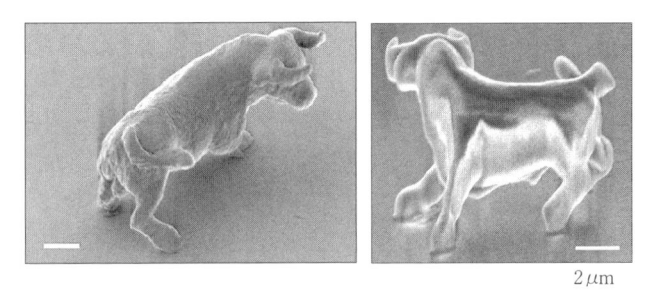

図 6.61 二光子吸収によるボクセル硬化物（大阪大学 河田研究室）

ト）造形によってつくられている点でも新しい方向を示唆している．

6.5.2 ガス分解堆積法

CVD は製品を加熱した炉中に化合物ガスを導入して分解コーティングする方法であるが，これを利用した積層造形法が 2 種類ある．使用する熱源によって，① レーザ CVD 法（図 6.62）と ② 収束イオンビーム法に分かれる．ビーム径により成形物の大きさが異なり，後者の方がより小さいものを造形できる（図 6.63）．

6.5.3 ガス噴射法（レーザマイクロ溶接）

ナノサイズの微粒子をガスで輸送し，ターゲットに当てる方法で，純金属あるいは銀や金をコーティングしたカーボン粒子を用いる．より強固な結合を必要とする場合にはレーザを併用する．μ 単位の造形に用いられるものである． 〔今村正人〕

(a) C₂H₂ (b) C₂H₄

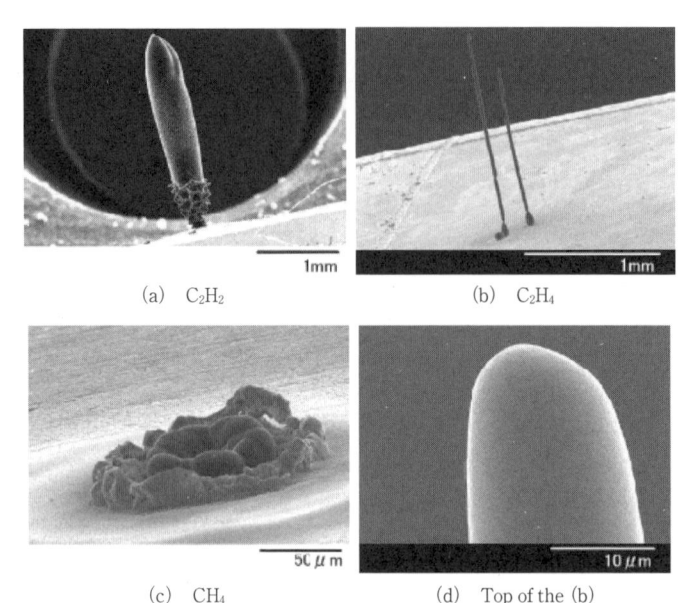

(c) CH₄ (d) Top of the (b)

図 6.62 レーザCVD法によるマイクロ造形（東京工業大学：吉田，比田井，戸倉）

■ 収束イオンビームによる三次元構造形法

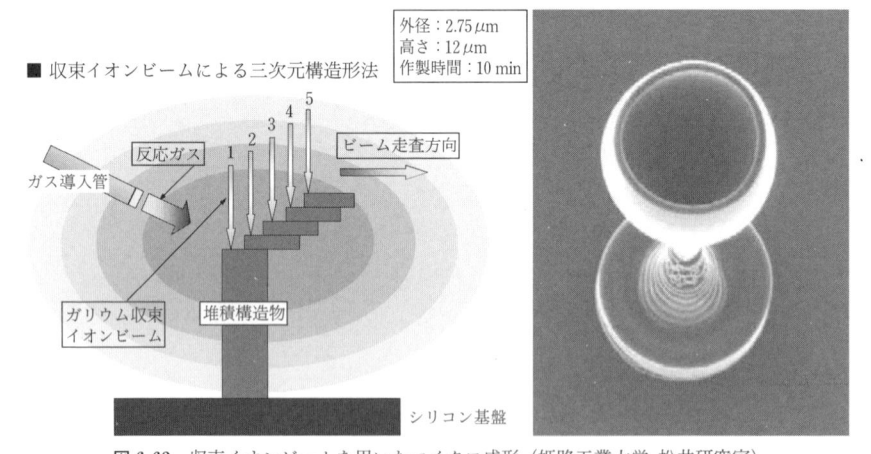

外径：2.75 μm
高さ：12 μm
作製時間：10 min

図 6.63 収束イオンビームを用いたマイクロ成形（姫路工業大学 松井研究室）

6.6 環境対応技術

ポイントは廃棄物処理と省エネにある．積層造形法は付加加工なので廃棄物が少ない工法である．工法によってその環境に及ぼす効果は異なる．一番の問題点は廃棄物

処理だが，全般的には問題にならない．強いてあげるとすれば，樹脂中の重金属・未硬化樹脂の取扱い，造形品の洗浄液の廃棄であるが，従来の既存の類似商品に準じて行えば問題は少ない．直接肌にふれないよう，保護具を使うことはいうまでもない．アメリカでは当初より，こうした対応のビデオなどもボランティア的に公開されている．

省エネとしては設備のコンパクト化などの理由から，ガスレーザから固体レーザに変わったことで，チラーを含む冷却回路がなくなり，水も使えなくなってきている．小型の機種では LED や半導体レーザ，もしくは紫外線ランプを使うものもあり，造形物の大きさに応じて使い分けられている．

より大きな省エネ効果は工程の短縮にある．その大きなものは製造工程のコンカレント化で，問題の前出し，工程の同時進行など無駄を省くことで，時間短縮とコスト削減に RP は大きく寄与している．事例として 2 例を示す．ひとつは光造形による大物の一体造形（図 6.64）であり，もうひとつは金属粉末焼結・切削による複雑金型の一体成形（図 6.65）である．

積層造形の応用のひとつに鋳造用の木型模型があるが，新しい方法の利用によって工程の中抜きが実現されようとしている．わが国ではあまり注目されていないが，海外では利用が急速に進んでいるものである．

鋳型の直接造形は模型製作の工程を省くもので，大きく分けて 2 種類の方法がある．まずひとつめは，基本は鋳型砂を固めるものであるが，比較的大物の全般向けとして，バインダをコーティングした鋳型砂にバインダの硬化触媒を噴射する方法（図 6.66），小型でアルミ鋳造用としては石膏鋳型（図 6.67）があり，いずれもインクジェット方式である．フェノール樹脂をコーティングした鋳型砂を焼結するもの（図 6.68）やジルコンサンドを直接焼結する方法（図 6.69）もある．もうひとつは鋳型ブロックの切削（表 6.14）である．ふたつめは日本で 20 年前に開発されていたが（図 6.70），当時は NC データを使っていたために日の目を見なかった．三次元 CAD からのカッタパス用ソフトが開発され，比較的簡便に利用されるようになったために

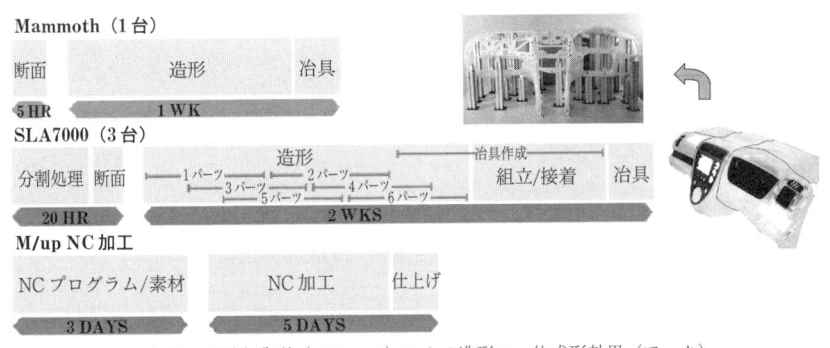

図 6.64 大形光造形（マンモス）による造形の一体成形効果（アーク）

金型構造　　　　　　　　　　　　　金型加工用電極
従来工法の金型（除去加工）

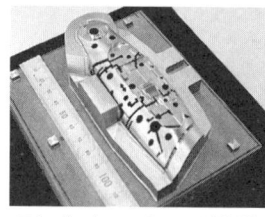

ワンプロセスマシニング金型　　　成形品

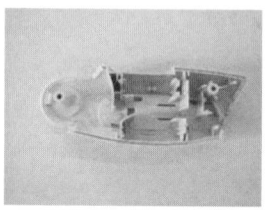

従来工法
| M | G | EDM | F | プレート加工 |

| 1P | プレート加工 | 1/3 |

金属光造形
加工時間比較

図6.65 従来工法（切削，研磨，放電加工）と金属粉末の直接焼結・切削一体成形（ワンプロセスマシニング）との比較(松下電工)

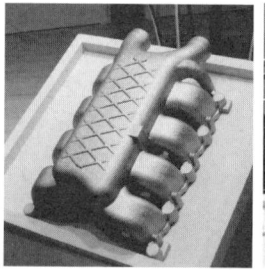

図6.66 製造された鋳型と鋳造品（Generis, Exturudehorn）

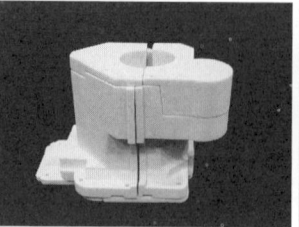

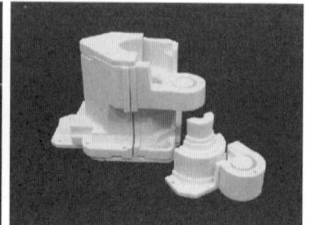

図6.67 骨材入り石膏を固めた鋳型とアルミ鋳造品（ZCast）

6.6 環境対応技術 —— *425*

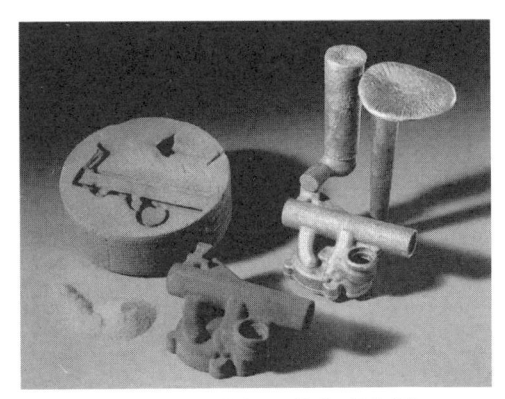

図 6.68 アルミ配管部品と鋳型，部品形状のサンプル（EOS カタログ）

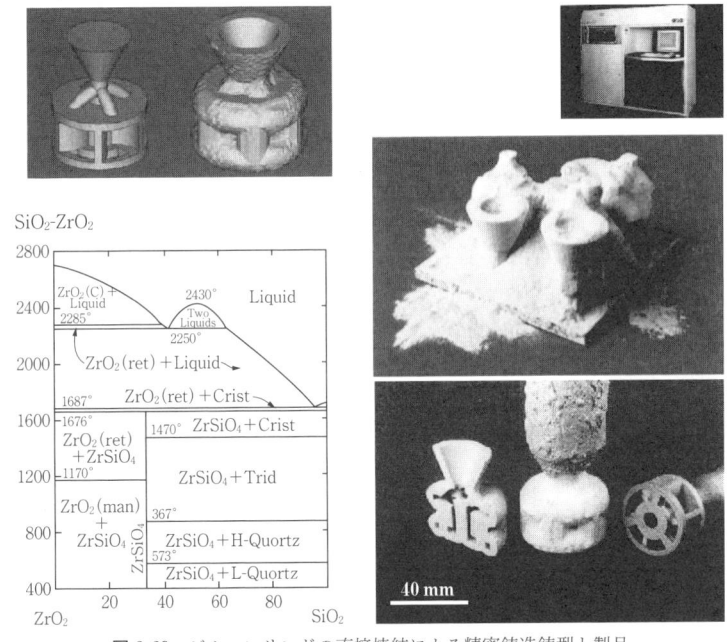

図 6.69 ジルコンサンドの直接焼結による精密鋳造鋳型と製品

再注目されている（図 6.71）．基本工法は特許がきれているために，ヨーロッパ，アメリカ，日本でも利用例が増えている技術である．この方法は，製品形状面に対応して，可変見切りが可能なため，主型や中子の区別なく，パズル状に組合せができるところが特徴である．さらに最近では除去量を少なくするために自硬性砂を大まかに投

426 —— 6. 積層造形加工

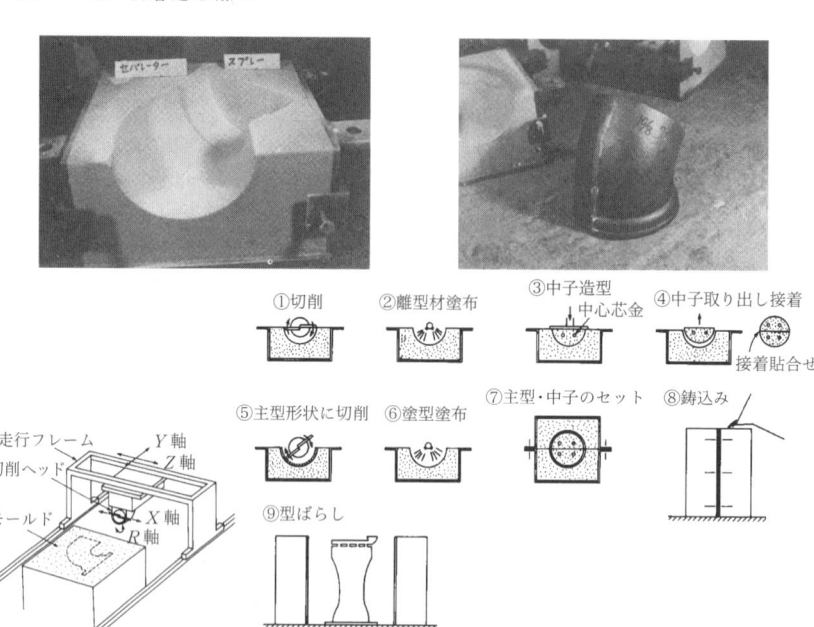

①切削　②離型材塗布　③中子造型／中心芯金　④中子取り出し接着／接着貼合せ

⑤主型形状に切削　⑥塗型塗布　⑦主型・中子のセット　⑧鋳込み

走行フレーム　Y軸
切削ヘッド　Z軸
モールド　X軸　R軸

⑨型ばらし

図 6.70 砂型の切削造型法（久保田鉄工）

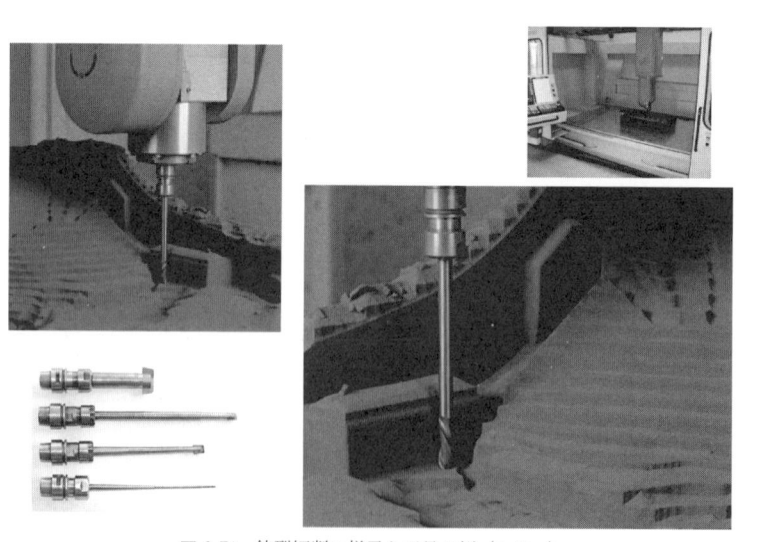

図 6.71 鋳型切削の様子と工具の例（AcTec）

6.6 環境対応技術 —— *427*

表 6.14 鋳型ブロックの切削

名　称	実施会社	発表年
鋳型の切削造形法	久保田鉄工	1981
'Patternles' Project	The Castings Development Center（現在，Castingsdiv, UK）with 14 partner	2000
Direct Mould Milling	AcTech GmbH（Germany）	2000
	DirektForm	2002
	Klinkenbeard（USA）	2002
	辻井製作所	2001
シェル鋳型の高速 NC 切削成形	豊田中央研究所	2002

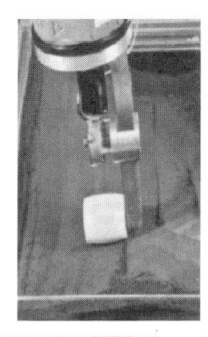

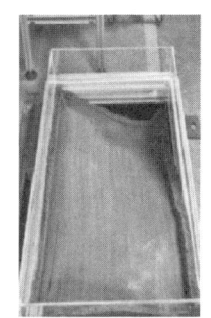

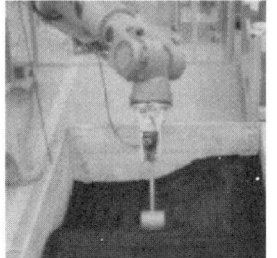

図 6.72　積層（40 l/h）＋切削（2 m^3/h）による鋳型製作（Walter Schaaf, Fraunhofer IPA and Ralf Wagner, AcTec）

入し，ローラで積層均し，さらに切削する方法（図6.72）も研究されている．

チタンの加工の場合，通常はインゴットを鋳造して製品を削り出すことが行われていたが，レーザ肉盛りを利用してプリフォームをつくってそこから切り出す方式（図6.73）が宇宙ステーションの部品などに利用されている．この場合には粉末からの溶融堆積であるため，結晶粒の微細化が確保され，強度も大きくなっている．

〔今村正人〕

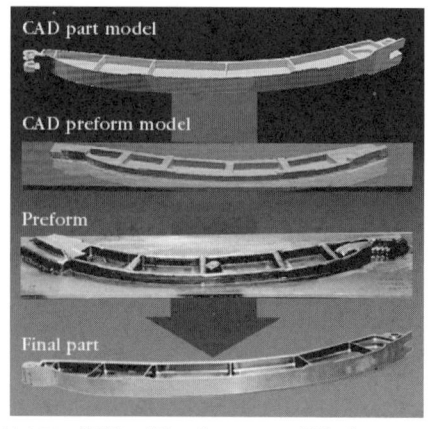

図6.73 機械加工用のプリフォーム製造（AeroMet, http://www.aerometcorp.com/）

6.7 加工例：造形の展開

応用分野としては，工業分野，医療分野，三次元コピーの3つの分野に大きく分かれる（図6.74）．当初は単に形状をつくれることが注目されていた．つまり，寸法精度もうるさくなく，見た感じのものができればよいというコンセプト（デザイン）モ

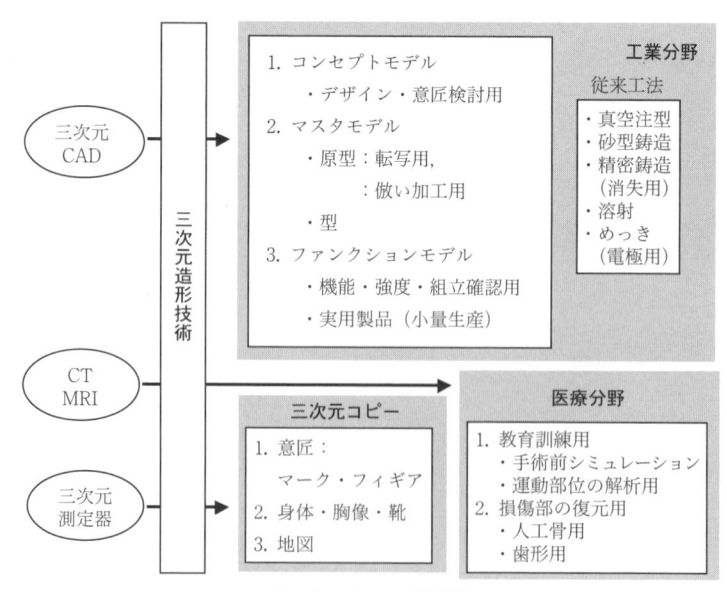

図6.74 RPの応用分野

6.7 加工例：造形の展開 —— *429*

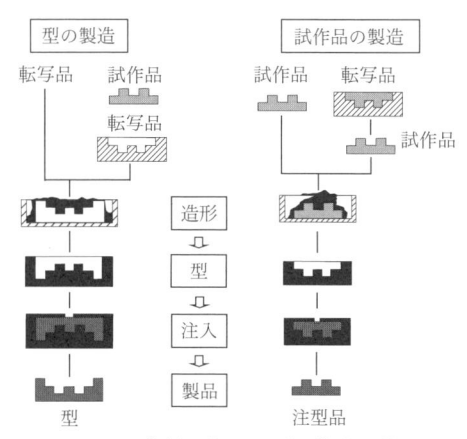

図 6.75 転写を利用した型・模型の製作

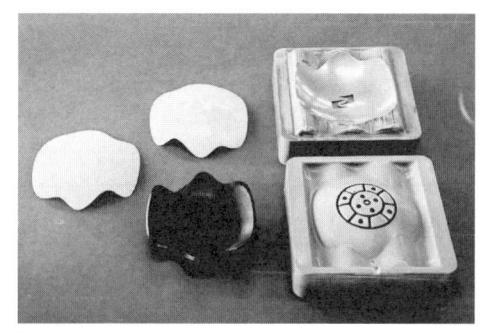

図 6.76 真空注型による転写を利用した複製（帝人製機）

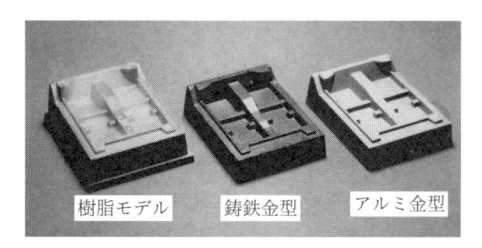

図 6.77 自動車のフロアカーペットのシミュレーション実験

デルである．次に，精度がでるようになると，倣いモデルや転写用の模型としてのマスタモデルとして使用されるようになった．転写（図 6.75）の主な用途はレプリカ作成で，真空注型（図 6.76），砂型鋳造（図 6.77），精密鋳造（図 6.78）などに代表

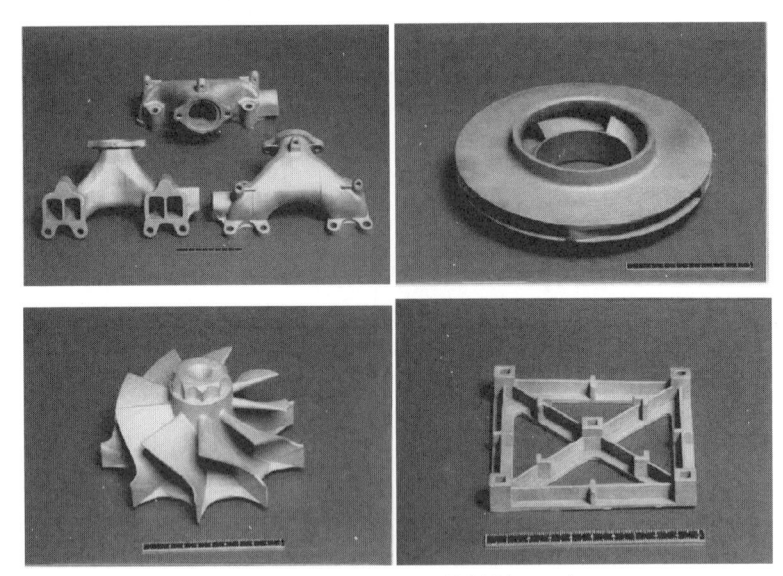

図 6.78 共通試験で実験した精密鋳造サンプル

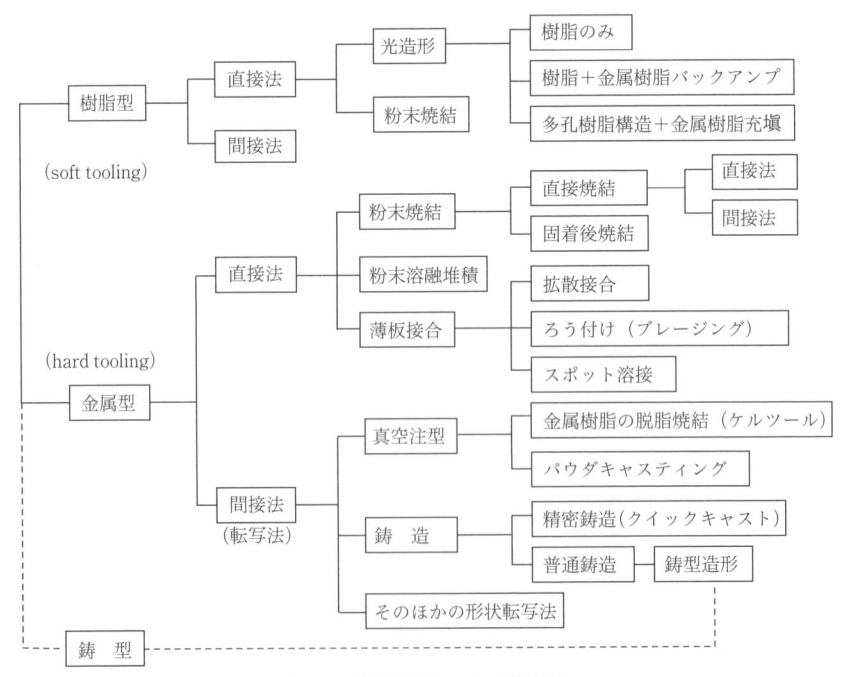

図 6.79 積層造形法による型づくり

される転写成形による材質変更や型への転換（図6.79）によって，造形品の品質向上と少量生産の達成がなされた．さらに，特性が向上するにつれてはめあいや干渉，組立モデル（図6.80），実部品（水質分析形のセル（図6.81））など，機能モデルへの応用が広がっている．これは光造形に限ったことではないが，当然ながら一番大きい用途は工業分野である．特に自動車と家電は大きなマーケットであり，自動車関係での三次元データの利用が顕著である．これは，今でもデザイン的に意匠部分の大きい空間がある大量生産品で，しかも開発期間が数年に及ぶものであるからだと考えられる．開発期間が極端に短くなっている家電品は部分的に，徐々に試作レスになって

図6.80　コップディスペンサの組立モデル（日新DTM）

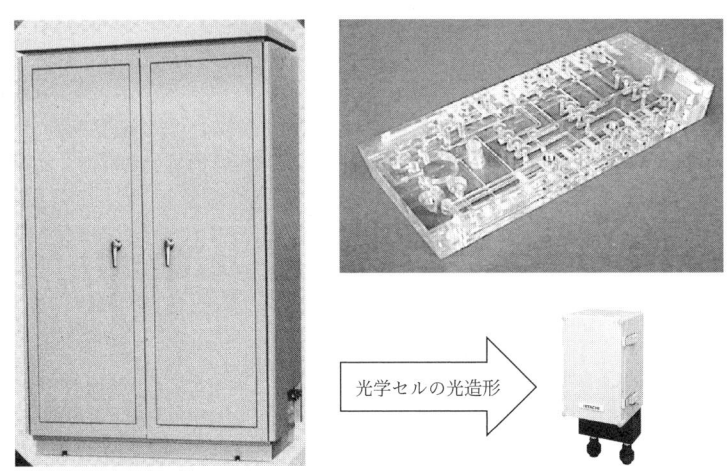

図6.81　光造形セルの適用による水質計のダウンサイジング
　　　　（日立ハイテクノロジー）

6. 積層造形加工

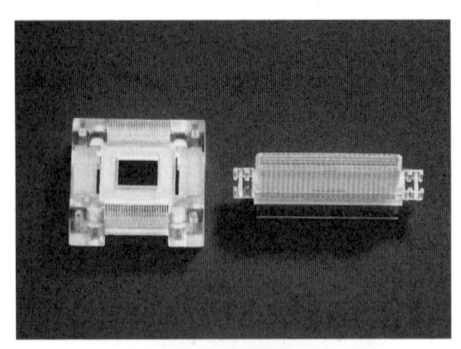

図 6.82　電装関係の微細形状コネクタ

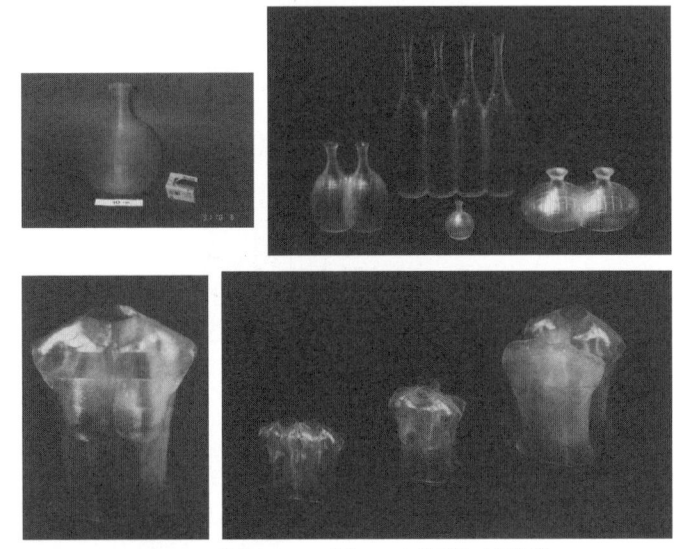

図 6.83　複雑なデータ変換された造形物（光造形）

図 6.84　クラインのつぼ（拡大・縮小モデル，光造形）

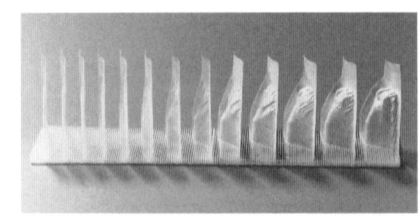

図 6.85　光造形で作成したパネルの逐次変形挙動

きている．とはいっても，小型化の著しい情報機器向けフィラ含有のダイレクト型やコネクタ（図6.82）などの試作には欠かせないものである．

イメージを形にできるRPは，特に三次元CADの形状変形機能の表現（図6.83）に向いている．なかでも，複雑形状の代表例であるクラインのつぼ（図6.84）やFEMの数値解析など，データのみで表現されるものを具現化するには一番向いている．図6.85は薄板のプレス工程でのシミュレーション結果（図6.86）の連続出力例

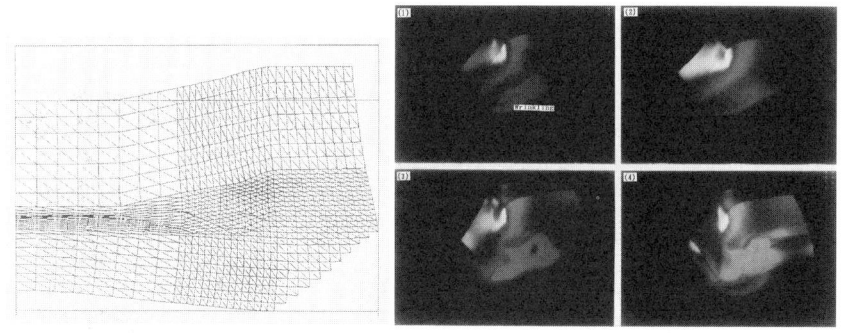

図6.86 パネル変形のCAEシミュレーション

図6.87 下顎の運動軌跡（北海道大学 上田）

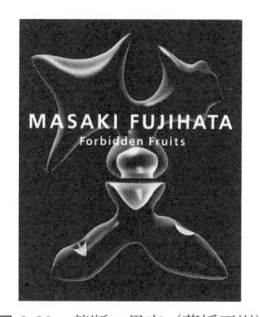

図6.88 禁断の果実（藤幡正樹）

図6.89 鬼瓦とその複製（京都市埋蔵文化研究所）

で，三次元アニメーションと呼ばれることもある．通常は形では表せない運動の軌跡も数学的には表現できるので，その領域範囲をボリュームとして造形することも可能で，顎の動きを示した例を図6.87に示す．数学的な変形の結果はアートとしても具体的な表現手段となる（図6.88）．そのほか，文化財の複製品（図6.89）など，実物からの測定データをもとに複製するリバースエンジニアリングの加工例も増えてきている．その典型的な例は医療分野のパーツで，複雑な手術の事前検討として，人骨，血管，内臓（図6.90）などへの利用が進んでいる．

形状表現にCGデータ（図6.91），VRML (Virtual Reality Modeling Language；

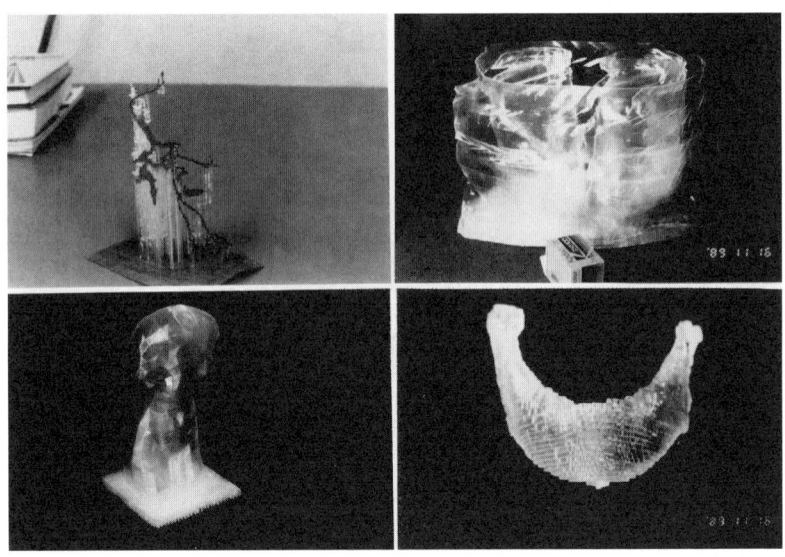

図 6.90　医療モデル

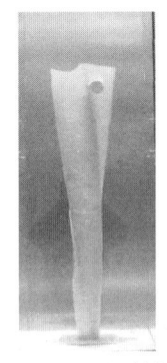

図 6.91　モニュメント（大江戸線清澄白河駅）

図 6.92 三角パッチを生かした造形表現 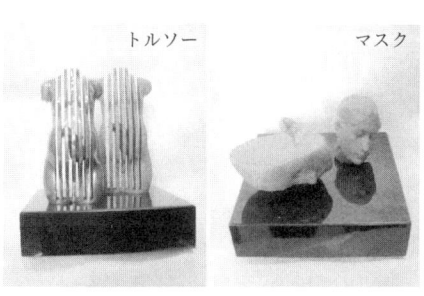　　**図 6.93** 新しい彫刻（東京芸術大学 北郷研究室）

図 6.94 3次元ジグソパズル（理化学研究所） 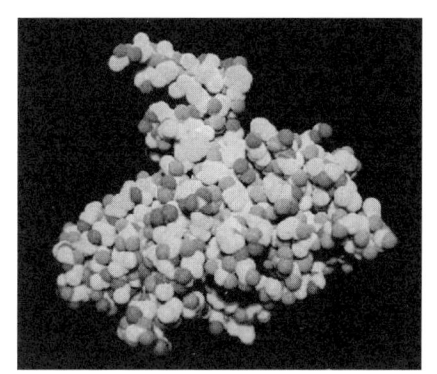　　**図 6.95** 分子モデル（理化学研究所）

プログラム言語のひとつ）などの三次元表現（図6.92）が一時期利用されたが，パッチを残して色彩をデカールで張り込むなどの手立てがとられたこともあった．こうしたCAD以外の形状作成方法が進むにつれて，より美的な複雑表現のアウトプット手段としての利用も試みられている（図6.93）．こうしたものの融合例として三次元ジグソパズル（図6.94）などがあげられよう．

今後の利用のひとつに，三次元プリンタ分野への適用が有望視されている．CADには主に二次元プリンタが使われているが，手軽に使える三次元プリンタを普及できれば，非常に大きな市場になる．カラーヘッドを利用してモノクロ印刷すればさらに造形速度はあがり，形状の表現はもちろん，色が加わることでより意匠の表現が豊かになり，まさに三次元プリンタとして利用されるだろう．分子模型の例を図6.95に示す．

〔今村正人〕

▶▶ **文　献**
1)　丸谷洋二，大川和夫，早野誠治，斉藤直一朗，中井　孝：光造形法，日刊工業新聞社

(1990)
2) 中川威雄,丸谷洋二,岸浪建史,有吉秀穂,今村正人,早野誠治：積層造形システム,工業調査会（1996）
3) 丸谷洋二,早野誠治,今中 瞑：積層造形技術資料集,オプトロニクス社（2002）
4) 萩原恒夫：光造形,樹脂からみた最近の開発動向,プラスチック成形加工学会セミナー（2001）
5) 今村正人：加工技術データファイル
  今村正人,楢原弘之,安部史枝,前川克廣：三次元造形法,新版 機械工学便覧,日本機械学会．

7. 加工評価

7.1 評価項目とその定義

7.1.1 加工部品の幾何特性仕様
a. 幾何特性仕様の考え方

機械加工全体の流れにおける図面の役割を考えると，まず設計において部品の機能を満たすような仕様が図面として表現され，この図面により加工・検証が行われる（図7.1）．図面が表しているのは，図7.2のように機械加工される部品がもつ寸法・形状・表面性状の仕様であり，これをまとめて部品の「幾何特性仕様」と呼ぶ．本項では，部品の幾何特性仕様として寸法，形状および表面性状を評価する場合に，それ

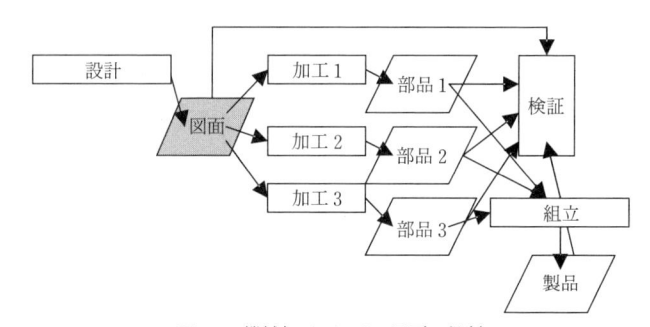

図7.1 機械加工における図面の役割

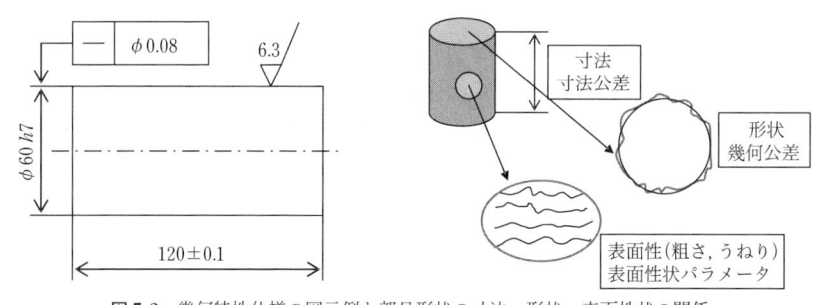

図7.2 幾何特性仕様の図示例と部品形状の寸法，形状，表面性状の関係

それがどのように定義されているかを説明する．

従来の幾何特性仕様の定義には，曖昧性や不整合があることが指摘されている．生産システムのグローバリゼーションを考えると，幾何特性仕様が曖昧性をもたないことは重要である．すべての事柄を数学的に定義して，曖昧さをなくした新しい生産体系が必要となっている．国際標準化機構の技術委員会の ISO/TC 213 では，このような基本概念にしたがった新しい生産システムに対応する標準化を ISO/GPS (geometrical product specifications：製品の幾何特性仕様) 規格として設定し，普及を行っている．このような流れに対応するためには，幾何特性を正しく定義し，曖昧さなく解釈することが必要である．

b． 幾何特性仕様の定義

加工部品の形状測定は，その部品が設計者の意図した機能を満たしているかどうかを評価する機能測定が最終的な目的となる．実際には，設計者は機能を満たすような部品の各要素の寸法，形状および表面性状を考えて設計するため，加工部品の測定では，加工された部品が設計された図面に示されている寸法，形状および表面性状を満たしていることを測定することになる．加工部品の形状を図 7.2 に示すように ① 寸法と寸法公差，② 形状と幾何公差，③ 表面性状と表面性状パラメータの 3 つの要素に分けて考える．

寸法には寸法公差，形状には幾何公差が示されているので，その公差を部品が満たしているかどうかの合否を判定することが目的になる．試作・開発の段階や非常に高精度な加工の場合などでは，形状を測定することで生産方法を改良・変更したり，再加工を行ったりすることもある．また，加工部品の表面の状態については，指定された表面性状を満たしているかどうかを評価する必要がある．

c． 測定の不確かさ

測定項目に対応した測定機器を選択する場合および測定結果の合否を判定する場合には，測定の不確かさを考慮する必要がある．測定の不確かさは，測定した結果がもつ精度の評価である．ISO から出ている「計測における不確かさの表現ガイド (guide to the expression of uncertainty in measurement：GUM)」では，測定の不確かさは「測定の結果に付随した合理的に測定量に結び付け得る値のばらつきを特徴付けるパラメータ」と定義されているが，非常に高精度な測定以外の一般的な場合には，「真の測定値（実際にはこれは不明である）が存在すると考えられる範囲」と思ってもよい．例えば，長さの測定結果が 10 mm でその拡張不確かさが 0.1 mm という場合には，真の測定値は 10 ± 0.1 mm の間に 95% の確率で存在すると考えることができる．

測定の不確かさは，測定機器の精度だけでは決まらないので，測定の不確かさを正しく推定することは必ずしも簡単ではない．加工部品の測定に限って考えれば，測定機器の測定精度，測定機器の較正方法による不確かさ，測定環境による不確かさ，測定戦略による不確かさを考えれば十分な場合が多い．

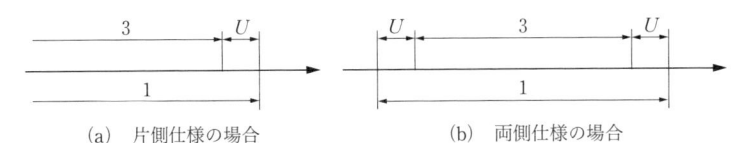

図7.3 測定の不確かさを考慮した判定（JIS B 0641-1）
1：仕様の領域（公差域），3：適合の領域，U：測定の不確かさ

測定の不確かさを含めた測定結果の合否判定については，JIS B 0641-1「製品の幾何特性仕様（GPS）―製品及び測定装置の測定による検査―第1部：仕様に対する合否判定基準」にしたがう必要がある．基本的な考え方としては，図7.3のように，適合範囲（公差域）に対して不確かさを内側にとって適合領域を定義し，合否を判定する．このため，測定の不確かさが大きい場合には，適合とみなされる範囲が小さくなるので，公差域に対して測定の不確かさが十分小さくなるように測定方法を考える必要がある．

7.1.2 寸法公差の定義

a. 寸法の定義

図7.4のような全く公差の入っていない図面を考えると，これを自分で加工し，自分で組み立て，場合によっては自分で修正加工するような場合以外では，このような図面で部品を加工することはできない．また，図面に寸法公差が入っているとしても，実際に加工された部品の形状には必ず幾何偏差（特に形状偏差）があるため，寸法と寸法公差の解釈に曖昧性がないことが必要である．この図面に書かれている軸の直径を考えてみる．この軸の断面が図7.5のような場合，ノギスで直径を測定すると，測定する場所によって直径の測定結果は変わり，軸の直径として1つの値を決めることはできない．また，この軸が曲がっている場合，軸の直径としてどこの長さを測定すべきかを考える必要がある．

従来，寸法はノギスやマイクロメータなどにより2点測定した結果として与えられていた．これは，2点測定以外の測定方法が確立していなかったことと，寸法精度が問題となるような部品では幾何偏差が十分小さかったことなどによる．幾何偏差があ

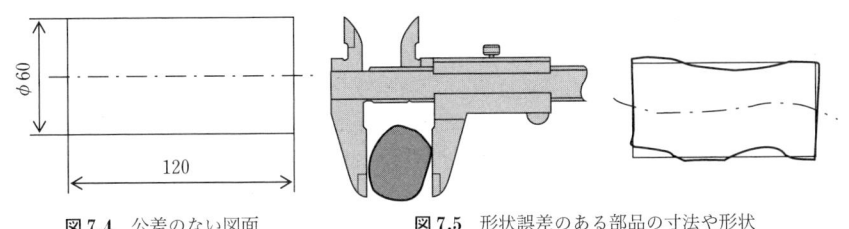

図7.4 公差のない図面　　　　**図7.5** 形状誤差のある部品の寸法や形状

表 7.1 直径寸法の定義（ISO/CD 14405）

グローバル寸法	最大内接寸法，最小二乗寸法
計算寸法	円周直径寸法，面積直径寸法
ローカル寸法	球径ローカル寸法，二点距離寸法

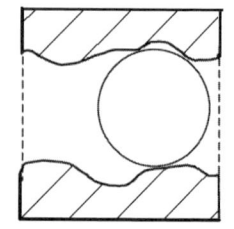

図 7.6 球径でローカル寸法を定義（ISO/CD 14405）

る場合には，2点測定で得られたすべての寸法が寸法公差の範囲に入っていることで，寸法の検証が行える．実際には，形状偏差が極端な方向性や極端な凸部などをもたなければ，1カ所ないしは数カ所の測定で十分である．

しかし，寸法の定義をより厳密に行うために，ISO/CD 14405 (geometrical product specification-geometrical tolerancing-linear size) の検討を行っている．この規格原案では表 7.1 のように，球で定義する寸法，最小二乗寸法，最小外接寸法など寸法をいくつかの種類に分け，それぞれの寸法の定義を厳密に行うことを目指している．図 7.6 はこの規格で提案されている「球径ローカル寸法」の例で，幾何偏差をもつ穴に内接する球の直径によって穴の直径を定義している．このように，使用する目的に応じて多くの種類の寸法を定義している．ただし，寸法測定のデフォルトは2点測定である．

このような定義は数学的に厳密なため，三次元測定機などを利用して，測定対象を十分な精度で多くの測定点の三次元座標が得られる場合には，計算機により計算することが可能である．しかし，このような厳密な定義に基づく測定を，実際の測定対象にどのように適用すべきかを検討する必要がある．定義通りに測定・計算できたとしても，検証コストを考えなければ実際に適用できない．一般に，幾何偏差が十分小さい形状の寸法では，2点測定とほかの測定の結果はほとんど等しくなる．

b．寸法公差

加工された形体の実寸法には「ばらつき」が避けられない．寸法のばらつきは製品の機能に最も影響するため，図面に寸法の許容差を入れることで寸法のばらつきの範囲を規制する．寸法の許容差を指定する方法としては，寸法の上限・下限を基準寸法に対して記述する方法，および IT 公差方式を採用した JIS B 0401「寸法公差及びはめあいの方式」が広く活用されている．

寸法公差方式で示された寸法の上限（最大許容寸法）と下限（最小許容寸法）に対して，前項のような定義により測定された寸法がその範囲に入ることを要求している．図 7.7 の軸の例で，寸法公差の指示は寸法の範囲を 29.98～30.01 mm としている．また，図 7.8 の軸の例で公差等級を使った寸法公差の指示は，直径の基準寸法が 30 mm で公差等級が IT 7，公差域の位置が h で表されているので，JIS B 0401 の表

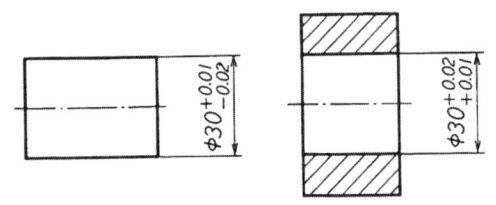

図 7.7 寸法公差を上下の寸法許容差で表した軸と穴の例

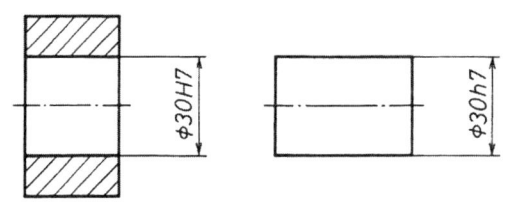

図 7.8 寸法公差を公差等級で表した穴と軸の例

によれば，上側 +0，下側 -0.021 という値なので，29.979 mm から 30.00 mm の間として寸法を規定していることになる．

前述した寸法の定義と寸法公差の指示により，加工部品の寸法を評価することができる．寸法の定義についてはまだ規格化されていないため，特に指示のない場合はマイクロメータなどによる 2 点測定で行うことになる．

7.1.3 幾何公差の定義
a. 幾何偏差と幾何公差の考え方

加工部品の評価では寸法，形状，表面性状を評価することが必要である．寸法に関しては前項に示した寸法公差を用いることでその許容範囲を示すことができる．しかし，部品が高精度になってくると寸法だけで機能を確保することはできない．特に，位置決めなどの指定の不完全さ，基準をどこにとるかが不明確であること，寸法公差と形状の関係が不明確であることなどが問題となり，幾何公差の必要性が認められた．JIS では JIS B 0621「幾何偏差の定義と表示」，JIS B 0021「幾何公差表示方式—形状，姿勢，位置及び振れの公差表示方式」などにより，幾何公差が導入された．

実際の形状は理想的に加工されていることはない．そこで，面はどのくらい真っ直ぐで平らである必要があるか，穴はどのくらい真円であるか，上面と下面はどのくらい平行であるかという指定がなければ，この部品が合格かどうかわからない．これら形体の幾何学的に正しい形状からの狂いの大きさを幾何偏差という．真直度，平面度などは幾何偏差の値である．幾何偏差の値の許容できる範囲を幾何公差という．真直度公差，平面度公差などは，それぞれ真直度および平面度の許容できる範囲を示していることになる．幾何公差としては，表 7.2 に示される 14 種類が JIS B 0021 に規定

表7.2　幾何公差の種類（JIS B 0021）

適用する形体	公差の種類		記号
単独形体	形状公差	真直度公差	—
		平面度公差	▱
		真円度公差	○
		円筒度公差	⌭
単独形体または関連形体		線の輪郭度公差	⌒
		面の輪郭度公差	⌓
関連形体	姿勢公差	平行度公差	∥
		直角度公差	⊥
		傾斜度公差	∠
	位置公差	位置度公差	⌖
		同軸度公差および同心度公差	◎
		対称度公差	⚌
	振れ公差	円周振れ公差	↗
		全振れ公差	↗↗

されている.

b. 領域法（最小領域法）による幾何公差の定義

図7.9は，図面には直線として示されている部分の幾何偏差を拡大したものである．この部分の幾何偏差である真直度は，幾何学的に正確な平行2直線で直線部分を挟み，その2直線の距離が最小となったときの値で評価する．同様に，円の部分の真

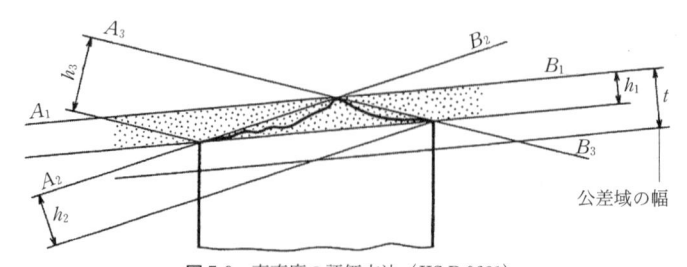

図7.9　真直度の評価方法（JIS B 0621）
A_1–B_1, A_2–B_2, A_3–B_3 などの方向の2直線で挟み，一番幅の小さい h_1 を真直度とする．これが真直度公差の幅 t より小さければ合格となる．

7.1 評価項目とその定義 —— 443

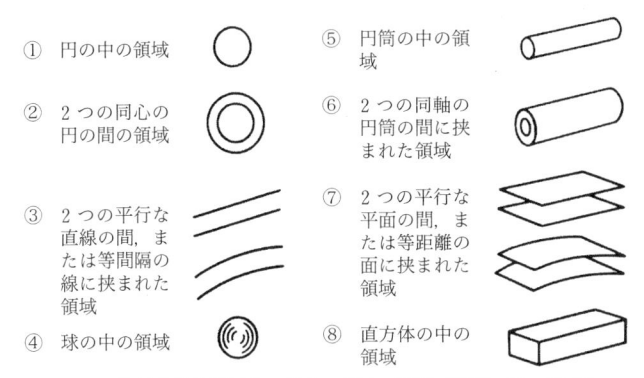

①	円の中の領域	⑤	円筒の中の領域	
②	2つの同心の円の間の領域	⑥	2つの同軸の円筒の間に挟まれた領域	
③	2つの平行な直線の間，または等間隔の線に挟まれた領域	⑦	2つの平行な平面の間，または等距離の面に挟まれた領域	
④	球の中の領域	⑧	直方体の中の領域	

図7.10 幾何公差を評価する場合の領域の種類（佐藤　豪：JIS 使い方シリーズ　新しい公差概念による製図マニュアル精度編（改訂2版）P. 90, 日本規格協会）
幾何公差の種類と指示方法により規定される．

円度の場合には，幾何学的に正確な同心の2つの円で円の部分を挟み，2つの円の半径の差が最小となったときのその値が真円度となる．

このように，幾何公差は正確な形に挟まれてつくられる領域に，実際の形状が入っているかどうかによって評価することになる．幾何公差の指示方法と種類により，図7.10に示すような種々の領域が規定される．加工部品が図面に指示されている幾何公差を満たしているかどうかは，幾何公差によって規定された領域に幾何偏差が入っているかどうかで検証することができる．

c．幾何公差の規定する領域

表7.2に示したように，幾何公差には形状公差が6種類，姿勢公差が3種類，位置公差が3種類，振れ公差が2種類の合計14種類がある．前項で示したように，幾何公差が指示されている場合，対象となる形体は幾何公差の規定する領域に入っている必要がある．本項では，14種類の幾何公差のうち，いくつかの例に対してどのような領域を表しているかについて説明する．

（1）**真直度**　図7.11は円筒の母線の真直度公差の例で，左側の図が図面の指示を，右側の図がその図面の示している領域の定義を示している．この例では，それぞれの母線が0.1 mm の幅に入っている必要があるが，全体としては断面が円よりずれても，軸線が曲がっていてもよい．図7.12は，円筒の軸線の真直度の例で，円筒の軸線が直径0.08 mm の円筒の中に入っている必要がある．

（2）**平行度**　2つの円筒穴の軸線の平行度（図7.13）は，片方の軸線を基準（データム A）として，たおれの方向とねじれの方向に対して，それぞれ平行度を規制し，基準となる軸線に平行な直方体の公差域で平行度を規制する．

（3）**位置度**　穴の軸線の位置度公差（図7.14）では，3つの面を基準（データム A，B，C）として，円穴の軸線が直径0.08 mm の円筒領域に入っていることが要

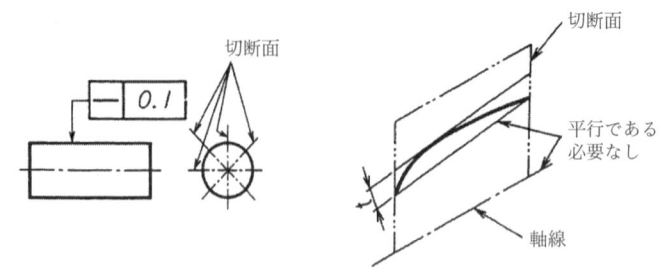

図 7.11 円筒の母線の真直度（JIS B 0621）

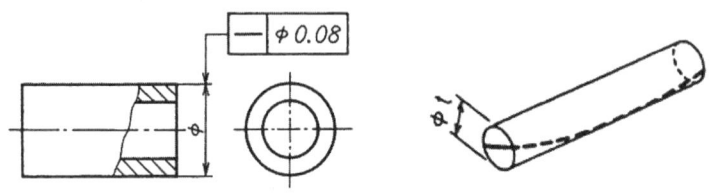

図 7.12 円筒の軸線の真直度（JIS B 0621）

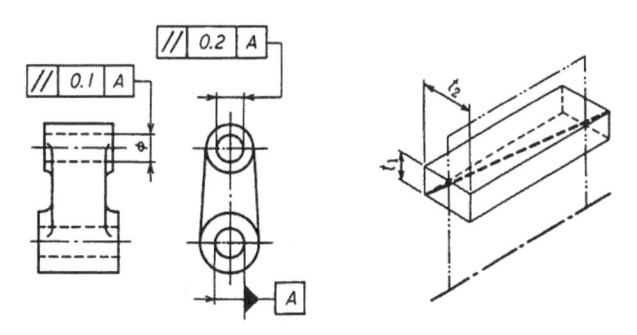

図 7.13 2つの軸の平行度（JIS B 0621）
　　　　直法体の公差域により規制する．

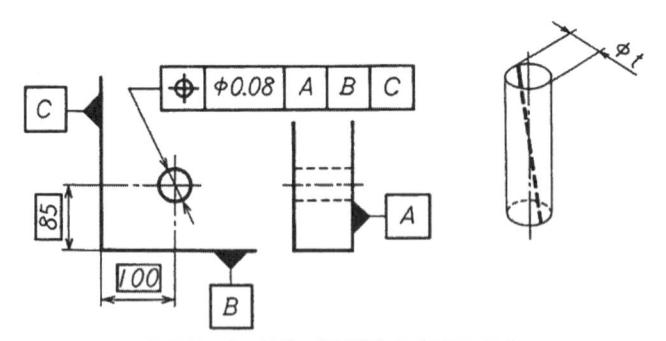

図 7.14 穴の軸線の位置度公差（JIS B 0621）

求される.

(4) 振 れ 振れは回転体に垂直にインジケータを当てて,指定されたデータム軸直線に関して対象物を1回転させたとき,インジケータの読みの変化の最大値を規制している.図7.15で示す円周振れでは,それぞれの位置でインジケータの読みの変化を別々に問題にしているので,データムAとデータムBの共通の軸線に対して1回転したとき,中心部分の半径方向の変化が0.1 mm以内であればよい.

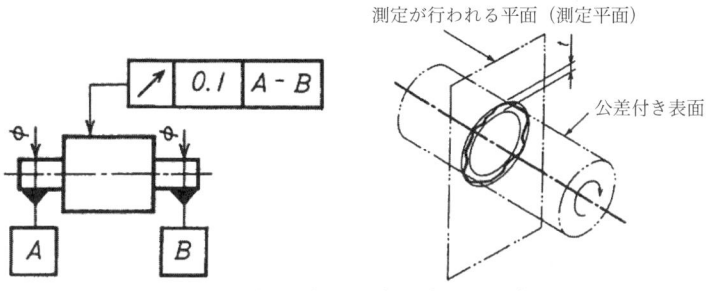

図7.15 半径方向の円周振れ(JIS B 0621)

d. データムおよびデータム系

データムについては,JIS B 0022「幾何公差のためのデータム」に定義されている.図7.13~7.15に示した関連形体の幾何公差の例では,基準としてデータムを指示することが必要であり,データムの取り方に曖昧性がないことが重要となる.図7.16は直線または平面データムの設定方法を示している.データムに使う平面も完全な平面ではないので,精密な平面(定盤など)を実用データムとして接触させ,できるだけ安定な接触を確保する必要がある.

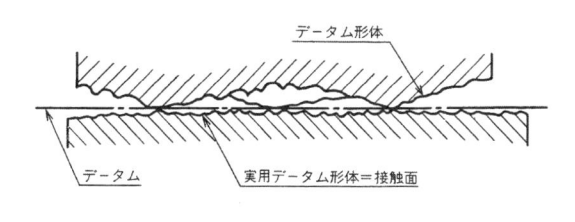

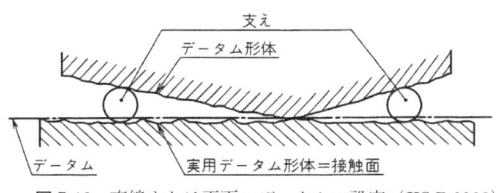

図7.16 直線または平面のデータムの設定(JIS B 0022)

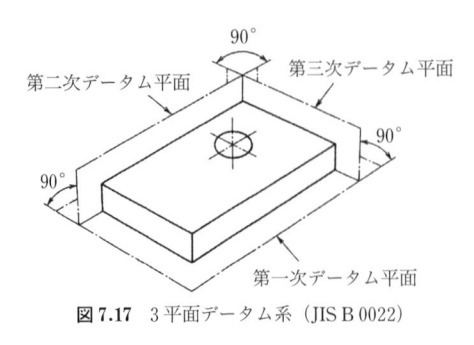

図7.17 3平面データム系（JIS B 0022）

複数のデータムをデータム系として設定する場合は，幾何公差記入枠に書かれた順番でデータムの優先順序が決まる．図7.14の例で示した3つのデータムを利用した場合には，図7.17のような3平面データムシステムの考え方を用いる．第一次データム，第二次データム，第三次データムの順番でデータムを適用することで，三次元的な座標系をデータムとして定義することができる．

e. 寸法公差と幾何公差の関係

（1） 独立の原則　寸法と形状の関係は，JIS B 0024「製図―公差表示方式の基本原則」に規定されているように，特別な関係が指定されていない限りは独立に適用する．これを独立の原則という．しかし，以下に示すようないくつかの指定により寸法と形状を関連づけることで，機能を保ったまま公差領域を広げて経済的な効果をあげることができる．

（2） 最大実体公差方式　軸と穴の組立を考えてみると，軸が細くできている場合には組立に余裕が生じて，軸の真円度や直角度が悪くても組み立てることが可能となる．このような考え方を最大実体公差方式という．JIS B 0023「製図―幾何公差表示方式―最大実体公差方式及び最小実体公差方式」で規定されている最大実体公差方式では，形体の寸法が最大実体から離れると，その分だけ幾何公差を広げてよいことになる．最大実体は組立が一番厳しくなる状態で，軸では直径が寸法公差の上限の場合，穴では下限の場合である．寸法公差に対応して幾何公差の公差域が広がることで不良品が減少し，経済的な効果が期待できる．最大実体公差方式を適用する場合には，公差記入枠の公差の値の後ろにⓂの記号をつける．

図7.18は直角度公差に最大実体公差方式を適用した例である．軸が寸法公差の中で最大となる，直径が20 mmの場合を最大実体と呼び，軸が最大実体より小さくできた場合，その分だけ直角度公差を0.2 mmから広げることが許される．軸の寸法は寸法公差によって19.9〜20 mmと決まっているので，直角度公差は軸が19.9 mmのときに0.1 mm増やすことができ，最大の0.3 mmとなる．

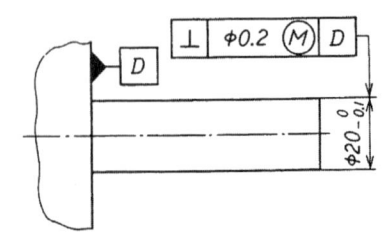

（3） 包絡の条件　寸法公差の範囲内に幾何公差を制限したい場合には，包絡の条件Ⓔを指示する．包絡の条件を図

図7.18 最大実体公差の適用：直角度公差の例（JIS B 0023）

7.1 評価項目とその定義 —— 447

(a) 包絡の条件の図示　(b) 軸線の真直度の規制　(c) 断面の真円度の規制

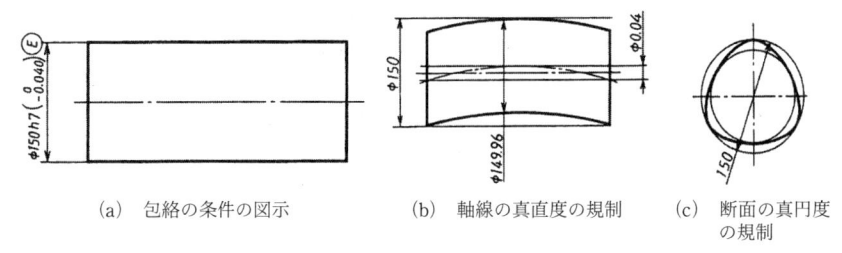

図7.19 包絡の条件の図示と包絡の条件による幾何公差の規制 (JIS B 0024)

7.19(a) に示すように指示した場合には，寸法公差 0.040 mm によって図 7.19(b) のように軸線の真直度，図 7.19(c) のように断面の真円度も規制されることになる．包絡の条件は，組立可能性の中で，寸法公差と幾何公差の融通を許す方法である．

7.1.4　表面性状パラメータの定義
a. 表面性状

加工部品の表面の微細な状態は，滑り，摩耗，外観などの機能に対して重要であるため，その測定方法や指示方法が定義されている．現在では，表面粗さ，表面うねりや加工によるスジなどを含めて，表面全体の凹凸を「表面性状」として評価する．表面性状の基本的な考え方は JIS B 0601「製品の幾何特性仕様―表面性状：輪郭曲線方式―用語，定義及び表面性状パラメータ」に定義している．

表面性状は，測定された加工部品の表面をある断面で測定した測定断面曲線（図 7.20）にカットオフ値 λ_s の低域フィルタを適用して得られた曲線である断面曲線に対して演算を行う．まず，図 7.21 のように，この断面曲線に対してカットオフ値 λ_c の高域フィルタを適用することにより粗さ曲線が，カットオフ

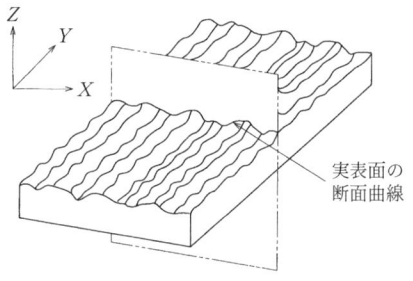

図7.20 実表面の断面曲線 (JIS B 0601)

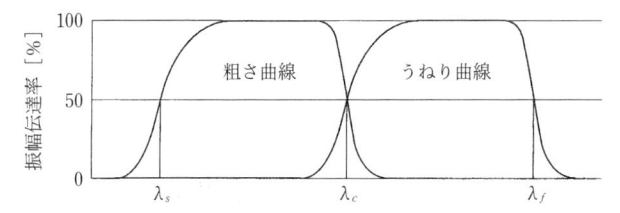

図7.21 粗さ曲線およびうねり曲線のフィルタ特性 (JIS B 0601)

値 $λ_f$ の高域フィルタおよび $λ_c$ の低域フィルタを順次かけることによりうねり曲線が得られる。このようにフィルタを利用して，断面曲線，粗さ曲線，うねり曲線が得られる。

JIS B 0601 の 2001 年版は従来のパラメータの定義を統合的に整理したため，それまでの JIS の定義と大きく異なっている。各パラメータに対して，粗さ曲線，うねり曲線，断面曲線に対するパラメータが，R，W，P をつけることで定義されている。例えば，算術平均高さは粗さ曲線に対しては Ra，うねり曲線に対しては Wa，断面曲線に対しては Pa と表示される。

b. 表面性状のパラメータ

表面性状のパラメータは JIS B 0601 に 14 種類が定義されている（表 7.3）。この表では，粗さ曲線に対応したパラメータが示されているが，実際には断面曲線およびうねり曲線に対応したパラメータも使用される。このうち，比較的よく使われるパラメ

表7.3 表面性状パラメータ

JIS B 0601：2001 の箇条	JIS B 0601：2001 のパラメータ	JIS B 0601：1994 および JIS B 0601：1998 の記号	JIS B 0601：2001 の記号	輪郭曲線の長さ	
				評価長さ ln	基準長さ[2]
4.1.1	輪郭曲線の最大山高さ	R_p	Rp[3]		○
4.1.2	輪郭曲線の最大谷深さ	R_m	Rv[3]		○
4.1.3	輪郭曲線の最大高さ	R_y	Rz[3]		○
4.1.4	輪郭曲線要素の平均高さ	R_c	Rc[3]		○
4.1.5	輪郭曲線の最大断面高さ		Rt[3]	○	
4.2.1	輪郭曲線の算術平均高さ	R_a	Ra[3]		○
4.2.2	輪郭曲線の二乗平均平方根高さ	R_q	Rq[3]		○
4.2.3	輪郭曲線のスキューネス	S_k	Rsk[3]		○
4.2.4	輪郭曲線のクルトシス		Rku[3]		○
4.3.1	輪郭曲線要素の平均長さ	S_m	RSm[3]		○
4.4.1	輪郭曲線の二乗平均平方根傾斜	Δ_q	$R\Delta q$[3]		○
4.5.1	輪郭曲線の負荷長さ率	t_p	$Rmr(c)$[3]	○	
4.5.3	輪郭曲線の切断レベル差	—	$R\delta c$[3]	○	
4.5.4	輪郭曲線の相対負荷長さ率	—	Rmr[3]	○	
—	十点平均粗さ（原国際規格から削除）	R_z	Rz_{JIS}[4]		○

[2] 粗さ，うねりおよび断面曲線パラメータに対する基準長さは，それぞれ lr，lw および lp である。lp は，ln に等しい。

[3] パラメータは，断面曲線，うねり曲線および粗さ曲線の3種類の輪郭曲線に対して定義される。この表には，粗さ曲線パラメータだけが示されている。一例として，3種類のパラメータは，Pa（断面曲線パラメータ），Wa（うねりパラメータ）および Ra（粗さパラメータ）のように表示される。

[4] 十点平均粗さは，JIS だけのパラメータ記号。断面曲線およびうねり曲線には適用しない。

参考1. 輪郭曲線が粗さ曲線の場合，Rz は "最大高さ粗さ"，Ra は "算術平均粗さ"，Rq は "二乗平均平方根粗さ" と呼ぶ。また，断面曲線がうねり曲線の場合，Wz は "最大高さうねり"，Wa は "算術平均うねり"，Wq は "二乗平均平方根うねり" と呼ぶ。

2. 原国際規格では，1984 年版の相対負荷長さ率を t_p としているが，t_p は，負荷長さ率であった。ここでは，誤りを訂正した。

一タについて簡単に説明する．それぞれのパラメータは，粗さ曲線，うねり曲線，断面曲線に対して定義されているが，フィルタ以外に関しては同じなので，説明は粗さ曲線 $Z(x)$ に対するパラメータについて行う．

表面性状のパラメータについては，規格によりフィルタの特性，パラメータを示す記号などが変化している．従来の図面などとの対応を考える場合には，どの規格に対応しているかを注意する必要がある．特に，Rz については，旧 JIS の Rz と同じ記号が別の意味で使われていて注意が必要である．

① 最大高さ粗さ Rz：基準長さにおける山高さ Zp の最大値と谷深さ Zv の最大値との和（図 7.22）．最大高さの記号は，R_{max} から R_y を経て Rz と変更された．従来 Rz は十点平均粗さであったが，この変更に伴って Rz_{JIS} と記述することになった．

② 算術平均粗さ Ra：基準長さにおける粗さ曲線の絶対値の平均で，l は評価長さである．

$$Ra = \frac{1}{l}\int_0^l |Z(x)|\,dx \tag{7.1.1}$$

③ 二乗平均平方根粗さ Rq：基準長さにおける粗さ曲線の二乗平方根．

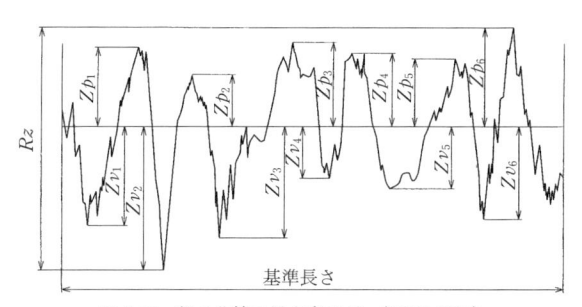

図 7.22 粗さ曲線の最大高さ Rz（JIS B 0601）

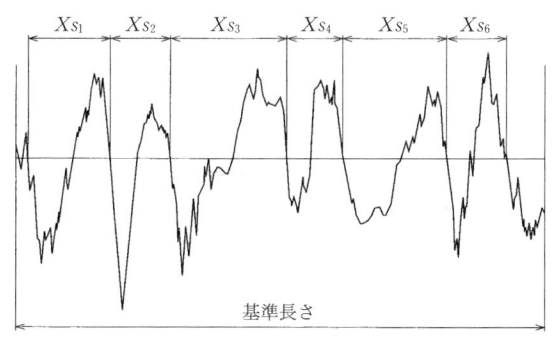

図 7.23 粗さ曲線要素の平均長さ RSm（JIS B 0601）

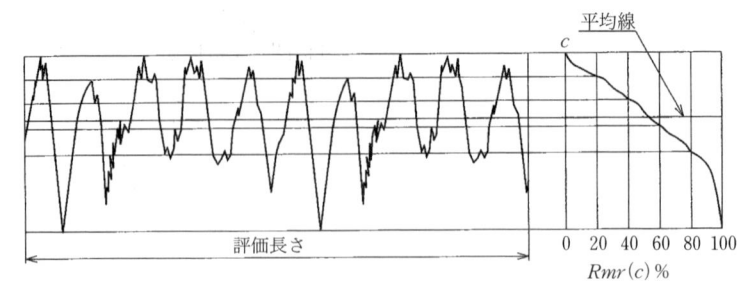

図7.24 粗さ曲線の負荷長さ率 $Rmr(c)$ （JIS B 0601）

$$Rq = \sqrt{\frac{1}{l}\int_0^l Z^2(x)\,dx}$$

④ 粗さ曲線要素の平均長さ RSm：基準長さにおける粗さ曲線要素の長さ Xs の平均（図7.23）．

⑤ 粗さ曲線の負荷長さ率 $Rmr(c)$：評価長さに対する切断レベル c における粗さ曲線要素の負荷長さの比（図7.24）．

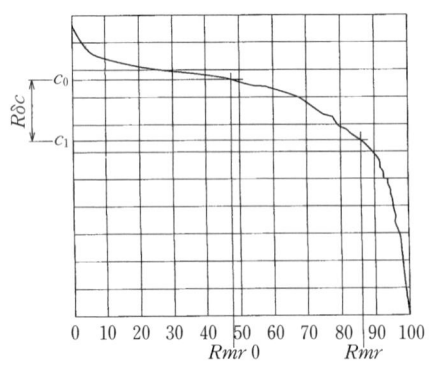

図7.25 粗さ曲線の相対負荷長さ率 Rmr （JIS B 0601）

⑥ 粗さ曲線の相対負荷長さ率 Rmr：基準とする切断レベル $c0$ と粗さ曲線の切断レベル差 $R\delta c$ とによって決まる負荷長さ率（図7.25）．

c. 表面性状の検査

表面性状の検査方法については，7.2.3項に示す．表面性状の検査に際しては，表面性状パラメータの定義に基づき，フィルタ特性，触針などの条件について，JIS B 0632「製品の幾何特性仕様（GPS）—表面性状：輪郭曲線方式—位相補償フィルタの特性」，JIS B 0633「製品の幾何特性仕様（GPS）—表面性状：輪郭曲線方式—表面性状評価の方式及び手順」，JIS B 0651「製品の幾何特性仕様（GPS）—表面性状：輪郭曲線方式—触針式表面粗さ測定機の特性」などを参照されたい．

加工部品の形状を評価するためには，幾何特性仕様として寸法と寸法公差，形状と幾何公差，表面性状と表面性状パラメータの関係を正しく理解する必要がある．これらについて，従来からの経験的な定義をできるだけ曖昧性のない数学的な定義に置き換える作業が進められている．このような定義を理解することと，測定の不確かさによる合否判定を行うことが重要である．実際の評価方法については，次節以下に示す．

〔高増　潔〕

7.2 評価方法と評価装置

7.2.1 三次元座標測定機

三次元座標測定機とは，一般には直交する3軸の案内装置と測定プローブの移動量を測定するリニアスケールなどの位置測定基準をもち，プローブが測定対象に接触した位置を求める測定機である．部品各部の寸法，直角度，平行度，穴の内径，各穴位置などを効率的に測定することができる．また，機械加工した金型など複雑な部品の三次元的測定にも使用される．

測定プローブ先端の球が測定対象に接触した時点での座標値を制御用コンピュータに取り込み，測定データを処理するプログラムにより，プローブ径の補正，種々の座標演算を行う．金型などの自由曲面の測定には倣い測定用のプローブが用いられる．また，非接触測定を可能とする光学式プローブやプリント基板などの測定に用いられるCCDカメラをベースとした光学式プローブを使用する機種もある．図7.26に三次元座標測定機本体の各種構造形式を示す[1]．このうち（k）のマルチヒンジ型（多関節型）は，各関節部に取り付けたロータリエンコーダの回転角度からプローブ先端の座標を導出するため高精度化がむずかしいが，車の内部や工作機械上での測定など，通常の三次元座標測定機では測定不可能な場所での使用が可能であり，測定の自由度が高い．

7.2.2 真円度測定法

a. 真円度測定機

真円度測定機には，図7.27に示すようにスピンドル回転型とテーブル回転型とがある[2]．いずれも高精度の回転機構と変位測定用の検出器（差動トランス式など）により構成される．回転機構のほかに垂直方向に検出器を移動するガイドをもつのが一般的であり，真円度と円筒形状を測定できる．スピンドルあるいはテーブルの回転中心と測定対象の中心とを合わせるためのセンタ出し作業，円筒状の測定対象の中心軸をテーブルに垂直になるように調整する作業を自動化する機構を有する真円度測定機が多い．また，機種によっては，測定機精度（回転精度，真直度）を補正する機能をもつ．

b. Vブロック法による真円度測定

真円度測定の一手法であるVブロック法は，被測定物のセッティングが容易であり，Vブロックの開き角の選び方によっては，被測定物の半径方向の変位を拡大して求めることができるため，使用する変位計の分解能を超える精度での測定が可能となる．Vブロック法は多くの次数成分をもつ断面形状測定には不向きとされ，一般には簡易的な真円度測定法としてのみ知られているのが現状であるが，Vブロックに置かれた被測定物を回転し，その高さの測定値をフーリエ級数に展開することによ

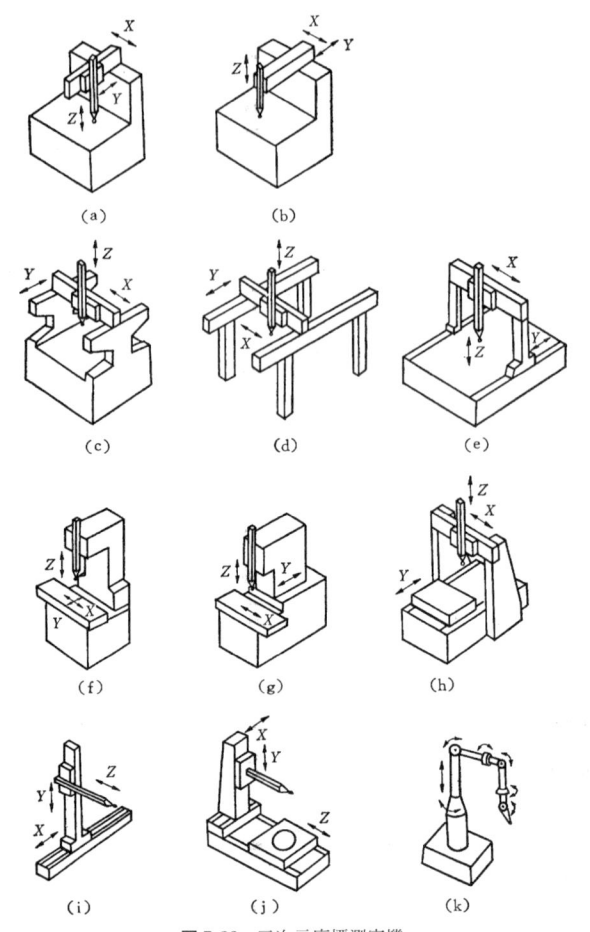

図 7.26 三次元座標測定機
(a) カンチレバー型，(b) カンチレバー Y 軸移動型，(c) ブリッジ，ヘッド型，(d) ブリッジ，フロア型（ガントリー型），(e) ブリッジ，門移動型，(f) シングルコラム，XY テーブル型，(g) シングルコラム，コラム移動型，(h) ダブルコラム型，(i) ホリゾンタルアーム型（レイアウトマシン），(j) ホリゾンタルアーム，テーブル移動型，(k) マルチヒンジ型

り断面形状を正確に求められる[3]．

図 7.28 (a) に示す V ブロックに測定対象の円筒を搭載する．円筒の概略の中心を O' とし，円筒を時計方向に回転させるものとして，その回転角度を y 軸を基準として設定する．円筒の断面形状をフーリエ級数により式 (7.2.1) のように表す．ここで r_0 は断面の平均半径，A_k，B_k はフーリエ級数の各次数の係数である．

7.2 評価方法と評価装置 —— 453

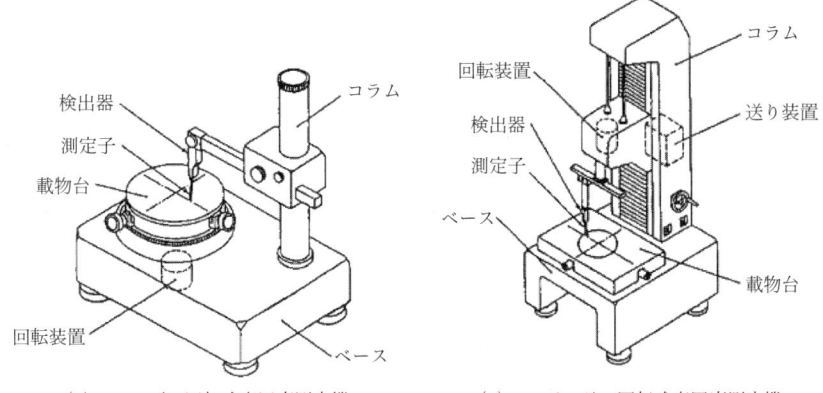

(a) テーブル回転式真円度測定機　　(b) スピンドル回転式真円度測定機

図 7.27　真円度測定機[2)]

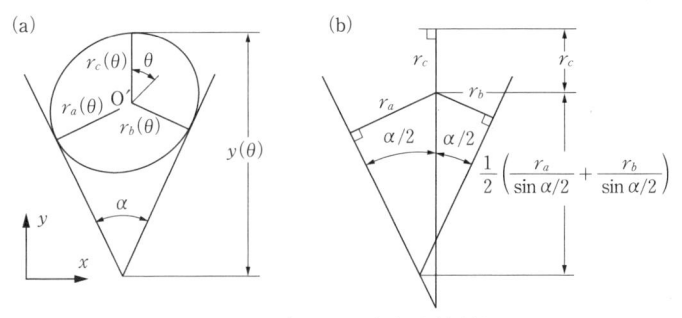

図 7.28　V ブロック三点法の測定原理

$$r(\theta) = r_0 + \sum_{k=1}^{\infty} (A_k \cos k\theta + B_k \sin k\theta) \tag{7.2.1}$$

O′ と V ブロックの両辺までの距離ならびに円筒の頂部との距離は式 (7.2.2) のようになる．α は V ブロックの開き角である．

$$r_a(\theta) = \sum_{k=1}^{\infty} \left\{ A_k \cos k\left(\frac{\pi}{2} + \frac{\alpha}{2} + \theta\right) + B_k \sin k\left(\frac{\pi}{2} + \frac{\alpha}{2} + \theta\right) \right\}$$
$$r_b(\theta) = \sum_{k=1}^{\infty} \left\{ A_k \cos k\left(\frac{3\pi}{2} - \frac{\alpha}{2} + \theta\right) + B_k \sin k\left(\frac{3\pi}{2} - \frac{\alpha}{2} + \theta\right) \right\} \tag{7.2.2}$$
$$r_c(\theta) = \sum_{k=1}^{\infty} (A_k \cos k\theta + B_k \sin k\theta)$$

V ブロックの両辺の交点 O と円筒の頂部との距離 $y(\theta)$ は，図 7.28(b) に示す関係から次のように表される．

$$y(\theta) = \mu_{a,0} + \sum_{k=1}^{\infty} \mu_{a,k} (A_k \cos k\theta + B_k \sin k\theta) \tag{7.2.3}$$

ただし，

$$\mu_{a,k}=1+\cos k(\pi/2+a/2)/\sin(a+2)$$

したがって，円筒を1回転させる間に測定した $y(\theta)$ をフーリエ級数に展開することにより，r_0, A_k, B_k を求めることができる[4]．

なお，ここではVブロック法にフーリエ級数を用いて解析する手法について説明したが，逆行列演算により行うアルゴリズムについても報告されている[5]．この手法によれば，Vブロック法の解析を行う際に，計算機プログラムを作成することは必ずしも必要ではなく，数式処理ソフトウェアを用いて簡単に解析を実行することができる．

実際のVブロックは使用せずに，3台の光学式センサを配置して仮想的なVブロック3点法を構成する真円度測定装置の開発が報告されている[6]．また，圧延機や印刷機ロールなど大型の工作物の円筒度を測定するシステムとして，ソフトウェアにより仮想的な測定基準を構成する手法の研究について報告されている[7]．

c. 真円度の評価方法

真円度の評価法として，以下の4つの表現方法が一般に用いられている．

① 最小二乗中心法（least square circle center : LSC）　平均円を最小二乗法により求め，この平均円と同心で記録した線図に外接する円と内接する円の半径の差を真円度とする．

② 最大内接円中心法（maximum inscribed circle center : MIC）　極座標記録波形に3点以上内接する最大内接円と，これと同心で外接する円との半径の差を真円度とする．この評価法は穴の真円度測定に利用される．

③ 最小外接円中心法（minimum circumscribed circle center : MCC）　極座標記録波形に3点以上外接する最小外接円と，これと同心で内接する円との半径の差を真円度とする．この評価法は軸の真円度測定に利用される．

④ 最小領域中心法（minimum zone circle center : MZC）　極座標記録波形に内接および外接する2つの同心円の半径の差が最小となる中心を求め，この半径の差を真円度とする．同心円の中心を必要な精度に応じた刻み幅で移動しながら逐次計算することで，時間は多少かかるが，今日の計算機の性能によれば簡単に求めることができる．一般に，最小二乗中心法により求めた値とそれほど大きな差はない．

以下に，最小二乗中心法における最小二乗円の求め方について簡単に説明する（図7.29）[8]．輪郭曲線上の座標値を (X_i, Y_i)

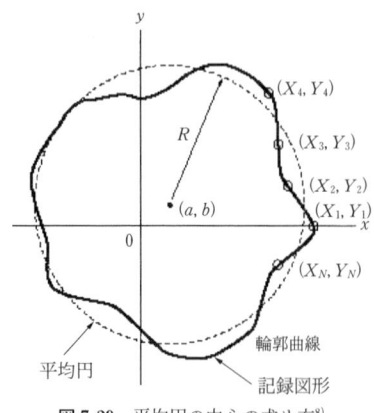

図 7.29 平均円の中心の求め方[8]

$(i=1, 2, \cdots, N)$ とする．最小二乗円の半径を R，中心を (a, b) とする．最小二乗円の式

$$(x-a)^2 + (y-b)^2 = R^2 \tag{7.2.4}$$

を変形して，関数 $f(x, y, R)$ とおくことにする．

$$\begin{aligned} f &= x^2 + y^2 - 2ax - 2by - c \\ c &= R^2 - a^2 - b^2 \end{aligned} \tag{7.2.5}$$

輪郭曲線上の座標値を代入すると偏差が生じるので，その二乗和を S とすると，

$$S = \sum_{i=1}^{N} f^2(X_i, Y_i) = \sum_{i=1}^{N} (X_i^2 + Y_i^2 - 2aX_i - 2bY_i - c)^2 \tag{7.2.6}$$

となる．上式の S が最小になるように a, b, c を決めればよいので，a, b, c で偏微分して，それぞれ 0 とおく．

$$\begin{pmatrix} 2\sum_{i=1}^{N} X_i^2 & 2\sum_{i=1}^{N} X_i Y_i & \sum_{i=1}^{N} X_i \\ 2\sum_{i=1}^{N} X_i Y_i & 2\sum_{i=1}^{N} Y_i^2 & \sum_{i=1}^{N} Y_i \\ 2\sum_{i=1}^{N} X_i & 2\sum_{i=1}^{N} Y_i & N \end{pmatrix} \begin{pmatrix} a \\ b \\ c \end{pmatrix} = \begin{pmatrix} \sum_{i=1}^{N} (X_i^3 + X_i Y_i^2) \\ \sum_{i=1}^{N} (Y_i^3 + Y_i X_i^2) \\ \sum_{i=1}^{N} (X_i^2 + Y_i^2) \end{pmatrix} \tag{7.2.7}$$

これより a, b, c が次式により求められる．

$$\begin{pmatrix} a \\ b \\ c \end{pmatrix} = \begin{pmatrix} 2\sum_{i=1}^{N} X_i^2 & 2\sum_{i=1}^{N} X_i Y_i & \sum_{i=1}^{N} X_i \\ 2\sum_{i=1}^{N} X_i Y_i & 2\sum_{i=1}^{N} Y_i^2 & \sum_{i=1}^{N} Y_i \\ 2\sum_{i=1}^{N} X_i & 2\sum_{i=1}^{N} Y_i & N \end{pmatrix}^{-1} \begin{pmatrix} \sum_{i=1}^{N} (X_i^3 + X_i Y_i^2) \\ \sum_{i=1}^{N} (Y_i^3 + Y_i X_i^2) \\ \sum_{i=1}^{N} (X_i^2 + Y_i^2) \end{pmatrix} \tag{7.2.8}$$

7.2.3　表面微細形状測定法

a.　触針式表面粗さ測定器

表面粗さの測定には触針式表面粗さ測定器が最も広く用いられる．図 7.30 に示すように，ダイヤモンドの探針をもつスタイラスを精密な運動機構で駆動し，表面の凹凸に沿って上下するスタイラスの微小な変位を差動変圧器式の変位検出器により測定する方式が一般的である．

1929 年にシュマルツにより，触針光てこ式表面粗さ測定器が発明された．わが国

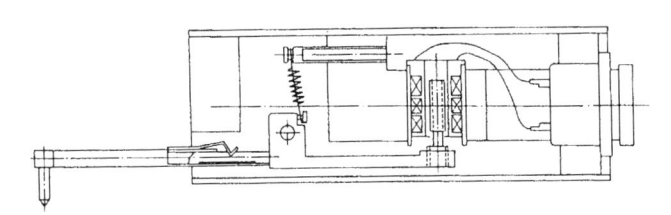

図 7.30　触針式表面粗さ測定器

においては1932～1935年に,日本光学式仕上面検査器(触針光てこ式),大越式,小坂式などの測定器が開発された.可動コイル形変換器を用いた表面粗さ測定器は,1933年にアボットが開発している.

最近では複雑形状の部品測定の必要性から,粗さのほかに形状,曲率半径,角度などを同時に評価できる表面形状・粗さ測定器が一般的なものとなっている.また,ディジタル技術の使用により,広い測定範囲を高分解能でカバーすることが可能となり,複雑な形状に重畳した微細な表面粗さ成分や形状が解析可能な機能が強化されている.また,リニアモータ駆動により測定のスピードアップを図った表面粗さ形状測定機も開発されている.

表7.4にJIS B 0601(2001)による表面性状パラメータをJIS B 0601(1994)と対比して示した.パラメータは,断面曲線,粗さ曲線,うねり曲線に対して定義されるが,この表には粗さ曲線パラメータのみを示している.なお,十点平均粗さはJISだけのパラメータ記号である.

表7.4 表面性状パラメータ(一部のみ)

JIS B 0601 : 2001のパラメータ	JIS B 0601 : 1994の記号	JIS B 0601 : 2001の記号
輪郭曲線の最大高さ	R_y	R_z
輪郭曲線の算術平均高さ	R_a	Ra
十点平均粗さ(国際規格から削除)	R_z	Rz_{JIS}

b. 光学式表面粗さ測定法

光による粗さ測定法としては,光切断法,光触針法,光干渉式などが考案され,実用化されている.非接触測定であるために,測定対象に傷をつける心配がなく,超精密加工面の評価法として重要な技術となっている.

(1) 光切断法 図7.31に示すように光源からの光で照明されたスリットの像を測定表面に投射し,撮像レンズによりスクリーン面に結ばれる像を観察することで表面の凹凸を測定する.45°の方向からスリット像を投影し,同じく45°の方向から観察する場合,高さ方向に$\sqrt{2}$倍された面の凹凸が測定される.光切断法は,光の波長に比べて比較的大きい粗さの測定に適しており,分解能は用いられるレンズの倍率にもよるが,およそ1μm程度である.

(2) 光点変位法[9] 光触針による表面粗さ測定の初期のものとしては,光点変位方式の表面粗さ測定法をあげることができる.図7.32に示すように,レーザ光などを光源とし,測定対象表面に細く絞った光を当てる.表面が移動すれば,P_1にある光点は,光軸OAと新たな表面との交点上に移動する.したがって,この移動量が求まれば,表面粗さを測定できることになる.ここでは,光点の像を顕微鏡により拡大してスクリーン上に結像させ,表面粗さに応じた像の移動を検出する.光点像位置の検出には,ラインセンサやPSD(半導体位置検出素子)を使用することができる.測定分解能は約1μmである.この測定原理は現在,光学式変位計測法としても

7.2 評価方法と評価装置 —— 457

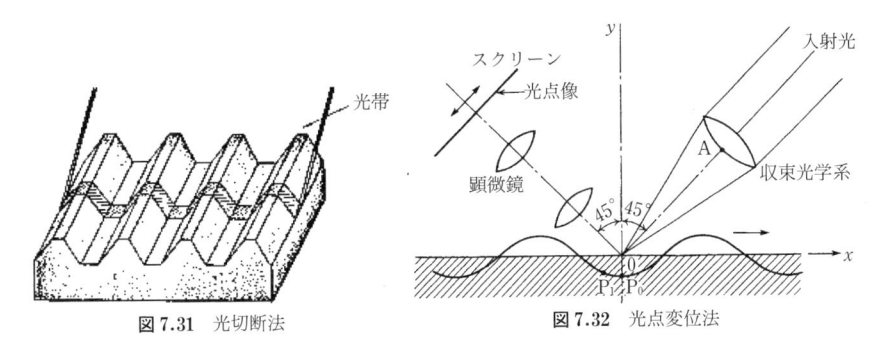

図 7.31 光切断法

図 7.32 光点変位法

用いられている．

(3) **臨界角法**[10]　測定原理を図 7.33(a) に示す．測定面が対物レンズの焦点位置 B にある場合には，対物レンズを通った反射光は平行光となって臨界角プリズムに入射する．このときに，プリズムの斜面の角度を光軸に対して全反射の臨界角に設定しておくと，入射した平行光は全反射して 2 つのフォトダイオードには同一光量の光が到達し，差動増幅器からの出力はゼロとなる．しかし，測定面が A あるいは C に位置する場合には，対物レンズ通過後の反射光は，発散あるいは収束光となってプリズムに入射する．このため，プリズムの反射面での入射角は光軸の両側で異なり，臨界角以下で入射した側の光の一部はプリズムを透過してしまうが，他方の側は，臨界角より大きな入射角となるため全反射する．したがって，2 つのフォトダイオードには異なった光量の光が到達するから，差動増幅器の出力信号は正あるいは負

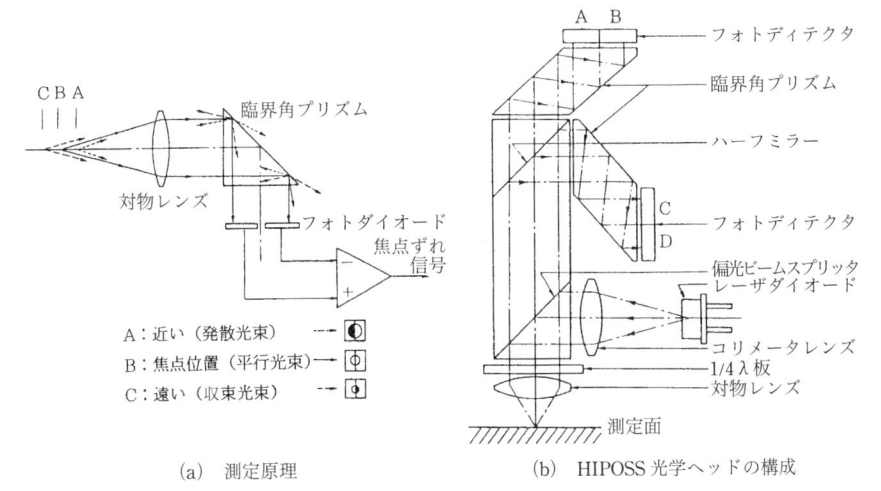

(a) 測定原理

(b) HIPOSS 光学ヘッドの構成

図 7.33 臨界角法

となり，この極性と出力電圧の大きさから焦点ずれの方向と大きさを表す信号が得られる．図7.33(b)に光学系の構成を示す．

（4）非点収差法[11]　非点収差法の原理を図7.34(a)に示す．対物レンズにより結像される表面の光点の像位置をQとする．非点収差を与えるために，円筒レンズを置く．円筒レンズによる結像位置をPとすると，PQ間ではPからQに向かうにつれて光線束の断面は，長軸が鉛直なだ円から長軸が水平なだ円へと変化する．この間，Sでは断面形状は円となる．S点における断面形状は，表面の位置により図示したように変化するから，これを四分割フォトダイオードで光電変換し，演算することにより，表面位置に対応した出力信号を得ることができる．図7.34(b)は光学系の構成を示したものである．鋭いエッジをもつ段差の測定時には，回折光の影響により四分割フォトダイオードの特定の素子に強い光が入射するために，断面曲線の振幅が実際よりかなり大きく測定されることになる．このためビームスプリッタで光路を二分割して2つの四分割フォトダイオードを用い，その差動出力をとることにより，回折光の影響を極力除去する．

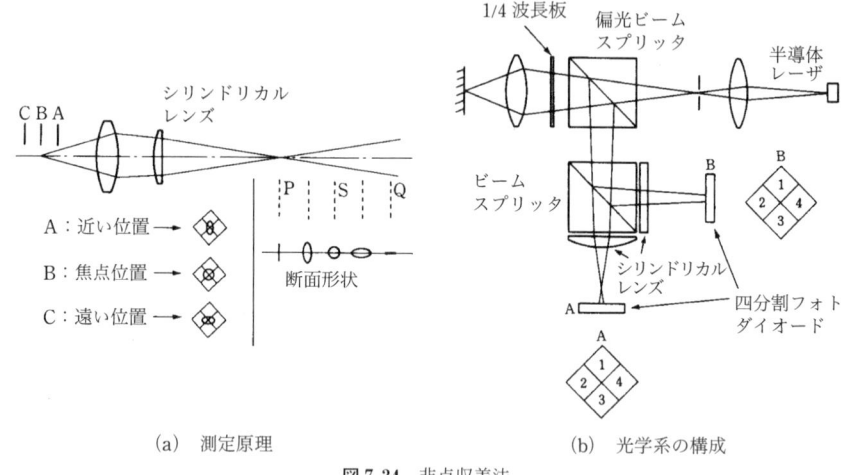

図7.34　非点収差法

（5）光学ウエッジによる方法[12]　図7.35に示すように，表面からの反射光は偏光ビームスプリッタとレンズを通過し，プリズムにより2方向に分割され，2つの二分割フォトダイオード上に結像する．表面が変位すると二分割フォトダイオードの個々の素子に入射する光のバランスがずれるので，それにより，対物レンズと測定表面の距離を検知することができる．対物レンズを微動させることにより，対物レンズと測定表面間の距離が一定になるように制御する．

（6）サイモンの方法[12]　図7.36に示すように，表面からの反射光は偏光ビームスプリッタを通過し，レンズCを通過した後，ハーフミラーにより二分割される．

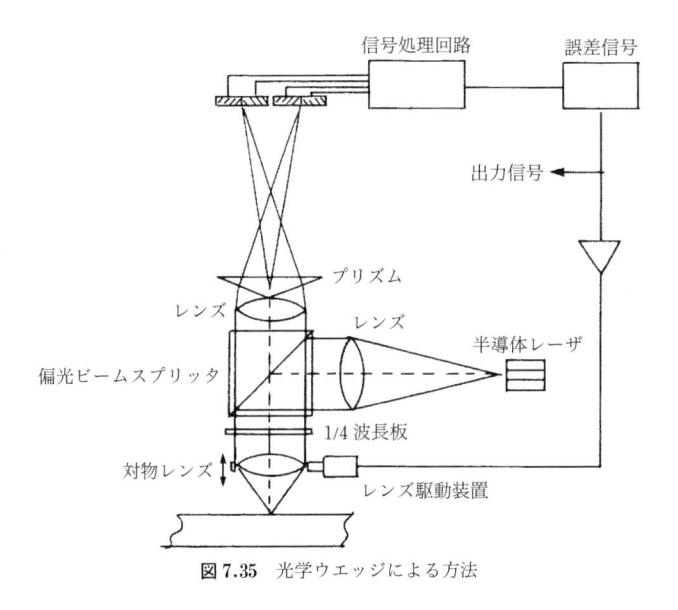

図 7.35 光学ウエッジによる方法

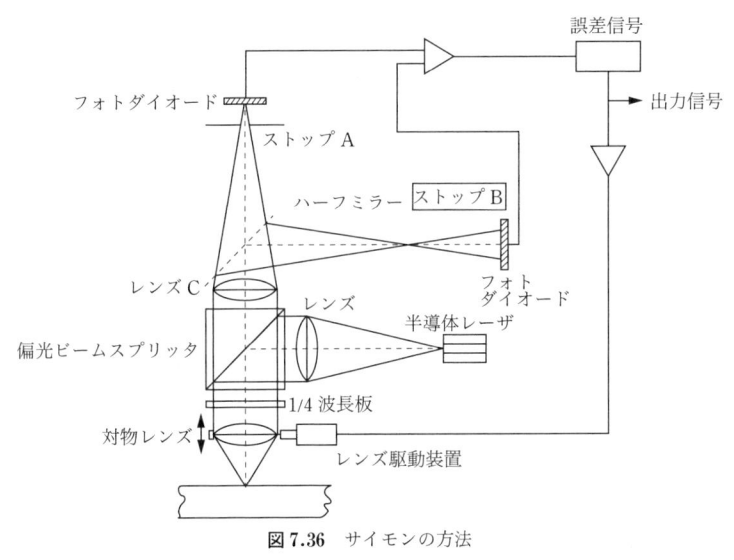

図 7.36 サイモンの方法

レンズCの焦点位置に対し，ひとつのピンホールを焦点位置の前に，他方のピンホールを焦点位置の後になるように配置し，ピンホールの後ろにフォトダイオードを置く．測定表面の変位により，両ピンホールを通過する光量が変わるので，それにより対物レンズと測定表面の変位を知ることができる．

上記の臨界角法や非点収差法をはじめとする光触針法は，CDプレーヤの焦点誤差検出方式を表面粗さ測定に応用したもので，半導体レーザや四分割形のフォトダイオードの量産化により実用化が可能となった．光触針法は測定感度が高く，装置が小型で低コストであり，高速な測定が可能であるが，測定範囲が数 μm と狭いため，対物レンズをボイスコイルなどのアクチュエータで駆動する方式との併用により，測定範囲の拡大を図る．

（7） レーザプローブ法[13]　　図7.37に示すように，対物レンズで集光したレーザ光は測定対象表面で反射し，オートフォーカス（AF）センサ上に結像する．AFセンサの信号により対物レンズを Z 方向に移動して，レーザ光スポットが常に最小になるように制御することになる．測定対象サンプルを移動する XY ステージおよび Z 軸ステージの位置をリニアスケールで測定し，測定結果をコンピュータで処理して測定結果の表示を行う．光学式測定法は，表面の傾斜の大きい部分での測定が問題となるが，測定表面の粗さが $Ra \geq 0.02\ \mu m$ 程度であれば，表面でレーザ光が散乱し，80°程度の斜面の測定が可能となる．

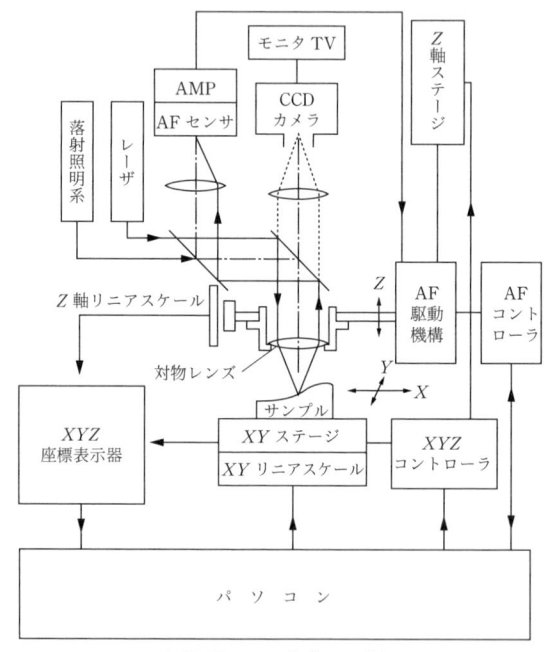

図7.37 レーザプローブ法

（8） レーザ共焦点顕微鏡　　前述した光触針法は一次元的な測定であり，表面形状の二次元的な測定のためには測定対象を搭載したテーブルを併用する必要がある．レーザ顕微鏡はビームを二次元的に走査することにより，表面を面として捉えること

ができる．測定原理は図 7.38 に示すように光電検出器の前にピンホールを配置する．ピンホールにより，測定対象面からの光のうち検出器に到達するのは合焦面からの光のみとなり，非合焦面からの光はピンホールを通過することができない．投射光を二次元走査しながら，測定対称面を機械式ステージにより対物レンズの方向に連続的に移動しながら検出器の出力信号を記録することにより，焦点深度がきわめて深い二次元画像を得ることができる．このとき，合焦点の位置を知ることができるから，その情報を利用して，任意のライン上での表面粗さ曲線を得ることができる．

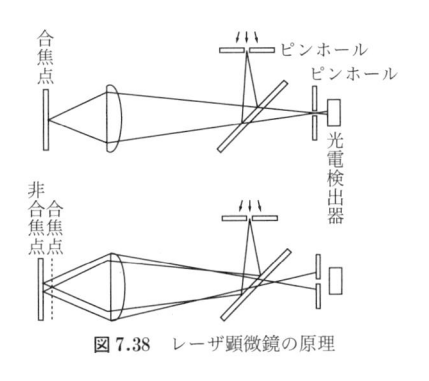

図 7.38 レーザ顕微鏡の原理

c. 光の干渉による表面粗さ測定法

光応用計測の中でも最も重要なものが干渉法であるといえる．19 世紀の初頭に，ヤングが光の干渉現象を発見した．その後，マイケルソンの干渉実験など種々の干渉実験が行われ，光が波としての性質をもつことが明らかにされた．光のコヒーレンス長が長いレーザを使用することで安定な干渉縞が得られ，その応用は，測長，形状測定，表面粗さ測定などの多岐にわたっている．球面の曲率半径の測定や研磨面の検査にはニュートンリングによる干渉が用いられる．また，回折格子に光を当て，その反射光あるいは透過光により生じる干渉は，精密な測長基準となるリニアエンコーダや真直度測定にも利用されている．

微細表面形状の測定における光干渉の利用により，2 光束干渉や繰返し多重反射干渉法，干渉顕微鏡，FECO (fringe of equal chromatic order) 干渉法，ヘテロダイン干渉法，位相変調干渉法（フリンジスキャン干渉法）など多くの手法が開発されている．

以下に走査型白色干渉法[14,15]の原理について述べる．図 7.39 に示すヤングの干渉縞の実験において，単色光でスリットを照明するとスクリーン上に $D\lambda/d$ ごとに干渉縞が生じるが，白色光で照明した場合には，干渉縞の強度は点 O で最大となり，点 O から離れるほど弱くなる．したがって，図 7.39 のミロー干渉計において白色光を使用すると，$h_{ref}=h_{test}$ のときに干渉縞の強度は最大になる．したがって，圧電素子や機械式ステージにより測定試料を上下方向に走査して，データを解析することにより，表面形状の三次元的な測定が行える．

7.2.4 工作機械・精密測定機の精度評価法

工作機械や精密測定機器の運動精度評価法に関する研究として，主軸の回転精度評価，テーブルなどの直進運動に関する精度評価，NC 工作機械の円運動に関する測定

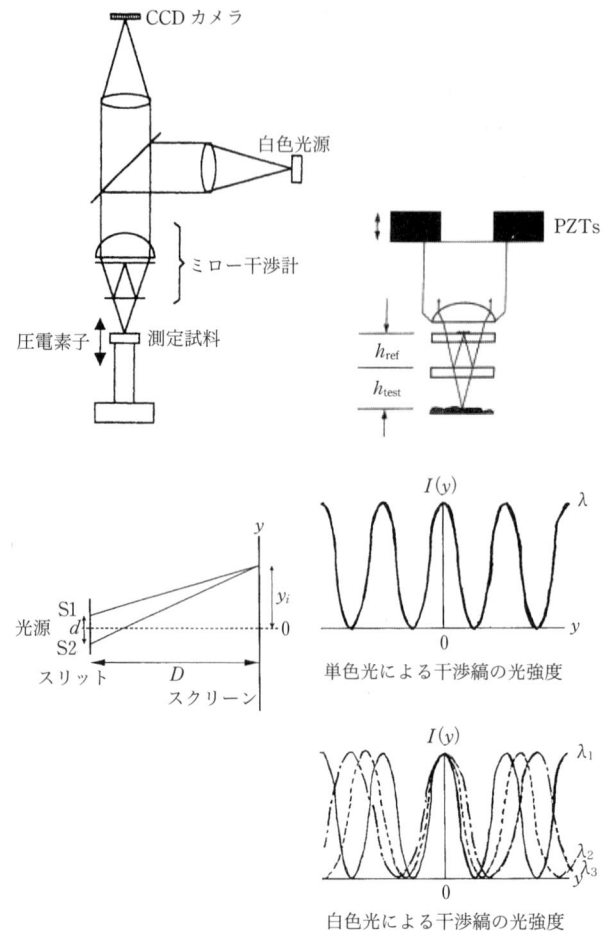

図 7.39 走査型白色干渉法

a. 軸の回転精度の測定法

工作機械に対する要求精度が高度になるに伴い，主軸系の設計・製作に高度な技術が求められ，同時にその評価法が要請されるようになった．このために種々の測定法の研究が進められた．

図 7.40 は，回転誤差における 4 成分を示したものである．ここで，フェースモーションは，図 7.40(b) に示すように指定された半径方向位置で Z 基準軸に平行な誤差である．以下に代表的な回転精度測定法について記述する．

（1）リサージュによる方法[16] リサージュ図形による回転精度測定法は現在で

(a) アキシアルモーション

(b) フェースモーション

(c) ラジアルモーション

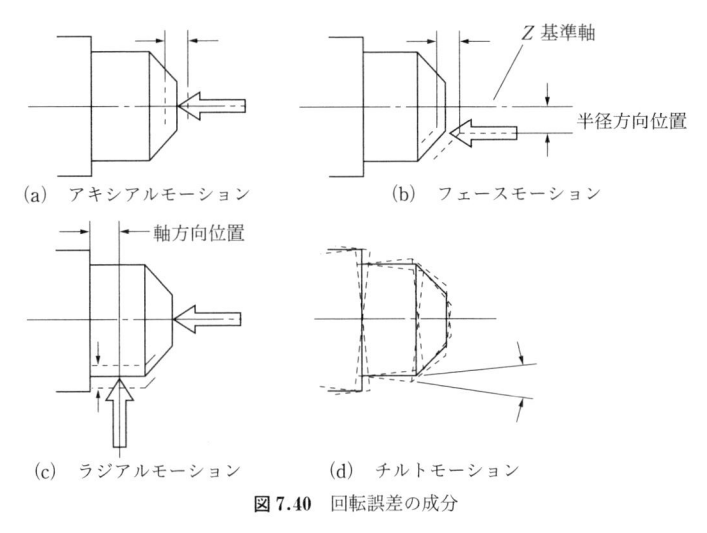

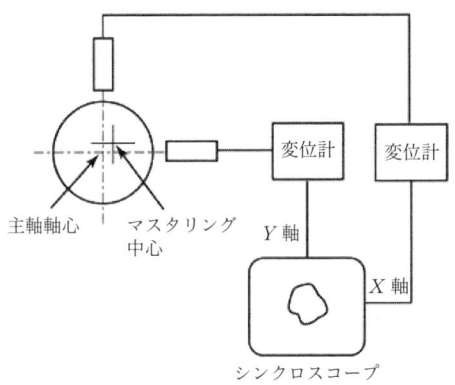

(d) チルトモーション

図7.40 回転誤差の成分

図7.41 リサージュ図形による測定

も広く使用されている．リサージュ図形は軸心の真の運動とは異なったものとなるため，逆にリサージュ図形から軸心の運動を推定することが困難であるといった難点もあるが，使用しやすい測定手法である（図7.41）．

 （2） 基準球を用いる方法[17]　主軸のラジアル，アンギュラ，アキシアルモーションを基準球2個と3台の変位計で測定するシステムを図7.42に示す．測定結果は極座標で表示される．この表示に際しては，あらかじめROMに記録しておいた正弦波と余弦波とを軸の回転角に同期して読み出した基礎円に重ねる．図7.43に示すような変位計5台とテストマンドレルを備える試験装置が市販されている．

 （3） 反転法[18]　主軸系のさらなる高精度化に伴い，測定の際の基準となるマスタ球やリングの形状誤差が問題とされるようになり，軸の回転誤差とマスタ球の形状

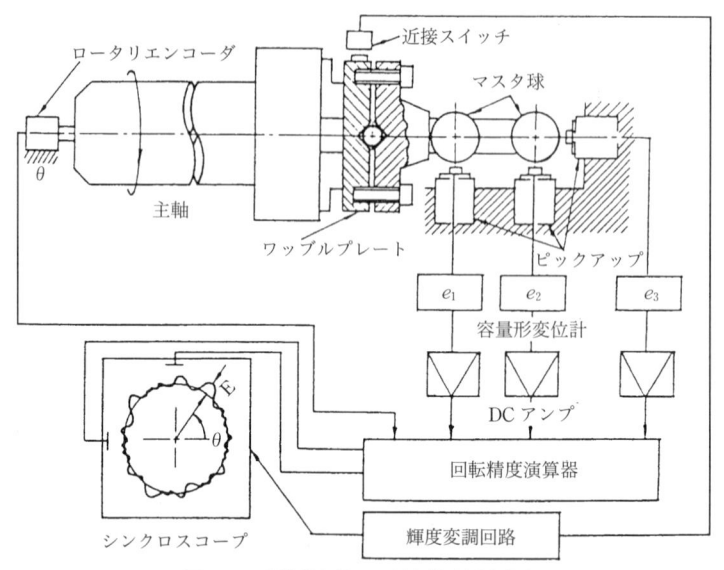

図7.42 基準球を用いる回転精度測定方法

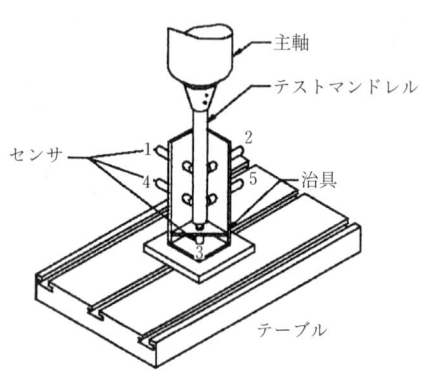

図7.43 変位計を5台用いる測定装置

誤差を分離するため,反転法が開発された.反転法によるラジアルモーション測定の原理を以下に示す.

マスタ球の真円度誤差と測定対象の軸の回転誤差をそれぞれ $x(\theta)$, $e(\theta)$ ($\theta=0 \sim 2\pi$) とする.図7.44に示すように前後2回の測定を行う.このため,反転法は軸の回転に再現性があることが適用の前提になる.2回目の測定時にはマスタ球とセンサを180°反転させて測定を行う.2回目の測定時におけるセンサの出力信号を $V_1(\theta)$, $V_2(\theta)$ とすると,

$$V_1(\theta) = x(\theta) + e(\theta) \tag{7.2.9}$$

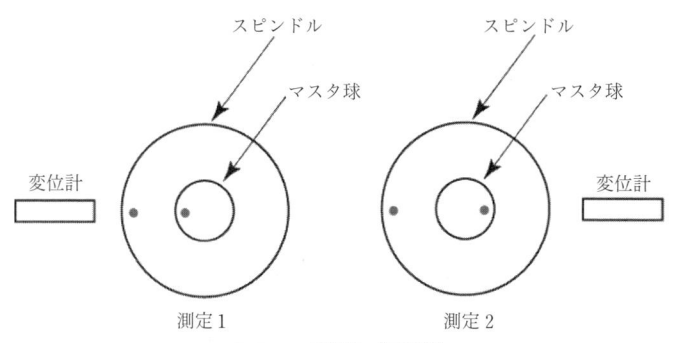

図7.44 反転法（回転軸）

$$V_2(\theta) = x(\theta) - e(\theta) \tag{7.2.10}$$

となる．したがって，$x(\theta)$，$e(\theta)$ を求めることができる．

$$x(\theta) = \frac{V_1(\theta) + V_2(\theta)}{2} \tag{7.2.11}$$

$$e(\theta) = \frac{V_1(\theta) - V_2(\theta)}{2} \tag{7.2.12}$$

反転法をアキシアルモーションとアンギュラモーションの測定に展開した研究がある[19]．

（4） 三点法 測定基準の誤差と軸の回転誤差を分離するもうひとつの手法が図7.45に示す三点法である[20~22]．これは三点法真円度測定手法[23]を適用したもので，基準球の形状誤差の補正が可能であり，より高精度の測定が実現できる．また，主軸端に取り付けた被削材を基準の代わりに使用することができるため，セルフカットを行えば，被削材の取付偏心成分に影響されることなく測定できること，加工中における測定が容易にできることなどの利点がある．

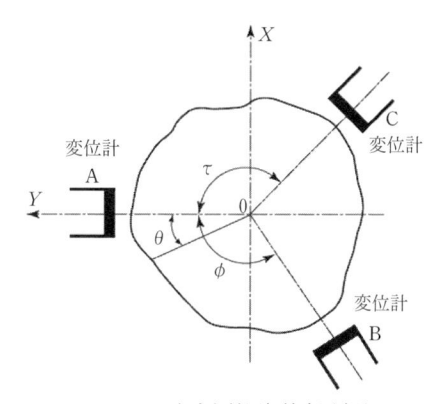

図7.45 三点式主軸回転精度測定法

（5） 光学的測定法[24,25] 図7.46に光学方式の回転精度測定装置の構成を示す．測定対象回転軸の軸端に高精度な凹面鏡を取り付け，この凹面鏡の変位を半導体レーザを光源とした光学系にて測定し，軸のラジアルモーションを求めるものである．コリメータとビームエキスパンダを通過した平行光は，対物レンズにより集光され，主軸端に取り付けた凹面鏡で反射し，四分割フォトダイオードの受光面上に結像するように調整する．平衡状態においては凹面

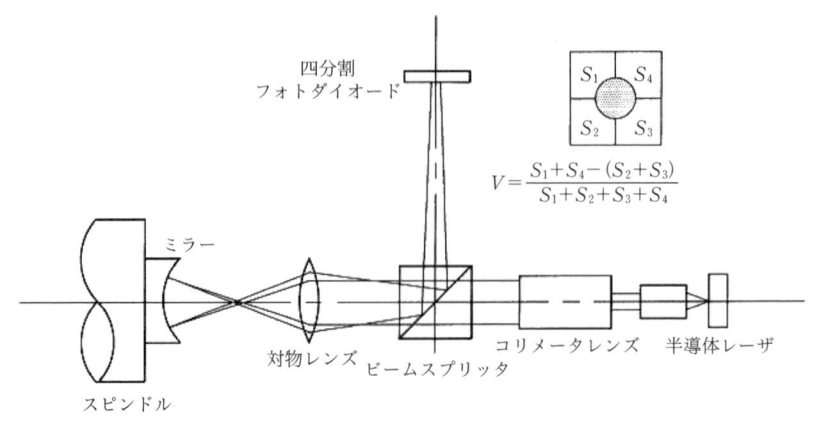

図7.46 光学式回転精度測定法

$$V = \frac{S_1 + S_4 - (S_2 + S_3)}{S_1 + S_2 + S_3 + S_4}$$

鏡からの反射光は四分割フォトダイオードの中心部に結像し，4つの素子の出力電圧は等しくなる．回転誤差により軸が半径方向に変位すると，凹面鏡からの反射光の方向が変化するために，4つの受光素子の出力電圧に差が生じる．これを電子回路で処理することにより，軸の2方向の回転誤差成分を求めることができる．本測定系では，対物レンズの焦点距離，凹面鏡の曲率半径，凹面鏡と対物レンズとの間の距離を変えることにより，様々な測定範囲と感度をもつ回転精度測定系を構成することができる．

b. 直進運動に関する測定法

直進運動に関する精度としては，図7.47に示すように運動方向の位置の精度（位置決め精度），運動方向に垂直な方向の位置に関する精度（真直度）および角度に関する3成分（ピッチング，ローリング，ヨーイング）がある．

一般的に，テーブル運動の真直度などの測定には高精度の基準（直定規，ブロックゲージ，オプティカルフラットなど）が使用されるが，測定長が長くなるにしたがい高精度の基準を得ることが困難になる．

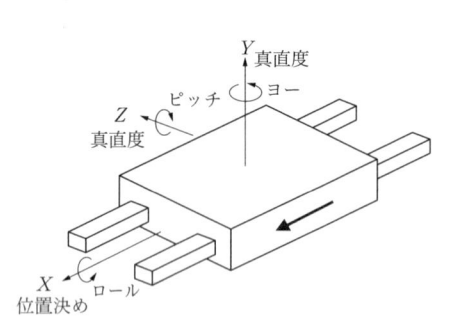

図7.47 運動精度の6成分

（1）オートコリメータ 真直度の測定にはオートコリメータ（図7.48）がしばしば用いられる．一般には平面の傾きを正確に測定するための器具であるが，基準反射鏡をその足の間隔ずつ移動して真直度を測定する．高精度のオートコリメータの分解能は0.1秒程度である．また，水平面内での測定では電気式水準器（分解能0.2

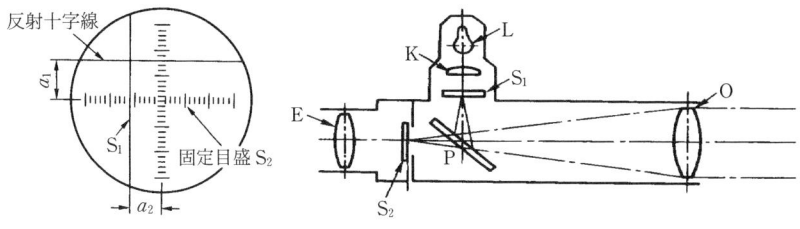

図7.48 オートコリメータ

秒)が同様に利用される.

(2) レーザ干渉測長機　位置決め精度をはじめとして,真直度,ピッチング,ヨーイングなどの測定手法として,レーザ干渉測長システムが一般的なものとなった.精度検査に利用されているほか,超精密工作機械,三次元座標測定機などの制御用検出器として用いられている.現在のレーザ干渉計による測長では分解能1nm以上が実現されている.

レーザ干渉計による真直度測定には,図7.49に示すウォラストンプリズムを含む干渉計システムが使用される.角度計測用の干渉計の構成には種々のものが考案されている[26].レーザ干渉計を使用する角度測定のうち,ローリングの測定は困難であったが,二重光路干渉法の適用により実現されている[27].また,レーザ光源と干渉計光学部分とを光ファイバにより結んで小型化を図った光ファイバ結合レーザ干渉測長システムも実用化されている.

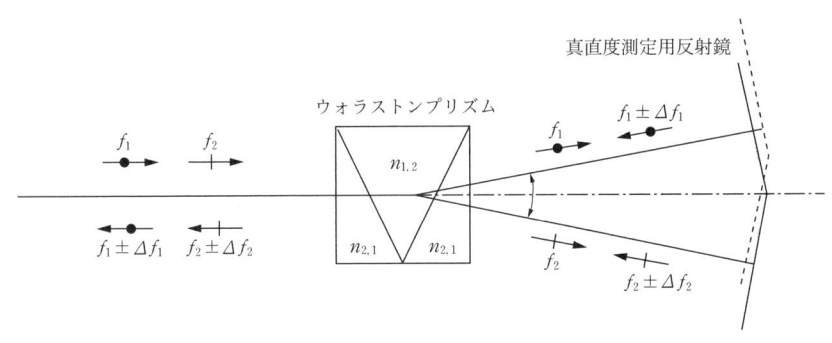

図7.49 レーザ干渉計による真直度測定

(3) 反転法　レーザ干渉測長機と光学ストレートエッジを組み合わせた真直度測定が行われたが,その際に問題となるのがストレートエッジの形状誤差である.このため,図7.50に示す反転法により光学ストレートエッジの形状補正を行い,真直度を評価している[28].測定原理は,前述の反転法による回転精度の測定と全く同様で,前後2回の測定値結果より,測定基準の形状誤差と運動の真直度とを分離する.

(4) 逐次二点法　同じく測定基準の形状誤差を補正して真直度を評価する方法

測定 1
$N(x) = M(x) - S(x)$

光学ストレートエッジ $S(x)$

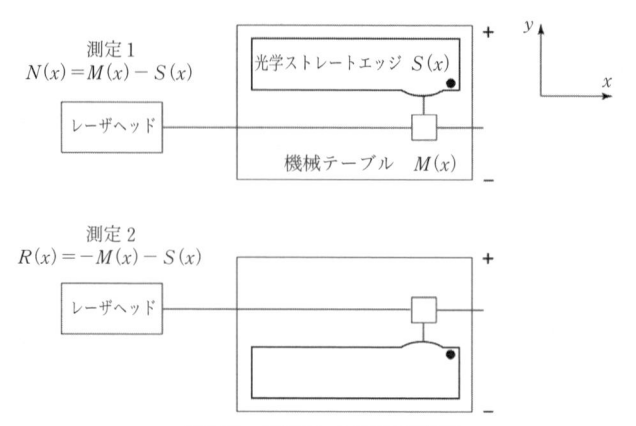

レーザヘッド

機械テーブル　$M(x)$

測定 2
$R(x) = -M(x) - S(x)$

レーザヘッド

図 7.50　反転法による真直度測定

測定基準

テーブル運動の真直度

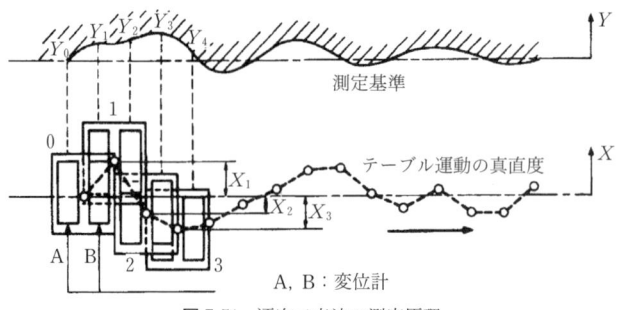

A, B：変位計

図 7.51　逐次二点法の測定原理

として，図 7.51 に示す方法が開発された．被削材あるいはストレートエッジなどを対象として測定を行い，2台の変位計を測定対象である工作機械の移動台などに搭載し，変位計の設置間隔に等しい距離ずつ移動し，そのとき得られる変位計の測定値の演算処理により，測定対象の形状誤差と工具台の運動誤差とを分けて測定する[29]．また，その後研究が進められ，運動精度だけではなく，部品の高精度形状評価へと発展している[30]．

7.2.5　円運動測定法

近年，運動精度を専用の測定装置を用いて測定し，NC工作機械の誤差を診断する方法が普及し，円運動精度試験によってNC工作機械の幾何学的な運動誤差のみならず，制御系や送り速度に依存する誤差原因が診断できるようになってきた．また，高精度金型加工などに対応し，円運動測定法では評価がむずかしい微小な円弧軌道精度の測定や，直角コーナ部分などでのNC工作機械のサーボ系に起因する誤差を評

価する必要から，新しい測定法の開発が進められている．ここでは，いくつかの測定手法についてその概要を説明する．

a. ダブルボールバー[31,32]

図 7.52 に示すダブルボールバー法（DBB 法）は，現在最も一般的に用いられている円運動測定法である．工作機械のテーブルと主軸に取り付けた磁石により高精度の鋼球を吸引する．テーブルと主軸間の相対的な変位を内蔵の変位計により測定し，各種の精度診断を行う．変位計の測定範囲が広くないために，直角コーナ部分など，任意の工具軌跡での運動精度評価はむずかしいが，使用法の工夫により多軸 NC 工作機械の精度評価への適用が進められている．

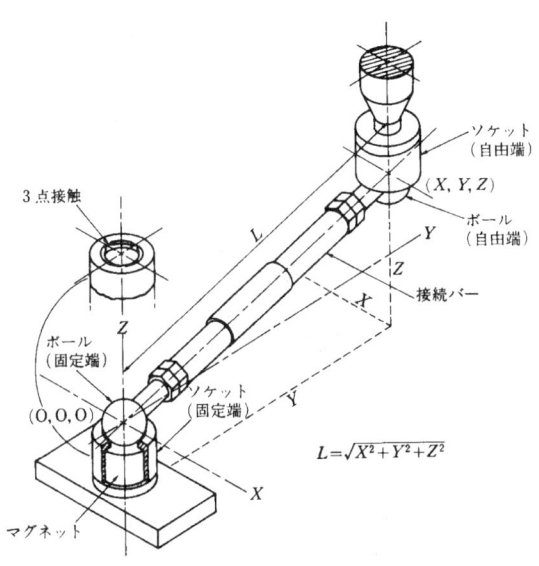

図 7.52 ダブルボールバー法（DBB 法）

b. サーキュラテスト[33]

工作機械のテーブルに取り付けた基準円板を，主軸側に取り付けた二次元変位測定プローブにより円板の外周を倣うように測定し，X，Y 方向の変位を記録する（図 7.53）．

c. 二次元平面内での工具軌跡の測定法

高精度金型加工などに対応し，円運動測定法では評価がむずかしい微小な円弧軌道精度や，直角コーナー部分などでの NC 工作機械の運動特性を評価する必要がある．図 7.54 に示すように交差格子スケールと主軸側に取り付ける光学ヘッドにより，二次元平面内での任意の工具軌跡の評価を高精度に行うことができる[34,35]．このほかにも，作動範囲に制約はあるが，接触式変位計 2 台を用い，微小な円弧軌道精度などの

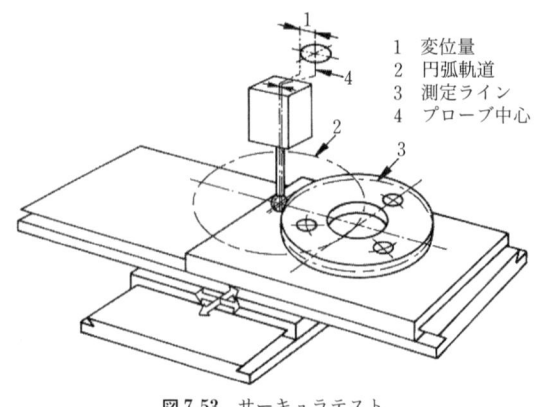

図 7.53 サーキュラテスト

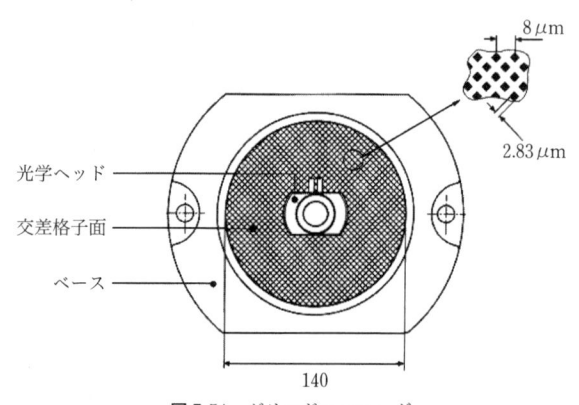

1 変位量
2 円弧軌道
3 測定ライン
4 プローブ中心

図 7.54 グリッドエンコーダ

光学ヘッド
交差格子面
ベース

8 μm
2.83 μm
140

測定が行える手法の開発が試みられている[36,37]．

　また，レーザ干渉測長機とロータリエンコーダを用いた円運動測定装置の構成を図7.55 に示す[38]．この装置の機構は，レーザ干渉計取付部とレトロリフレクタ取付部とから構成されており，両者をそれぞれ測定対象工作機械のテーブルと主軸に取り付ける．レーザ干渉計とレトロリフレクタを常に対向する位置に保ち，干渉状態を維持するために両者をステンレス棒でつなぎ，レトロリフレクタ取付部には樹脂製リニアベアリングを組み込んで，ステンレス棒との間のしゅう動抵抗を低減している．また，レーザ干渉計取付部とレトロリフレクタ取付部には転がり軸受を組み込み，X-Y 平面内において 360°自由に回転できる構造になっている．レーザ干渉計取付部の回転軸にはフレキシブルカップリングを介してロータリエンコーダを接続しており，レーザ干渉計取付部の回転角度を検出している．この装置の最大の利点は，測長範囲が非常に広いことである．また，円運動測定に際して回転中心の調整が容易なこと，

7.2 評価方法と評価装置 —— 471

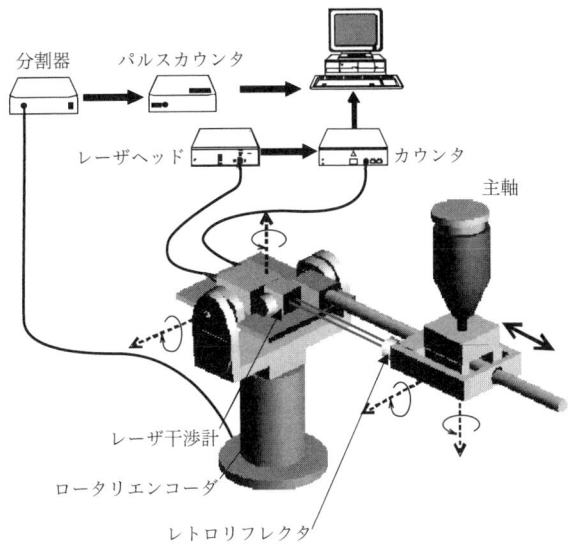

図7.55 レーザ干渉計を用いた円運動測定装置

広い範囲の測定半径に対応できること，さらに位置決め精度の測定も行えることが特徴となっている．

d. 三次元空間での任意の工具軌跡の測定法

図7.56(a)に示す装置[39]は，レーザ干渉測長機を用いており，スライドする鏡筒により保持された2つの精密な球の間の距離を測定する．レーザボールバー（LBB）は，ボールバーと似た特性をもつが，変位計としてレーザ干渉測長機を用いているためにボールバーよりも長い測定範囲をもつ．レーザ光源からの光は，偏波面保存光ファイバにより偏光ビームスプリッタ（PBS）などで構成される干渉計部分に伝えら

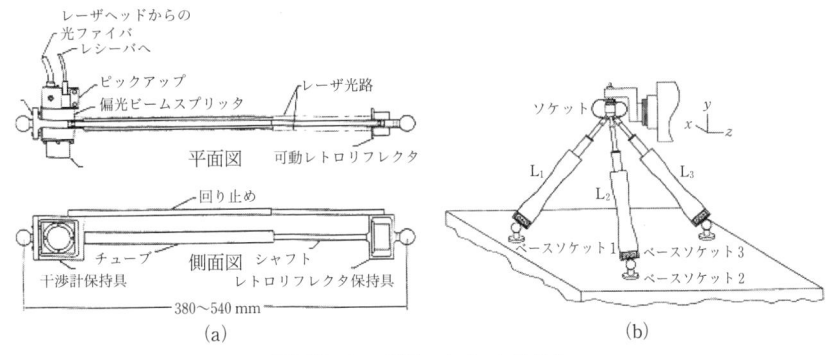

図7.56 レーザボールバーシステム

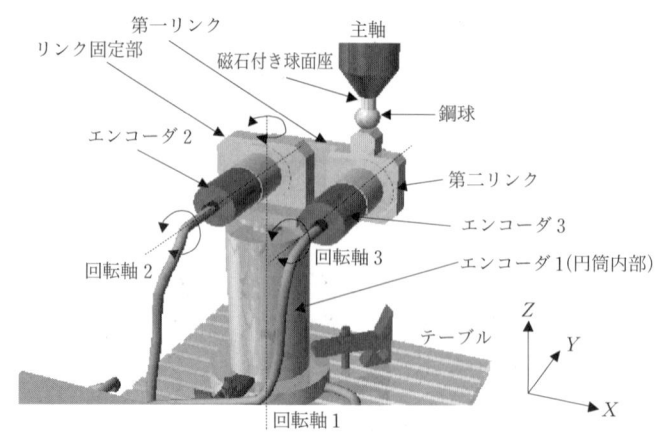

図 7.57 ロータリエンコーダによる運動精度測定装置

れ，可動レトロリフレクタとの間の距離を測定する．図 7.56(b) に示す装置は LBB を 3 台使用し，三角測量の原理により三次元空間での任意の工具軌跡の測定が行える[40]．

図 7.57 は同様に，従来の円運動測定法では評価がむずかしい微小な円弧軌道精度の測定や，直角コーナ部分などでの運動誤差，三次元空間における任意の工具軌跡での運動誤差を測定するために，3 台のロータリエンコーダを使用して構成した測定装置である[41]． 〔三井公之〕

▶▶ 文　献
1) 日本機械学会編：機械加工計測技術，p. 105，朝倉書店（1986）
2) 津村喜代治：基礎精密測定，p. 179，共立出版（1994）
3) 中田　孝：工学解析，p. 109，オーム社（1972）
4) 五宝健治，桂田　研，三井公之，林　亮：V ブロック法を用いた円筒コロの断面形状測定（円筒コロ 1200 本の測定とその評価），日本機械学会論文集（C 編），**65**，634，pp. 2509-2514（1999）
5) E. Okuyama, K. Goho and K. Mitsui: New analytical method for V-block three-point method, *Precision Engineering*, **27**, pp. 234-244（2003）
6) 横田篤也，山田隆一，柳　和久：光学式仮想 V ブロック方式による真円度評価システムの開発（第 2 報）—開発システムの性能評価—，精密工学会誌，**67**，3，pp. 483-487（2001）
7) 遠藤勝幸，高偉，清野　慧：マルチプローブ型円筒形状測定機の開発，精密工学会誌，**69**，4，pp. 507-511（2003）
8) 中野健一：精密形状測定の実際，p. 63，海文堂（1992）
9) 三井公之，佐藤壽芳：表面粗さの実時間測定に関する研究（第 1 報，測定装置の試作と二，三の基礎的検討），機械学会論文集，**44**，377，pp. 321-331（1978）
10) 小沢則光，河野嗣男，三井公之，武者　徹，宮本紘三：非接触光学式微細形状測定へ

ッド (HIPOSS-1), 精密工学会誌, **52**, 12, pp. 2080-2086 (1986)
11) 三井公之, 坂井　誠, 木塚慶次, 小沢則光, 河野嗣男: 高感度非接触粗さ計の開発, 精密工学会誌, **53**, 2, pp. 328-333 (1987)
12) D. J. Whitehouse: Handbook of Surface Metrology, pp. 459-460, Institute of Physics Publishing (1994)
13) 三浦勝弘: レーザープローブ三次元測定器, 砥粒加工学会誌, **45**, 12, pp. 558-561 (2001)
14) Peter de Groot and L. Deck: Surface profiling by analysis of white-light interferograms in the spatial frequency domain, *Journal of Modern Optics*, **42**, 2, pp. 389-401 (1995)
15) Peter de Groot and L. Deck: Three-dimensional imaging by sub-Nyquist sampling of white-light interferograms, *Optics Letters*, **18**, 17, pp. 1462-1464 (1993)
16) 鈴木　弘: 新しい回転精度測定法, トヨタ技法, **19**, 2, p. 21 (1978)
17) 垣野義昭, 石井信雄, 古賀清孝, 山本　謙, 奥島啓弐: 軸の回転精度に関する研究 (第2報) ―工作物回転型主軸の回転精度の測定法―, 精密機械, **44**, 6, pp. 730-736 (1978)
18) R. R. Donaldson: A simple method for spindle error from test ball roundness error, *Annals of the CIRP*, **21**, 1, p. 125 (1972)
19) J. G. Salsbury: Implementation of the Estler face motion reversal technique, *Precision Engineering*, **27**, pp. 189-194 (2003)
20) 三井公之: 精度診断技術の研究 (3点式主軸回転精度測定装置の開発), 日本機械学会論文集 (C編), **48**, 425, p. 115 (1982)
21) H. Shinno, K. Mitsui and Y. Tatsue: A new method for evaluating error motion of ultra precision spindle, *Annals of the CIRP*, **36**, 1, pp. 381-384 (1987)
22) 奥山栄樹, 守時　一: 3点法による真円度形状測定と軸の回転精度測定に関する一考察, 精密工学会誌, **65**, 9, p. 1312 (1999)
23) 青木保雄, 大園成夫: 3点法真円度測定法の一展開, 精密機械, **32**, 12, p. 831 (1966)
24) P. L. Holster: Measuring the radial error of precision air bearing, *Philips Tech. Rev.*, **41**, 11/12, p. 334 (1983/1984)
25) 三井公之, 凌　季, 橋本義之: 光による軸の回転精度測定法の研究―測定原理ならびに測定感度に関する考察―, 精密工学会誌, **61**, 9, p. 1302 (1995)
26) レーザ計測ハンドブック編集委員会編: レーザ計測ハンドブック, p. 141, 丸善 (1993)
27) 中藪俊博, 森　基, 滝田敦夫, 岡路正博, 今井英孝: レーザ干渉法によるローリング測定システムの開発, 精密工学会誌, **61**, 2, p. 253 (1995)
28) W. T. Estler: Calibration and use of optical straightedges in the metrology of precision machines, *Optical Engineering*, **24**, 3, p. 372 (1985)
29) 戸沢幸一・佐藤壽芳: 工作機械の真直度と加工精度の関連に関する研究, 日本機械学会論文集 (C編), **47**, 419, p. 909 (1981)
30) 清野　慧: ソフトウエアデータムを用いた形状評価, 精密工学会誌, **61**, 8, p. 1059 (1995)
31) J. B. Bryan: A simple method for testing measuring machine and machine tools, Part 1, Principle and applications, *Precision Engineering*, **4**, 2, p. 61 (1982)
32) 垣野義昭, 井原之敏, 亀井明敏, 伊勢　徹: NC工作機械の運動精度に関する研究 (第1報) ―DBB法による運動誤差の測定と評価, 精密工学会誌, **52**, 7, p. 1193 (1986)
33) W. Knapp: Test of the three-dimensional uncertainty of machine tools and measur-

ing machines and its relation to the machine errors, *Annals of the CIRP*, **32**, 1, p. 459 (1983)
34) A. Teimel: Technology and applications of grating interferometers in high-precision measurement, *Precision Engineering*, **14**, 3, pp. 147-154 (1992)
35) 垣野義昭, 井原之敏, 林 書鼎, 羽山定治, 河上邦治, 濱村 実: 交差格子スケールを用いた超精密NC工作機械の運動精度の測定と加工精度の改善, 精密工学会誌, **62**, 11, pp. 1612-1616 (1996)
36) H. D. Kwon and M. Burdekin: Development and application of a system for evaluating the feed-drive error on computer numerical controlled machine tools, *Precision Engineering*, **19**, pp. 133-140 (1996)
37) 堤 正臣, 斎藤明徳, 赤松真材: 2つの変位センサによるCNC工作機械の運動精度測定方法, 精密工学会誌, **67**, 12, pp. 2021-2025 (2001)
38) K. Iwasawa, A. Iwama and K. Mitsui: Development of a measuring method for several types of programmed tool path of NC machine tools using a laser displacement interferometer and a rotary encoder, *Precision Engineering*, **28**, pp. 399-408 (2004)
39) J. C. Ziegert and C. D. Mize: The laser ball bar—a new instrument for machine tool metrology—, *Precision Engineering*, **16**, 4, pp. 259-267. (1994)
40) T. Schmitz and J. Ziegert: Dynamic evaluation of spatial CNC contouring accuracy, *Prec. Engineering*, **24**, 2, pp. 99-118 (2000)
41) 岩澤光一郎, 三井公之: ロータリーエンコーダを用いたNC工作機械の空間的運動精度測定装置の開発 (測定原理, 装置の構成及び実験結果), 日本機械学会論文集 (C編), **70**, 696, pp. 2484-2491 (2004)

7.3 表面品位評価

7.3.1 表面品位の高度化の重要性

加工面には多かれ少なかれ, 加工と雰囲気の影響を受け, その材料固有の物理的・化学的諸性質と密接かつ異質な特性をあわせもつ層が存在する. こうした層を加工変質層と呼んでおり, 図7.58に示すような構造と特徴をなしている.

近年の超精密加工技術の発展に伴う加工面の高性能化において, 形状精度や表面粗さのような幾何学的品質は, 工作機械の運動精度に由来し

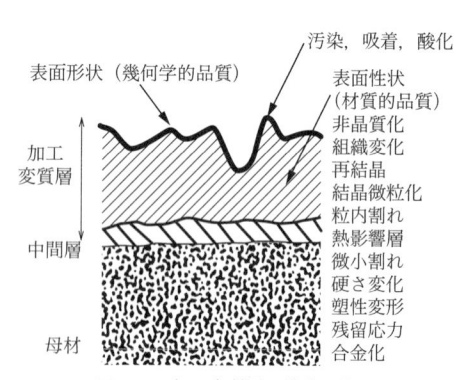

図7.58 加工変質層の構造と特徴

てサブミクロンからナノメートルオーダの極限レベルにまで到達しようとしている. 一方で, 加工変質層などの材質的品質までも考慮した, 内面的に低損傷の加工技術の確立が一層強く求められている. このことは, 今日の各種超精密加工法によっても加

工後の表面品位が，部品の機能や寿命を左右するケースとして少なくないことを示唆している．「高品位な表面層をつくり込む」ための加工技術の必要性がここにある．

また，加工技術の問題とは別に，部品の微小化により加工変質層の深さの度合いは相対的に増し，その実態と影響を定量的に認識することが必須となっている．特に，半導体や磁気，光学部品の高精細化に伴い，被削材の極表面層の結晶構造や残留応力分布を正確に把握することが，デバイス性能とそれを支配する物理的性質とを関連づけて評価するうえで非常に重要になってきた．

7.3.2 表面品位の評価技術の重要性

加工変質層の深さは，経験的には表面粗さのオーダの10倍程度といわれており，現在の超精密加工技術では数 μm から 10 nm 前後がその達成限度となる．実際に，超精密切削・研削で実現しうる加工変質層の深さは数 μm 程度であり，化学的作用を併用した研磨技術でも 10 nm 程度である．すなわち，被削材表面から数 μm 以内の変質の種類と程度を高分解能で測定する技術が最も重要となってきている．

一方で，加工変質層は化学的変質層，金属組織学的変質層，機械的変質層と多岐にわたっているため，それらを高精度に分離・評価しうる計測技術が今のところ十分確立されているとはいえない．図 7.58 に示した加工変質層の特徴の多くは，各種顕微鏡による断面観察と化学エッチングなどの手法を組み合わせれば，比較的容易に評価できる．しかし，表面の化学現象に基づいた変質（吸着，酸化など），材料の結晶構造の変化に基づいた変質（非晶質化，相変態など），および内部応力による変質（表面残留応力，結晶ひずみなど）などの程度と深さを定量的に計測するには，表面分析機器を利用したキャラクタリゼーション技術が必要となってくる．この場合，1種類の分析機器のみで期待する事象を同定できるケースはまれで，いくつかの手法を組み合わせるのが普通である．

7.3.3 表面分析法の概要

固体表面層の性質を調べるためには，何らかの入射（一次）粒子（プローブともいう）を用いて表面原子層との相互作用をみることが有効な手段であり，プローブにはイオン，電子，光子（電磁波）が一般に使用される．これらの入射粒子を固体表面に衝突させると入射粒子は固体との相互作用の結果として弾性散乱または非弾性散乱を起こし，その結果，図 7.59 に示すように電子，イオンあるいは光（X線）などの観測（二次）粒子を固体表面から放出させる．

入射粒子として電子を用いた場合には，観測粒子として特性X線，二次電子（オージェ電子を含む），後方散乱（反射）電子および透過電子などを用いる．また，イオンを入射粒子に用いた場合には，観測粒子として二次イオンおよび後方散乱イオンを，同様に光に対してはX線や光電子などを用いる．このうち加工表面層の評価に比較的多用されるいくつかの手法について，以下に示しておく．

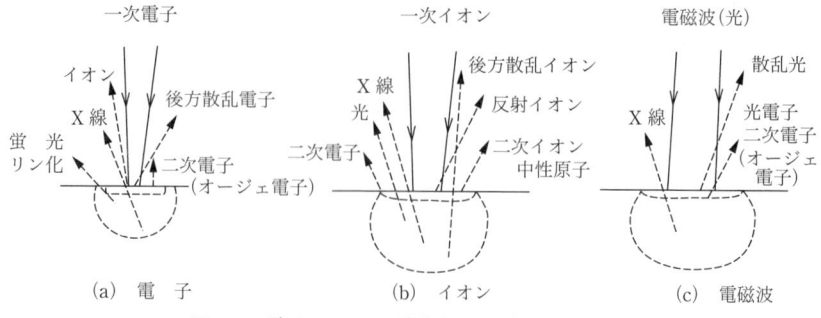

図7.59 電子・イオン・電磁波と固体表面の相互作用

a. 電子関連分光法

① AES (Auger electron spectroscopy：オージェ電子分光法)：1～10 keV の電子線を表面に当てると，原子の内郭準位から電子が放出される．特定のエネルギーをもったオージェ電子は，励起原子が基底状態に移る緩和過程の結果，放出される．AES は極表面（1 nm レベル）の化学組成の情報を与える．イオンスパッタを併用した深さ方向分析もできる．

② XPS (X-ray photoelectron spectroscopy：X 線光電子分光法)：X 線を照射したときに発生する光電子の運動エネルギーを求めて，元素分析を行うことができる．また，そのエネルギーの化学シフトを利用して，元素の結合状態も調べられる．

③ TEM (transmission electron microscopy：透過電子顕微鏡)：100 nm 程度以下の厚さに調整された材料を透過してくる電子像や回折像を用いて，表面層の原子レベルの微細構造が調べられる．転位や非晶質化の度合いも観察できる．

④ RHEED (reflection high energy electron diffraction：反射高速電子線回折法)：エネルギーのそろった高速電子ビームを単結晶表面に浅い角度で入射散乱させると，電子線の表面への侵入は極めて小さいから，その回折像から表面の原子配列が高感度で求められる．

b. X 線関連分光法

① XRD (X-ray diffraction：X 線回折法)：物質表面での X 線のブラッグ回折を利用した結晶構造の決定方法として最も代表的なもので，残留応力の非破壊測定法としても確立されている．

② XRF (X-ray fluorescence spectroscopy：蛍光 X 線分光法)：入射 X 線により原子の内部軌道の電子を放出させると，原子内の緩和により特性 X 線が現れる．これを利用して固体表面層の組成分析を行う．

③ EPMA (electron probe X-ray microanalyzer：X 線マイクロアナライザ)：高エネルギー（10～100 keV）の電子ビームによりイオン化された原子は，緩和過程で特性 X 線を放出する．十分細く収束した電子線を用いて，微小部分の元素分析や

その分布が得られる.
c. 分子振動分光法
① FT-IR (Fourier-transform infrared spectroscopy：フーリエ変換赤外分光法)：分子振動による赤外光の吸収を測定し，分子の構造や吸着状態を調べる.
② RAMAN (Raman spectroscopy：ラマン分光法)：可視光レーザ（500～650 nm）の照射により分子振動が励起され散乱光が生じる（ラマン散乱）ことを利用して，物質の分子構造を同定できる．またラマン線のピーク位置とスペクトル半値幅の変化から，残留応力と結晶性を非破壊で評価できる．

d. イオン関連分光法
① RBS (Rutherford backscattering spectroscopy：ラザフォード後方散乱分光法)：エネルギーのそろった高エネルギー（～数 MeV）の軽元素イオンを表面に照射し，散乱イオンのエネルギー分布を測定することにより，表面より深さ方向の組成や結晶性に関する情報を非破壊で得る唯一の手法である．
② SIMS (secondary ion mass spectrometry：二次イオン質量分析法)：イオンビーム（1～数十 keV）を表面に当てて，表面から放出される二次イオンを質量分析で測定する．水素からウランまでの元素を極めて高い感度で検出できる．

7.3.4 残留応力および結晶性の評価法
残留応力や結晶性に関する評価手法としては，実用的には X 線応力測定法が最も有力な方法である．図 7.60 に示すように，結晶ひずみをブラッグの回折に基づいて計測することで，結晶性や残留ひずみ（応力）を直接的に測定できる代表的手法であり，最も広く利用されている．加工面を非接触かつ非破壊で簡便に測定できるうえ，最近では微小領域（$\phi 50\,\mu m$）や極表面層（10 nm）の評価も可能となってきている．X 線応力測定法については多くの成著があるので，ここでは省略する．

以下では，近年，局所領域の残留応力や結晶性の測定手法として注目されている顕微レーザラマン分光法，超音波顕微鏡法およびラザフォード後方散乱分光法について解説する．

a. 顕微レーザラマン分光法
顕微レーザラマン分光法は，物質の局所的な結晶性や分子構造などを高精度，非破壊かつ高い空間分解能で簡便に評価できる手法として，主に有機・無機化学および材料分野で常用されている．一方で近年，半導体製造分野を中心として，固体表面の残留応力の評価手法としても注目されている．以下に，その測定原理について，単結晶シリコンを例にとって説明する．

物質に単色光を入射すると，その反射光の中に入射波長と若干異なる波長の散乱光が含まれる．これをラマン散乱光という．光源にレーザ光を用いて光学顕微鏡下でレーザ光の照射とラマン散乱光の収光を行うことから，顕微レーザラマン分光法と呼ばれる．

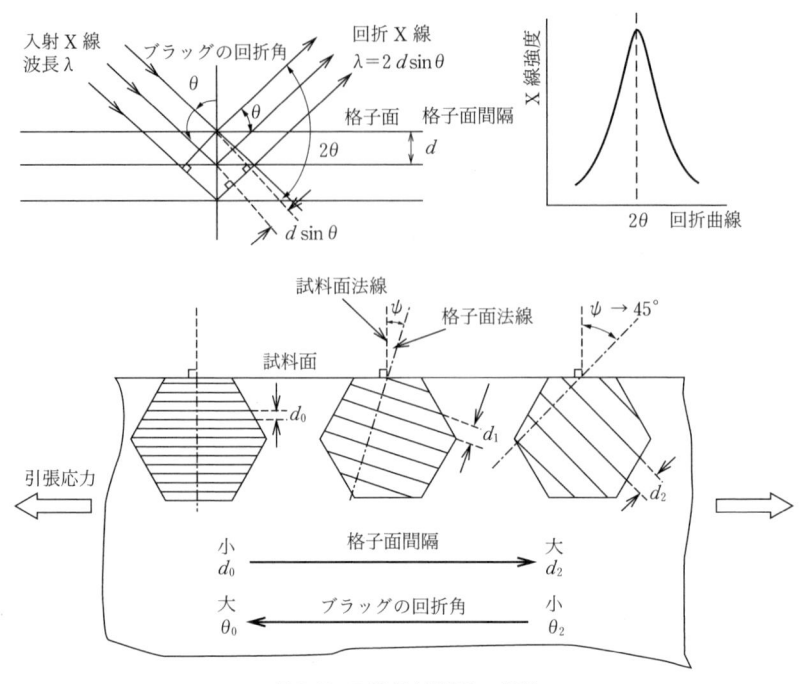

図7.60 X線応力測定法の原理

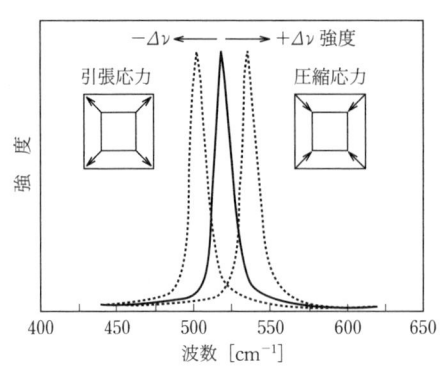

図7.61 ラマンスペクトルのピークシフトと応力の関係

無ひずみの単結晶シリコンでは，Si-Si結合に由来するラマン散乱光のスペクトルのピークが波数520 cm^{-1} 付近に観測される．これに圧縮応力や引張応力が負荷されると，ピーク波数は図7.61に示すようにそれぞれ正方向（高波数側）と負方向（低波数側）にシフトする．この波数シフトの方向から応力の正負が，シフト量から応力の大きさが評価できる．さらに，このスペクトルのピークの高さから結晶性が評価できる．

図7.62は，顕微レーザラマン分光システムの構成である．レーザ光源が波長488 nmの Ar^+ イオンレーザの場合，表面からの侵入深さは単結晶シリコンの場合で約1 μm と見積もられる．表面でのスポット径は100倍の対物レンズでおよそ1 μm であ

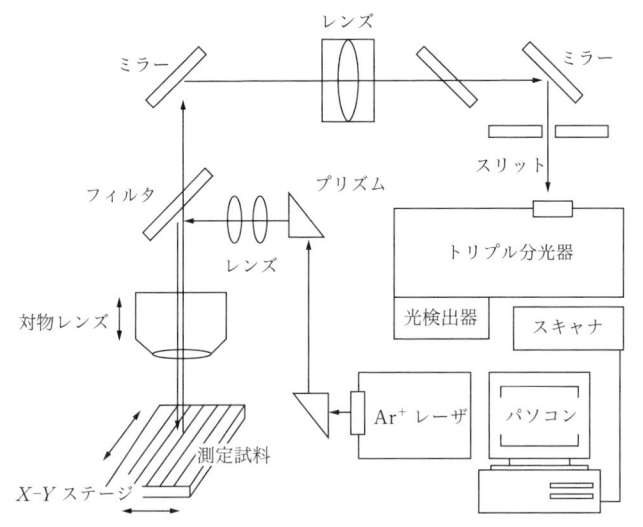

図7.62 顕微レーザラマン分光システムの構成

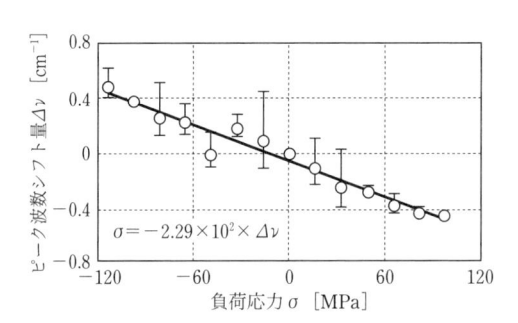

図7.63 単結晶シリコンに対するラマンスペクトルの
ピーク波数シフト量と負荷応力の関係

る．したがって，測定に関して 1 μm 程度の空間分解能をもつことになる．

図7.63 は，無ひずみ状態の単結晶シリコンのラマンスペクトルのピーク波数をリファレンスとして，光学顕微鏡下で四点曲げ試験を行った場合のピーク波数シフト量 $\Delta\nu$ [cm^{-1}] と負荷応力 σ [MPa] の関係である．ピーク波数は負荷応力に対してほぼ直線的にシフトしており，その関係は次式で近似できる．

$$\sigma = -2.29 \times 10^2 \times \Delta\nu \quad [\text{MPa}] \tag{7.3.1}$$

分光器の測定感度は 0.1 cm^{-1} 程度であるので，約 23 MPa の分解能で応力測定ができることになる．この関係を材料ごとに取得しておけば，加工前後の表面残留応力の変化を知ることができる．また，基板上に形成した薄膜を通して，基板からのラマン散乱光を測定することで，薄膜下の基板の応力測定も可能である．

顕微レーザラマン分光法には、ほとんどの金属材料に適用できないなどの欠点があるものの、有機・無機材料や半導体材料の表面残留応力と結晶性を高い空間分解能で高精度に定量評価できるので、今後の進展が期待される。

b. 超音波顕微鏡法

近年、超音波顕微鏡を利用した評価技術の進歩にはめざましいものがあり、漏洩表面弾性波速度を計測することで残留応力の深さ方向の評価も可能になってきている。ここではその測定原理と評価事例について、単結晶シリコンを例にとって説明するとともに、顕微レーザラマン分光法での測定結果と比較する。

図 7.64 は、超音波顕微鏡システムとその音響レンズから出る超音波の伝播経路である。材料表面でのスポット径は超音波周波数 200 MHz の音響レンズでおよそ 5 μm である。この場合、漏洩表面弾性波の伝播深さは試料表面から約 10 μm と見積もられる。集束された超音波は媒質（主として純水）を介して材料表面に照射される。このとき材料内部への伝播波とは別に漏洩表面弾性波が生じる。この波と材料表面からの垂直反射波との干渉波強度のレンズ軸方向変化（$V(z)$ 曲線と呼ばれる）を受信することで、漏洩表面弾性波の速度を測定する。

図 7.65 は、単結晶シリコンに対して 200 MHz の音響レンズで測定した $V(z)$ 曲線の一例である。$V(z)$ 曲線に生じる振幅変動の周期 ΔZ から、漏洩表面弾性波の速度はスネルの法則を用いて計算できる。図 7.66 は、無ひずみ状態の単結晶シリコンの漏洩表面弾性波速度をリファレンスとして、超音波顕微鏡下で四点曲げ試験を行った場合の音速変化量 ΔV[m/s] と負荷応力 σ の関係である。音速は負荷応力に対してほぼ直線的に変化しており、その関係は次式で近似できる。

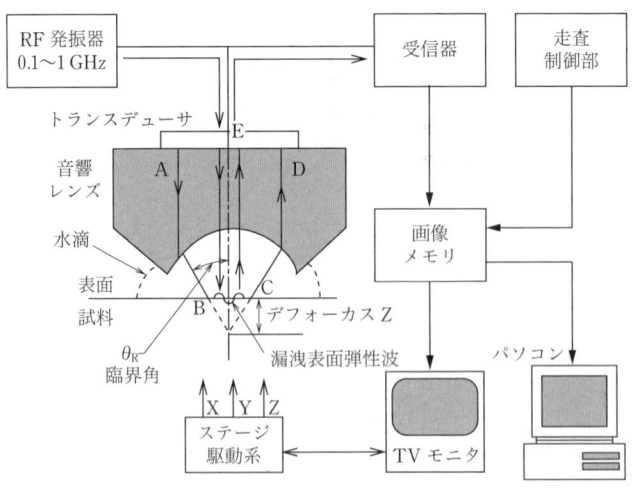

図 7.64 超音波顕微鏡システムと超音波の伝播経路

7.3 表面品位評価 —— 481

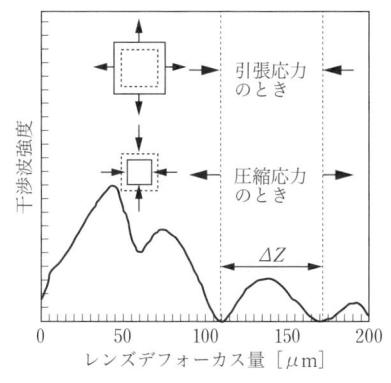

図 7.65 単結晶シリコンに対する $V(z)$ 曲線

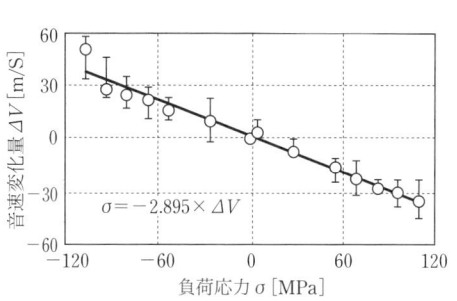

図 7.66 単結晶シリコンに対する漏洩表面弾性波速度の変化量と負荷応力の関係

$$\sigma = -2.895 \times \varDelta V \quad [\text{MPa}] \tag{7.3.2}$$

音速変化量の測定感度は 10 m/s 程度であるので，約 29 MPa の分解能で応力測定ができることになる．この関係を材料ごとに取得しておけば，加工前後の表面残留応力の変化を知ることができる．

超音波顕微鏡法では，音響レンズを交換することで超音波周波数を段階的に変えることができ，これによってスポット径と同時に漏洩表面弾性波伝播深さも変化する．これを利用して，残留応力層（加工変質層）の厚さ測定も可能である．

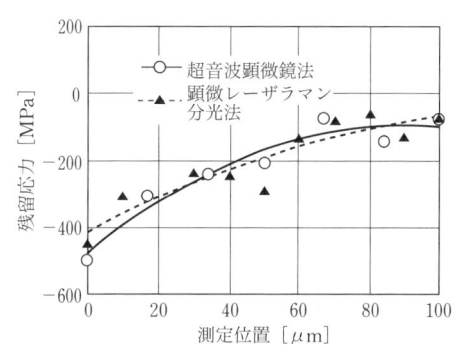

図 7.67 単結晶シリコンの切削加工部の残留応力の測定結果

図 7.67 は，式（7.3.1）と式（7.3.2）の関係を利用して，単結晶シリコン（100）面の切削加工部の残留応力を測定した結果である．横軸は測定位置を示しており，原点で最も切込みが大きく，原点から離れると切込みが小さくなる．切削加工部には圧縮性の応力が残留しており，顕微レーザラマン分光法と超音波顕微鏡法で測定された結果はほぼ一致する．

c． ラザフォード後方散乱分光法

半導体や光学材料の加工において，表面下数 μm までの領域の結晶性や組成を精度よく（定量性よく，高感度で），しかも非破壊で分析評価することは，加工変質層の実態を究明し加工現象を理解するうえで重要な指針を与えてくれる．ここでは，単

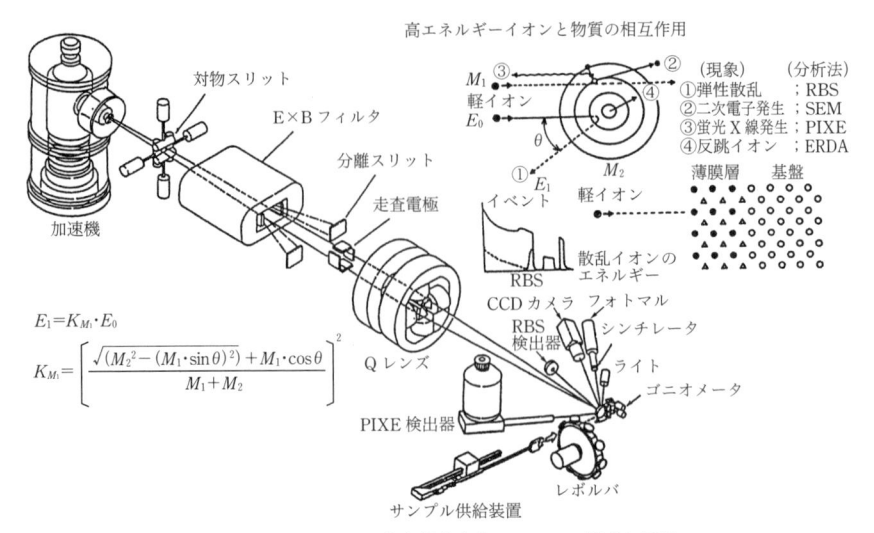

図7.68 ラザフォード後方散乱分光システムの構成と原理

$$E_1 = K_{M_1} \cdot E_0$$

$$K_{M_1} = \left[\frac{\sqrt{(M_2{}^2 - (M_1 \cdot \sin\theta)^2)} + M_1 \cdot \cos\theta}{M_1 + M_2} \right]^2$$

結晶シリコンの切削加工面の評価にラザフォード後方散乱分光法（RBS）を適用し，加工部の損傷の度合いとその深さを計測した事例について述べる．

図7.68は，ラザフォード後方散乱分光システムとその原理を示す模式図である．He^+などの高エネルギーイオンビームを物質に入射すると，入射イオンは物質の原子核と衝突し弾性散乱される．このとき，後方散乱イオンのエネルギーは物質の原子核の質量を正確に反映した値をとるから，そのエネルギースペクトルを測定すれば表面下数μm程度の領域の元素組成を知ることができる．

また，入射イオンは原子核と衝突するまで物質中の軌道電子を励起しながら進むので，その際の非弾性散乱によるエネルギー損失で，スペクトルは低エネルギー側に帯状にシフトする．このシフト量（スペクトルの幅）から，イオンが衝突した原子核の深さ方向の位置がわかる．

さらに単結晶では，イオンの入射方向が主結晶軸と平行（アライン方向）な場合に，そうでない場合（ランダム方向）と比較して後方散乱が起こりにくい（チャネリング効果という）が，転位や格子欠陥により結晶内に乱れがある場合にはランダム方向に近い状態となり，散乱強度は大きくなる．この強度から結晶性を評価できる．

測定では，まず単結晶シリコン（100）のポリシング面で入射イオンビームに対する結晶の軸立て（アライン方向の設定）を行い，次に各部位をアライン条件で測定する（RBS/チャネリング法）．図7.69は切削面の後方散乱スペクトルである．入射イオンのエネルギーは900 keV，照射領域は$40 \times 150 \mu m$である．記号Aはアラインスペクトル，記号Rはランダムスペクトルを示す．記号BとDは，それぞれ脆性的切削面と延性的切削面のスペクトルである．

7.3 表面品位評価

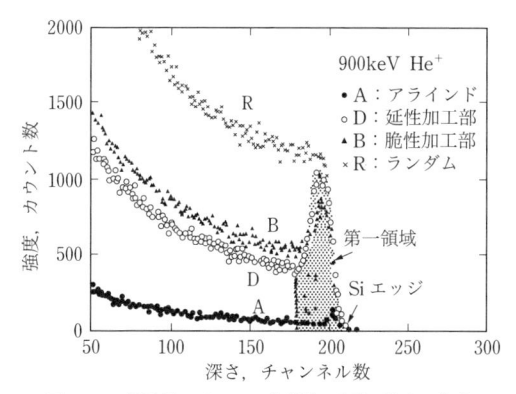

図7.69 単結晶シリコンの切削加工面に対する後方散乱スペクトル

切削面のスペクトルは2つの損傷形態に分離できる．ひとつは，最表面層で支配的となる損傷（以下，最表面損傷）で，もうひとつは，最表面層から少なくとも数千 Å の深さにわたって存在する損傷（以下，内部損傷）である．図中に網掛けで示した第一領域が最表面損傷の情報を含んでおり，この領域の高さと幅はそれぞれ損傷の度合いと深さに対応する．延性的切削面と脆性的切削面のスペクトルの第一領域の高さを比較すると，ともにランダムスペクトルのそれに近く，最表面層はほとんど非晶質に近い状態と考えてよい．その深さは，第一領域の幅から判断して延性的切削面で約 500 Å，脆性的切削面で約 400 Å である．

一方，内部損傷の度合いは第二領域の高さで判断できる．延性的切削面の第二領域の高さは脆性的切削面のそれと比較して若干小さく，内部損傷度が延性面で小さいと解釈できる．その深さは，5000 Å（図の RBS 測定の検出深さ）を超えている．また，損傷の物理的イメージはチャネリング測定のみからは明確に断定できないが，最表面層ではダメージが大きく非晶質化まで進み，内部ではダメージが緩和されて転位程度の損傷にとどまっているものと推定される．

ラザフォード後方散乱分光法は，金属/非金属を問わず材料表面層の微小領域の組成や結晶性を深さ方向に非破壊で，かつ高感度に定量評価できる唯一の手法であり，装置の小型化や操作性の改良が進めば，表面品位の有力な評価手法となりうる．

〔森田　昇〕

▶▶ 文　献
1) Machining Data Handbook (3 rd ed.) Metcut Research Associates. Machinability Data Center, Vol. 2, pp. 18-50, (1980)
2) 小林博文，水原和行，森田　昇，吉田嘉太郎：顕微レーザラマン分光法を用いた単結晶シリコンの残留応力の評価，砥粒加工学会誌，**38**, 4, pp. 205 (1994)
3) 影山泰輔，水原和行，森田　昇，吉田嘉太郎：超音波法による精密加工面の残留応力評

価に関する研究, 精密工学会誌, **64**, 11, p. 1679 (1998)
4) 森田　昇：機械加工における加工面の評価技術, 機械の研究, **48**, 10, p. 1019 (1996)

7.4　加工評価のシステム化

7.4.1　加工評価

　一般に生産現場における「加工」という行為は，最終製品の構成要素である部品を製造するための手段として位置づけられる．すなわち，設計者の意図する部品の最終形態が図面などに表現され，その図面に指示（規定）された形態に仕上げる行為が加工である．よって加工は，所望の形状（形状精度，寸法精度，表面性状など）に加工されたことが確認（評価）されてはじめて完了したといえる．すなわち，加工と評価は不可分の関係にある．

　評価の結果，予定通りのできばえであることが確認されれば問題はないが，仮に予定とは異なる結果，例えば寸法不良などが確認された場合には，その加工物自体を不良品として排除する必要があるし，不具合の原因を追究し改善しなければ安定した生産の継続が困難となる場合さえある．一般に，評価のための手段として測定が実施され，その測定結果から各種の判断が行われる．

　測定と計測とは用語的に混同されている場合がしばしばあるため，ここで一度整理しておく．JIS Z 8103「計測用語」によれば，測定と計測とは次のように意味づけられている．

　　測定：ある量を，基準として用いる量と比較し，数値又は符号を用いて表すこと．
　　計測：特定の目的をもって，事物を量的にとらえるための方法・手段を考究し，実施し，その結果を用いて所期の目的を達成させること．

　よって，前述の生産現場における評価と評価結果を受けて実施される行為は計測行為と言い換えることができる．すなわち，測定することにより長さ，重さ，時間などの単位で加工物を数値化し，状態を評価し，その後，評価結果に対応した処理を施す一連の行為が加工にかかわる計測であるといえる．

　ここで肝要なことは，加工物の状態を数値化するための測定に使用される各種測定手段の精度が評価基準に照らして十分信頼できることが条件になるということである．評価基準（寸法公差など）に対し 1/10〜1/5 程度の精度（信頼性）を有する測定手段を用いることが一般的とされている．

　実際の生産現場で行われる計測には，①加工物の合否判定，②加工物の等級判別（選択組合せ情報の取得），③加工工程の状態管理（予防保全），④加工前の状況把握（加工物の機種判別/加工物姿勢の把握），⑤加工中の状況確認（加工条件変更点の把握）などの目的がある．

　これらの目的を達成させるためには，評価の結果が情報として適切に利用されなけ

ればならない．この情報（評価結果）は，生産ライン中のどこへ伝達して利用されるかにより，フィードバック情報（評価工程より上流の工程への伝達）とフィードフォワード情報（評価工程より下流の工程への伝達）に大別できる．

a． 加工物の合否判定

合否判定は，加工にかかわる計測の目的の中で最も単純かつ一般的なものといえる．対象となる加工工程を経てできあがった加工物が図面に規定された公差内（あるいは安全率を考慮した値）に仕上がっているか否かを評価（測定）し，合格品と不合格品を判別する．この場合の情報（評価結果）はフィードフォワード情報であり，計測の目的としては不合格品の特定と排除が一般的である．この合否判定は，多くの加工工程から構成される生産ライン中の対象となる工程の直後に実施される場合（不良品の後工程への流出防止）と，生産ラインの最終段階で実施される場合（完成品検査）とがある．

b． 加工物の等級判別（選択組合せ情報の取得）

加工物が許容される公差内（加工の合格基準）に仕上がっていることの確認のほかに，加工物が公差内のどの領域に位置するかをも情報（等級情報）として抽出するために実施される．この場合の情報（評価結果）はフィードフォワード情報である．

多くの部品は図面に規定された公差内に仕上がっていれば合格と判断され，その後の組立を経て製品となっても目標通りの機能・性能を発揮することが通常である．言い換えれば，製品を構成する各部品には目標とする機能・性能を発揮させるために必要最大限の許容値（公差）が設定され，この許容値内に入っているものが合格品となる．しかし，製品を構成する各部品に要求する許容値があまりにも狭小すぎて加工工程の能力を超えるような場合には，多くの費用をかけ高精度な加工工程を構築するよりは，部品単体での精度追求の代わりに複数部品の組合せ関係において許容値を設定する方が得策な場合がある．簡単な例をあげれば，はめあいを重要視する軸物部品と穴加工部品において，それぞれの部品精度を追求するよりは，プラス傾向の軸にはプラス傾向の穴を選んで組み付ければ目的を達成するような場合，すなわち選択勘合が有効な場合がこれに相当する．また，複数の部品から構成される製品で各部品の寸法公差の累積による誤差を解消し，最終寸法を規定寸法内に組み上げるために使用されるシム（スペーサ）などは，加工完了後に寸法別に管理される必要がある．これらの場合，部品単体の評価では，相手部品との選択組合せを可能とするための情報として等級情報が必要になる．具体的には，図面に規定される公差値は加工工程でコントロール可能な範囲内で設定されるが，それとは別に，相手部品の加工精度との関係から設定される許容値別等級が規定され，評価結果として付記される．

c． 加工工程の状態管理（予防保全）

生産現場の使命は，安定した効率的な生産の継続にある．言い換えれば，生産ラインを構成する各加工工程が事前に計画され確認された機能・性能を発揮し続けるように常に監視・維持することが，生産現場の使命達成の必要条件である．

一般的な加工手段である切削穴あけ加工を例にあげれば，加工を継続する間に工具（エンドミル）摩耗が発生し，加工物上にあけられた穴の径が徐々に小さくなる．この状態で加工を継続すれば，やがて加工物は穴径不良品（マイナスNG）となってしまう．前述の合否判定評価をこの穴あけ工程の直後に実施することでNG品の流出は阻止できるが，NG品の発生を検知してから工具交換を行っていたのでは，費用的（不良品の生産）にも時間的（予定外の加工工程停止）にも効率的とはいえない．さらに，合否判定評価の工程が問題の加工工程から下流にいくほど（評価までの間にほかの工程が介在すればするほど），不良品を検知した時点での不良品生産数が多くなり，かつ不良品に無駄な加工を施すこととなり費用的損出が増大する．

これらの問題を解消し，加工工程を常に良好な状態に維持すること（加工工程自体の状態管理）を目的として実施される計測を予防保全の計測と呼ぶ．この予防保全の計測は工具摩耗ばかりではなく，加工用治具の取付け不具合などを監視することにも利用できる．

加工工具の状態管理には，加工工程（加工機）内で工具の状態を直接評価する機内計測法を採用する場合もあるが，加工後の加工物を評価することで全般的な加工工程の状態が監視可能な機外計測法の採用が一般的である．前述の合否判定評価の評価基準が図面公差であるのに対し，この機外計測法による予防保全の計測では，管理限界値（図面公差の内側）をあらかじめ設定しておき，加工物の評価結果がこの管理限界値を超えた時点で警告を出すことで，不良品が出る前に計画的に工具交換を実施することができる．また加工中の加工量を制御できる加工工程においては，これらの情報に基づき加工用プログラムを修正し工具経路を変更することで，加工工程自体を正常な状態に管理し続けることが可能となる．図7.70にリアルタイム管理図と呼ばれる

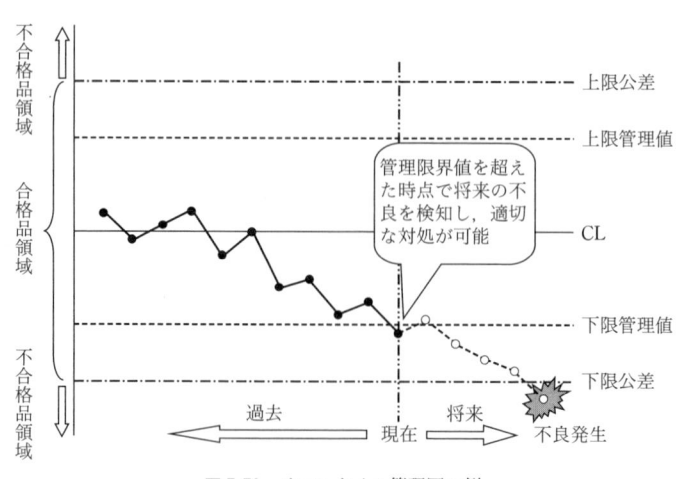

図7.70 リアルタイム管理図の例

管理図の一例を示す．この場合の情報（評価結果）はフィードバック情報といえる．

d. 加工前の状態把握（加工物の機種判別/加工物姿勢の把握）

　加工工程（加工装置）がマシニングセンタのようなプログラマブルでフレキシビリティのある装置の場合，加工素材をセットし加工用プログラムをスタートするだけで加工が遂行されるため，自動化・無人化・多品種対応の面で極めて有用である．その反面，正確な加工のためには適切な加工プログラムの選定が必要であり，加工素材が加工用治具（イケールなど）に正確に保持されている必要がある．選定すべき加工プログラムを間違えてしまった場合には完全に不良品となってしまうし，仮に加工プログラムが適切に選定されても加工素材が加工用治具に正しい姿勢で保持されていなければ不良品となってしまう可能性が高い．このように自動化・無人化・多品種対応を前提とした加工工程では，こうした素材の識別，取付け姿勢など加工前の状態を事前に確認するための計測が実施されることがある．あらかじめ設定された箇所の測定を実施することで素材の識別を行い，適切な加工用プログラムを選定したり，加工素材の姿勢を測定し，位置ずれ量を加工装置側の加工用プログラムの座標修正用データとして利用する．この場合の情報（評価結果）はフィードフォワード情報といえる．

e. 加工中の状況確認（加工条件変更点の把握）

　本来，加工中に加工物の状態を常に監視し，目的の寸法・形状に到達した段階で加工を終了させることが最も効率的である．ドリルを用いた穴あけ加工における内径寸法のように工具寸法・形状への依存性が高い場合は仕方がないものの，加工中の加工量を制御することで達成される加工においては有効な手段といえる．円筒研削盤における加工を例にあげれば，円筒研削においては，外径・内径の寸法精度はもとより加工面の表面粗さも重要な加工目的であるため，荒研削 → 中研削 → 仕上げ研削の段階的な工程を経て加工が進められる．加工初段の荒研削工程では，あらかじめ設定された寸法までは送り速度・切込み量とも加工効率を考慮した条件で進行し，最終工程の仕上げ研削では目的の表面粗さを達成させるための最適条件で加工が実施され，目的の寸法に達した段階で加工を終了する．このように，加工中の加工物の寸法をリアルタイムに監視し，加工条件の切替時期確認のための情報とすることも加工にかかわる計測の一形態であり，一般に自動定寸と呼ばれる．後述するインプロセス計測がこれに相当する．この場合の各段階における測定情報は，対象の加工工程内における次工程の開始のためのトリガー情報であり，フィードフォワード情報とみることができる．

7.4.2　計測のタイミング

　加工における計測は，評価（測定）の結果を受け，前項で述べたような計測の目的に沿って一連の活動が遅滞なく整然と実施されてはじめて有効なものとなる．そのためには，評価行為を加工工程中の適切なタイミングで実施すること，あらかじめ評価結果に対する判断基準を明確化し，結果に対する対応・処理方法を決定しておき，そ

れらがシステマティックに運用される仕組みを構築しておくことが必要であることはいうまでもない．

加工にかかわる計測は，それが実施されるタイミングで区別し，①プリプロセス計測，②インプロセス計測，③ポストプロセス計測のように表現されることがある．一般に，加工部品はいくつかの加工工程を経て完成に至る．その一連の加工工程全体を加工プロセスと表現することもあるが，ここでいうプロセスとは狭義の加工工程（加工装置）ごとを意味している．以下，それぞれに関し詳述する．

a. プリプロセス計測

プリプロセス計測は加工工程前に実施される計測であり，前述した加工物の機種判別や加工物姿勢の把握に代表されるように，加工の前準備を主たる目的として実施される．

加工工程に投入される加工素材を治具などへ取り付ける作業を加工前の準備段階と位置づければ，加工治具に薄物加工素材を取り付ける際に実施される素材変形回避のための測定もプリプロセス計測といえなくもないが，取付作業の完了と同時に目的を達成するため，むしろ加工素材取付工程におけるインプロセス計測（後述）と考えるべきであろう．ここでは，測定結果としての計測情報がその後の加工工程に利用・反映される場合に限定して話を進める．

加工物の機種判別や加工物姿勢の把握を行うためには加工素材の空間的位置・形状を測定しなければならず，その目的に合致した機能・性能を有した測定装置が選択されなければならない．さらに，測定の結果を加工工程に反映させ，素材識別結果に応じた加工用プログラムを選定したり，加工素材の位置ずれ量を加工装置側の加工プログラムの座標修正用データとして利用するためには，測定装置側の測定結果が自動的に加工装置側へ伝達される必要がある．この条件を満足する利用可能な測定装置として，コンピュータ制御型（CNC）三次元測定装置や画像測定装置（共に後述）があ

図7.71　三次元測定機を用いたプリプロセス計測のシステム例

げられる．これらの測定装置は測定動作自体がプログラムで制御されるばかりでなく，測定結果に基づいた公差判定やパターン認識などの機能をもプログラム化し，結果に応じた外部出力が可能である．加工装置側で利用可能な形態に情報をそろえるためのインタフェース部分の選択が別途必要ではあるが，加工工程前にこれらの測定装置を配置しておき加工素材を自動測定することで，前述の加工物の機種判別や加工物姿勢状態を情報として抽出することができる．マシニングセンタを核とした多面パレット型や自動倉庫型の加工セルに，加工素材をパレット上に取り付けるための段取りステーションとは別に，前述のCNC三次元測定装置を用いた計測ステーションを設け，プリプロセス計測を行うシステムの例（図7.71）がある

b． インプロセス計測

インプロセス計測は加工工程中に実施される計測であり，その目的は加工状態の監視による加工装置自体の安定制御や加工条件の切替時期把握などの多岐にわたり，その目的に合致した検出センサおよび装置が種々用いられる．特に加工装置の安定制御（適正制御）を目的としたインプロセス計測の研究および実施例は多く紹介されているので，本項では，加工物のできばえに関する加工完了確認を目的とした計測に的を絞って述べる．

一般に，加工装置では加工工具の切込み量を，加工装置側に装備されたロータリエンコーダあるいは精密スケールなどの位置検出要素の値を監視し制御することで管理しているにすぎず，実際の工具歯先の位置，言い換えれば加工物寸法を推定しているにすぎない．すなわち，加工プログラム通りに遂行された加工工程であっても，工具摩耗や加工背分力による加工機自体の変形などの影響があった場合，その結果としてできあがった加工物が予定通りのできばえである保証はない．

これに対し，加工中に常に加工物を直接測定することで寸法・形状をリアルタイムに監視し，目的の寸法・形状に到達した段階で加工を終了させることができれば最も確実であり効率的である．ただし厳密には，加工に伴う加工熱による加工物自体の変形などの影響が無視しうる範囲でのみ有効であることはいうまでもない．

前項で述べた自動定寸がこのインプロセス計測の代表的な例である．図7.72は円筒研削盤上に設置された使用中のインプロセスゲージの一例である．この場合，ゲージ内に寸法測定手段として差動トランスが組み込まれており，寸法測定値があらかじめプログラムされた値に達した段階で信号を出力し，この信号を受けて円筒研削盤側の制御が切り替わり，適切な加工条件で加工が遂行され，最終寸法に到達した段階で加工を終了させるシステムとなっている．さらに，加工工程中の進行状況をモニタ表示できるシステムもある．

インプロセス計測においては，計測の目的が当該加工工程の加工制御であることから，測定情報は当該加工工程内で自己完結的に処理され，外部出力（フィードバック/フィードフォワード）されることはほとんどない．

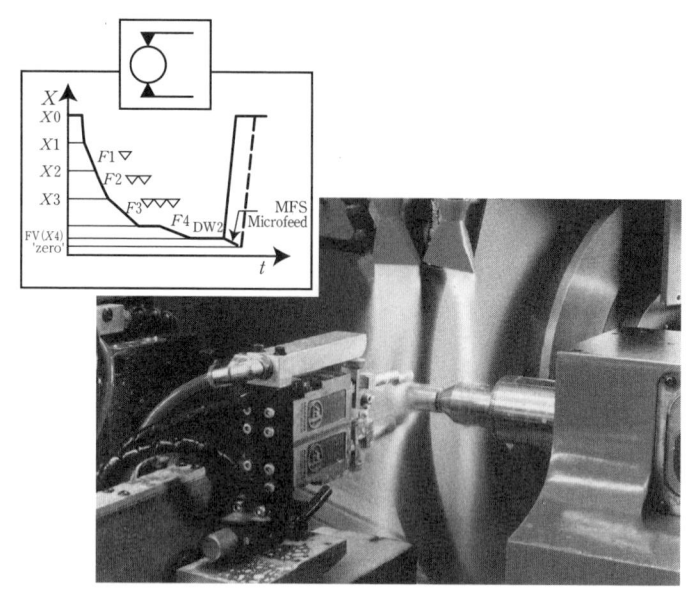

図7.72 インプロセスゲージの例

c. ポストプロセス計測

加工工程後に実施される最も一般的な計測である．

前項で述べたように，加工中に加工物を直接測定することで寸法・形状を監視し，目的の寸法・形状に到達した段階で加工を終了させることが最も効率的であることは確かであるが，すべての加工対象にインプロセス方式が適用できるわけではない．むしろ加工中に加工物を直接測定できる例の方が圧倒的に少ない．また，一般的にインプロセス計測が有効なのは単一加工（外径，内径など）の場合に限られ，大半の加工装置では複数の加工項目を実行するため，その加工工程を経てできあがった加工物の評価項目も穴径，穴位置，幅，段差量，幾何形状，表面粗さなどの多岐にわたるため，これらの評価項目は加工完了後に確認（測定）せざるを得ない．

また，加工工程で印加された加工熱による伸縮の影響や加工治具に固定するためのクランプ力による変形の影響を排除し正確な評価（測定）を行う意味からも，加工終了後に加工治具から取り外された状態の加工物を適度な時間経過後に評価する方がより適切である．

ポストプロセス計測は，プリプロセス計測やインプロセス計測の場合とは違い，計測の目的により生産ラインのどの位置（ロケーション）で評価を行うかが異なってくる．不良品の後工程への流出防止や予防保全を主目的とする場合は対象となる加工工程の直後に実施されるべきであり，完成品検査を目的とする場合は生産ラインの最終工程で実施されることは先に述べた．また加工物の等級判別を目的とする場合にも，

対象となる加工工程の直後に実施される．しかし，全数測定あるいは抜取り測定といった評価の頻度に関しては，各生産ラインの能力あるいは企業規模により様々である．自動車業界では，長年の経験と生産ライン立上げ前の徹底的な調査・研究に基づき，不良品の後工程への流出防止や予防保全のために，各部品の各加工項目ごとに測定の頻度を厳密に規定して運用し，万一の不具合発生時には測定頻度を高めるといった処置をしている例もある．

またポストプロセス計測の場合，人手による測定から自動測定装置による無人測定まで要求レベルに応じた形態が採用される．さらに，自動測定装置にも，生産ライン上に直接配置されるインライン形態と生産ラインから外したラインサイド形態がある．生産ラインから離れた検査室で実施される完成品検査も広義のポストプロセス計測といえる．

7.4.3 計測のシステム化

ここまで，計測の目的と計測のタイミングに関して述べてきた．本項では計測のシステム化に関し，主にポストプロセス計測に的を絞って，計測の目的を達成するために有効な測定装置と評価結果の利用例を紹介する．

前述したように，生産ラインにおいては目的を達成するために評価結果が適切に利用されてはじめて価値を生む．すなわち目的を達成するために最も適切な計測装置を選定し，さらに測定結果を受け生産ラインの安定化のための計測の目的に沿って一連の活動が遅滞なく整然と実施される仕組みを構築することが生産ラインにおける計測のシステム化であるといえる．よって生産ラインで利用される測定装置は，測定結果を利用可能な形式で外部に出力する機能を有することが必要条件となる．

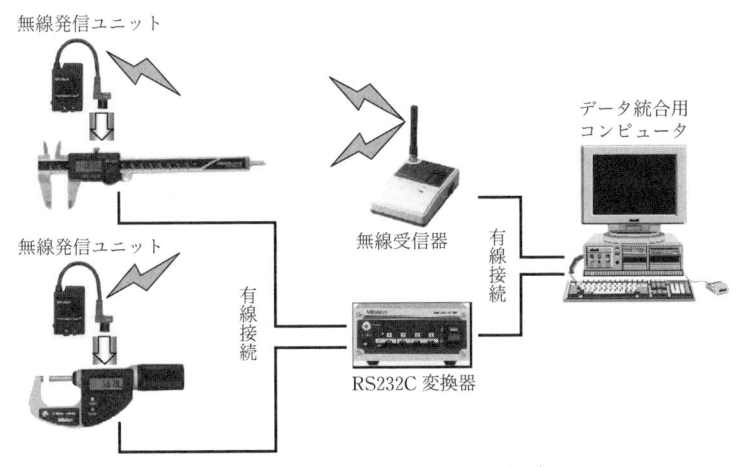

図 7.73 ディジタル化されたハンドツール型測定具

従来，ノギスやマイクロメータのようなハンドツール型測定具は測定値を表示することが主目的であったため，測定結果を後利用（検査表の作成など）するためには測定値をひとつひとつ記録する必要があった．しかし，現在はハンドツール型測定具もディジタル化され，測定結果を外部に出力できるものが出てきており（図7.73），ハンドツール型測定具から高度な測定装置まであらゆる測定手段を用いて計測のシステム化が図れる環境が整いつつある．以下に，計測のシステム化に有効な各種測定装置の動向を紹介する．

a. 三次元測定装置

一般的に機械加工部品は縦・横・高さの要素から構成される三次元形状物である．これらの加工部品上に加工された穴径，面間幅，段差量といった量を個別に測定する場合には，一次元的あるいは二次元的な測定範囲を有した測定装置を使用すればよいが，空間的な位置精度や平行，直角といった幾何的精度を測定するためには，測定装置側も縦・横・高さ方向に測定範囲を有することが最低必要条件となる．この条件を満たすべく1960年代後半に登場した測定機が三次元測定機である．従来，ノギスやハイトゲージのような測定具を駆使して行われていた空間的測定を1台の測定機で行うために，XYZの直交する軸方向に移動可能なスライダとそれぞれの方向の移動量を検出するためのスケールを装備し，測定物にプローブと呼ばれる測定子を押し当てて測定物上の測定ポイントの三次元座標を読み取る方式であった．初期の三次元測定機では測定ポイントの測定座標値を作業者が読み取る方式であったが，その後，位置出力可能な精密スケールの導入と電子計算機の登場により空間的測定が容易に行えるようになった．しかし，測定作業自体は人手に頼らざるを得なかった．ところが1970年代中頃にタッチトリガプローブ（三次元方向に感度を有するトリガプローブ）が開発されたことにより測定動作の自動化が可能となり，さらにCNC制御技術の発達とともに，汎用機でありながら測定プログラムにより専用機化するという特色から三次元測定機の利用価値は飛躍的に増大した．その後は測定プローブの姿勢制御機能や測定物の自動搬出入装置の導入などにより，生産ライン内での測定の自動化を実現する最も有効な測定装置となっている．

現在生産されている三次元測定機の形態には，上述のXYZ直交型のほかにスカラ型があるが，自動化・精度追求にはXYZ直交型が向いている．またXYZ直交型にも，大別すると最終

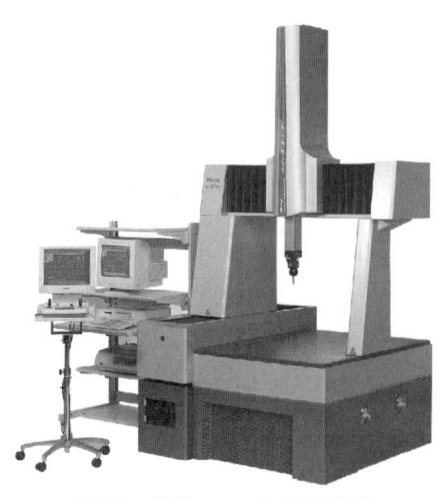

図7.74 縦型CNC三次元測定装置

軸が縦方向の縦型（図7.74）と最終軸が横方向の横型（図7.75）がある．

現在，生産ラインでの使用に関し三次元測定装置に求められていることとしては，高速化，高精度化，耐環境性，省スペース，および経済性（価格）があげられる．

一方，三次元測定装置のデータ処理部に搭載されるソフトウェアも機能・性能を最大限に生かすための工夫が施されてきた．測定プログラム（パートプログラム）作成

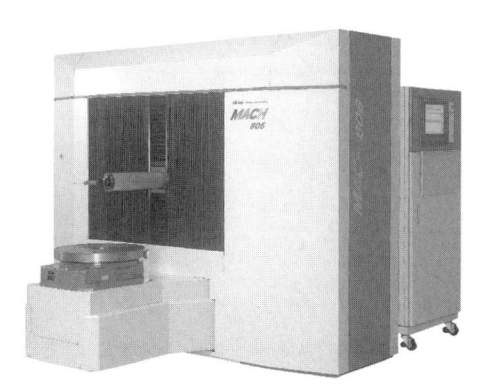

図7.75 横型CNC三次元測定装置

図7.76 アイコンを多用した操作画面の例

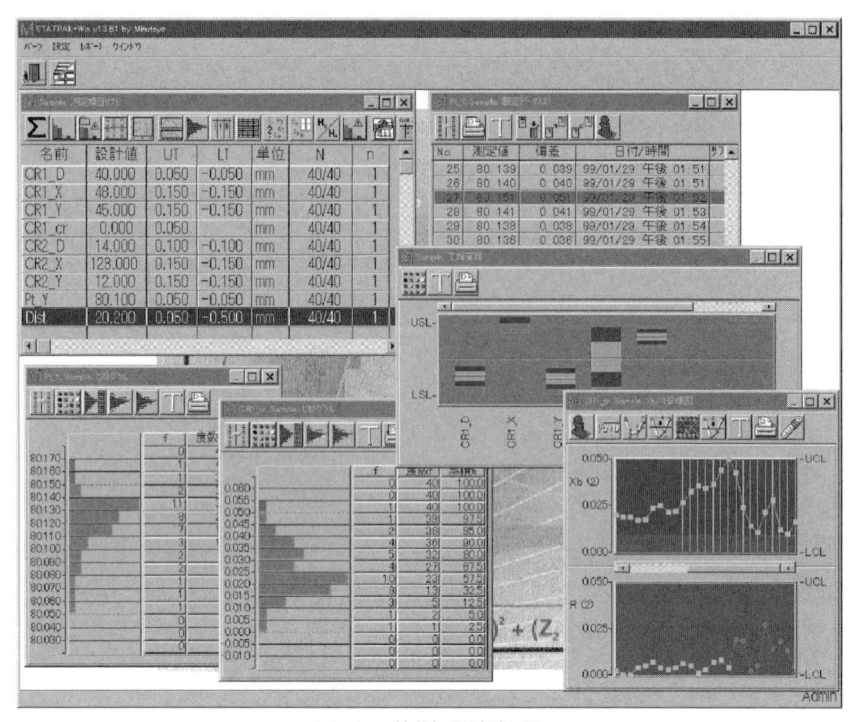

図 7.77　統計処理画面の例

の利便性を追求したアイコン（図 7.76）の多用化，また測定結果に対する評価機能として公差照合機能はもとより統計処理機能（図 7.77）や，CAD データを読み込み，測定結果と照合する自由曲面評価機能（図 7.78）などが用意され，評価結果の外部出力も可能である．

b. 画像測定装置

　大半の機械加工部品は三次元形状であるため，その測定には三次元測定装置が有効であることは前述した．しかし，プリント基板や IC などの電子部品のように加工が平面上に施されている場合，従来は顕微鏡などの光学測定装置を用いて人手で測定せざるを得なかった．光学顕微鏡の場合，高倍率レンズの使用により細部の観察が容易である反面，レチクルと呼ばれる視野内に配置された基準線に測定対象を合致させ，測定したい部位まで測定物を移動（ワークステージの移動）させることによって寸法測定をするという厄介な操作が必要である．この煩雑さに対し，CCD カメラや CMOS カメラなどの撮像素子とコンピュータによる画像処理技術を組み合わせ，さらに CNC 三次元測定機の駆動制御技術を駆使して開発された測定装置が CNC 画像測定装置である（図 7.79）．この CNC 画像測定装置では，光学レンズを通して撮像

7.4 加工評価のシステム化 —— 495

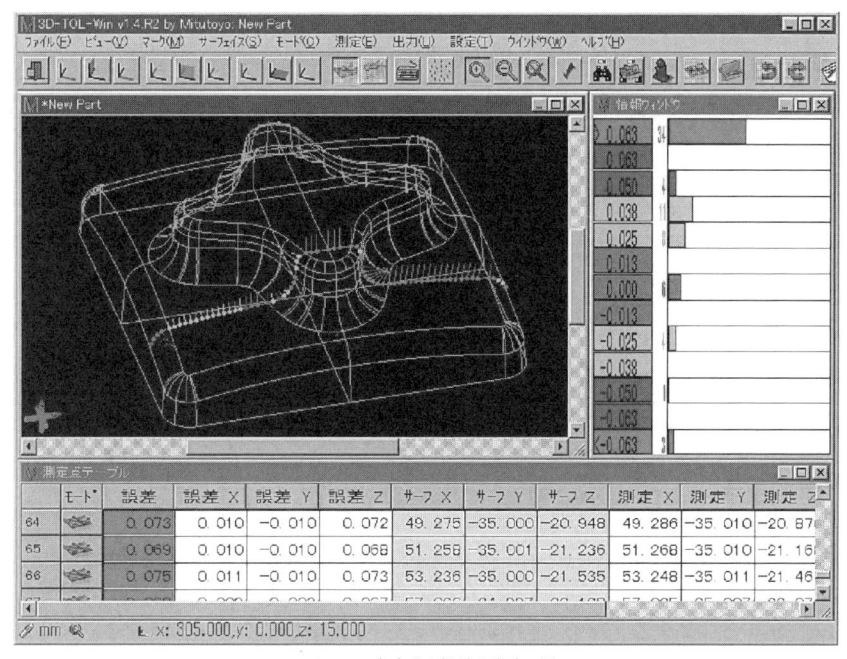

図 7.78 自由曲面評価画面の例

　素子上に記録された測定物表面情報から，画像処理アルゴリズムのエッジ検出機能を用いることにより測定対象の位置を同定したうえで，各種演算により平面内の各種測定を実現している（図 7.80）．また各測定対象を撮像し画像処理するために，最適な照明手段（透過照明，落射照明など）を選択することで適切なエッジ検出ができる工夫も盛り込まれている．最近ではカラーカメラとカラー照明を用いて，測定物上の色の境界線もエッジとして捉えられるようになっている．

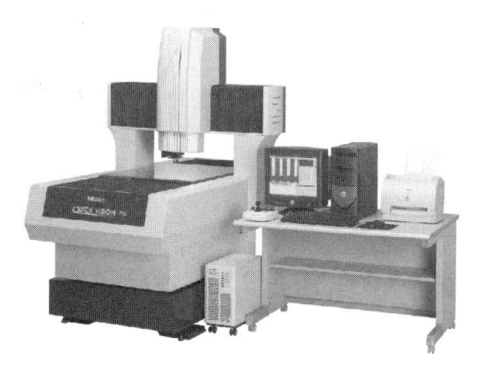

図 7.79 CNC 画像測定装置

　この画像測定装置の場合，その測定対象が平面内に限定されるものの，前述のように撮像素子により取り込まれた画像情報をコンピュータ内のデータ処理技術により演算処理することで測定を実行するため，前掲の三次元測定装置に比べ測定所要時間が格段に短いという特長を有している．もちろん CNC 三次元測定装置の場合と同様

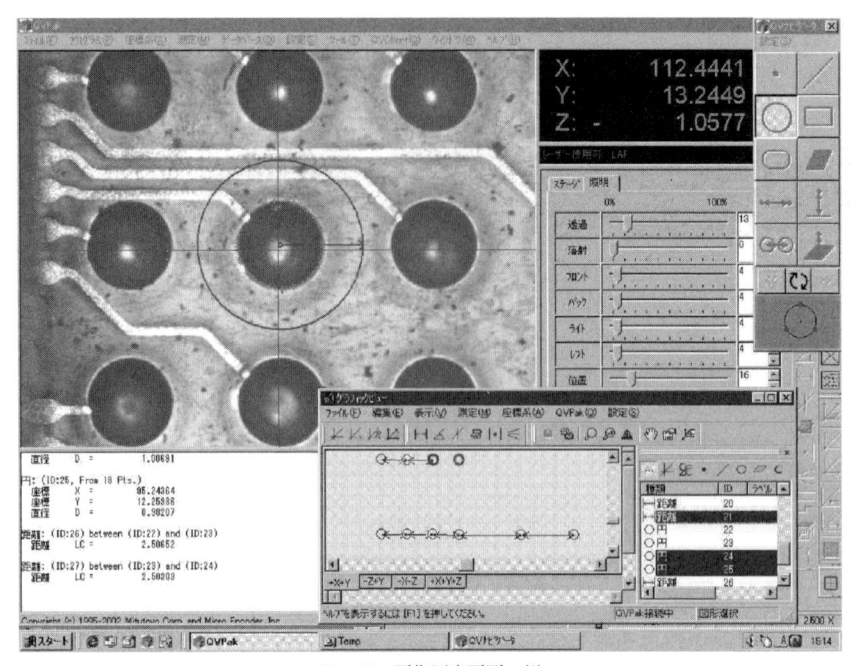

図7.80 画像測定画面の例

に, 測定動作およびデータ処理はあらかじめ準備されたパートプログラムにしたがって実行され, 測定結果の外部出力も可能である.

c. 形状測定装置

本節の主題である加工評価のシステム化の面からみた場合, 機械加工部品の評価の中で表面粗さ測定や輪郭形状測定は, 一般的な寸法測定に比べシステム化が遅れている分野であるといえる. 生産ラインにおいてはポータブル型粗さ測定機を用いた測定が実施されている例があるものの, 大半の場合は, 表面粗さ測定や輪郭形状測定は測定室・検査室で行われている. これは表面粗さや輪郭形状の評価が, 実生産レベルよりはむしろ前段階としての研究・解析レベルで必要とされることに起因するものと考えられる. それゆえ, 従来から表面粗さ測定機, 輪郭形状測定機はともに, 測定データ取得後の各種データ処理の面での利便性・効率化は進んできたが, 生産ラインなどの外部機器との連携の面でながらく進展のないまま現在に至っている. ところが最近では自動車業界における省エネ・効率化追求の要求から, 主要部品に対する摩擦低減や高密着性の達成を目的として加工部品の表面粗さ測定や輪郭形状測定が重要視されはじめ, 表面粗さ測定機, 輪郭形状測定機とも生産ラインへの導入を可能とするための準備として, 測定動作のパートプログラム制御化や測定軸の自動傾斜が可能で, かつ駆動加速度を向上させ高スループットな測定を実現するCNC形状測定装置が出て

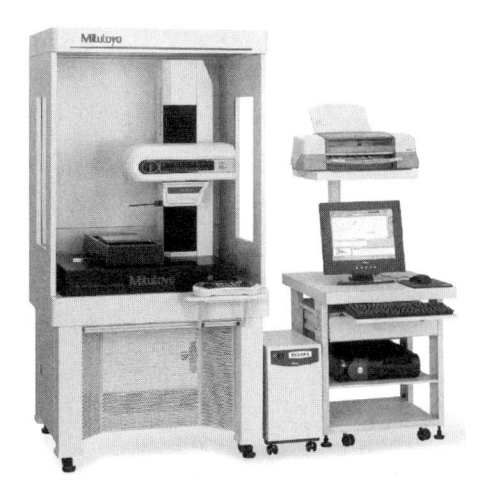

図 7.81　CNC 表面性状測定装置

きた．なかには輪郭形状測定と粗さ測定を1台で実行できるCNC表面性状測定装置（図7.81）も登場している．このように形状測定装置もCNC化されることによって，前述の三次元測定装置や画像測定装置と同様に生産ライン内の自動測定システムとして活用可能な状態まで進化してきた．

d. 計測データ利用のシステム化（計測情報の有効活用）

これまで，計測のシステム化に有効な各種測定装置に関し概説してきたが，ここではポストプロセス計測による測定データの具体的活用とシステム化について述べる．

生産現場の使命は，安定した効率的な生産の継続であり，正常な状態で生産ラインが機能し続けるように，常に監視・維持することである．そのためには生産ラインの各工程における状態を常に確認できるシステムが必要になる．この目的を達成する有効な手段として，各工程ごとに取得した計測情報を生産ライン全体を通して統合管理するための計測ネットワークによる計測データ一元管理システムがある．図7.82にこの計測データの一元管理を模式的に示す．今までに述べてきたように，生産ライン内の各加工工程ごと，および測定室ごとに設置された計測装置で取得した各種評価情報は，その場で計測の目的に沿った情報として利用できるばかりでなく，コンピュータから工場内 LAN（local area network）を経由し，品質管理事務所に設置したデータベースサーバに随時蓄積されることで，各部署に設置された端末コンピュータから常に監視でき，データ利用可能な統合管理システムのための情報として活用できる．

例えば品質管理者端末では，各加工工程ごとの品質情報として統計管理データ（標準偏差，Cp 値，Cpk 値，度数表，管理図など）を随時監視でき，生産ライン全体の状態が常に把握できるため，異常発生時のすばやい対応も可能となる．また複数の計

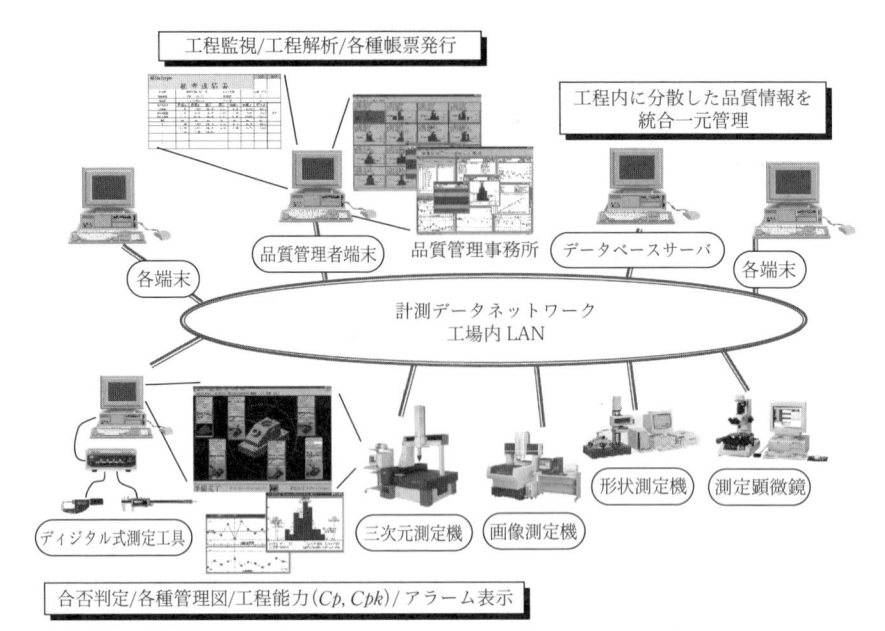

図7.82 計測データネットワークによる計測データ一元管理の例

測装置の計測結果を総合して検査成績表を作成することも可能である．ここに示した計測ネットワークによる計測データ一元管理システムを構築するためのソフトウェアも市販されている．

以上に述べてきたように，現在は生産ラインの各工程における計測情報が計測装置導入時のローカルな目的達成の域を超えて，生産ライン全体管理のための情報として利用可能な環境へと進化しつつある． 〔吉岡 晋〕

索　　引

【ア　行】

亜鉛合金　zinc alloy　318
アキシアルモーション　axial motion　463
アーク柱　arc column　299, 301
アーク電圧　arc voltage　349
アコースティックエミッション　acoustic emission（AE）　245
浅切込み　shallow cutting depth　156, 187
圧電素子　piezoelectric element　200
圧入チャック　press-fit chuck　136
アドレス　address　51
荒研削　rough grinding　249
粗さ曲線　roughness profile　447
アルミナ砥石　almina wheel　229
アルミニウム合金　aluminum alloy　318
アンギュラモーション　angular motion　463
アンダーレース潤滑　under race lubrication　186
安定限界線図　stability lobe diagram　143

イオン交換樹脂　de-ionizing resin　359
位置決め精度　positioning accuracy　467
位置ゲイン　position gain　61
位置公差　location tolerance　442
1自由度　single degree of freedom　30
1自由度振動系のコンプライアンス　compliance for single degree of freedom　30
位置制御ループ　position control loop　60
1刃当たりの送り　step feed　156
一般粘性減衰　general viscous damping　33
移転現象　transition phenomenon　321
遺伝子アルゴリズム　genetic algorithm　251
インデックスチャック　index chuck　138
インプロセス計測　in-process measurement　4, 489
インプロセスセンサ　in-process sensor　4

ウォータジェット加工　waterjet machining　9
ウォラストンプリズム　wollaston prism　467

内コーナ　inside corner　362, 364, 370
打抜き　stamp　367
うねり曲線　waviness profile　448
運動機能　movement function　5
運動精度評価法　motion error measurement methods　461

液相焼結　liquid phase sintering　398
エポキシ樹脂　epoxy resin　385
エリアネットワーク　area network　66
円運動　circular path　461
円運動測定法　circular path measurement methods　468
エンジニアリングプラスチック　engineering plastics　388
延性モード切削　ductile mode cutting　200
円筒研削盤　cylindrical grinding machine　216
円筒研削プロセス　cylindrical grinding process　249
エンドミル　end mill　98

オイルミスト　oil mist　182
大型超精密加工システム　large ultraprecision machining system　268
送り運動　feed motion　19
送り運動軸　feed axis　17
送り機能　feed function　53
送り制御　feed control　188
送り速度　feed rate　149, 363, 364
オージェ電子分光法　Auger electron spectroscopy　476
押出法　extrude method　390
オートコリメータ　auto-collimator　466
オートバランサ　auto-balancer　131
オートバランス　automatic balance　268
オーバハング　over hang　384
オフセット　offset　81
オフラインプログラミング　offline programming　52
オープンCNC　open CNC　67
オンラインプログラミング　online programming　52

【カ 行】

開環重合　ring opening polymerization　386
回折光学素子　diffraction optical element　266
開放電圧　open circuit voltage　300
拡張不確かさ　expanded uncertainty　438
欠け　fracture　162
加減速　acceleration, deceleration　55
加工　machining　362, 364
加工液　dielectric fluid　347
加工液吸引　dielectric suction　346
加工液噴流　dielectric flushing　343
加工誤差　machining error　5, 146
加工コスト　machining cost　9
加工条件　machining condition　343
──の最適化　optimization of the cutting conditions　166
加工除去領域　removal volume　152
加工精度　machining accuracy　3, 12
加工速度　material removal rate　303, 307, 319
加工能率　machining efficiency　3
加工フィーチャ　machining feature　152
加工物材質　workpiece material　343
加工プログラム　machining program　51
加工雰囲気　machining environment　5
加工面粗さ　surface roughness　190, 244, 319, 320
カスタムマクロ　custom macro　57
ガス分解堆積法　gas decompose deposition　421
ガス噴射法　gas jetting　421
画像測定装置　vision measuring instrument　494
形彫り放電加工　diesinking EDM, sinker EDM　304, 332, 344, 352
形彫り放電加工機　diesinking electrical discharge machine　318
片持形　single column type　102
カチオン　cation　385
カッタパス　cutter path　165
過渡アーク放電　transient arc discharge　298, 302
金型　die, mold　185, 285, 367
金型用鋼　die steel　318
加熱プレス法　hot press　284
カービックカップリング　curvic coupling　107
ガラス転移点温度　glass transition temperature　386
ガルバノミラー　galvano mirror　383
勘合　engagement　367
監視システム　monitoring system　243
含浸　infiltration　398
ガントリ形　gantry type　102
機械加工　machining, machining process　1, 206
幾何公差　geometrical tolerance　72, 441
幾何特性仕様　geometrical specifications　437
幾何偏差　geometrical deviation　441
擬似ボールエンドミル　pseudo ball end mill　173
機上計測　on-machine measurement　264, 266, 269, 272, 274
機上計測プローブ　on-machine measuring prove　272
軌跡　track, locus　363
機能モデル　function model　431
逆極性　reverse polarity　319
逆極性放電　electrical discharge　311
吸引加工　suction machining　309
休止時間　off time　318
境界表現　boundary representation（B-Rep）　77, 78
共振回避　mechanical resonance elimination　65
狭スリット　narrow slit　341
強制振動　forced vibration　248
極間距離　gap distance　348
極間電圧　gap voltage　348
切りくず　chip　202, 206
切りくず厚み　chip thickness　159
切りくず吸引・排出装置　chip sucking and discharging unit　141
切りくず形態　chip conditions　156
切りくず除去量　chip removal rate　186
切りくず処理技術　chip disposal techniques　140
切込み, 切込み量　depth of cut　149, 214
切込み角　cutting edge angle　209
切れ刃中心　center of cutting edge　160
均一電極消耗法　uniform wear method　353
金属除去量　metal removal rate　142
金属ラピッドプロトタイピング　metal rapid prototyping　396
銀タングステン　silver tungsten　329

索引 —— 501

空気静圧スピンドル　aerostatic bearing spindle　287
空げき　pore　398
櫛刃　comb slit　366, 367
グースネック　goose neck　196
クラック　crack　334
グラファイト　graphite　322
グラファイト電極　graphite electrode　344
クーラント　coolant　140, 238, 277
クーラント供給技術　coolant supply techniques　139
クランプ機構　clamping mechanism　134
クリアランス　clearance　303
クリープフィード研削　creep feed grinding　253
クリープフィード研削盤　creep feed grinding machine　214
クレータ　crater　302, 319, 347
クロス研削　cross grinding　290

蛍光X線分光法　X-ray fluorescence spectroscopy　476
形状　shape　2
形状公差　form tolerance　442
形状創成運動　shape generation motion　3, 12
形状測定装置　form measuring instrument　496
形状偏差　form deviation　439
系統的な誤差　systematic error　16
研削加工　grinding process　2, 340
研削消費動力　grinding power　245
研削スピンドル　grinding spindle　288
研削抵抗　grinding force　245
研削砥石　grinding wheel　222
研削焼け　grinding burn　230, 243
減衰系の固有値解析　eigenvalue analysis for damped system　32
減衰比　damping ratio　30
研磨加工　abrasive finishing　207

高圧重畳回路　high voltage superimposed discharge circuit　313
高送り　high feed rate　156, 187
光学式表面粗さ測定法　optical surface roughness measurement method　456
硬化深度　cure depth　384
高強度アルミニウム合金　high strength aluminum alloy　327
工具　tool, cutting tool　2, 115, 165, 206

工具位置　cutter location　148
工具機能　tool function　56
工具経路　cutter location, tool path　21, 186
——の平滑化　tool path smoothing　60
工具欠損　tool breakage　154
工具研削盤　tool grinding machine　219
工具交換時間　cut-to-cut tool change time　108
工具材料　tool material　115
工具軸方向切込み　axial depth of cut　151
工具主軸頭　tool spindle head　111
工具寿命　tool life　142, 188
工具突出し長さ　tool extrusion length　160
工具電極　electrode　298
工具電極消耗率　electrode wear rate　307
工具半径方向切込み　radial depth of cut　151
工具への負荷　cutting resistance　157
工具補正　tool compensation　55
工具マガジン　tool magazine　101
工具摩耗　tool wear　97, 143, 155, 200
高効率　high efficiency　160
公差域　tolerance zone　439
工作機械　machine tool　99, 165
——の動剛性解析　machine tool dynamic stiffness analysis　36
工作機械技術　machine tool engineering　3
工作物　workpiece　2, 206, 298
工作物送り速度　table feed rate　214
交差格子スケール　grid encoder　469
硬質・脆性材料　hard and brittle material　264, 274
剛性　rigidity, stiffness　5, 94
高精度　high accuracy　160, 185, 408
抗折力　transverse rupture strength　115
高速エアスピンドルユニット　high-speed air spindle unit　131
高速加工技術　high speed machining technology　342
高速切削　high speed machining　127, 185
高速度鋼　high speed steel　119
高速ミ(一)リング　high speed milling　156, 414
光沢面　gloss surface　334
工程設計　process planning　152
硬度　hardness　115, 206
合否判定　proving conformance, non conformance　439
交流高周波電源　high frequency power supply　338

小型ブレード　small size blade　196
誤差　error　15, 364
5軸加工機　5-axis machine　185
5軸加工機能　5-axis machining function　57
5軸制御フライス盤　5-axis control milling machine　169
5軸（制御）マシニングセンタ　5-axis control machining center　17, 102, 104, 196
コーテッドセラミックス　coated ceramics　123
コーテッド超硬　coated cemented carbide　120
コーテッド超硬ボールエンドミル　coated carbide ball end mill　157
5面加工機　5-sided machining center　102
固有角振動数　natural frequency　30
固有値　eigenvalue　32
固有値解析　eigenvalue analysis　32
コラム　column　107
コレット（圧入）チャック　collet (press-fit) chuck　136
コンカレントエンジニアリング　concurrent engineering (CE)　72
コンセプト（デザイン）モデル　concept (design) model　428
コンタリング研削　contouring grinding　208
コンパクト化　compactness　7
コンピュータ援用生産（製造）　computer aided manufacturing (CAM)　9, 87
コンピュータ援用（支援）設計　computer-aided design (CAD)　9, 87
コンプライアンス　compliance　29

【サ　行】

再凝固　recast　325
再凝固層　resolidified layer　302
最小外接円中心法　minimum circumscribed circle center　454
最小許容寸法　least limit of size　440
最小駆動単位　minimum drive unit　367
最小指令単位　minimum command unit　367
最小二乗寸法　least square size　440
最小二乗中心法　least square circle center　454
最小領域中心法　minimum zone circle center　454
最小領域法　minimum zone method　442
再生びびり　regenerative chatter　22, 40
再生びびり振動　regenerative chatter vibration　22
最大許容寸法　maximum limit of size　440
最大実体公差方式　maximum material principle　446
最大高さ　maximum height　449
最大内接円中心法　maximum inscribed circle center　454
最適化　optimization　249
サイドロック式チャック　side lock chuck　136
サーキュラテスト　circular test　469
作業設計　operation planning　152
サービスビューロ　service bureau　380
座標系　coordinate system　13, 53
サーボ送りシステム　servo feed system　310
サーボ制御　servo control　50, 60
サーボ電圧　servo voltage　310
サーメット　cermet　123
三角測量　trilateration　472
産業用ロボット　industrial robot　10
三次元（座標）測定機　coordinate measuring machine　440, 451, 492
三次元ソリッドモデル　three-dimensional solid model　369
三次元表現　three-dimensional model (structure)　435
算術平均　arithmetical mean deviation　449
酸素阻害　oxygen inhibition　388
三点法　three point method　465
3平面データムシステム　3-plane datum system　446
残留応力　residual stress　96, 477
仕上げ面粗さ　surface roughness　155
紫外線レーザ　ultra violet laser　383
ジグ　jig　9
軸心冷却　core cooling　130, 186
シーケンス制御部　sequence control section　50
シーケンス番号　sequence number　51
資材所要管理計画　Material Resource Planning (MRP)　86
支持刃　work support blade　218
姿勢公差　orientation tolerance　442
実用データム　simulated datum　445
自動化　automation　82
自動工具交換装置　automatic tool changer (ATC)　100, 107
自動プログラミング言語　automatic

programming language 81
シート積層法　sheet lamination method 403
シフトプランジ研削　sift-plunge grinding 207
シボ加工面　textured surface 321
シミュレーション　simulation 166
斜軸研削　slant spindle grinding 290
射出成形　injection molding 284, 383, 387
射出成形用金型　injection molding die 327
ジャンプ　jumping motion 321
自由曲面　sculptured surface 171
修正リング　conditioning ring 221
主運動　primary motion 94
主軸制御　spindle control 55
主軸台　headstock 111
主軸・テーブル旋回形　swivel spindle head and rotary table type 104
主軸頭　spindle head 105
主軸頭旋回形　universal spindle head type 104
主軸の振動　spindle vibration 188
主軸の静剛性　static stiffness of spindle 26
樹脂粉末　resin powder 395
準備機能　preparatory function 51
焼結法　sintering method 405
象限突起　quadrant transitoin error 289
焦点誤差検出方式　focus error detection method 460
除去加工　material removal process 1
触針式表面粗さ測定器　instruments for the measurement of surface roughness by the stylus method 455
所要動力　power requirements 94
シリコン粉末　silicon powder 334
自励振動　self excited vibration 248
真円度　out of roundness 451
真円度測定機　roundness measuring machine 451
心押台　tailstock 111, 138
人工骨　artificial bone 399
靭性　toughness 385
人造グラナイト　synthetic granite 107
浸炭　carburizing 321
真直度精度　straightness accuracy 338
真直度　straightness 443, 466, 467
振動切削　vibration cutting 199
心なし研削　center-less grinding machine 218

垂直応力　normal stress 96
数値演算部　numerical calculation section 50
数値制御　numerical control（NC）304
数値制御機械　numerical control machine tool 13
数値制御旋盤　numerical control lathe 109
数値制御装置　numerical controller 48, 364
すくい角　rake angle 95
すくい面　rake face 95, 176
ステップ送り　step grinding 208
ストレートエッジ　straight edge 467
スナップフィット　snap fit 385
スパークアウト研削　spark-out grinding 250, 209
スピードストローク研削　speed stroke grinding 253
スピードストローク研削盤　speed stroke grinding machine 215
スピンドル　spindle 370
図面　drawings 437
スラッジ　sludge 359
スラントベッド　slant bed 109, 111
スリーブロックチャック　sleeve lock chuck 136
スローアウェイ工具　throw away insert 115, 190
寸法　dimensions, size 2, 439
寸法公差　size tolerance, demensional tolerance 72, 439

正極性　straight polarity 321
正極性放電　straight polarity 311
制御装置　controller 362, 363, 369
成形研削盤　profile grinding machine 212
成形工具法　formed tool method 94
精研削　fine grinding 249
静剛性　static stiffness 22, 137
生産設計　production design 152
静電吸引力　electrostatic attraction 338
精度　precision 361, 368
製品情報管理　Product Data Management（PDM）87
製品の幾何特性仕様　geometrical product specifications 438
積層間隔　layer thickness 409
積層造形　rapid prototyping 374
積層造形加工　layer manufacture 374
積層造形法　layer manufacture

(fabrication) 376, 412
積層法　sheet lamination　378
積分ゲイン　integral gain　62
絶縁液　dielectric fluid　298
絶縁破壊　dielectric breakdown　298, 301
切削厚さ　depth of cut　95
切削運動　cutting motion　19
切削温度　cutting temperature　156
切削加工　cutting process　2, 206
切削加工シミュレーション　cutting simulation　145
切削砥石　grinding wheel　242
切削トルク　cutting torque　143
切削のデータベース　cutting database　166
切削負荷　cutting load　151, 186
切削油剤　coolant, lubricant, cutting fluid　98, 277
切削力　cutting force　94, 145, 202
接触検知　contact detection　247
接触法　contact method　390
設定単位　input increment　53
セミクローズ方式　semi-closed method　61
セミドライ加工　semi-dry machining　140, 278
セラミックス　ceramics　123, 366
セルネットワーク　cell network　66
セルフタップ　self tap　385
線織面加工　ruled surface machining　305
旋回軸　rotational axis　104
せん断応力　shear stress　96
せん断角　shear angle　95
せん断面モデル　shear plane model　95
旋盤　lathe, turning machine　109, 137
専用取付具　special purpose fixture　139

総加工時間　total machining time　194
走査型白色干渉法　scanning white light interferometry　461
走査線加工方法　line scan maching　193
創成研削　generation grinding　219
創成法　generation method　94
相対負荷長さ率　relative material ratio　450
層流化　laminarization　173
増力機構　force amplification mechanism　134
測定の不確かさ　uncertainty of measurement　438
速度ゲイン　velocity gain　62
速度制御ループ　velocity control loop　61

外コーナ　outside corner　362, 364
ソリッドサポート　solid support　376, 410
ソリッドモデル　solid model　77

【タ　行】

耐欠損性　fracture resistance　115
大口径天体望遠鏡用ミラー　large telescope mirror　272
耐食性　corrosion resistance　335
耐食性改善　anti-corrosion improvement　273
第2主軸台　second spindle head　111
対物レンズ　objective lens　458
耐摩耗性　wear resistance　115
ダイヤモンド焼結体　poly crystalline diamond (PCD)　124
ダイヤモンド切削　diamond cutting　200
ダイレクトチャック方式　direct tool clamping　199
対話型自動プログラミング　conversational programming　53
楕円振動切削　elliptical vibration cutting　202
多機能ターニングセンタ　multi-tasking turning center　105, 113
卓上ボール盤　bench drilling machine　99
多系統制御　multi-path control　56
打撃加振法　impact excitation　38
多軸自動旋盤　multi-spindle automatic lathe　100
多軸制御工作機械　multi-axis controlled machine tools　114
多自由度　multi-degree of freedom　31
多自由度系のコンプライアンス　compliance for multi-degree of freedom　31
立て形マシニングセンタ　vertical machining center　101
立軸円テーブル形平面研削盤　vertical spindle surface grinding machine with a ratary table　215
立軸内面研削盤　vertical spindle internal grinding machine　218
ターニングセンタ　turning center　109, 134
ダブルボールバー　double ball bar (DBB)　469
多ブロック先読み　multi-block preview　59
多目的取付具　multi-purpose fixture　139
タレット旋盤　turret lathe　109
単結晶ダイヤモンド　single crystal diamond　124, 166

索引 ——505

単軸自動旋盤　single spindle automatic lathe　100
弾性変形チャック　elastic chuck　136
断続切削　intermittent cutting　98
断面曲線　cross-sectional profile　447
断面二次モーメント　geometrical moment of inertia　24

力のループ長　force loop length　134
逐次二点法　sequential two point method　467
チタン粉末　titanium powder　399
チップブレーカ　chip breaker　98, 141
知的データベース　intelligent datebase　251
チャック　chuck　132, 135, 137
注型法　investment casting　382
中空構造　hollow structure　133
超音波加工　ultrasonic machining　220
超音波振動　ultrasonic vibration　200
超硬合金　cemented carbide　120, 318
超高速研削　ultra-high speed grinding　253
超仕上げ　super finishing　220
調整車　regulating wheel　218
超精密加工　ultraprecision machining　203
超精密加工機　ultraprecision machine tool　7, 203
超精密鏡面切削　ultraprecision mirror surface grinding　265
超精密切削加工機　ultraprecision machine tool　166
超精密非球面加工機　ultraprecision aspheric grinder　285
超精密フライス加工　ultraprecision milling　167
超砥粒砥石　super abrasive wheel　223, 243
超微粒子超硬合金　micro grain cemented carbide　120
直進軸　translational axis　104

通常の研削加工　conventional grinding　253
ツーリング　tooling　156
ツルーイング・ドレッシング　truing dressing　230
ツールシャンク　tool shank　132
ツールホルダ　tool holder　132

抵抗レス放電加工回路　resistorless discharge circuit　313
低熱膨張ガラス　low heat expansion glass　271

適応制御　adaptive control　144
適合範囲　conformance zone　439
デスクトップマイクロ加工システム　desktop micromachining system　263, 274
デスクトップマイクロツール加工システム　desktop microtool machining system　275
データム　datum　445
鉄系ボンドダイヤモンド砥石　ferrous bond diamond wheel　264, 271
テーブル旋回形　tilting rotary table type　104
デュアル位置フィードバック方式　dual position feedback method　61
デューティファクタ　duty factor　299, 319
電解インプロセスドレッシング　electrolytic in-process dressing（ELID）　264
電界放出　field emission　301
電極　electrode　369, 372
電極ジャンプ　electrode jumping　346
電極消耗　electrode wear　345, 349
電極消耗率　electrode wear ratio　319, 320
電波障害　electromagnetic interference　360
電流制御ループ　current control loop　62

砥石切込み速度　wheel infeed rate　249
砥石寿命　wheel life　247
透過電子顕微鏡　transmission electron microscopy　476
同期制御　synchronous control　219
動剛性　dynamic stiffness　29, 37, 137
同次座標変換行列　homogeneous transformation matrix　13
銅タングステン　copper tungsten　329
銅電極　copper electrode　344
トポロジー　topology　75
ドライ加工　dry machining　140, 279
トラバース研削　traverse grinding　208
トランジスタ放電加工回路　transistorized discharge circuit　312
取付具　fixture　9, 139
砥粒径　grain size　226
砥粒最大切込み深さ　maximum grain depth of cut　210
砥粒率　grain volume percentage　226
トルク指令　torque command　61
ドレッシングプロセス　dressing process　242, 245

【ナ 行】

内面研削盤　internal grinding machine　216
ナノ精度加工システム　nanoprecision machining system　263
ナノ補間　nano interpolation　59
ナノ・マイクロ加工　nano-micro machining　185
ナノ・マイクロ加工技術　nano-micro processing　419
ナノレベル　nano-level　264
倣い加工　copy milling　148
難削材　difficult-to-machine material　127, 199

肉盛用合金粉末　cladding alloy powder　399
2光子吸収　two photon absorption　389
二次イオン質量分析法　secondary ion mass spectrometry　477
二重静圧スライド　double hydro-static slide　268, 269
二乗平均平方根　root mean square　449
2爪チャック　2-jaw chuck　138
2点測定　two-point size　439
2面拘束形　double face contact type　133
ニューラルネットワーク　neural network　44, 247
　——による熱変位の予測　estimation of thermal deformation by applying neural network　44

ねじりに関する剛性　torsional stiffness　26
ねじり変形　torsional deformation　27
熱処理　heat treatment　10
熱抵抗要素による温度分布　heat resisitance element　46
熱的損傷　thermal damage　162
熱的な安定　thermal stability　195
熱伝導率　thermal conductivity　45, 98
熱変位の補正　compensation thermal deformation　43
熱変形　thermal deformation　5, 42
熱変形対策　measure thermal deformation　42
熱膨張　thermal expansion　97

ノッチフィルタ　notch filter　66

【ハ 行】

バイアス送り　bias gringing　208
バイオマテリアル　bio material　274
パイ形3爪チャック　3-jaw chuck　138
バイス　vice　139
パイプ電極　pipe electrode　372
バインダ噴射法　binder jetting method　400
バインダレスcBN工具　binder less cBN tool　162
歯形形状　gear profile　219
白層　white layer　302, 321
爆発力　explosive force　338
歯車研削盤　gear grinding machine　218
把持精度　chucking accuracy　137
把持力　chucking force　137
バックラッシの補正　backlash compensation　64
バフ仕上げ　buffing　220
刃物台　tool post, tool rest　111
パラメトリックデザイン　parametric design　72, 75
パラレル研削　parallel grinding　290
バランシング　balancing　131
パレット　pallet　102
パレット交換装置　pallet changer　102
バレル仕上げ　barrel finishing　220
パワー密度　power density　299
反射高速電子線回折法　reflection high energy electron diffraction　476
パンチ　punch　366
反転法　reversal method　464
ハンドリング　handling　9
万能研削盤　universal grinding machine　216
万能工具研削盤　universal tool grinding machine　219

非回転工具　non-rotational tool　175
被加工物　work piece　363, 366〜372
光干渉法　optical interferometric method　456
光重合開始剤　photoinitiator　384
光触針法　optical stylus method　456
光切断法　optical sectioning method　456
光造形　photofabrication, laser stereo lithography　382, 378
非球面ミラー　aspheric mirror　266, 267
非球面レンズ　aspheric lens　266, 267, 268, 283

索　引 —507

微細加工　micro machining　197, 203
微細溝　microgroove　177
ひざ形立てフライス盤　knee type vertical milling machine　99
非晶質酸化膜層　amorphous oxide layer　273
ひずみ　strain　367
比切削抵抗　specific cutting force　95
非接触法　non-contact method　393
ピックフィード　pick feed　149, 156
ピッチング　pitching　467
引張強さ　tensile strength　399
非点収差法　astigmatism method　458
ヒートパイプを適用した主軸　applied heat pipe for spindle　45
ビトリファイド cBN 砥石　vitrified cBN wheel　240
ビトリファイド超砥粒砥石　vitrified super abrasive wheel　226, 240
びびり　chatter　22
びびり振動　chatter vibration　22, 144, 243
ビームスプリッタ　beam splitter　458
表示制御部　display control section　50
標準偏差　standard deviation　21
表面粗さ　surface roughness　303, 307, 387, 455
表面改質　surface modification　273
表面改質層　modified surface layer　321
表面性状　surface texture　447
表面品位　surface integrity　474
比例粘性減衰系　proportional viscous damping　32

ファジー理論　fuzzy theory　250
フィーチャ　feature　76
フィーチャベースモデリング　feature based modeling　72, 76
フィードバック　feed back　272
フィードフォワード　feed forward　64
フィラ　filler　431
フィールドネットワーク　field network　66
フォームフィーチャ　form feature　76
負荷長さ率　material ratio　450
負荷変動　variable cutting load　191
複合加工機　machining complex, multi-task machine　113, 134
輻射伝熱　radiant-heat-transfer　46
複素固有値解析　complex eigenvalue analysis　34
複素動剛性行列　complex dynamic stiffness

matrix　35
不減衰固有角振動数　undamped natural frequency　31
普通旋盤　conventional lathe　99, 109
不導体被膜　insulating layer　265
フライス盤　milling machine　5
プラスチック成形金型　plastics molding die　321
プラスチック用金型　plastics injection mold　190
プラズマ放電ツルーイング　plasma discharge truing　268, 271
フラッシング　flashing　319
フランジ　flange　132
プランジ研削　plunge grinding　207
フーリエ変換赤外分光法　Fourier-transform infrared spectroscopy　477
プリプロセス計測　pre-process measurement　488
フリンジスキャン干渉法　fringe scanning interferometry　461
フルクローズ方式　full-closed method　61
振れ　run-out　442, 445
フレキシブルトランスファライン　flexible transfer line　7
ブレードディスク　blade-disk, blisk　196
振れ止め　work rest　138
ブロー成形　blow molding　387
噴射加工　blasting　220
噴射法　jetting method　393
粉末高速度鋼　powder metallurgy high speed steel, sintered high speed steel, P/M high speed steel　120
粉末固着法　powder fixing, powder sintering　378, 395
粉末混入放電加工法　powder mixed electrical discharge machining　333
噴流加工　injection machining　309

平均加工電圧　average working voltage　310
平均値　mean value　21
平均長さ　mean width　450
平行度　parallelism　443
平面研削盤　surface grinding machine　212
ベッド　bed　106
ヘテロダイン干渉法　heterodyne interferometry　461
ヘール加工　goose neck tool maching　195
ベルト研削ヘッド　belt grinding unit　196

偏光ビームスプリッタ polarization beam splitter 471
偏波面保存光ファイバ polarization-preserving fiber optic cable 471
方形波パルス回路 rectangular pulse circuit 318
防湿処理 vapor proof treatment 405
放電遅れ時間 ignition delay time 300, 311
放電加工 electrical discharge machining (EDM) 190, 298
放電加工機 electrical discharge machine 361, 362, 364
放電休止時間 pulse interval time 300
放電研削 electro discharge grinding (EDG) 353
放電痕 discharge crater 320
放電時間 discharge duration 300, 318
放電電圧 discharge voltage 300, 311
放電電流 discharge current 299, 318, 348
包絡の条件 envelope principle 446
補間 interpolation 53
補間単位 interpolation unit 57
補間前加減速 acceleration/deceleration before interpolation 58
ポケット加工 pocket milling 189
補助機能 miscellaneous function 56
ポストキュア postcure 386
ポストプロセス post-process 10
ポストプロセス計測 post-process measurement 490
ポストプロセッサ postprocessor 174
補正加工 compensation machining system 290
細穴 microhole 347
ホーニング horning 220
ホブ盤 gear hobbing machine 100
ポリシャ polisher 221
ポリシング polishing 220, 221
ボールエンドミル ball end mill 155, 191
ボールねじ駆動 ball screw drive 170
ホログラフィック光学素子 holographic optical device 175

【マ 行】

マイクロ加工 micromachining 168, 197, 347
マイクロ加工機 micro machine tool 185
マイクロクラック microcrack 329
マイクロ光学素子 micro optical element 264
マイクロ工具 microtool 354
マイクロ構造 microstructure 167
マイクロツール microtool 264, 275
マイクロパーツ microparts 274, 275
マイクロ非球面レンズ micro aspheric lens 274, 268
マイクロピン micropin 354
マイクロフレネルレンズ micro fresnel lens 175
マイクロ放電加工 micro EDM 347
マイクロマシン micro machine 389
曲げに関する剛性 bending stiffness 23
摩擦角 friction angle 96
摩擦係数 frictional coefficient 96
マシニングセンタ machining center 5, 13, 100, 131, 185
マスタ球 master-ball 464
マスタモデル master model 428
マテリアル・ハンドリング automatic tool changer 10
マンマシンインタフェース man-machine interface 7, 72

磨き工数 finishing time 188
ミスト mist 281

無人化工場 unattended factory 10
無人搬送台車 automated guided vehicle 10

メインフレーム main frame 73
メガソニッククーラント megasonic coolant 294
メカノケミカルポリシング mechanochemical polishing 221
メタルボンド砥石 metal-bond wheel 227, 270
モジュラ構成取付具 modular fixture 139
モード減衰比 modal damping ratio 32
門形 double column type 102

【ヤ 行】

焼きばめチャック shrink-fit chuck 136
焼ばめ方式 shrunk fit hold 193

油圧サーボ hydraulic servo 215
油圧式チャック hydraulic chuck 136
油圧スリーブロックチャック hydraulic

sleeve-lock chuck　136
有限形V-V転がり案内　V-V roller guide way　285
有限要素法　finite element wethod　96
ユーザビリティ　usability　7
油静圧軸受　hydrostatic bearing　169

ヨーイング　yawing　467
溶浸工程　infiltration process　397
要素技術　elemental techniques　130
溶融堆積法　melt deposition method　400
溶融物堆積法　melt deposition method　378, 390
溶融法　selective laser melting　399
横形マシニングセンタ　horizontal machining center　102
横軸角テーブル形平面研削盤　horizontal spindle surface grinding machine with a reciprocating table　212
余剰成長　excess cure　384
四分割フォトダイオード　four quadrant photodiode detector　458

【ラ　行】

ラザフォード後方散乱分光法　Rutherford backscattering spectroscopy　477, 481
ラジアルモーション　radial motion　463
ラッピング　lapping　220
ラップ　lap　220
ラップ仕上げ　lapping　220
ラピッドプロトタイピング　rapid prototyping　69, 413
ラマン分光法　Raman spectroscopy　477
ランダムな誤差　random error　16
乱流　turbulent flow　173

リコータ　recoater　411
リードフレーム　lead frame　337, 366
リニアモータ　linear motor　168, 364, 366, 372
リニアモータ駆動　linear motor drive　215, 285

リバースエンジニアリング　reverse engineering　69, 434
リブ加工　rib machining　322
リブ形状　rib shape　194
理論モード解析　theoretical model analysis　29
臨界角法　critical angle method　457
臨界切込み量　critical depth of cut　200
輪郭曲線方式　profile method　447

冷風研削　cool air grinding　279
レーザ干渉計　laser interferometer　470
レーザ干渉測長機　laser displacement interferometer　467
レーザ共焦点顕微鏡　laser micro scope　460
レーザボールバー　laser ball bar　471
レーザマイクロ溶接　laser micro welding　421
レジノイド超砥粒砥石　resinoid wheel　227
レトロリフレクタ　retro reflector　470
レンズ金型　lens mold　266, 267
連続切れ刃間隔　successive cutting-point spacing　210

ローリング　rolling　467
ロールロックチャック　roll lock chuck　136

【ワ　行】

ワイヤ自動供給装置　automatic wire threading system　316
ワイヤ電極　wire electrode　342, 363
ワイヤフレームモデル　wire frame model　77
ワイヤ放電加工　wire electrical discharge machining　304, 314, 333, 342, 352
ワイヤ放電加工機　wire electrical discharge machining machine　314
ワイヤ放電研削　wire electrical discharge grinding　351
ワーク主軸　work spindle　287
ワード　word　51
割出し加工　table index maching　197

【欧文】

AE　acoustic emission　245
AEセンサ　AE sensor　245
ATC　automatic tool changer　100, 107

BTシャンク　BT shank　133
B-Rep　boundary representation　77, 78

CAD　computer aided design　9, 68, 71, 87, 154, 376
CAE　computer aided engineering　69, 87
CAM　computer aided manufacturing　9, 69, 80, 154, 197
CAPP　computer aided process planning　69, 87
CAT　computer aided testing　70, 87
cBN（CBN）　cubic boron nitride　124, 230
CBN焼結体　polycrystalline cubic boron nitride　127
CBN砥石　CBN wheel　230
cBN砥粒　cBN grain　223, 225, 253
cBNボールエンドミル　cBN ball end mill　161, 188
CGデータ　CG data　434
CE　concurrent engineering　72
CIM　computer integrated manufacturing　80, 82, 83
CLデータ　cutter location data　174, 176
CMM　coordinate measuring machine　440
CNC　computerized numerical controller　49, 87, 141
conformal cooling　400, 411
CSG　constructive solid geometry　77

3 D Printing　413
DBB　double ball bar　469
DDモータ　direct drive moter　169
DNC　direct numerical control　88
DQ制御方式　DQ control loop　62

EDミリング　ED milling　353
EDG　electro discharge griding　353
EDM　electrical discharge machining　298
ELID　electrolytic in-process dressing　264
ELID研削法　ELID grinding method　263
ELIDサイクル　ELID-cycle　265
ELID電極　ELID-electrode　268
ELID電源　ELID-power supply　268
ERP　Enterprise Resource Planning　87

FA　factory automation　82, 88, 91
FECO干渉法　fringe of equal chromatic order　461
FL-net　66
FMC　flexible manufacturing cell　88
FMS　flexible manufacturing system　80, 87, 88, 141

GPS　geometrical product specifications　438

HEDG研削盤　high efficient deep cut grinding machine　214
HSKツールシャンク　HSK tool shank　133

ICリードフレーム　IC lead frame　366
IGES　Initial Graphics Exchange Specification　74

LCA　life cycle assessment　11
LOM法　laminated object manufacturing method　403

MAP　Manufacturing Automation Protocol　83
MQL　140, 278, 279

NBS　National Bureau of Standards　83
NC　numerical control　304
NC工作機械　NC machine tool　141
NCプログラム経路　NC programmed path　188

OMAC　Open Modular Architecture Controllers　90
OSACA　Open System Architecture for Controls with Automation Systems　90
OSE　Open System Environment for Controller　90

PA　process automation　91
PI制御　PI control　61
PROFIBUS-DP　91
PWM　pulse width modulation　63

RC回路　RC circuit　349
RC放電加工回路　RC discharge circuit　311

SCM　Supply Chain Management　87
SEM　scann electron microscope　177

索　　引——*511*

SLS 法　selective laser sintering wetal　397
SPAM　single point asynchronus error motion　288
STL ファイル　STL file　377

Tr-R-C 放電加工回路　Tr-R-C discharge circuit　316

V ブロック法　V-block method　451

VRML　Virtual Reality Modeling Language　434

X 線回折法　X-ray diffraction　476
X 線光電子分光法　X-ray photoelectron spectroscopy　476
X 線マイクロアナライザ　electron probe X-ray microanalyzer　476

資　料　編

―掲載会社索引―

(五十音順)

株式会社牧野フライス製作所……………………………………………… 1
三井精機工業株式会社……………………………………………………… 2
株式会社森精機製作所……………………………………………………… 3

Qu lity First

O MAKINO

株式会社 牧野フライス製作所

本　　　社　〒152-8578 東京都目黒区中根2-3-19　　　TEL.(03)3717-1151(代)
大阪営業所　〒577-0016 大阪府東大阪市長田西3-4-17　TEL.(06)6744-7691(代)
名古屋営業所　〒465-0022 名古屋市名東区藤森西町1901　TEL.(052)777-2511(代)

インターネット マキノホームページ　http://www.makino.co.jp

MITSUI SEIKI

5軸加工が拓くあらたなモノづくり

三井精機は早くから5軸マシニングセンタの可能性に着目し1986年には本格的な
トラニオン・タイプ横形同時5軸マシニングセンタを納入しました。
以来さまざまな方式・大きさの5軸マシニングセンタをラインナップし、この分野で
業界トップシェアをもつに至りました。

5軸マシニングセンタをはじめとして各種マシニングセンタ、ジグ中くり盤、
ジグ研削盤、ねじ研削盤等の高精度工作機械をご用意し、
お客様の問題解決をサポートします。

5軸制御立形マシニングセンタ
Vertex550-5X

主な製品
- 横形マシニングセンタ
- 立形マシニングセンタ
- 5軸制御横形マシニングセンタ
- 5軸制御立形マシニングセンタ
- ジグ中くり盤
- ジグ研削盤
- ねじ研削盤
- エアーコンプレッサ

三井精機工業株式会社

http://www.mitsuiseiki.co.jp/
〒140-0002 東京都品川区東品川2-2-8 スフィアタワー天王洲8F
TEL:03-5715-3355

MORI SEIKI
THE MACHINE TOOL COMPANY

高品位・高精度・高信頼性

世界最高水準。

高速・高精度加工を支える森精機の独自技術。

DCG™（重心駆動）

第24回 精密工学会 技術賞 受賞

最高品位。

移動する構造物の重心を2本のボールねじで押すことにより、高速・高精度を阻む最大の要因である振動を抑制します。

DCG™: Driven at the Center of Gravity

DirectDrive motor　DD方式モータ

世界最速。

回転軸への駆動力伝達にウォームギヤを経由せず、ダイレクトに駆動力を活かして伝達する高効率駆動システム。

DD: Direct Drive（ダイレクト・ドライブ）

ビルトインモータ・タレット™

2004年度 日本機械学会賞 （技術）受賞

高効率駆動。

モータを刃物内部に組み込んだ業界初のビルトイン構造。発熱・振動を最小限に抑制し、かつてない高精度加工を実現。

株式会社 森精機製作所

■名古屋本社　名古屋市中村区名駅2丁目35-16（〒450-0002）
TEL.(052)587-1811　FAX.(052)587-1818

■奈良事業所 TEL.(0743)53-1121　■伊賀事業所 TEL.(0595)45-4151
■千葉事業所 TEL.(047)410-8800

www.moriseiki.com

機械加工ハンドブック			定価は外函に表示	

2006年11月25日　初版第1刷

<table>
<tr><td>編集者</td><td>竹　内　芳　美</td></tr>
<tr><td></td><td>青　山　藤　詞　郎</td></tr>
<tr><td></td><td>新　野　秀　憲</td></tr>
<tr><td></td><td>光　石　　　衛</td></tr>
<tr><td></td><td>国　枝　正　典</td></tr>
<tr><td></td><td>今　村　正　人</td></tr>
<tr><td></td><td>三　井　公　之</td></tr>
<tr><td>発行者</td><td>朝　倉　邦　造</td></tr>
<tr><td>発行所</td><td>株式会社　朝　倉　書　店</td></tr>
<tr><td></td><td>東京都新宿区新小川町6-29</td></tr>
<tr><td></td><td>郵便番号　162-8707</td></tr>
<tr><td></td><td>電　話　03(3260)0141</td></tr>
<tr><td></td><td>FAX　03(3260)0180</td></tr>
<tr><td></td><td>http://www.asakura.co.jp</td></tr>
</table>

〈検印省略〉

Ⓒ 2006〈無断複写・転載を禁ず〉　　　　　　　中央印刷・渡辺製本

ISBN 4-254-23108-3　C 3053　　　　　　　　　Printed in Japan

中原一郎・渋谷寿一・土田栄一郎・笠野英秋・
辻　知章・井上裕嗣著

弾性学ハンドブック

23096-6　C3053　　　B5判　644頁　本体29000円

材料に働く力と応力の関係を知る手法が材料力学であり，弾性学である．本書は，弾性理論とそれに基づく応力解析の手法を集大成した，必備のハンドブック．難解な数式表現を避けて平易に説明し，豊富で具体的な解析例を収載しているので，現場技術者にも最適である．〔内容〕弾性学の歴史／基礎理論／2次元弾性理論／一様断面棒のねじり／一様断面ばりの曲げ／平板の曲げ／3次元弾性理論／弾性接触論／熱応力／動弾性理論／ひずみエネルギー／異方性弾性論／付録：公式集／他

工学院大 大橋秀雄・横国大 黒川淳一他編

流体機械ハンドブック

23086-9　C3053　　　B5判　792頁　本体38000円

最新の知識と情報を網羅した集大成．ユーザの立場に立った実用的な記述に最重点を置いた．また基礎を重視して原理・現象の理解を図った〔内容〕【基礎】用途と役割／流体のエネルギー変換／変換要素／性能／特異現象／流体の性質／【機器】ポンプ／ハイドロ・ポンプタービン／圧縮機・送風機／真空ポンプ／蒸気・ガス・風力タービン／【運転・管理】振動／騒音／運転制御と自動化／腐食・摩耗／軸受・軸封装置／省エネ・性能向上技術／信頼性向上技術・異常診断［付録：規格・法規］

東北大 佐久間健人・前東大 相澤龍彦・
東京芸大 北田正弘編

マテリアルの事典

24015-5　C3550　　　A5判　692頁　本体24000円

従来の金属工学，無機・有機材料工学の分野が相互に関連を深めるとともに，それらの境界領域が重要となりつつある現状を踏まえ，材料学全体を広くカバーした総合事典．金属・機械系の研究者・技術者にとっても必備の書．〔内容〕工業用純鉄／FRP／形状記憶合金／セラミックス／耐熱鋼／太陽電池／電線・ケーブル／プリント基板／永久磁石／磁気記録材料／温度センサ／光ファイバ／触媒材料／耐酸性塗料／医用金属材料／抗菌材料／リサイクル材料(Al, 毒性金属他)／他

竹中俊夫・高橋浩爾・神馬　敬・渡部康一編

機 械 工 学 必 携（普及版）

23109-1　C3053　　　A5判　596頁　本体12000円

大学・短大・高専の学生および機械技術者・研究者が機械工学全般を体系的に知る必携書．〔内容〕基礎の数学／力学(静力学，運動学，質点の動力学，剛体の動力学，等)／機械力学(1，2自由度系の振動，連続体の振動，振動絶縁，等)／材料力学(引張と圧縮，応力とひずみ，座屈，等)／流体工学(流体の静力学，管路の流れ，流体計測法，等)／熱工学(理想気体，燃焼，熱放射，等)／制御工学(周波数応答，安定判別，非線形制御理論，サンプル値制御理論，等)／資料(物性値，等)．初版1982年

長松昭男・内山　勝・斎藤　忍・
鈴木浩平・背戸一登・原　文雄他編

ダイナミクスハンドブック（普及版）
―運動・振動・制御―

23113-X　C3053　　　B5判　1096頁　本体45000円

コンピュータを利用して運動・振動・制御を一体化した新しい「機械力学」．工学的有用性に焦点を合わせ，基礎知識と広範な情報を集大成．機械系の研究者・技術者必携の書．〔内容〕基礎／モデル化と同定／振動解析／減衰／不確定システム，ファジイ，ニューロ／非線形システム／システムの設計／運動・振動の制御／振動の絶縁／衝撃／動的試験と計測／データ処理／実験モード解析／ロータ／流体関連振動／音響／耐震／故障診断／ロボティクス／ビークル／情報機器／宇宙構造物

上記価格（税別）は 2006 年 10 月現在